计算机专业“十三五”规划教材

中文版 AutoCAD 2016
应用基础与专业绘图

主　编　徐行军　黄树榕　陈勇燕
副主编　陈世九　朱庆斌　刘国平　池传树　钟婉
主　审　俞素平

哈尔滨工程大学出版社
Harbin Engineering University Press

内容简介

本书在编写过程中，注重 AutoCAD 绘图与专业知识的结合，以便能很好地运用 AutoCAD 进行专业图形的绘制与编辑。本书共 16 个项目，主要包括 AutoCAD 2016 快速入门，二维绘图基础，二维图形的绘制，二维图形的编辑，文本与表格的应用，尺寸标注的应用，图块、外部参照及设计中心的应用，三维图形的绘制，三维图形的编辑，图形文件的输出与打印，道路工程图绘制，桥涵工程图绘制、隧道工程图绘制、给排水工程图绘制、建筑工程图绘制和港航工程图绘制。

本书可作为土建及机械类专业和工程管理类专业教材，也可作为工程技术人员和管理人学习 AutoCAD 并进行相关专业图纸绘制的实用入门指导用书。

图书在版编目（CIP）数据

中文版 AutoCAD 2016 应用基础与专业绘图 / 徐行军，黄树榕，陈勇燕主编. - 哈尔滨 ：哈尔滨工程大学出版社，2018.12（2023.8 重印）
ISBN 978-7-5661-2157-8

I. ①中… II. ①徐… ②黄… ③陈… III. ①AutoCAD 软件－教材 IV. ①TP391.72

中国版本图书馆 CIP 数据核字（2018）第 281299 号

选题策划 章银武
责任编辑 张 彦
封面设计 赵俊红

出版发行 哈尔滨工程大学出版社
社 址 哈尔滨市南岗区南通大街 145 号
邮政编码 150001
发行电话 0451-82519328
传 真 0451-82519699
经 销 新华书店
印 刷 廊坊市广阳区九洲印刷厂
开 本 787 mm×1 092 mm 1/16
印 张 21.5
字 数 525 千字
版 次 2018 年 12 月第 1 版
印 次 2023 年 8 月第 2 次印刷
定 价 68.00 元
http：//www.hrbeupress.com
E-mail：heupress@hrbeu.edu.cn

前　言

AutoCAD 以其方便快捷的操作方式、强大的编辑功能及能适应各领域工程设计多方面需求的功能特点，已成为现今工程领域进行二维平面图形、三维立体图形的主流工具之一。

本书在编写过程中，注重 AutoCAD 绘图与专业知识的结合，以便能很好地运用 AutoCAD 进行专业图形的绘制与编辑。针对入门者的问题与困惑，循序渐进、步步引导，通过典型工程实例的操作与说明来讲解命令及其功能，并将 AutoCAD 的实践操作经验与高效学习方法贯穿全书。围绕提高读者 AutoCAD 应用水平和绘图速度这一目标，理论联系实际，突出实践工程图的阅读与绘制能力的培养，以提高读者解决问题的能力为最终目的，力求体现高等职业技术教育的特色，符合学生的认知规律，突出工程技术人员岗位实际工作的内容需要，达到培养高等技术技能型专门人才的目标。

本文由福建船政交通职业学院徐行军、中交一公局厦门工程有限公司黄树榕、陈勇燕担任主编，由陈世九、朱庆斌、刘国平、池传树、钟婉婷担任副主编。其中，徐行军编写了项目 1、项目 8、项目 9、项目 10 和项目 11，黄树榕编写了项目 13 和项目 14，陈勇燕编写了项目 6 和项目 15，陈世九编写了项目 4 和项目 12，朱庆斌编写了项目 7，刘国平编写了项目 5、钟婉婷编写了项目 16。本书由徐行军编写大纲并统稿，由俞素平主审。本书在编写过程中得到了王敏及中交一公局厦门工程有限公司的大力支持，在此表示衷心的感谢。本书的相关资料和售后服务可扫封底二维码或登录 www.bjzzwh.com 下载联系获得。

本书可作为土建及机械类专业和工程管理类专业教材，也可作为工程技术人员和管理人学习 AutoCAD 并进行相关专业图纸绘制的实用入门指导用书。

本书内容涉及面广，限于时间与编者水平，书中难免存在疏漏和不足之处，恳切希望读者批评指正。

编　者

目 录

项目 1　AutoCAD 2016 快速入门

项目概述

AutoCAD 是由 Autodesk 公司开发的，国际上流行的计算机辅助设计软件。目前的 AutoCAD 2016 为新版本，较之前的版本增加了许多功能，使用起来更加快捷。在本项目中，将学习 AutoCAD 2016 的基础知识与基本操作，为使用 AutoCAD 制图打下良好的基础。

项目重点

- 认识 AutoCAD 2016 的工作界面。
- 了解 AutoCAD 2016 的新增功能
- 学会对图形文件进行基本操作。
- 熟练地对绘图环境进行设置。
- 熟练地对工作空间进行设置。

项目目标

- 对 AutoCAD 2016 的工作界面及基本操作有基本的了解。
- 熟练掌握 AutoCAD 2016 系统设置的方法。

任务 1　认识 AutoCAD 2016

任务概述

同传统的手工绘图相比，使用 AutoCAD 绘图速度更快、精度更高。AutoCAD 具有良好的用户界面，通过交互菜单或命令行方式便可以进行各种操作。本任务主要学习 AutoCAD 2016 的基本功能及新增功能、软件对系统配置的要求，然后认识 AutoCAD 2016 的工作界面。

任务重点与实施

1.1.1 AutoCAD 的基本功能

要学习好 AutoCAD 软件，首先要了解该软件的基本功能，如图形的创建与编辑、图形的标注、图形的显示和图形的打印功能等。

1. 图形的创建与编辑

在 AutoCAD 中，用户可以使用“直线”“圆”“矩形”“多段线”等基本命令创建二维图形。在图形创建过程中，也可以使用“偏移”“复制”“镜像”“阵列”“修剪”等编辑命令对图形进行编辑或修改，如图 1-1 所示。

通过拉伸、设置标高和厚度等操作，可以将二维图形转换为三维图形，还可以运用视图命令对三维图形进行旋转查看。此外，还可赋予三维实体光源和材质，通过渲染处理即可得到具有真实感的三维图形效果，如图 1-2 所示。

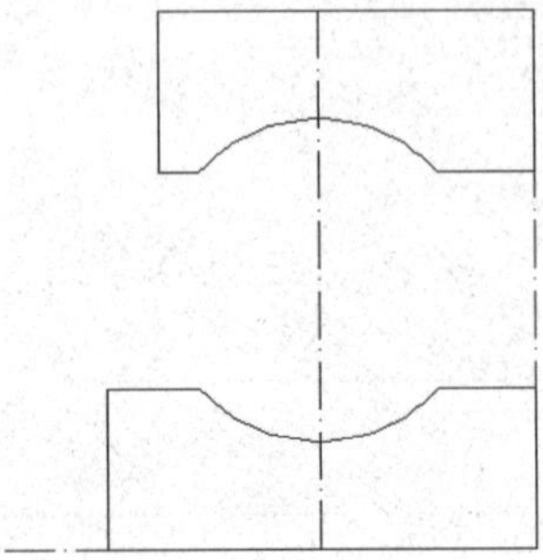

图 1-1 编辑二维图形

图 1-2 渲染三维图形

2. 图形的标注

图形标注是制图过程中一个重要环节。AutoCAD 软件提供了文字标注、尺寸标注和表格标注等功能。AutoCAD 的标注功能不仅提供了线性、半径和角度三种基本标注类型，还提供了引线标注、公差标注等。标注对象可以是二维图形，如图 1-3 所示；也可以是三维图形，如图 1-4 所示。

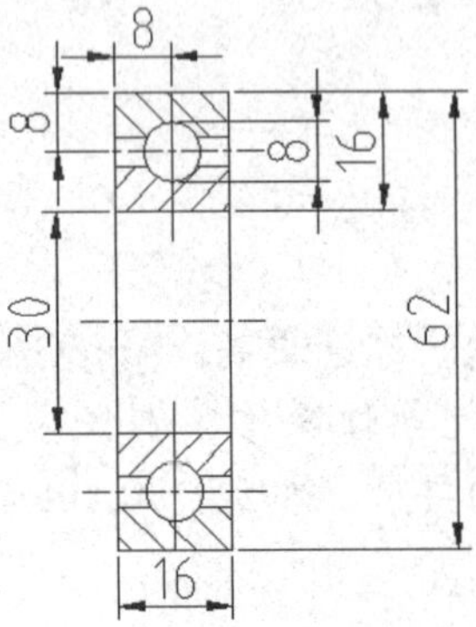

图 1-3 二维标注

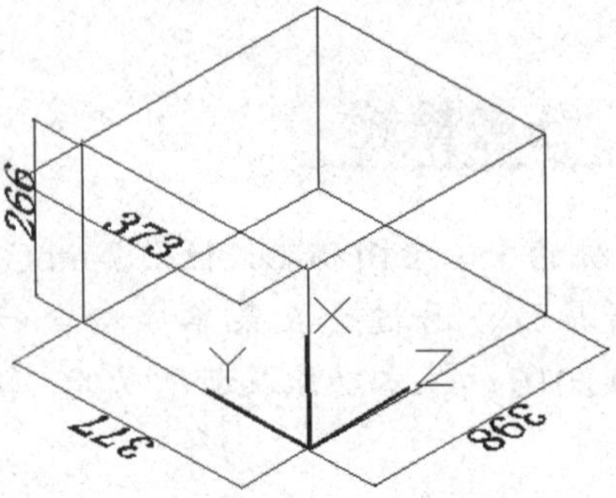

图 1-4 三维标注

3．图形的输出与打印

AutoCAD 不仅可以将绘制的图形以不同样式通过绘图仪或打印机输出，还能将不同格式的图形导入 AutoCAD 软件，或将 CAD 图形以其他格式输出。

4．图形显示控制

在 AutoCAD 中，用户可以多种方式放大或缩小图形。对于三维图形来说，利用“缩放”功能可以改变当前视口中的图形视觉尺寸，以便清晰地查看图形的全部或某一部分细节。在三维视图中，可将绘图窗口划分成多个视口模式，并从各视口中查看该三维实体，如图 1-5 所示。

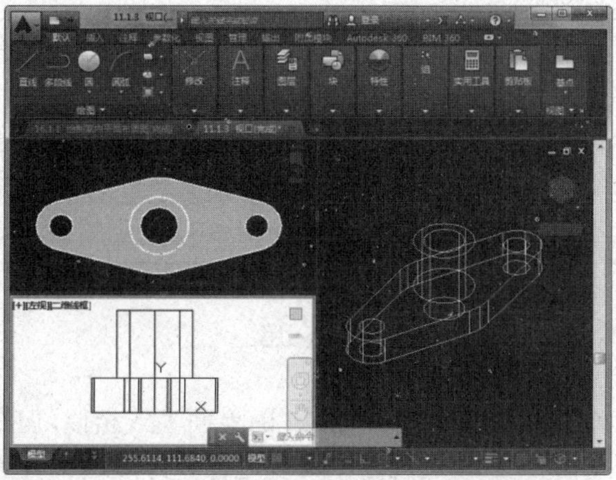

图 1-5　视口模式

1.1.2　AutoCAD 2016 的硬件配置要求

在安装 AutoCAD 2016 之前，首先需要确认用户的电脑是否满足 AutoCAD 2016 的最低系统需求，否则在使用 AutoCAD 2016 时有可能出现程序无法流畅运行、在运行过程中出错等问题。AutoCAD 2016 的硬件配置要求如表 1-1 所示。

表 1-1　AutoCAD 2016 的硬件配置要求

操作系统	Microsoft Windows 7 Enterprise Microsoft Windows 7 Ultimate Microsoft Windows 7 Professional Microsoft Windows 7 Home Premium Microsoft Windows 8 Microsoft Windows 8 Pro Microsoft Windows 8 Enterprise
浏览器	Internet Explorer ® 7.0 或更高版本
处理器	Windows 7 和 Windows 8： Intel Pentium 4 或 AMD Athlon 双核，3.0 GHz 或更高，采用 SSE2 技术

表 1-1（续）

内存	2 GB RAM（建议使用 4 GB）
显示器分辨率	1024×768（建议使用 1600×1050 或更高）真彩色
硬盘	安装 6.0 GB
定点设备	MS-Mouse 兼容
.NET Framework	.NET Framework 版本 4.0，更新 1
三维建模其他需求	Intel Pentium 4 处理器或 AMD Athlon，3.0 GHz 或更高，或者 Intel 或 AMD 双核处理器，2.0 GHz 或更高 4 GB RAM 6 GB 可用硬盘空间（不包括安装需要的空间） 1280×1024 真彩色视频显示适配器 128 MB 或更高，Pixel Shader 3.0 或更高版本，支持 Direct3D®功能的工作站级图形卡

1.1.3　认识 AutoCAD 2016 工作界面

AutoCAD 2016 工作界面与 AutoCAD 2014 的界面大致相似，但在 AutoCAD 2016 界面中增添了“新选项卡”功能，在该选项卡中可以进行打开最近文档等操作。新建空白文档后，进入工作界面，如图 1-6 所示。

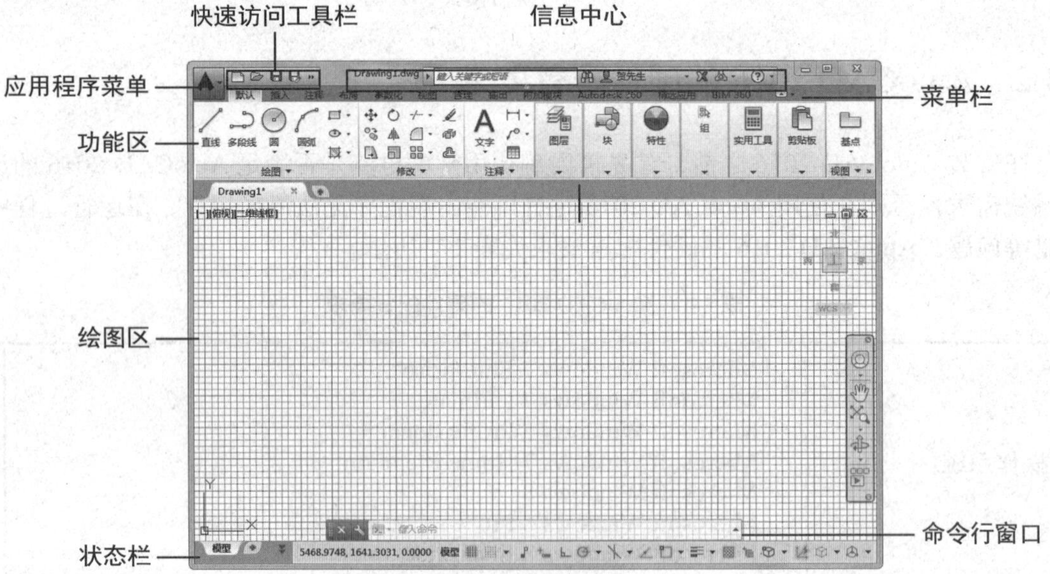

图 1-6　工作界面

1．应用程序菜单

单击“应用程序”按钮▲，即可访问应用程序菜单。该按钮位于 AutoCAD 窗口左上角，按钮上有一个立体的 A 字母标示。通过应用程序菜单上的选项，可以执行新建、打开、保存、输出、打印和发布文件等操作，如图 1-7 所示。

通过应用程序菜单右上角的搜索框可以便捷地搜索到各种常用命令，例如，在搜索框中输入关键词 M，可以快速搜索出与关键词有关的命令。之后选择搜索结果中的所需选项，即可执行该命令，如图 1-8 所示。

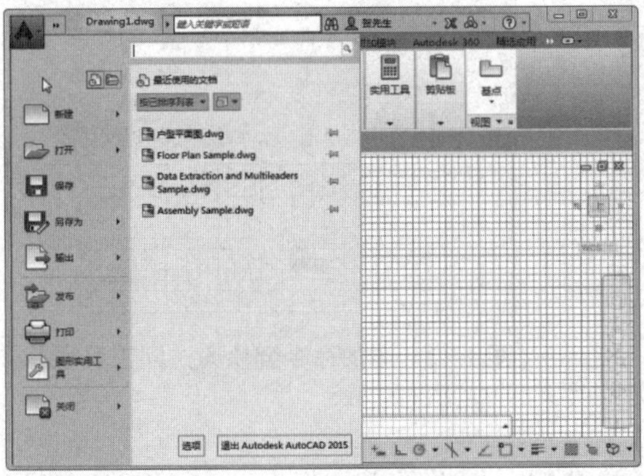

图 1-7　单击“应用程序”按钮

图 1-8　搜索命令

2. 快速访问工具栏

在“应用程序”按钮右侧为快速访问工具栏，包含“新建”“打开”“保存”等常用命令按钮，以及工作空间选择按钮。用户可以单击快速访问工具栏最右侧的下拉按钮，通过“自定义快速访问工具栏”下拉列表定制要显示的工具，如图 1-9 所示。

右击快速访问工具栏，可以通过弹出的快捷菜单改变快速访问工具栏的位置，删除不需要的命令，以及添加分隔符等操作，如图 1-10 所示。

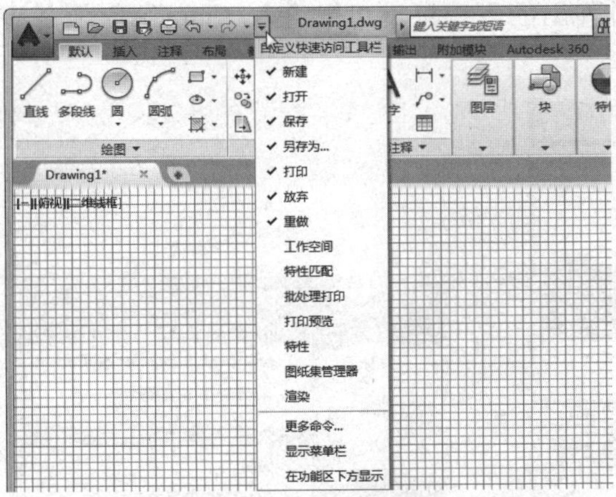

图 1-9　“自定义快速访问工具栏”下拉列表

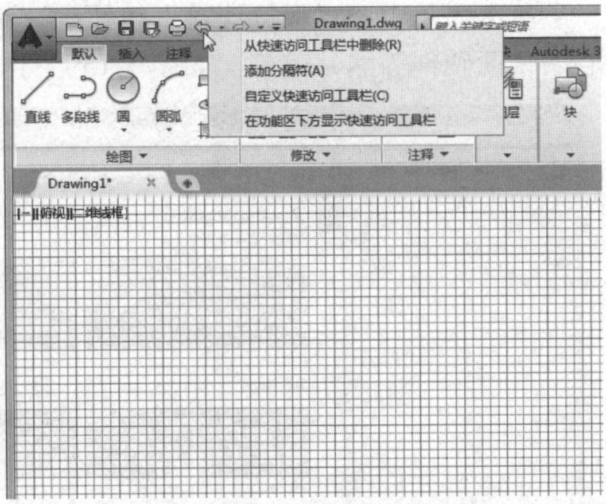

图 1-10　快速访问工具栏快捷菜单

如果选择“自定义快速访问工具栏”命令，将弹出“自定义用户界面”窗口。拖动命令列表框中的命令到快速访问工具栏，即可添加该命令，如图 1-11 所示。

此外，还可以右击功能区面板中的命令，通过弹出的快捷菜单添加该命令到快速访问工具栏，如图 1-12 所示。

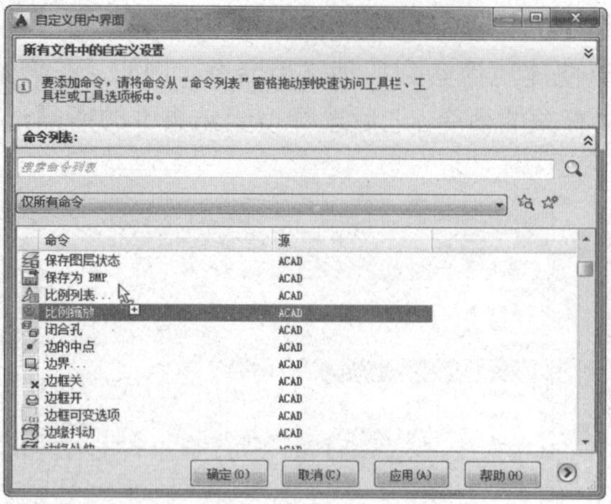

图 1-11 “自定义用户界面”窗口

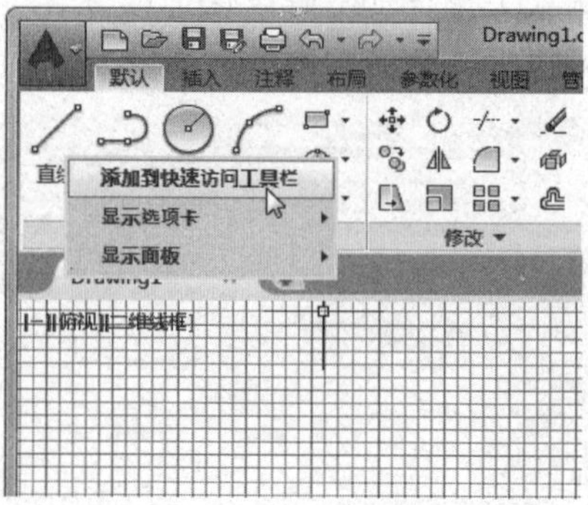

图 1-12 添加命令到快速访问工具栏

3．信息中心

信息中心位于 AutoCAD 2016 窗口标题栏的右侧。相对于之前版本，AutoCAD 2016 对信息中心的相关按钮进行了变动。在保留搜索框及帮助访问按钮的基础上，新增加了“登录”按钮和用于产品更新与网站连接的两个按钮，如图 1-13 所示。

图 1-13 信息中心

在搜索框中输入关键词，并单击“搜索”按钮，将打开“Autodesk AutoCAD 2016-帮助”窗口，显示与关键词有关的帮助信息，如图 1-14 所示。

单击信息中心“保持连接”按钮，通过弹出的下拉菜单可以进入 AutoCAD 服务中心、认证硬件等网站链接，如图 1-15 所示。

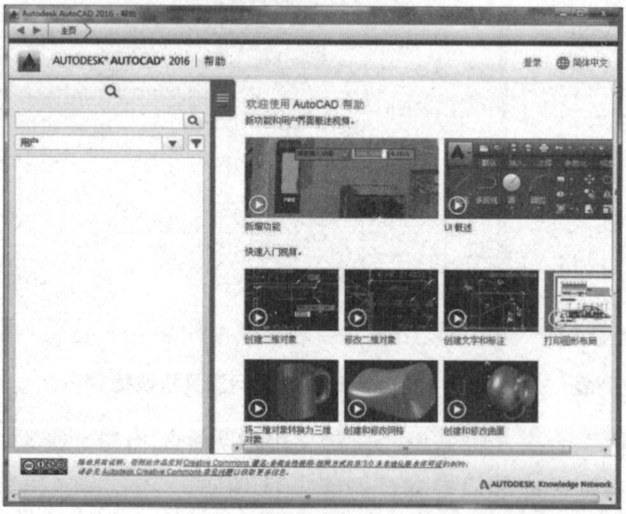

图 1-14 “Autodesk AutoCAD 2016 帮助”窗口

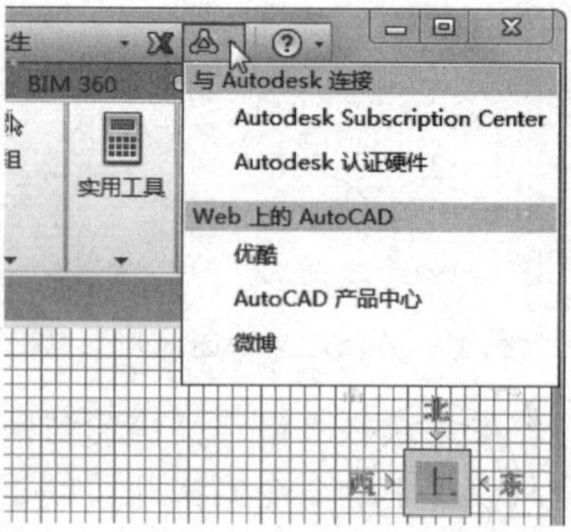

图 1-15 单击“保持连接”按钮

4．菜单栏

AutoCAD 2016 的菜单栏几乎包含了所有命令，以菜单形式显示，单击菜单项，在弹出的下拉列表及子菜单中选择命令即可，如图 1-16 所示。

AutoCAD 2016 的菜单栏默认处于隐藏状态，需要将其设置为显示状态。单击快速访问工具栏右侧的下拉按钮▾，在弹出的下拉列表中选择“显示菜单栏”命令即可，如图 1-17 所示。

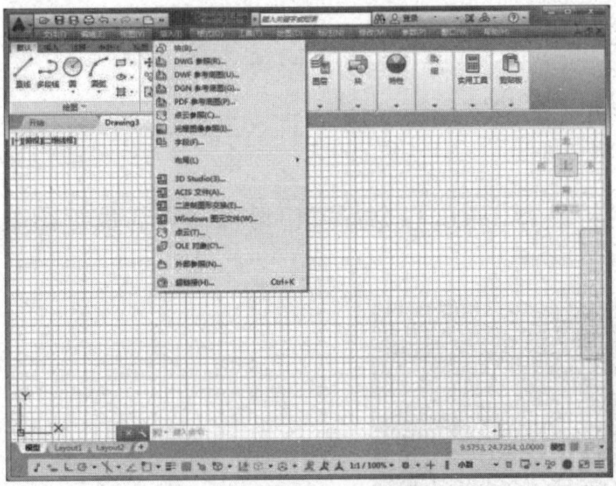
图 1-16　菜单及子菜单

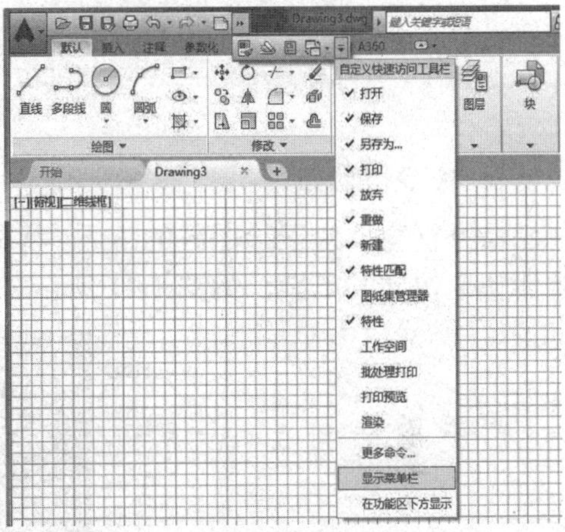

图 1-17　选择“显示菜单栏”命令

5．功能区

功能区位于“应用程序”按钮、快速访问工具栏及信息中心的下方，绘图区的正上方，由集中放置了各种命令和控件的选项卡组成，这些命令与控件被分类组织到各个小型面板中，如图 1-18 所示。

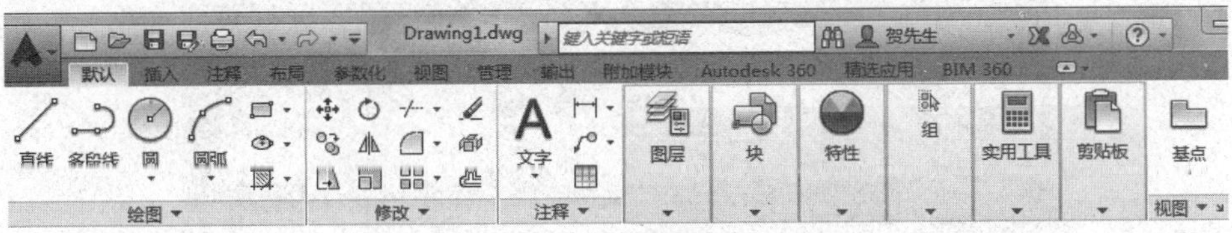

图 1-18　功能区

在面板名称上按住鼠标左键进行拖动，可以改变面板之间的先后排序，或将面板拖动到绘图区的任意位置，如图 1-19 所示。

图 1-19　移动面板

6．绘图区

绘图区位于功能区的下方，是绘制与编辑图像的工作区域。绘图区包括绘图区域和选项卡，右击选项卡名称，可以进行新建、打开与保存等操作，如图 1-20 所示。

图 1-20　绘图区

7．命令行窗口

命令行窗口位于绘图区的下方，状态栏的上方。通过命令行窗口可以输入与执行命令，从而快速访问某工具，如图 1-11 所示。

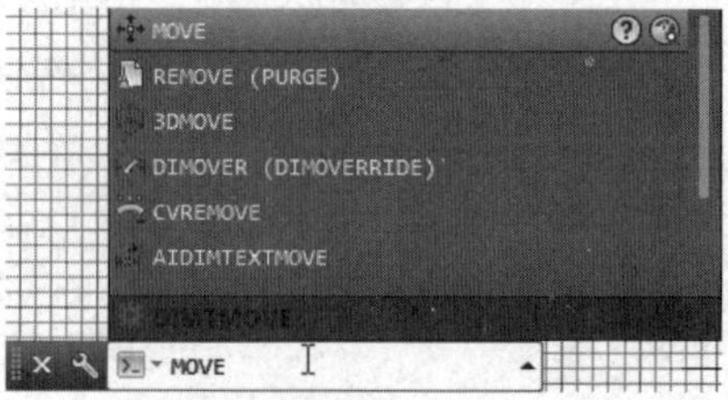

图 1-21　输入命令

用户可以在命令行窗口左侧深色区域按住鼠标左键向上拖动，将其置于功能区上方，如图 1-22 所示。

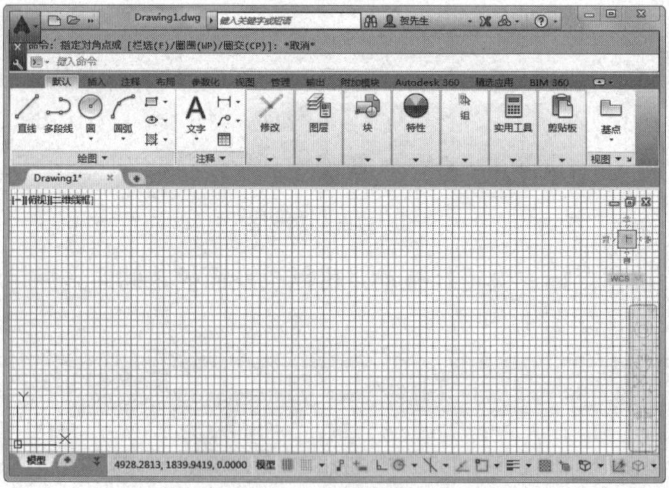

图 1-22　拖动命令行窗口

8．状态栏

状态栏位于 AutoCAD 窗口的最底部，主要用于切换工作空间、显示光标的坐标值、精确绘图辅助工具、导航工具，以及切换注释比例等工具。单击状态栏右侧“自定义”下拉按钮，可以通过弹出的下拉菜单自定义要显示的工具，如图 1-23 所示。

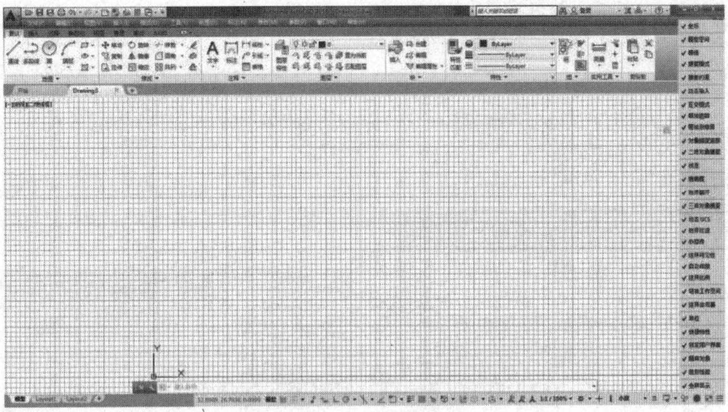

图 1-23　自定义状态栏

任务 2　图形文件的基本操作

任务概述

AutoCAD 图形文件的基本操作包括图形文件的创建、保存、打开及退出等，本任务主要学习这些基本操作。

任务重点与实施

1.2.1　创建新图形文件

在启动 AutoCAD 2016 后，程序并不会像之前版本一样自动进入新建文档的界面，而是进入新选项卡。如果希望手动新建图形文件，以满足不同的工作需要，可以通过以下四种方法实现。

方法一：使用新选项卡新建图形文件

启动程序后，在打开的新选项卡中单击“开始绘制”按钮（如图 1-24 所示），即可自动创建名称为 Drawing1 的图形文件，该文件以 acadiso.dwt 为图形样板，如图 1-25 所示。

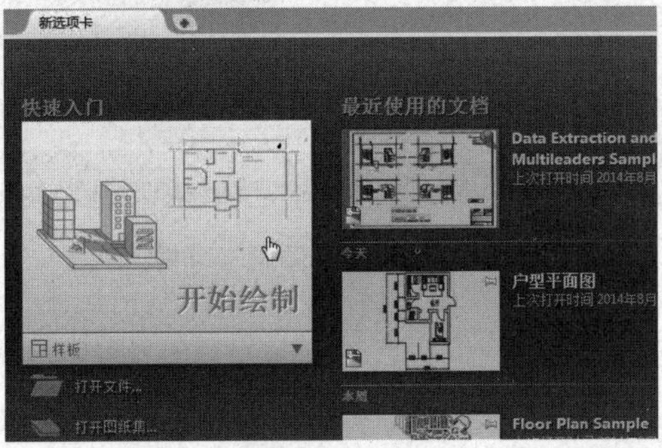

图 1-24　单击“开始绘制”按钮

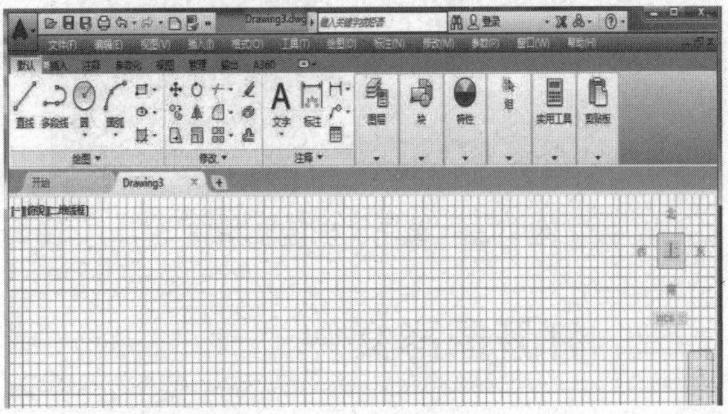

图 1-25　新建文件

方法二：通过应用程序菜单新建图形文件

单击窗口左上方的“应用程序”按钮，打开“应用程序”菜单，在其中选择“新建”命令，如图 1-26 所示。弹出“选择样板”对话框，在列表框中选择样板文件，然后单击“打开”按钮即可，如图 1-27 所示。

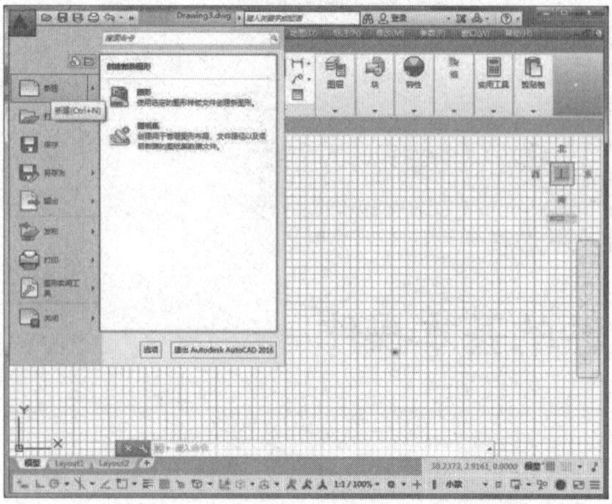

图 1-26　选择“新建”命令

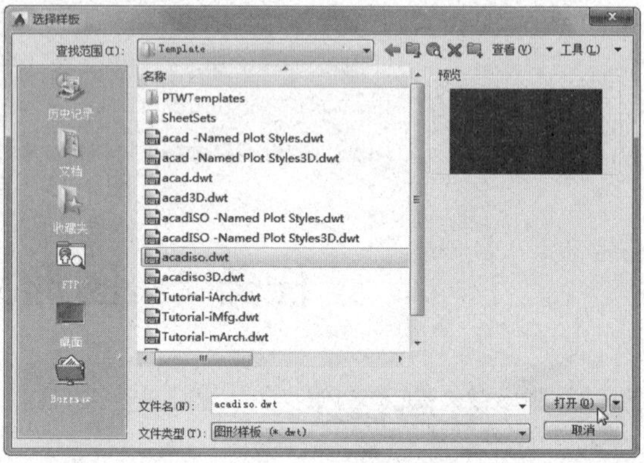

图 1-27　单击“打开”按钮

方法三：通过快速访问工具栏新建图形文件

单击快速访问工具栏中的“新建”按钮（如图 1-28 所示），同样会打开“选择样板”对话框，新建图形文件。

方法四：通过菜单栏新建图形文件

单击“文件”|“新建”命令，如图 1-29 所示，也会打开“选择样板”对话框，即可新建图形文件。

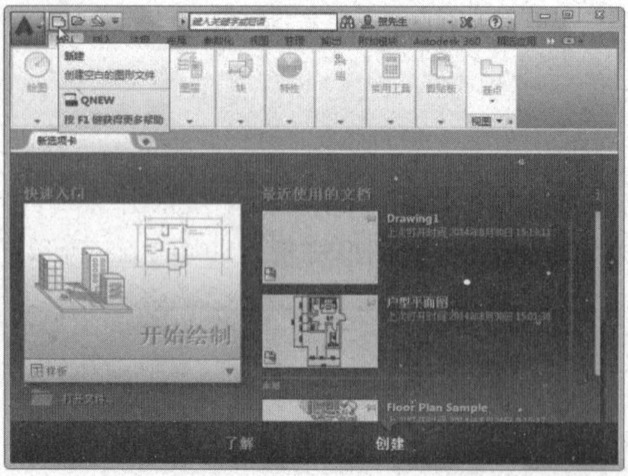

图 1-28　单击“新建”按钮

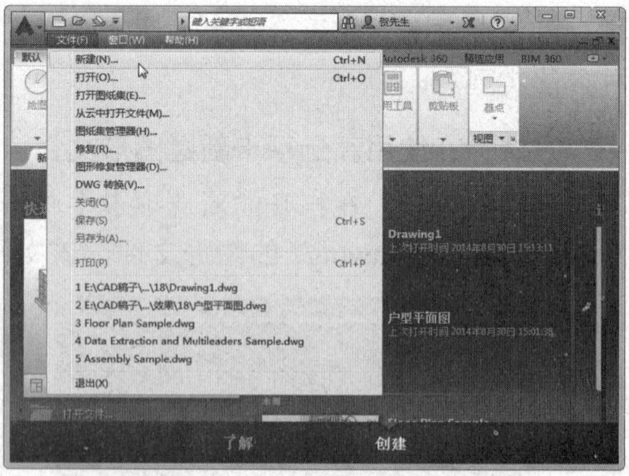

图 1-29　单击“新建”命令

1.2.2　打开图形文件

如果未启动 AutoCAD，则双击存储在电脑中的 AutoCAD 图形文件的对应图标，即可启动 AutoCAD，并打开该图形文件。

如果已启动 AutoCAD，则可以通过单击新选项卡中的“打开文件”链接（如图 1-30 所示）、选择“最近使用的文档”图标、选择应用程序菜单中的“打开”命令、单击快速访问工具栏中的“打开”按钮，或是在命令行窗口中执行 OPEN 命令，弹出“选择文件”对话框，找到并选中要打开的图形文件，然后单击“打开”按钮，即可打开该文件，如图 1-31 所示。

图 1-30　单击“打开文件”链接

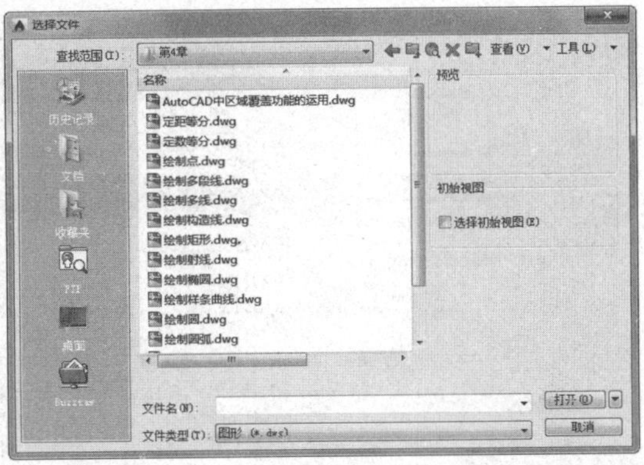

图 1-31　单击“打开”按钮

单击“打开”按钮右侧的下拉按钮，通过弹出的下拉菜单可以选择不同的打开方式，如选择“以只读方式打开”命令，如图 1-32 所示。此时将以只读方式打开图形文件，对其进行修改后将无法对其进行保存操作，否则将弹出提示信息框，提示图形文件被写保护，如图 1-33 所示。

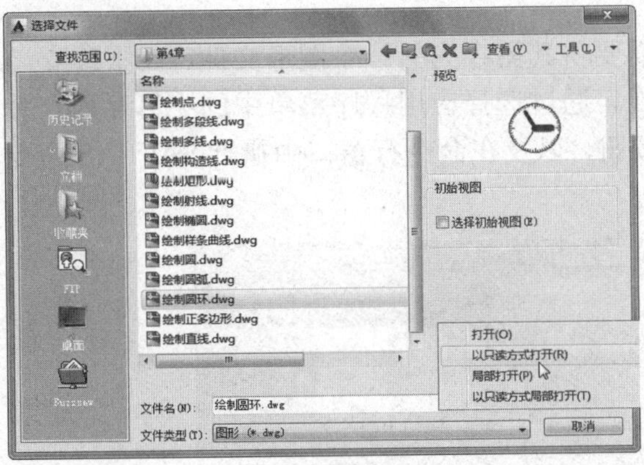

图 1-32　选择“以只读方式打开”命令

图 1-33　提示信息框

1.2.3　保存图形文件

在图形绘制过程中，每隔一段时间按时保存图形文件，可以避免因误操作、程序故障或停电等意外情况造成文件的损失。保存图形文件的方法大致可以分为以下三种类型。

方法一：保存当前图形文件

通过选择应用程序菜单中的“保存”命令，单击快速访问工具栏中的“保存”按钮，以及在命令行窗口中执行 SAVE 命令，均可执行“保存”命令，保存当前图形文件，如图 1-34 所示。

对于新创建的图形文件，执行“保存”命令，将弹出“图形另存为”对话框。用户可以设置文件名、文件类型和保存位置等。设置完毕后，单击“保存”按钮即可，如图 1-35 所示。

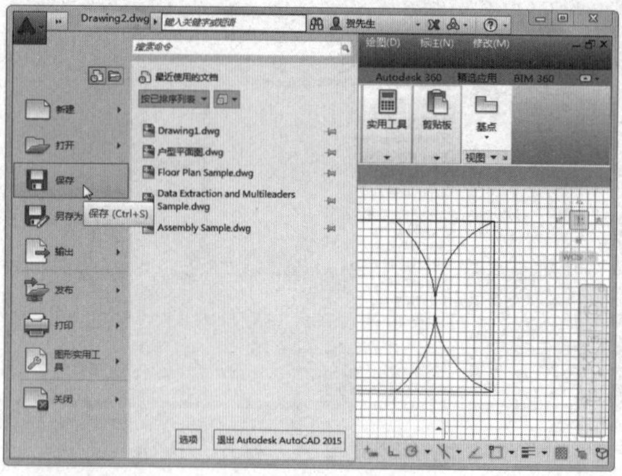

图 1-34　选择“保存”命令

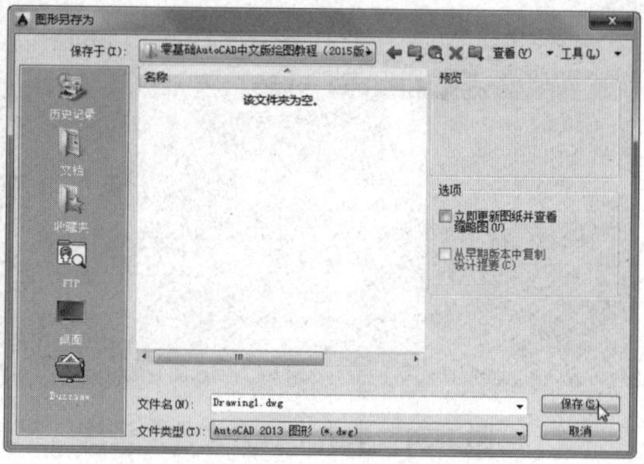

图 1-35　单击“保存”按钮

对于已保存过的图形文件，再次执行“保存”命令将默认将其保存到原位置，而不再弹出“图形另存为”对话框。

方法二：另存为其他图形文件

对于已保存过的图形文件，如果需要将其另存为另一个图形文件，而不改变当前图形文件，可以通过“另存为”命令来实现。通过选择应用程序菜单中的“另存为”命令，或单击快速访问工具栏中的“另存为”按钮，以及在命令行窗口中执行 SAVEAS 命令，均可执行“另存为”命令，如图 1-36 所示。

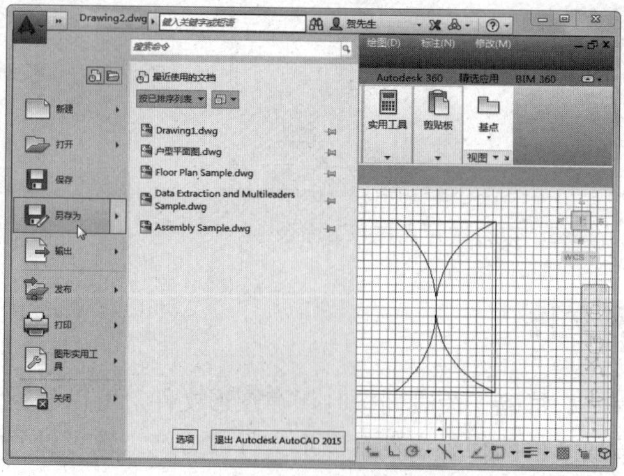

图 1-36　选择“另存为”命令

方法三：设置定时保存图形文件

用户可以设置自动保存图形文件，以免因忘记及时手动保存图形文件，造成文件的损失。在命令行窗口执行 OP 命令，打开“选项”对话框。切换到“打开和保存”选项卡，可以设置自动保存的时间间隔，如图 1-37 所示。

默认的文件自动保存位置较为隐蔽，用户可以更改保存路径为常用文件夹。切换到“文件”选项卡，展开列表框中“自动保存文件位置”选项，然后单击“浏览”按钮，如图 1-38 所示，即可自定义文件的自动保存位置。

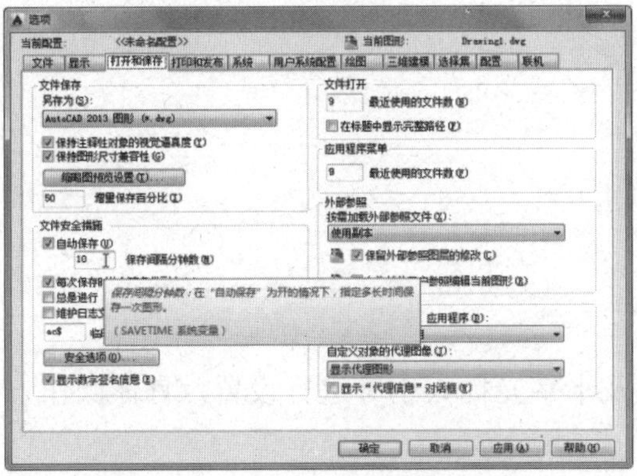

图 1-37　设置自动保存时间间隔

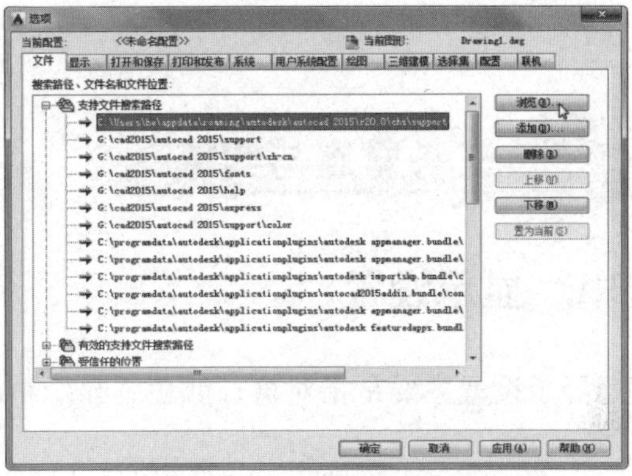

图 1-38　单击“浏览”按钮

1.2.4　关闭图形文件

如果只需关闭当前图形文件，可以单击绘图区右上角的“关闭”按钮（非主程序窗口右上角的“关闭”按钮），或在命令行窗口中执行 CLOSE 命令即可。

如果需要同时关闭当前打开的所有图形文件且保留主程序，则可展开应用程序菜单中的“关闭图形”级联菜单，选择其中的“所有图形”命令，如图 1-39 所示。在命令行窗口中执行 CLOSEALL 命令，同样可以实现此操作。

如果需要同时关闭当前打开的所有图形文件且关闭主程序，则可打开应用程序菜单，单击菜单右下角的“退出 Autodesk AutoCAD 2016”按钮，或直接单击主程序窗口右上角的“关闭”按钮即可，如图 1-40 所示。

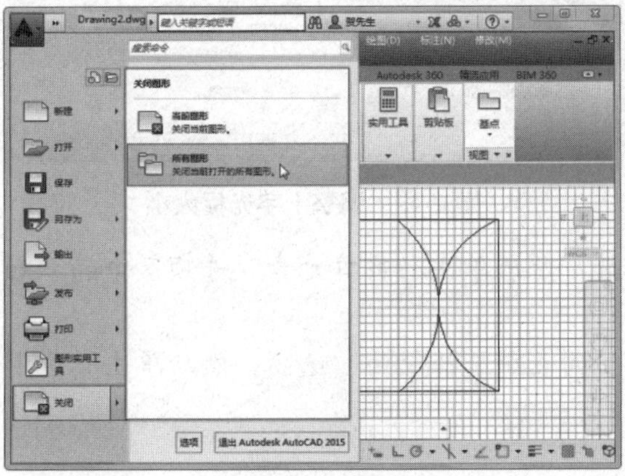

图 1-39　选择“所有图形”命令

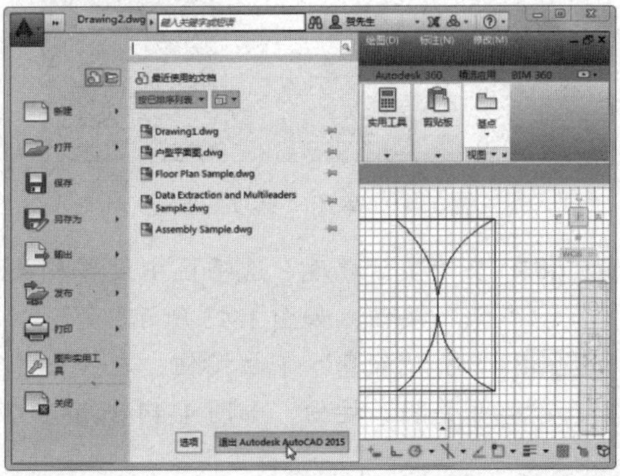

图 1-40　单击“退出 Autodesk AutoCAD 2016”按钮

任务 3　AutoCAD 系统设置

任务概述

在进行绘图工作前，需要对系统参数进行设置，以达到最佳效果。这样可大幅缩短工作时间，并提高工作效率，还能达到美观、大方的视觉效果。本任务主要学习系统的设置方法。

任务重点与实施

1.3.1　显示设置

显示设置主要是指对窗口颜色、显示精度及十字光标大小等进行设置，具体操作方法如下。

Step 01 新建空白图形文件，单击“应用程序”按钮，在打开的应用程序菜单中单击“选项”按钮，如图 1-41 所示。

Step 02 弹出“选项”对话框，选择“显示”选项卡，拖动“十字光标大小”选项区中的滑块，调整十字光标的大小，如图 1-42 所示。

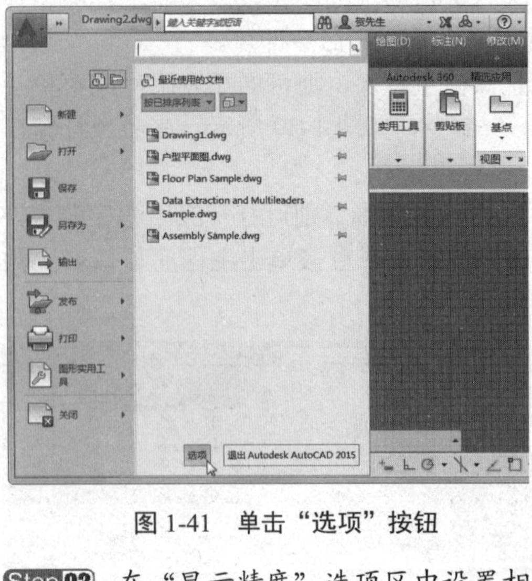

图 1-41　单击“选项”按钮

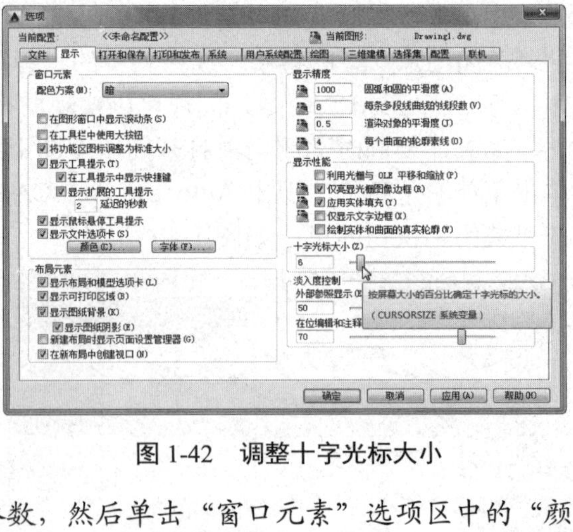

图 1-42　调整十字光标大小

Step 03 在“显示精度”选项区中设置相关参数，然后单击“窗口元素”选项区中的“颜色”按钮，如图 1-43 所示。

Step 04 单击“颜色”下拉按钮，在弹出的下拉列表中选择“白”选项，然后单击“应用并关闭”按钮，如图 1-44 所示。

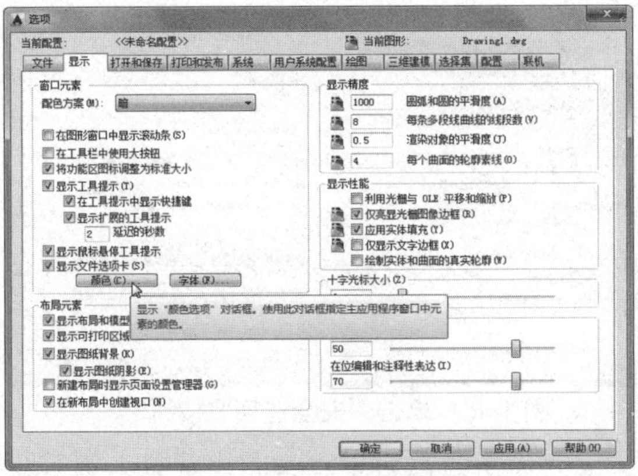

图 1-43　单击“颜色”按钮

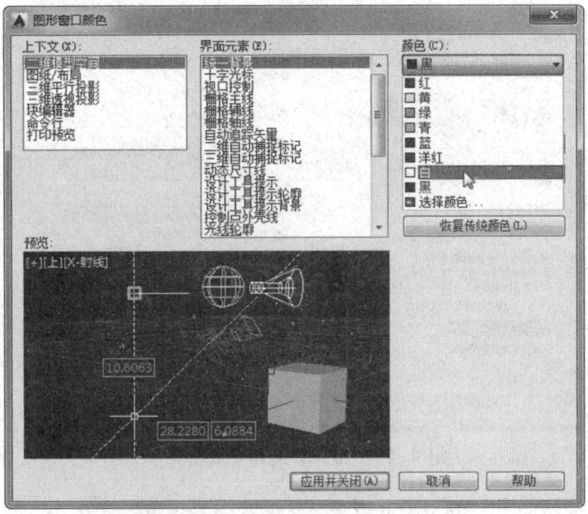

图 1-44　设置图形窗口颜色

Step 05　返回“选项”对话框，单击“窗口元素”选项区中的“字体”按钮，弹出“命令行窗口字体”对话框，可以进行相关设置，然后单击“应用并关闭”按钮，并单击“确定”按钮，如图 1-45 所示。

Step 06　返回绘图窗口，查看设置效果，如图 1-46 所示。

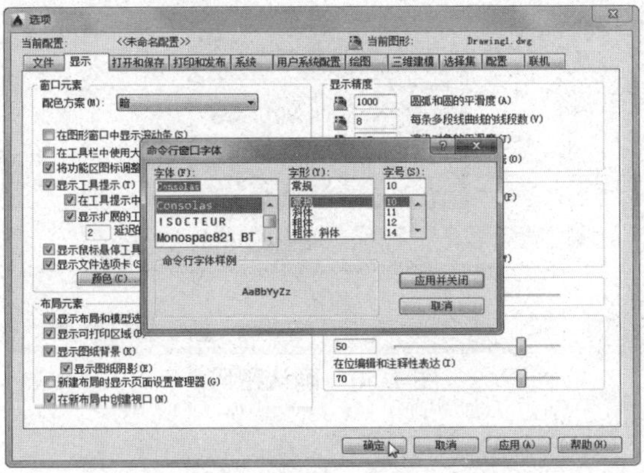

图 1-45　设置命令行窗口字体

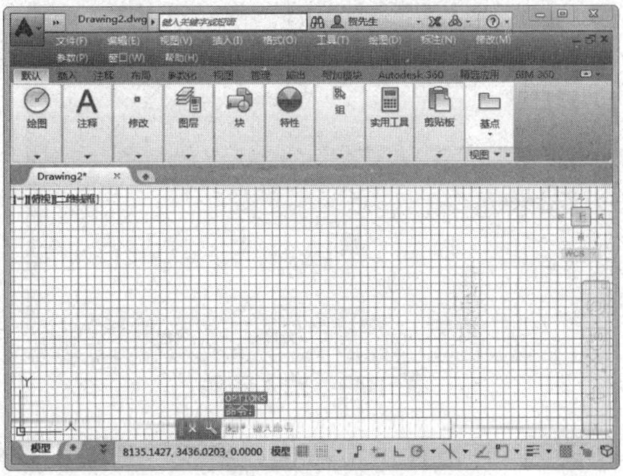

图 1-46　查看设置效果

1.3.2　打开和保存设置

打开和保存设置包括对文件保存类型的设置、最近使用的文件数的设置、自动保存频率设置、加密图形文件等，具体操作方法如下。

Step 01　打开“选项”对话框，选择“打开和保存”选项卡，单击“另存为”下拉按钮，在弹出的下拉列表中选择合适的文件格式，如图 1-47 所示。

Step 02　在“文件打开”选项区的文本框中设置最近使用文档的数量，然后单击“文件安全措施”选项区中的“安全选项”按钮，如图 1-48 所示。

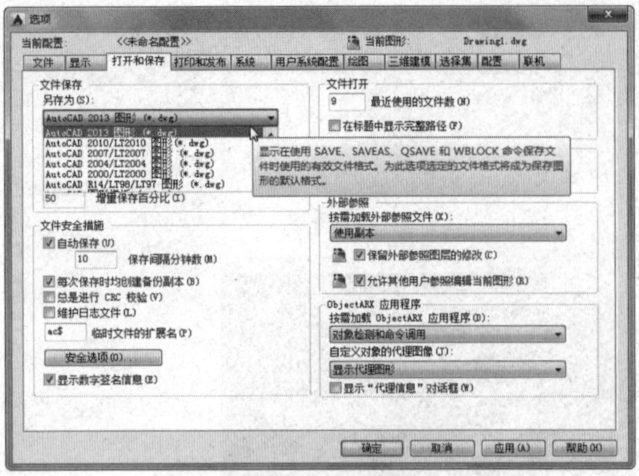

图 1-47　选择文件格式

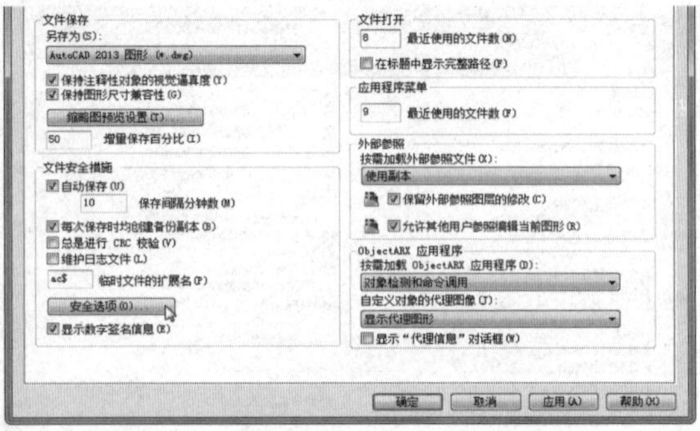

图 1-48　单击“安全选项”按钮

Step 03 弹出“安全选项”对话框，在“用于打开此图形的密码或短语”文本框中输入密码，然后单击“确定”按钮，如图 1-49 所示。

Step 04 弹出“确认密码”对话框，再次输入密码，然后依次单击“确定”按钮，如图 1-50 所示。

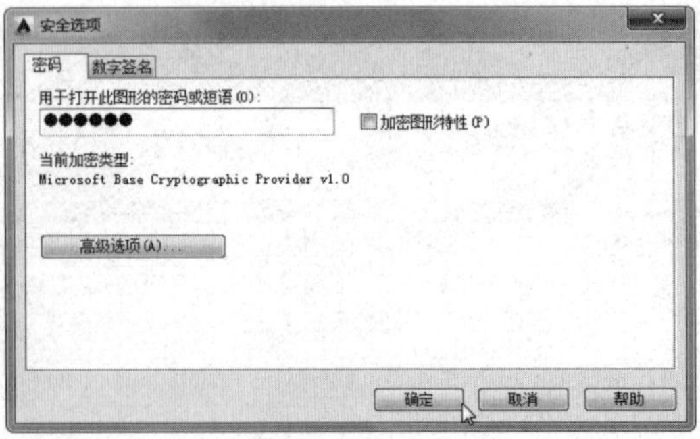

图 1-49　输入密码

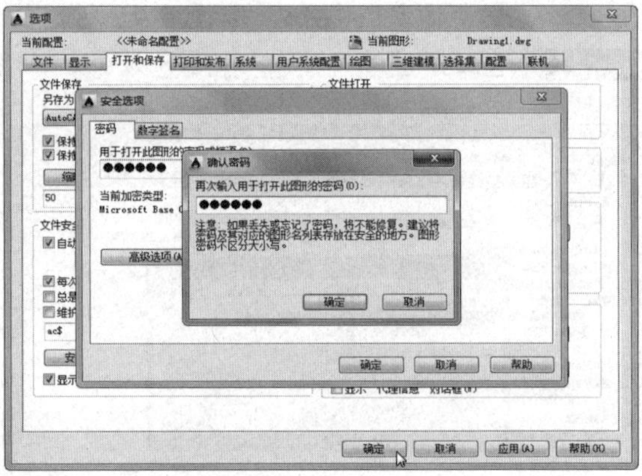

图 1-50　确认密码

Step 05 弹出提示信息框，单击“确定”按钮，如图 1-51 所示。

Step 06 再次打开此文件时，提示用户需要输入密码，如图 1-52 所示。

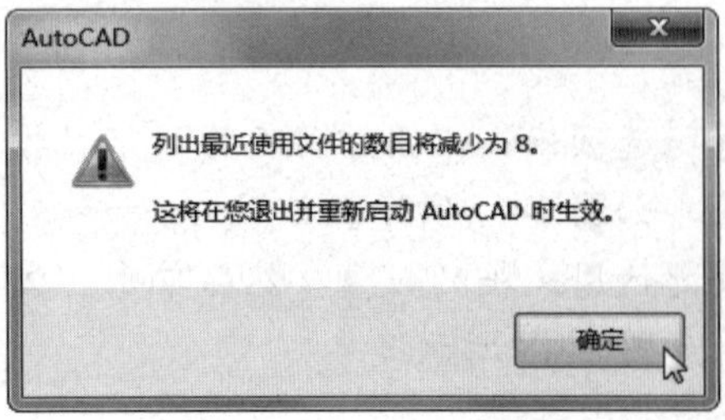

图 1-51　提示信息框

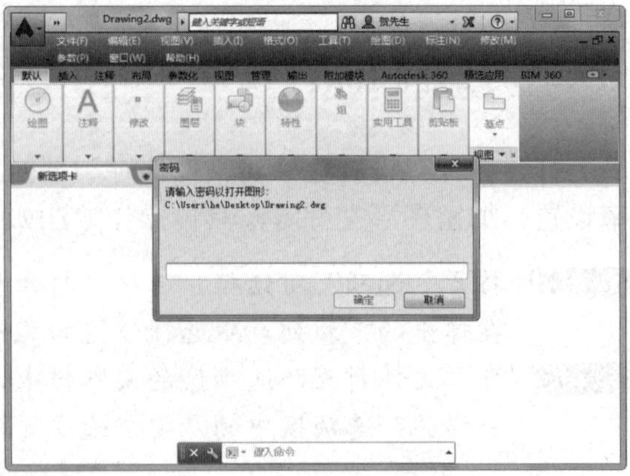

图 1-52　提示输入密码

1.3.3　绘图环境设置

用户可以对 AutoCAD 2016 的绘图环境进行自定义，如设置绘图单位、图形界限等，具体操作方法如下。

Step 01 单击“应用程序”按钮▲，在打开的应用程序菜单中选择“图形实用工具”|“单位”命令，如图 1-53 所示。

Step 02 弹出“图形单位”对话框，即可设置图形长度、精度和角度等各项单位，如图 1-54 所示。

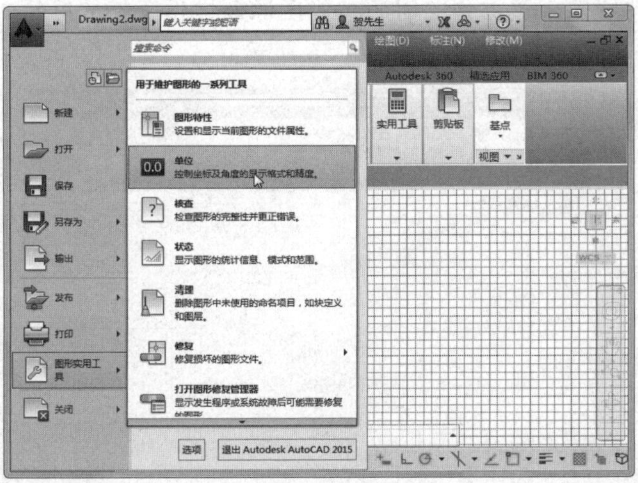

图 1-53　选择“单位”命令

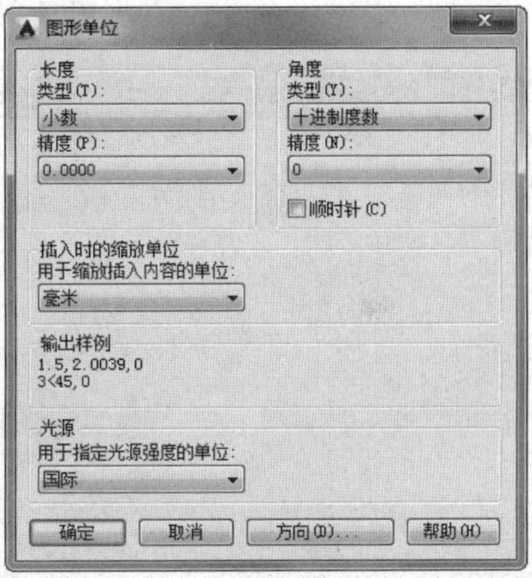

图 1-54　设置图形单位

Step 03 在命令窗口输入 LIMITS 命令，按【Enter】键执行，分别输入图形界限的左下角点和右上角点的坐标，如指定左下角点坐标为“0, 0”，指定右上角点坐标为“297, 210”。

命令:
LIMITS
重新设置模型空间界限:
指定左下角点或 [开(ON)/关(OFF)] <0,0>:
指定右上角点 <420,297>: 297,210
按【Enter】键确认，重复执行 LIMITS 命令，输入 ON，并按【Enter】键开启图形界限，此时执行任意绘图命令，如果所输入的点位于图形界限以外，将提示“超出图形界限”并无法绘制该点。
命令:
LIMITS
重新设置模型空间界限:
指定左下角点或 [开(ON)/关(OFF)] <0,0>: ON
命令: _line 指定第一点:
**超出图形界限。

1.3.4 工作空间设置

工作空间是经过组织的菜单、工具栏和选项板的集合。AutoCAD 2016 包含“草图与注释”“三维基础”和“三维建模”3 种预设工作空间，便于用户进行不同类型的图形的绘制工作。用户还可以自定义新的工作空间，以满足不同的工作需要。下面将对工作空间的设置方法进行介绍。

Step 01 单击状态栏中的“切换工作空间”下拉按钮，在弹出的下拉菜单中选择“三维基础”命令，如图 1-55 所示。

Step 02 此时，将切换到三维基础工作空间。该工作空间的功能区综合提供了最常用的三维建模命令，主要用于简单三维模型的创建，如图 1-56 所示。

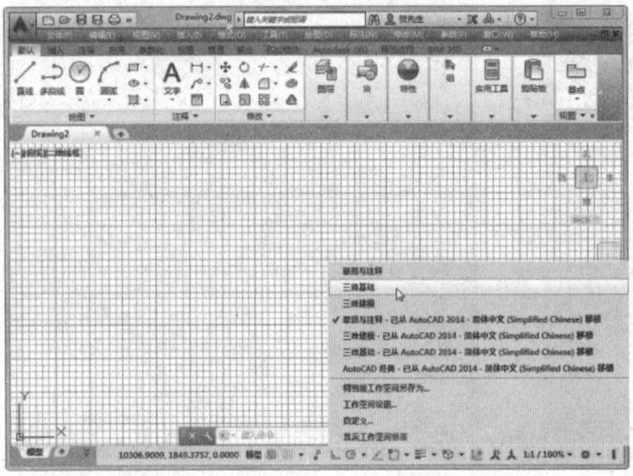

图 1-55　选择“三维基础”命令

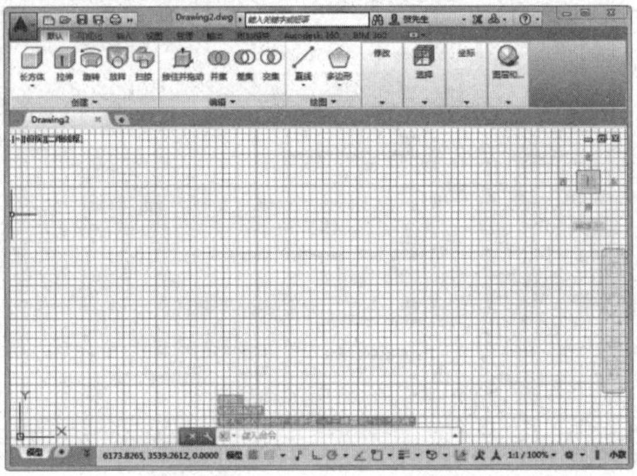

图 1-56　三维基础工作空间

Step 03 若在弹出的下拉菜单中选择“三维建模”命令，将切换到三维建模工作空间，如图 1-57 所示。

Step 04 若在弹出的下拉菜单中选择“工作空间设置”命令，将弹出“工作空间设置”对话框。通过该对话框可以设置“工作空间”下拉菜单中要显示的工作空间和排列顺序，如图 1-58 所示。

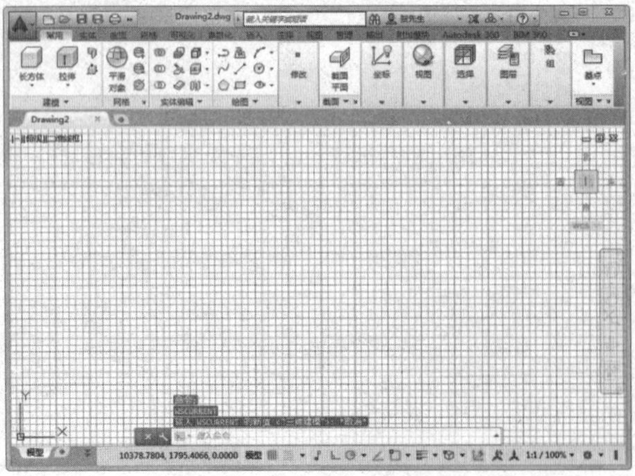

图 1-57　三维建模工作空间

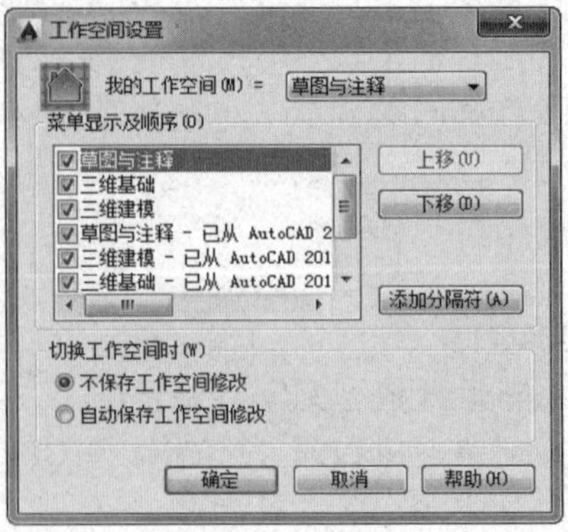

图 1-58　“工作空间设置”对话框

Step 05 若在弹出的下拉菜单中选择“自定义”命令，将弹出“自定义用户界面”对话框。右击左上方窗格中的“工作空间”选项，在弹出的快捷菜单中选择“新建工作空间”命令，如图 1-59 所示。

Step 06 此时，即可在左上方窗格中新建一个工作空间，输入工作空间命令，然后单击右上方窗格中的“自定义工作空间”按钮，如图 1-60 所示。

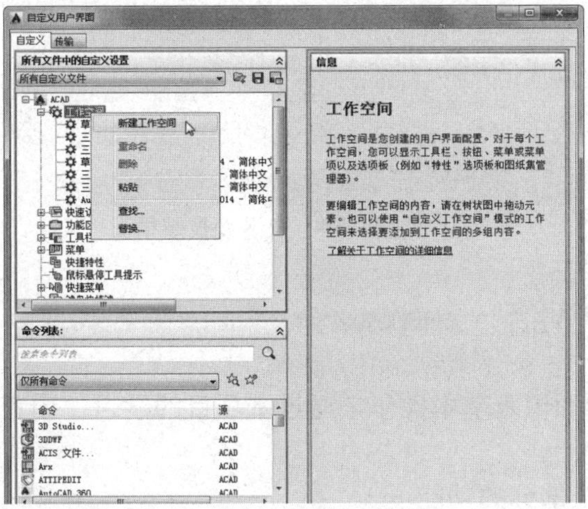

图 1-59　选择“新建工作空间”命令

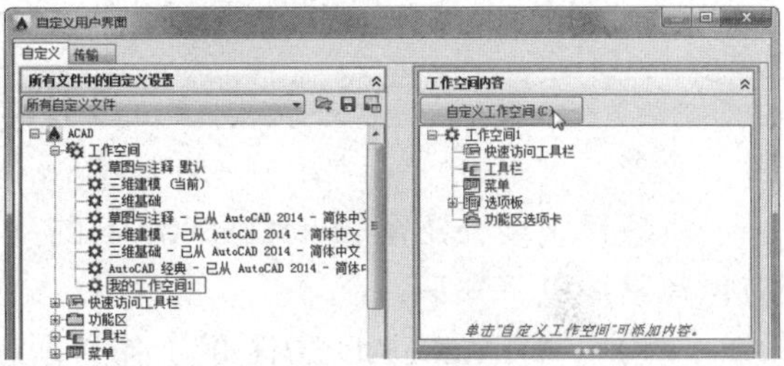

图 1-60　单击“自定义工作空间”按钮

Step 07 在左上方窗格中单击选项左侧的“+”符号，展开选项，通过选中已展开选项左侧的复选框，设置新工作空间要显示的组件，如图 1-61 所示。

Step 08 设置完毕后，在右上方窗格中查看新添加的组件，然后单击“完成”按钮，如图 1-62 所示。

图 1-61　设置要显示的组件

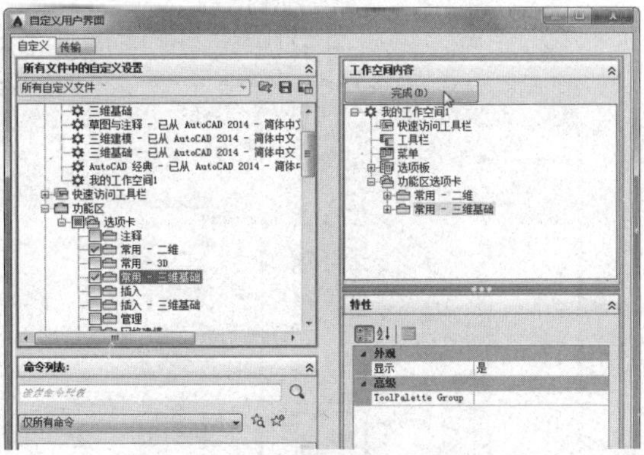

图 1-62　查看新添加的组件

Step 09 关闭“自定义用户界面”对话框，然后单击状态栏中的“切换工作空间”下拉按钮，在弹出的下拉菜单中选择新创建的工作空间命令，如图 1-63 所示。

Step 10 切换到新建工作空间，查看设置效果，如图 1-64 所示。

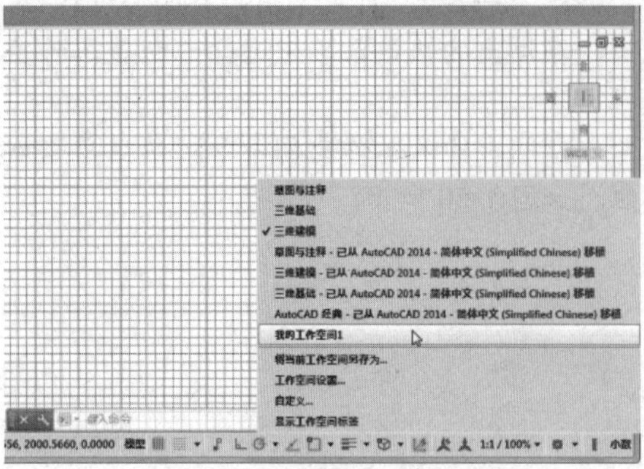

图 1-63　选择新创建的工作空间

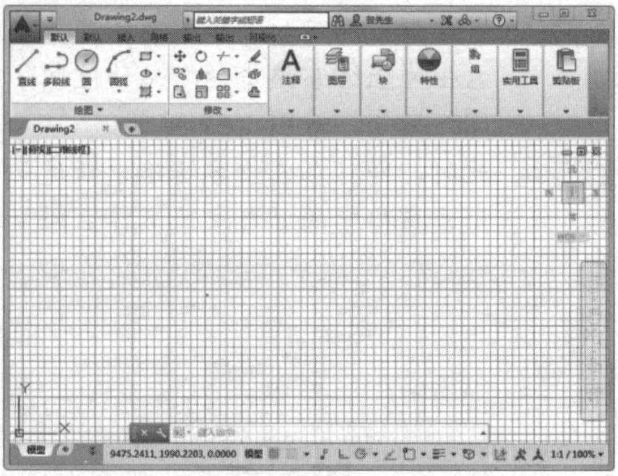

图 1-64　查看设置效果

项目小结

本项目主要介绍了 AutoCAD 2016 的基础知识及基本操作，通过本项目的学习，读者应重点掌握以下知识：

（1）了解 AutoCAD 2016 的工作界面各个部分的功能。

（2）能够熟练掌握创建图形文件、打开图形文件、保存图形文件和关闭图形文件的操作方法。

（3）可以对系统进行自定义设置。

项目习题

（1）自定义绘图比例为 1∶25。

操作提示：

① 在 AutoCAD 2016 窗口中单击“格式”|“比例缩放列表”命令，如图 1-65 所示。

② 弹出“编辑图形比例”对话框，单击“添加”按钮，如图 1-66 所示。

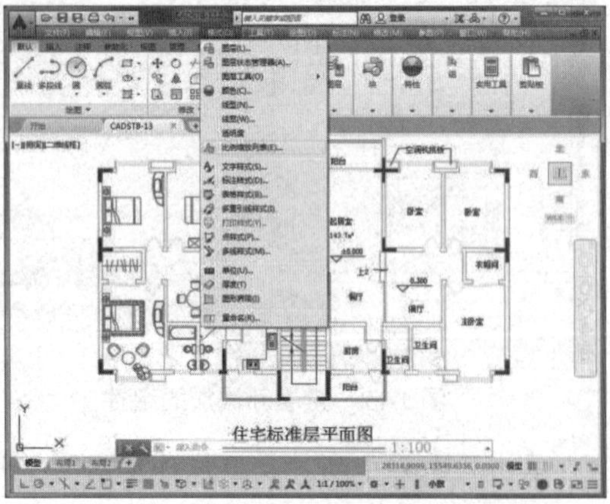

图 1-65　选择“比例缩放列表”命令

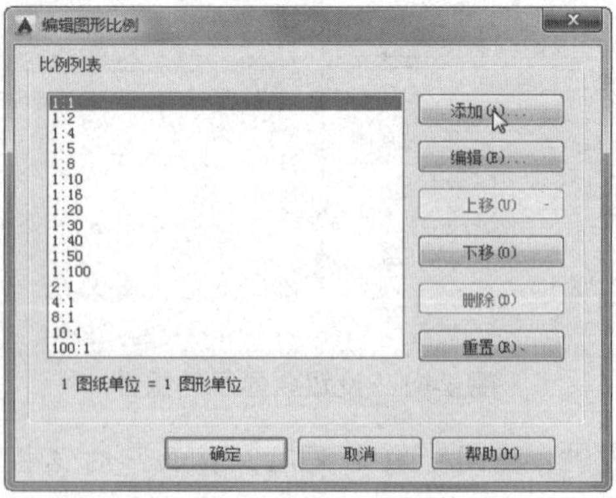

图 1-66　单击“添加”按钮

③ 弹出“添加比例”对话框，输入单位数值，单击“确定”按钮，如图 1-67 所示。

④ 返回“编辑图形比例”对话框，选中添加的比例值，然后单击“确定”按钮，如图 1-68 所示。

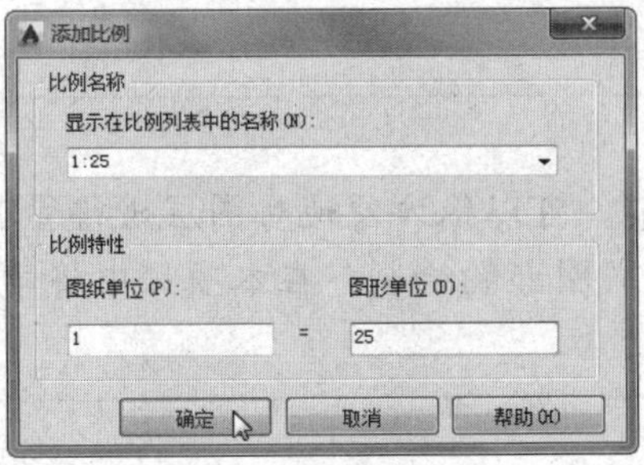

图 1-67　输入单位数值

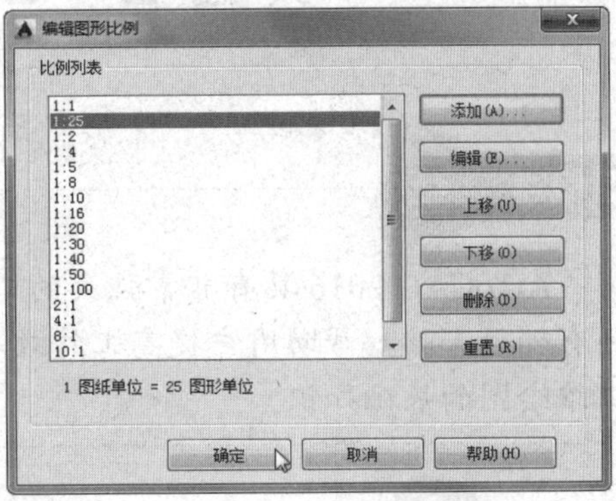

图 1-68　选择比例

（2）使用 Autodesk 360 共享文档功能对文件与好友进行共享。

操作提示：

① 选择 Autodesk 360 选项卡，单击“联机文件”面板上的“共享文档”按钮，如图 1-69 所示。

② 弹出 Autodesk 360 对话框，添加联系人，然后单击“保存并邀请”按钮即可，如图 1-70 所示。

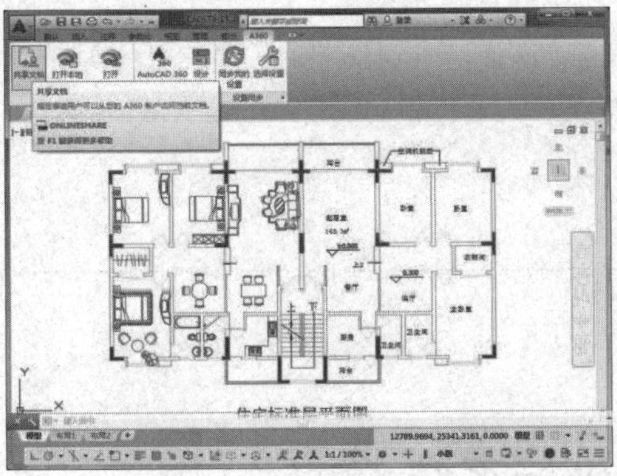

图 1-69　单击“共享文档”按钮

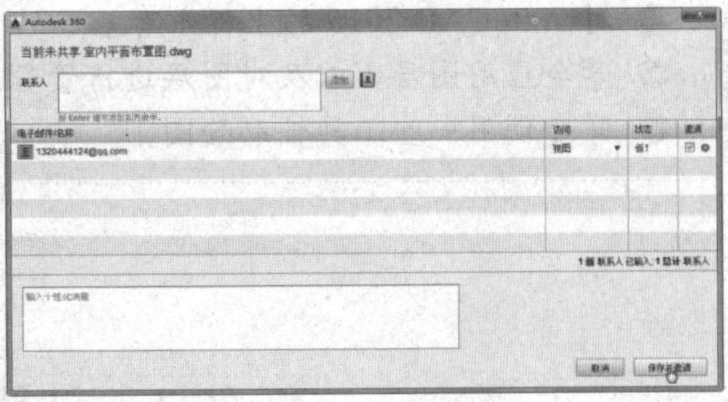

图 1-70　添加共享联系人

项目 2　二维绘图基础

项目概述

AutoCAD 2016 具有非常强大的二维绘图功能，可以很方便地对图层进行管理；还有辅助工具，帮助用户提高工作效率，快速完成图形的绘制。在本项目中将学习二维绘图的基础知识。

项目重点

- 认识 AutoCAD 2016 的坐标系统。
- 了解 AutoCAD 2016 图层的功能
- 学会使用辅助工具帮助绘图。
- 学会使用查询工具帮助绘图。
- 学会使用参数化工具帮助绘图。

项目目标

- 对 AutoCAD 2016 的坐标系有基本的了解。
- 学会应用图层，以及对图层进行管理。
- 学会使用一些工具辅助绘图。

任务 1　认识坐标系统

任务概述

在 AutoCAD 中，根据坐标轴的不同，可以按照直角坐标和极坐标输入图形的二维坐标。在使用直角坐标和极坐标时，均可基于坐标原点(0,0)输入绝对坐标，或基于上一指定点输入其相对坐标。

任务重点与实施

2.1.1　直角坐标

直角坐标系也叫作笛卡儿坐标系。在 AutoCAD 中，它包含通过坐标系原点(0,0,0)的 X、Y 和 Z 三个轴。在输入坐标值时，需要指定沿 X、Y 和 Z 轴相对于坐标系原点的距离，如图 2-1 所示。在绘制二维平面图形时，一般只会用到相互垂直的 X、Y 轴，以及坐标系原点(0,0)。X 轴为水平方向，向右为正方向；Y 轴为垂直方向，向上为正方向。在二维平面上的任意一点都可以由一对坐标值(x,y)来定义，如图 2-2 所示。

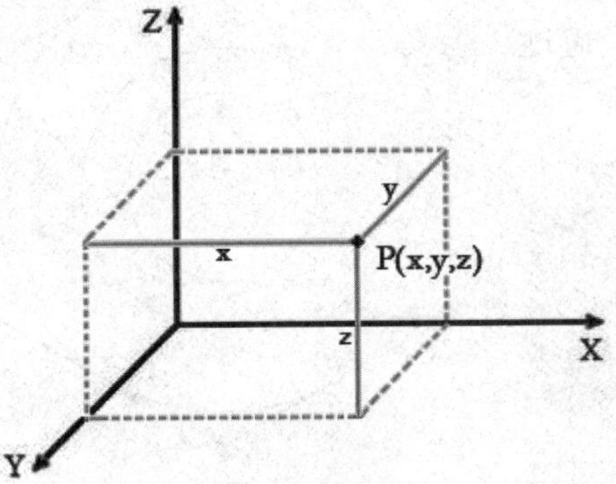

图 2-1　直角坐标系

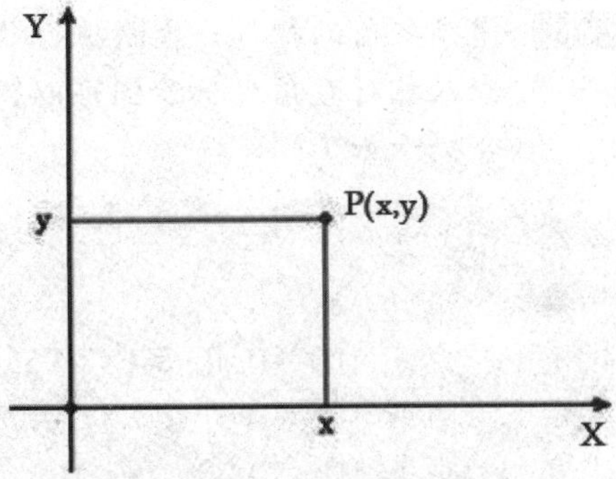

图 2-2　X、Y 轴及坐标系原点

基于坐标系原点输入的坐标称为绝对坐标。此外，还可以某点为参考点，通过输入相对坐标来确定点。相对坐标与坐标系原点无关，只与参考点有关。下面将通过实例对绝对直角坐标和相对直角坐标的应用进行介绍，具体操作方法如下。

Step 01　打开素材文件“直角坐标.dwg”，单击“默认”选项卡下“绘图”面板中的“直线”按钮，如图 2-3 所示。

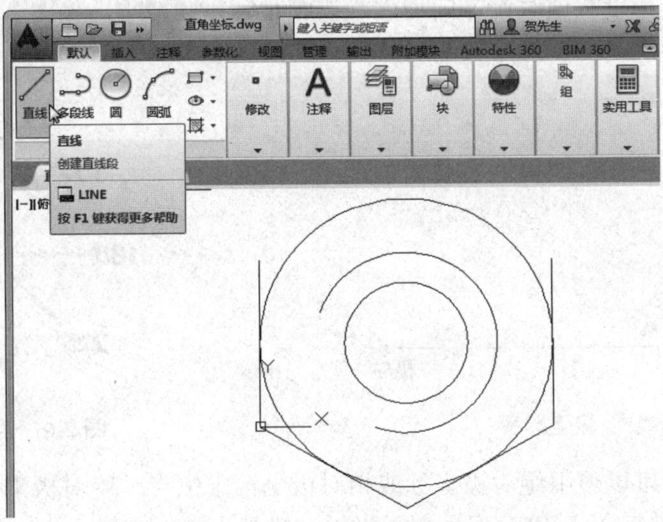

图 2-3　单击“直线”按钮

Step02 在命令行窗口中输入直线第一点的绝对直角坐标，然后按【Enter】键确认。采用同样的方法依次输入其他点的绝对直角坐标，按【Enter】键结束输入，命令提示如下：

```
命令: _line 指定第一点: 0,9.1
指定下一点或 [放弃(U)]: 7.87,13.63
指定下一点或 [放弃(U)]: 15.74,9.1
指定下一点或 [闭合(C)/放弃(U)]
```

Step03 查看通过输入绝对直角坐标绘制的六角螺母图形效果，如图 2-4 所示。

Step04 撤销之前的操作，重新执行"直线"命令，通过输入相对直角坐标绘图可以得到相同的图形。命令提示如下：

```
命令: _line
指定第一点: 0,9.1
指定下一点或 [放弃(U)]: @7.87,4.53
指定下一点或 [放弃(U)]: @7.87,-4.53
指定下一点或 [闭合(C)/放弃(U)]
```

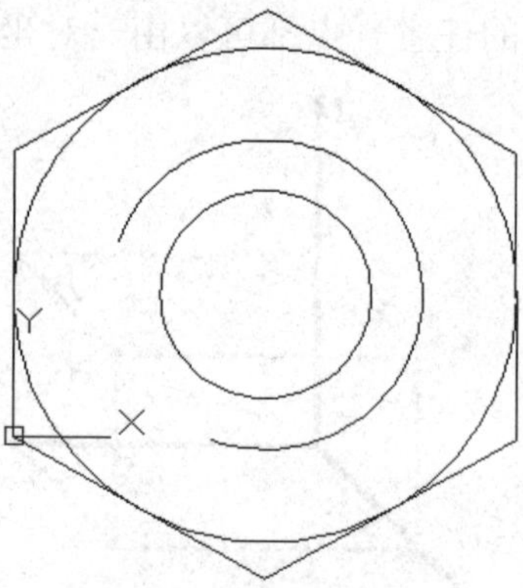

图 2-4　查看图形效果

2.1.2 极坐标

极坐标系由一个极点和一个极轴构成。在二维平面上的任意一点都可以由该点到极点的距离和该点到极点的连线与极轴的极角角度定义，即用一对坐标值（L<α）来定义一个点，其中 L 表示连线距离，α 表示极角角度，如图 2-5 所示。

默认情况下，角度按逆时针方向增大，按顺时针方向减小，如图 2-6 所示。如果要指定顺时针方向的角度，可以为角度输入负值。例如，输入（L<315）和（L<-45）都代表相同的点。

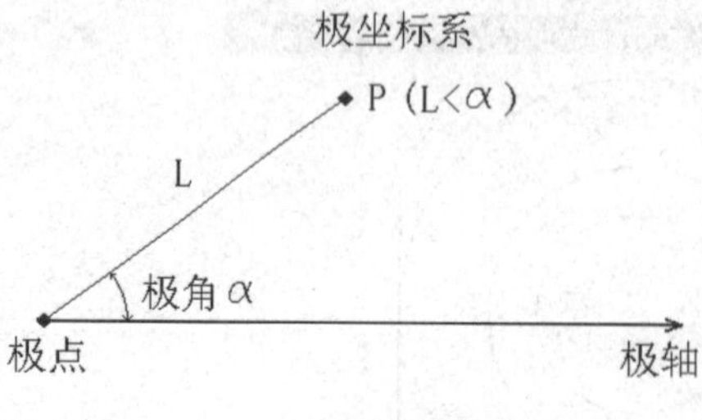

图 2-5　极坐标系

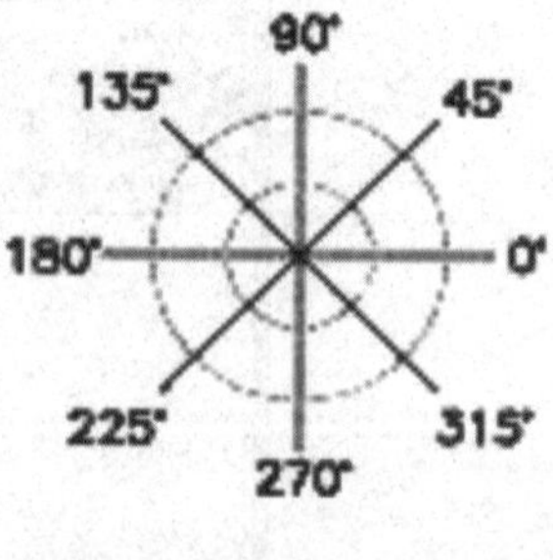

图 2-6　坐标角度

创建对象时，可以使用绝对极坐标或相对极坐标定位点。绝对极坐标的极点为(0,0)，即直角坐标系 X 轴与 Y 轴的交点。相对坐标一般基于上一个输入点。如果要指定相对坐标，需在坐标前面添加一个符号“@”即可。

下面将通过实例对绝对极坐标和相对极坐标的应用进行介绍，具体操作方法如下。

Step 01 打开素材文件“打开素材文件”，单击“默认”选项卡下“绘图”面板中的“直线”按钮，如图 2-7 所示。

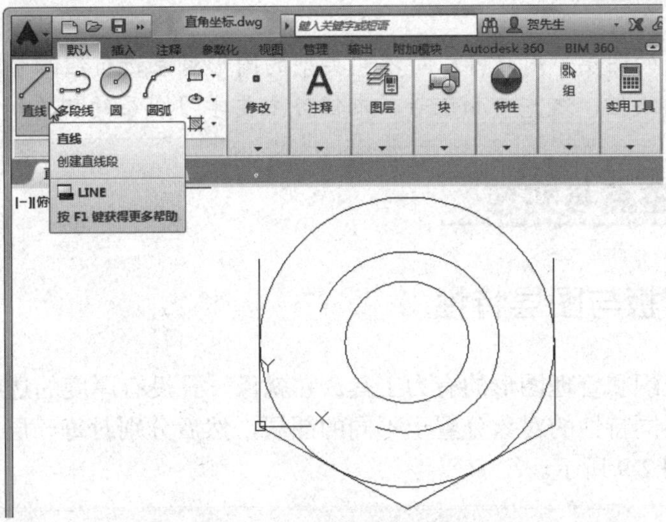

图 2-7　单击“直线”按钮

Step 02 在命令行窗口中输入直线第一点的绝对极坐标，然后按【Enter】键确认。采用同样的方法依次输入其他点的绝对极坐标。按【Enter】键结束输入。命令提示如下：

```
命令: _line 指定第一点: 9.1<90
指定下一点或 [放弃(U)]: 15.75<60
指定下一点或 [放弃(U)]: 18.18<30
指定下一点或 [闭合(C)/放弃(U)]
```

Step 03 查看通过输入绝对直角坐标绘制的六角螺母图形效果，如图 2-8 所示。

Step 04 撤销之前的操作，重新执行“直线”命令，通过输入相对直角坐标绘图可以得到相同的图形。命令提示如下：

```
命令: _line
指定第一点: 9.1<90
指定下一点或 [放弃(U)]:  @9.1<30
指定下一点或 [放弃(U)]: @9.1<330
指定下一点或 [闭合(C)/放弃(U)]
```

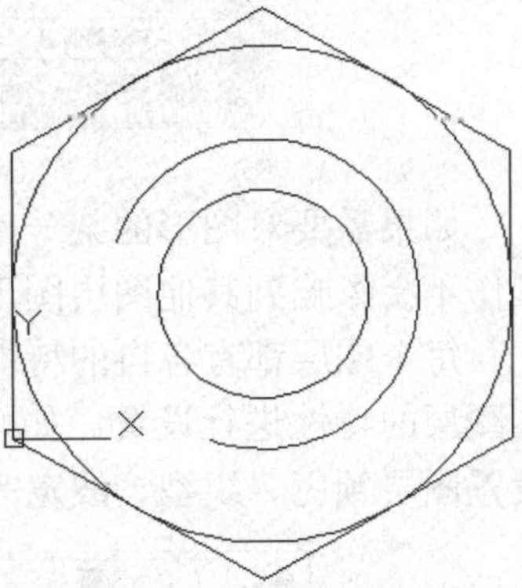

图 2-8　查看效果

任务 2　图层的应用

任务概述

通过创建不同的图层，用户可以对不同类型的图形对象进行组织管理，如分别控制其显示状态，修改其线型、线宽与颜色等，本任务主要学习图层的相关知识。

任务重点与实施

2.2.1　图层面板与图层特性

图层是用户组织和管理图形的有力工具。它就像一叠没有厚度的透明纸，用户可以将复杂图形中具有不同特性的对象分置于不同的图层，然后分别对每一层的对象进行绘制、修改和编辑，如图 2-9 所示。

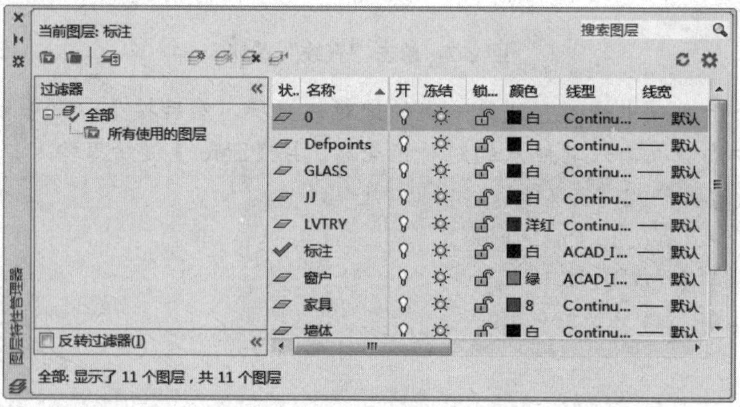

图 2-9　图层

如果需要对图形的某一部分进行修改，选择该部分所属图层即可，这时该图层的修改操作不会影响到其他图层图形，“图层”面板如图 2-10 所示。

每个图层都有各自的特性，它通常是由当前图层的默认设置决定的，在操作时可以对各图层的特性进行设置，如修改图层名称、打开/关闭图层、锁定/解锁图层、隔离图层、设置图层颜色、线型、线宽等，如图 2-11 所示。

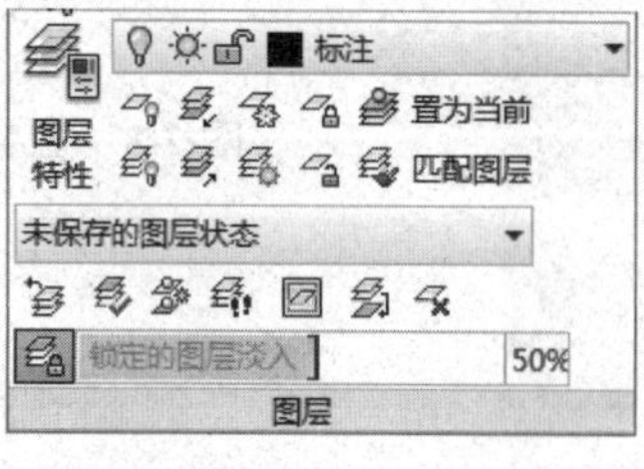

图 2-10　“图层”面板

图 2-11　“特性”面板

2.2.2　图层的创建与删除

当启动 AutoCAD 2016 并新建文件后，程序将自动创建一个名为 0 的图层。该图层将默认使用索引颜色 7、Continuous 线型、默认线宽及透明图为 0。该图层无法被删除或重命名图层。用户可以手动创建更多的图层，具体操作方法如下。

Step 01　新建图形文件，在“默认”选项卡下单击“图层”面板中的“图层特性”按钮，如图 2-12 所示。

Step 02　打开图层特性管理器，单击“新建图层”按钮，如图 2-13 所示。

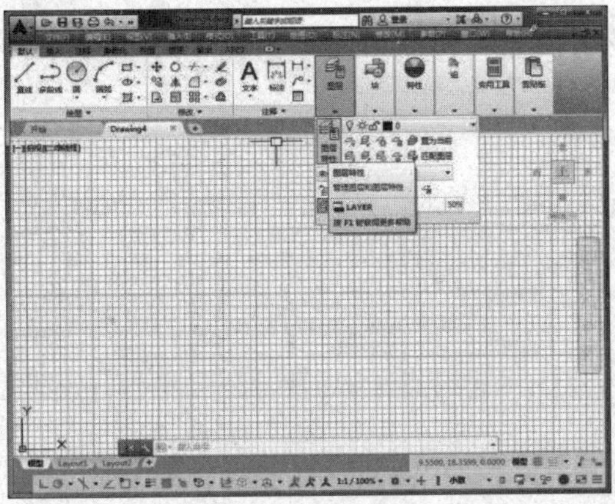

图 2-12　单击“图层特性”按钮

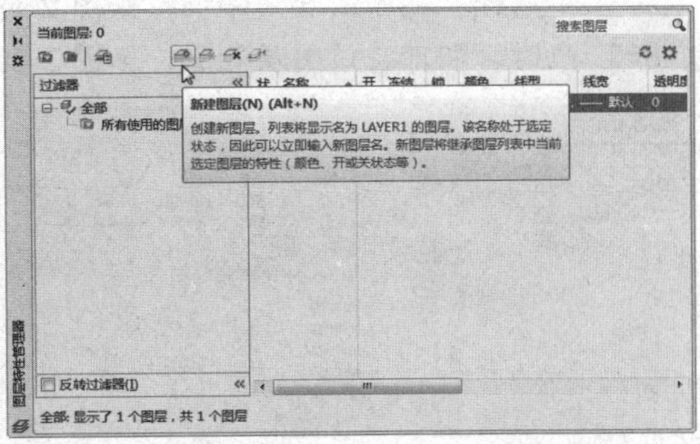

图 2-13　单击“新建图层”按钮

Step 03　此时，即可在默认图层的下方创建出一个新的图层，名称呈可编辑状态，如图 2-14 所示。

Step 04　输入图层名称，在空白位置单击确认，即可完成图层的创建操作，如图 2-15 所示。

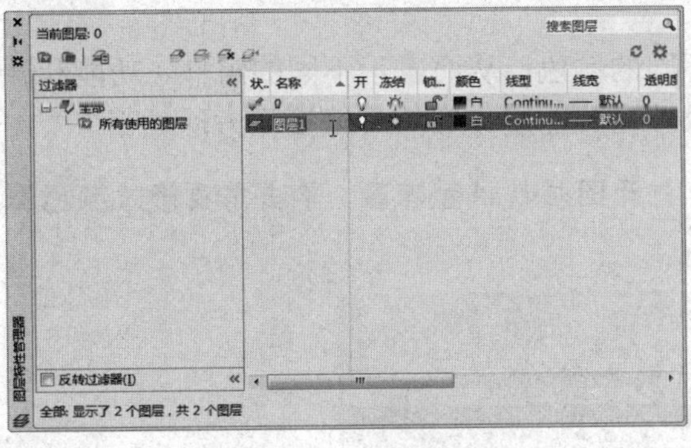

图 2-14　新建图层

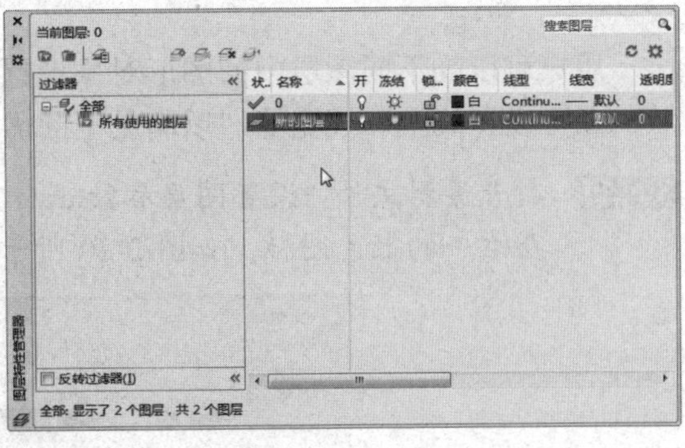

图 2-15　更改名称

Step 05　选择图层并右击，在弹出的快捷菜单中选择“重命名图层”命令，也可对其进行重命名，如图 2-16 所示。

Step 06　当创建多个图层后，可选择某图层，并单击“置为当前”按钮，将其置为当前图层。也可直接双击某图层，将其置为当前图层，如图 2-17 所示。

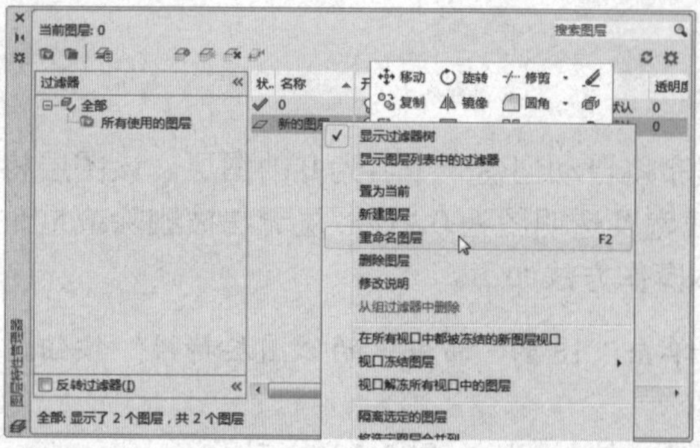

图 2-16　重命名图层

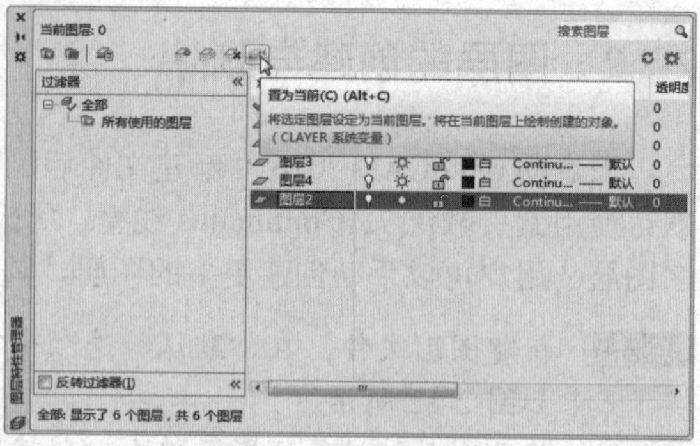

图 2-17　置为当前图层

Step07 选择某图层后，单击“删除”按钮，或者右击要删除的图层，在弹出的快捷菜单中选择“删除图层”命令，如图 2-18 所示。

Step08 此时，即可将该图层删除，如图 2-19 所示。

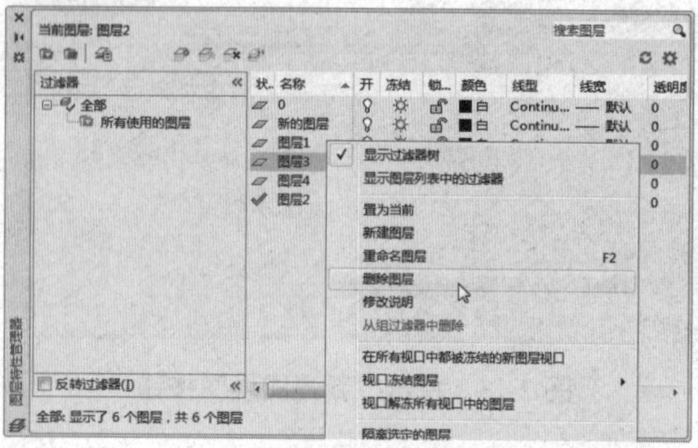

图 2-18　选择“删除图层”命令

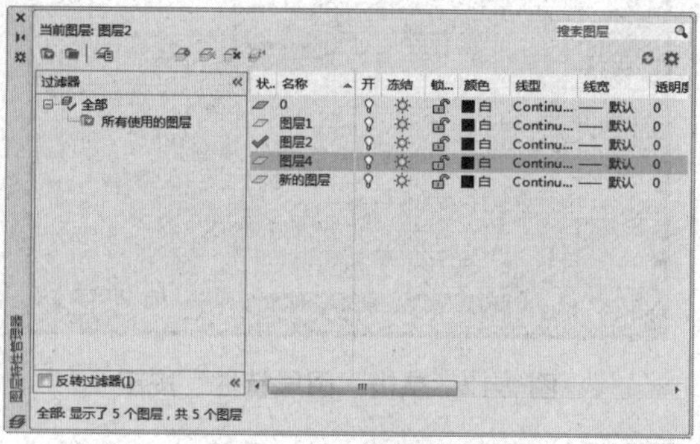

图 2-19　查看删除效果

2.2.3　设置图层参数

用户可以为不同图层中的图形对象设置不同的颜色，从而表示不同的组件、功能和区域，还可设置线型、线宽等，以满足不同需求。设置图层参数的具体操作方法如下。

Step01 打开素材文件“设置图层参数.dwg”，打开图层特性管理器，单击需要修改颜色图层右侧的颜色图标，如图 2-20 所示。

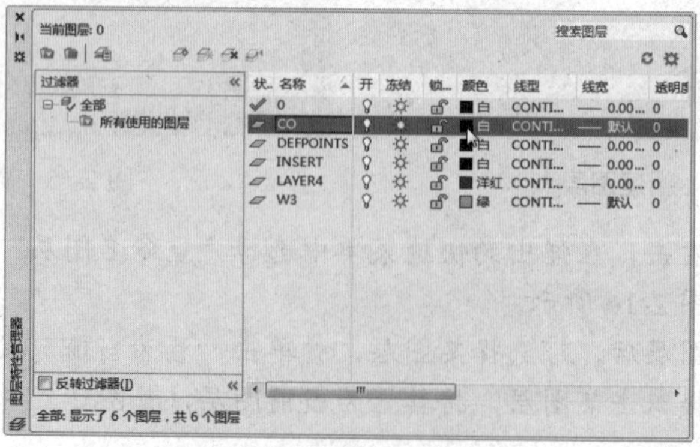

图 2-20　单击颜色图标

Step 02 弹出“选择颜色”对话框，选择要修改的颜色，然后单击“确定”按钮，如图 2-21 所示。

Step 03 采用同样的方法修改其他图层的颜色，图层特性管理器中的颜色图标与名称将发生变化，如图 2-22 所示。

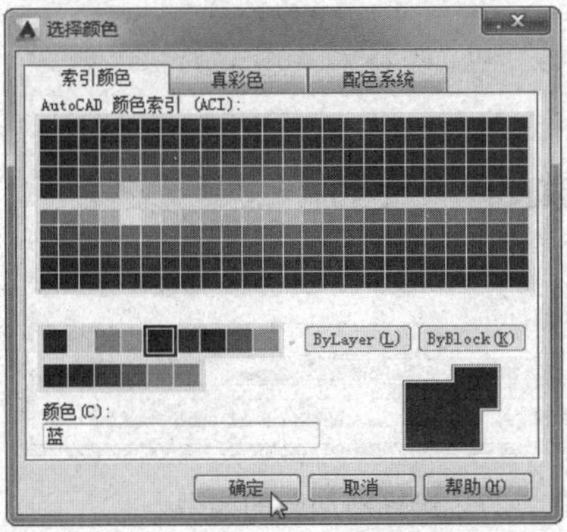

图 2-21　选择颜色

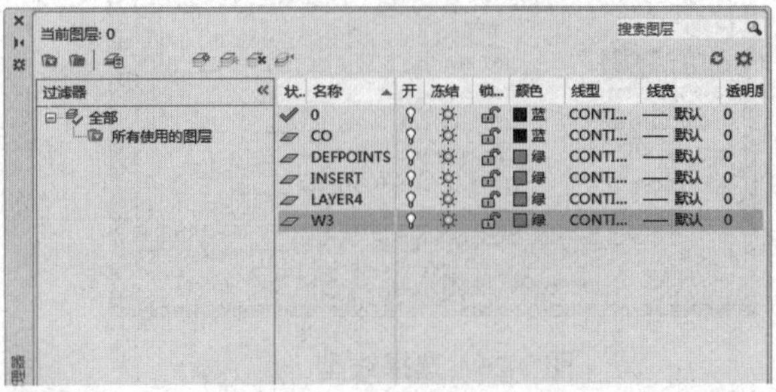

图 2-22　图层特性管理器

Step 04 如果修改图层颜色后，某图层中对象的颜色未发生改变，说明其特性被修改。打开“特性”面板，修改对象的特性颜色为“ByLayer（随图层）”即可，如图 2-23 所示。

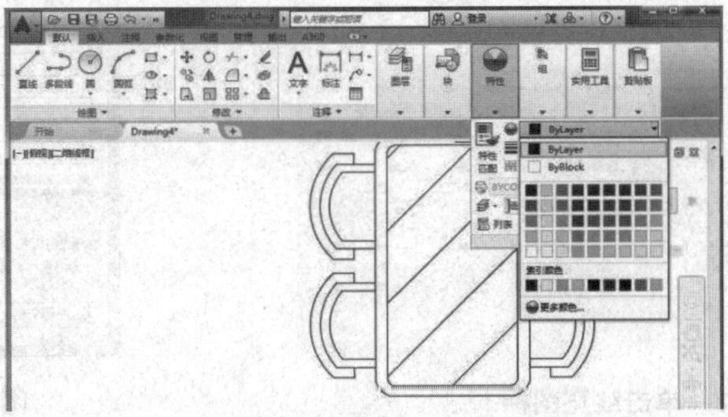

图 2-23　修改对象特性

Step 05 再次打开图层特性管理器，单击要修改线型的图层右侧线型对应的图标，如图 2-24 所示。

Step 06 弹出“选择线型”对话框，单击“加载”按钮，如图 2-25 所示。

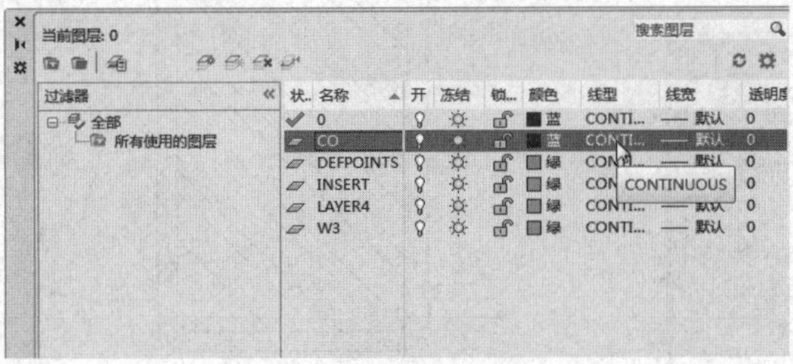

图 2-24　修改线型

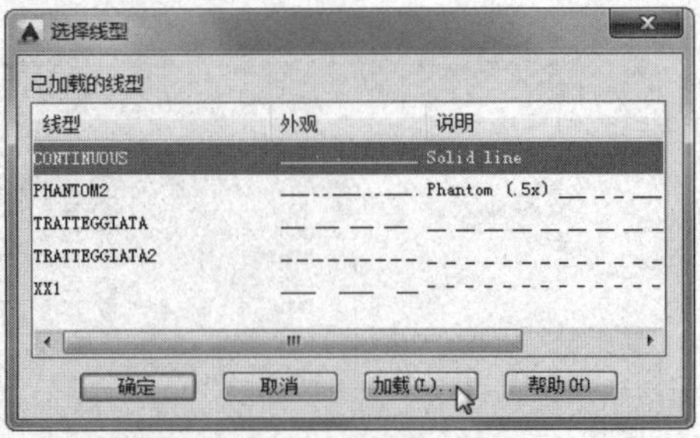

图 2-25　单击“加载”按钮

Step 07 弹出“加载或重载线型”对话框，在列表框中选择所需的线型，然后单击“确定”按钮，如图 2-26 所示。

Step 08 返回“选择线型”对话框，在列表中选择新加载的线型，然后单击“确定”按钮，如图 2-27 所示。

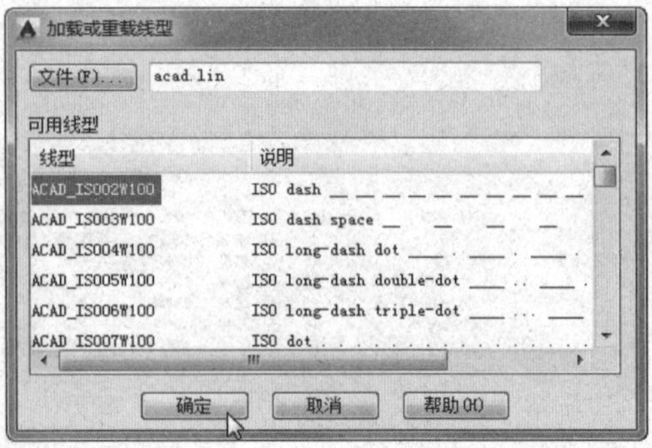

图 2-26 选择线型

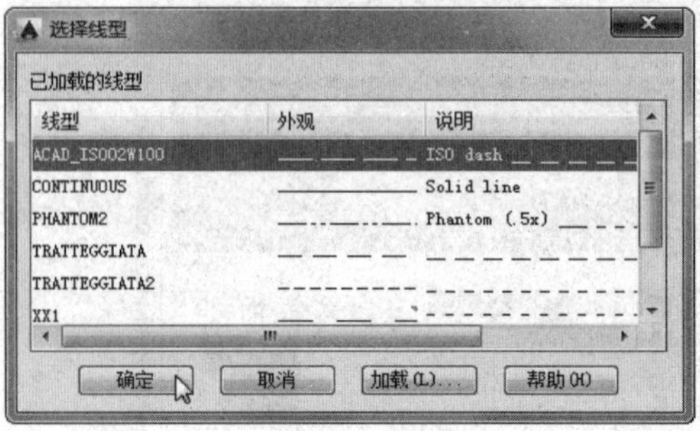

图 2-27 选择新加载的线型

Step 09 返回图层特性管理器，单击图层右侧线宽对应的图标，如图 2-28 所示。

Step 10 弹出“线宽”对话框，选择合适的线宽，然后单击“确定”按钮，如图 2-29 所示。

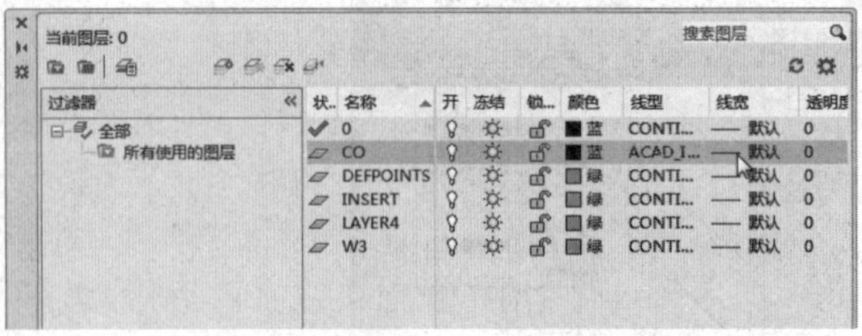

图 2-28 单击线宽图标

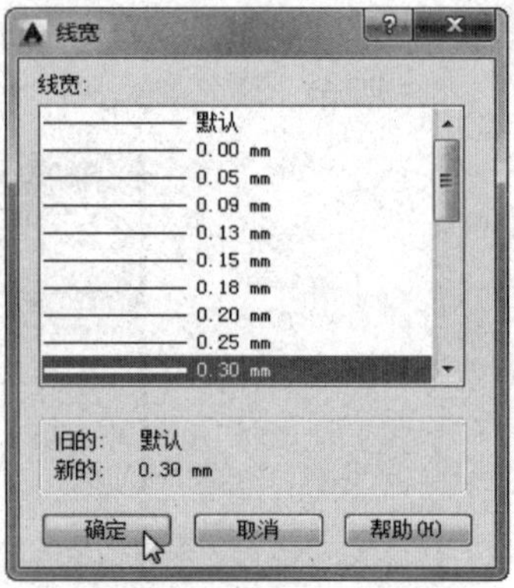

图 2-29 选择线宽

Step 11 返回图层特性管理器，依次设置其他图层的线型和线宽，如图 2-30 所示。

Step 12 关闭图层特性管理器，查看修改后的效果，如图 2-31 所示。

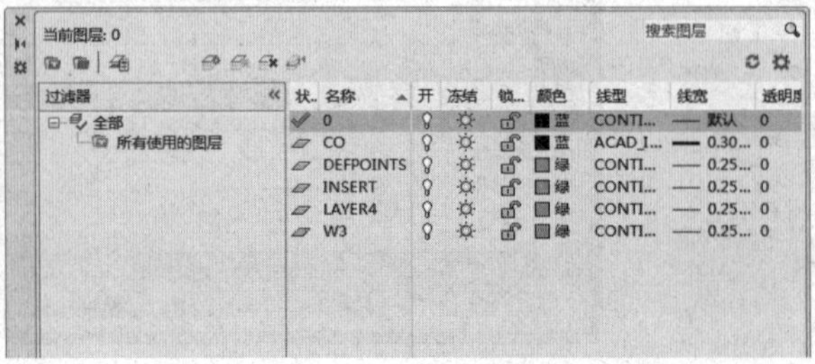

图 2-30 修改其他图层线型和线宽

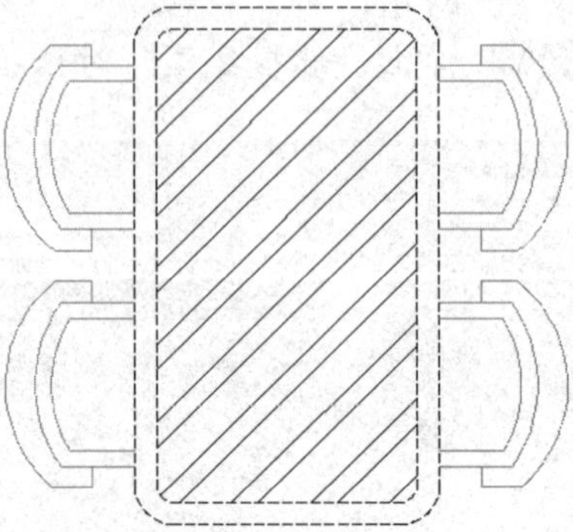

图 2-31 查看图形效果

2.2.4　图层的管理

下面将介绍图层的管理方法，其中包括图层的关闭、冻结与解冻，图层的过滤，图层状态管理器的应用，以及图层的匹配与隔离等。

1．关闭、冻结与锁定图层

通过图层特性管理器可以对图层进行关闭、冻结与锁定等管理操作。关闭图层后，依然可以将该图层置为当前图层并进行编辑；冻结图层后，图层将被隐藏并变为不可编辑状态；如果希望在不隐藏对象的前提下使图层变为不可编辑状态，可以锁定该图层，具体操作方法如下。

Step 01 打开素材文件“图层管理.dwg”，单击“默认”选项卡下“图层”面板中的“图层特性”按钮，如图 2-32 所示。

Step 02 打开图层特性管理器，单击要关闭的图层右侧的灯泡图标，当该图标变为浅蓝色，说明图层已被关闭，如图 2-33 所示。

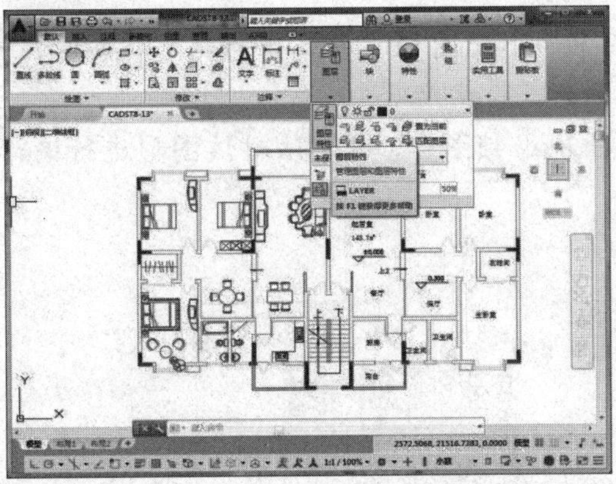

图 2-32　单击“图层特性”按钮

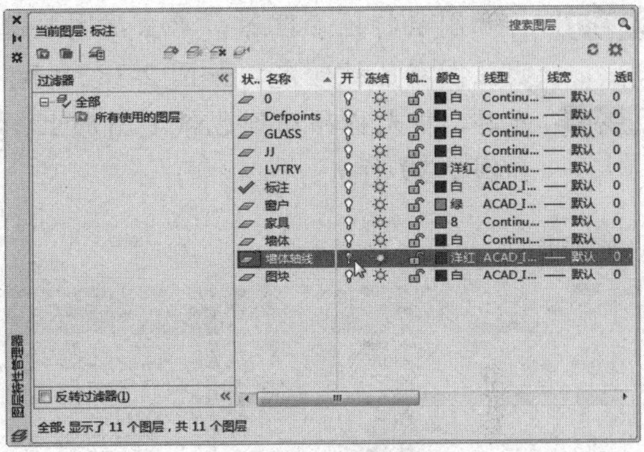

图 2-33　关闭图层

Step 03 返回绘图区，可以看到在“墙体轴线”图层中的对象不再显示，如图 2-34 所示。

Step 04 如果所关闭的图层为当前图层，将弹出对话框，需要进行确认关闭操作，如图 2-35 所示。

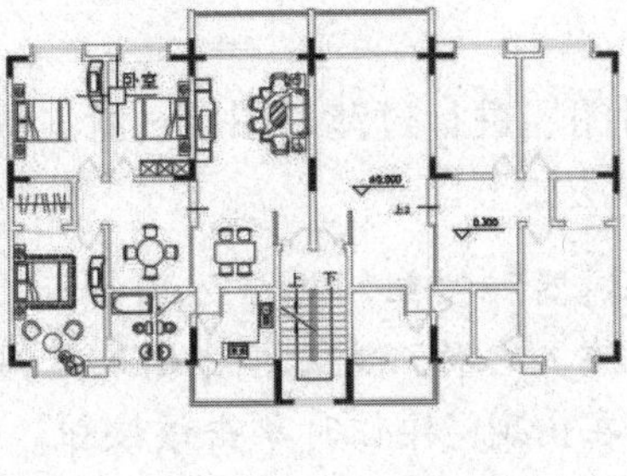

图 2-34　查看关闭图层效果

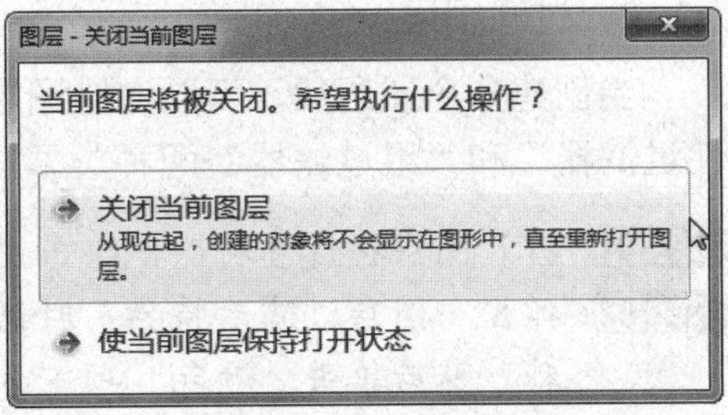

图 2-35　确认关闭操作

Step 05 打开图层特性管理器，单击该图层选项中的太阳图标，当其变为雪花图标时，说明该图层已被冻结，即无法被显示和编辑，如图 2-36 所示。

Step 06 无法冻结当前图层时，将弹出出错提示信息框，如图 2-37 所示。

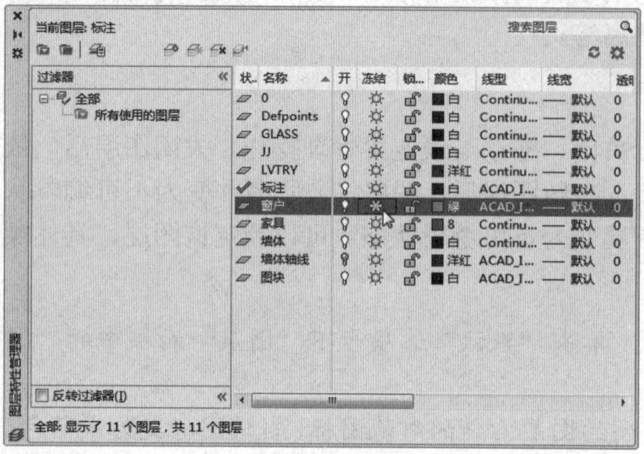

图 2-36　冻结图层

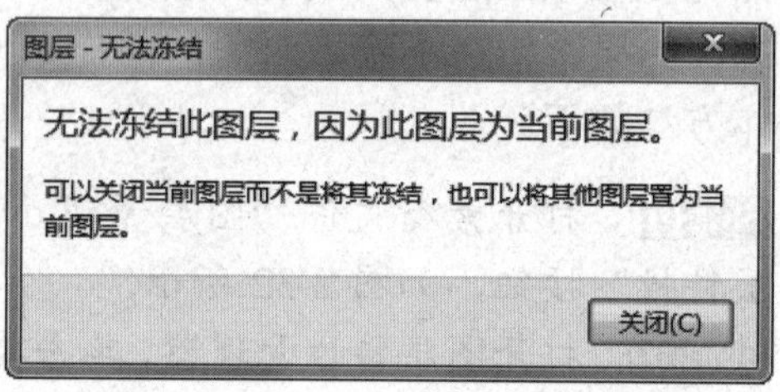

图 2-37　提示信息框

Step 07 打开图层特性管理器，单击该图层选项中的小锁图标，当其变为锁定状态时，说明该图层已被锁定，如图 2-38 所示。

Step 08 此时，将光标移动到已锁定图形上，将出现小锁图标，并无法对该图形进行编辑，如图 2-39 所示。

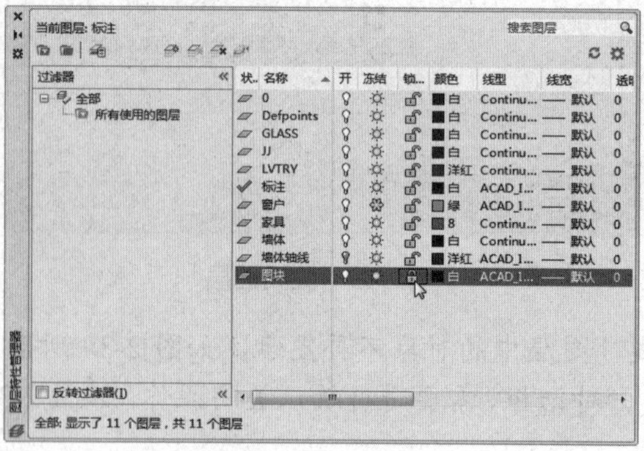

图 2-38　锁定图层

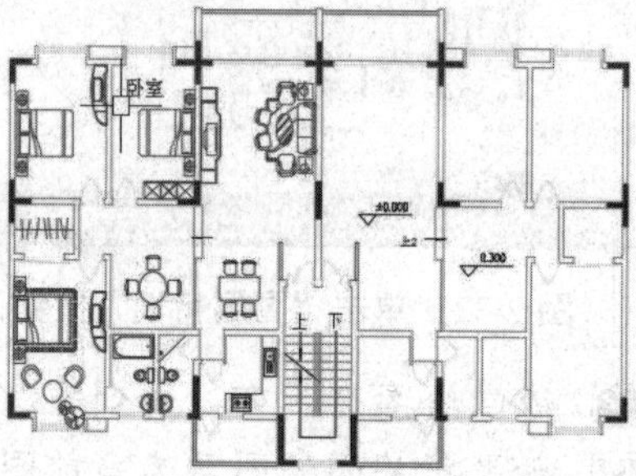

图 2-39　查看锁定图层效果

2. 过滤图层

当创建多个图层后，可以通过图层过滤工具对图层进行过滤。图层过滤工具包含“特性过滤器”和“组过滤器”两种类型，具体操作方法如下。

Step 01 打开图层特性管理器，单击“新建特性过滤器”按钮，如图 2-40 所示。

Step 02 弹出“图层过滤器特性”对话框，在“过滤器名称”文本框中输入过滤方式的名称，然后单击“颜色”项下方空白区域，在出现▭按钮时单击该按钮，如图 2-41 所示。

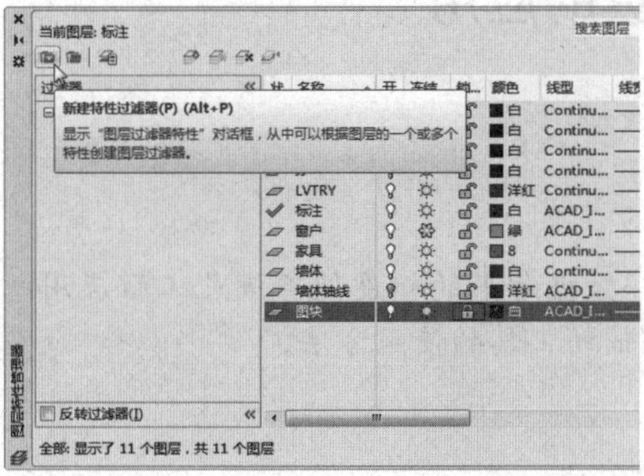

图 2-40　单击“新建特性过滤器”按钮

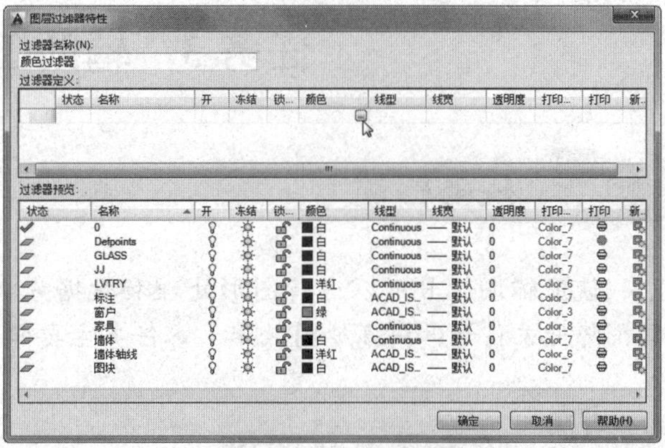

图 2-41　单击按钮

Step 03　弹出“选择颜色”对话框，选择需要过滤的颜色，然后单击“确定”按钮，如图 2-42 所示。

Step 04　此时可以看到图层特性管理器上只显示颜色为洋红色的图层，单击“确定”按钮，即可确认过滤图层，如图 2-43 所示。

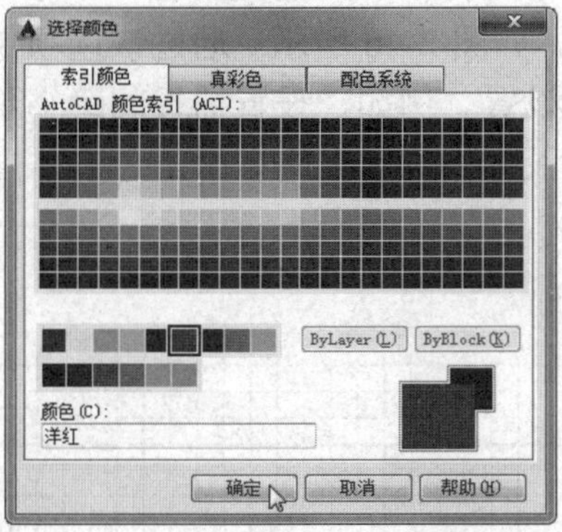

图 2-42　选择过滤颜色

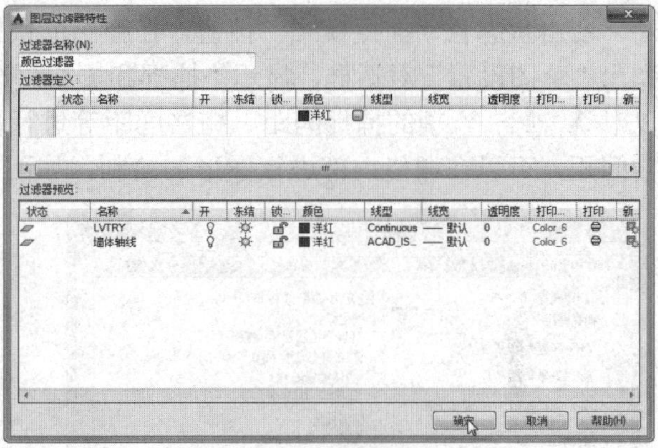

图 2-43　过滤图层

Step 05　返回图层特性管理器，单击“新建组过滤器”按钮，如图 2-44 所示。

Step 06　此时将新建一个组过滤器，将要保留的图层拖入新建的组过滤器图层中，即可实现按组过滤器过滤图层，如图 2-45 所示。

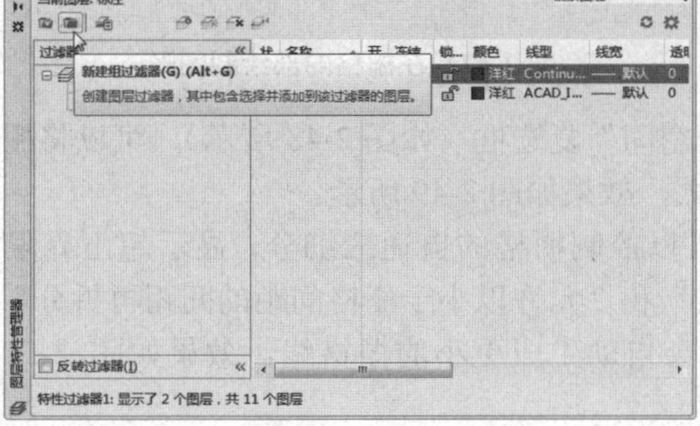

图 2-44　单击“新建组过滤器”按钮

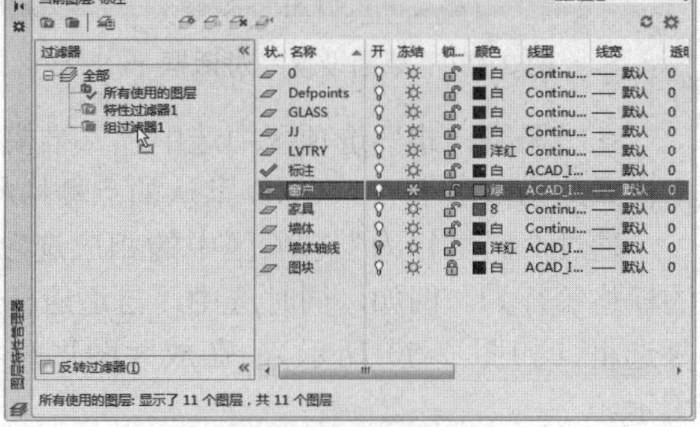

图 2-45　拖动图层

任务 3　辅助工具的应用

任务概述

使用辅助工具可以进行图形处理和数据分析，数据结果的精度能够满足工程应用所需，降低工作量，提高绘图效率。本任务主要学习辅助工具的使用方法。

任务重点与实施

2.3.1　栅格

栅格是一种遍布绘图区域的线或点的矩阵，通过栅格可以直观地显示对象之间的距离。配合捕捉工具，可以在指定栅格点之间进行图形绘制。

右击状态栏“捕捉模式”按钮，在弹出的快捷菜单中选择“对象捕捉设置”命令，将弹出“草图设置”对话框，显示“捕捉和栅格”选项卡，如图 2-46 所示。通过该选项卡可以对 X 轴与 Y 轴的捕捉间距、栅格间距等进行自定义设置。例如，设置捕捉间距小于栅格间距，可以在栅格内部进行图形的绘制，如图 2-47 所示。

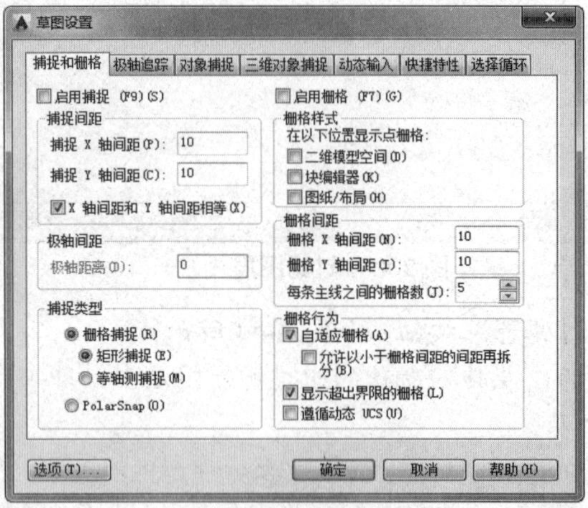

图 2-46　“草图设置”对话框

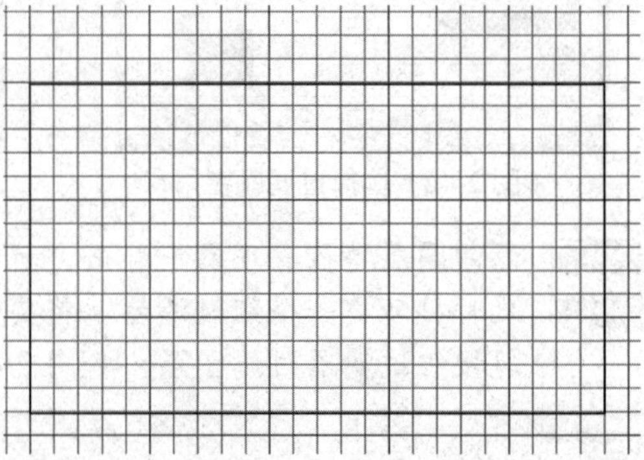

图 2-47　在栅格内部绘制图形

在“栅格样式”选项区中选中“二维模型空间”复选框（如图 2-48 所示），可以将栅格样式改为旧版本 AutoCAD 默认的点栅格样式，效果如图 2-49 所示。

通过“栅格行为”选项区中的相应选项可以控制栅格的自适应细分，显示超出界限的栅格等行为。例如，同时选中“自适应栅格”和“允许以小于栅格间距的间距再拆分”复选框（如图 2-50 所示），在放大图形时将会自动生成更小的栅格线，效果如图 2-51 所示。

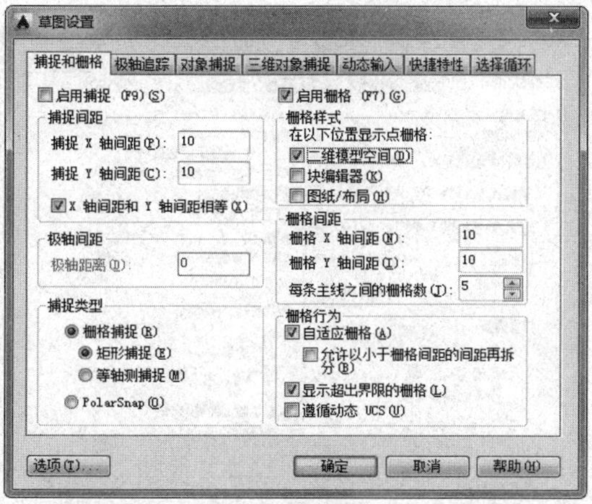

图 2-48　选中“二维模型空间”复选框

图 2-49　查看设置效果

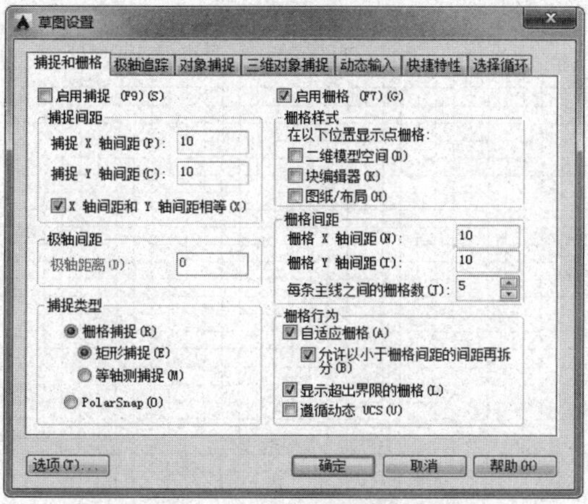

图 2-50　设置栅格选项

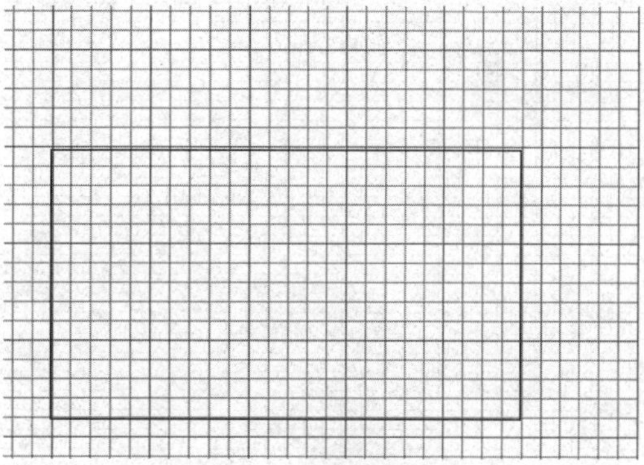

图 2-51　查看设置效果

下面将介绍栅格工具在实际操作中的应用，具体操作方法如下。

Step 01　右击状态栏“捕捉模式”按钮，在弹出的快捷菜单中选择“捕捉设置”命令，如图 2-52 所示。

图 2-52　选择“捕捉设置”命令

Step 02 弹出“草图设置”对话框，在“捕捉和栅格”选项卡下启用捕捉和栅格工具，分别设置 X 轴和 Y 轴的捕捉间距为 100，栅格间距为 100，然后选中“显示超出界限的栅格”复选框，单击“确定”按钮，如图 2-53 所示。

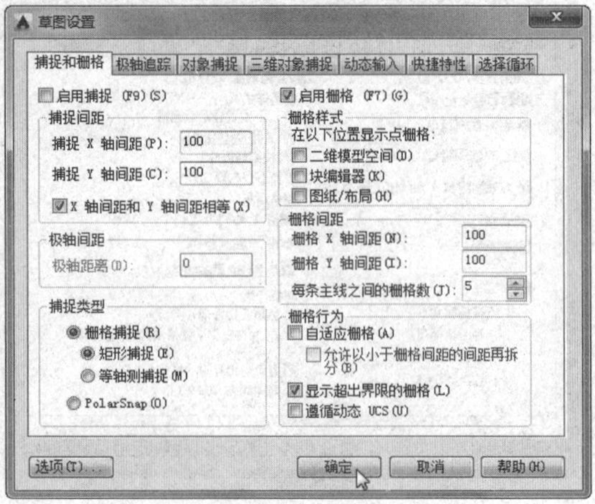

图 2-53 “草图设置”对话框

Step 03 执行“矩形”命令，参考栅格间距并配合捕捉间距，绘制长为 2100、宽为 1000 的矩形，如图 2-54 所示。

Step 04 再次执行“矩形”命令，通过栅格间距和捕捉间距绘制另外两个矩形，如图 2-55 所示。

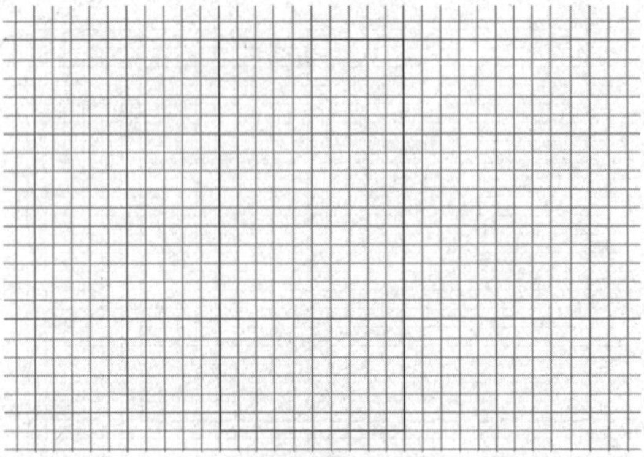

图 2-54 绘制矩形

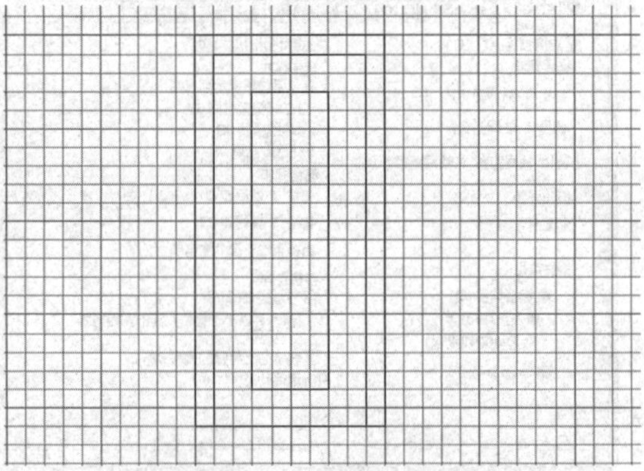

图 2-55 绘制另外两个矩形

Step 05 执行“直线”命令，在图形中心位置绘制直线，如图 2-56 所示。

Step 06 执行“圆心，半径”命令，即可完成装饰图案的绘制，关闭栅格显示，查看最终图形效果，如图 2-57 所示。

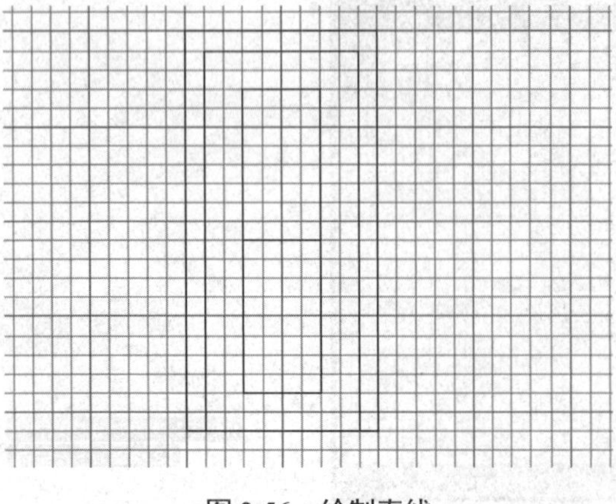

图 2-56 绘制直线

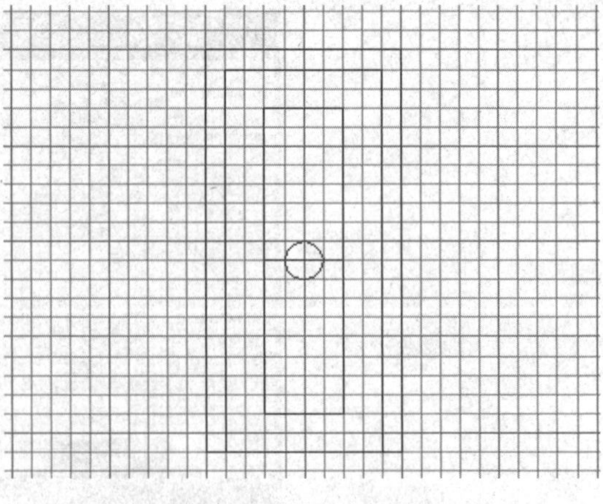

图 2-57 查看最终效果

2.3.2　捕捉模式

捕捉模式是最为常用的辅助定位工具，主要用于捕捉对象上的特定位置，如捕捉对象的端点、中点、圆心、象限点或交点等，具体操作方法如下。

Step 01 单击“默认”选项卡下“绘图”面板中的“圆心，半径”按钮，如图 2-58 所示。

Step 02 执行“圆心，半径”命令，根据命令行提示在绘图区绘制圆，如图 2-59 所示。

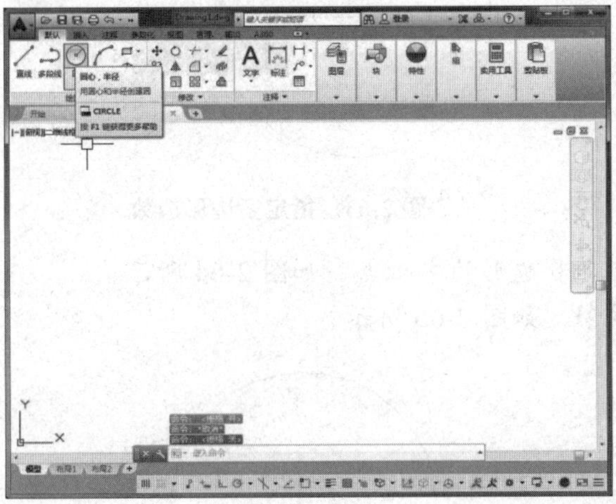

图 2-58　单击“圆心，半径”按钮

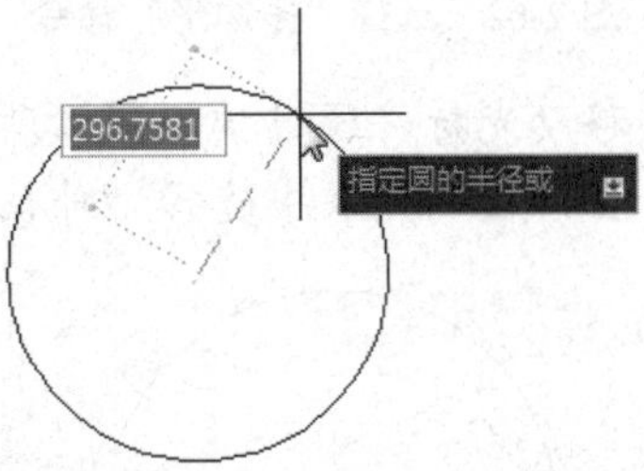

图 2-59　绘制圆

Step 03 右击状态栏“捕捉模式”按钮，在弹出的快捷菜单中选择“捕捉设置”命令，如图 2-60 所示。

Step 04 弹出“草图设置”对话框，在“对象捕捉”选项卡下选中“启用对象捕捉”复选框，并启用所需的捕捉模式，单击“确定”按钮，如图 2-61 所示。

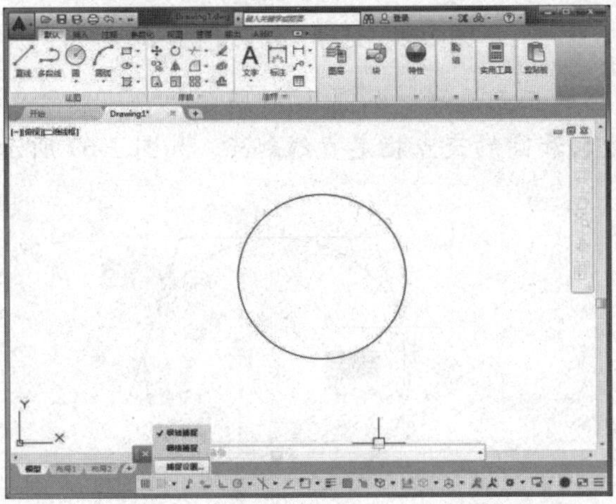

图 2-60　选择“捕捉设置”命令

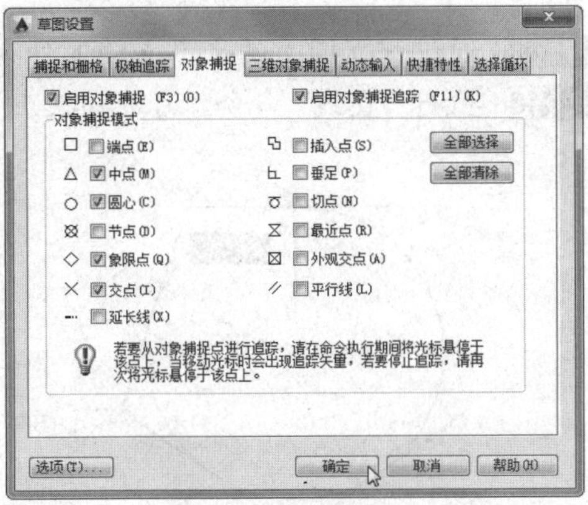

图 2-61　启用对象捕捉

Step 05 单击“默认”选项卡下“绘图”面板中的“矩形”下拉按钮，在弹出的下拉菜单中选择“多边形”命令，如图 2-62 所示。

Step 06 根据命令行提示指定多边形边数为 5，如图 2-63 所示。

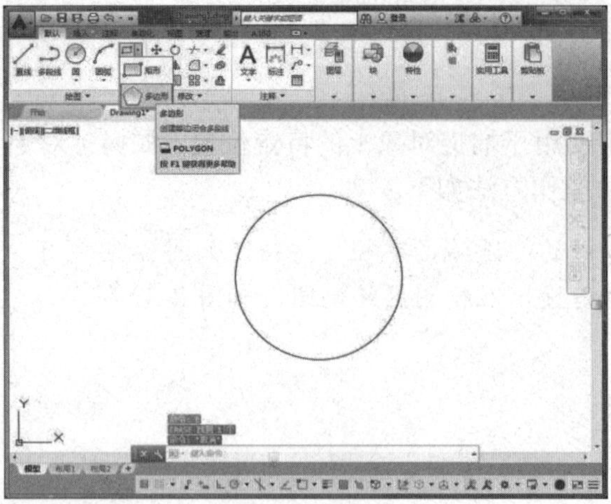

图 2-62　选择“多边形”命令

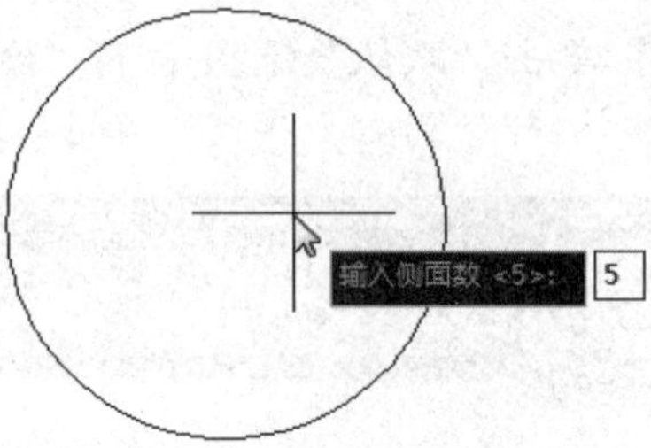

图 2-63　指定多边形边数

Step07 移动光标，通过捕捉圆心所在位置指定多边形的中心点，如图 2-64 所示。

Step08 在弹出的列表中选择“外切于圆”命令，如图 2-65 所示。

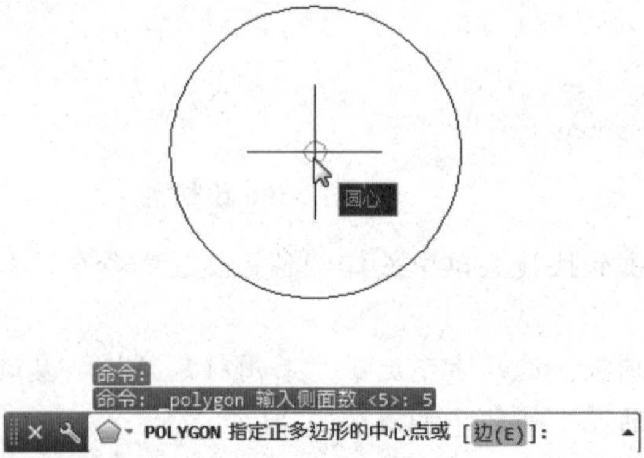

图 2-64　指定多边形中心点

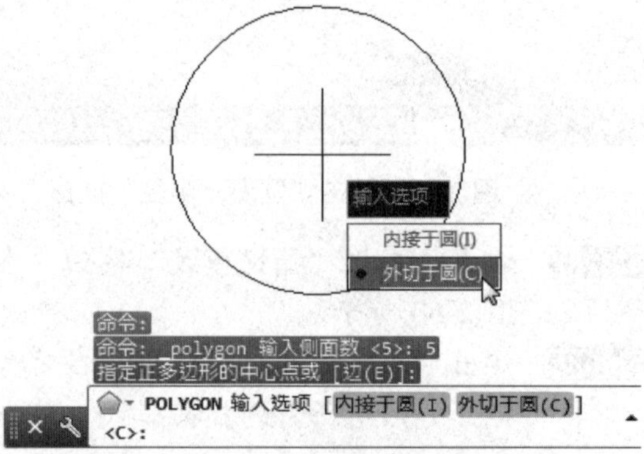

图 2-65　选择“外切于圆”命令

Step09 通过捕捉圆上的象限点绘制外切于圆的正五边形，如图 2-66 所示。

Step10 执行“直线”命令，通过捕捉正多边形和圆的交点指定直线起点，如图 2-67 所示。

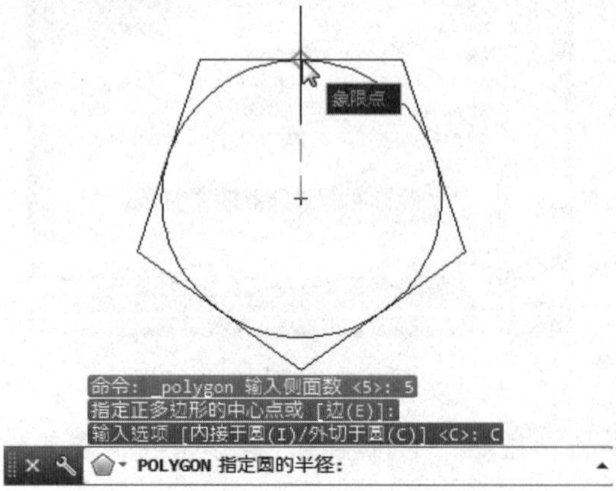

图 2-66　捕捉象限点

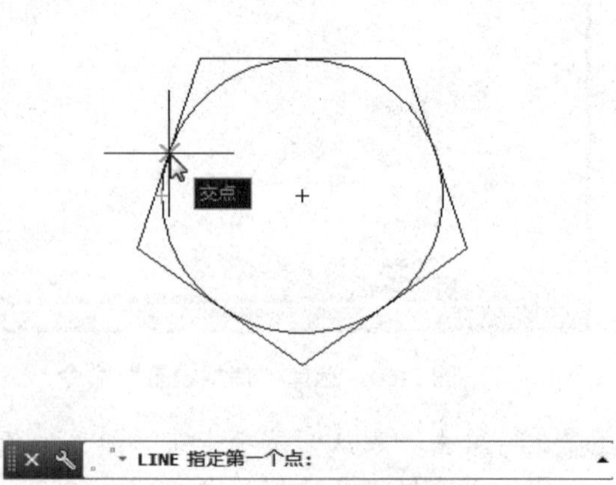

图 2-67　指定直线起点

Step11 依次捕捉正多边形和圆的交点，或者捕捉正多边形边的中点，绘制直线的其他点，如图 2-68 所示。

Step12 绘制完成后按【Enter】键确认，查看最终图形效果，如图 2-69 所示。

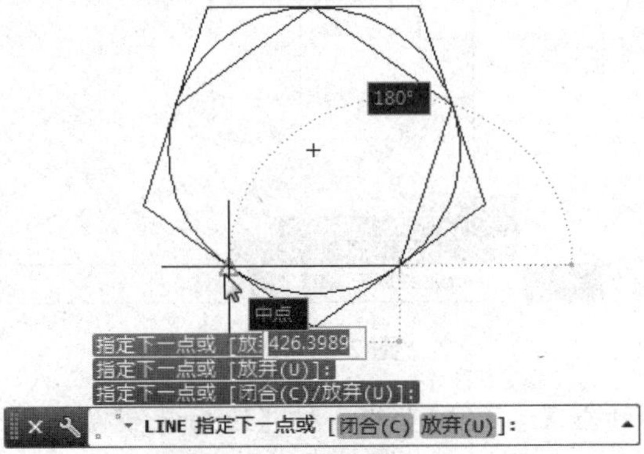

图 2-68　指定其他点

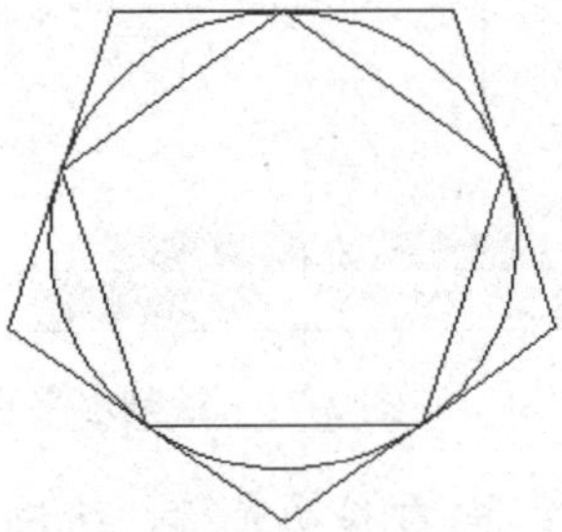

图 2-69　查看图形效果

2.3.3　正交模式

使用正交模式可以将光标限制在水平或垂直方向上移动，以便精确创建或修改特定类型的图形对象，具体操作方法如下。

Step01 打开素材文件“正交模式.dwg”，单击状态栏上的“正交限制光标”按钮，或直接按【F8】键，启用正交工具，如图 2-70 所示。

Step02 执行“直线”命令，并启用端点对象捕捉。捕捉图形上方的端点，指定直线的第一点，如图 2-71 所示。

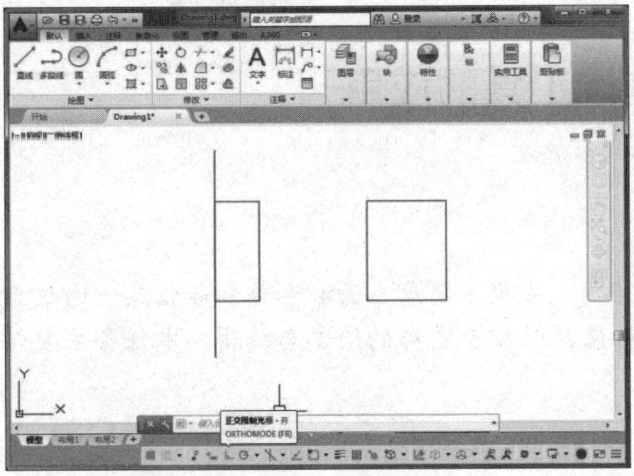

图 2-70　启用正交工具

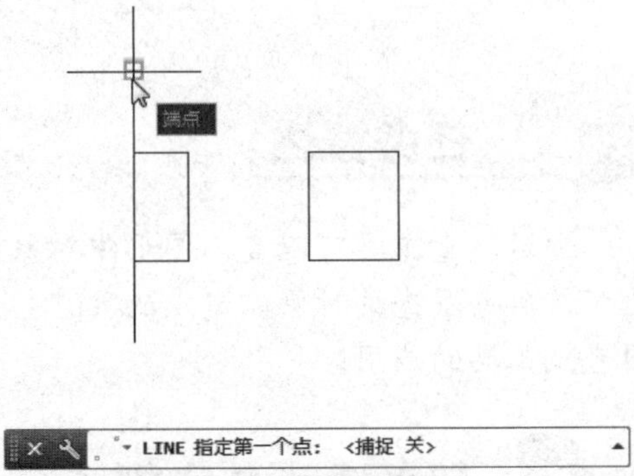

图 2-71　指定直线第一点

Step03 向右移动光标，会发现其只能沿水平或垂直方向移动。向右移动光标，并指定直线的长度 0.35。按【Enter】键确认，即可绘制出一段指定长度的水平直线，如图 2-72 所示。

Step04 向下移动光标，并指定直线的长度 0.4。按【Enter】键确认，绘制一段长为 0.4 的垂线，如图 2-73 所示。

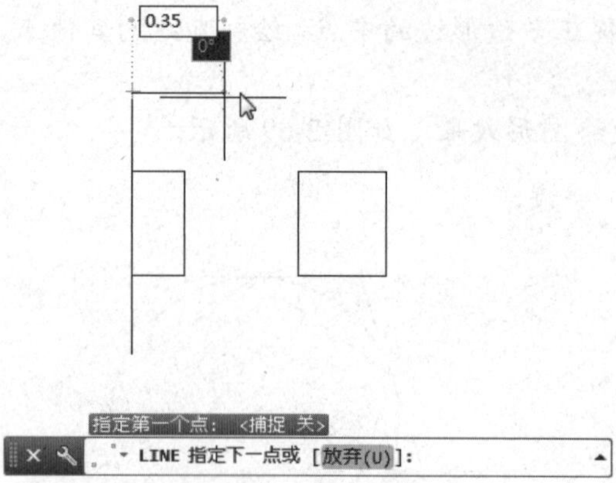

图 2-72　绘制水平直线

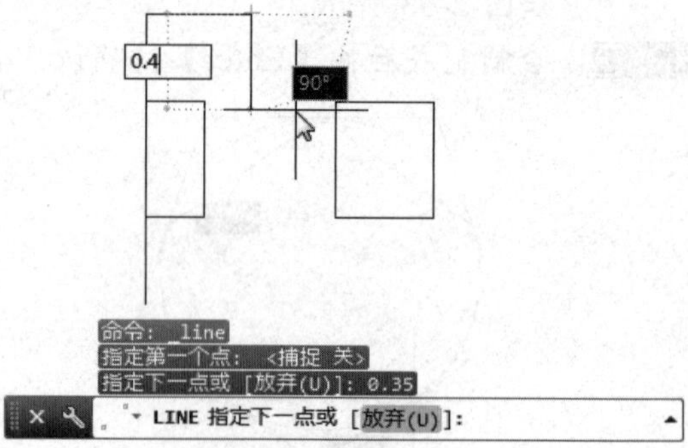

图 2-73　绘制垂线

Step05 向右移动光标，绘制捕捉直线与矩形的垂足，绘制直线，按【Enter】键确认即可完成绘制，如图 2-74 所示。

Step06 采用同样的方法，完成另一侧图形的绘制，查看最终图形效果，如图 2-75 所示。

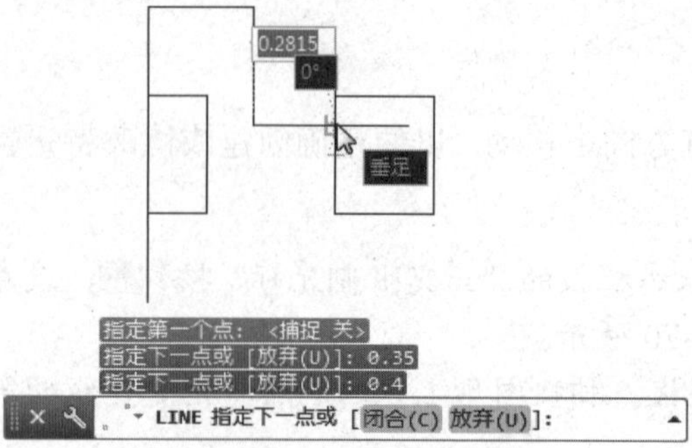

图 2-74　绘制其他直线

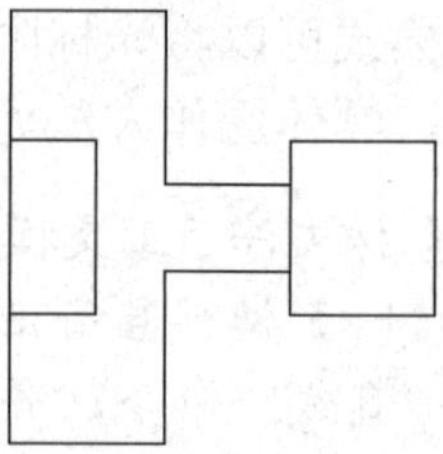

图 2-75　查看最终效果

任务 4　查询工具的应用

任务概述

通过测量工具可以查询图形中对象的距离、半径、角度、面积和体积等信息，通过点坐标工具可以查询对象指定点的 UCS 坐标值，以便于图形的绘制与编辑。本任务主要学习查询工具的应用。

任务重点与实施

2.4.1　查询距离与半径

使用查询工具可以测量任意两点之间的距离及任意圆形或弧形的半径，具体操作方法如下。

Step 01 打开素材文件“查询距离与半径.dwg”，打开“实用工具”面板中的测量工具下拉菜单，选择“距离”命令，如图 2-76 所示。

Step 02 启用交点对象捕捉，捕捉左侧小圆对象与水平辅助线的左侧交点，作为测量的第一点，如图 2-77 所示。

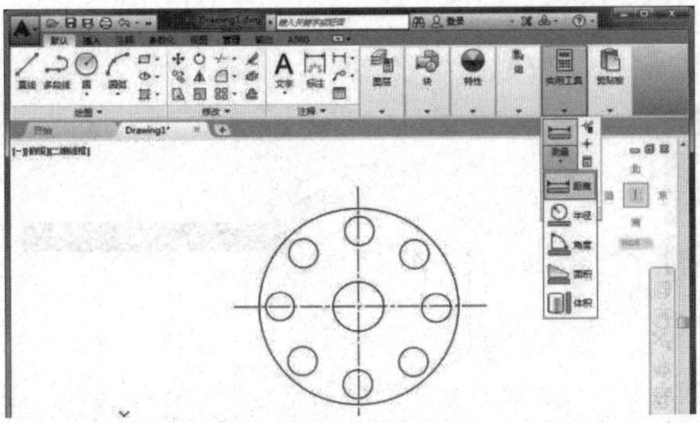

图 2-76　选择“距离”命令

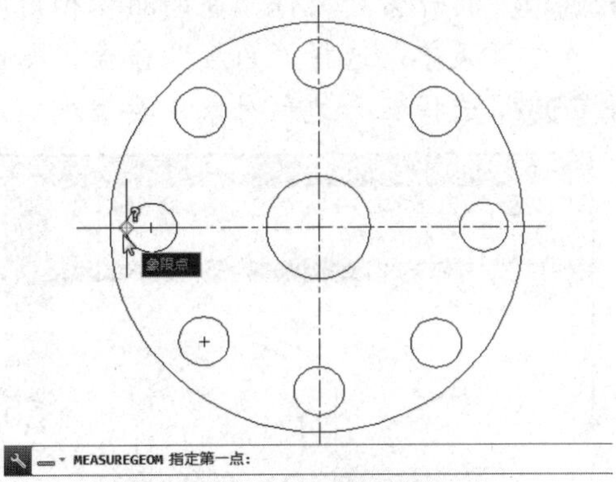

图 2-77　指定测量第一点

Step 03 捕捉大圆对象与水平辅助线的右侧交点，作为测量的第二点，如图 2-78 所示。

Step 04 弹出的快捷菜单上方显示测量距离，选择快捷菜单中的“半径”命令，如图 2-79 所示。

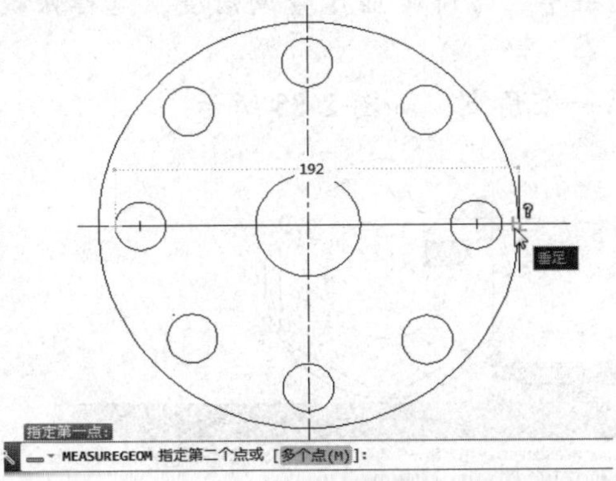

图 2-78　指定测量第二点

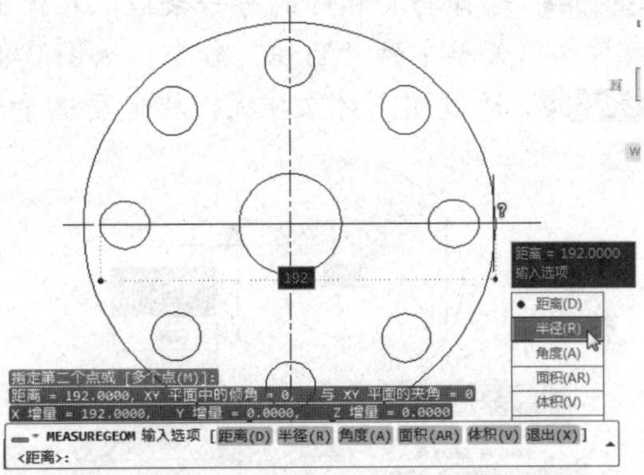

图 2-79　选择“半径”命令

Step 05 在图形中选择要测量半径的小圆对象，如图 2-80 所示。

Step 06 此时，将在弹出的快捷菜单上方显示所选对象的半径与直径，如图 2-81 所示。

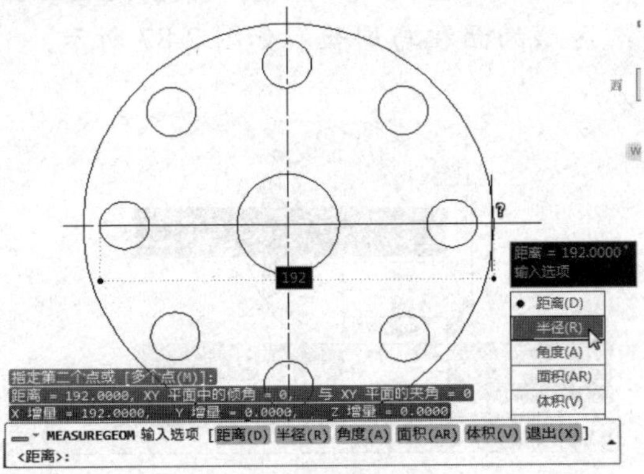

图 2-80　选择小圆对象

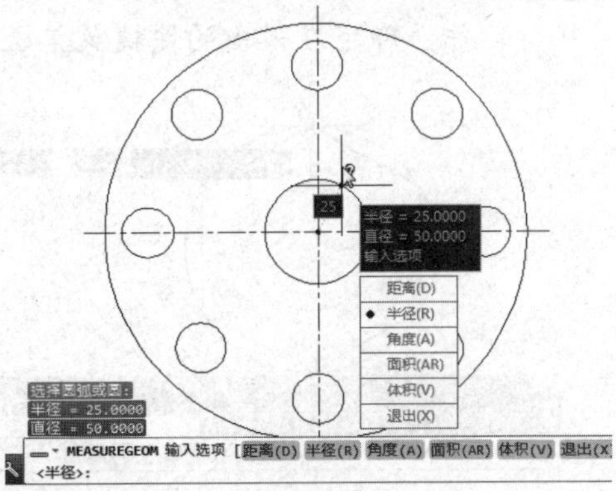

图 2-81　查看半径与直径

2.4.2 查询面积和角度

下面将通过实例介绍如何查询图形对象的角度与面积，具体操作方法如下。

Step 01 打开素材文件“查询面积和角度.dwg”，打开“实用工具”面板中的测量工具下拉菜单，选择“角度”命令，如图 2-82 所示。

Step 02 选择正六边形对象中要查询角度的一条边，如图 2-83 所示。

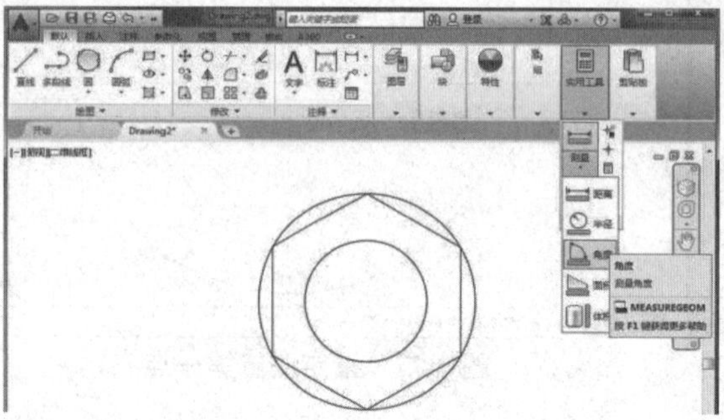

图 2-82 选择“角度”命令

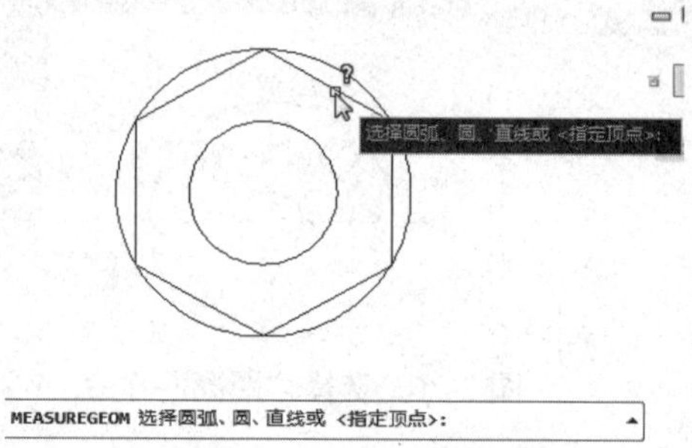

图 2-83 选择一条边

Step 03 选择与其相邻的另一条边，在弹出的快捷菜单上方即可显示查询角度。选择快捷菜单中的“面积”命令，如图 2-84 所示。

Step 04 通过端点对象捕捉，指定要测量面积的第一个角点，如图 2-85 所示。

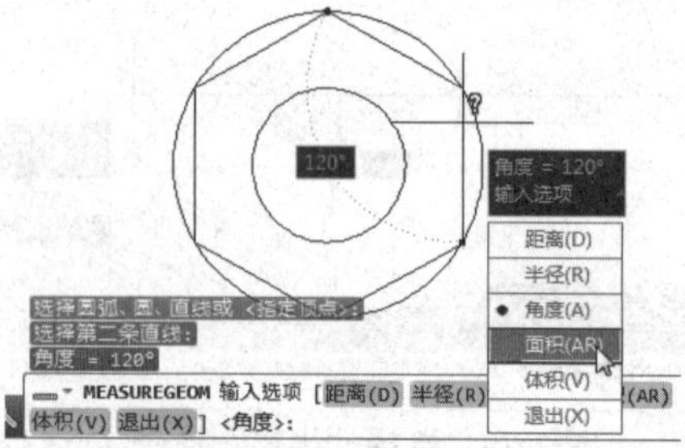

图 2-84 选择“面积”命令

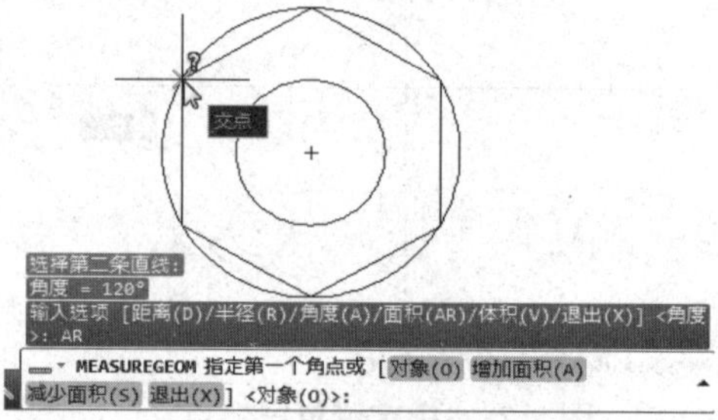

图 2-85 指定第一个角点

Step 05 指定正六边形的另一个端点，作为测量面积的第二点，如图 2-86 所示。

Step 06 采用同样的方法指定其他端点，绘制出一个闭合测量区域，按【Enter】键确认操作，即可在弹出的快捷菜单上方显示所选区域的面积与周长，如图 2-87 所示。

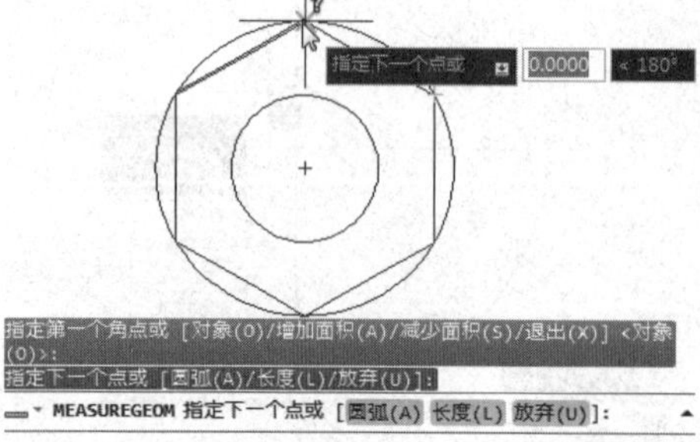

图 2-86 指定第二点

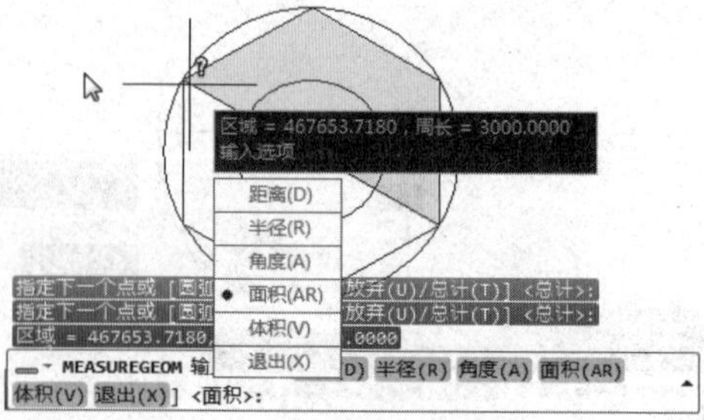

图 2-87 查看面积与周长

任务 5　参数化工具的应用

TASK 任务概述

参数化工具包含几何约束工具和标注约束工具两种类型。通过约束工具可以快速对图形对象进行处理，使图形对象符合设计规范与设计要求。

TASK 任务重点与实施

2.5.1　几何约束

几何约束主要用于限制二维图形或对象上的点位置，对象进行几何约束后具有关联性，不能再随意移动位置。通过几何约束工具可以控制两个对象彼此之间的关系，例如，可以对其进行重合、共线、同心、平行和垂直等约束操作，具体操作方法如下。

Step 01 打开素材文件“几何约束.dwg”，选择“参数化”选项卡，在“几何”面板中单击“平行”按钮，如图 2-88 所示。

Step 02 选择左侧矩形内的任意一条垂直直线，作为第一个对象，如图 2-89 所示。

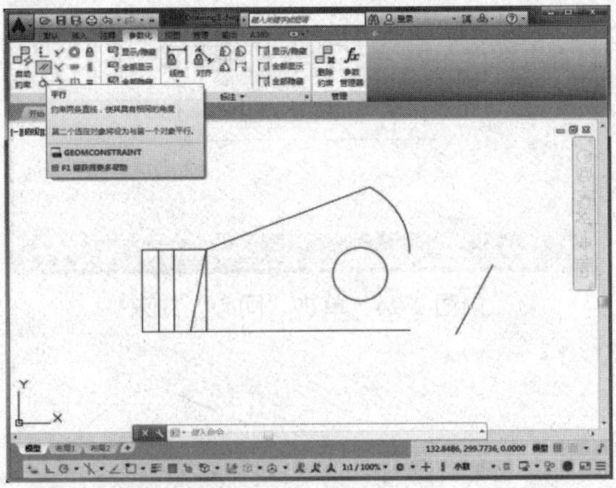

图 2-88　单击“平行”按钮

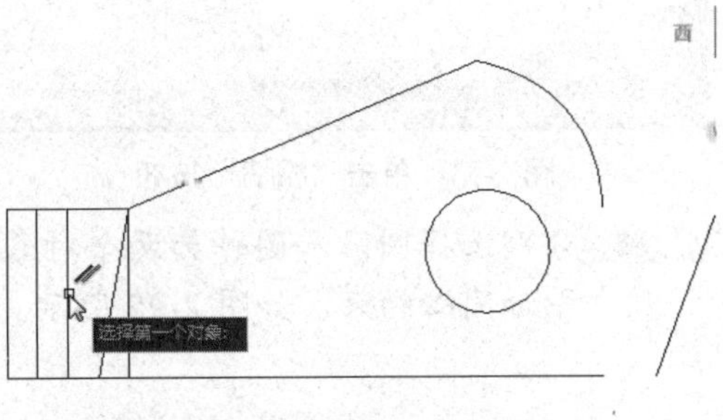

图 2-89　选择第一个对象

Step 03 选择矩形内倾斜直线作为第二个对象，如图 2-90 所示。

Step 04 此时即可添加平行约束，将第二个对象与第一个对象平行显示，单击“几何”面板中的“垂直”按钮，如图 2-91 所示。

Step 05 选择最下方水平直线为第一个对象，如图 2-92 所示。

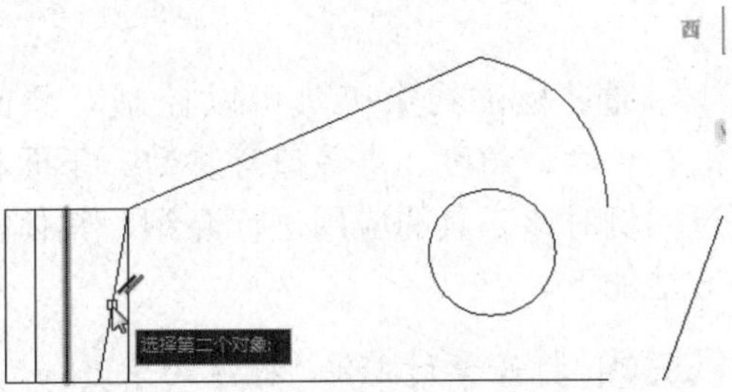

图 2-90　选择第二个对象

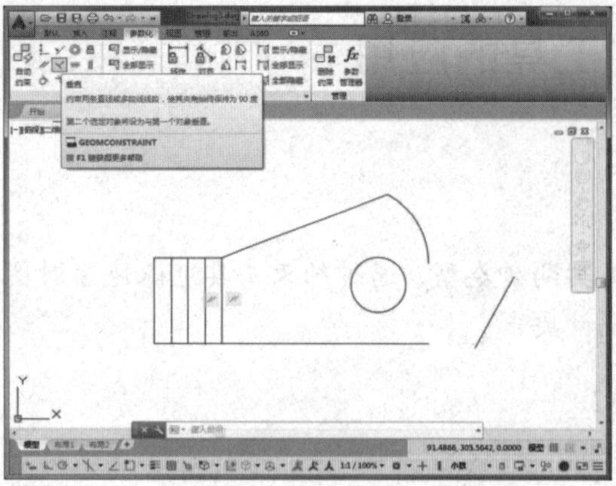

图 2-91　单击“垂直”按钮

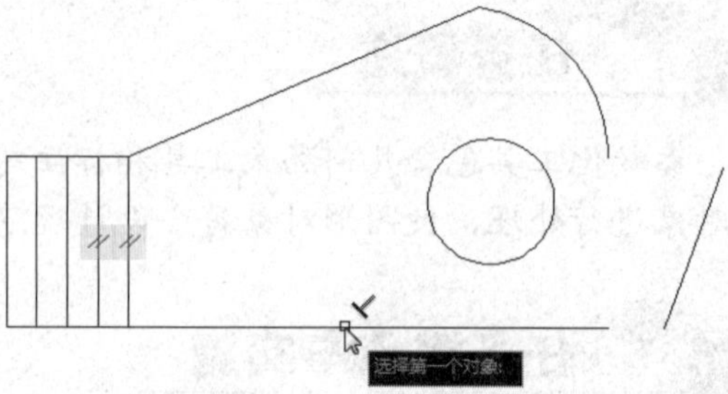

图 2-92　选择第一个对象

Step 06　选择最右方垂直直线为第二个对象即可添加垂直约束，单击“几何”面板中的“相切”按钮，如图 2-93 所示。

Step 07　分别选择圆弧作为第一个对象，选择最右方直线作为第二个对象，即可添加相切约束。单击“几何”面板中的“同心”按钮，如图 2-94 所示。

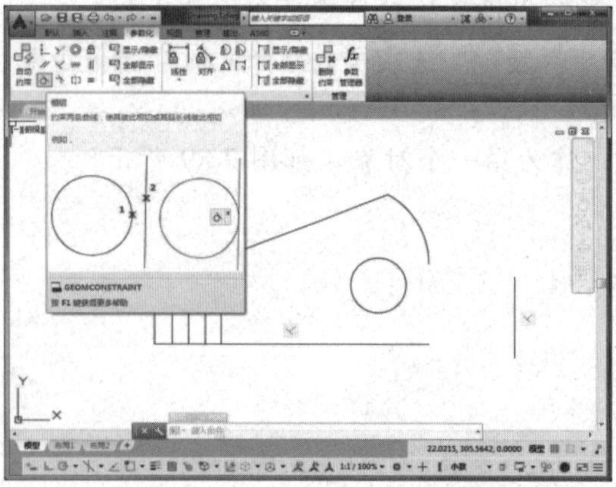

图 2-93　单击“相切”按钮

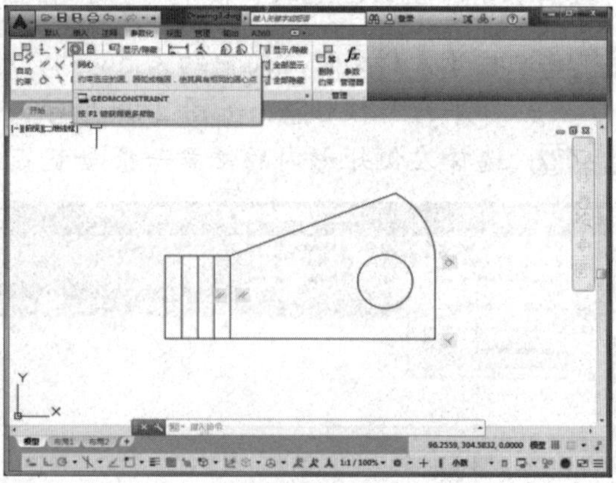

图 2-94　单击“同心”约束

Step 08　分别选择圆弧和圆作为两个对象，添加同心约束，如图 2-95 所示。

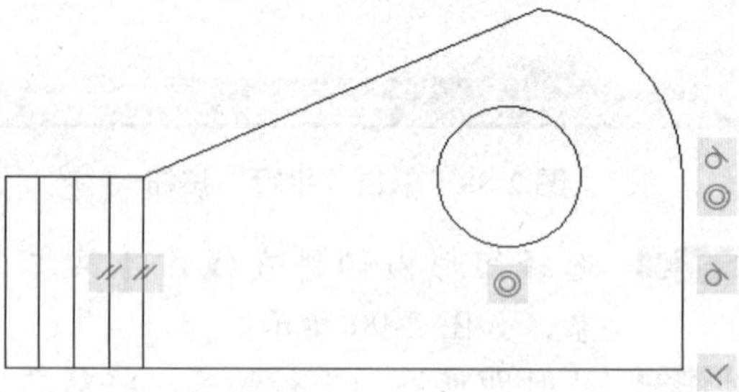

图 2-95　添加同心标注

2.5.2　标注约束

通过标注约束工具可以控制对象的距离、长度、角度和半径值等参数。下面将通过实例对该工具的应用进行介绍，具体操作方法如下。

Step 01　打开素材文件“标注约束.dwg”，在“参数化”选项卡下单击“标注”面板中的“线性”按钮，启用线性标注约束，如图 2-96 所示。

Step02 在图形左下方较短直线的端点指定线性标注约束的第一个约束点，如图 2-97 所示。

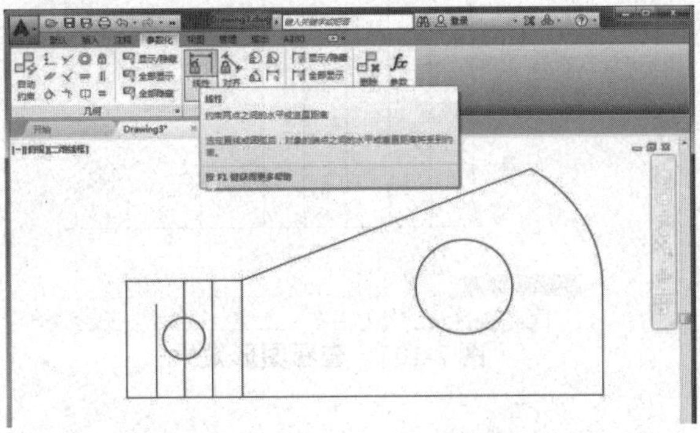

图 2-96　单击“线性”按钮

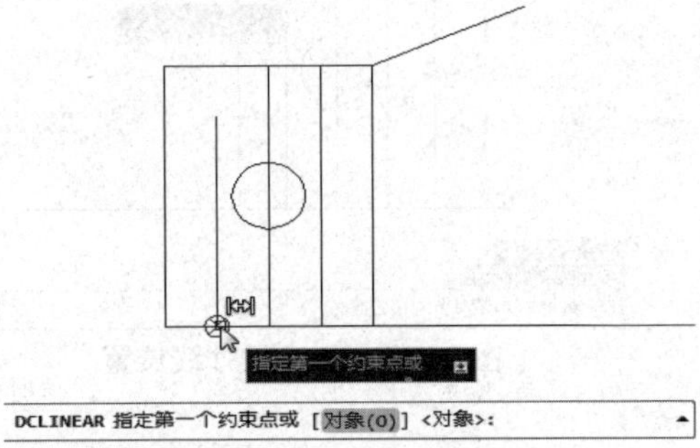

图 2-97　指定第一个约束点

Step03 向上移动光标，指定直线的另一端点为线性标注约束的第二个约束点，如图 2-98 所示。

Step04 向左移动光标，指定线性标注约束的尺寸线位置，如图 2-99 所示。

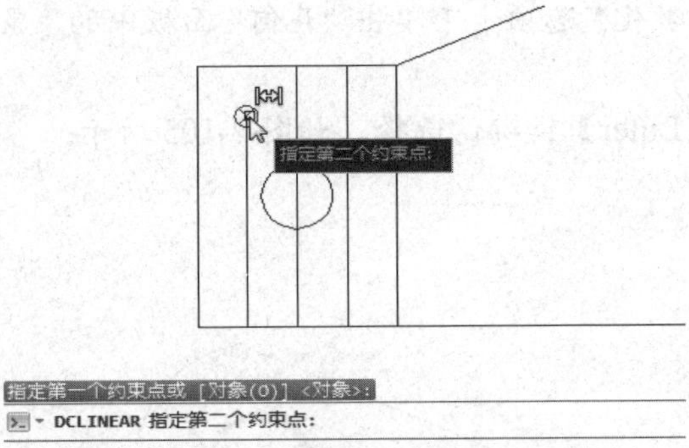

图 2-98　指定第二个约束点

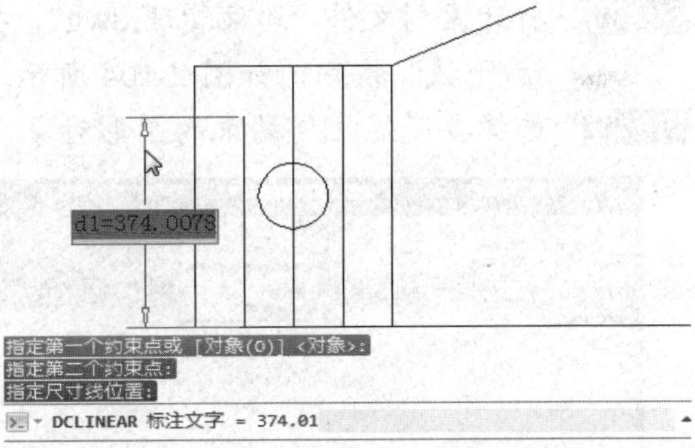

图 2-99　指定尺寸线位置

Step05 更改约束值为 464，按【Enter】键确认，即可将所选直线约束为指定长度。单击“标注”面板中的“半径”按钮，如图 2-100 所示。

Step06 选择矩形内的圆对象，作为半径标注约束对象，如图 2-101 所示。

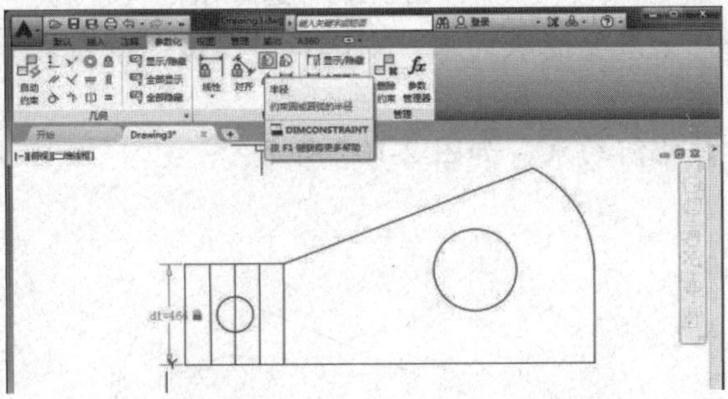

图 2-100　单击“半径”按钮

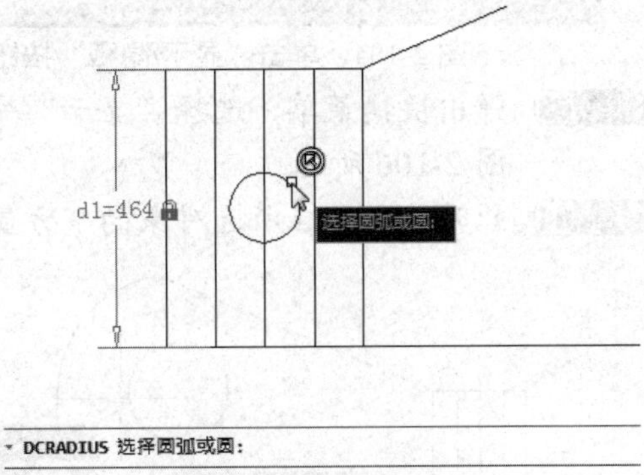

图 2-101　选择对象

Step07 移动光标，指定半径标注约束的尺寸线位置，如图 2-102 所示。

Step08 设置弧度值为 82.6，按【Enter】键确认，即可将所选圆约束为指定大小，效果如图 2-103 所示。

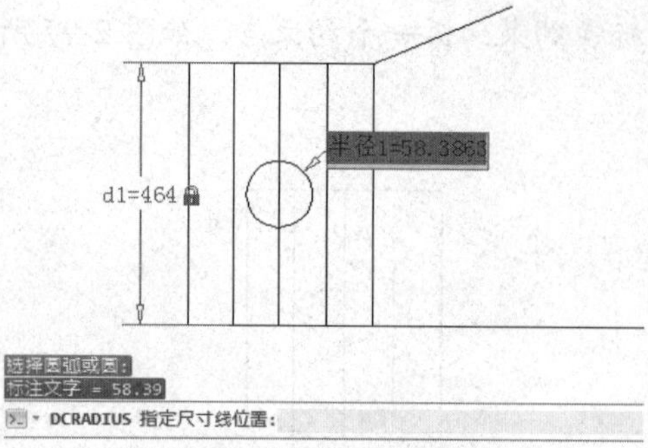

图 2-102　指定尺寸线位置

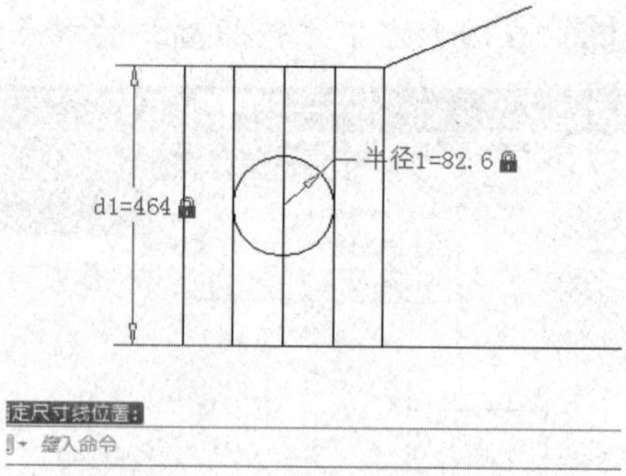

图 2-103　查看图形效果

2.5.3　约束管理

当创建约束后，可以对其进行管理操作，如显示或隐藏约束，删除约束等，具体操作方法如下。

Step 01 打开素材文件“约束管理.dwg”，在“参数化”选项卡下单击“几何”面板中的“显示/隐藏”按钮，如图 2-104 所示。

Step 02 选择要亮显几何约束的图形对象，按【Enter】键确认选择，如图 2-105 所示。

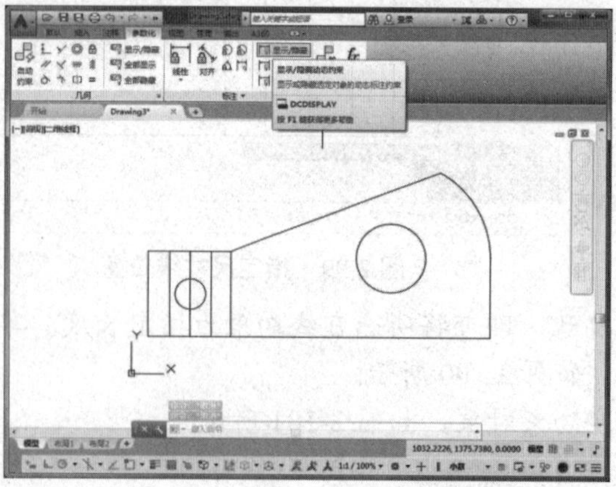

图 2-104　单击“显示/隐藏”按钮

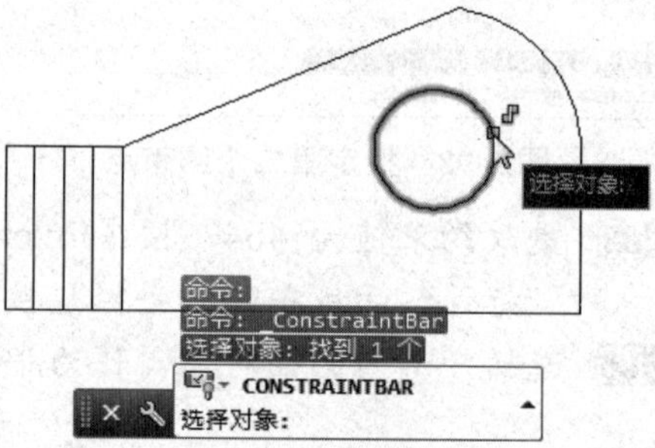

图 2-105　选择对象

Step 03 弹出快捷菜单，选择“显示”命令。如果要隐藏约束，则选择“隐藏”命令，如图 2-106 所示。

Step 04 此时，即可在所选对象的下方显示该几何约束，如图 2-107 所示。

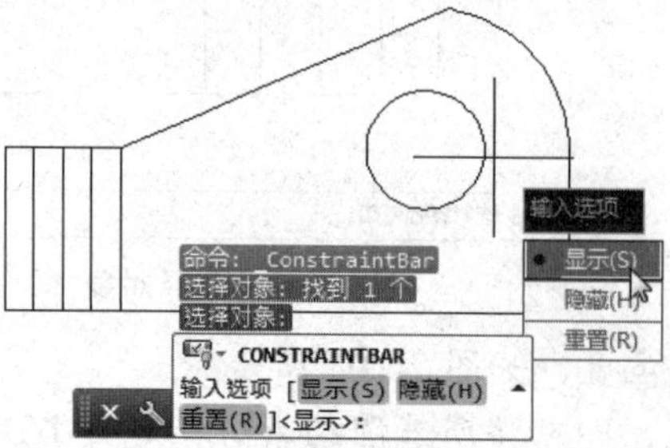

图 2-106　选择“显示”命令

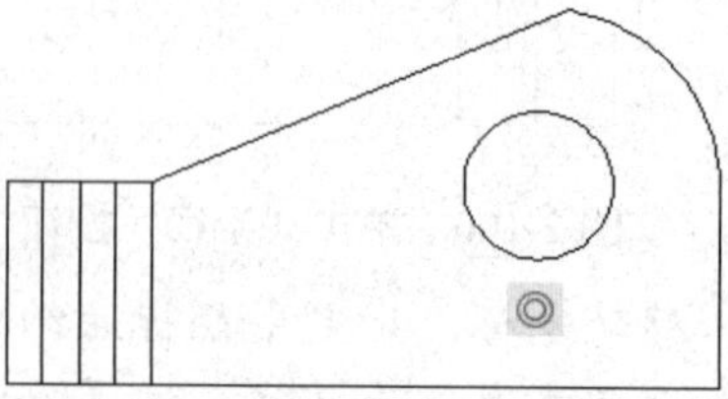

图 2-107　查看图形效果

Step 05 若单击“几何”面板中的“全部显示”按钮，可以快速显示全部几何约束，如图 2-108 所示。

Step 06 若要删除某几何约束，则单击“管理”面板中的“删除约束”按钮，选择要删除几何约束的对象，然后按【Enter】键确认选择，如图 2-109 所示。

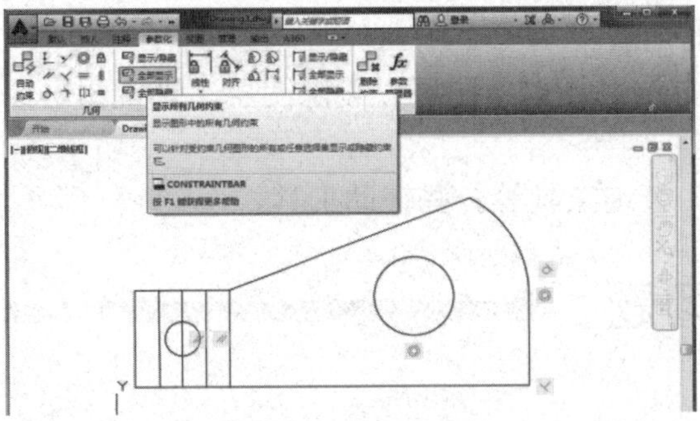

图 2-108　单击“全部显示”按钮

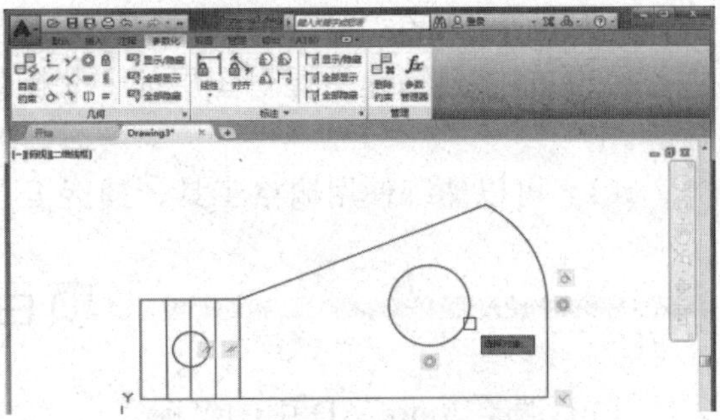

图 2-109　选择对象

Step 07 此时，即可删除所选对象上的几何约束，如图 2-110 所示。

Step 08 单击“几何”面板右下角的“约束设置，几何”按钮，如图 2-111 所示。

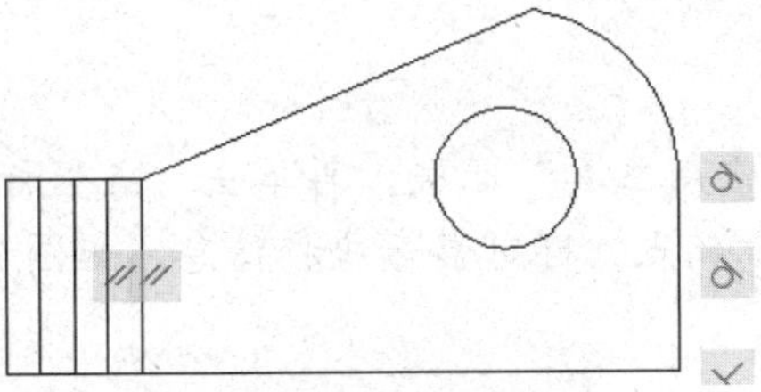

图 2-110　查看效果

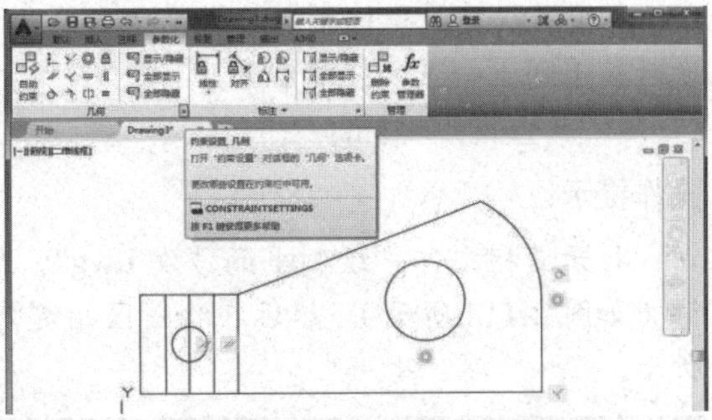

图 2-111　单击“约束设置”按钮

Step 09 弹出“约束设置”对话框，在“几何”选项卡中可以设置约束栏的显示内容与透明度，如更改透明度为 90，单击“确定”按钮，如图 2-112 所示。

Step 10 此时，即使未选定对象，也将清晰地显示其约束栏，如图 2-113 所示。

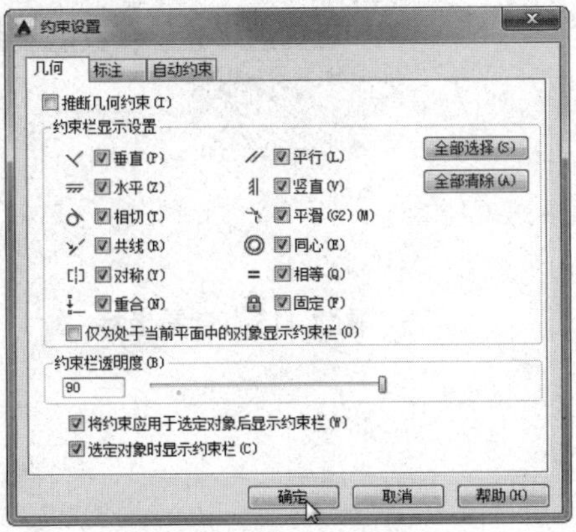

图 2-112　“约束设置”对话框

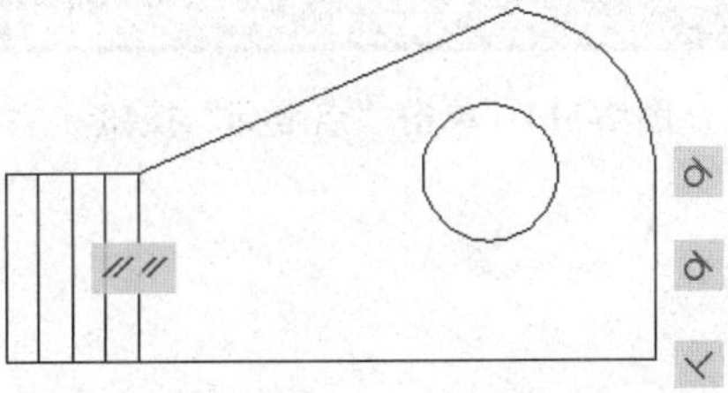

图 2-113　显示约束栏

项目小结

本项目主要介绍了在进行 AutoCAD 2016 二维绘图时所需的基础知识，通过本项目的学习，读者应重点掌握以下知识。

（1）了解 AutoCAD 2016 坐标系及各自的功能。

（2）能够熟练地掌握对图层的一些操作方法，如创建图层、删除图层、设置图层参数等。

（3）可以熟练使用栅格工具、捕捉工具、查询工具等一些辅助工具。

项目习题

（1）调整 AutoCAD 中的坐标。

操作提示：

若要调整 AutoCAD 中的坐标，可按【F6】键进行切换，或将 COORDS 的系统变量修改为 1 或者 2。当系统变量为 0 时，指用定点设备指定点时更新坐标显示；当系统变量为 1 时，指不断更新坐标显示；当系统变量为 2 时，指不断更新坐标显示，当需要距离和角度时显示到上一点的距离和角度。

（2）查询点坐标。

操作提示：

打开素材文件“绘制平面沙发.dwg”，展开“实用工具”面板，再单击“点坐标”按钮（如图 2-114 所示），然后在绘图区指定需要查询的点，即可显示坐标信息，如图 2-115 所示。

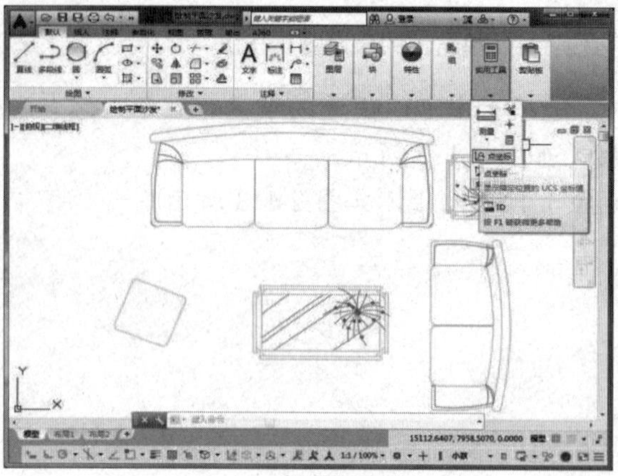

图 2-114　单击“点坐标”按钮

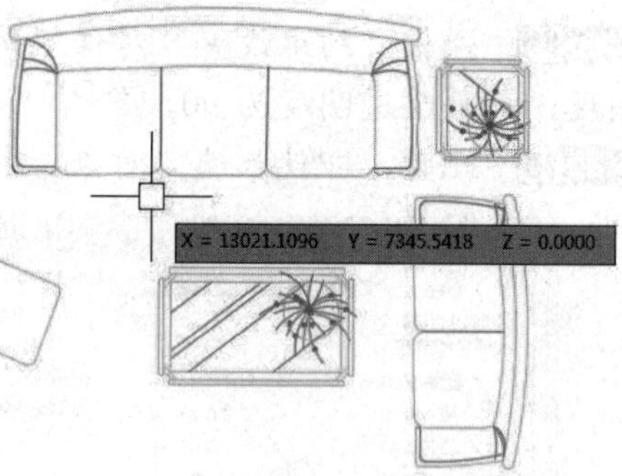

图 2-115　查看坐标

项目 3　二维图形的绘制

项目概述

二维绘图是 CAD 软件最基本也最常用的功能，使用二维绘图命令可以很方便地绘制点、直线、矩形、正多边形、圆类图形、椭圆及椭圆弧等。在本项目中将学习二维绘图命令的使用方法，帮助读者学会简单图形的绘制方法。

项目重点

- 学会绘制点。
- 熟练掌握绘制线的方法。
- 能够迅速绘制矩形、多边形、绘制圆和椭圆图形。

项目目标

- 能够学会各类二维图形的绘制方法。
- 掌握各类二维图形绘制的要素。

任务 1　点的绘制

任务概述

点不仅是组成图形的最基本元素，还是用作执行捕捉、偏移对象等操作的节点或参考点。点可以分为多点、定数等分点和定距等分点等多种形式，用户可以通过不同的工具进行特定类型的点的绘制。

任务重点与实施

3.1.1　点样式的设置

默认样式下的点很难被看到。在应用点之前，可以自定义点的样式与大小，从而便于确定其位置，具体操作方法如下。

在“默认”选项卡下打开“实用工具”面板，单击“点样式”按钮，如图 3-1 所示，弹出“点样式”对话框，选中所需点的样式，并在“点大小”文本框中输入点的大小，然后单击“确定”按钮，即可完成设置，如图 3-2 所示。

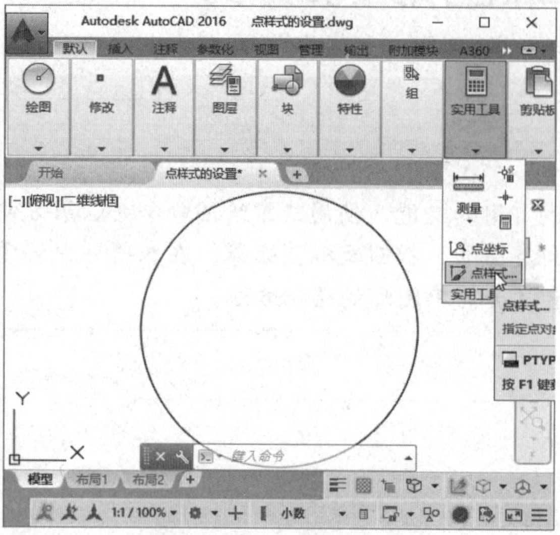

图 3-1 单击“点样式”按钮

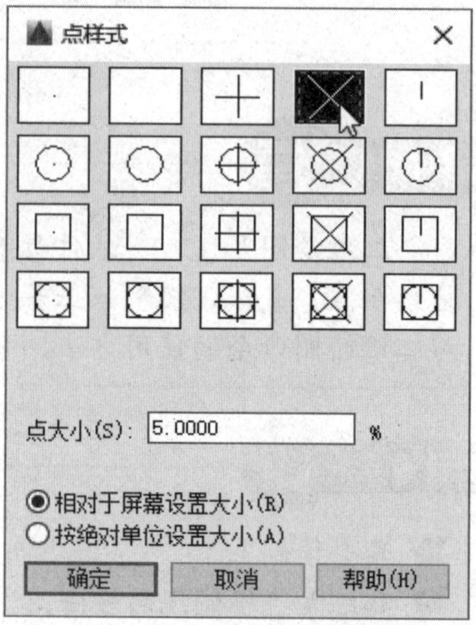

图 3-2 “点样式”对话框

3.1.2 绘制点

用户可以通过“多点”工具连续绘制多个点对象，具体操作方法如下。

Step 01 打开素材文件“绘制点.dwg”，在“常用”选项卡下打开“实用工具”面板，单击“点样式”按钮，如图 3-3 所示。

Step 02 弹出“点样式”对话框，选择所需的点样式，并在“点大小”数值框中输入合适的数值，然后单击“确定”按钮，如图 3-4 所示。

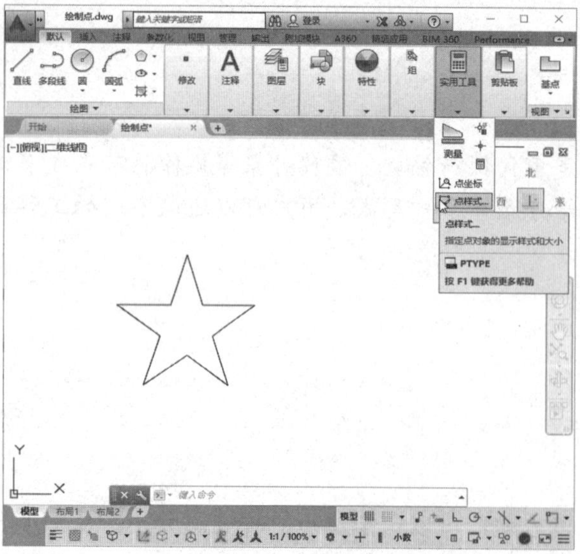

图 3-3 单击“点样式”按钮

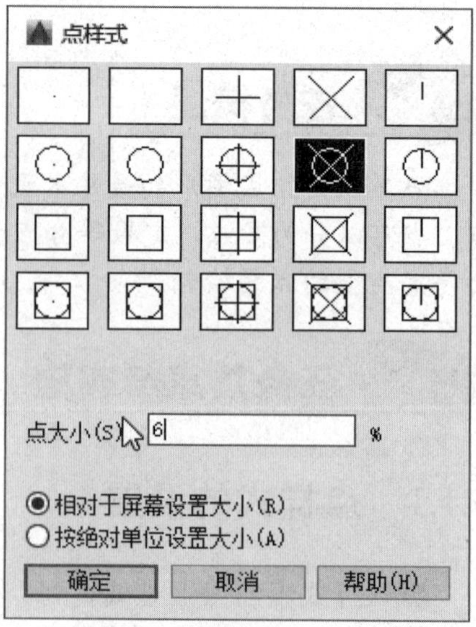

图 3-4 “点样式”对话框

Step 03 打开“默认”选项卡下的“绘图”面板，单击“多点”按钮，如图 3-5 所示。

Step 04 启用对象捕捉模式，分别捕捉五角星各端点，依次绘制多点，如图 3-6 所示。

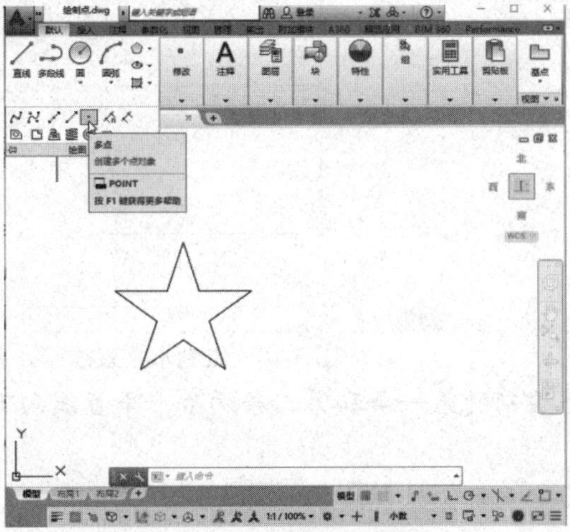

图 3-5　单击“多点”按钮

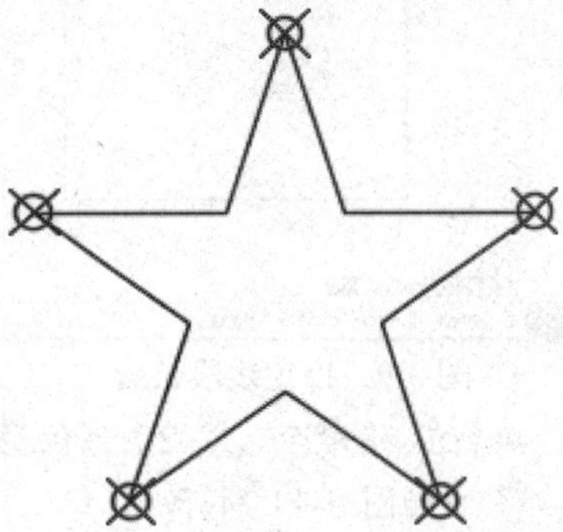

图 3-6　绘制多点

3.1.3　绘制等分点

等分分为定数等分和定距等分，定数等分是将对象划分为一定数量长度相等的对象，而定距等分是按照一定的数值进行分段。绘制等分点的具体操作方法如下。

Step 01 打开素材文件“绘制等分点.dwg”，打开“点样式”对话框，分别设置点样式和点大小，然后单击“确定”按钮，如图 3-7 所示。

Step 02 打开“绘图”面板，单击其中的“定距等分”按钮，如图 3-8 所示。

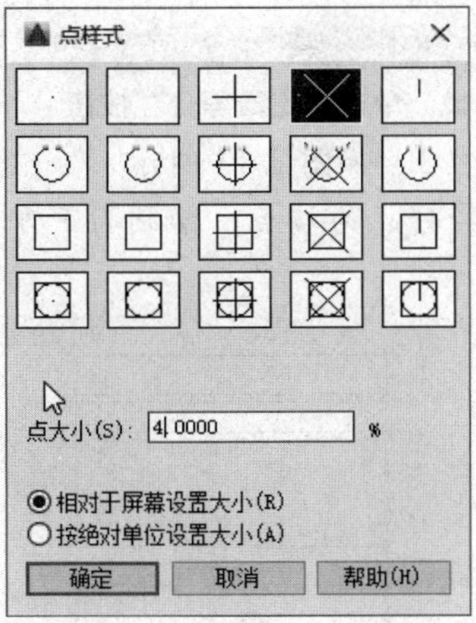

图 3-7　“点样式”对话框

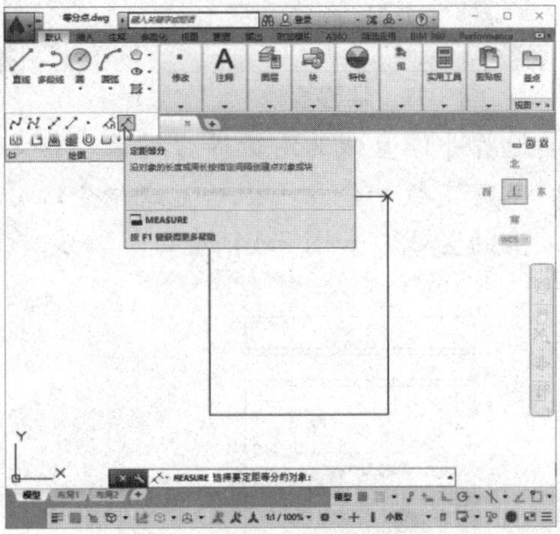

图 3-8　单击“定距等分”按钮

Step 03 选择左侧直线为定距等分对象，指定线段长度为 100，按【Enter】键进行确认，如图 3-9 所示。

Step 04 创建定距等分点。执行直线命令，分别以第一个、第二个、第五个和第六个定距等分点为端点，绘制与右侧直线垂直的水平直线，如图 3-10 所示。

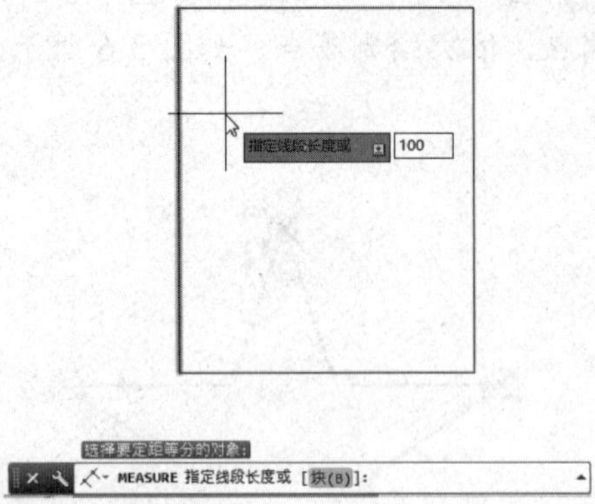

图 3-9　指定线段长度

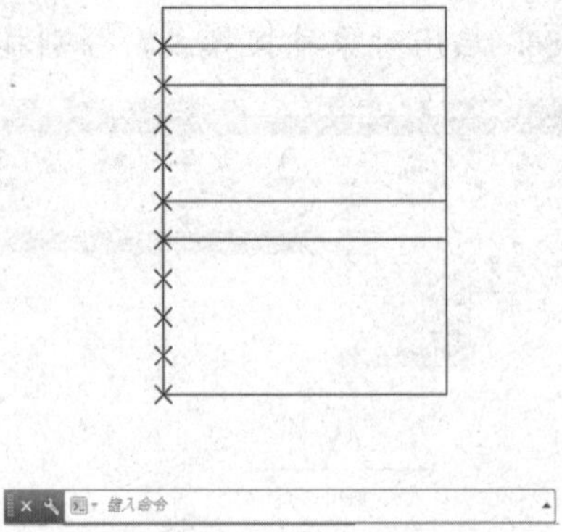

图 3-10　绘制水平直线

Step 05 执行偏移命令，以 20 为位移距离，将绘制的第一条和第二条两条水平直线向下位移，如图 3-11 所示。

Step 06 打开“绘图”面板，单击其中的“定数等分”按钮，如图 3-12 所示。

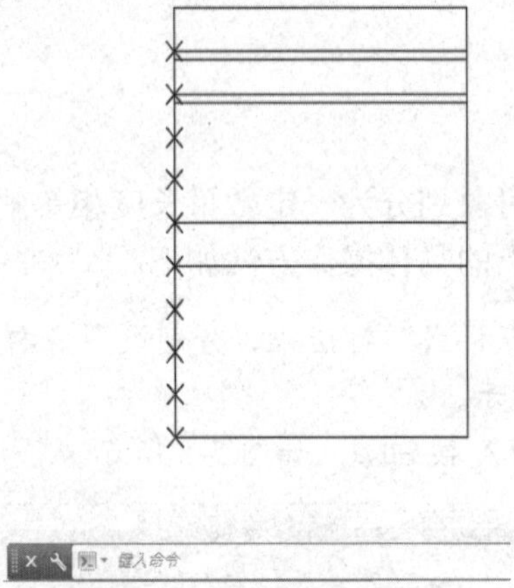

图 3-11　偏移直线

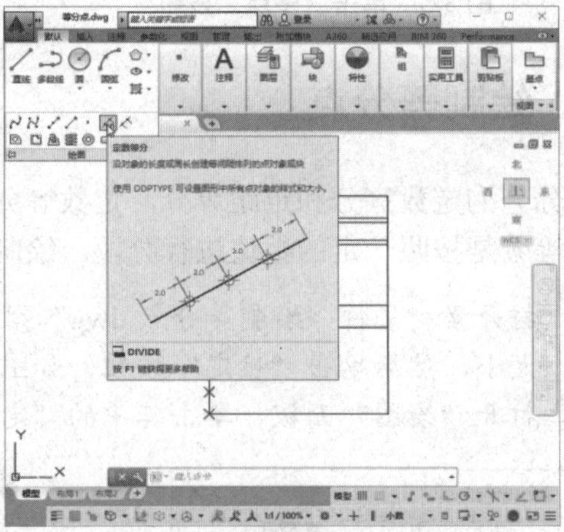

图 3-12　单击“定数等分”按钮

Step 07 选择中间直线为定数等分对象，指定线段数目为 3，如图 3-13 所示。

Step 08 创建定数等分点，执行直线命令，分别以定数等分点为端点，绘制与下方直线垂直的竖线，如图 3-14 所示。

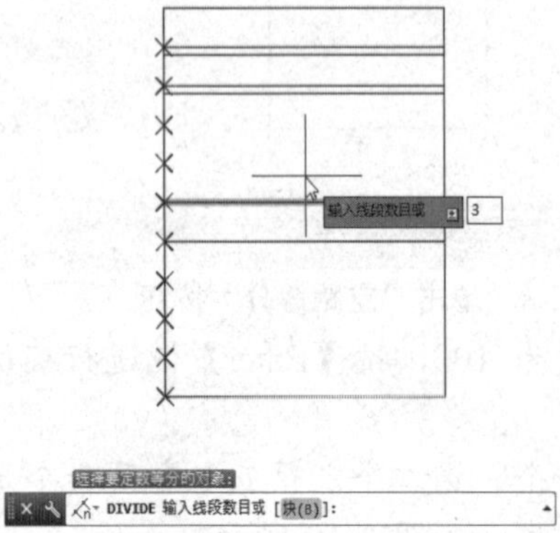

图 3-13　指定线段数目

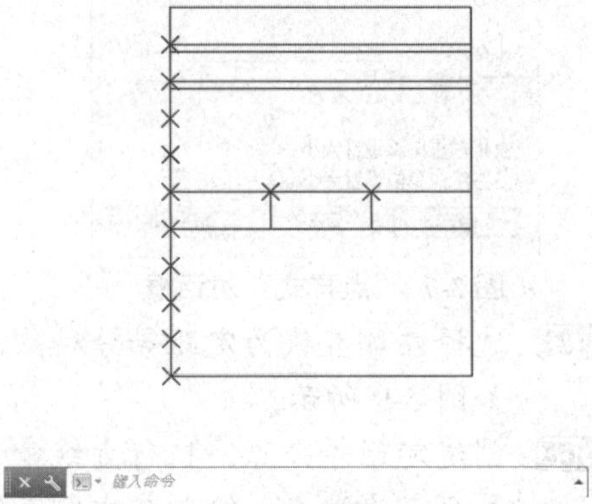

图 3-14　绘制竖线

Step 09 执行“圆心，半径”命令，在合适的位置绘制三个相同的小圆，如图 3-15 所示。

Step 10 删除等分点，查看最终效果，如图 3-16 所示。

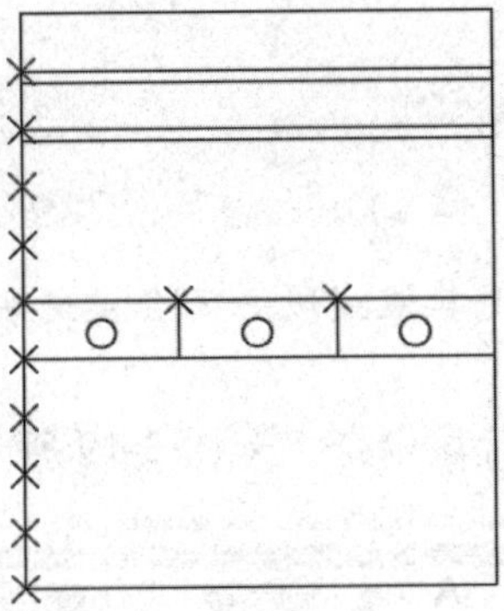

图 3-15　绘制小圆

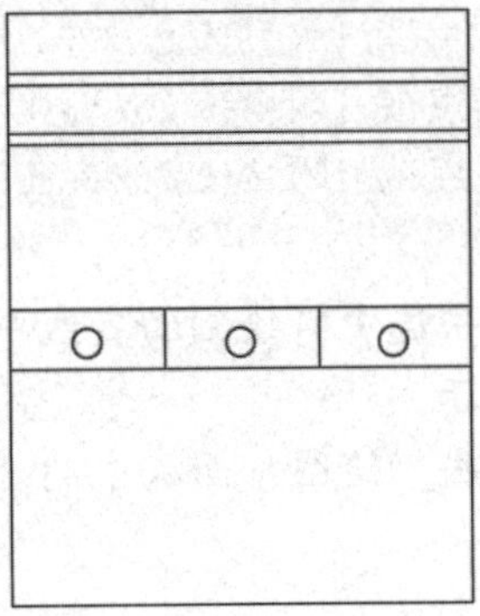

图 3-16　查看最终效果

任务 2　线的绘制

任务概述

线是构成图形的最基本的对象。在 AutoCAD 2016 中，线可以分为直线、多段线、构造线、射线、样条曲线和多线等类型。本任务将分别对其使用方法进行介绍。

任务重点与实施

3.2.1　绘制直线与多线段

直线是最常见的图形元素。用户通过“直线”工具可以创建一系列连续的线段，且每条线段都可以单独进行编辑。如果希望所创建的多个线段为一个整体，可通过“多段线”工具实现。通过“多段线”工具可以创建直线段和圆弧段，且可用于创建有宽度的图形对象（如绘制箭头），具体操作方法如下。

Step 01 打开素材文件“绘制直线与多线段.dwg”，单击“绘图”面板中的“直线”按钮，如图 3-17 所示。

Step 02 在命令行窗口中，依次输入直线的端点坐标，绘制连续的多条直线段，绘制完毕后按【Enter】键退出绘制状态，命令提示如下。

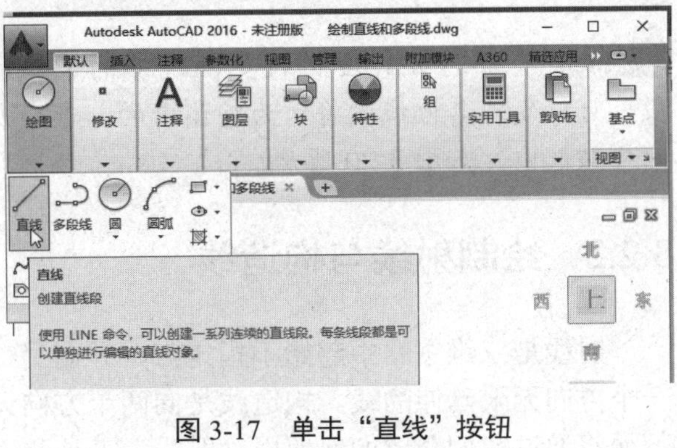

图 3-17　单击“直线”按钮

```
命令: _line 指定第一点: 0,0
指定下一点或 [放弃(U)]: 0,4
指定下一点或 [放弃(U)]: 2,6
指定下一点或 [闭合(C)/放弃(U)]: 33,0
指定下一点或 [闭合(C)/放弃(U)] :
```

Step03 单击选中新绘制的直线中的某线段，可以发现其他线段并不会被选中，如图 3-18 所示。

Step04 单击“绘图”面板中的“多段线”按钮，执行该命令，如图 3-19 所示。

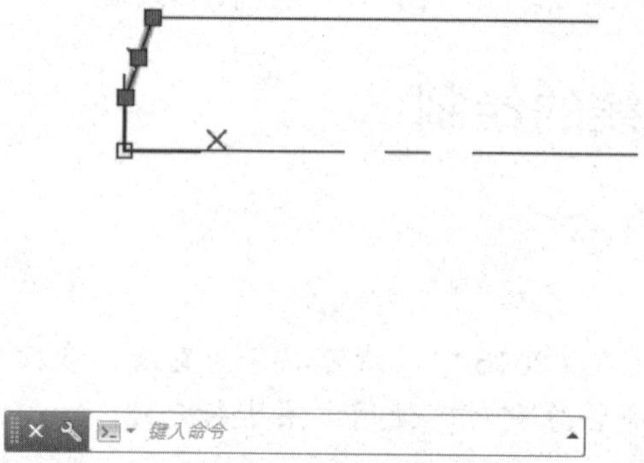

图 3-18 选择线段

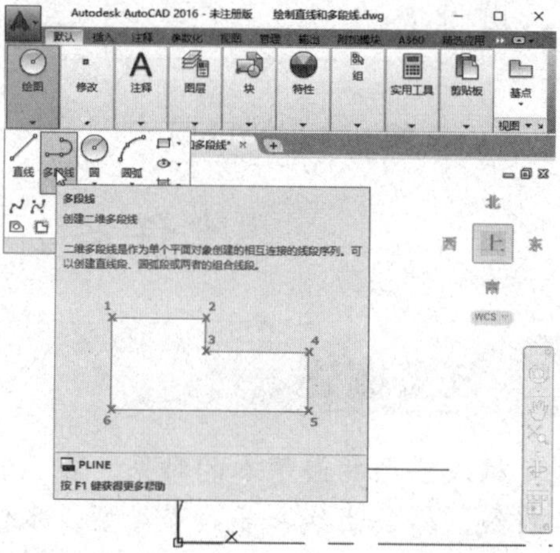

图 3-19 单击“多段线”按钮

Step05 在命令行窗口中，通过依次输入坐标绘制连续的多段线，绘制完毕后按【Enter】键退出绘制状态，命令提示如下：

```
命令: _line 指定第一点: 0,0
指定下一点或 [放弃(U)]: 0,-4
指定下一点或 [放弃(U)]: 2,-6
指定下一点或 [闭合(C)/放弃(U)]: 33,0
指定下一点或 [闭合(C)/放弃(U)]:
```

Step06 单击选中新绘制的多段线中的某线段，可以发现其他线段将作为整体中的一部分同样被选中，如图 3-20 所示。

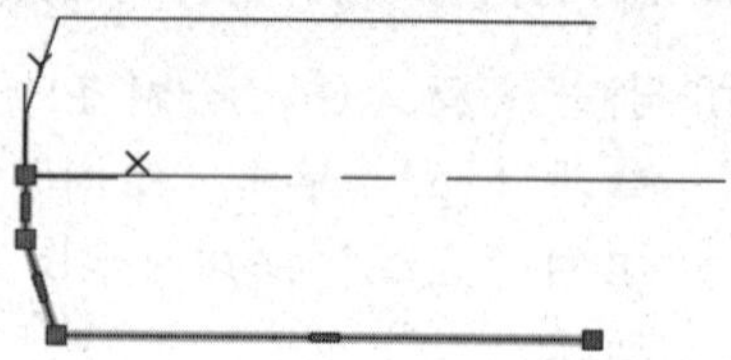

图 3-20 选择多段线

3.2.2 绘制射线与构造线

射线是三维空间中起始于指定点，并向另一个方向无限延伸的线。构造线是向两个方向无限延伸的直线，没有起点，也没有端点。下面将通过实例介绍如何使用“射线”工具和“构造线”工具绘制射线与构造线，具体操作方法如下。

Step 01 打开素材文件“绘制射线与构造线.dwg”，打开“绘图”面板，单击“构造线”按钮，如图 3-21 所示。

Step 02 在命令行窗口中输入 H 并按【Enter】键确认，切换到水平构造线输入状态，依次输入通过点的坐标，绘制两条水平构造线，命令提示如下：

```
命令: _xline 指定点或 [水平(H)/垂直(V)/角度(A)/二等分(B)/偏移(O)]: H
指定通过点: 0,0
指定通过点: 0,48
```

Step 03 再次执行“构造线”命令，在命令行窗口输入 V 并按【Enter】键确认，切换到垂直构造线输入状态，输入通过点的坐标(0,0)，创建一条垂直构造线，如图 3-22 所示。

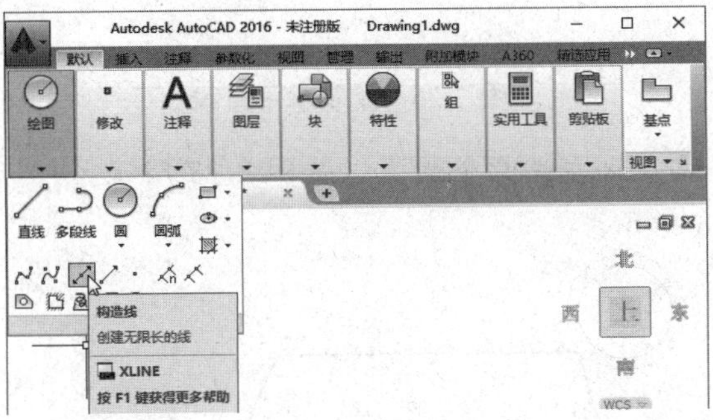

图 3-21　单击“构造线”按钮

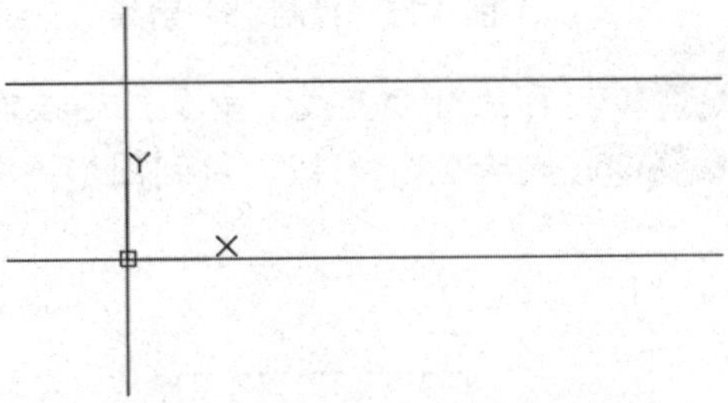

图 3-22　绘制水平垂直构造线

Step 04 打开“绘图”面板，单击“射线”按钮，如图 3-23 所示。

Step 05 打开“草图设置”对话框，在“捕捉设置”选项卡下分别选中“启用对象捕捉”和“交点”复选框，启用交点对象捕捉，单击“确定”按钮，如图 3-24 所示。

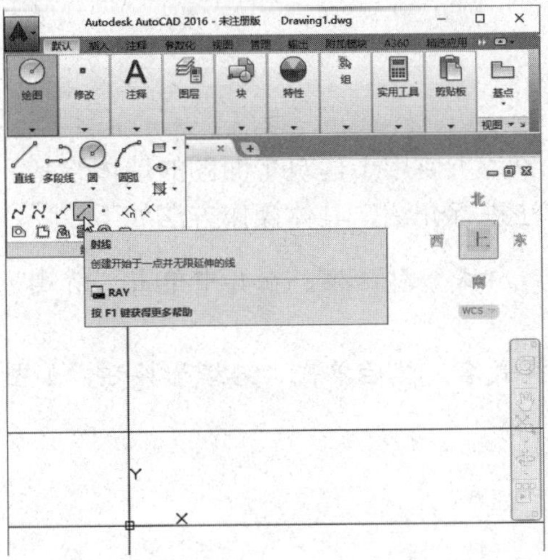

图 3-23　单击“射线”按钮

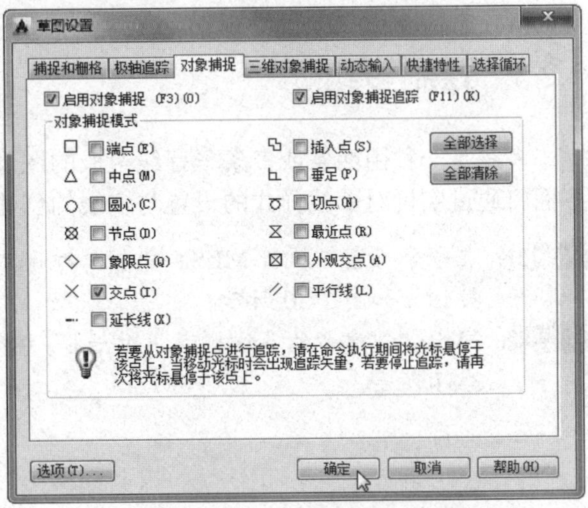

图 3-24　“草图设置”对话框

Step 06 在第一条水平构造线和垂直构造线交点位置单击鼠标左键，指定射线的起点，在命令行窗口输入“<75”并按【Enter】键确认，限制射线角度为 75°，沿射线方向单击指定任意一点，即可完成该条射线的绘制，如图 3-25 所示。

Step 07 执行“直线”命令，以（0,0）点为起点，向右绘制长度为 100 的水平直线，同样，以射线与第二条构造线的交点为起点，向右绘制长度为 66 的水平直线，删除水平构造线，如图 3-26 所示。

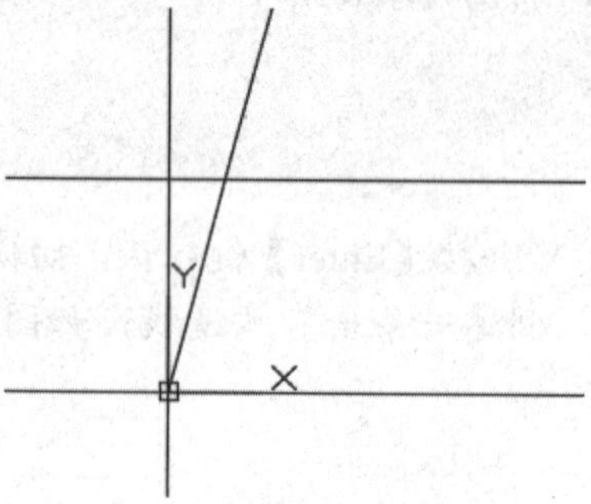

图 3-25 绘制 75° 射线

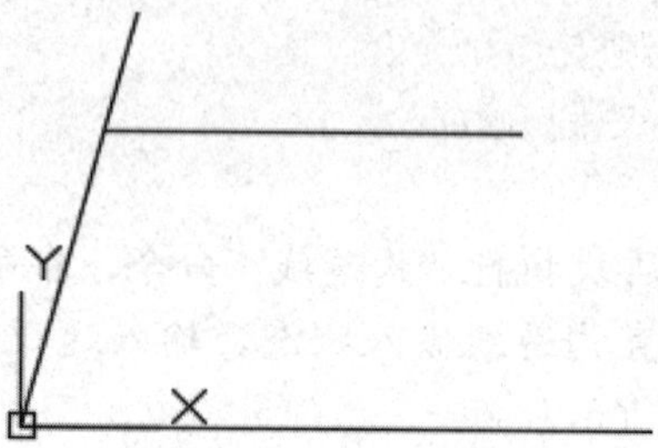

图 3-26 绘制水平直线

Step 08 再执行“直线”命令，连接右端两个端点和左端两个端点，如图 3-27 所示。

Step 09 删除 75° 射线，得到图形，如图 3-28 所示。

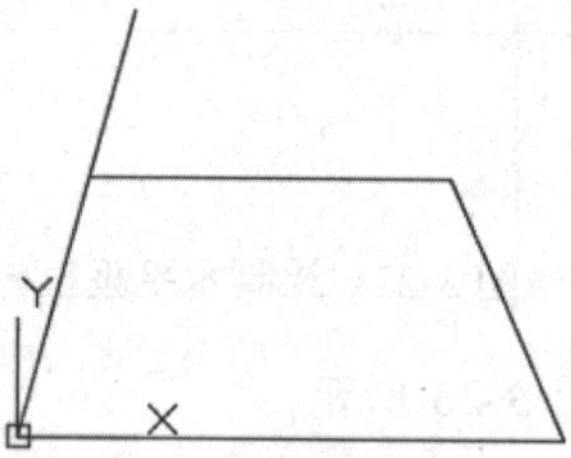

图 3-27 绘制斜线

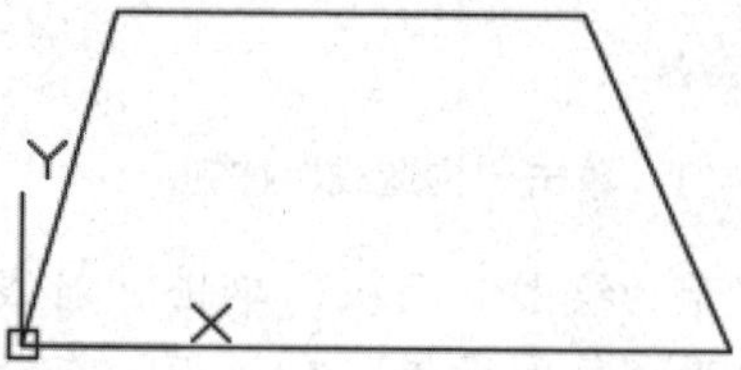

图 3-28 效果图

3.2.3 绘制多线

多线是一种由两条或多条平行线组成的图形对象，主要用于建筑平面图的墙体绘制。下面将通过实例对多线样式的设置与多线的创建方法进行介绍，具体操作方法如下。

Step 01 在命令行窗口执行 MLST 命令，打开“多线样式”对话框，在其中单击“新建”按钮，如图 3-30 所示。

Step 02 弹出“创建新的多线样式”对话框，输入样式名，然后单击“继续”按钮，如图 3-31 所示。

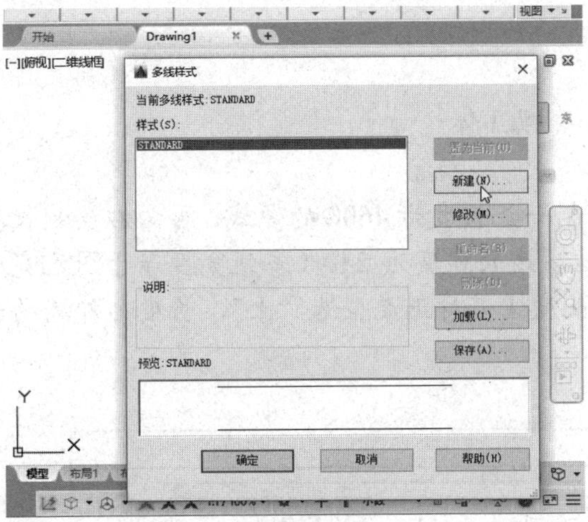

图 3-30　单击“新建”按钮

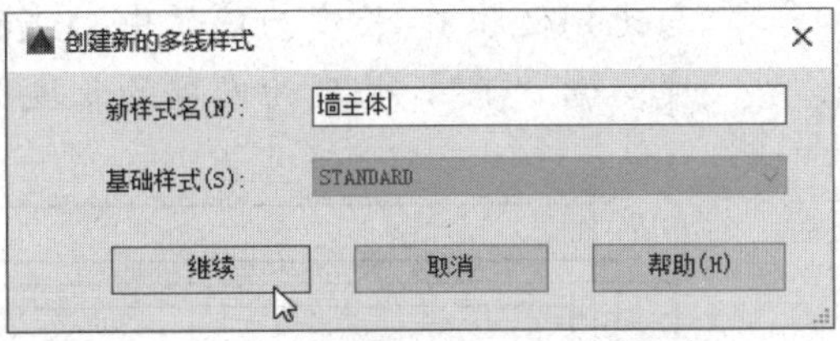

图 3-31　“创建新的多线样式”对话框

Step03 在弹出的对话框中通过单击“添加”按钮添加多线中的平行线数目，然后分别选择“图元”列表框中的单个元素，对其偏移量、颜色、线型等进行设置，另外还可以在“封口”列表框中对多线的封口进行设置，设置完毕后单击“确定”按钮，如图 3-32 所示。

Step04 返回“多线样式”对话框，选择新建的样式，单击“置为当前”按钮，将其置为当前样式，然后单击“确定”按钮，如图 3-33 所示。

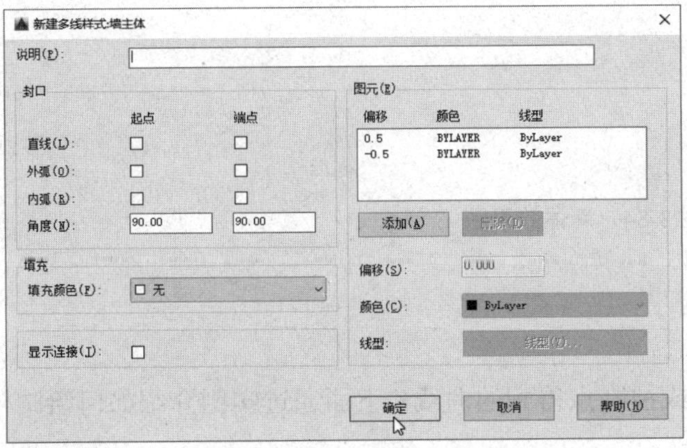

图 3-32　添加平行线

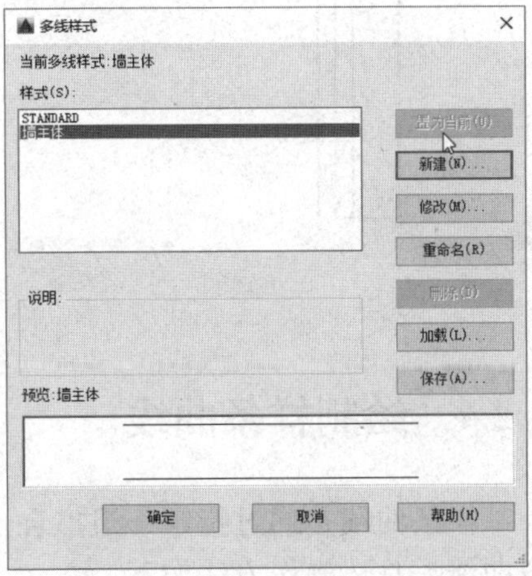

图 3-33　“多线样式”对话框

Step05 在命令行窗口执行 ML 命令，然后设置多线的对正方式与比例，命令提示如下：

命令: ML
MLINE
当前设置: 对正 ＝ 上，比例 ＝20.00，样式 ＝STANDARD
指定起点或 [对正(J)/比例(S)/样式(ST)]:　J
输入对正类型 [上(T)/无(Z)/下(B)] <上>:　Z
当前设置: 对正 ＝ 无，比例 ＝20.00，样式 ＝STANDARD

指定起点或 [对正(J)/比例(S)/样式(ST)]: S
输入多线比例 <20.00>: 240
当前设置: 对正 = 无, 比例 = 240.00, 样式 = 墙主体

Step 06 在绘图区，以任意点为起点，向上绘制一条长度为 4600 的多线，再向右绘制长度为 7200 的多线，如图 3-34 所示，该多线的宽度为 240（多线宽度等于图元宽度与比例之积），长度为墙体中心线的长度（若对正类型选“上”，长度为外墙的长度；选“下”，长度为内墙的长度）。

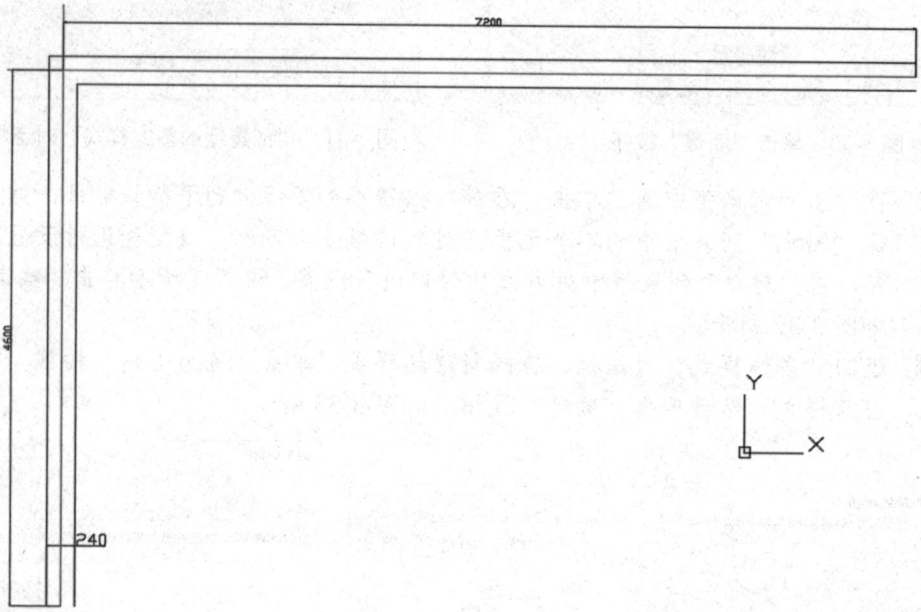

图 3-34 墙体效果图

3.2.4 绘制样条曲线

样条曲线是通过指定一组拟合点或控制点得到的曲线，下面通过实例介绍如何绘制样条曲线，具体操作方法如下。

Step 01 打开素材文件“绘制样条曲线.dwg”，打开“绘图”面板，单击其中的“样条曲线拟合”按钮，如图 3-37 所示。

Step 02 启用对象捕捉模式，从上到下依次捕捉五角星的五个节点，通过拟合点绘制样条曲线，如图 3-38 所示。

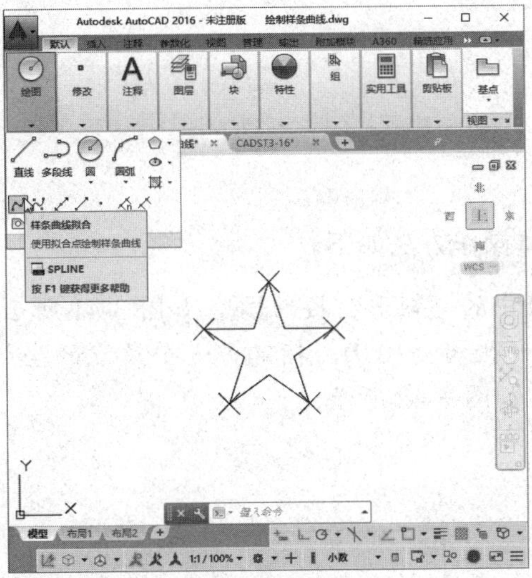

图 3-37　单击“样条曲线拟合”按钮

图 3-38　绘制样条曲线

Step03 打开“绘图”面板，单击其中的“样条曲线控制点”按钮，如图 3-39 所示。

Step04 通过捕捉五角星上的五个节点，以指定控制点的方式绘制样条曲线，并比较其不同之处，如图 3-40 所示。

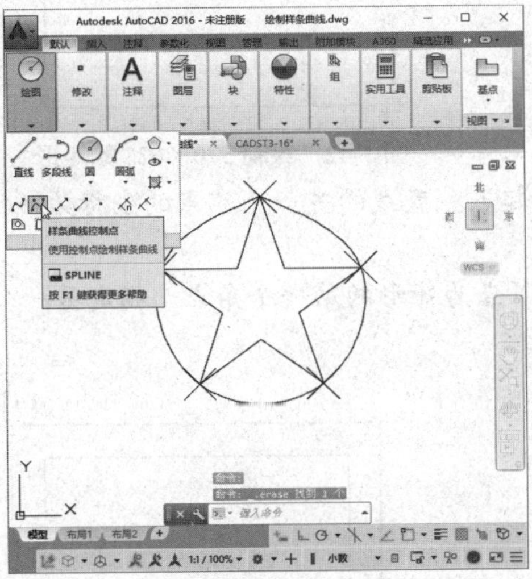

图 3-39　单击“样条曲线控制点”按钮

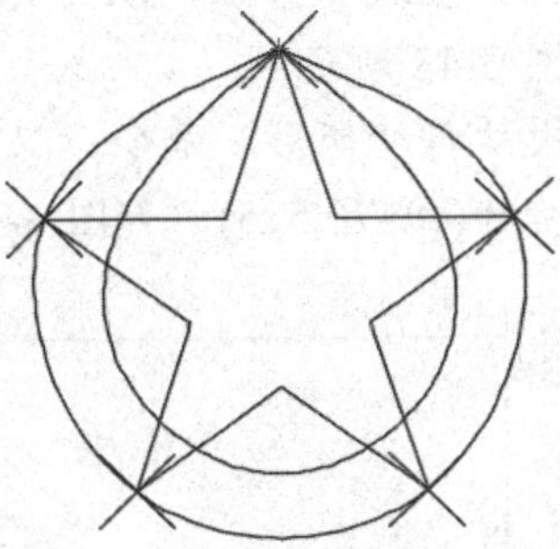

图 3-40　绘制样条曲线

任务 3　矩形和正多边形的绘制

任务概述

矩形是对角线相等且互相平分的四边形，它的四个角均为直角。在 AutoCAD 2016 中还可以创建四个角为圆角或倒角的矩形。正多边形是各边相等、各角也相等的多边形。通过“正多边形”命令可以轻松地绘制等边三角形、正方形、正五边形、正六边形等图形。

任务重点与实施

3.3.1 绘制坐标矩形

绘制坐标矩形即按坐标位置绘制矩形，具体操作方法如下。

Step 01 在“常用”选项卡下单击“绘图”面板中的“矩形”按钮，如图 3-41 所示。

Step 02 通过命令行窗口指定矩形第一个角点的坐标为(0,0)，指定另一个角点的坐标为(570,625)，从而绘制外切于圆的矩形，如图 3-42 所示。

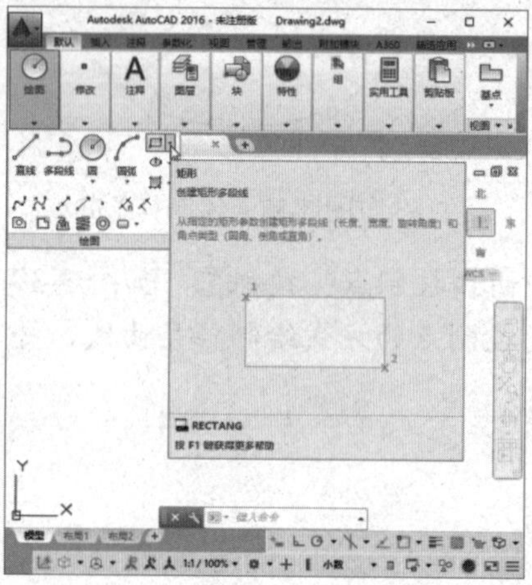

图 3-41 单击“矩形”按钮

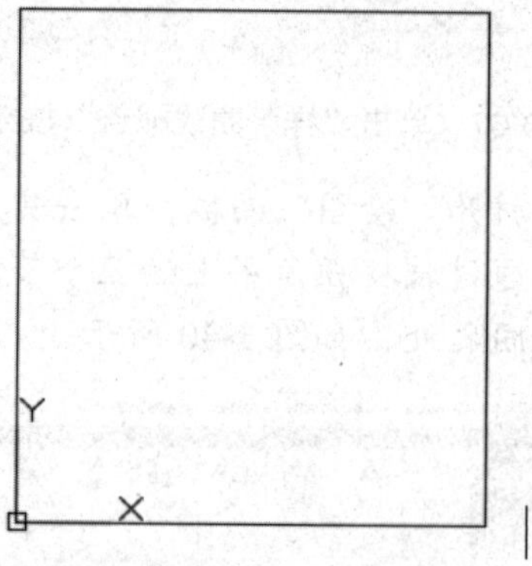

图 3-42 绘制 570×625 的矩形

Step 03 执行“直线”命令，以（0,0）点为起点，直线的另一个端点的坐标为（50,50），如图 3-43 所示。

Step 04 再次执行“矩形”命令，以（50,50）点为矩形的第一个角点，指定另一个角点的坐标为(@470,525)，如图 3-44 所示。

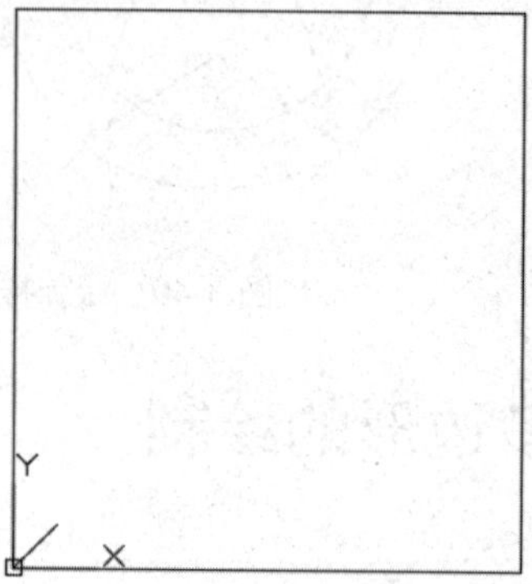

图 3-43 绘制一条直线

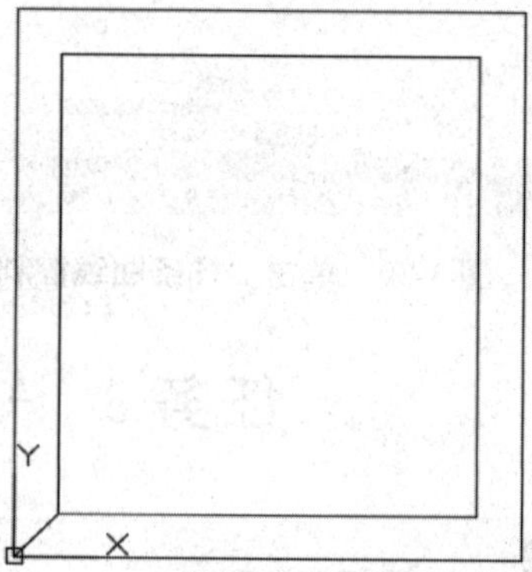

图 3-44 绘制相同中心的两个矩形

3.3.2 绘制倒角矩形

在绘制矩形时可以指定矩形的基本参数，如长度、宽度、旋转角度，并可以控制角的类型，如圆角、倒角或直角等。下面以绘制餐桌为例介绍矩形的绘制方法，具体操作方法如下。

Step 01 打开素材文件“绘制倒角矩形.dwg”，单击“绘图”面板中的“矩形”按钮，如图 3-45 所示。

Step 02 根据命令行提示，输入“0,0”并按【Enter】键确认，再输入“2200,1600”并按【Enter】键确认。

命令: _rectang
指定第一个角点或 [倒角(C)/标高(E)/圆角(F)/厚度(T)/宽度(W)]: 0,0
指定另一个角点或 [面积(A)/尺寸(D)/旋转(R)]: 2200,1600

Step 03 此时，将绘制出一个长 2200、宽 1600 的矩形，如图 3-46 所示。

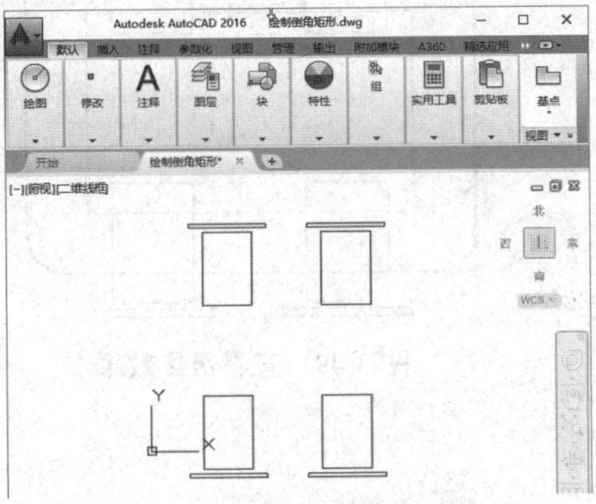

图 3-45　单击“矩形”按钮

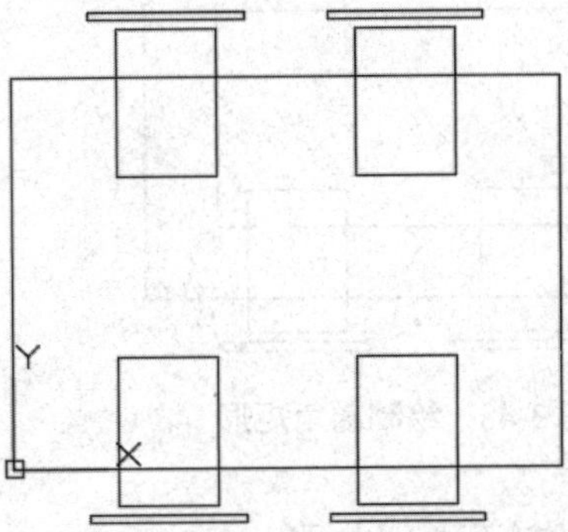

图 3-46　查看图形效果

Step 04 再次执行“矩形”命令，输入“300,300”并按【Enter】键确认，再输入“@1600,1000”并按【Enter】键确认。

命令: rectang
指定第一个角点或 [倒角(C)/标高(E)/圆角(F)/厚度(T)/宽度(W)]: 300,300
指定另一个角点或 [面积(A)/尺寸(D)/旋转(R)]: @1600,1000

Step 05 这时，将绘制出一个长为 1600、宽为 1000 的矩形图形，如图 3-47 所示。

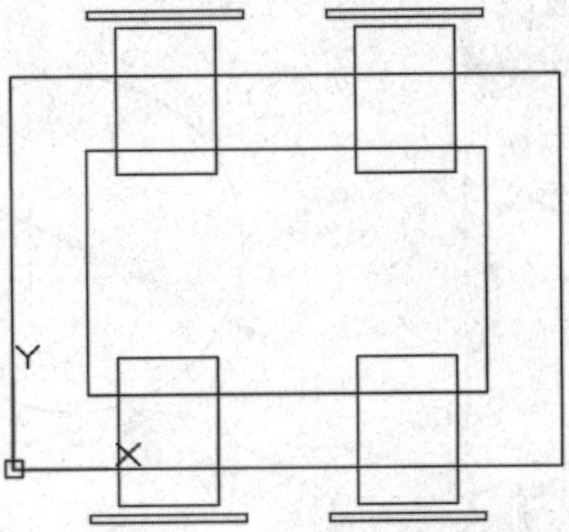

图 3-47　查看图形效果

Step06 若需绘制带圆角的餐桌，可再次执行“矩形”命令，输入 F 并按【Enter】键确认，再指定矩形的圆角半径，如指定半径为 200。

```
命令: _rectang
当前矩形模式: 圆角=0
指定第一个角点或 [倒角(C)/标高(E)/圆角(F)/厚度(T)/宽度(W)]: F
指定矩形的圆角半径 <0>: 200
```

Step07 通过捕捉原有矩形的两个对角点，绘制一个圆角矩形，如图 3-48 所示。

Step08 删除原有矩形，查看最终效果，如图 3-49 所示。

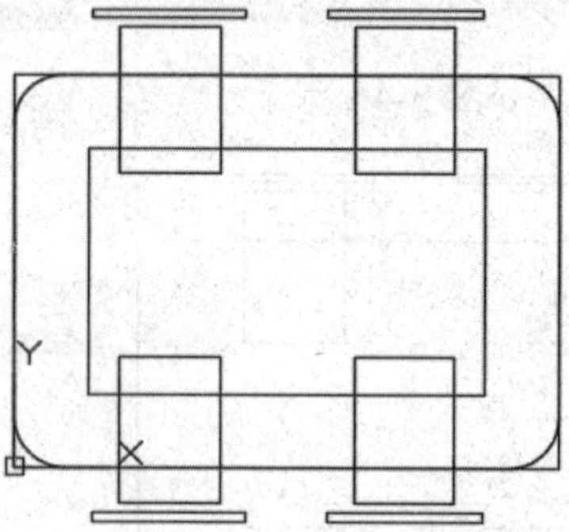

图 3-48　绘制圆角矩形

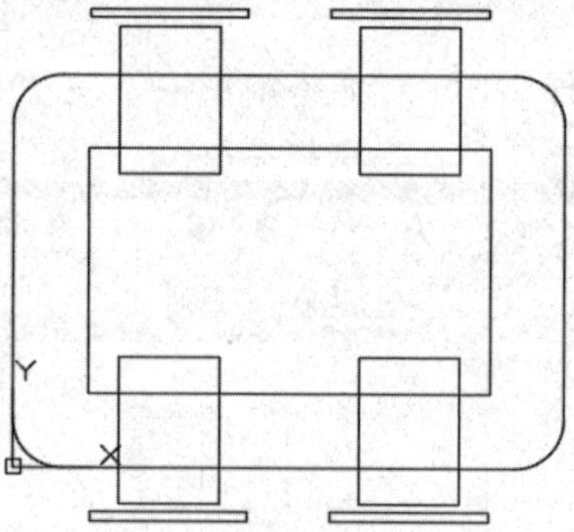

图 3-49　查看最终效果

3.3.3　绘制正多边形

通过“正多边形”命令可以轻松地绘制等边三角形、正方形、正五边形和六边形等图形。下面以完成一个图形为例介绍正多边形的绘制方法，具体操作方法如下。

Step01 打开素材文件“绘制正多边形.dwg”，单击“绘图”面板中的“正多边形”按钮，如图 3-50 所示。

Step02 选择正多边形命令输入正多边形的边数，如输入 6，并按【Enter】键确认，通过对象捕捉模式指定圆的圆心为正多边形的中心点，如图 3-51 所示。

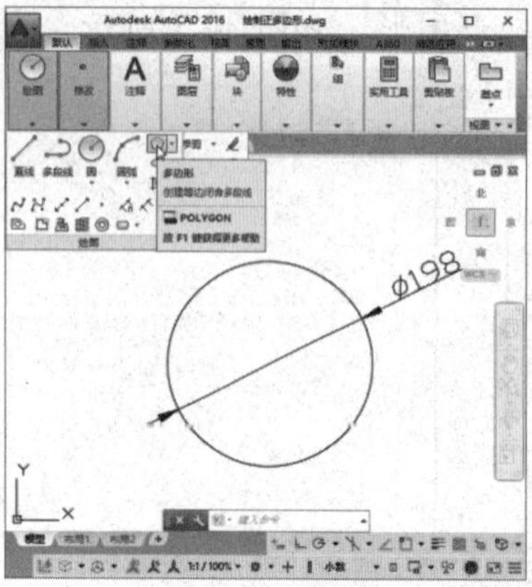

图 3-50　绘制圆

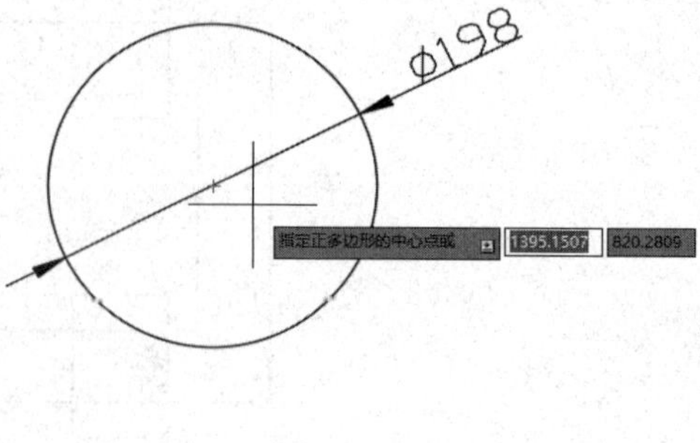

图 3-51　指定正多边形中心点

Step03 在弹出的快捷菜单中选择“外切于圆”命令，移动光标，通过捕获圆的第一象限点指定半径，如图 3-52 所示。

Step04 再次选择正多边形命令，输入正多边形的边数，输入 5 确认后，再次输入 E，以正六边形的边作为正五边形的边长，如图 3-53 所示。

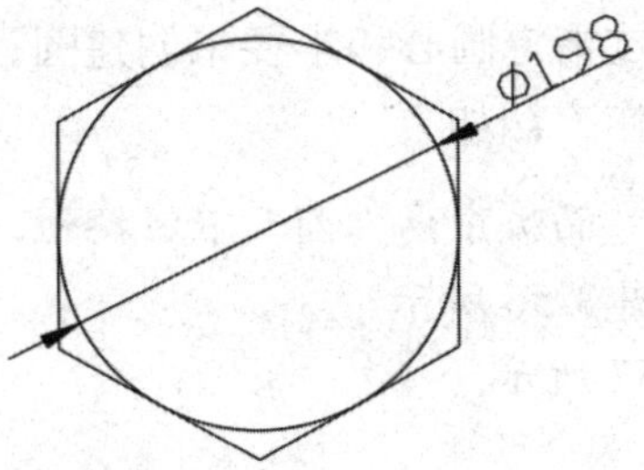

图 3-52 绘制正多边形

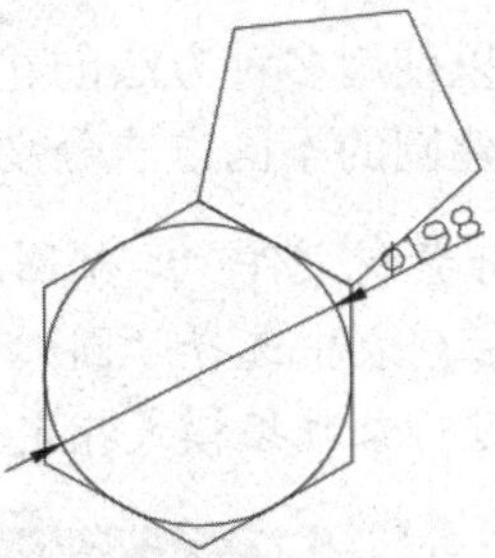

图 3-53　绘制正五边形

Step05 重复步骤 4，选择正六边形的其他边作为正五边形的边长，绘制出其他五个正五边形，如图 3-54 所示。

Step06 选择圆（三点）命令，以正五边形的外角点，任取三点绘制圆，如图 3-55 所示。

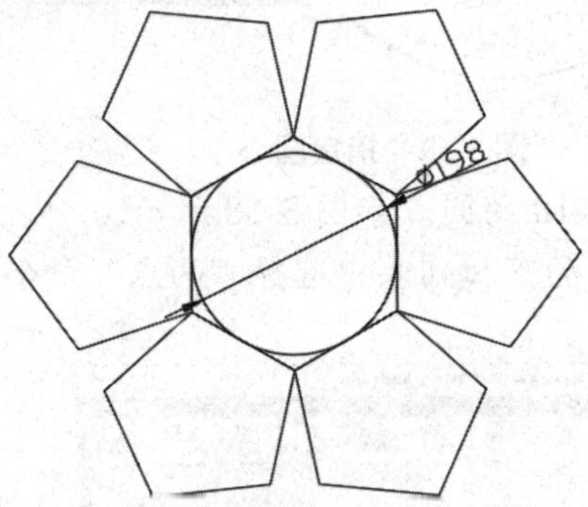

图 3-54　绘制其他正五边形

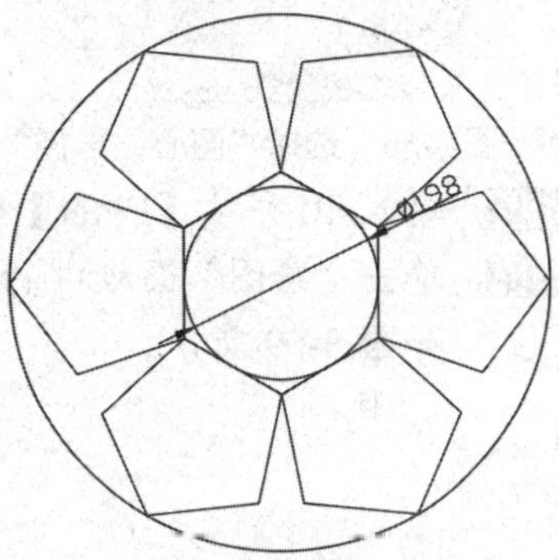

图 3-55　查看图形效果

任务 4　圆类图形的绘制

任务概述

在 AutoCAD 2016 中，曲线型对象包括圆弧、圆和圆环，本任务将学习它们各自的绘制方法。

任务重点与实施

3.4.1 绘制圆

用户可以使用多种方法创建圆，默认方法是通过指定圆心和半径来创建圆。下面将通过实例对创建圆的不同方法分别进行介绍，具体操作方法如下。

Step 01 打开素材文件“绘制圆.dwg”，单击“绘图”面板中的“圆”下拉按钮，在弹出的下拉列表中选择“圆心，半径”命令，如图 3-56 所示。

Step 02 通过对象捕捉模式指定圆的圆心，如图 3-57 所示。

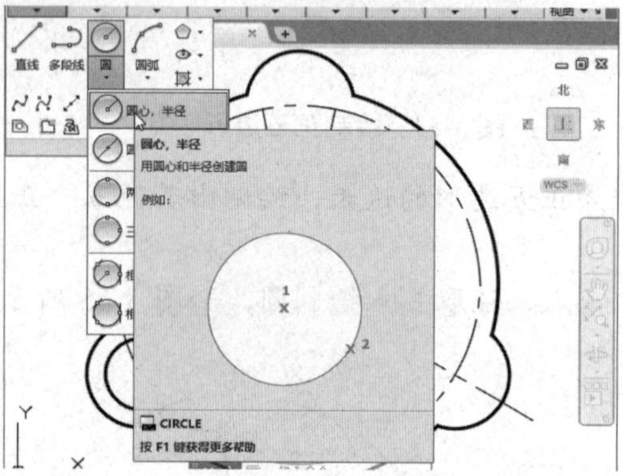

图 3-56 选择“圆心，半径”命令

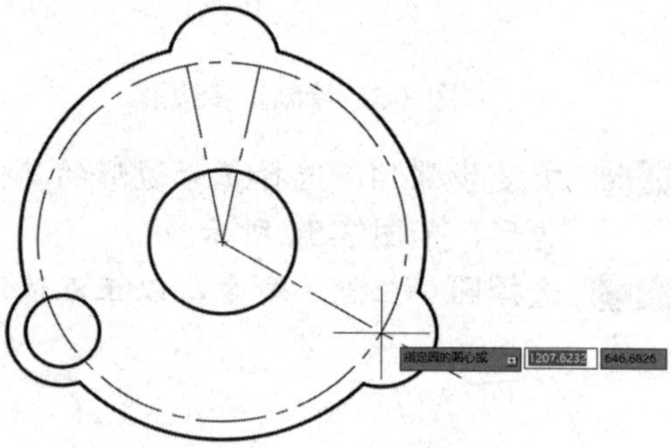

图 3-57 指定圆心

Step 03 输入 10 并按【Enter】键确认，绘制一个半径为 10 的圆，如图 3-58 所示。

Step 04 单击“绘图”面板中的“圆”下拉按钮，在弹出的下拉列表中选择“两点”命令，如图 3-59 所示。

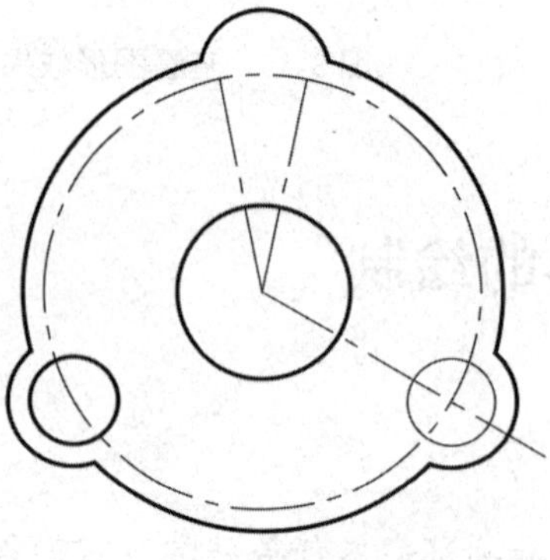

图 3-58 绘制圆

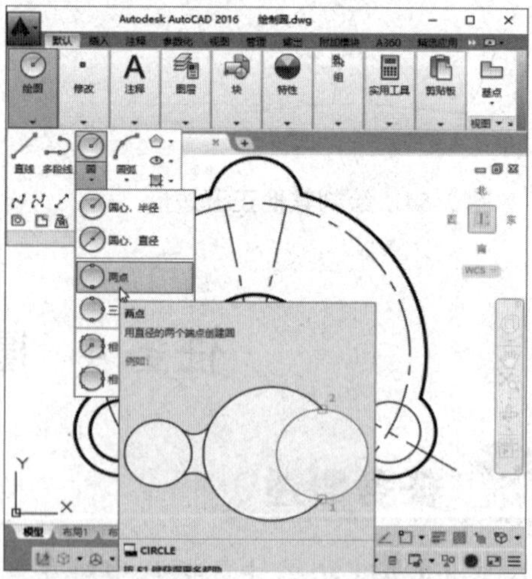

图 3-59 选择“两点”命令

Step 05 通过对象捕捉模式分别指定大圆辅助线与两条直线的交点为圆的两个端点，如图 3-60 所示。

Step 06 这时，将绘制出直径端点为大圆与两条直线交点的圆，如图 3-61 所示。

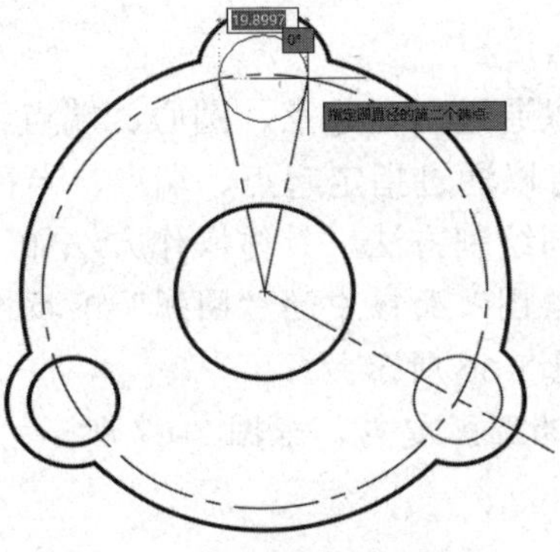

图 3-60　指定圆的两个端点

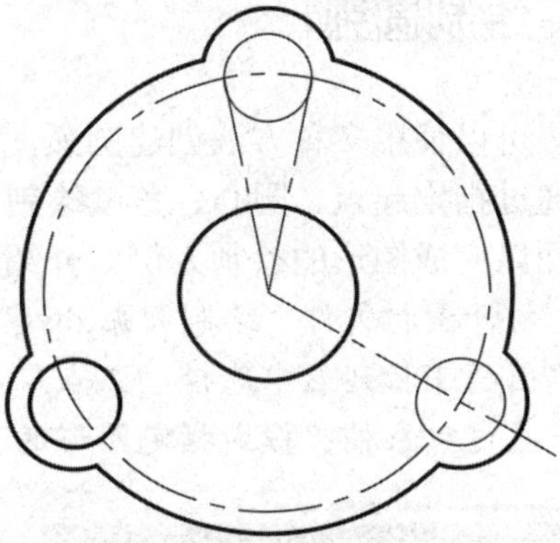

图 3-61　绘制圆

Step07 单击“绘图”面板中的“圆”下拉按钮，在弹出的下拉列表中选择“相切，相切，半径”命令，如图 3-62 所示。

Step08 在中间的圆上指定第一个切点，如图 3-63 所示。

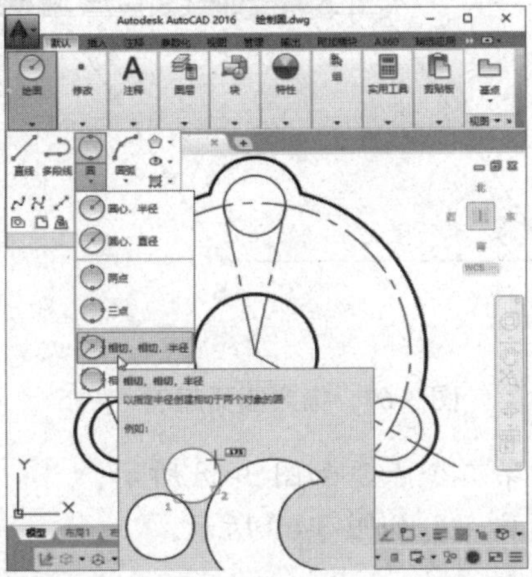

图 3-62　选择“相切，相切，半径”命令

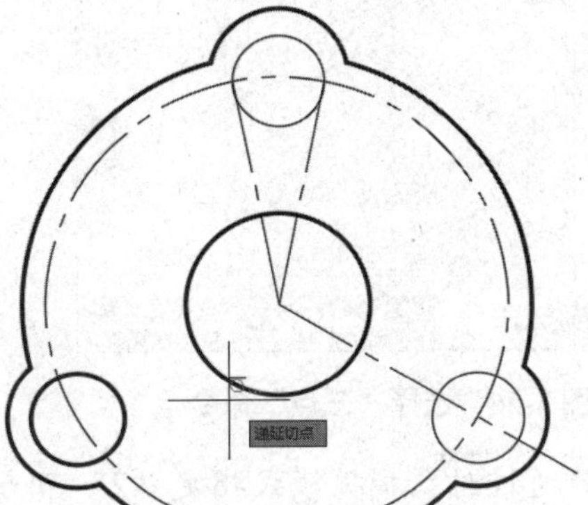

图 3-63　指定第一个切点

Step09 在其右侧的小圆上指定第二个切点，如图 3-64 所示。

Step10 输入 10 并按【Enter】键确认，即可绘制出与两圆相切的圆，如图 3-65 所示。

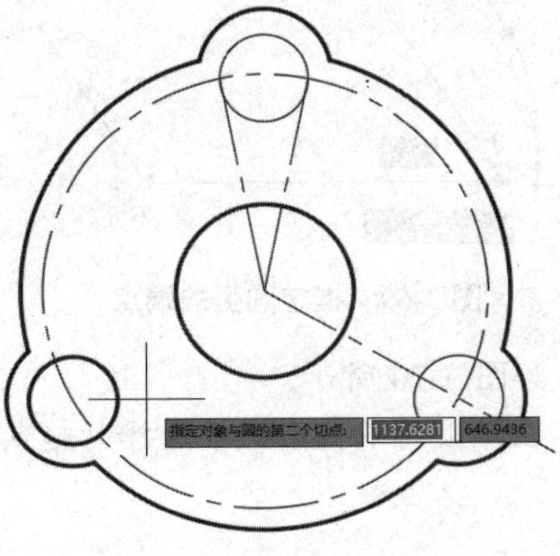

图 3-64　指定第二个切点

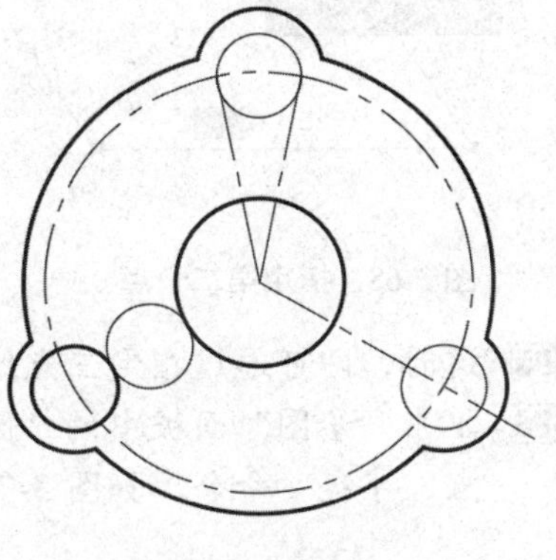

图 3-65　绘制圆

3.4.2 绘制圆弧

用户可以使用多种方法创建圆弧，例如，可以通过指定起点、圆心、端点绘制圆弧，也可以通过指定起点、圆心、角度绘制圆弧，还可以通过指定起点、端点、半径绘制圆弧等。下面以完成图形的绘制为例，介绍圆弧的不同绘制方法，具体操作方法如下。

Step 01 打开素材文件“绘制圆弧.dwg”，单击“绘图”面板中的“圆弧”下拉按钮，在弹出的下拉列表中选择“三点”命令，如图 3-66 所示。

Step 02 通过对象捕捉模式指定图形的“1”节点为圆弧起点，如图 3-67 所示。

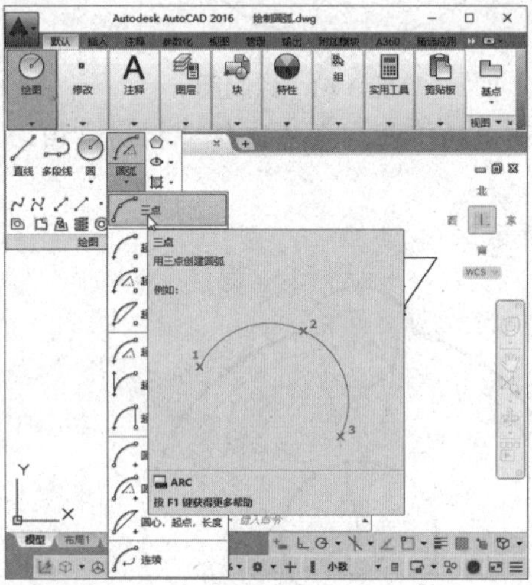

图 3-66 选择“三点”命令

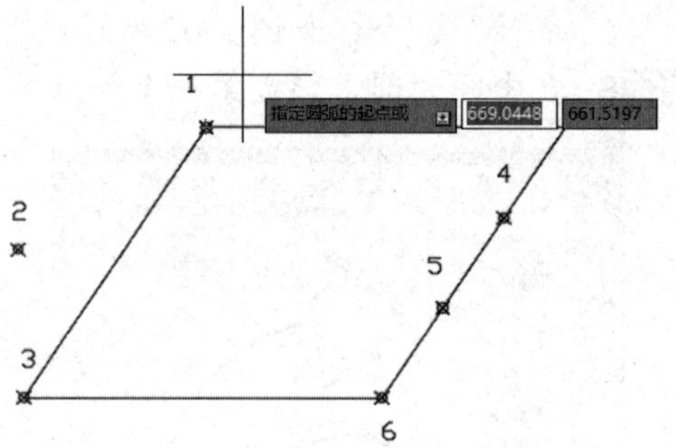

图 3-67 指定圆弧起点

Step 03 通过对象捕捉模式指定“2”节点为圆弧的第二个点，如图 3-68 所示。

Step 04 通过对象捕捉模式指定“3”节点为圆弧的端点，如图 3-69 所示。

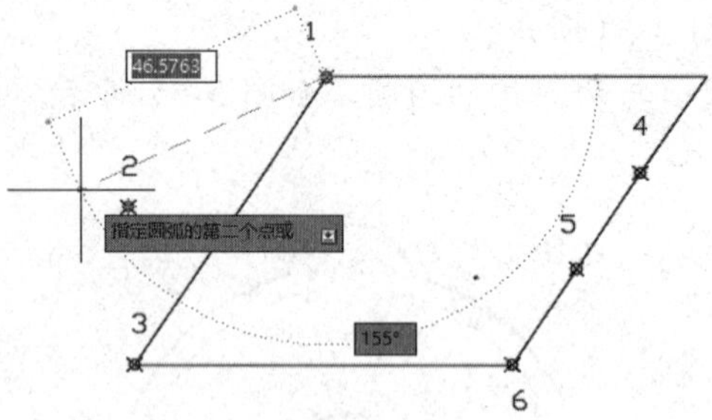

图 3-68 指定第二个点

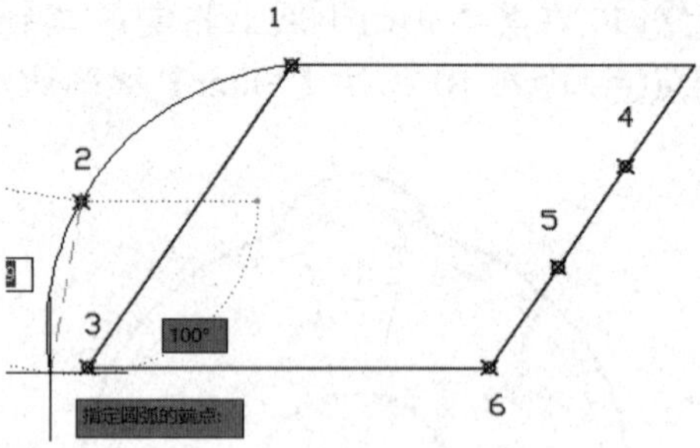

图 3-69 指定圆弧的端点

Step 05 这时，即可通过指定三点绘制出一段圆弧，如图 3-70 所示。

Step 06 单击“绘图”面板中的“圆弧”下拉按钮，在弹出的下拉列表中选择“起点，端点，半径”命令，如图 3-71 所示。

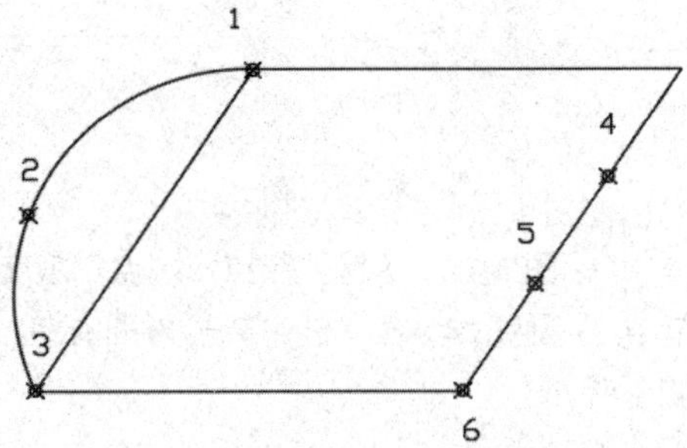

图 3-70　绘制圆弧

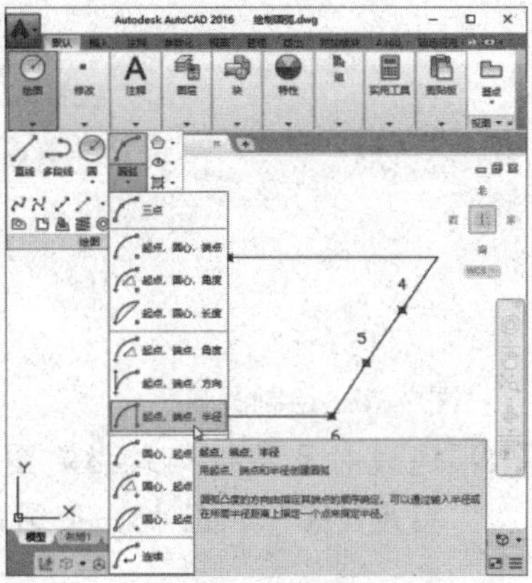

图 3-71　选择“起点，端点，半径”命令

Step07 通过对象捕捉模式指定图形的“4”节点为圆弧起点，如图 3-72 所示。

Step08 通过对象捕捉模式指定图形的“7”节点为圆弧端点，如图 3-73 所示。

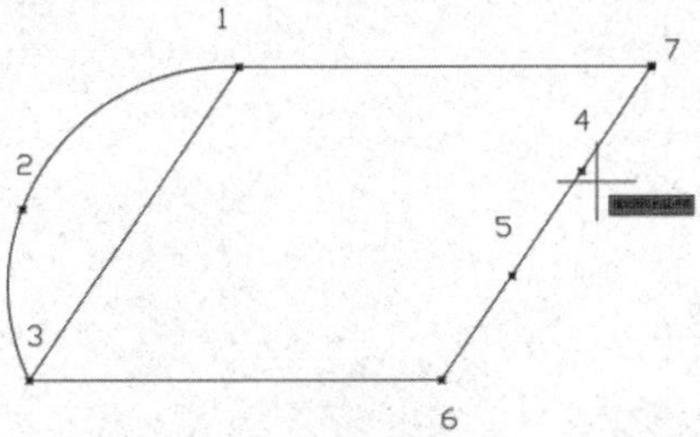

图 3-72　指定圆弧起点

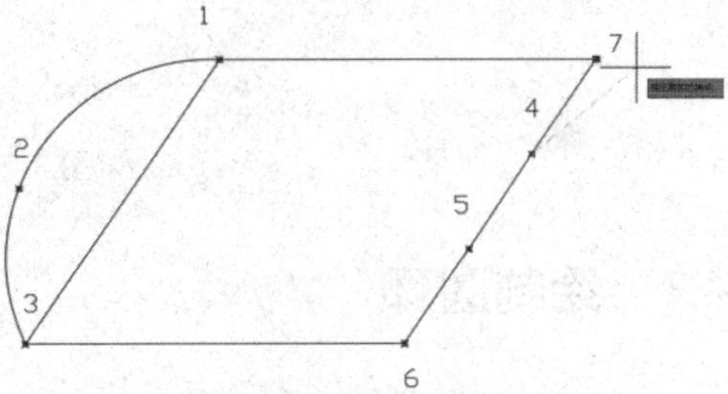

图 3-73　指定圆弧端点

Step09 在出现圆弧形状后，输入相应半径 15，制出一段圆弧，如图 3-74 所示。

Step10 重复步骤 6 和 7，通过对象捕捉模式指定图形的“5” 节点为圆弧端点，如图 3-75 所示。

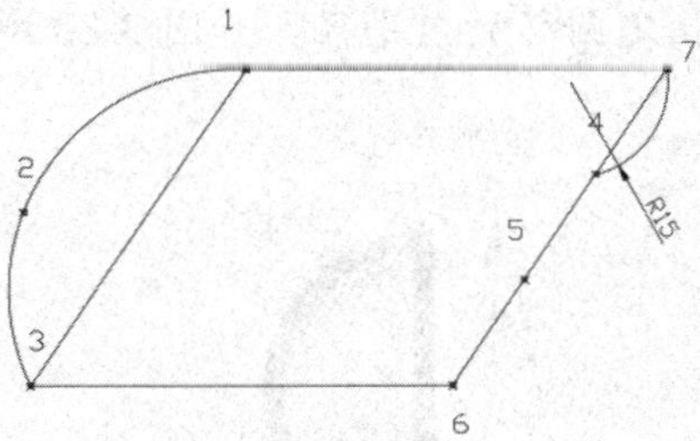

图 3-74　绘制圆弧

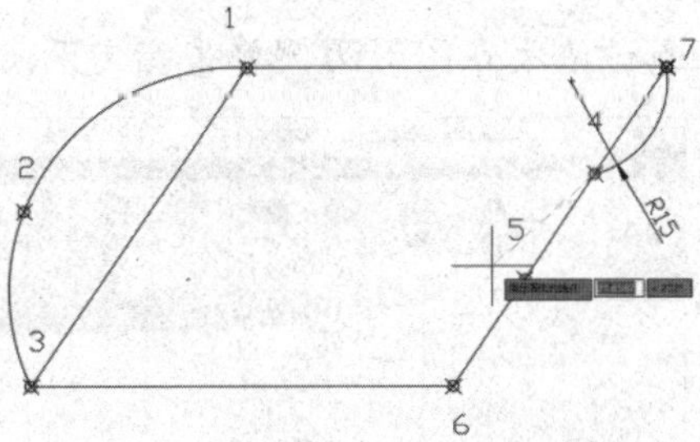

图 3-75　指定圆弧端点

Step11 在出现圆弧形状后，输入相应半径-15，制出一段圆弧，如图 3-76 所示。

Step12 单击“绘图”面板中的“圆弧”下拉按钮，在弹出的下拉列表中选择“起点，端点，角度”命令，如图 3-77 所示。

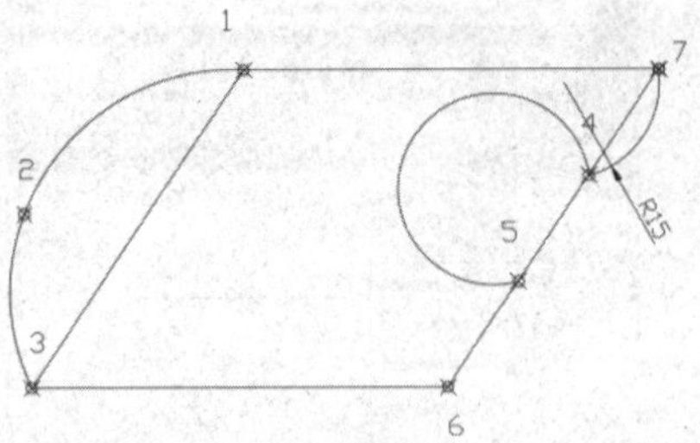

图 3-76 绘制圆弧

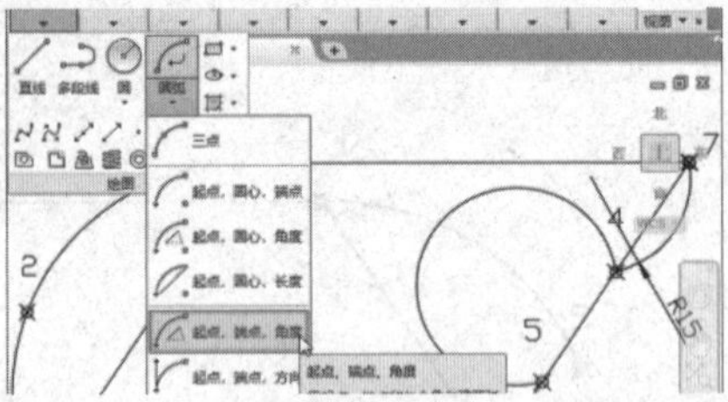

图 3-77 选择“起点，端点，角度”命令

Step 13 通过对象捕捉模式指定图形的“6”节点为圆弧起点，“5”节点为圆弧端点，输入角度 180°，绘制一条圆弧，如图 3-78 所示。

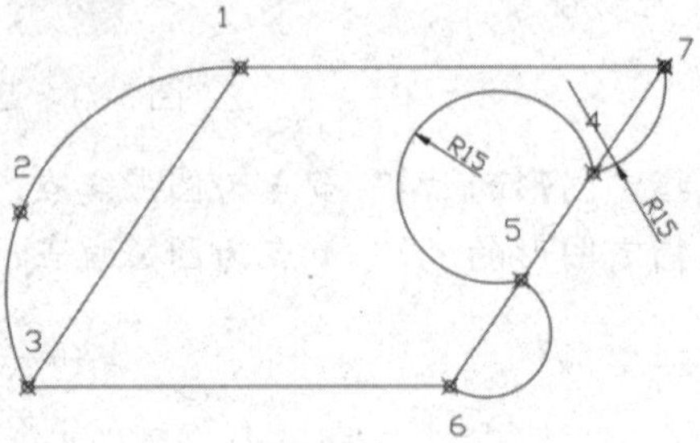

图 3-78 绘制圆弧

3.4.3 绘制圆环

圆环由相同圆心、不相等直径的两个圆组成，绘制圆环主要用到其圆心、内直径、外直径等参数。如果要创建实心圆，可以通过将圆环的内直径设置为 0 来实现。

下面将通过实例详细介绍圆环的绘制方法，具体操作方法如下。

Step 01 打开素材文件“绘制圆环.dwg”，单击“绘图”面板中的“圆环”按钮，如图 3-79 所示。

Step 02 通过依次在图形两侧单击指定两点，从而指定圆环的内半径，如图 3-80 所示。

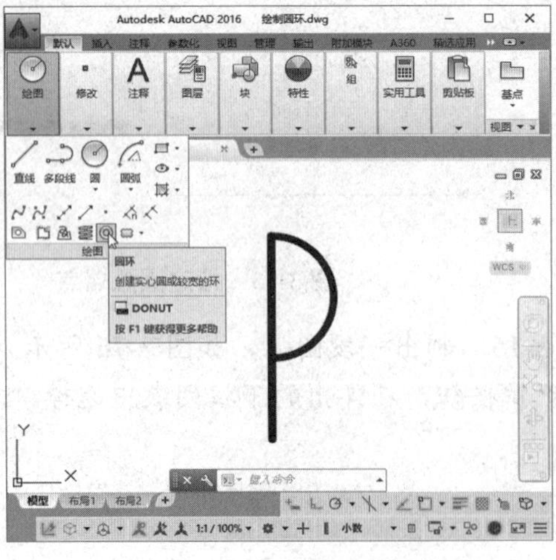

图 3-79 单击“圆环”按钮

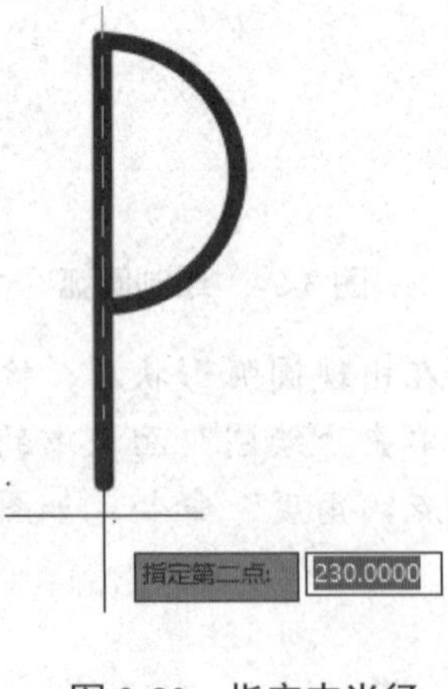

图 3-80 指定内半径

Step 03 再次依次在图形两侧单击指定两点，从而指定圆环的外半径，如图 3-81 所示。

Step 04 通过指定圆环的中心点，在原有图形的外侧绘制出一个圆环，如图 3-82 所示。

Step 05 执行“直线”命令，在圆环的适当位置绘制一条直线，如图 3-83 所示。

图 3-81　指定外半径

图 3-82　绘制圆环

图 3-83　绘制直线

Step 06 通过“特性”面板中的“线宽”下拉菜单，修改新绘制直线的线宽，如图 3-84 所示。

Step 07 单击原有图形，打开“图案填充编辑器”选项卡，通过拖动“特性”面板中的“图案填充透明度”调节滑块，调整原有图形的填充透明度，如图 3-85 所示。

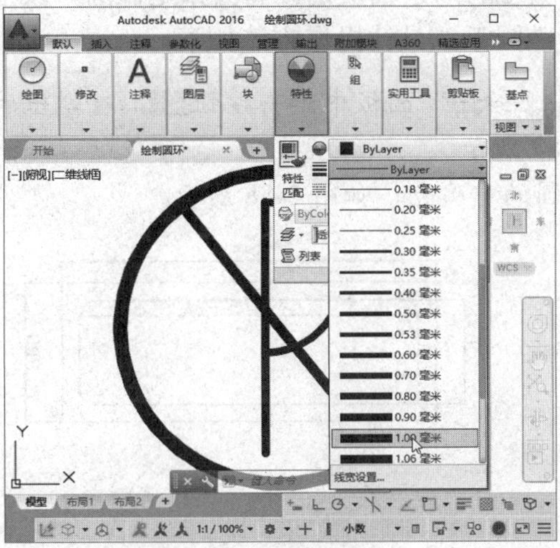

图 3-84　修改线宽

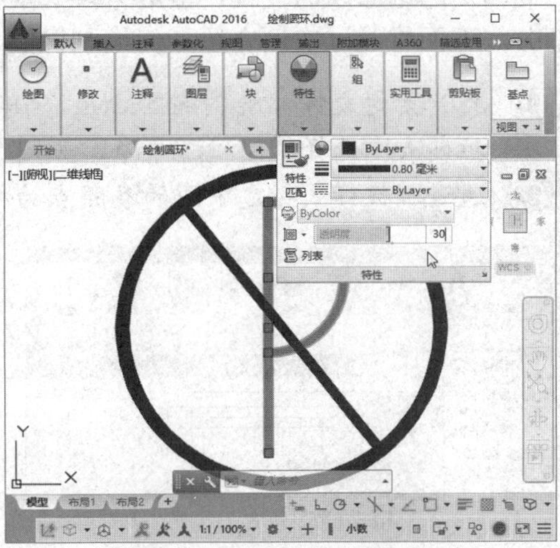

图 3-85　调整填充透明度

Step 08 退出图案填充编辑器，查看最终图形效果，如图 3-86 所示。

图 3-86　查看图形效果

任务5　椭圆和椭圆弧的绘制

任务概述

椭圆是圆锥曲线的一种，由定义其长度和宽度的两条轴决定。椭圆弧是椭圆对象上的一部分。本任务将通过实例介绍如何绘制椭圆与椭圆弧。

任务重点与实施

3.5.1　绘制椭圆

椭圆是圆锥曲线的一种，由定义其长度和宽度的两条轴决定。椭圆弧是椭圆对象上的一部分。下面将通过实例介绍如何绘制椭圆与椭圆弧，具体操作方法如下。

Step 01 打开素材文件“绘制椭圆.dwg”，单击“绘图”面板中单击按钮，在弹出的下拉列表中选择“圆心”命令，如图3-87所示。

Step 02 通过捕捉模式指定中间的参照点为椭圆的中心点，如图3-88所示。

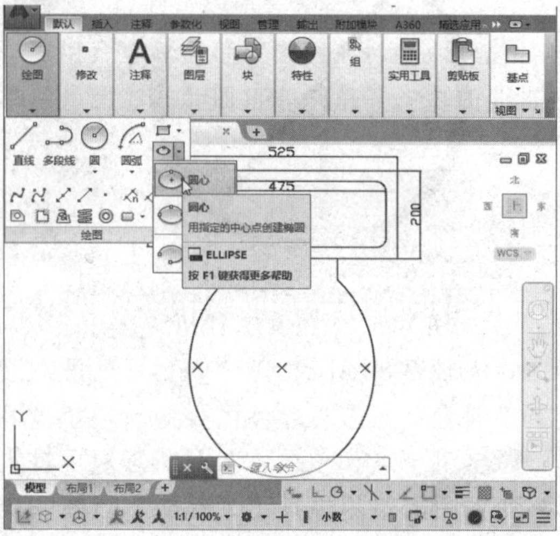

图3-87　选择“圆心”命令

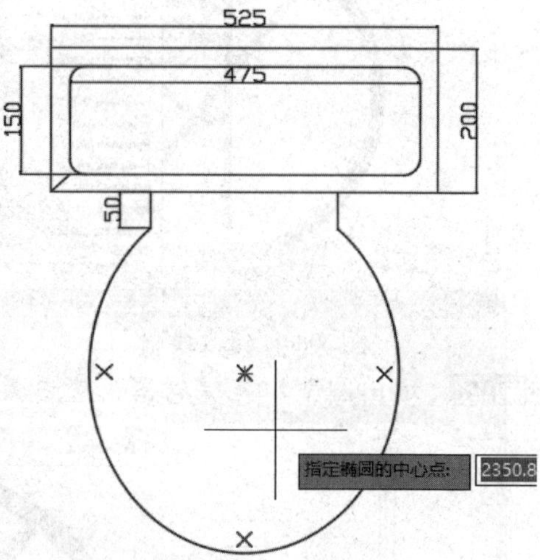

图3-88　指定中心点

Step 03 通过捕捉模式指定椭圆短轴的端点，如图3-89所示。

Step 04 通过捕捉模式指定椭圆长轴的端点，即指定其半轴长度，如图3-90所示。

Step 05 通过“圆心”命令绘制出一个椭圆，如图3-91所示。

Step 06 删除刚绘制的椭圆，单击“绘图”面板中的“圆心”下拉按钮，在弹出的下拉列表中选择“轴，端点”命令，如图3-92所示。

Step 07 通过对象捕捉追踪模式指定上下两个参照点为一条轴的两个端点，指定另一条轴的一个端点，即指定另一条轴半轴的长度，如图3-93所示。

Step 08 通过“轴，端点”命令绘制出一个椭圆，如图 3-94 所示。

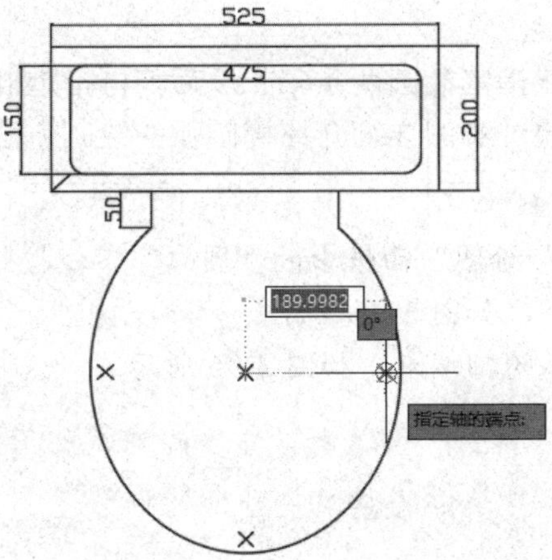

图 3-89　指定短轴端点

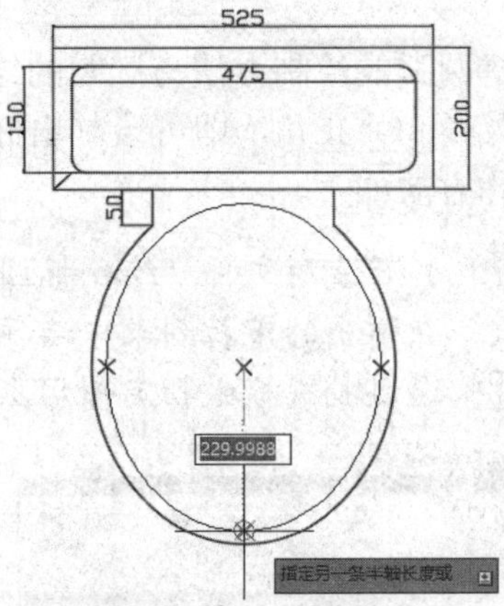

图 3-90　指定半轴长度

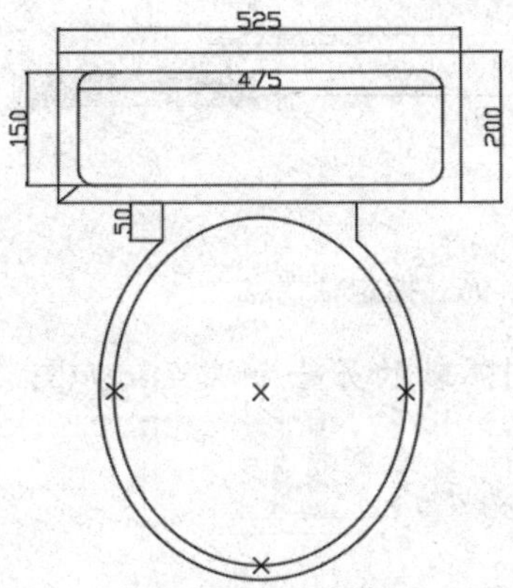

图 3-91　绘制椭圆

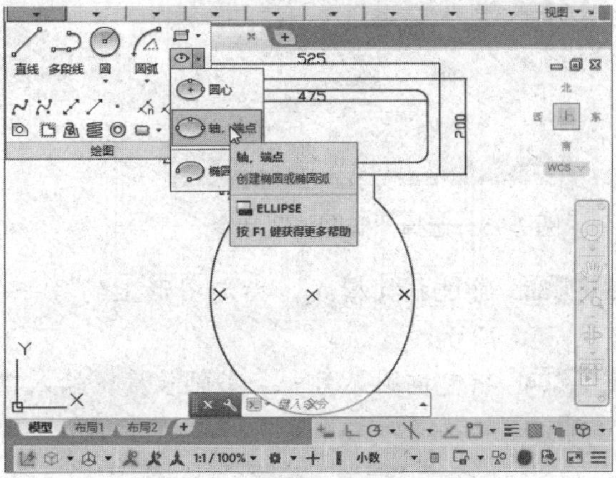

图 3-92　选择“轴，端点”命令

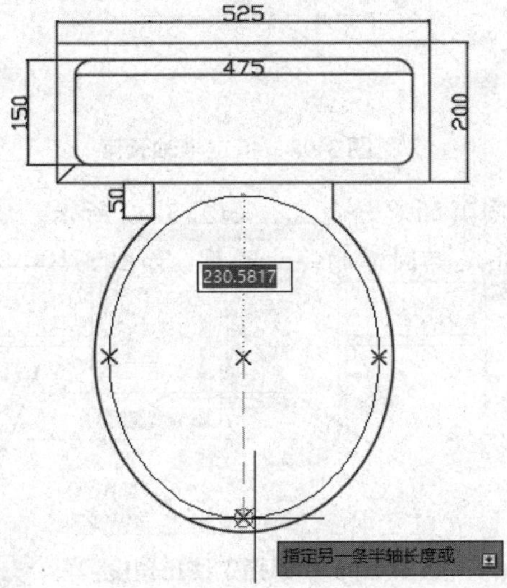

图 3-93　指定短轴半轴长度

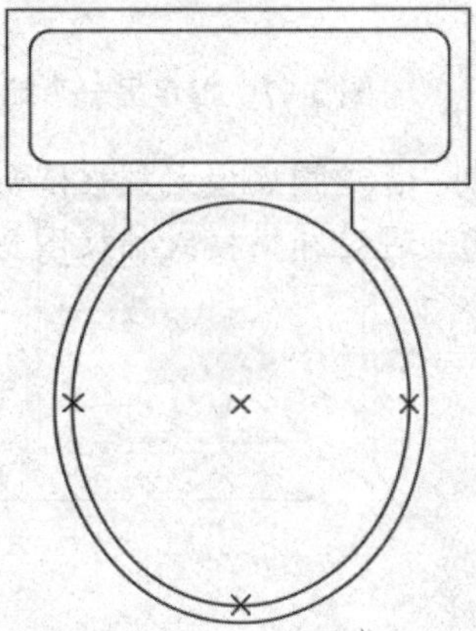

图 3-94　绘制椭圆

3.5.2 绘制椭圆弧

椭圆弧的绘制方法与椭圆的绘制方法相似，在指定椭圆两条轴长度后，再指定椭圆弧的起始角和终止角，即可绘制出椭圆弧。下面将通过实例详细介绍椭圆弧的绘制方法，具体操作方法如下。

Step 01 打开素材文件“绘制椭圆弧.dwg”，单击“绘图”面板中的“圆心”下拉按钮，在弹出的下拉列表中选择“椭圆弧”命令，如图 3-95 所示。

Step 02 通过捕捉模式指定图形上的端点为椭圆弧的轴端点，如图 3-96 所示。

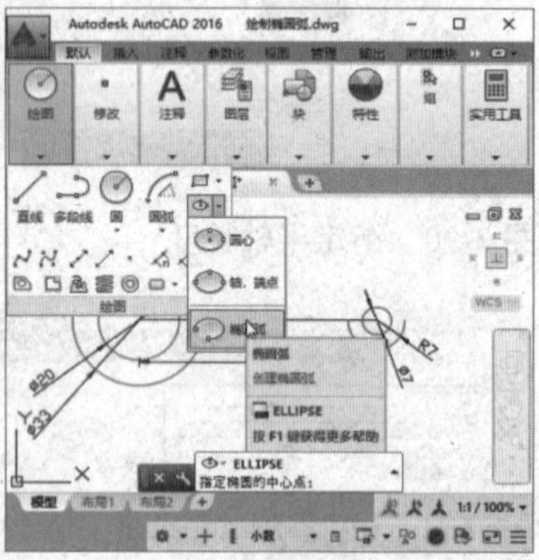

图 3-95 选择“椭圆弧”命令

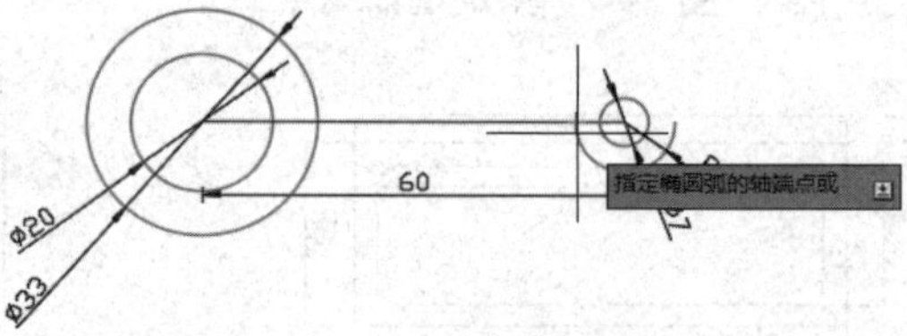

图 3-96 指定轴端点

Step 03 通过捕捉模式，指定图形上的另一个端点为椭圆弧轴的另一个端点，如图 3-97 所示。

Step 04 指定椭圆弧另一条半轴长度，输入 7，如图 3-98 所示。

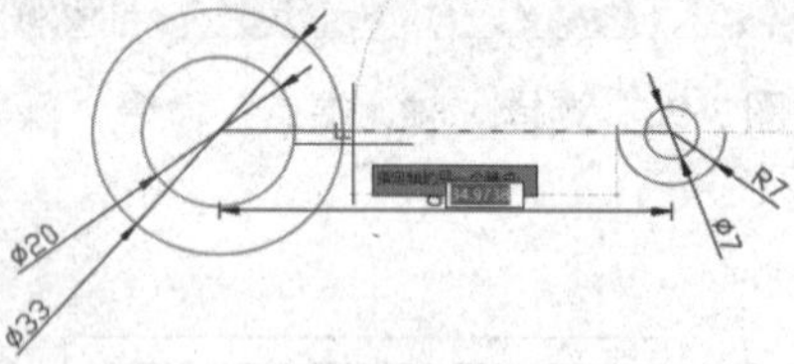

图 3-97 指定另一个端点

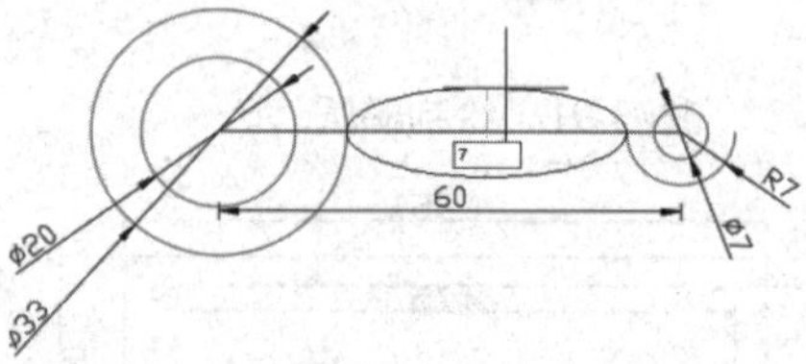

图 3-98 指定半轴长度

Step 05 通过捕捉模式捕捉图形的端点，指定椭圆弧的起始角度，如图 3-99 所示。

Step 06 通过捕捉模式捕捉图形的另一个端点，指定椭圆弧的终止角度，如图 3-100 所示。

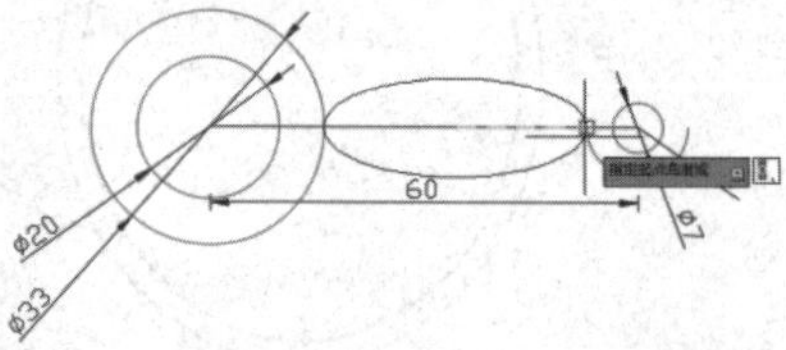

图 3-99 指定起始角度

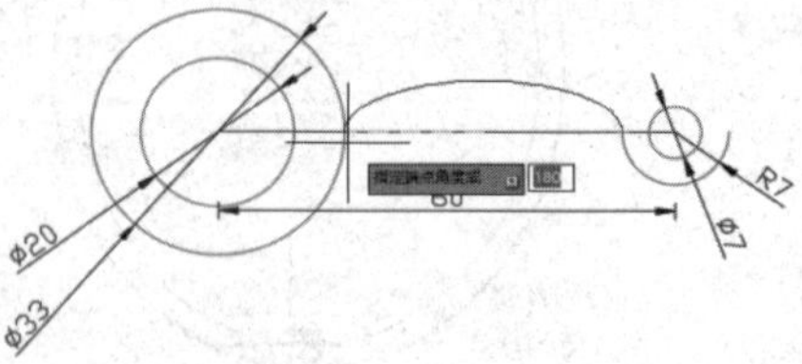

图 3-100 指定终止角度

Step07 通过“椭圆弧”命令绘制出一段椭圆弧，如图 3-101 所示。

Step08 再次执行“椭圆弧”命令，输入 C 并按【Enter】键确认，如图 3-102 所示。

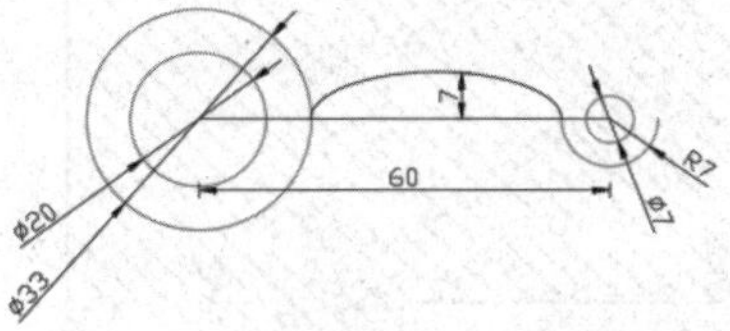

图 3-101　绘制椭圆弧

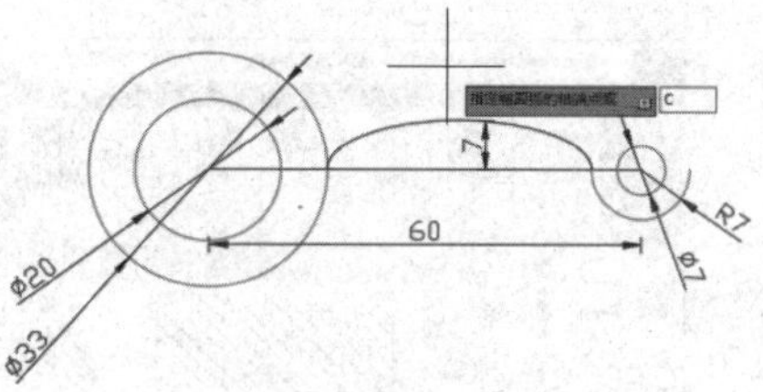

图 3-102　执行“椭圆弧”命令

Step09 移动光标，通过捕捉模式，指定右侧小圆的圆心为椭圆弧的中心点，如图 3-103 所示。

Step10 分别指定椭圆弧两条轴的端点，分别指定椭圆弧的起始角度和终止角度，即可通过不同的方式绘制出另一段椭圆弧，如图 3-104 所示。

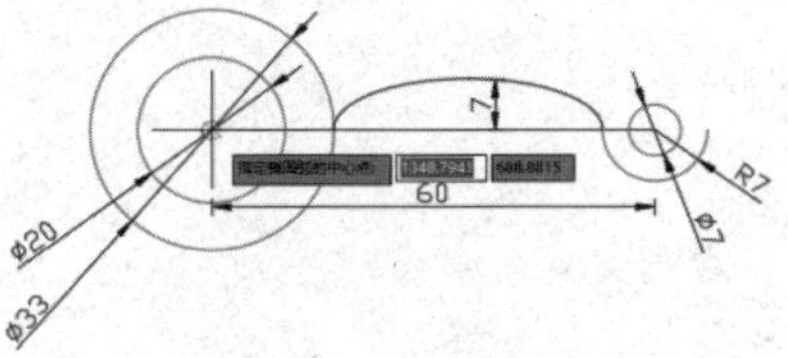

图 3-103　指定中心点

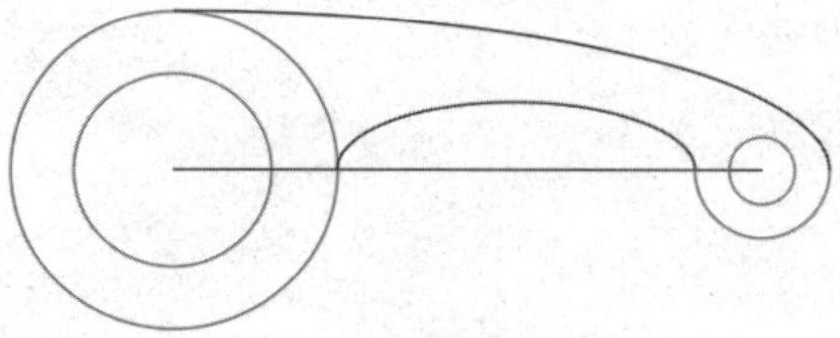

图 3-104　绘制椭圆弧

项目小结

本项目主要介绍了使用 AutoCAD 2016 进行二维绘图的基本操作方法，通过本项目的学习，读者应重点掌握以下知识：

（1）了解 AutoCAD 2016 二维绘图的基本流程。

（2）认识点样式，并学会对点样式进行设置。

（3）熟练掌握点、线、矩形和正多边形、圆类图形、椭圆和椭圆弧的绘制方法。

项目习题

（1）利用“圆环”命令绘制出实心填充圆。

操作提示：

在执行“圆环”命令时，将圆环的内径设置为 0，将圆环的外径设置为大于 0，此时绘制出的圆环则为实心填充圆。

（2）在素材文件中绘制矩形，并将后面的图形图案遮挡。

操作提示：

①打开素材文件，单击“绘图”面板中单击“区域覆盖”按钮，如图 3-105 所示。

②启用捕捉模式，捕捉矩形的任意角点为区域覆盖的第一点，依次捕捉其他角点绘制区域覆盖。捕捉完成后按【Enter】键确认，即可覆盖矩形后面的填充图案，如图 3-106 所示。

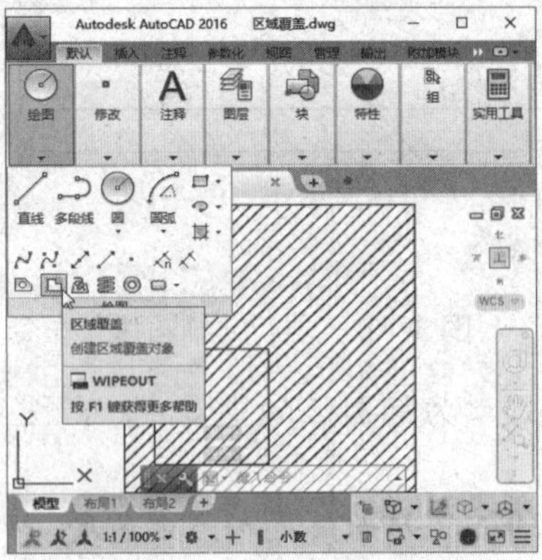

图 3-105　单击“区域覆盖”按钮

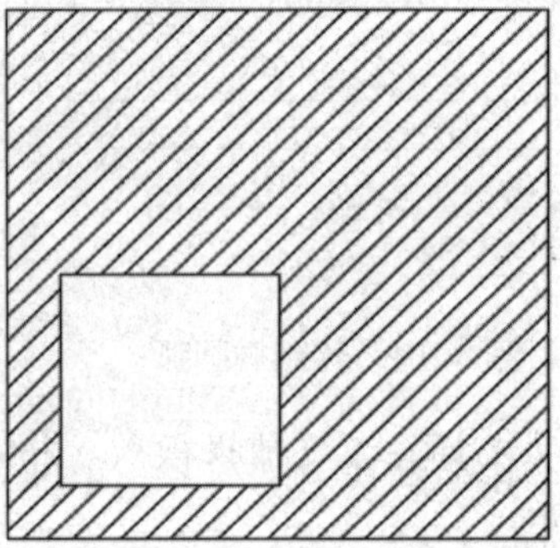

图 3-106　查看图形效果

项目 4　二维图形的编辑

项目概述

在 AutoCAD 中，简单地绘制出二维图形通常不能完全满足用户需求，有些特殊的地方需要进行修改或者美化。在本项目中将学习介绍如何对二维图形进行编辑，以达到绘图的最终目标。

项目重点

- 学会运用多种方式选择对象。
- 学会使用多种方法创建图形副本。
- 能够任意改变图形位置。
- 掌握改变图形特性的方法。
- 掌握对图案进行填充的方法。

项目目标

- 掌握复制、移动、旋转、拉伸与打断等编辑二维图形的方法。
- 可以快速地对图形进行图案填充或渐变色填充。

任务 1　选择对象

任务概述

如果要对图形对象进行编辑，首先要掌握图形对象的选择方法。在 AutoCAD 中，可以通过多种方式选择对象，用户应根据实际工作需要使用合适的选择方式。

任务重点与实施

4.1.1　单击选择对象

单击选择图形对象是最简单的同时也是最常用的一种选择方式。移动十字光标到绘图区中要选择的图形对象上，然后单击鼠标左键，即可选择该图形对象，如图 4-1 所示。依次单击其他对象，还可以加选其他多个对象，如图 4-2 所示。

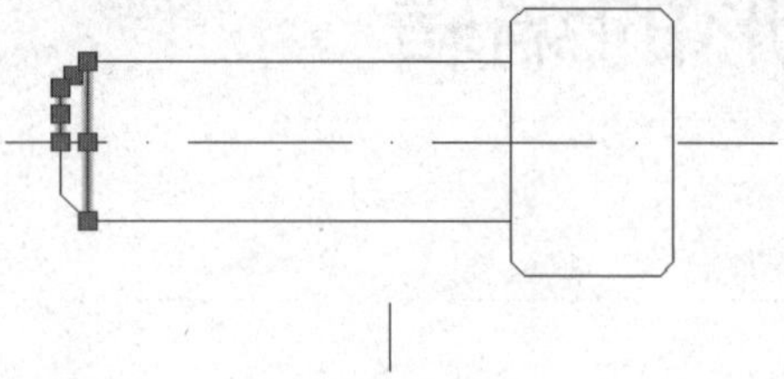

图 4-1　选择对象

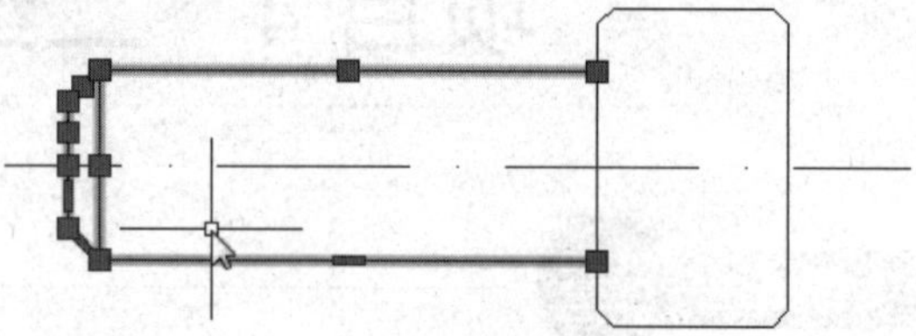

图 4-2　选择多个对象

4.1.2　矩形选择对象

先在绘图区中空白处单击指定一点，然后移动光标，画出一个矩形区域，并再次单击鼠标左键，可以同时快速选择多个对象。根据画出矩形区域时光标移动方向的不同，可以将矩形选择分为窗口选择和窗交选择两种类型。

1．窗口选择

在绘图区中空白处单击指定一点，然后向右上方或右下方移动光标，画出一个矩形区域，即可进行窗口选择，如图 4-3 所示。使用窗口选择方式时，所画出的矩形区域为蓝色，选择框为实线。使用窗口选择方式选择图形对象，所有完全落在矩形窗口内部的对象会被选中，而不完全落在矩形窗口的对象（部分超出）则不会被选中，如图 4-4 所示。

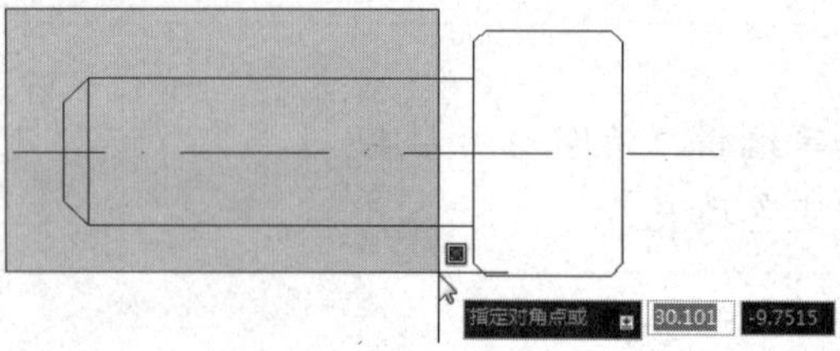

图 4-3　窗口选择

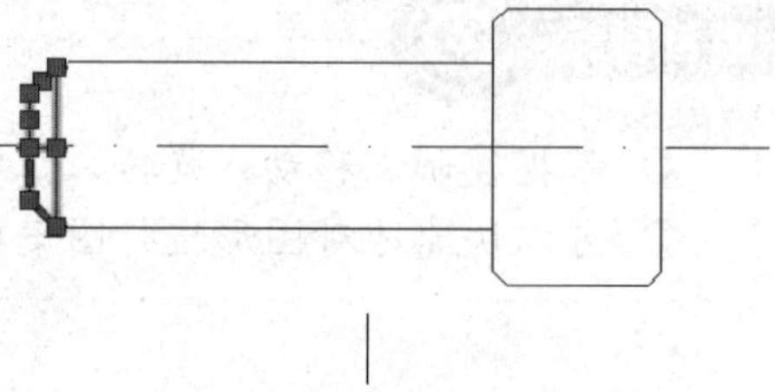

图 4-4　选中对象

2．窗交选择

在绘图区中空白处单击指定一点，然后向左上方或左下方移动光标，画出一个矩形区域，即可进行窗交选择。使用窗交选择方式时，所绘制的矩形区域为绿色，选择框为虚线，如图 4-5 所示。使用窗交选择方式选择图形对象，所有完全落在矩形窗口内部的对象和不完全落在矩形窗口内的对象（部分超出）都会被选中，如图 4-6 所示。

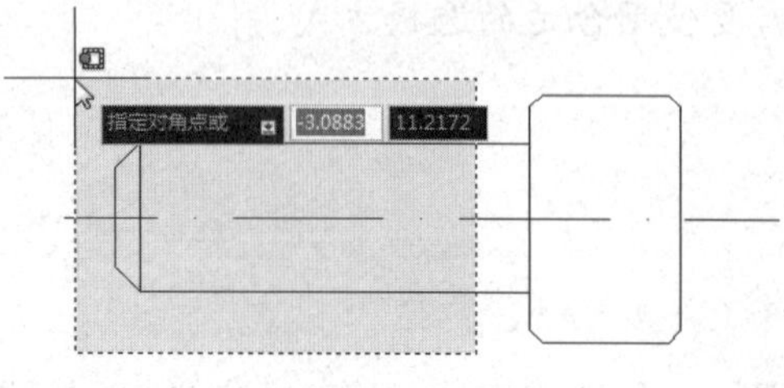

图 4-5　窗交选择

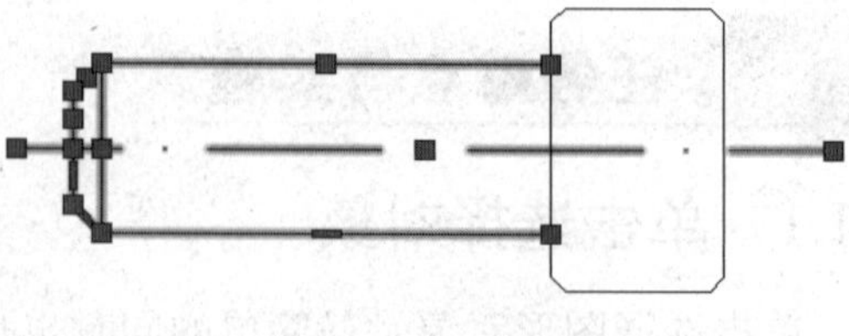

图 4-6　选中对象

4.1.3 快速选择图形对象

通过“快速选择”工具可以按照对象类型和对象特性选择对象的集合。下面将通过实例介绍“快速选择”工具的应用，具体操作方法如下：

Step 01 打开素材文件“快速选择图形.dwg”，打开“实用工具”面板，单击“快速选择”按钮，如图 4-7 所示。

Step 02 弹出“快速选择”对话框，打开“对象类型”下拉列表，选择“圆”选项，然后单击“确定”按钮，如图 4-8 所示。

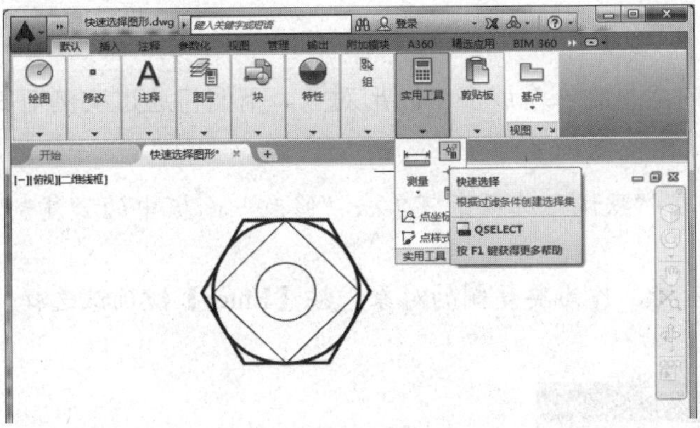

图 4-7　单击“快速选择”按钮

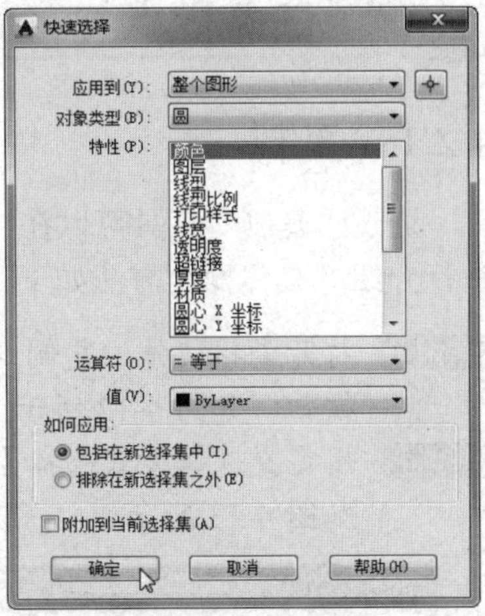

图 4-8　“快速选择”对话框

Step 03 快速选中图形中的全部圆对象，如图 4-9 所示。

Step 04 再次打开“快速选择”对话框，将“对象类型”设置为“所有图元”，在“特性”列表中选择“线宽”选项，然后在“值”下拉列表中选择线宽值为 0.30 mm，设置完毕后单击“确定”按钮，如图 4-10 所示。

Step 05 在图形中快速选中指定线宽的全部对象，如图 4-11 所示。

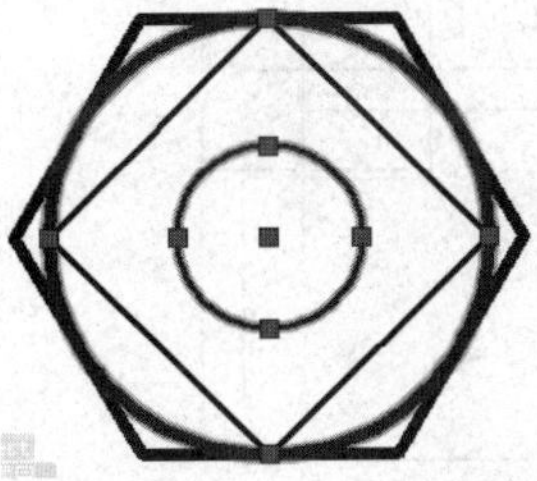

图 4-9　选中对象

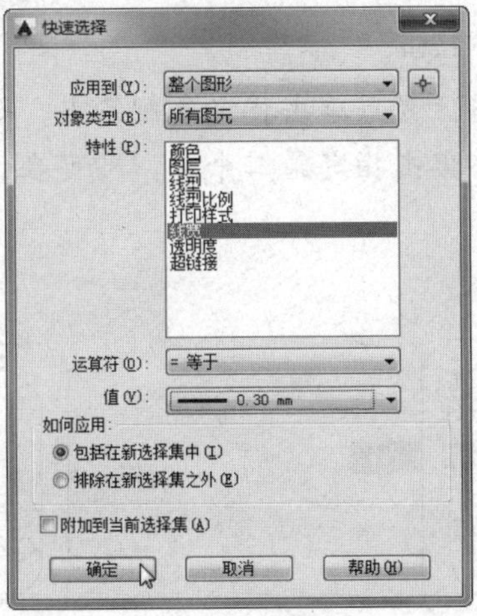

图 4-10　“快速选择”对话框

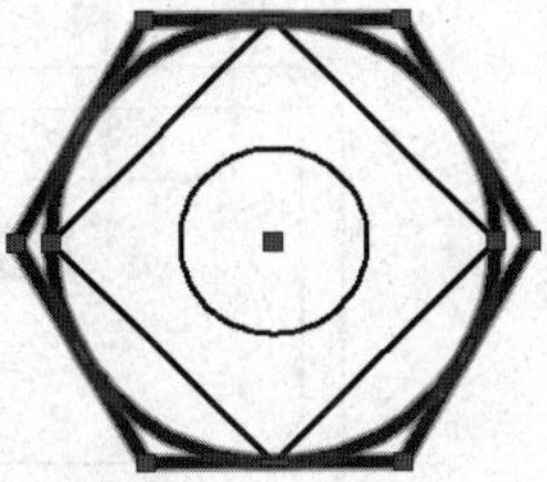

图 4-11　选中对象

任务 2　创建图形副本

任务概述

在使用 AutoCAD 绘制图形时，经常需要创建一个或多个对象副本。用户可以通过“复制”“偏移”“镜像”与“阵列”等工具快速地进行创建。

任务重点与实施

4.2.1　复制

通过“复制”工具可以在特定方向上复制一个或多个图形对象。下面将通过实例对其进行介绍，具体操作方法如下。

Step 01 打开素材文件“复制.dwg”，在“默认”选项卡下单击“修改”面板中的“复制”按钮，如图 4-12 所示。

Step 02 用窗交选择方式选择左上方座椅，作为要复制的对象，按【Enter】键确认选择，如图 4-13 所示。

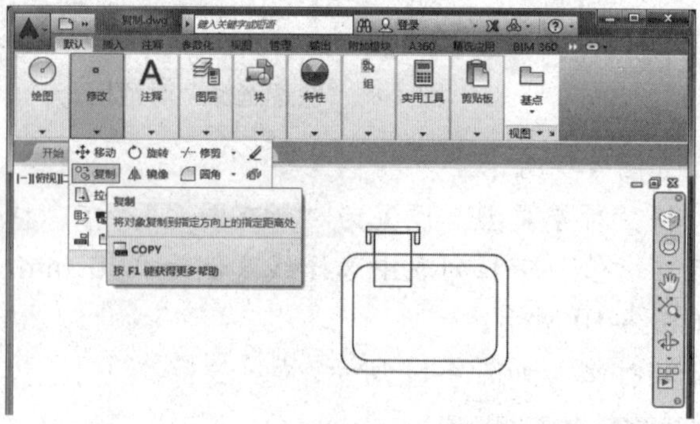

图 4-12　单击“复制”按钮

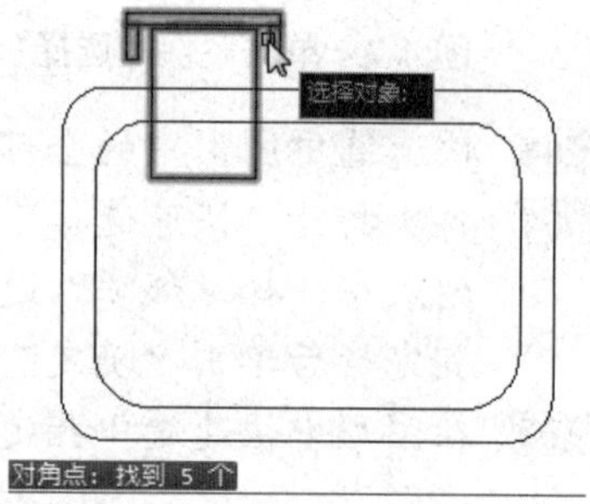

图 4-13　选择对象

Step 03 移动光标到图形的适当位置，单击指定复制基点，如图 4-14 所示。

Step 04 移动光标到适当位置，单击指定第二个点，即可在该位置创建源对象的副本，如图 4-15 所示。

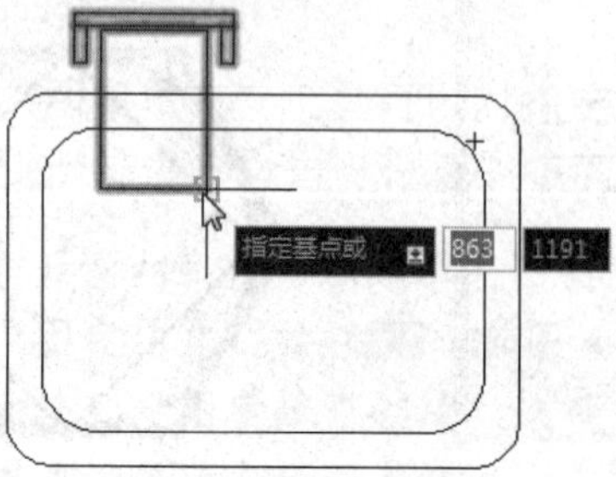

图 4-14　指定复制基点

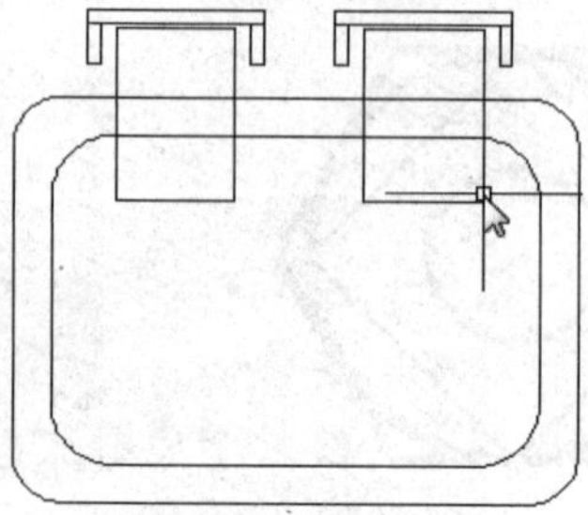

图 4-15　创建副本

Step 05　如果希望同时复制多个对象，可在指定复制基点后输入 A 并按【Enter】键确认，输入要阵列的项目数，如输入 3 并按【Enter】键确认，如图 4-16 所示。

Step 06　通过指定第二点的位置来设置复制间距，即可按指定距离同时复制出多个对象，如图 4-17 所示。

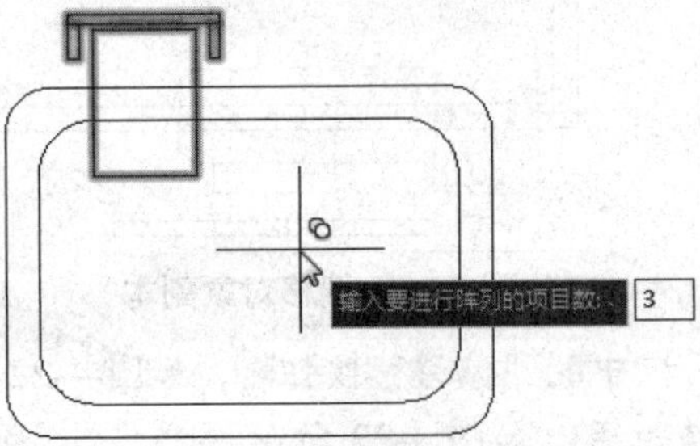

图 4-16　输入项目数

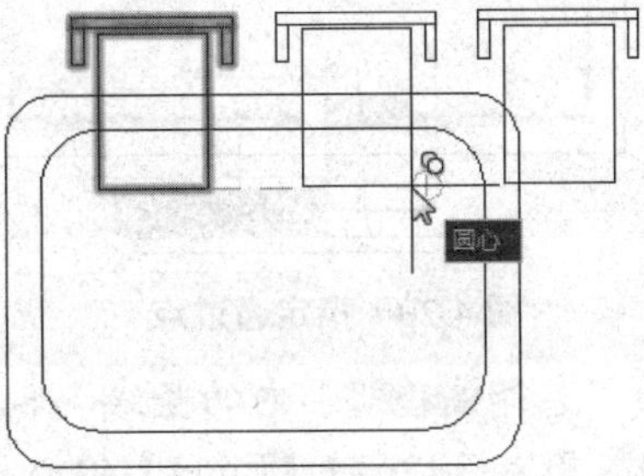

图 4-17　复制多个对象

4.2.2　偏移

通过“偏移”工具可以按距离或通过指定点来创建选取对象的偏移对象副本，且对象副本与原对象保持平行。下面将通过实例对该工具的应用进行介绍，具体操作方法如下。

Step 01　打开素材文件，在“默认”选项卡下单击“修改”面板中的“偏移”按钮，如图 4-18 所示。

Step 02　输入 T 并按【Enter】键确认，选择以指定通过点方式创建偏移对象，选择要偏移复制的对象，如图 4-19 所示。

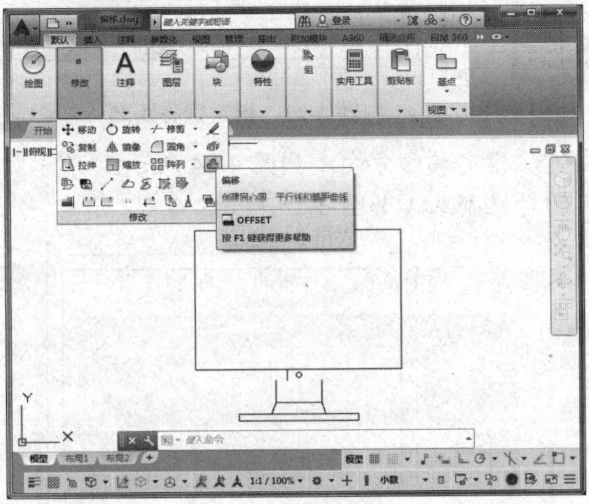

图 4-18　单击“偏移”按钮

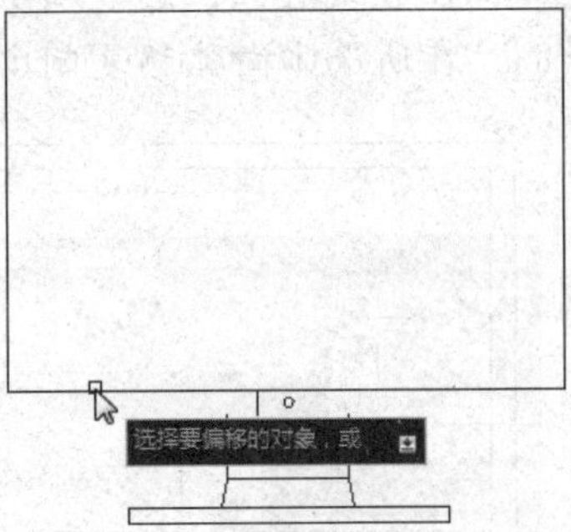

图 4-19　选择对象

Step 03　通过端点对象捕捉指定左侧底座平面图的任意右端点为通过点，如图 4-20 所示。

Step 04　创建通过该点的偏移对象副本，如图 4-21 所示。

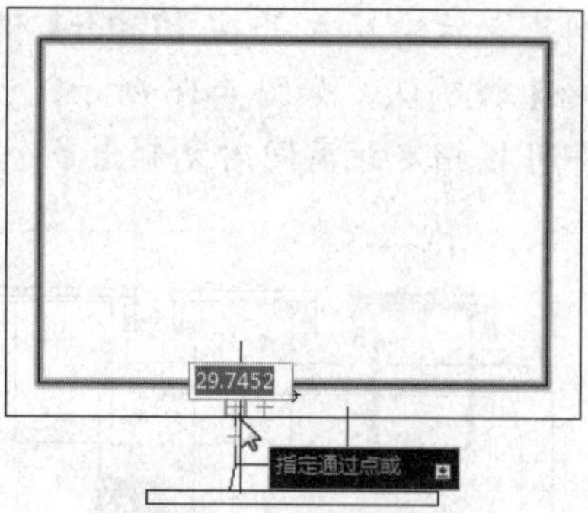

图 4-20 指定通过点

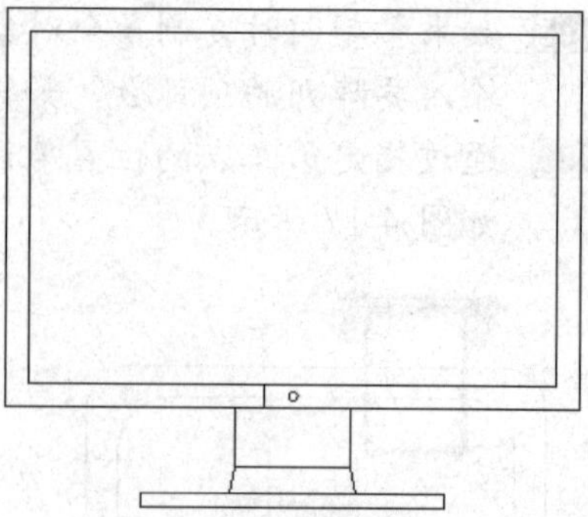
图 4-21 偏移对象副本

Step 05 选择偏移矩形内的竖线，单击“修改”面板中的“偏移”按钮，如图 4-22 所示。

Step 06 输入 50 并按【Enter】键确认，指定偏移距离，如图 4-23 所示。

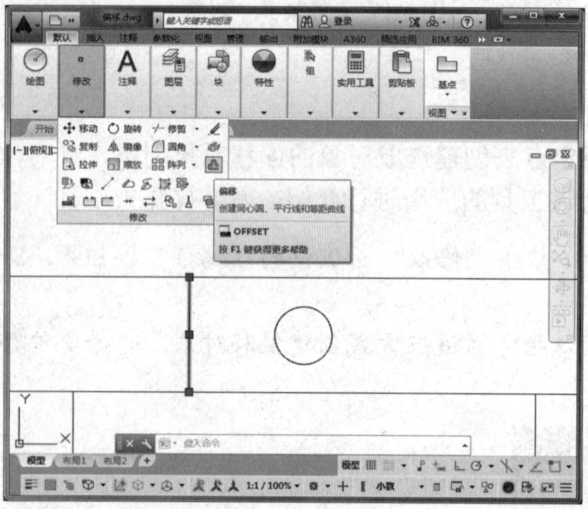

图 4-22 单击“偏移”按钮

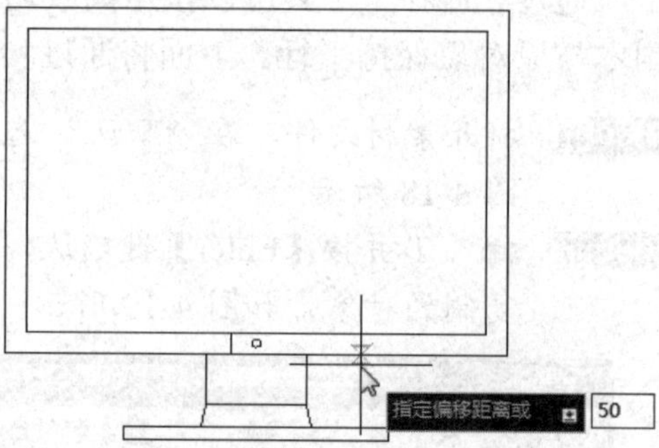

图 4-23 指定偏移距离

Step 07 在直线右侧任意一点单击鼠标左键，指定偏移方向，如图 4-24 所示。

Step 08 在所选方向偏移复制出指定距离的对象副本，如图 4-25 所示。

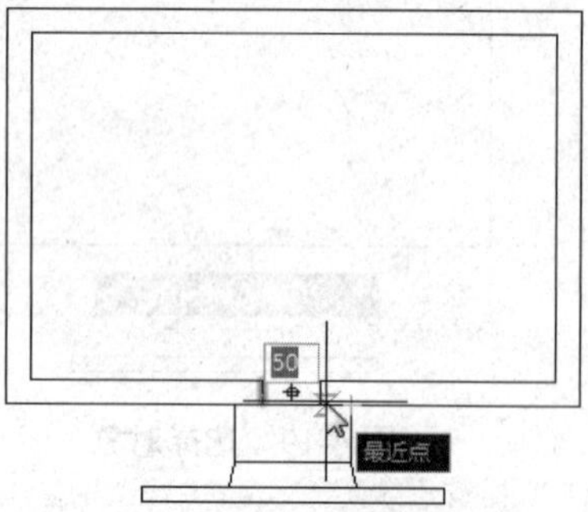

图 4-24 指定偏移方向

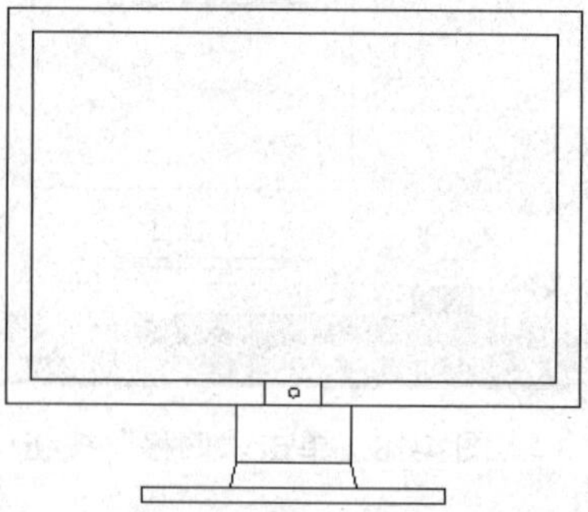
图 4-25 偏移复制对象

4.2.3 镜像

通过“镜像”工具可以将图形对象沿着指定的路径进行对称复制。下面将以绘制沙发立面图为例对该工具的应用进行介绍，具体操作方法如下。

Step 01 打开素材文件“镜像.dwg”，在“默认”选项卡下单击“修改”面板中的“镜像”按钮，如图 4-26 所示。

Step 02 选择绘图区中的两把座椅作为镜像复制对象，按【Enter】键确认选择，如图 4-27 所示。

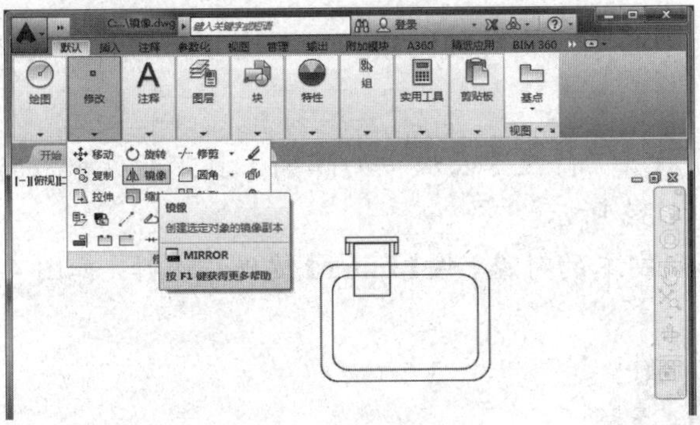

图 4-26　单击“镜像”按钮

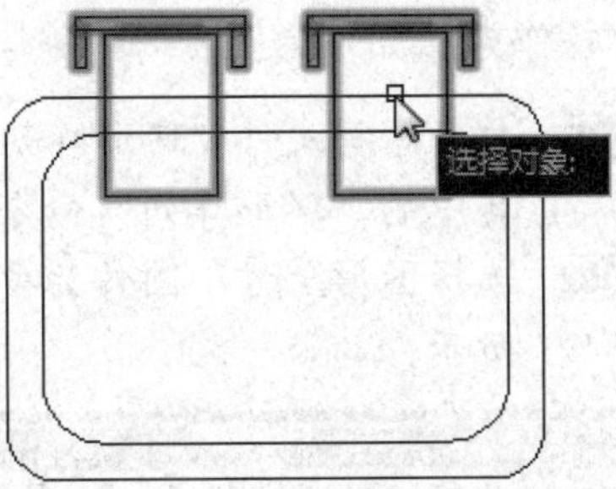

图 4-27　选择对象

Step 03 启用端点对象捕捉，指定桌面左侧直线中点为镜像线的第一点，如图 4-28 所示。

Step 04 指定通过该点的水平线上任意一点，作为镜像线的第二点，如图 4-29 所示。

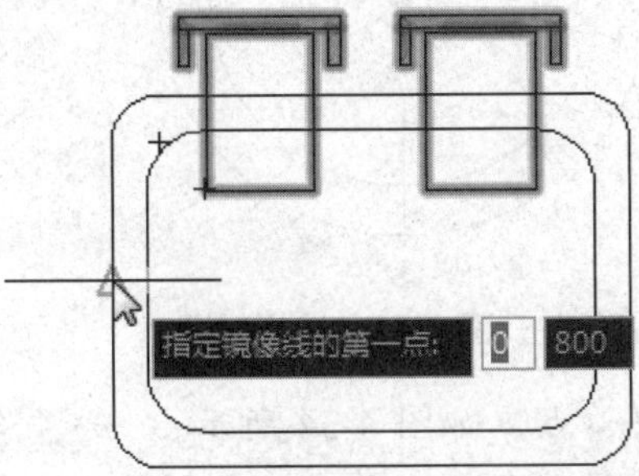

图 4-28　指定镜像线第一点

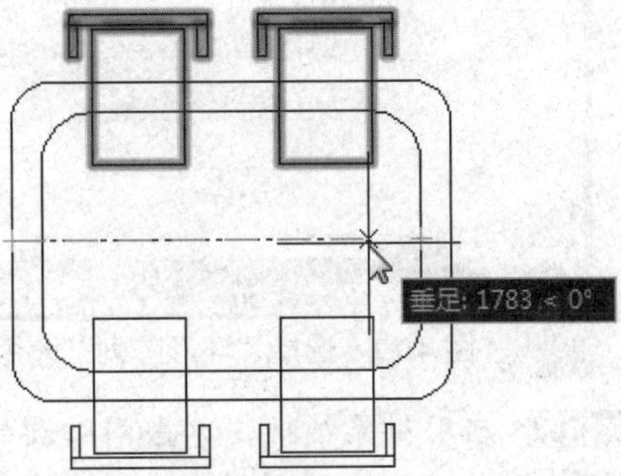

图 4-29　指定第二点

Step 05 当提示是否删除源对象时，保持其默认选项 N，按【Enter】键确认，如图 4-30 所示。

Step 06 保留源对象后，即可查看最终效果，如图 4-31 所示。

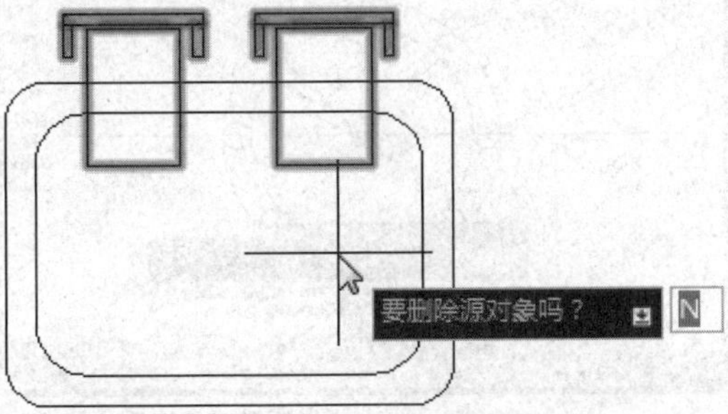

图 4-30　选择是否删除源对象

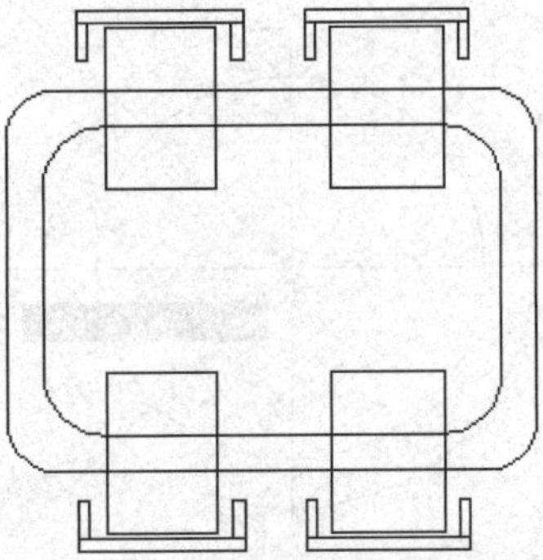

图 4-31　查看图形效果

4.2.4 阵列

在 AutoCAD 中，可以通过“阵列”工具按特定的排列方式创建多个对象副本，下面将进行详细介绍。

1．环形阵列

通过“环形阵列”工具可以围绕指定中心点或旋转轴创建多个平均分布的对象副本，具体操作方法如下。

Step 01 打开素材文件“环形阵列.dwg”，打开“修改”面板中的阵列工具下拉菜单，选择其中的“环形阵列”命令，如图 4-32 所示。

Step 02 选择图形上方小圆作为要创建阵列副本的对象，按【Enter】键确认选择，如图 4-33 所示。

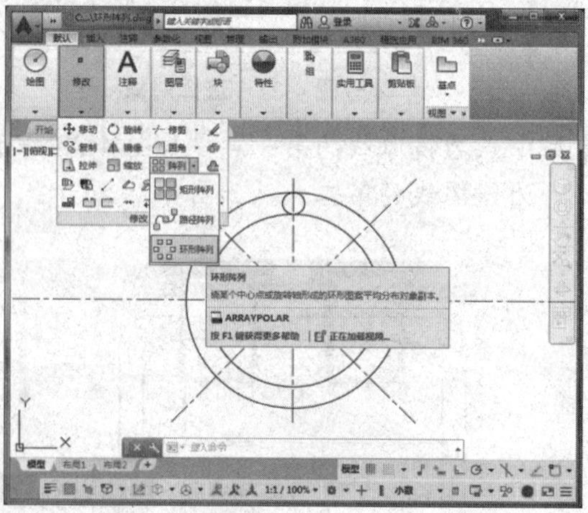

图 4-32 选择“环形阵列”命令

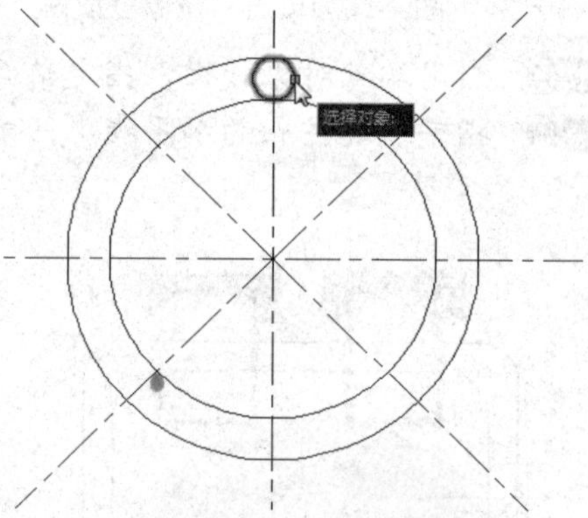

图 4-33 选择对象

Step 03 启用对象捕捉，单击同心圆的圆心指定阵列的中心点，如图 4-34 所示。

Step 04 自动切换到“创建阵列”选项卡，设置项目数及旋转角度。单击“关闭阵列”按钮即可完成阵列对象的创建，如图 4-35 所示。

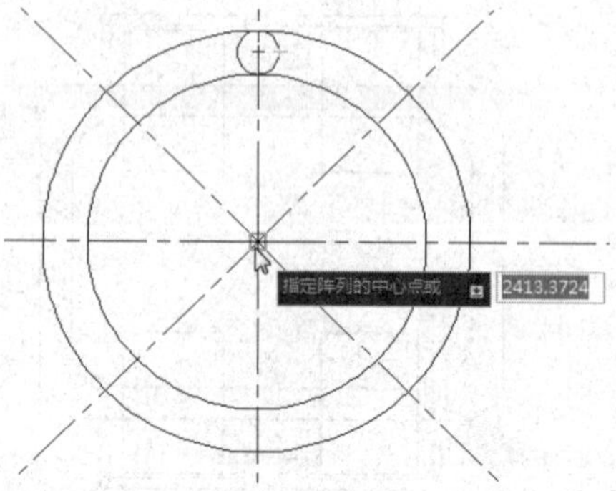

图 4-34 指定阵列中心点

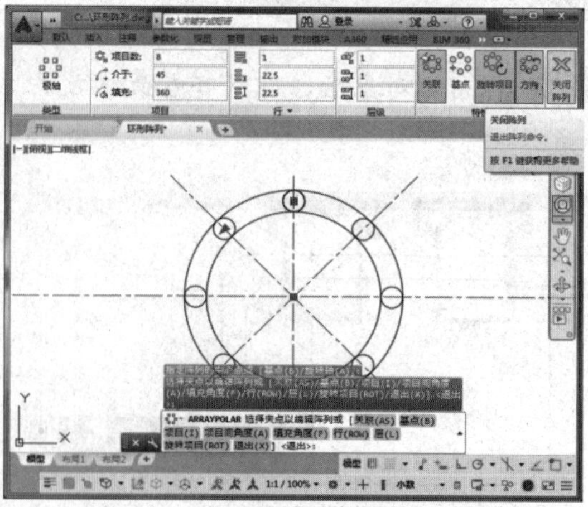

图 4-35 查看阵列效果

2．矩形阵列

通过“矩形阵列”工具可以按指定行和列创建选定对象的副本，具体操作方法如下。

Step 01 打开素材文件“矩形阵列.dwg”，打开“修改”面板中的阵列工具下拉菜单，选择其中的“矩形阵列”命令，如图 4-36 所示。

Step 02 利用窗交模式选择图形左上方窗户作为要创建阵列副本的对象，按【Enter】键确认选择，如图 4-37 所示。

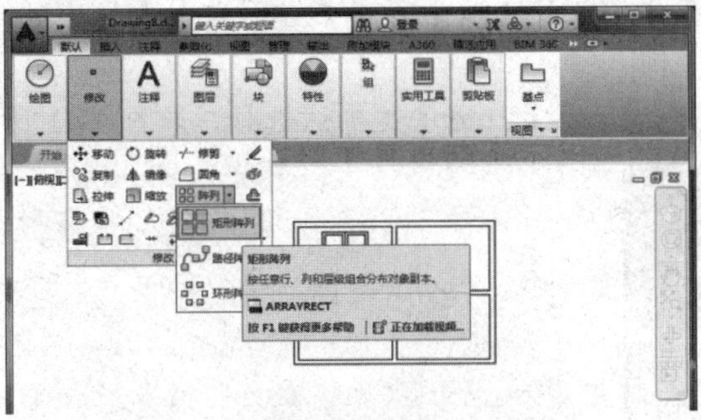

图 4-36　选择“矩形阵列”命令

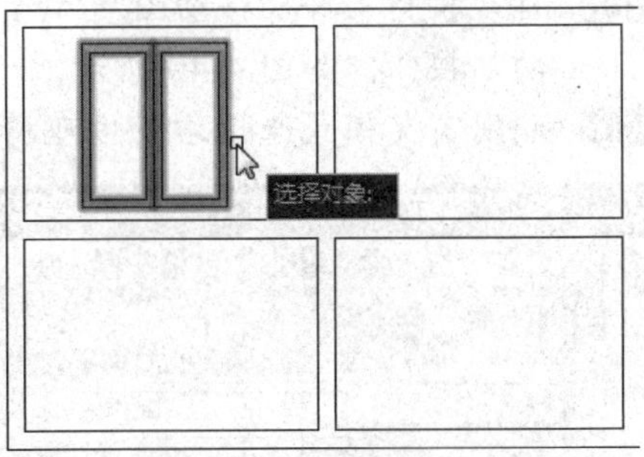

图 4-37　选择对象

Step 03 自动切换到“创建阵列”选项卡，分别设置行数、列数、行间距及列间距，然后单击“关闭阵列”按钮，如图 4-38 所示。

Step 04 以平均分布方式创建多个矩形阵列对象副本，如图 4-39 所示。

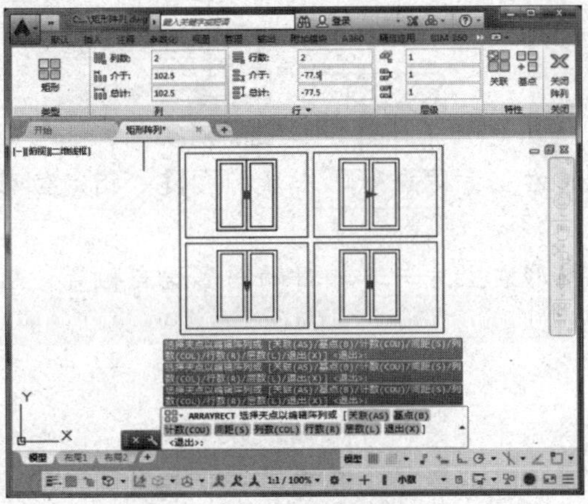

图 4-38　设置阵列参数

图 4-39　查看阵列效果

任务 3　改变图形位置

任务概述

在 AutoCAD 中，可以通过“移动”工具和“旋转”工具改变图形对象的位置与角度，从而满足绘图要求。

任务重点与实施

4.3.1 移动图形

通过“移动”工具可以将选取对象以指定距离从原来的位置移到新位置。下面将通过实例对其进行介绍，具体操作方法如下。

Step 01 打开素材文件“移动图形.dwg”，在“默认”选项卡下单击“修改”面板中的“移动”按钮，如图 4-40 所示。

Step 02 利用窗交模式选择右下方座椅图形对象，按【Enter】键确认选择，如图 4-41 所示。

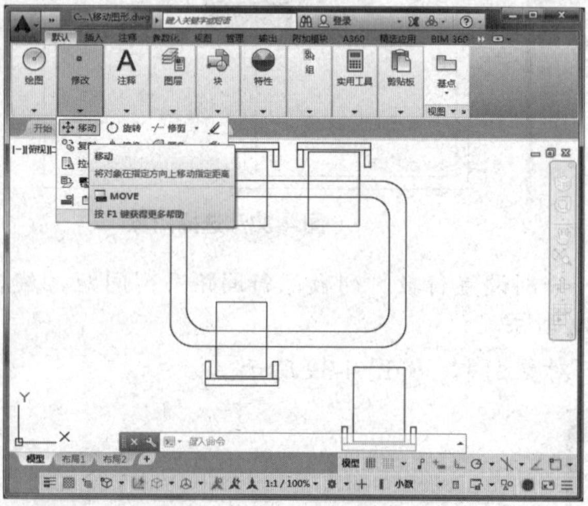

图 4-40 单击“移动”按钮

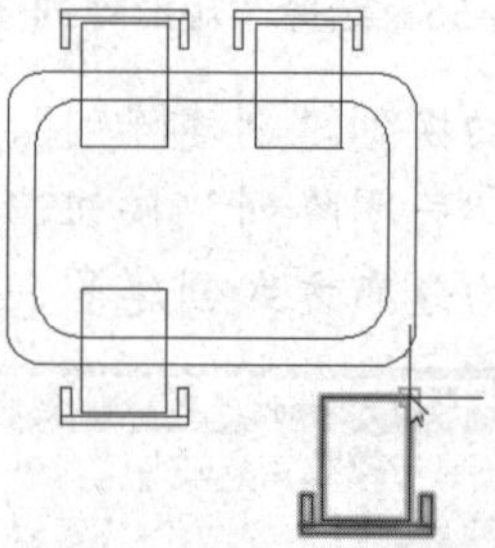

图 4-41 选择对象

Step 03 启用端点对象捕捉，在座椅图形对象的右上方端点处单击鼠标左键，指定位移基点，如图 4-42 所示。

Step 04 启用对象捕捉追踪，移动光标到茶几图形右上方与其相对的图形端点位置，从而指定对象捕捉的追踪点，如图 4-43 所示。

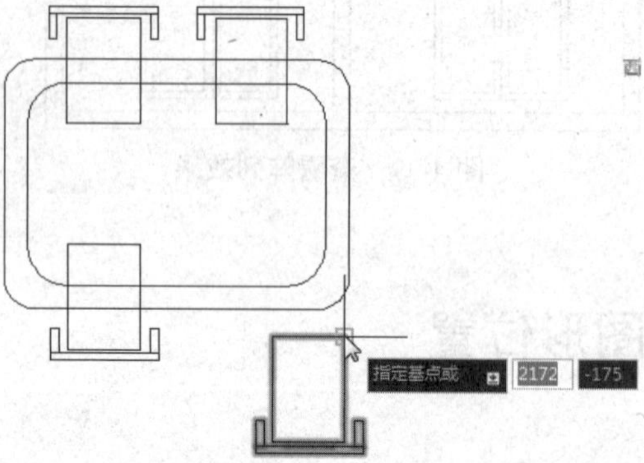

图 4-42 指定位移基点

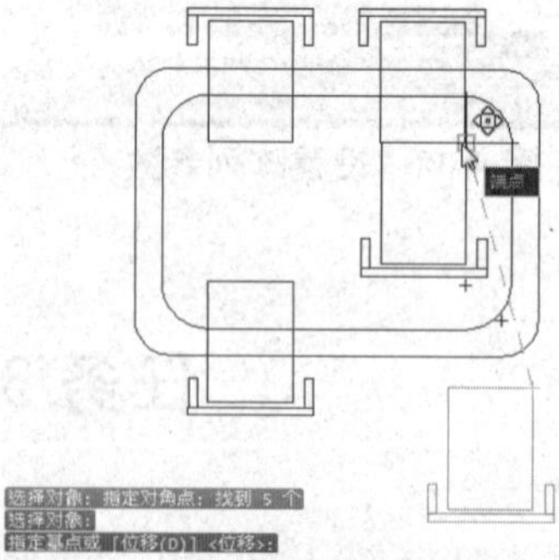

图 4-43 指定对象捕捉的追踪点

Step 05 移动光标捕捉上方座椅与左侧座椅延伸线的交点，指定移动位置，如图 4-44 所示。

Step 06 通过“移动”工具及捕捉工具将所选图形对象移到指定位置，如图 4-45 所示。

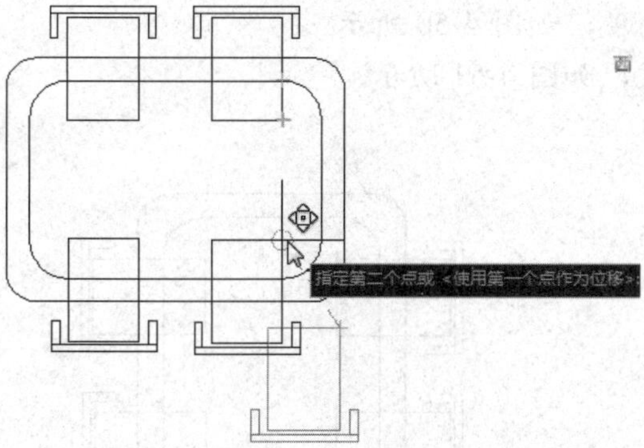

图 4-44　指定移动位置

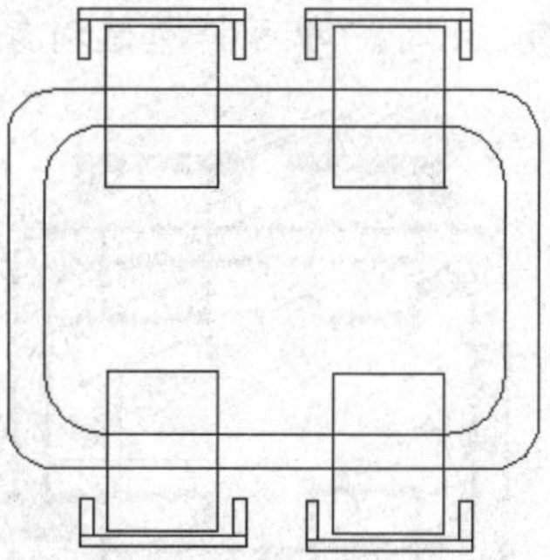

图 4-45　查看移动效果

4.3.2　旋转图形

通过“旋转”工具可以将选定对象围绕基点旋转指定的角度，以满足绘图的需要。下面将通过实例对其进行介绍，具体操作方法如下。

Step 01　打开素材文件“旋转图形.dwg”，在“默认”选项卡下单击“修改”面板中的“旋转”按钮，如图 4-46 所示。

Step 02　选择所有图形作为要旋转的对象，按【Enter】键确认选择，如图 4-47 所示。

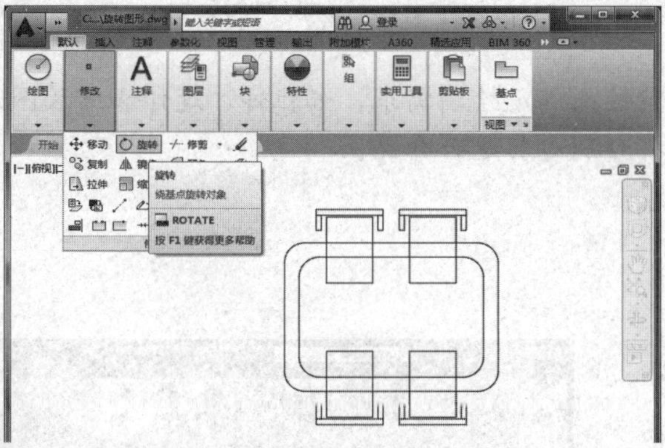

图 4-46　单击“旋转”按钮

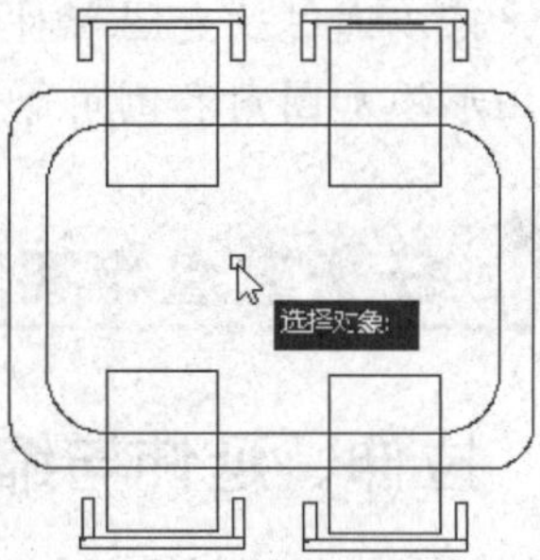

图 4-47　选择对象

Step 03　启用对象捕捉，捕捉餐桌上沿直线中点向下延伸线，如图 4-48 所示。

Step 04　捕捉餐桌左沿直线中点向右延伸线及两条延伸线的垂足，指定旋转基点，如图 4-49 所示。

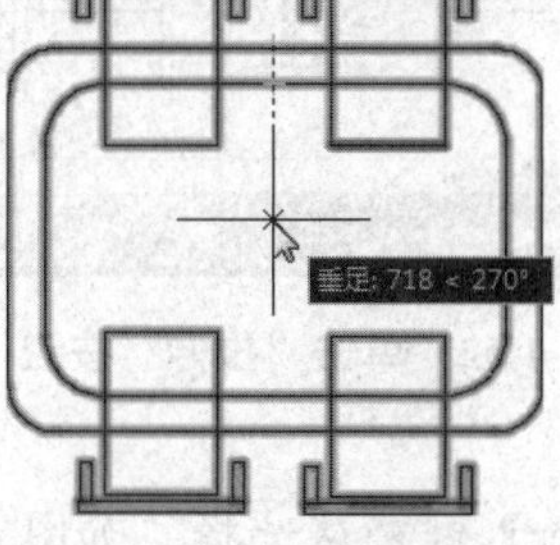

图 4-48　捕捉延伸线

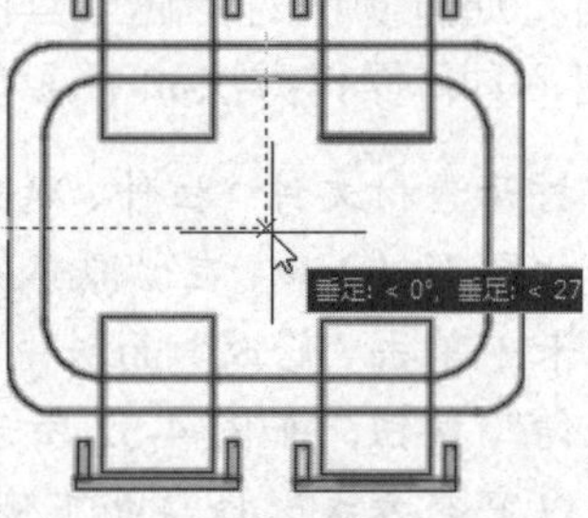

图 4-49　指定旋转基点

Step 05 通过移动光标或输入数值指定旋转角度，如图 4-50 所示。

Step 06 此时，即可将所选对象旋转指定角度，如图 4-51 所示。

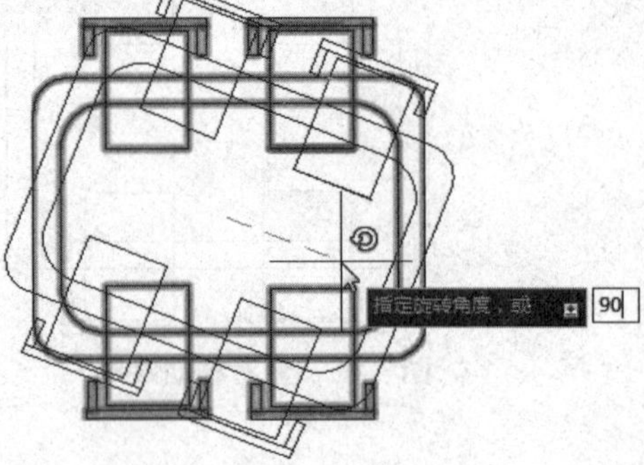

图 4-50　指定旋转角度

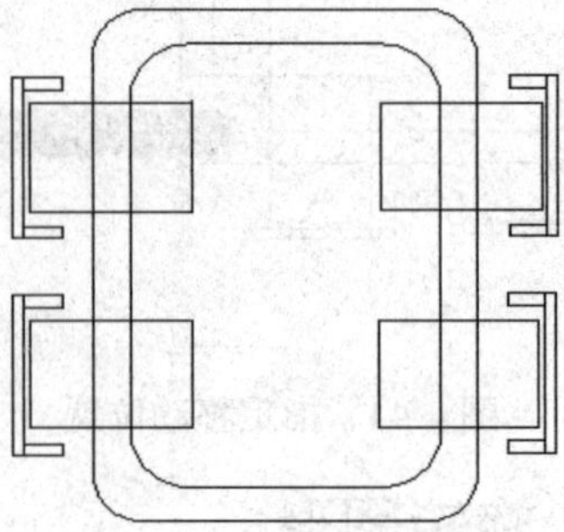

图 4-51　查看旋转效果

任务 4　改变图形特性

任务概述

用户可以通过改变图形对象本身的特性来满足绘图需求，如拉伸、延伸和缩放图形对象，为图形添加圆角和倒角等，本任务将分别对其进行介绍。

任务重点与实施

4.4.1　拉伸、延伸与缩放图形

通过“拉伸”工具可以按指定方向和角度拉伸或缩短对象；通过“延伸”工具可以延伸所选对象的端点至指定边界；通过“缩放”工具可以按比例改变图形的大小。

下面将通过实例对上述工具的应用进行介绍，具体操作方法如下。

Step 01 打开素材文件“拉伸、延伸与缩放图形.dwg”，在“默认”选项卡下单击“修改”面板中的“拉伸”按钮，如图 4-52 所示。

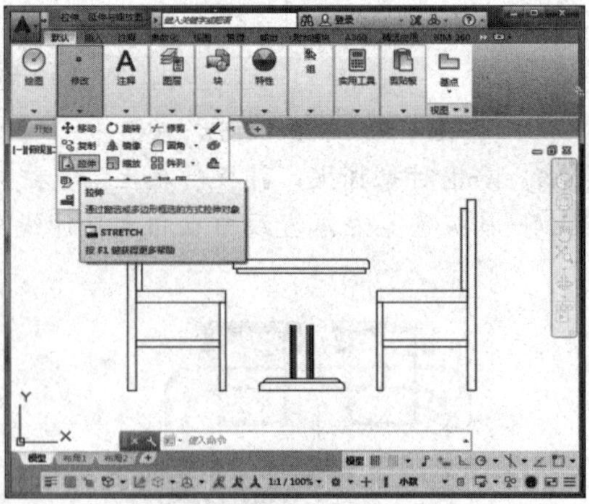

图 4-52　单击“拉伸”按钮

Step 02 以窗交方式选择桌面下侧的部分区域，按【Enter】键确认选择，如图 4-53 所示。

Step 03 分别指定位移的基点和第二点，从而拉伸对象，如图 4-54 所示。

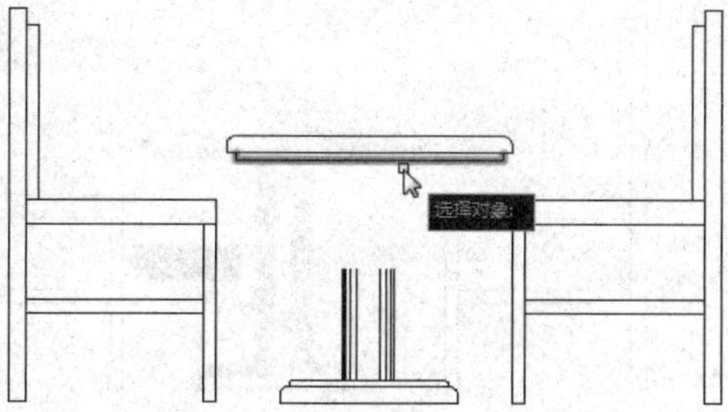

图 4-53　选择对象

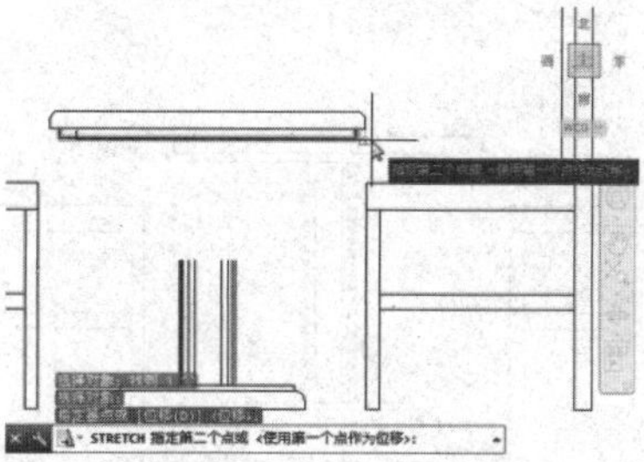

图 4-54　拉伸对象

Step 04 完成拉伸操作后，通过对象捕捉追踪，水平移动对象到中心位置，如图 4-55 所示。

Step 05 在“修改”面板中单击“修剪”按钮右侧的下拉按钮，在弹出的下拉菜单中选择“延伸”命令，如图 4-56 所示。

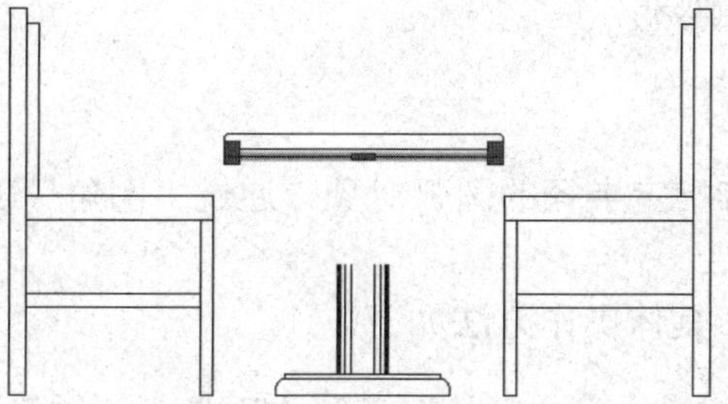

图 4-55　水平移动对象

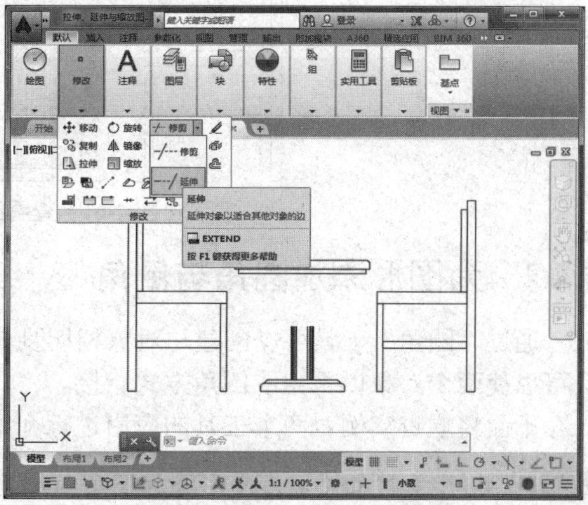

图 4-56　选择“延伸”命令

Step 06 选择茶几桌面底部对象作为要延伸至的边界对象，按【Enter】键确认选择，如图 4-57 所示。

Step 07 以窗交方式选择茶几桌面下方要延伸的垂线对象，如图 4-58 所示。

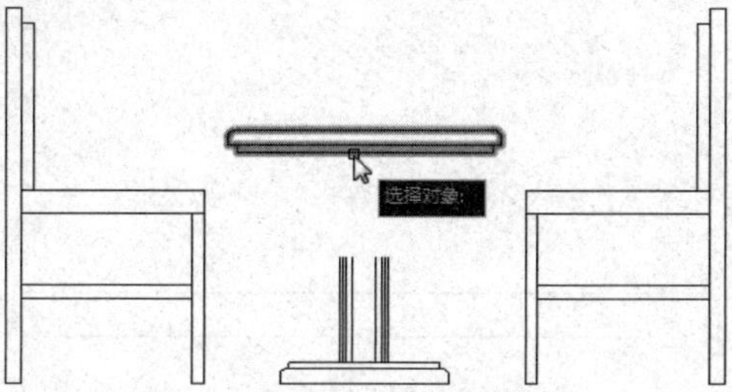

图 4-57　选择边界对象

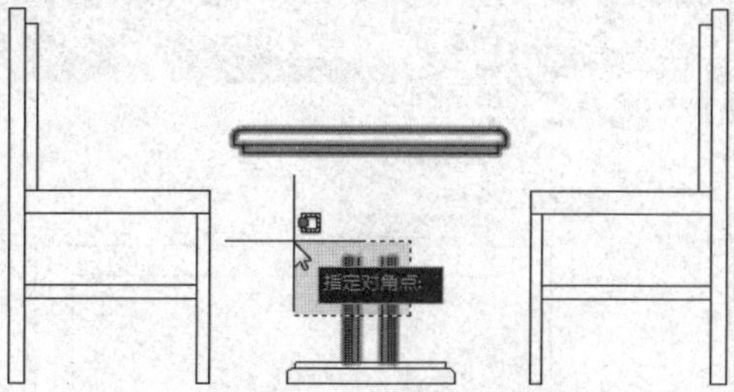

图 4-58　选择垂线对象

Step 08 将所选垂线的一端延伸至边界对象，如图 4-59 所示。

Step 09 单击“修改”面板中的“缩放”按钮，选择全部茶几图形作为缩放对象，按【Enter】键确认选择，然后通过对象捕捉指定缩放基点，如图 4-60 所示。

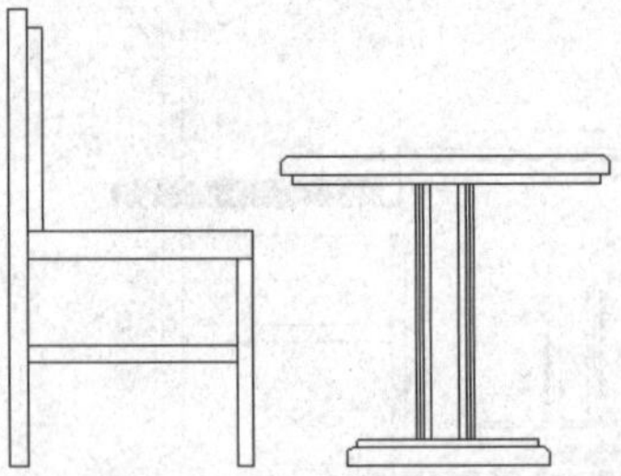

图 4-59　查看延伸效果

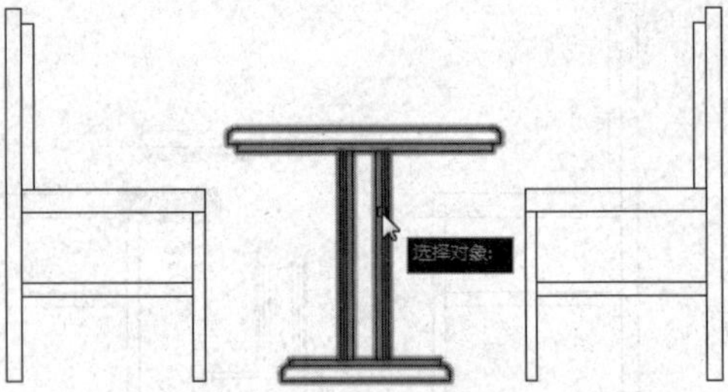

图 4-60　指定缩放基点

Step 10 设置缩放比例，如输入 1.2，并按【Enter】键确认，即可按比例缩放茶几对象，如图 4-61 所示。

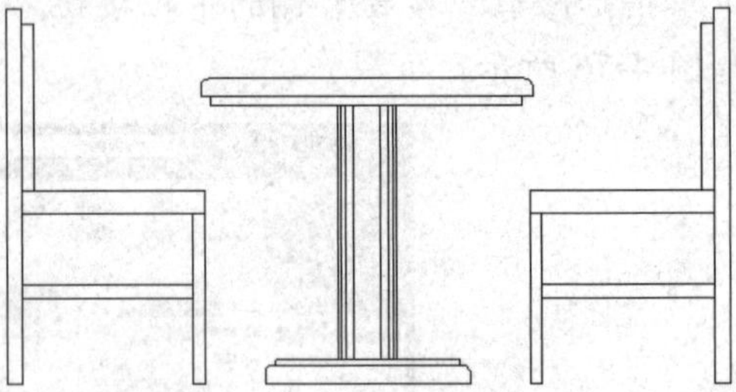

图 4-61　查看缩放效果

4.4.2　为图形添加圆角与倒角

通过“圆角”工具可以创建与对象相切且具有指定半径的圆弧对象，通过“倒角”工具可以使两个对象以平角或倒角方式相接。

下面将通过实例对两个工具的应用进行介绍，具体操作方法如下。

Step 01 打开素材文件“为图形添加圆角与倒角.dwg”，在“默认”选项卡下单击“修改”面板中的“圆角”按钮，如图 4-62 所示。

Step 02 输入 R 并按【Enter】键确认，切换到半径设置状态。指定圆角半径，如输入 200 并按【Enter】键确认，如图 4-63 所示。

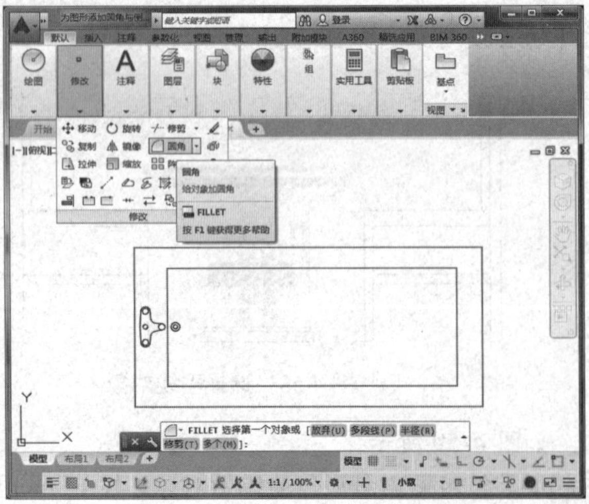

图 4-62　单击“圆角”按钮

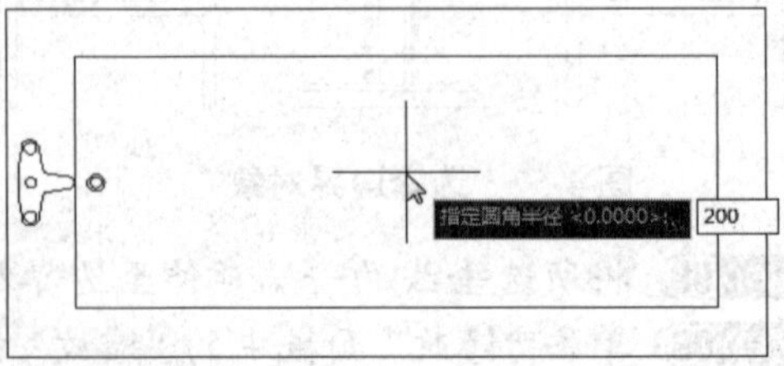

图 4-63　指定圆角半径

Step03 选择外侧矩形左侧边作为圆角对象的一边，如图 4-64 所示。

Step04 选择外侧矩形上边作为圆角对象的另一边，即可创建指定半径的圆角对象，如图 4-65 所示。

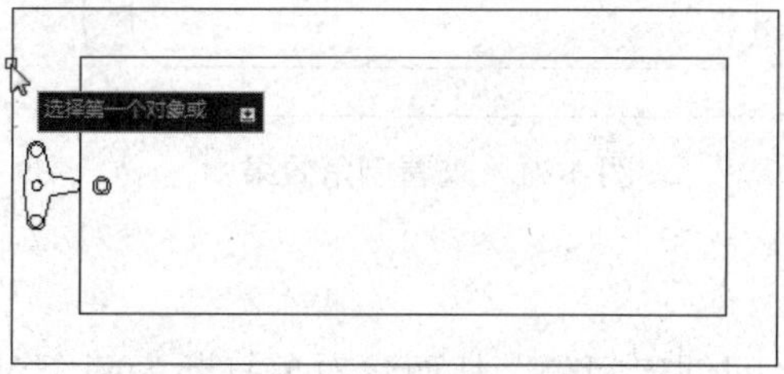

图 4-64　选择一边

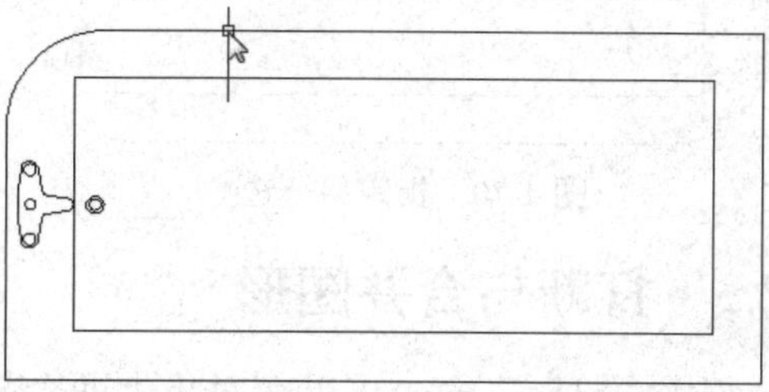

图 4-65　选择另一边

Step05 采用同样的方法，为相邻的其他边创建圆角对象，如图 4-66 所示。

Step06 单击“圆角”下拉按钮，在弹出的下拉菜单中选择“倒角”命令，如图 4-67 所示。

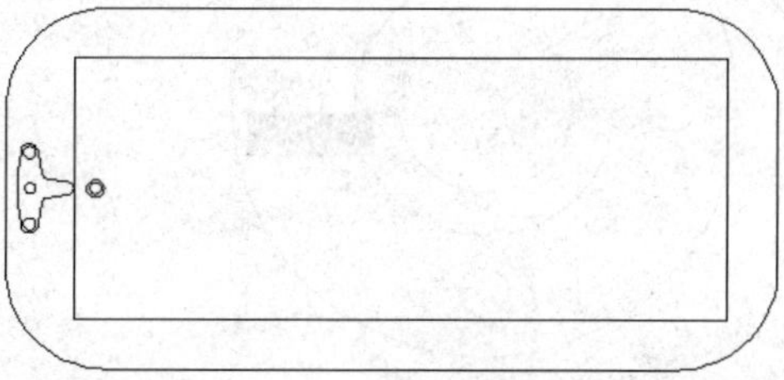

图 4-66　创建圆角对象

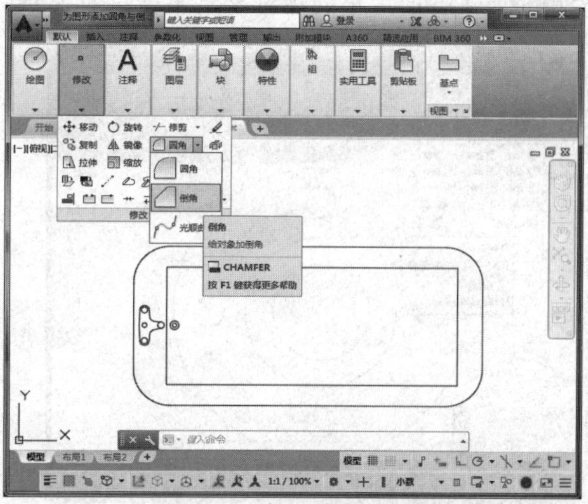

图 4-67　选择“倒角”命令

Step07 输入 D 并按【Enter】键确认，分别设置倒角两条边的距离，如输入 60 并按两次【Enter】键确认，设置相同的倒角距离，如图 4-68 所示。

Step08 选择内侧矩形左侧的指定边，作为倒角的一边，如图 4-69 所示。

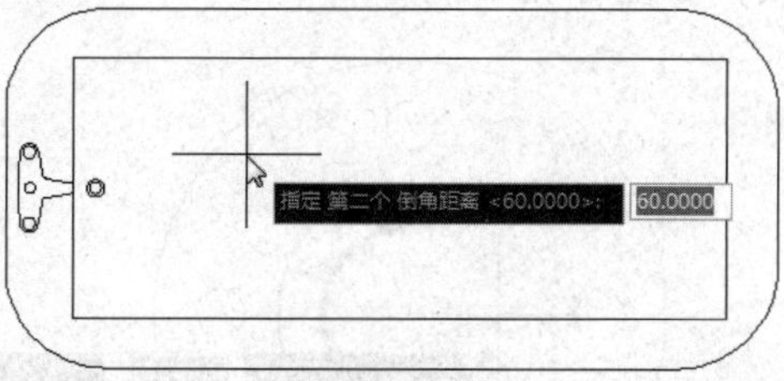

图 4-68　设置倒角距离

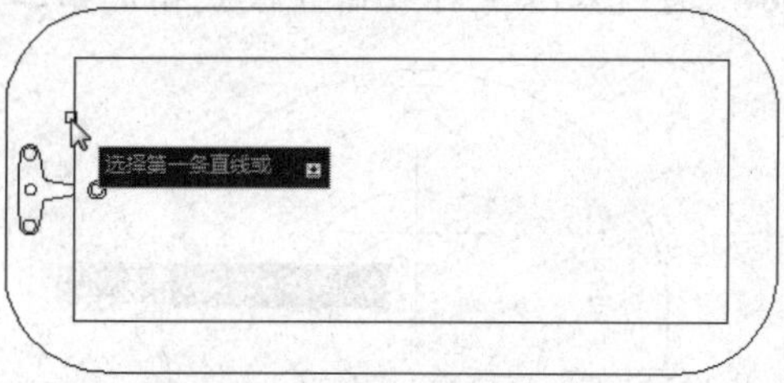

图 4-69　指定一边

Step09 选择与其相邻的水平直线，作为倒角的另一边，创建一个指定距离的倒角，如图 4-70 所示。

Step10 采用同样的方法创建其他倒角，查看最终效果，如图 4-71 所示。

图 4-70　指定另一边

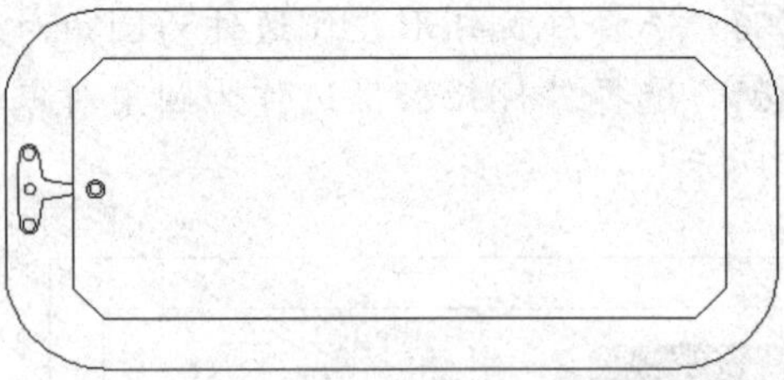

图 4-71　查看倒角效果

4.2.3　打断与合并图形

使用“打断”命令可以在对象上两个指定点之间创建间隔，从而将对象打断为两个对象；使用“合并”命令可以将所选的对象执行闭合操作，具体操作方法如下。

Step 01 打开素材文件“打断与合并图形.dwg”，打开“修改”面板，单击其中的“打断”按钮，如图 4-72 所示。

Step 02 在绘图区中的圆对象上单击鼠标左键，指定需要打断的对象，如图 4-73 所示。

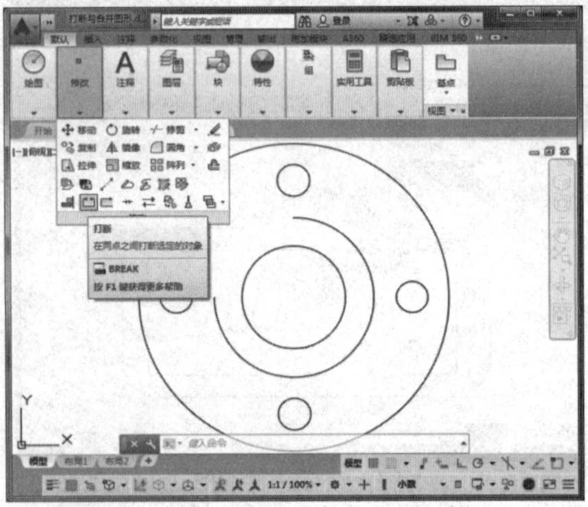

图 4-72　单击“打断”按钮

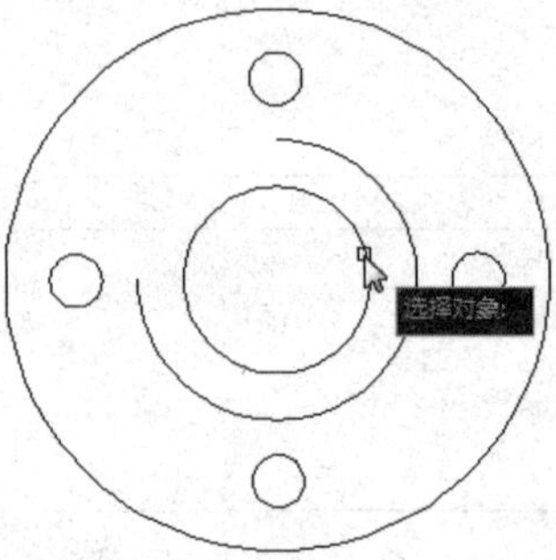

图 4-73　指定对象

Step 03 输入 F 并按【Enter】键确认，通过象限点对象捕捉模式指定第一个打断点，如图 4-74 所示。

Step 04 通过象限点对象捕捉模式指定第二个打断点，如图 4-75 所示。

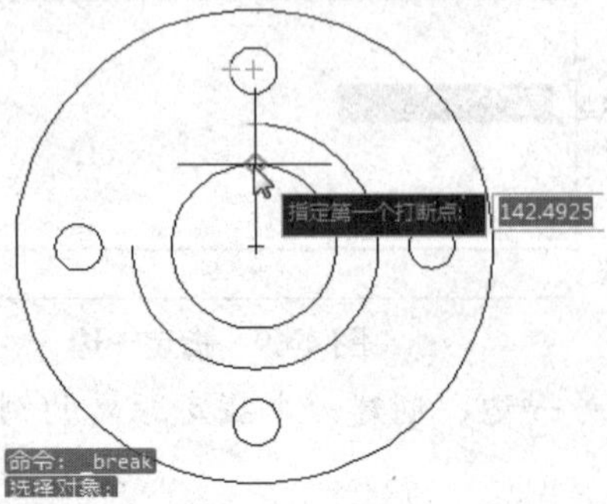

图 4-74　指定第一个打断点

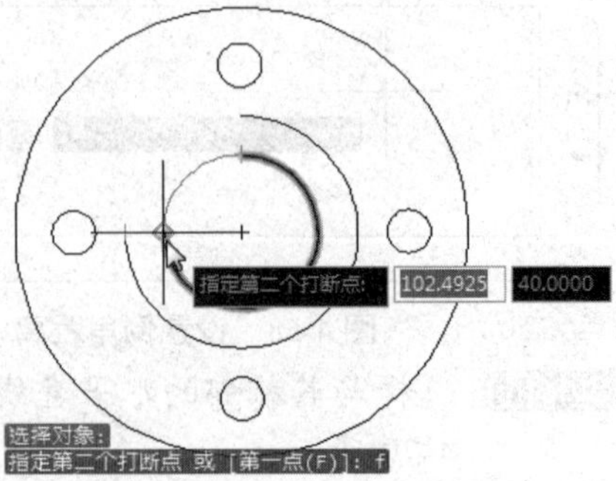

图 4-75　指定第二个打断点

Step 05　按指定的打断点将所选圆对象打断，如图 4-76 所示。

Step 06　再次打开“修改”面板，单击其中的“合并”按钮，如图 4-77 所示。

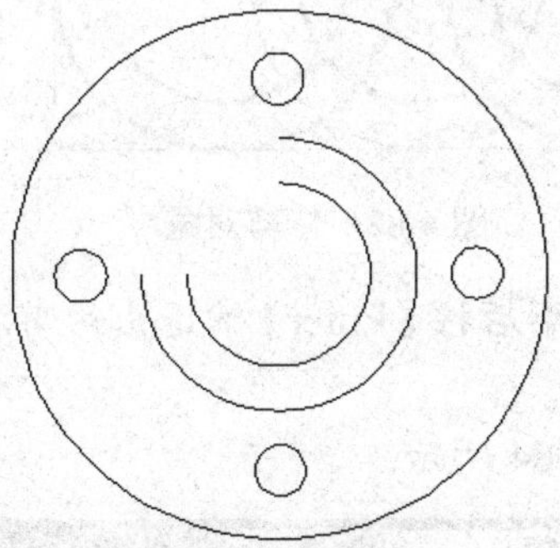

图 4-76　打断对象

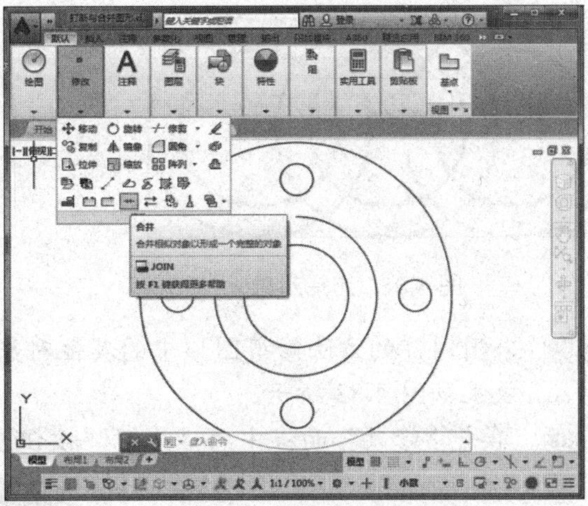

图 4-77　单击“合并”按钮

Step 07　选择图形中间的圆对象，作为要执行合并操作的源对象，按【Enter】键确认选择，如图 4-78 所示。

Step 08　输入 L 并按【Enter】键确认，对所选对象执行闭合操作即可，如图 4-79 所示。

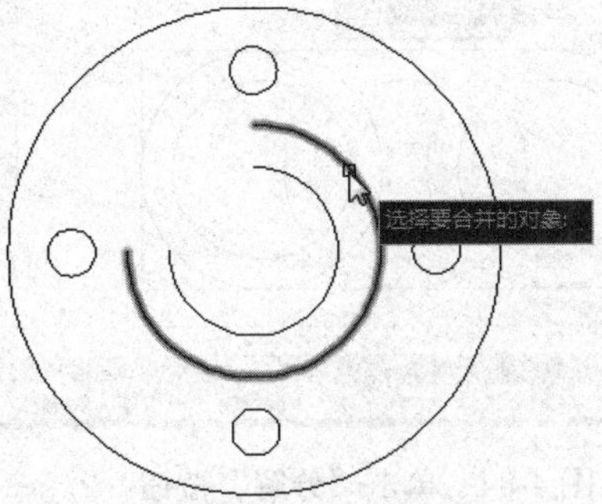

图 4-78　选择对象

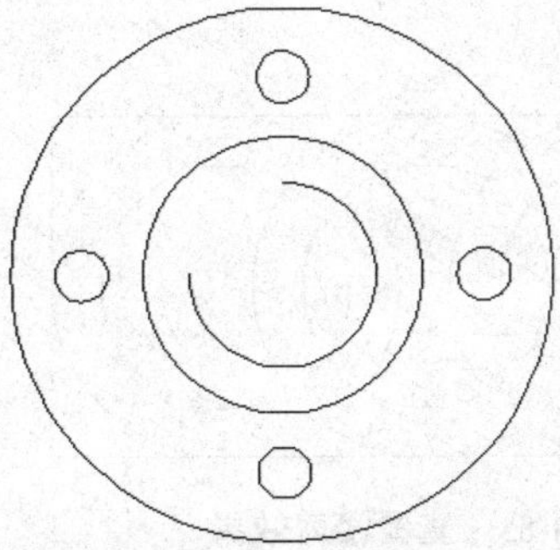

图 4-79　查看闭合效果

4.2.4　修剪与分解图形

通过“修剪”工具可以清理图形中不需要的相交部分；通过“分解”工具可以将复合对象（如矩形、多段线等）分解为其部件对象。下面将通过实例对两个工具的应用进行介绍，具体操作方法如下。

Step 01　打开素材文件“修剪与分解图形.dwg”，在“默认”选项卡下单击“修改”面板中的“修剪”按钮，如图 4-80 所示。

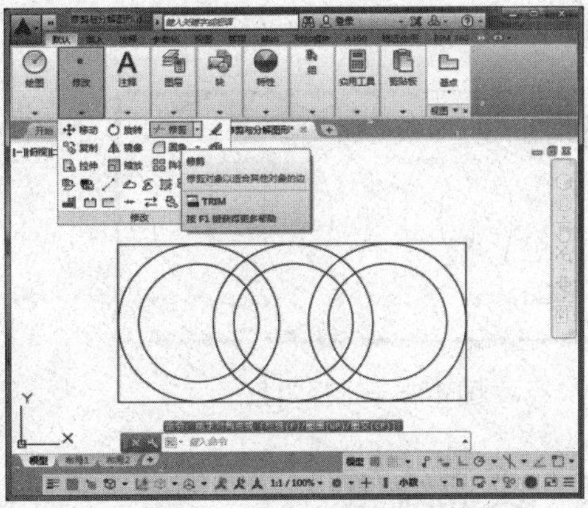

图 4-80　单击“修剪”按钮

Step 02 通过窗交选择方式选择修剪区域，按【Enter】键确认选择，如图 4-81 所示。

Step 03 移动光标到图形中要修剪的对象上，单击对其线条进行修剪，如图 4-82 所示。

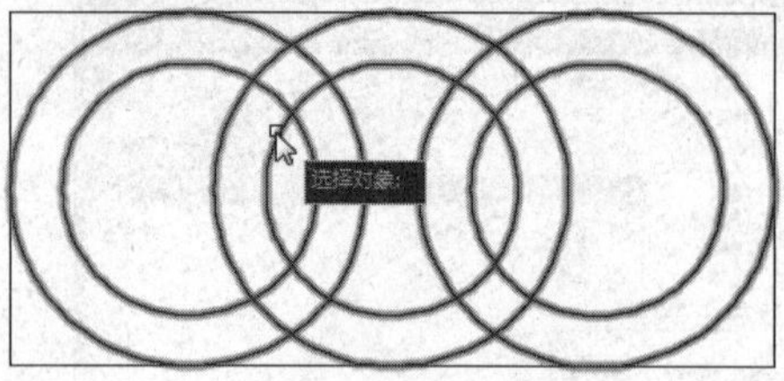

图 4-81　选择对象

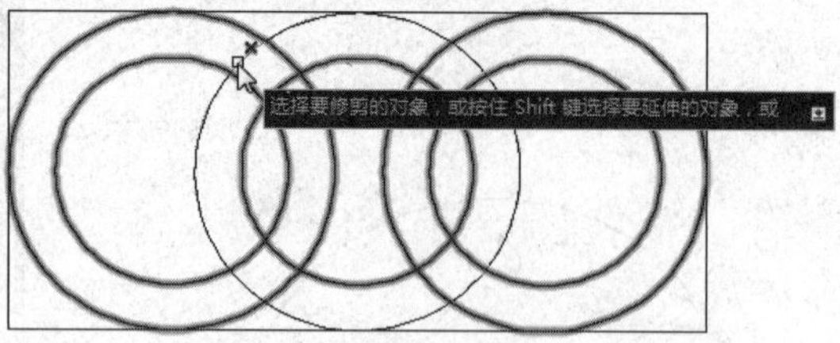

图 4-82　修剪对象

Step 04 采用同样的方法修剪图形中的其他对象，修剪完毕后按【Enter】键退出修剪状态，效果如图 4-83 所示。

Step 05 单击“修改”面板中的“分解”按钮，如图 4-84 所示。

图 4-83　查看修剪效果

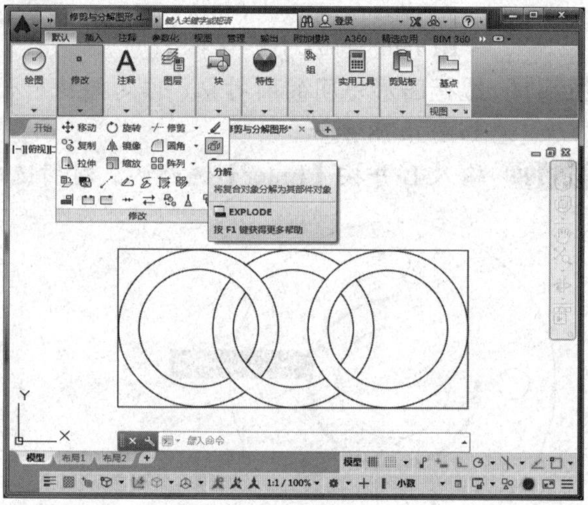

图 4-84　单击“分解”按钮

Step 06 选择要分解的对象，按【Enter】键确认选择，如图 4-85 所示。

Step 07 将所选矩形分解为分离的直线对象，如图 4-86 所示。

图 4-85　选择对象

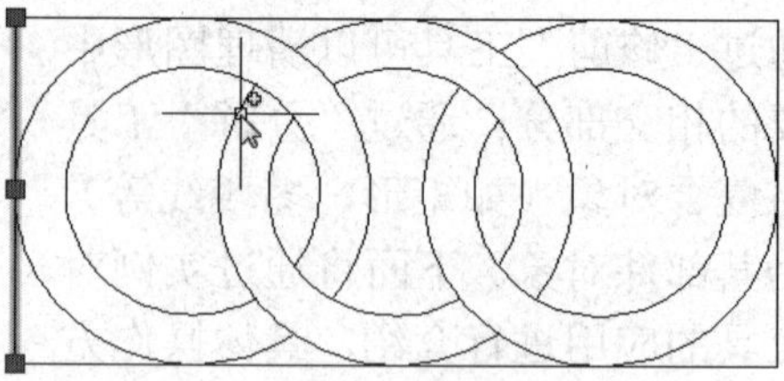

图 4-86　查看分解效果

4.2.5　夹点编辑

当对象处于选中状态时，对象关键点上将出现蓝色实心小方块，这些位于关键点上的小方块就是夹点。不同类型的对象，其夹点形状与位置也会不同，如图 4-87 所示。

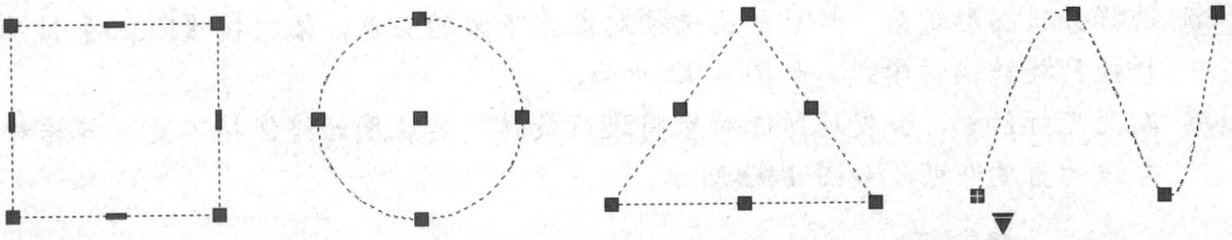

图 4-87　夹点形状和位置

用户可以通过夹点对已选对象执行移动、旋转、复制、缩放和拉伸等操作。下面将通过实例对夹点的应用进行介绍，具体操作方法如下。

Step 01 打开素材文件“夹点编辑.dwg”，选择需要编辑的大圆对象，所选对象将显示蓝色，并在对象上出现蓝色夹点，如图 4-88 所示。

Step 02 选择对象上的任意夹点并向外拖动，即可通过拉伸夹点方式放大所选的圆对象，如图 4-89 所示。

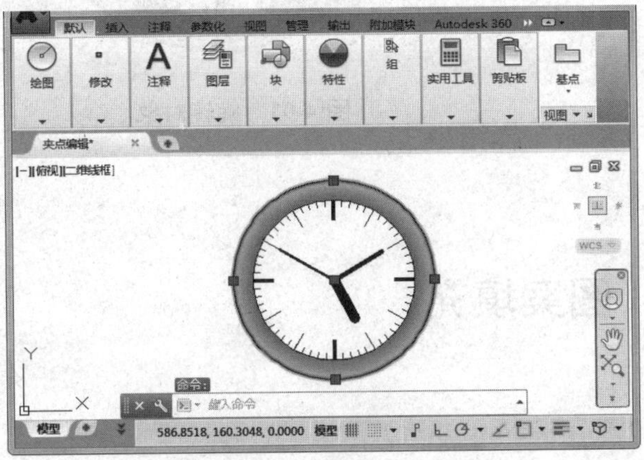

图 4-88　选择对象

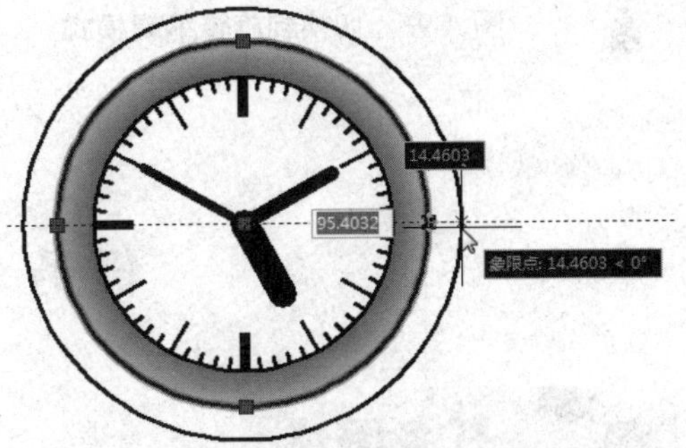

图 4-89　放大对象

Step 03 选择时针图形对象，然后移动光标到右侧蓝色夹点上，在弹出的快捷菜单中选择“拉伸”命令，若直接选择夹点并进行拖动，默认会启用拉伸夹点方式，如图 4-90 所示。

Step 04 此时，改变光标位置，会发现所选对象将拉长或缩短，向左上方移动光标，缩短所选对象，如图 4-91 所示。

图 4-90　选择“拉伸”命令

图 4-91　拉伸对象

Step05 选择分针图形对象，然后单击选择对象左下方的夹点，依次按【Enter】键确认，切换到旋转编辑模式，如图 4-92 所示。

Step06 改变光标位置，会发现所选对象将进行旋转，其长度始终保持不变，旋转对象到合适的角度即可，如图 4-93 所示。

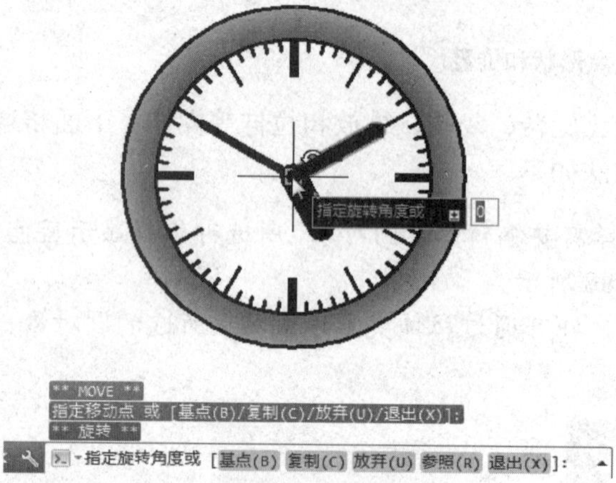

图 4-92　切换到旋转编辑模式

图 4-93　旋转对象

任务 5　图案填充

任务概述

在 AutoCAD 2016 中，可以通过不同类型的填充工具来表现不同类型对象的外观纹理。填充工具主要包括“图案填充”“渐变色填充”和“边界填充”三种类型，下面将分别对其进行介绍。

任务重点与实施

4.5.1　创建填充图案

通过“图案填充”工具可以对指定边界内的对象进行多种样式的图案填充，还可以对其角度和比例等进行自定义设置。下面将通过实例对其进行介绍，具体操作方法如下。

Step01 打开素材文件“创建填充图案.dwg”，在“常用”选项卡下单击“绘图”面板中的“图案填充”按钮，如图 4-94 所示。

Step02 切换到“图案填充创建”选项卡，单击“图案填充图案”按钮，在弹出的列表框中选择要填充的图案样式，如选择 ANSI31 图案，如图 4-95 所示。

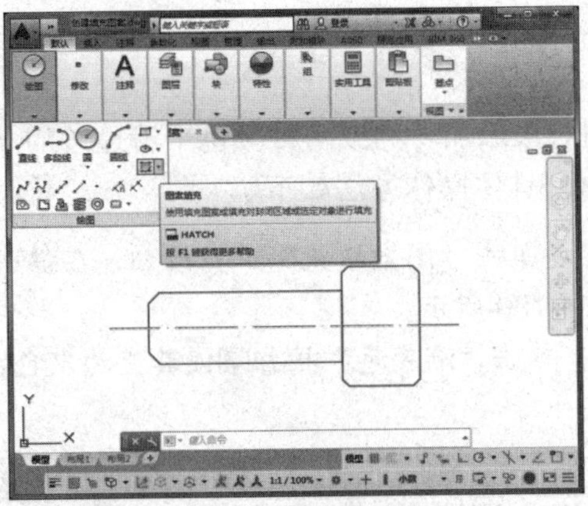

图 4-94　单击“图案填充”按钮

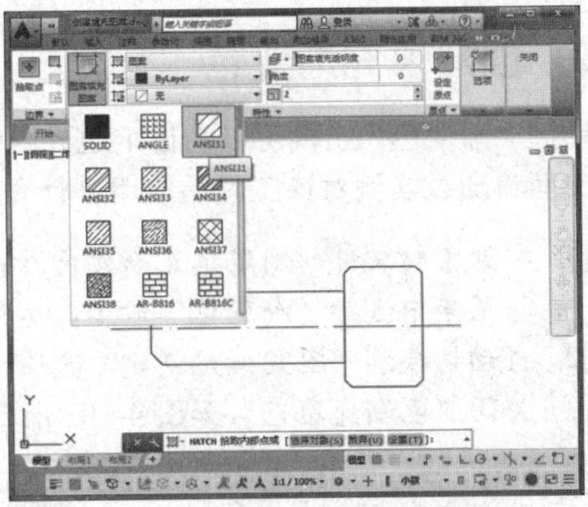

图 4-95　选择填充图案

Step03 通过“特性”面板中的“图案填充颜色”和“背景色”下拉菜单分别设置图案填充颜色与背景颜色，如图 4-96 所示。

Step04 移动光标到图形中要填充图案的封闭区域内，单击即可进行图案的填充，填充完毕后按【Esc】键退出填充状态，如图 4-97 所示。

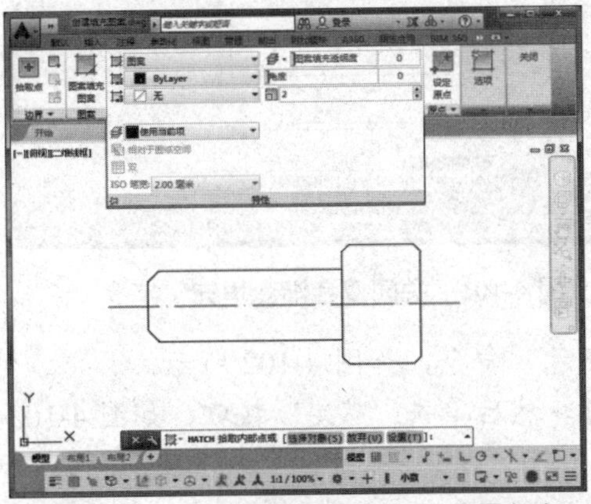

图 4-96　设置图案填充颜色与背景颜色

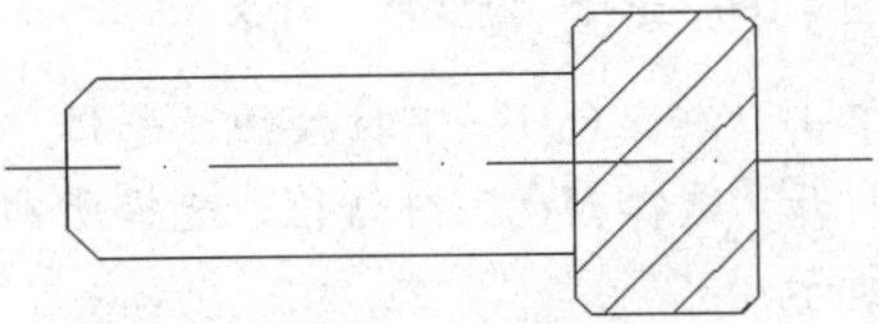

图 4-97　填充对象

Step05 单击图形中的填充图案，可随时切换到“图案填充编辑器”选项卡，通过“特性”面板可编辑图案的角度与比例，并实时查看修改效果，如图 4-98 所示。

Step06 打开“原点”面板，可以修改图案填充的起始原点位置，如图 4-99 所示。

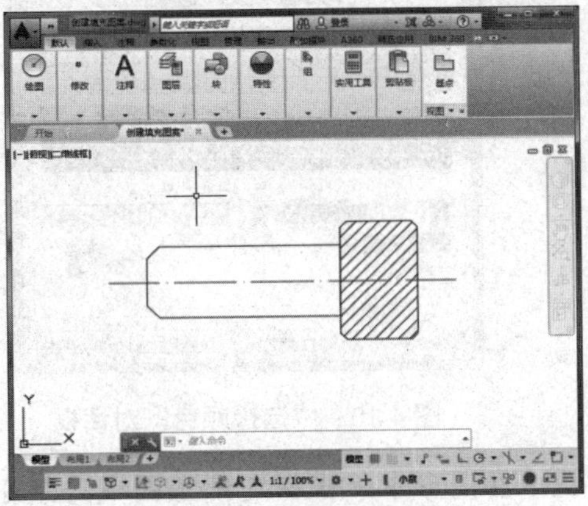

图 4-98　查看修改效果

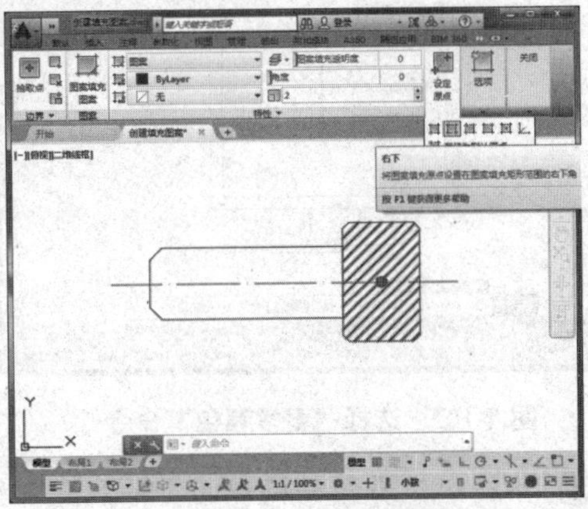

图 4-99　修改原点位置

4.5.2 创建填充渐变色

通过“渐变色”工具可以为指定边界内的对象添加一种或两种颜色平滑过渡的渐变填充。下面将通过实例对该工具的应用进行介绍，具体操作方法如下。

Step 01 打开素材文件“创建填充渐变色.dwg”，单击“图案填充”下拉按钮，在弹出的下拉菜单中选择“渐变色”命令，如图 4-100 所示。

Step 02 自动切换到“图案填充创建”选项卡，单击“渐变色”按钮使其变为灰色状态，关闭双色渐变填充，如图 4-101 所示。

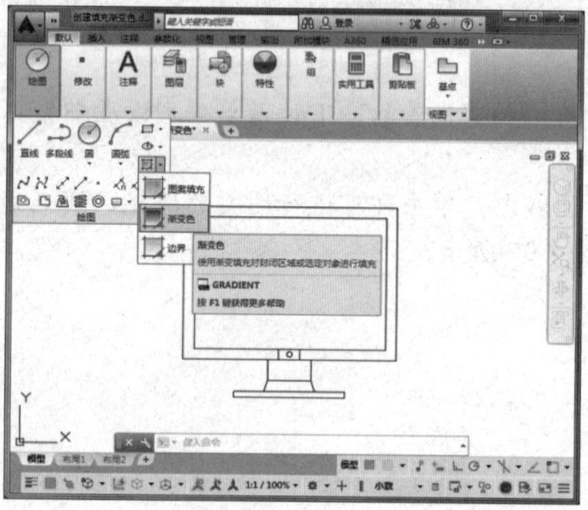

图 4-100　选择“渐变色”命令

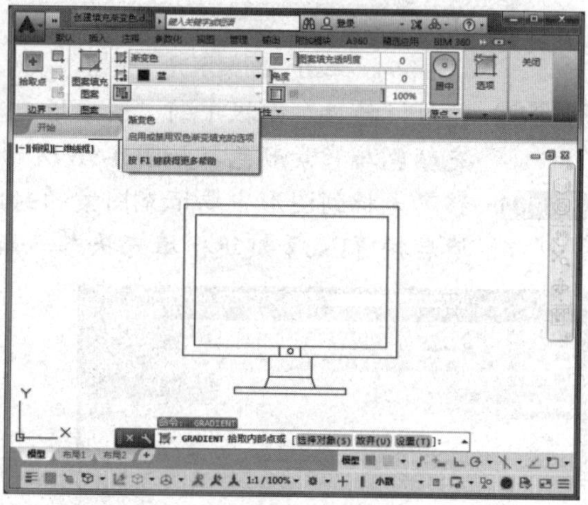

图 4-101　关闭双色渐变填充

Step 03 单击“渐变色 1”下拉按钮，选择“更多颜色”命令，如图 4-102 所示。

Step 04 打开“选择颜色”对话框，选择所需的颜色，然后单击“确定”按钮，如图 4-103 所示。

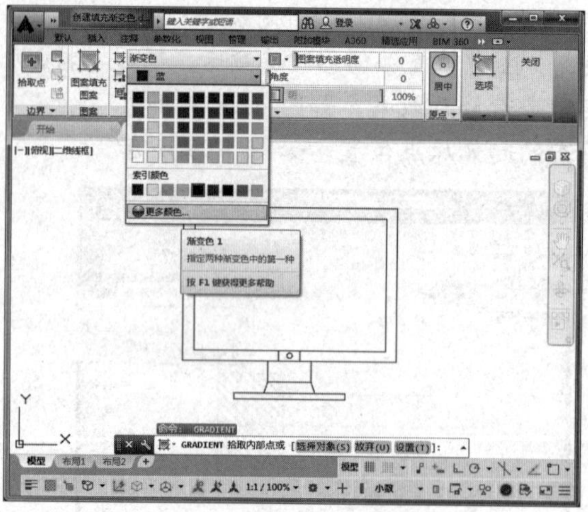

图 4-102　选择“更多颜色”命令

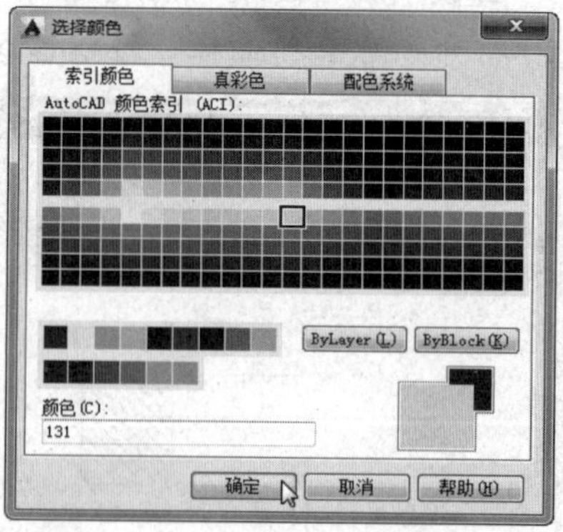

图 4-103　“选择颜色”对话框

Step 05 单击“边界”面板中的“拾取点”按钮，在图形中单击指定填充区域，即可进行渐变色填充，如图 4-104 所示。

Step 06 单击已填充渐变色，将打开“图案填充编辑器”选项卡，通过该选项卡可对渐变色参数进行更改，如更改透明度等，如图 4-105 所示。

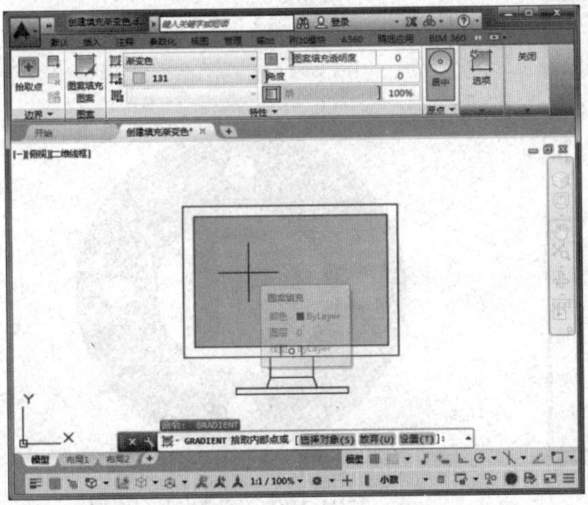

图 4-104　指定填充区域

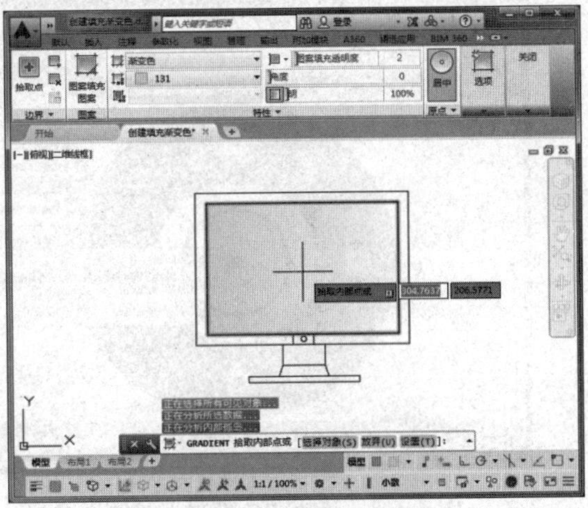

图 4-105　更改透明度

Step 07 单击“图案填充图案”按钮，通过弹出的列表框可以修改渐变色类型，如图 4-106 所示。

Step 08 修改完毕后，按【Esc】键退出编辑状态，查看修改效果，如图 4-107 所示。

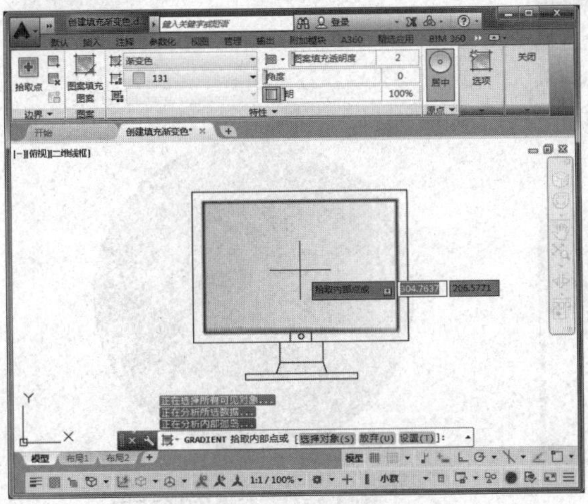

图 4-106　修改渐变色类型

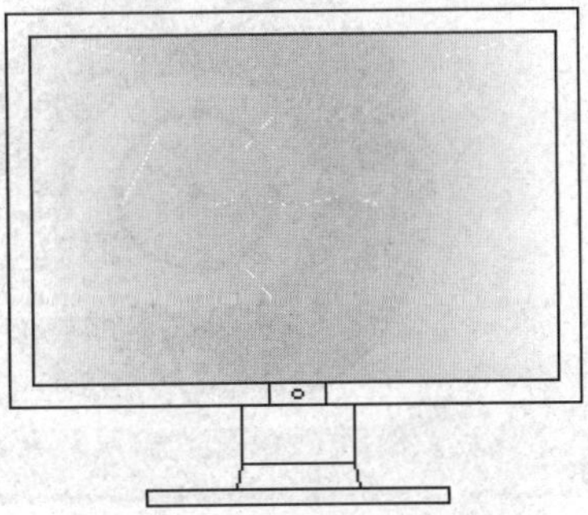

图 4-107　查看修改效果

4.5.3　应用孤岛检测

当填充图案或渐变色后，将默认应用普通孤岛检测方式。孤岛检测用于控制是否检测图形内部的闭合边界，以实现不同范围的填充。下面将对孤岛检测方式的切换方法进行介绍，具体操作方法如下。

Step 01 打开素材文件“应用孤岛检测.dwg”，单击图形中的渐变色填充，打开“图案填充编辑器”选项卡，打开“选项”面板，单击“普通孤岛检测”按钮右侧的下拉按钮，在弹出的下拉菜单中选择“外部孤岛检测”命令，如图 4-108 所示。

Step 02 此时，图形内部的闭合边界将不再被渐变色填充，如图 4-109 所示。

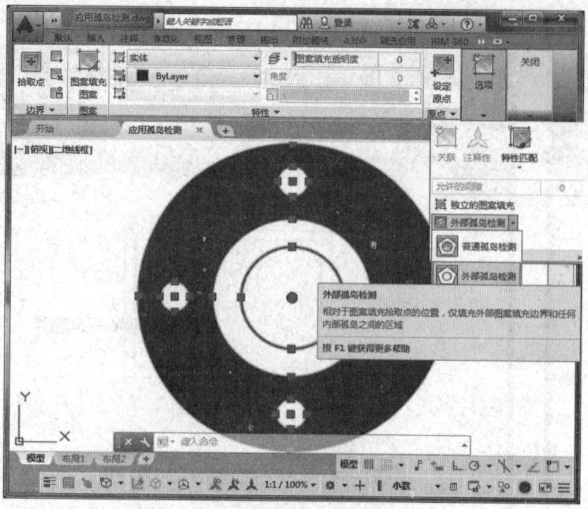

图 4-108 选择“外部孤岛检测”命令

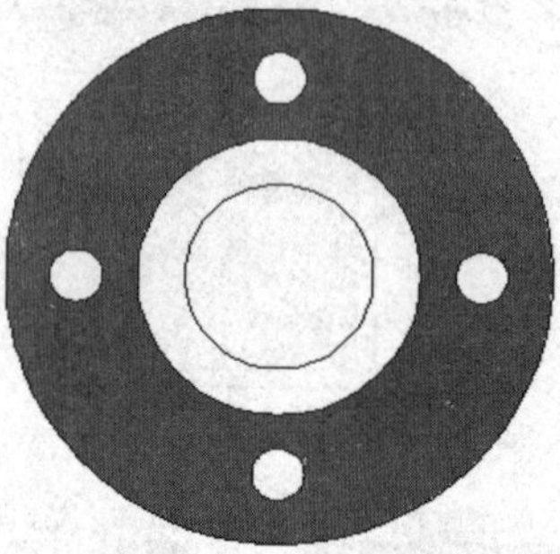

图 4-109 查看图形效果

Step 03 再次打开“选项”面板，单击“外部孤岛检测”下拉按钮，在弹出的下拉菜单中选择“忽略孤岛检测”命令，如图 4-110 所示。

Step 04 此时，程序将忽略图形内部的闭合边界，充满整个图形，如图 4-111 所示。

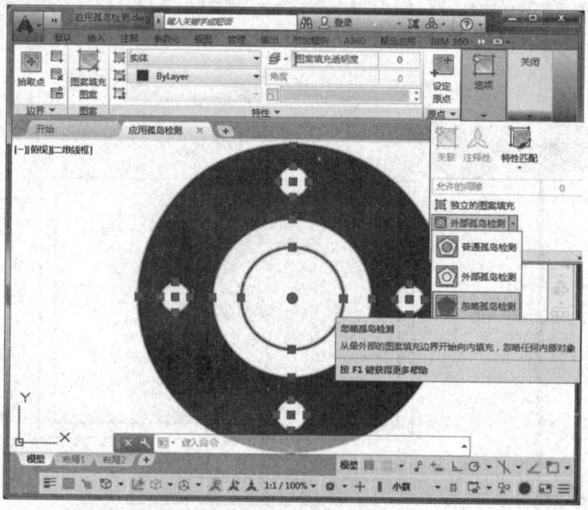

图 4-110 选择“忽略孤岛检测”命令

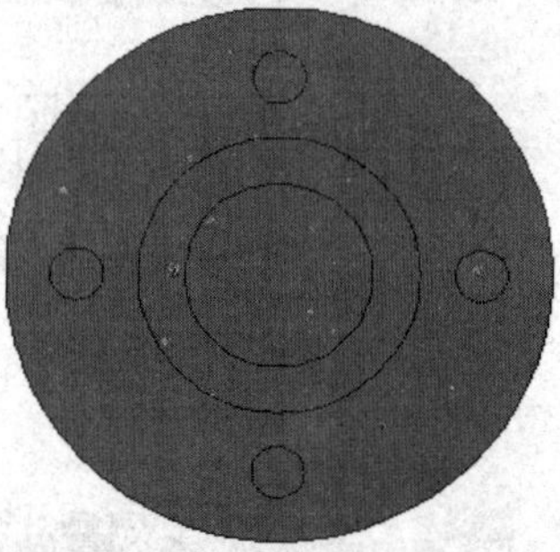

图 4-111 查看图形效果

项目小结

本项目主要介绍了对二维图形进行编辑的方法，通过本项目的学习，读者应重点掌握以下知识。

（1）了解二维图形编辑的各种原则。

（2）能够熟练掌握复制、阵列、旋转、拉伸、图案填充等操作方法。

（3）能够熟练对夹点进行编辑操作。

项目习题

（1）快速修剪包含多条线段的图形。

操作提示：

在修剪多条线段时，如果按照默认的修剪方式，需要选取多次才能完成，此时可以使用 fence 选取方式进行操作：单击“修剪”按钮，在命令行窗口输入 F，然后在需要修剪的图形中绘制一条线段，并按【Enter】键确认，此时与该线段相交的图形或线段将被全部修剪掉。

（2）使用“对齐”工具将两个不相连的对象对齐显示。

操作提示：

①打开素材文件“对齐.dwg”，在“默认”面板中单击“对齐”按钮，如图 4-112 所示。

②选择要对齐的对象，按【Enter】键确认。通过对象捕捉模式指定第一个对象源点，如图 4-113 所示。

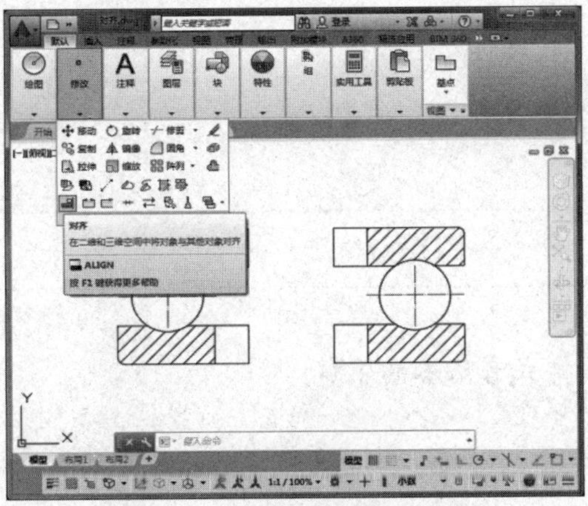

图 4-112　单击“对齐”按钮

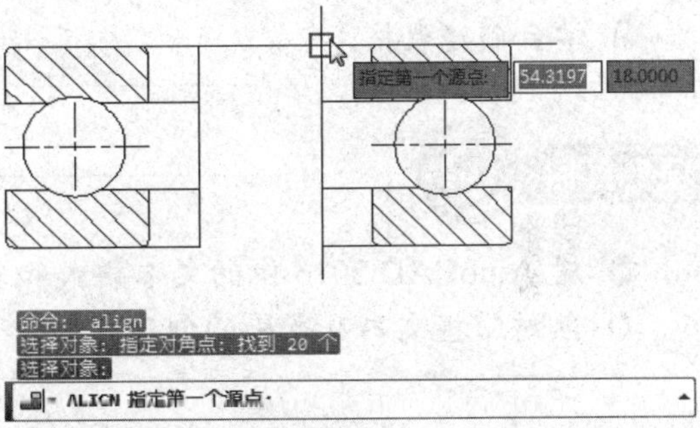

图 4-113　指定第一个对象源点

③指定另一个对象的端点为第一个目标点，如图 4-114 所示。

④以同样的方法指定第二个源点和目标点，并按【Enter】键确认，在弹出的快捷菜单中选择“否”命令，不基于对齐点缩放对象，即可将两个所选对象对齐，如图 4-115 所示。

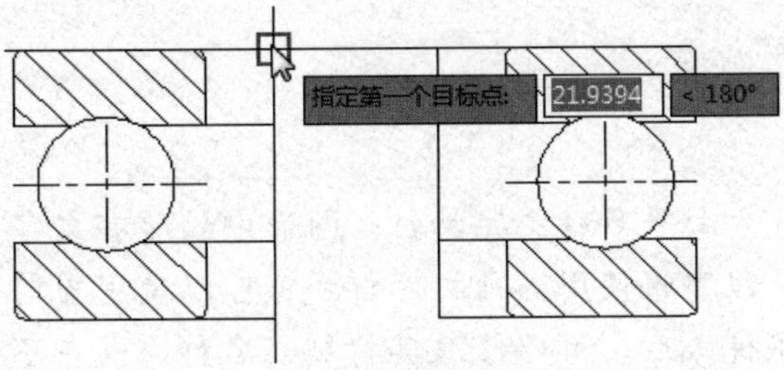

图 4-114　指定目标点

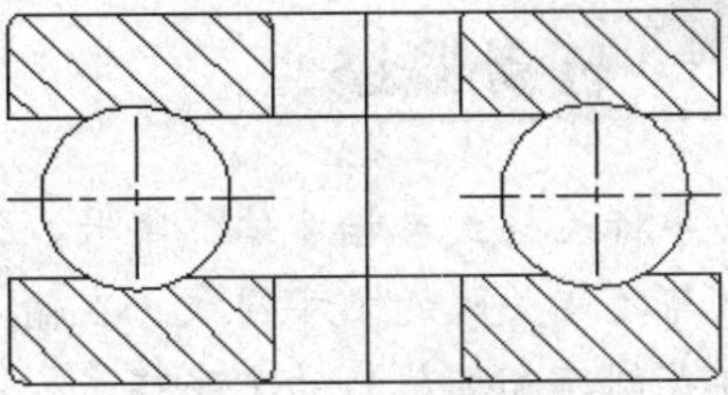

图 4-115　对齐效果

项目 5　文本与表格的应用

项目概述

在 AutoCAD 2016 中绘制完一张图纸后，通常需要在图纸上进行简单说明，让用户对图纸了解得更加透彻，其中可以通过添加文字表达如图纸技术要求、标题栏信息和标签等内容，还可以通过创建表格表述如在机械图中说明零件的不同组成部分，以及技术要求等内容。在本项目中将学习如何在图形中添加文字与表格等知识。

项目重点

- 认识文字样式。
- 学会添加单行文本。
- 学会添加多行文本。
- 认识表格样式。
- 学会创建表格。

项目目标

- 对 AutoCAD 2016 中的文本样式和表格样式有基本的了解。
- 熟练掌握文本及表格的创建方法。

任务 1　创建文字样式

任务概述

文字标注样式包括字体、字号、倾斜角度、方向等多种文字特征，图形中的所有文字都具有与之相关联的文字样式。在输入文字时，程序将使用当前文字样式。可以使用当前文字样式创建和加载新的文字样式。在创建文字样式后，可以修改其特征、名称，或在不再需要时将其删除。

任务重点与实施

5.1.1　新建样式

除了使用默认的 STANDARD 文字样式外，可以创建任何所需的文字样式。下面将通过实例介绍如何新建文字样式，具体操作方法如下。

Step 01　单击“默认”选项卡下的“注释”下拉按钮，如图 5-1 所示。

Step 02　弹出“注释”面板，单击“文字样式”按钮，如图 5-2 所示。

图 5-1　单击“注释”下拉按钮

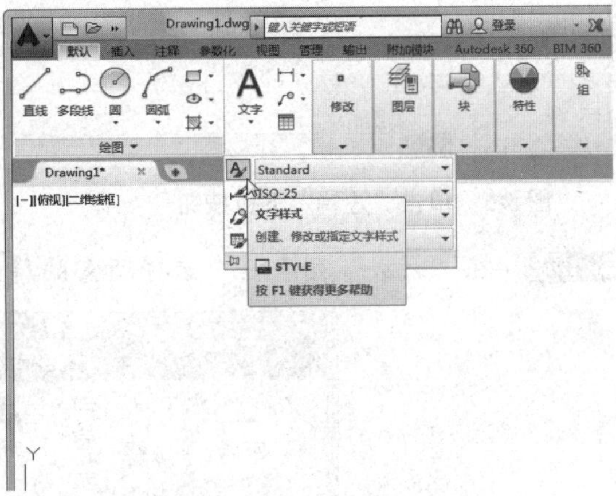

图 5-2　单击“文字样式”按钮

Step 03　弹出“文字样式”对话框，单击“新建”按钮，弹出“新建文字样式”对话框，输入样式名，然后单击“确定”按钮，如图 5-3 所示。

Step 04　设置相关参数，单击“应用”按钮，然后单击“关闭”按钮完成创建操作，如图 5-4 所示。

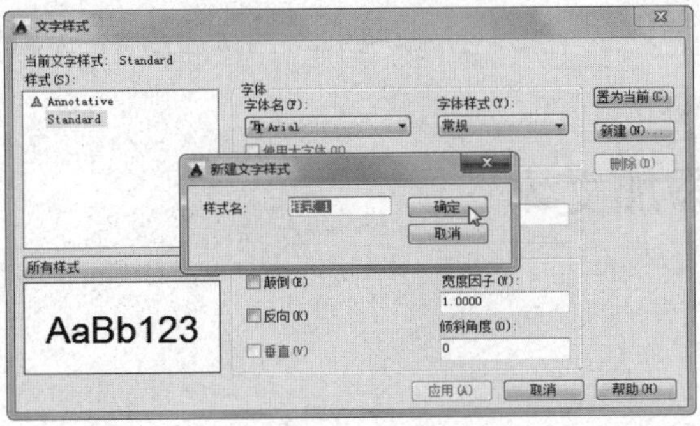

图 5-3　输入样式名

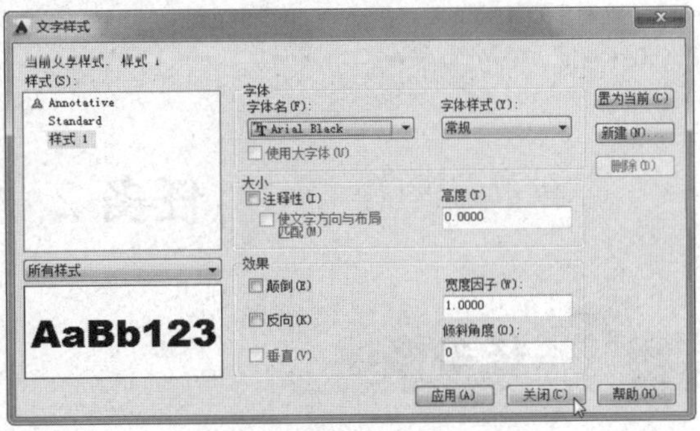

图 5-4　设置文字样式

5.1.2　选择样式

新建样式后，可以快速切换到所需的文字样式，具体操作方法如下。

Step 01　单击“默认”选项卡下的“注释”下拉按钮，如图 5-5 所示。

Step 02 弹出“注释”面板，单击“样式”下拉按钮，如图 5-6 所示。

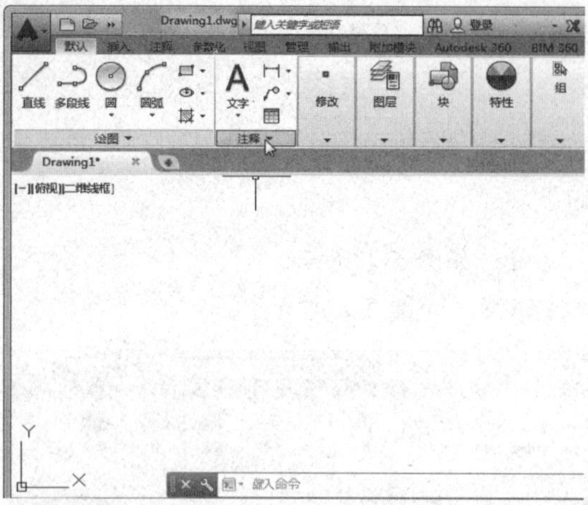

图 5-5 单击“注释”下拉按钮

图 5-6 单击“样式”下拉按钮

Step 03 在“样式”列表框中选择所需的样式即可，如图 5-7 所示。

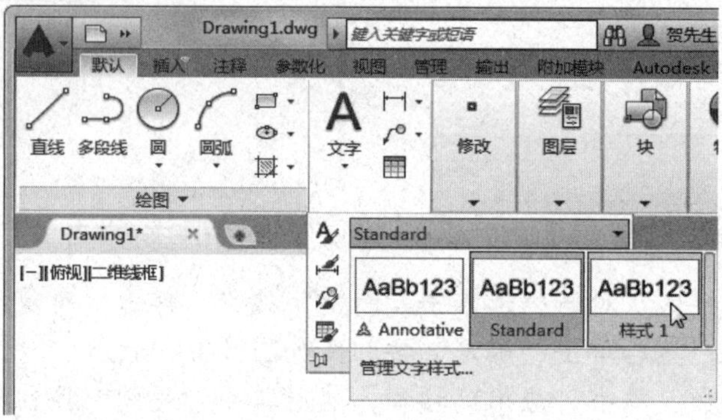

图 5-7 选择样式

任务 2 添加文本

任务概述

单行文字一般用于创建文字较少的对象。其中，每行文字都是一个独立的对象，可以对其进行定位、调整格式或进行其他修改操作。“多行文字”又称为段落文字，它由多个文字行或段落组成。在创建多行文字时，所创建的多个文字行或段落被视为同一个多行文字对象，可以对其进行整体编辑操作。

任务重点与实施

5.2.1　添加单行文本

下面将通过实例对单行文字的创建方法进行介绍，具体操作方法如下。

Step 01 打开素材文件“添加单行文本.dwg”，打开“注释”面板中的“文字样式”下拉列表，选择所需的文字样式，如图 5-8 所示。

Step 02 再次打开“注释”面板，单击“文字”下拉按钮，在弹出的下拉菜单中选择“单行文字”命令，如图 5-9 所示。

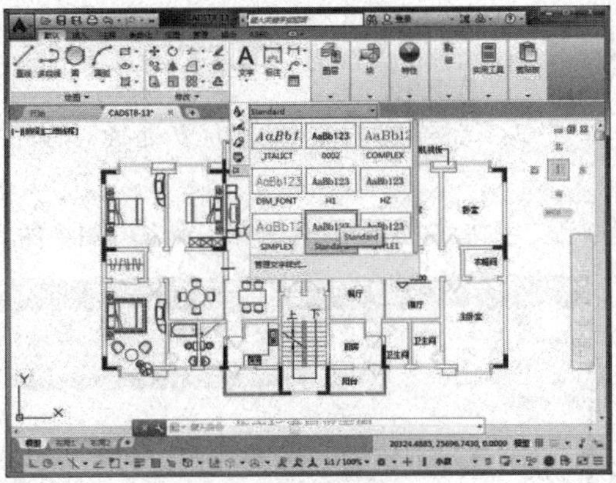

图 5-8　选择文字样式

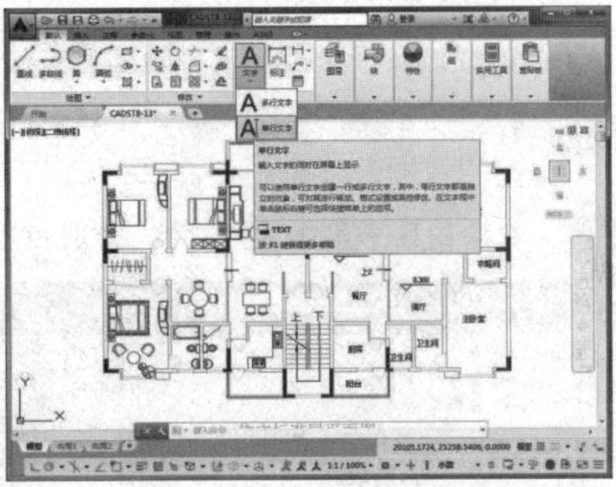

图 5-9　选择“单行文字”命令

Step 03 在绘图区中所需的位置依次单击鼠标左键，分别指定文字的起点与高度，如图 5-10 所示。

Step 04 指定文字高度后，直接按【Enter】键确认，指定文字旋转角度为 0。输入所需文字后，在旁边单击鼠标左键，然后按【Esc】键退出输入状态，如图 5-11 所示。

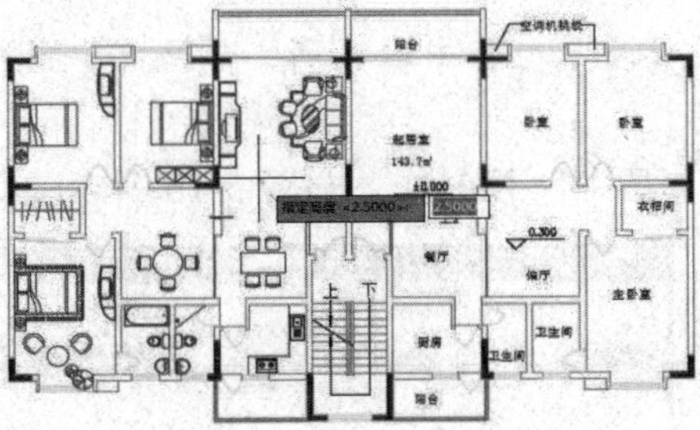

图 5-10　指定文字起点与高度

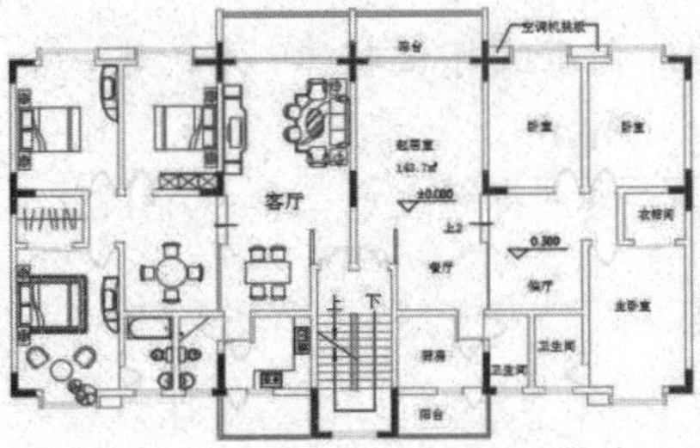

图 5-11　输入文字

Step 05 采用同样的方法，在图形的其他位置输入所需的文字，如图 5-12 所示。

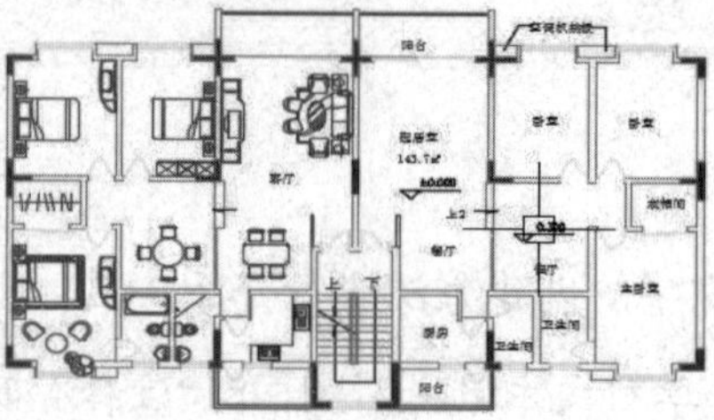

图 5-12　输入其他文字

5.2.2　添加多行文本

下面将通过实例对多行文字的创建方法进行介绍，具体操作方法如下。

Step 01 打开“注释”面板，单击“文字”下拉按钮，在弹出的下拉菜单中选择“多行文字”命令，如图 5-13 所示。

Step 02 在绘图区中单击鼠标左键，分别指定多行文字文本框两个对角点，如图 5-14 所示。

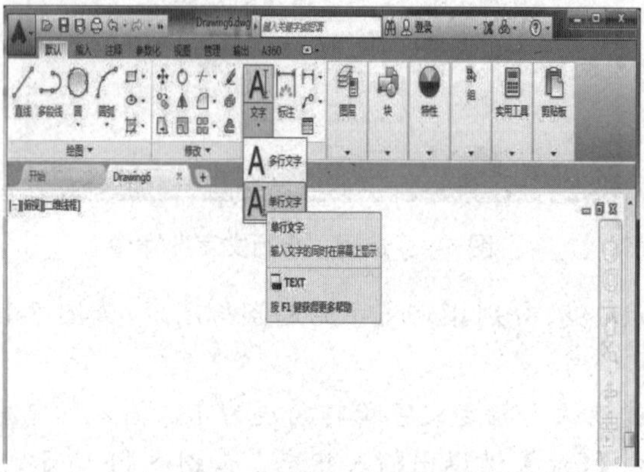

图 5-13　选择“多行文字”命令

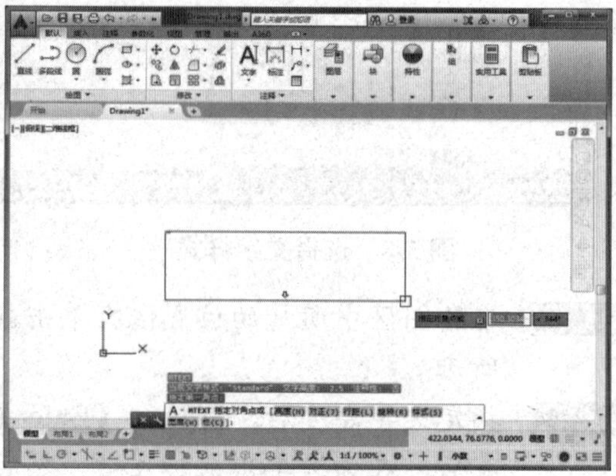

图 5-14　指定两个对角点

Step 03 打开文字编辑器，并新建一个多行文字文本框，在其中输入所需的文字，如图 5-15 所示。

Step 04 选中标题文本，单击“段落”面板中的“居中”按钮，如图 5-16 所示。

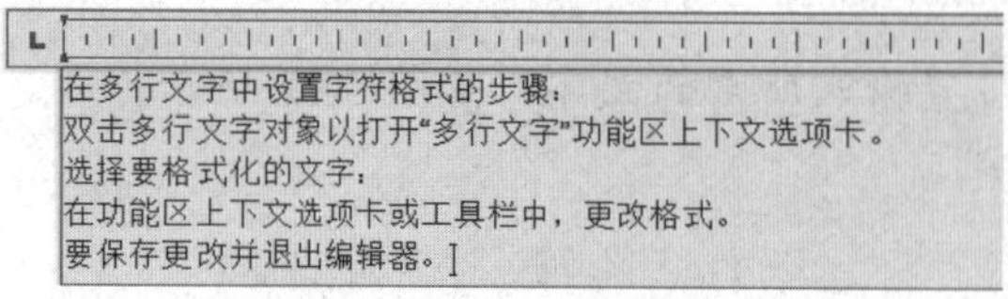

图 5-15　输入文字

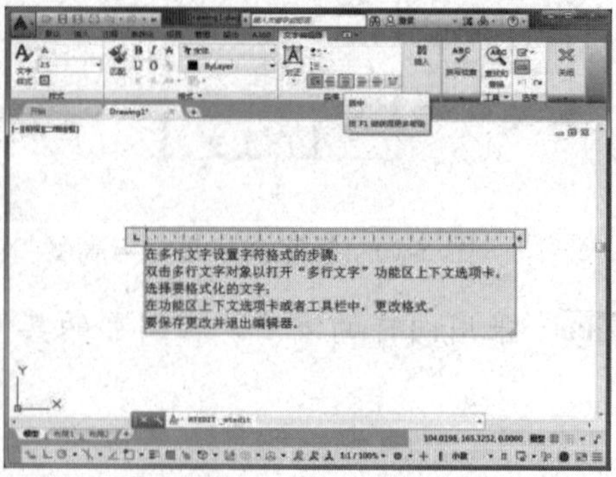

图 5-16　居中文本

Step05 选中段落文本，通过“样式”面板中的“文字高度”下拉列表修改其文字高度，单击“段落”面板中的“行距”下拉按钮，在弹出的下拉列表中选择行距，如图 5-17 所示。

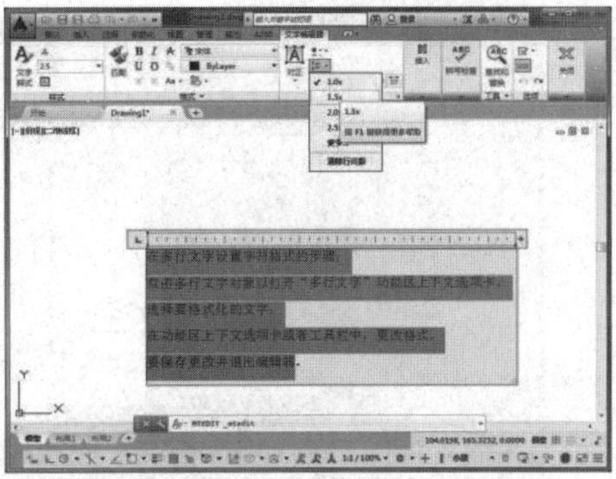

图 5-17　选择行距

Step06 单击“段落”面板中的“项目符号和编号”下拉按钮，在弹出的下拉菜单中选择“以数字标记”命令，从而添加段落标记，如图 5-18 所示。

Step07 单击“关闭”面板中的“关闭文字编辑器”按钮，退出编辑状态，查看最终多行文字效果，如图 5-19 所示。

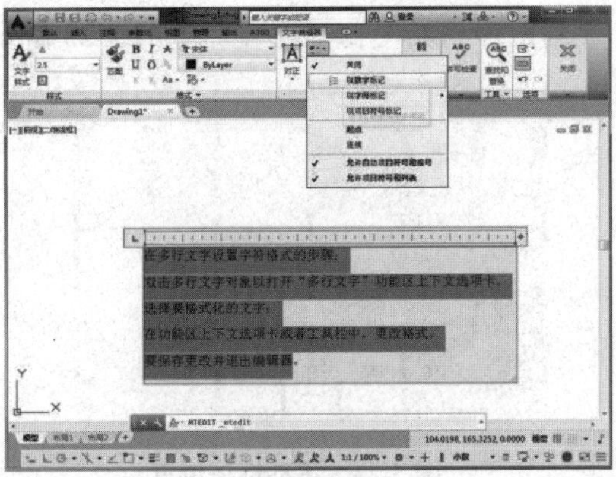

图 5-18　选择“以数字标记”命令

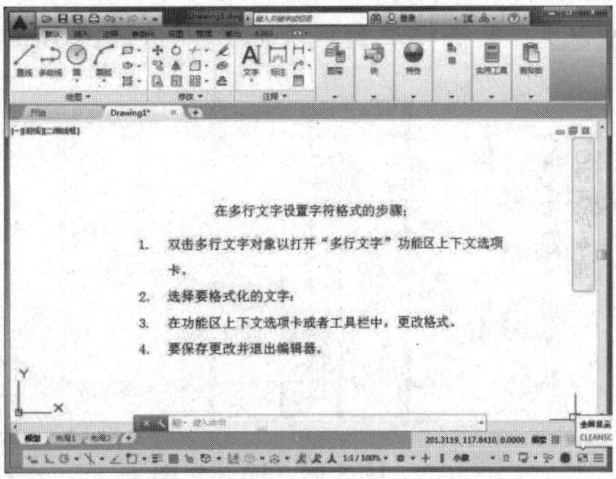

图 5-19　查看多行文字效果

任务 3　编辑文字

任务概述

在创建文字标注后，可以对其内容、特性等进行编辑，如更改文字内容，调整文字位置，更改字体与文字大小等。

任务重点与实施

5.3.1　修改内容

在创建文字标注后，可以对其内容进行修改，具体操作方法如下。

Step01 打开素材文件“修改内容.dwg”，如图 5-20 所示。

Step02 双击图形中的文字标注，显示文本编辑框，如图 5-21 所示。

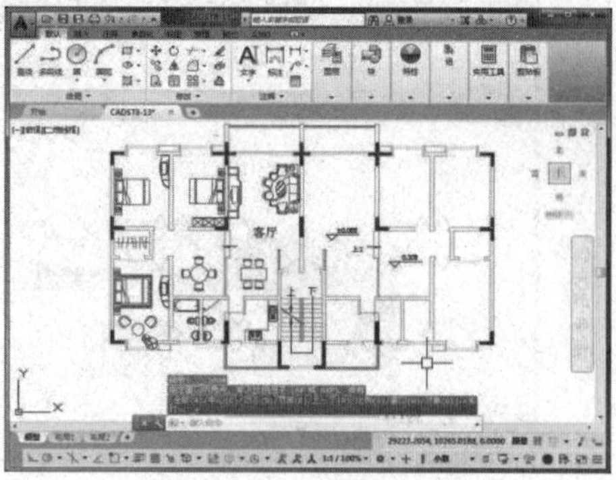

图 5-20　打开素材文件

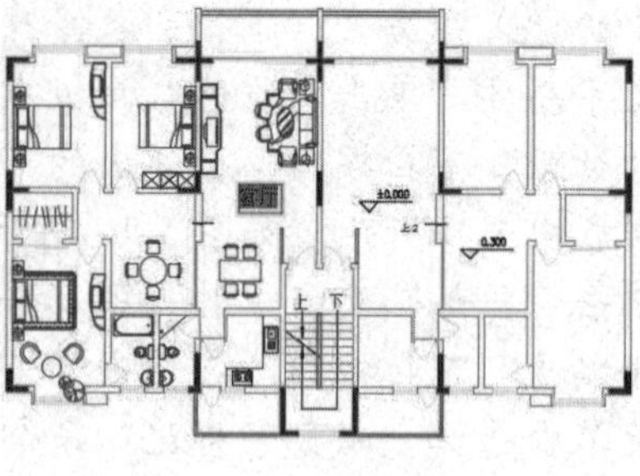

图 5-21　双击文字标注

Step03 输入需要替换的文字，更改原有标注，如图 5-22 所示。

Step04 单击标注出现夹点，单击夹点移动标注到图形的指定位置即可，如图 5-23 所示。

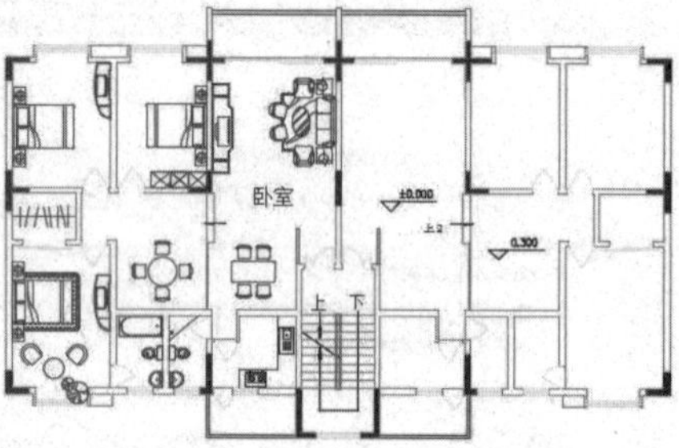

图 5-22　输入文字

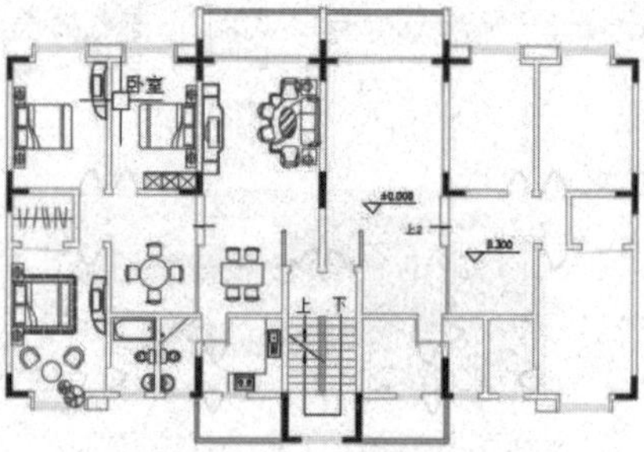

图 5-23　移动标注位置

5.3.2　修改特性

在创建文字标注后，可以对其高度、字体等特性进行修改，具体操作方法如下。

Step01 打开素材文件“修改特性.dwg”，双击绘图区中的标注，显示文本编辑框，如图 5-24 所示。

Step02 选中需要修改特性的文字，如图 5-25 所示。

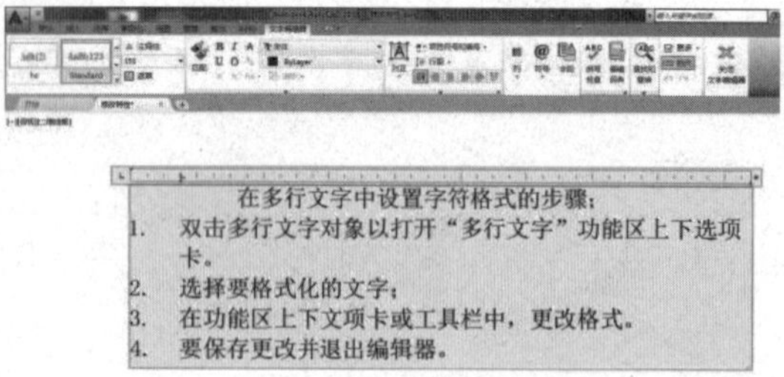

图 5-24　双击标注

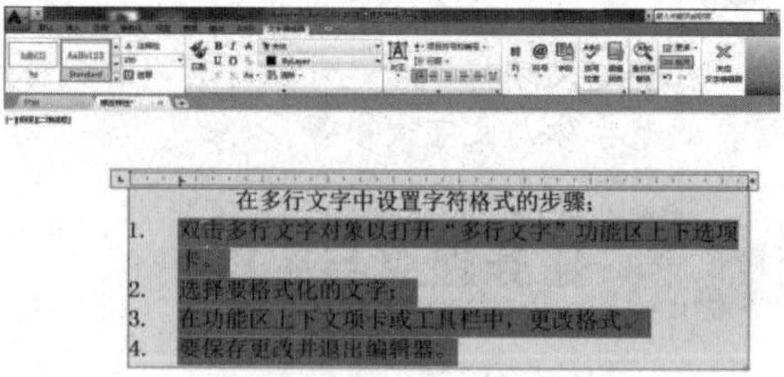

图 5-25　选中文字

Step03 设置合适的文字高度值，如图 5-26 所示。

Step04 单击“字体”下拉按钮，选择合适的字体，如图 5-27 所示。

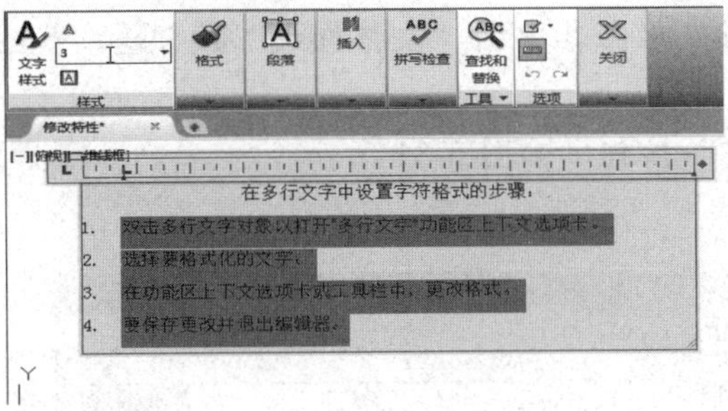

图 5-26　设置高度值

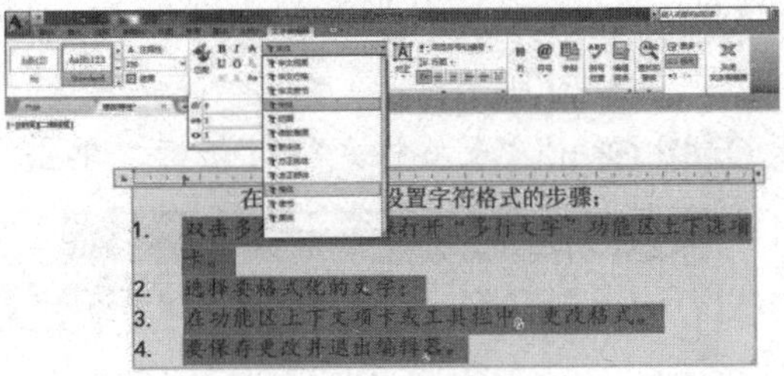

图 5-27　选择字体

Step05 此时，即可查看修改文字特性后的标注效果，如图 5-28 所示。

Step06 如果开启了“快捷特性”功能，可单击文字标注，在弹出的面板中进行相应的设置，如图 5-29 所示。

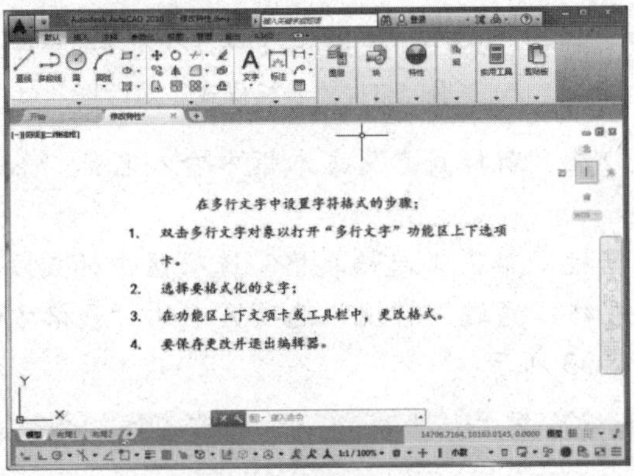

图 5-28　查看标注效果

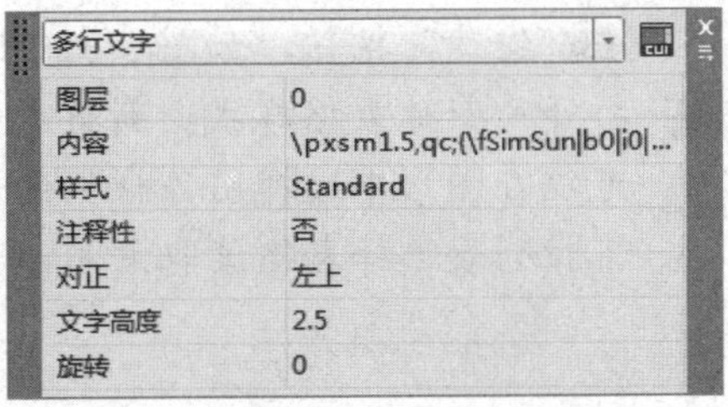

图 5-29　设置文字参数

任务 4　创建与编辑表格

任务概述

表格是在行和列中包含数据的对象。在 AutoCAD 2016 中，可以通过创建表格以简洁、清晰的形式表达图纸的相关信息，如图纸名称、绘图比例与制作单位等。

任务重点与实施

5.4.1　创建表格样式

表格样式用于控制表格的外观，如字体、颜色、文本高度和行距等。用户可以使用默认表格样式 STANDARD，也可以修改或创建自己的表格样式。下面将通过实例对表格样式的创建方法进行介绍，具体操作方法如下。

Step 01 在“默认”选项卡下打开“注释”面板，单击其中的“表格样式”按钮，如图5-30所示。

Step 02 弹出“表格样式”对话框，单击“新建”按钮，如图5-31所示。

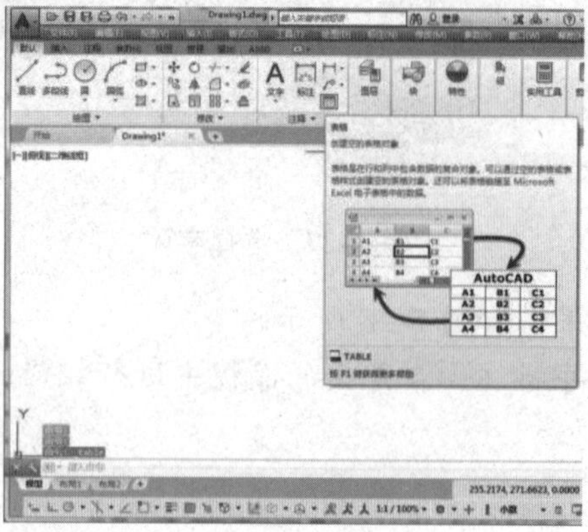

图5-30 单击“表格样式”按钮

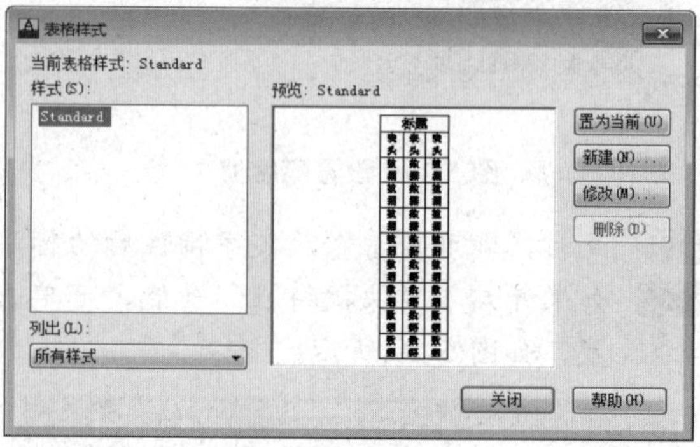

图5-31 “表格样式”对话框

Step 03 弹出“创建新的表格样式”对话框，在“新样式名”文本框中输入名称，然后单击“继续”按钮，如图5-32所示。

Step 04 打开“新建表格样式：新样式”对话框，单击“起始表格”选项区中的按钮，可以在图形中选择用作样例的已有表格，通过“常规”选项区中的“表格方向”下拉列表选择表格读取方向，如图5-33所示。

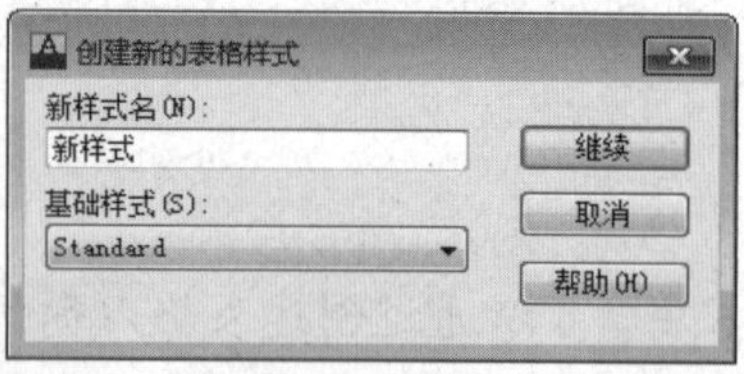

图5-32 “创建新的表格样式”对话框

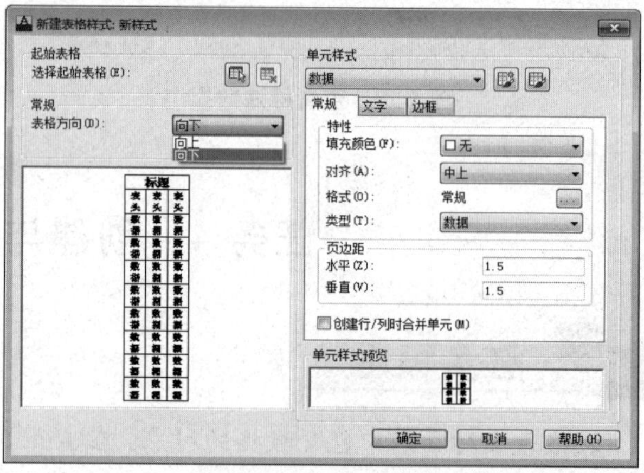

图5-33 “新建表格样式：新样式”对话框

Step 05 通过“单元样式”下拉列表选择要设置的单元样式，可选择默认提供的单元样式，也可新建单元样式，如图5-34所示。

Step 06 在“常规”选项卡下可以对单元样式的常规参数进行设置，如设置其填充颜色、对齐方式与页边距等，如图5-35所示。

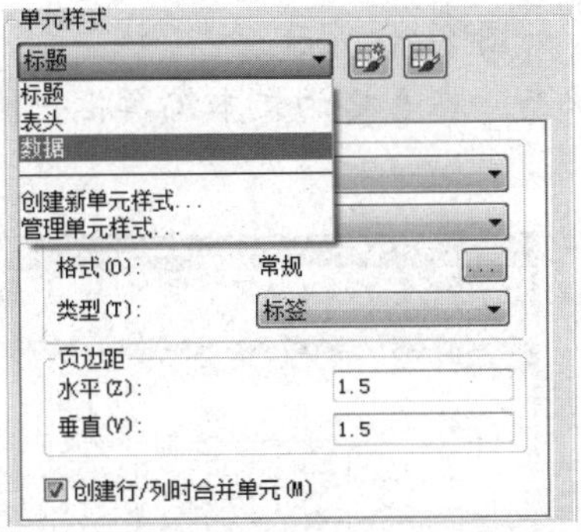

图 5-34　选择单元样式

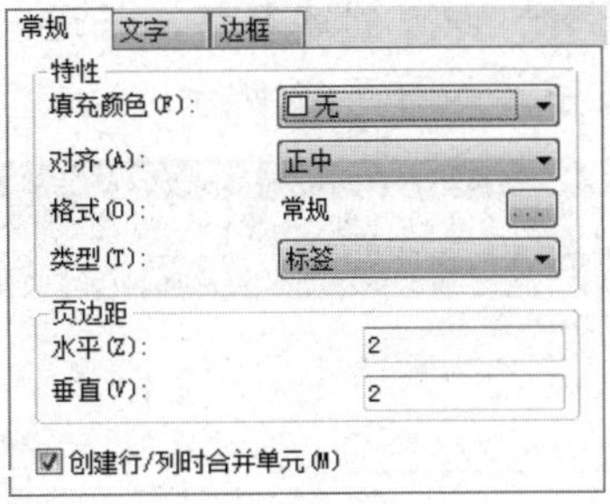

图 5-35　设置常规参数

Step07 选择“文字”选项卡，可以对文字样式、文字高度及文字颜色等进行设置，如图 5-36 所示。

Step08 选择“边框”选项卡，可以对表格边框的线宽、线型等进行设置，设置完毕后单击“确定”按钮即可，如图 5-37 所示。

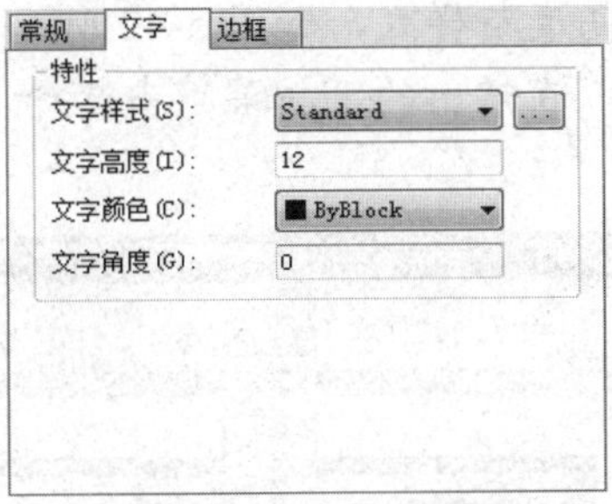

图 5-36　设置文字参数

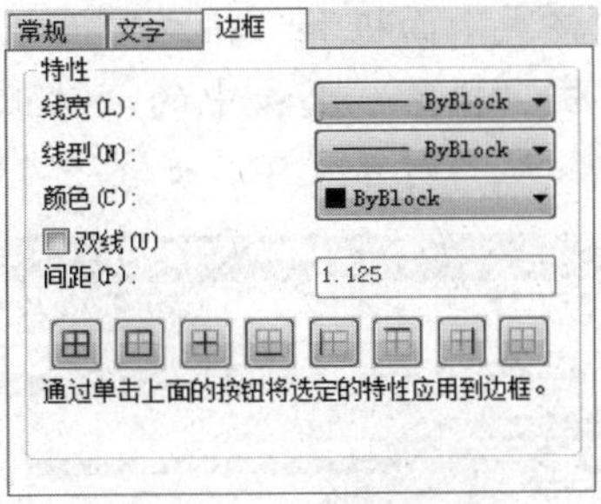

图 5-37　设置边框参数

5.4.2　创建表格

下面将通过实例介绍如何在 AutoCAD 2016 中创建表格，具体操作方法如下。

Step01 在“默认”选项卡下打开“注释”面板，单击“表格”按钮，如图 5-38 所示。

Step02 弹出“插入表格”对话框，在“插入方式”选项区中选择插入表格方式，分别设置列数、行高和单元样式，设置完毕后单击“确定”按钮，如图 5-39 所示。

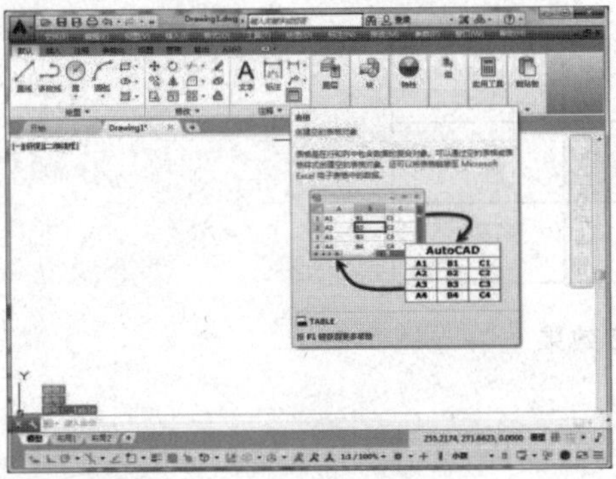

图 5-38　单击“表格”按钮

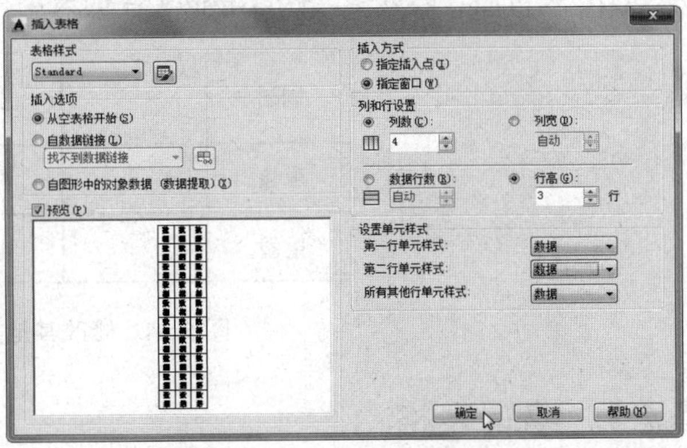

图 5-39　“插入表格”对话框

Step 03 在绘图区中分别指定表格的两个对角点，如图 5-40 所示。

Step 04 此时，即可创建表格，并进入文本编辑状态。在表格的文本编辑框中输入所需的文字，如图 5-41 所示。

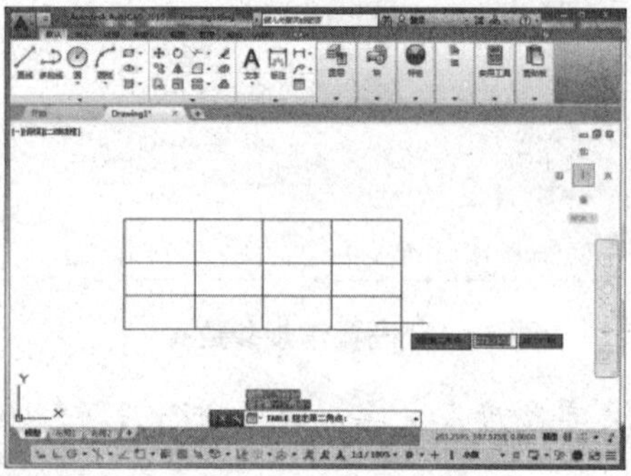

图 5-40　指定两个对角点

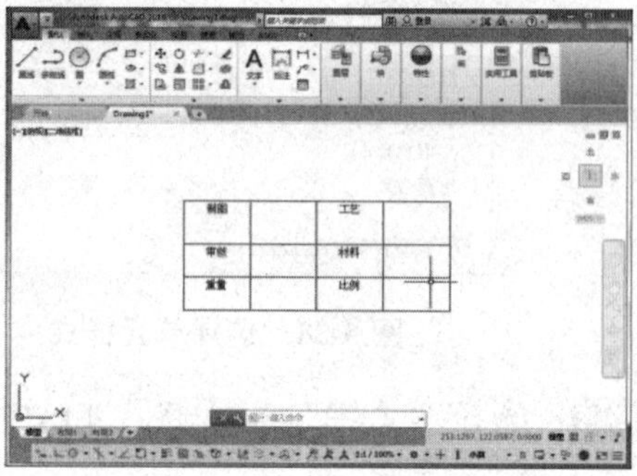

图 5-41　输入文字

Step 05 双击表格中的单元格，打开“文字编辑器”选项卡，选中单元格中的文本，通过“样式”面板和“格式”面板调整文字的高度与样式，如图 5-42 所示。

Step 06 单击“段落”面板中的“对正”下拉按钮，在弹出的下拉菜单中选择“正中”命令，从而对正文字，如图 5-43 所示。

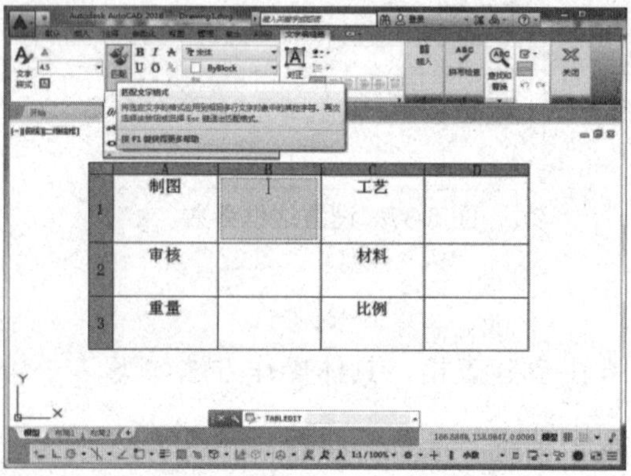

图 5-42　调整文字高度与样式

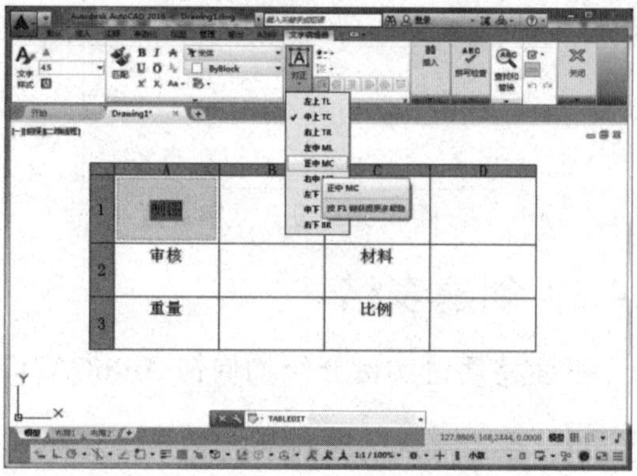

图 5-43　选择“正中”命令

Step 07 采用同样的方法，修改其他文字的大小、格式与对正方式即可，如图 5-44 所示。

制图		工艺	
审核		材料	
重里		比例	

图 5-44　修改其他文字效果

5.4.3　编辑表格

创建表格后，可以调整表格的行高与列宽，还可以添加、删除或合并行与列，改变单元格边框样式等，具体操作方法如下。

Step 01 开启状态栏“快捷特性”工具，单击表格，打开快捷特性面板，即可统一修改表格的宽度和高度，如图 5-45 所示。

Step 02 关闭“快捷特性”工具，选中表格，单击其右上角的夹点，移动光标，可以统一拉伸表格宽度，如图 5-46 所示。

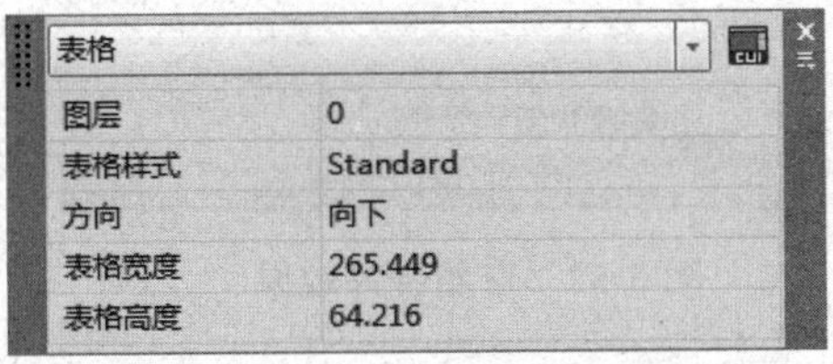

图 5-45　统一修改表格宽度和高度

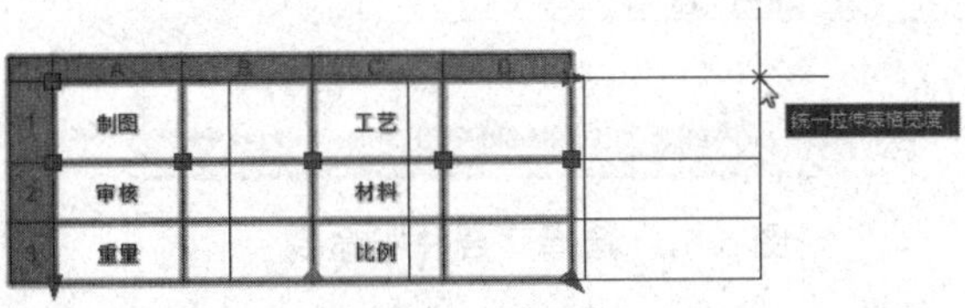

图 5-46　统一拉伸表格宽度

Step 03 单击表格右下角的夹点，移动光标，可统一拉伸表格宽度和高度，如图 5-47 所示。

Step 04 移动表格列两侧夹点的位置，可以更改表格单列的宽度，如图 5-48 所示。

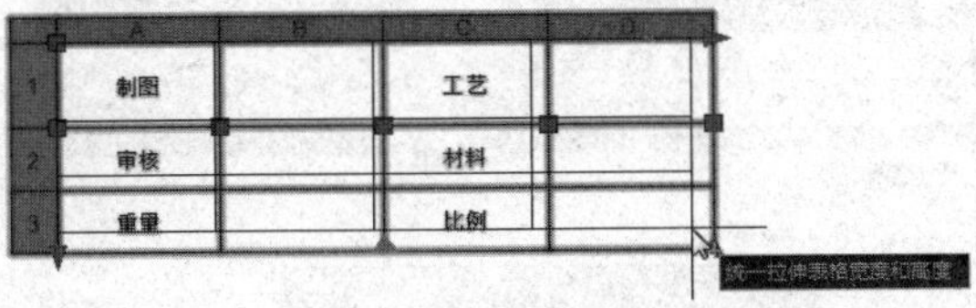

图 5-47　统一拉伸表格宽度和高度

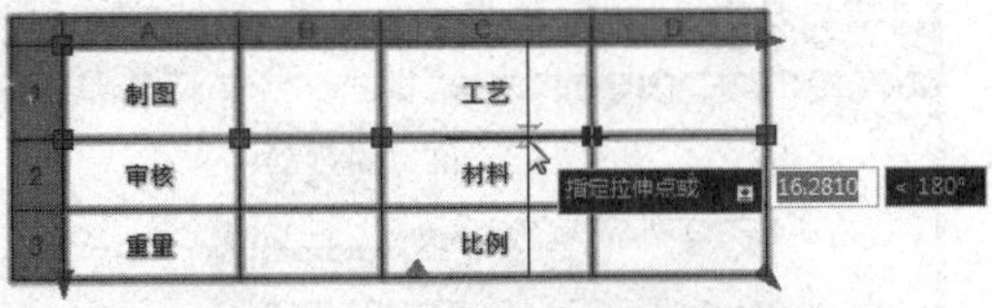

图 5-48　更改表格单列宽度

Step 05 右击表格，通过弹出的快捷菜单可以均匀调整表格的行与列，如图 5-49 所示。

Step 06 单击选择表格中的单元格，切换到“表格单元”选项卡，在“行”面板中单击“从上方插入”按钮，即可在表格中所选单元格的上方插入一行，如图 5-50 所示。

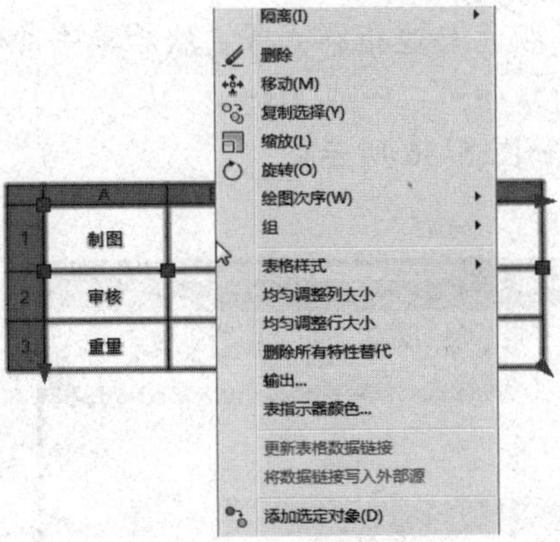

图 5-49　均匀调整表格的行与列

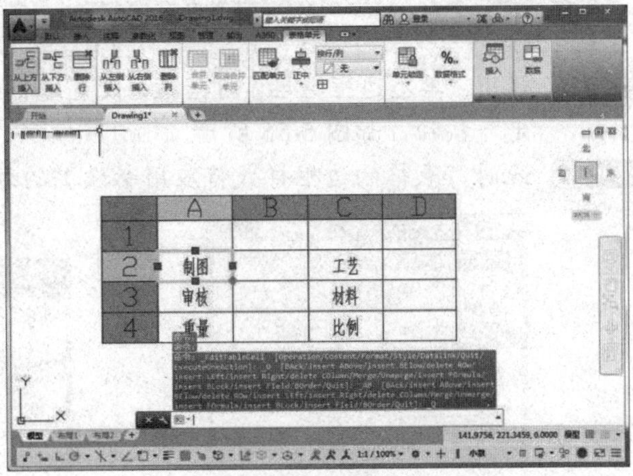

图 5-50　插入行

Step 07 选择表格中需要合并的单元格，单击“合并”面板中的“合并单元”下拉按钮，在弹出的下拉菜单中选择“合并全部”命令，如图 5-51 所示。

Step 08 此时，即可按行合并所选单元格，效果如图 5-52 所示。

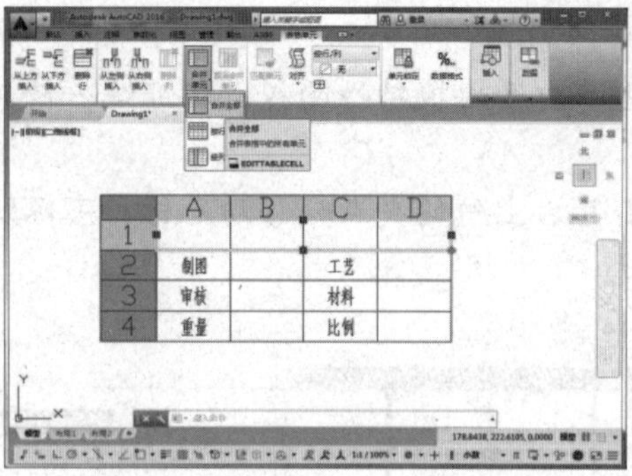

图 5-51　选择“合并”命令

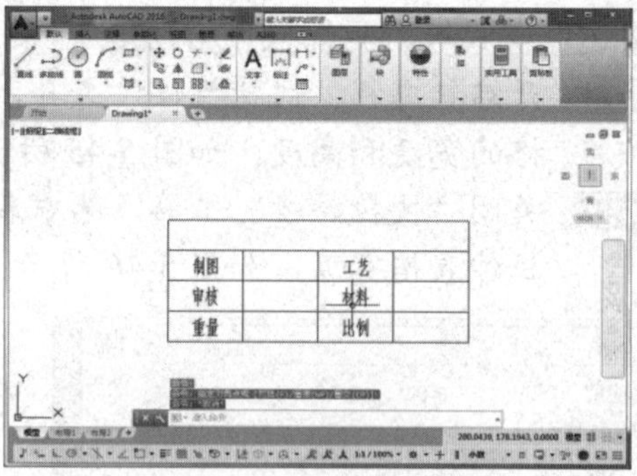

图 5-52　查看合并效果

Step 09 在新插入的单元格中输入所需的文字，然后选择该单元格，在“单元样式”面板中打开填充颜色下拉列表，选择合适的颜色，如图 5-53 所示。

Step 10 此时，所选单元格即可应用所选的背景颜色。选中全部单元格，打开“单元样式”面板，单击“编辑边框”按钮，如图 5-54 所示。

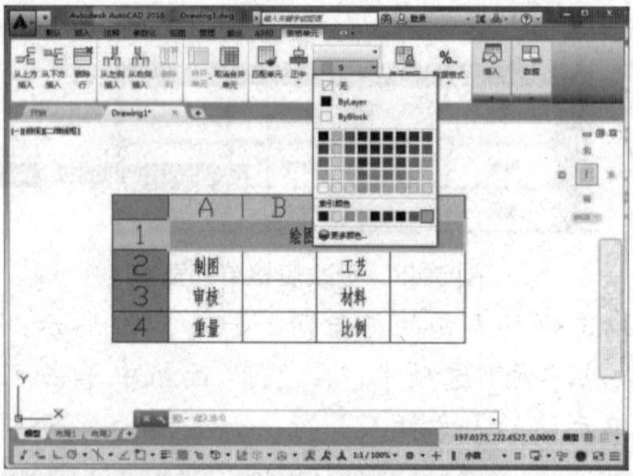

图 5-53　选择颜色

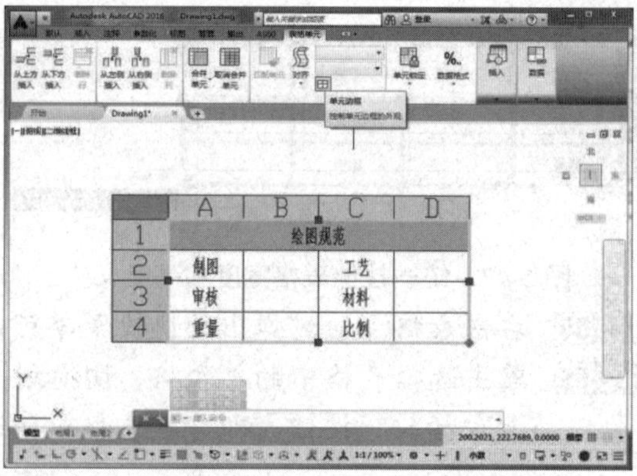

图 5-54　单击“编辑边框”按钮

Step 11 弹出“单元边框特性”对话框，设置边框线宽、颜色与边框样式等，然后单击“确定”按钮，如图 5-55 所示。

Step 12 此时，表格的边框样式将应用新设置的效果，如图 5-56 所示。

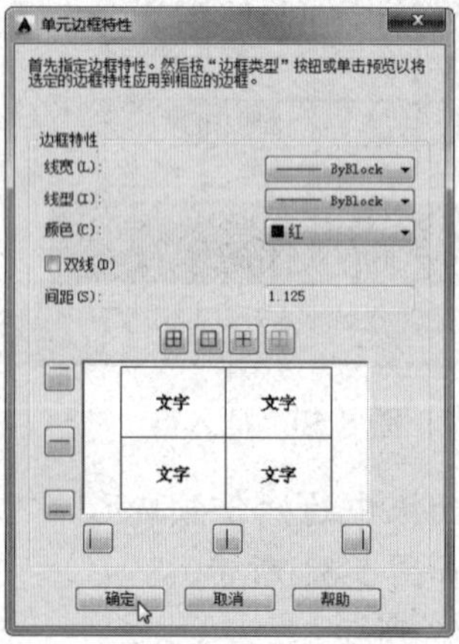

图 5-55　“单元边框特性”对话框

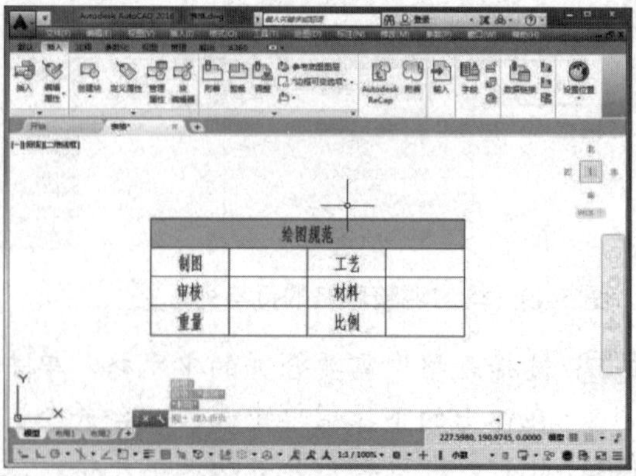

图 5-56　查看边框效果

5.4.4　插入表格

在 AutoCAD 2016 中可以链接 Excel 电子表格中的数据，从而插入现有 Excel 表格，具体操作方法如下。

Step01　在“默认”选项卡下打开“注释”面板，单击“表格”按钮，如图 5-57 所示。

Step02　弹出“插入表格”对话框，在“插入选项”选项区中选中“自数据链接”单选按钮，然后单击“启动‘数据链接管理器’对话框”按钮，如图 5-58 所示。

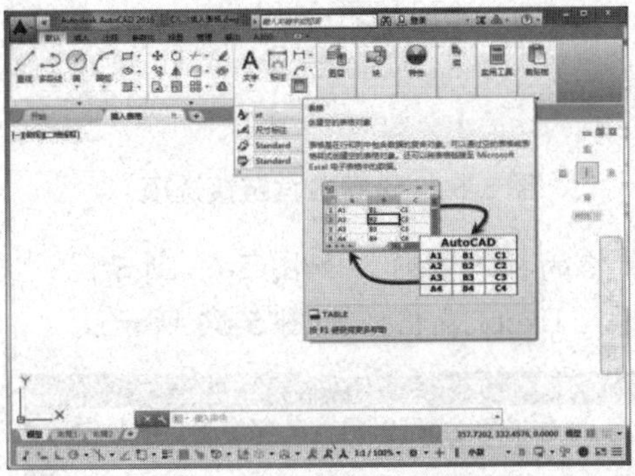

图 5-57　单击“表格”按钮

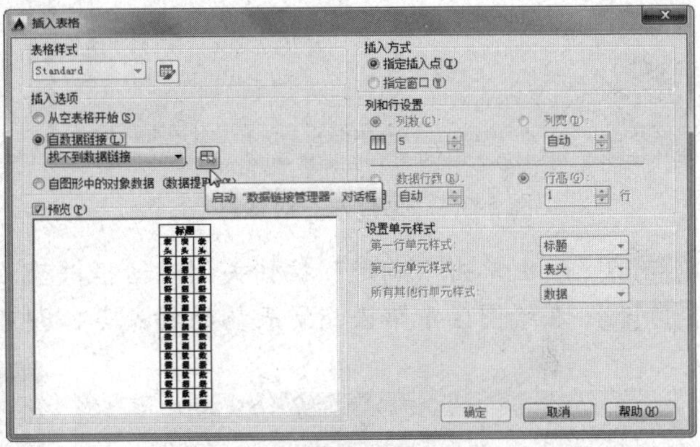

图 5-58　“插入表格”对话框

Step03　弹出“选择数据链接”对话框，在列表框中单击“创建新的 Excel 数据链接”选项，弹出“输入数据链接名称”对话框，输入名称，然后单击“确定”按钮，如图 5-59 所示。

Step04　弹出“新建 Excel 数据链接”对话框，在其中单击“浏览”按钮，如图 5-60 所示。

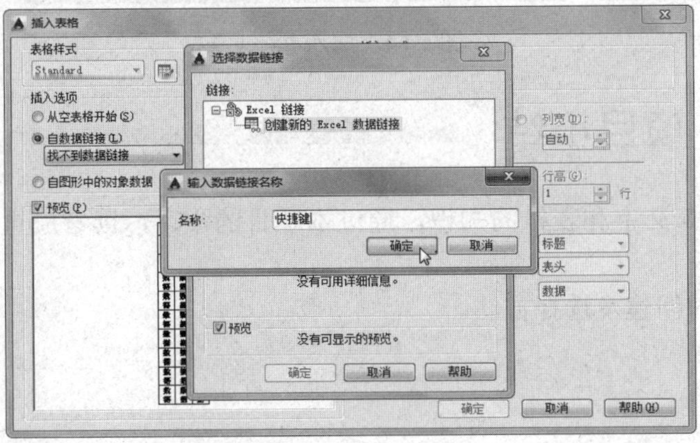

图 5-59　输入数据链接名称

图 5-60　“新建 Excel 数据链接”对话框

Step05　弹出“另存为”对话框，选择 Excel 文件，然后单击“打开”按钮，如图 5-61 所示。

Step06　在“新建 Excel 数据链接”对话框中设置链接范围、单元内容等，然后选中“预览”复选框，可以预览表格内容，设置完毕后单击“确定”按钮，如图 5-62 所示。

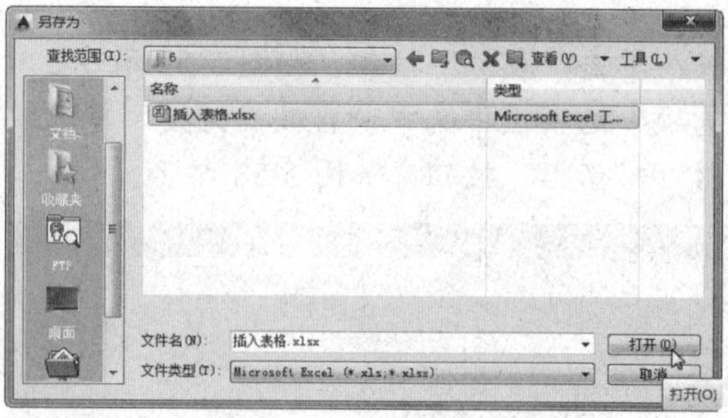

图 5-61 “另存为”对话框

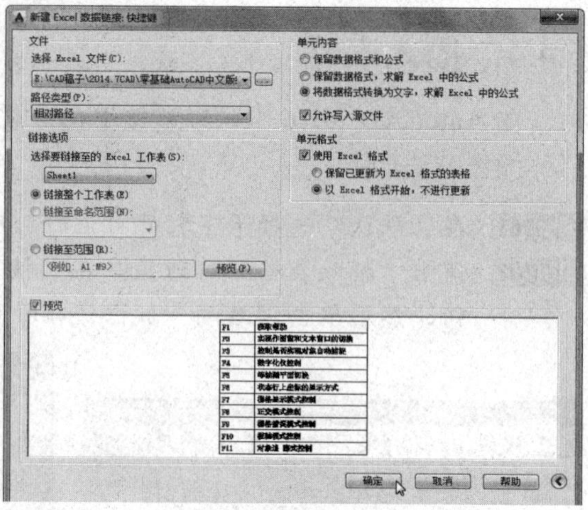

图 5-62 设置数据链接选项

Step 07 依次单击“确定”按钮关闭对话框，确认表格的插入操作，如图 5-63 所示。

Step 08 在绘图区中单击指定表格的插入点，即可插入 Excel 表格，如图 5-64 所示。

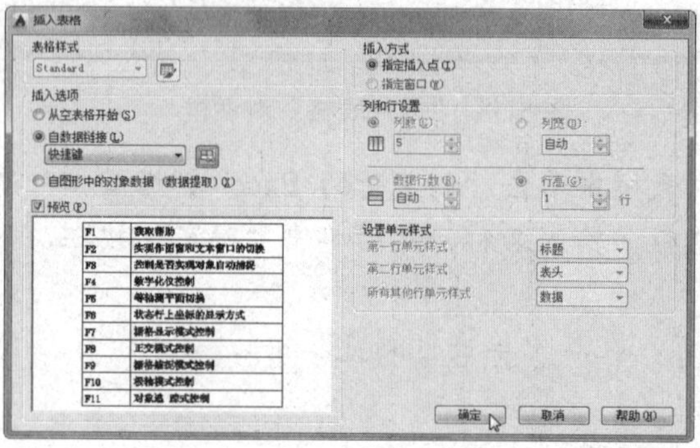

图 5-63 确认设置

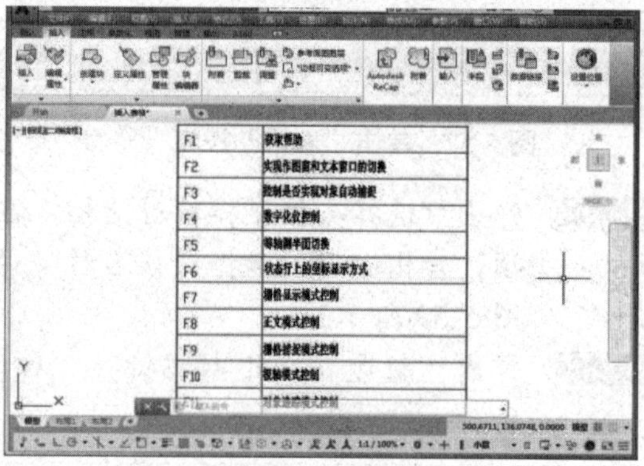

图 5-64 插入 Excel 表格

项目小结

本项目主要介绍了 AutoCAD 2016 文字和表格的知识，通过本项目的学习，读者应重点掌握以下知识。

（1）学会文字样式和表格样式的创建及选择方法。

（2）能够熟练添加与编辑文字。

（3）能够熟练绘制及编辑表格。

项目习题

（1）在文本标注中进行查找与替换文本操作。

操作提示：

双击绘图区中的文本标注，显示文本编辑框，在“文字编辑器”选项卡下“工具”面板中单击“查找和替换”按钮，在弹出的“查找和替换”对话框中的“查找”文本框中输入原文本，在“替换为”文本框中输入要替换的内容，然后单击“全部替换”按钮，即可完成替换操作。

（2）将 Word 文档中的内容插入到 AutoCAD 2016 中。

操作提示：

将 Word 文档中的内容插入到 AutoCAD 2016 中，可使用插入 OLE 对象功能，具体操作方法如下：

① 新建文件，单击“插入”|“OLE 对象”命令，如图 5-65 所示。

② 弹出“插入对象”对话框，在“对象类型”列表框中选择“Microsoft Word 文档”选项，然后单击“确定”按钮，如图 5-66 所示。

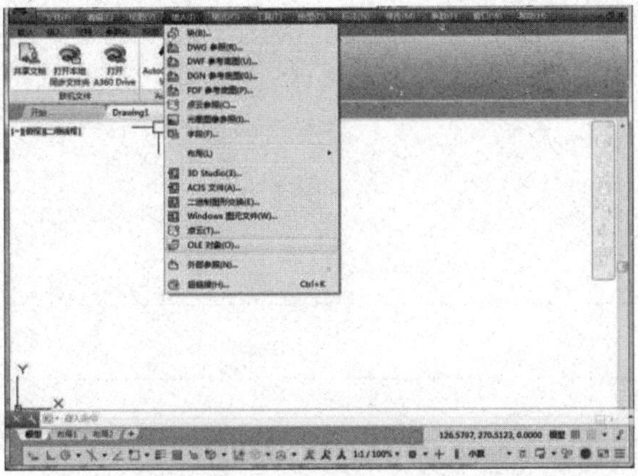

图 5-65　单击“插入”|“OLE 对象”命令

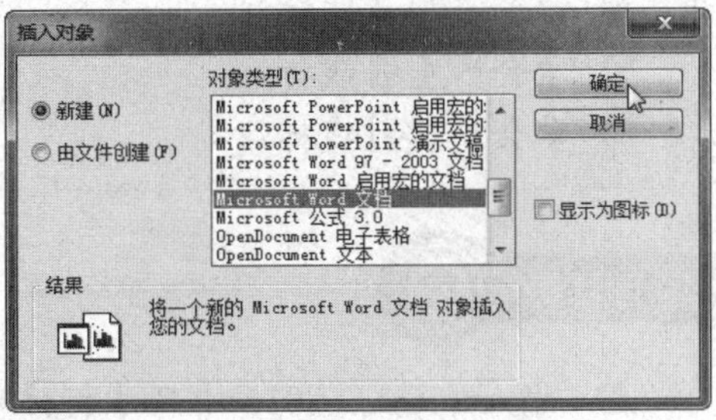

图 5-66　“插入对象”对话框

③ 启动 Word 应用程序，在打开的 Word 软件中输入文本内容并插入图片，如图 5-67 所示。

④ 设置完成后，关闭 Word 应用程序，此时在 CAD 绘图区中会显示相应的操作内容，如图 5-68 所示。

图 5-67　输入内容并插入图片

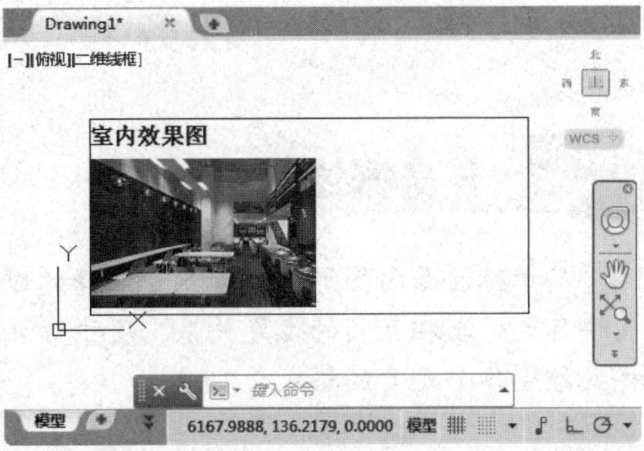

图 5-68　查看显示效果

项目 6　尺寸标注的应用

项目概览

尺寸标注是向图纸中添加的测量注释，它是完整的设计图纸中不可缺少的部分。尺寸标注可以精确地反映图形对象各部分的大小及相关信息等，可根据尺寸标注指导施工。但在对图纸进行尺寸标注和文字注释之前，需要对其进行设置，以符合相关的行业规范，在本项目中将详细介绍尺寸标注的添加及其编辑方法。

项目重点

- 认识尺寸标注。
- 学会添加尺寸标注
- 学会多重引线标注。
- 学会创建引线标注。

项目目标

- 对 AutoCAD 2016 中尺寸标注和引线标注有基本的了解。
- 熟练掌握各种尺寸标注及引线标注的创建方法。

任务 1　认识尺寸标注

任务概述

尺寸标注是向图形中添加测量注释的过程。向图形添加尺寸标注，可以真实而准确地反映其大小与相互间的位置关系。尺寸标注由多个元素组成，用户可以通过修改尺寸标注样式控制各个元素的格式与外观。

任务重点与实施

6.1.1　尺寸标注的组成元素

尺寸标注是建筑制图与机械制图中重要的组成部分，主要用于表达图形的尺寸大小和位置关系，如图 6-1 所示。其主要由标注文字、尺寸线、尺寸延伸线和箭头等元素组成，如图 6-2 所示。

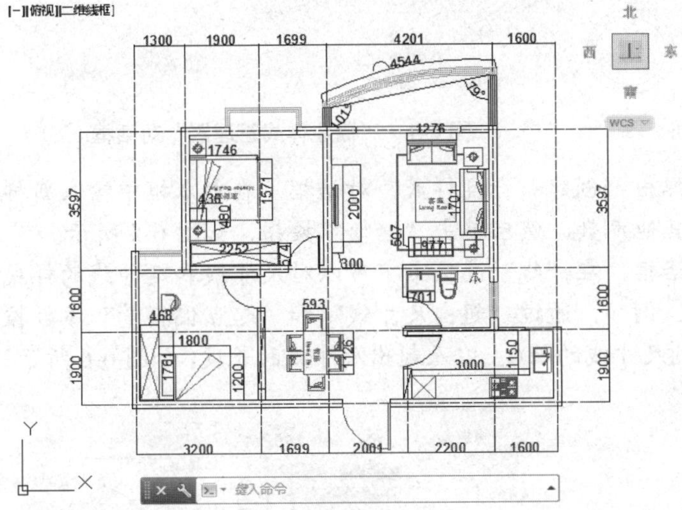

图 6-1　户型图

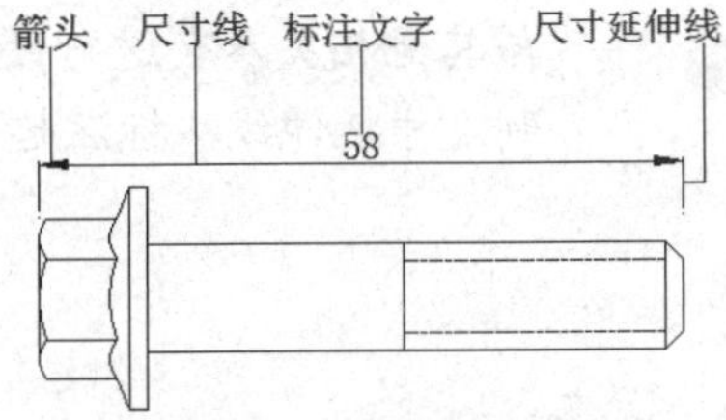

图 6-2　尺寸组成元素

- **标注文字：** 通常位于尺寸线的上方或中断处，用于表示特定对象的尺寸大小。在进行尺寸标注时，AutoCAD 会自动生成标注对象的尺寸值，也可以对所标注的值进行修改。
- **尺寸线：** 通常是与所标注对象平行的直线，用于指示标注的方向和范围。但进行角度标注时，尺寸线是一段圆弧。
- **箭头：** 位于尺寸线的两端，用于表明尺寸线的起始位置与终止位置。用户可以为箭头指定不同的尺寸和形状样式。
- **尺寸延伸线：** 也称为投影线，从标注对象延伸到尺寸线，一般与尺寸线保持垂直，但在某些情况下也可以使尺寸界线倾斜。

6.1.2　新建尺寸标注样式

用户可以基于默认的尺寸标注样式进行适当修改，也可以新建自己的尺寸标注样式，具体操作方法如下。

Step 01　打开“注释”面板，单击其中的“标注样式”按钮，如图 6-3 所示。

Step 02　弹出“标注样式管理器”对话框，在左侧“样式”列表框中选择默认标注样式，单击“修改”按钮对其进行修改，也可直接单击“新建”按钮，如图 6-4 所示。

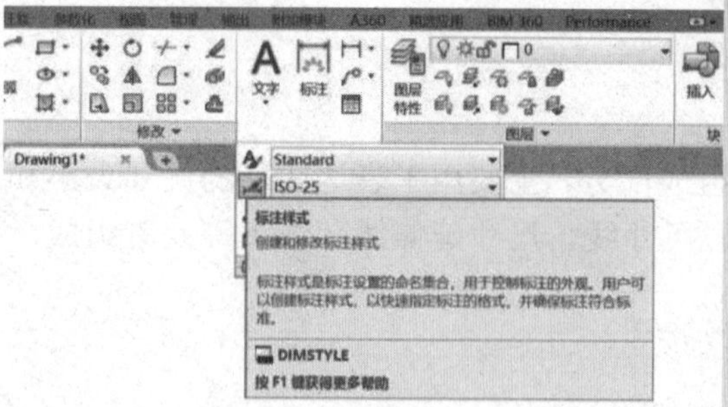

图 6-3 单击“标注样式”按钮

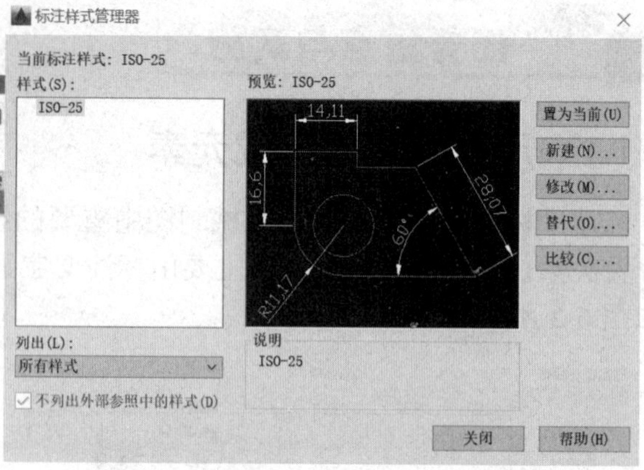

图 6-4 “标注样式管理器”对话框

Step 03 若单击“新建”按钮，将弹出“创建新标注样式”对话框。在文本框中输入新样式名称，指定基础样式及其他参数，然后单击“继续”按钮，如图 6-5 所示。

Step 04 弹出“新建标注样式”对话框，在“线”选项卡下可以对尺寸线和延伸线的样式与其他相关参数进行设置。例如，通过“超出尺寸线”和“起点偏移量”参数控制尺寸延伸线从标注起点到尺寸线的长度，以及超出尺寸线的长度，如图 6-6 所示。

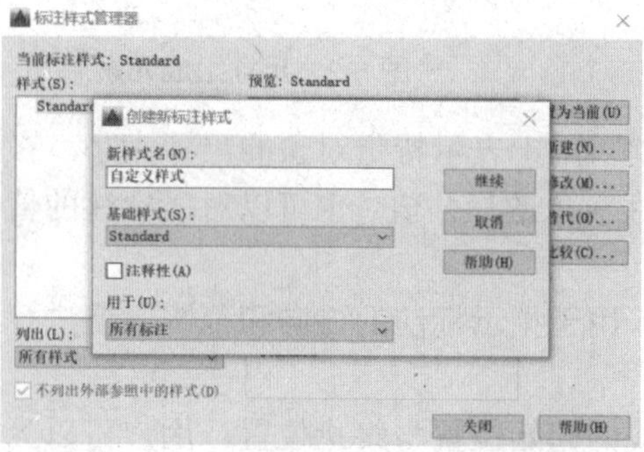

图 6-5 “创建新标注样式”对话框

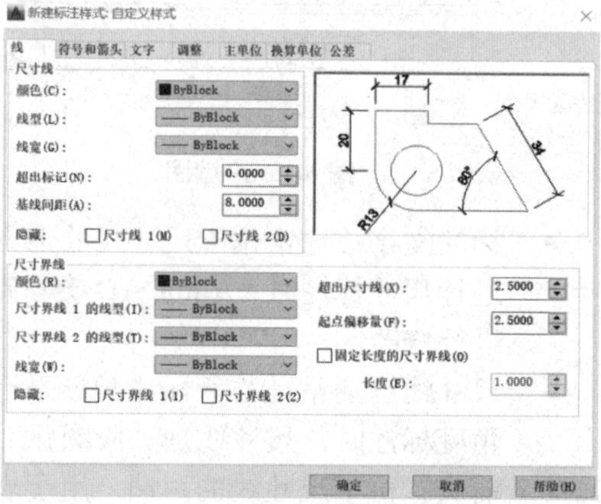

图 6-6 “新建标注样式”对话框

Step 05 选择“符号和箭头”选项卡，可以对箭头样式、圆心标记、折弯标注等参数进行设置。例如，设置箭头的样式为建筑标记样式，以便进行建筑图的尺寸标注，如图 6-7 所示。

Step 06 选择“文字”选项卡，可以对文字外观、文字位置与对齐方式等参数进行设置。例如，通过“文字对齐”选项区中的选项设置文字保持与尺寸线对齐，如图 6-8 所示。

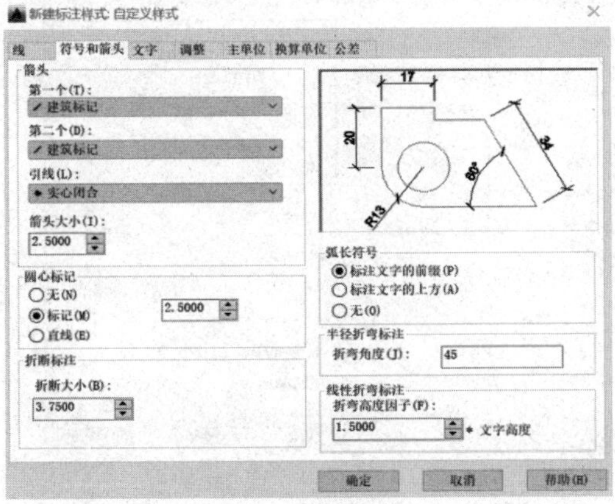

图 6-7　“符号和箭头”选项卡

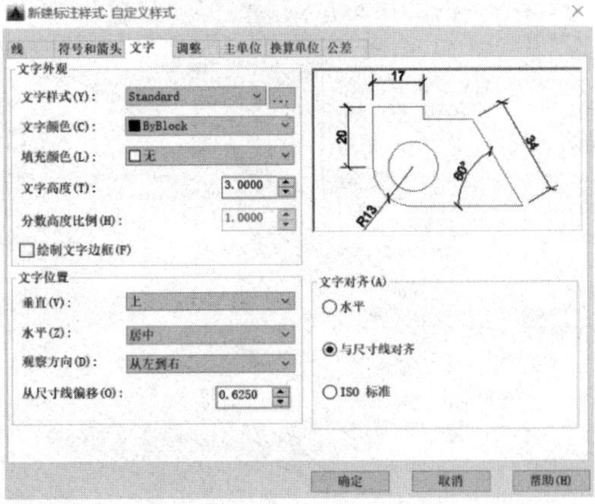

图 6-8　“文字”选项卡

Step 07　选择“调整”选项卡，可以对尺寸标注中文字、箭头等元素的调整模式进行设置。例如，选中“手动放置文字”复选框，当尺寸界线之间没有足够空间放置文字时，可手动将其放置到其他位置，如图 6-9 所示。

Step 08　选择“主单位”选项卡，可以对标注的单位、精度和比例因子等参数进行设置。例如，通过“精度”下拉列表设置不同的尺寸标注精度，如图 6-10 所示。

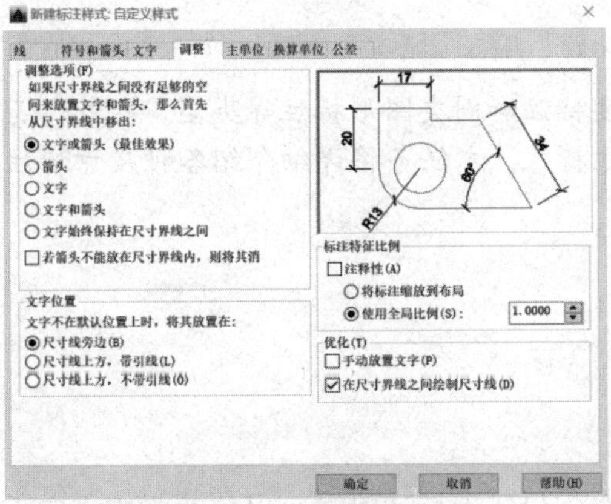

图 6-9　“调整”选项卡

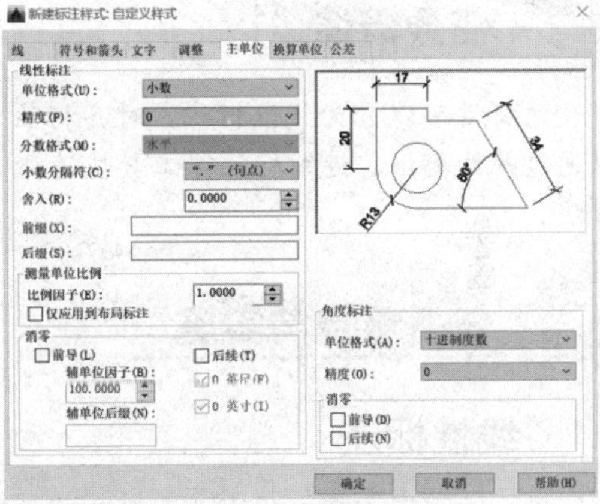

图 6-10　“主单位”选项卡

Step 09　选择“换算单位”选项卡，可以选中“显示换算单位”复选框，启用指定格式的换算单位，如图 6-11 所示。

Step 10　选择“公差”选项卡，可以设置公差格式与对齐方式等参数，设置完毕后单击“确定”按钮即可，如图 6-12 所示。

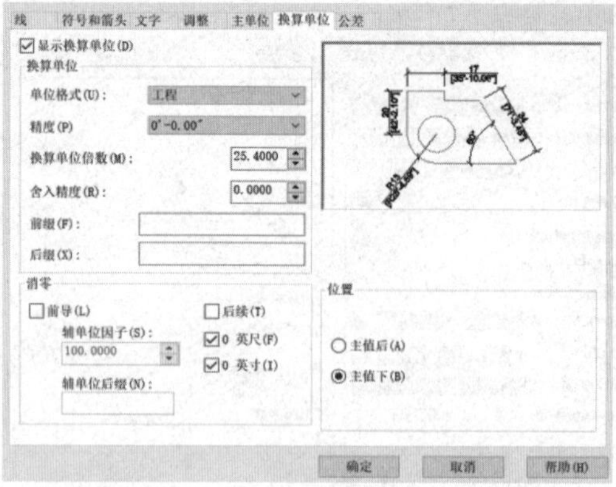

图 6-11 “换算单位”选项卡

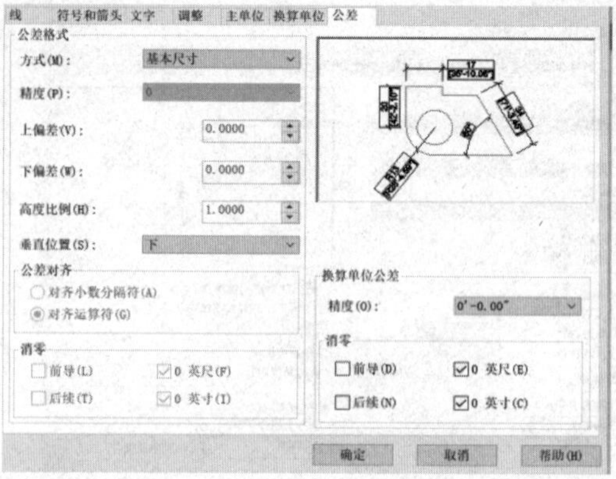

图 6-12 “公差”选项卡

任务 2 尺寸标注

任务概述

尺寸标注可以分为线性标注、对齐标注、角度标注和圆类图形标注等类型。此外，还可以通过基线标注、连续标注等工具快速进行尺寸标注。本任务将详细介绍各种尺寸标注的方法。

任务重点与实施

6.2.1 线性标注

线性标注可以水平、垂直或对齐方式放置。在创建线性标注时，可以修改文字内容、文字角度或尺寸线的角度，可以仅使用指定的位置或对象的水平或垂直部分来创建标注，程序将根据指定的尺寸延伸线原点或选择对象的位置自动应用水平或垂直标注；也可以将标注指定为水平或垂直标注。

下面将通过实例对线性标注的创建方法进行介绍，具体操作方法如下。

Step 01 打开 2012 试题汇编素材文件“CADST6-11.DWG”，单击“注释”面板中的“线性”按钮，如图 6-13 所示。

Step 02 指定门上方的顶点为第一条延伸线的原点，如图 6-14 所示。

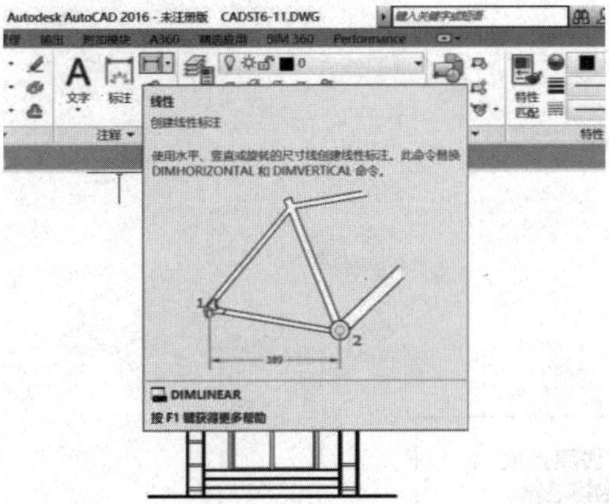

图 6-13　单击“线性”按钮

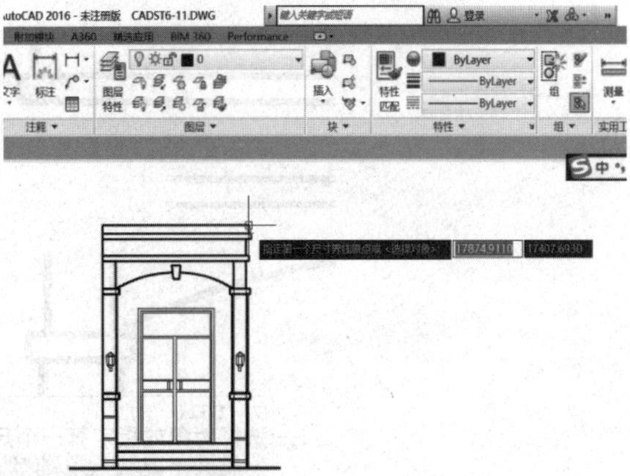

图 6-14　指定第一条延伸线原点

Step03 指定下方的顶点为第二条延伸线的原点，如图 6-15 所示。

Step04 移动光标，在合适的位置指定尺寸线位置，系统会根据指定的尺寸延伸线原点自动应用垂直标注，如图 6-16 所示。

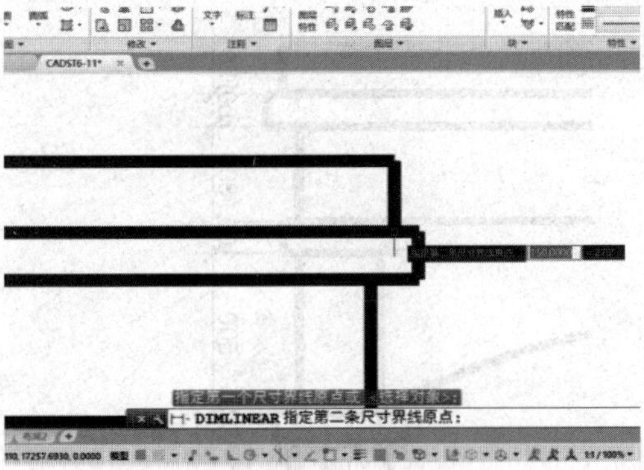

图 6-15　指定第二条延伸线原点

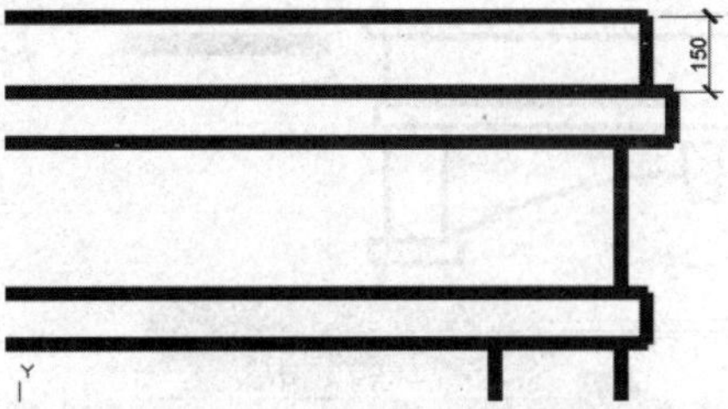

图 6-16　指定尺寸线位置

6.2.2　连续标注

通过“连续”工具可以基于现有尺寸标注的延伸线快速创建连续标注，具体操作方法如下。

Step01 在上述素材文件，执行“线性”命令后，继续创建连续标注。

Step02 选择“注释”选项卡，单击标注按钮，选择命令行中的连续（C），在命令行中输入 C，如图 6-17 所示。

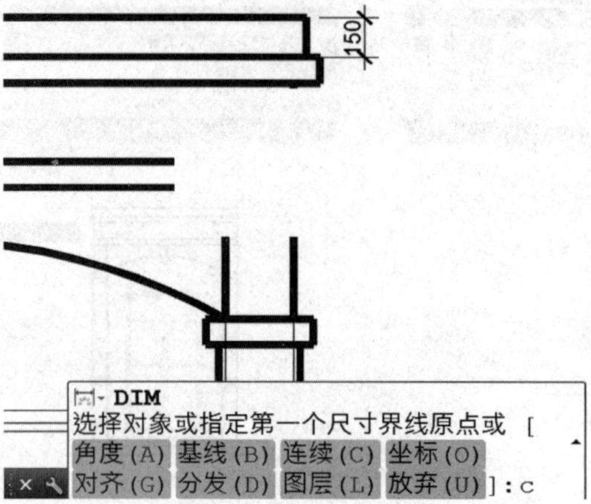

图 6-17 命令行中输入 C

Step 03 通过端点对象捕捉指定连续标注第一条延伸线的原点，如图 6-18 所示。

Step 04 选择连续标注的第二个原点完成第二段标注。采用同样的方法，依次捕捉其他端点，从而创建连续标注，如图 6-19 所示。

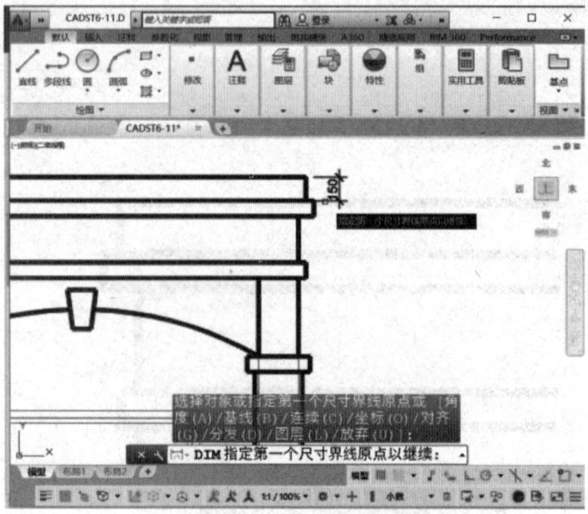

图 6-18 指定延伸线原点

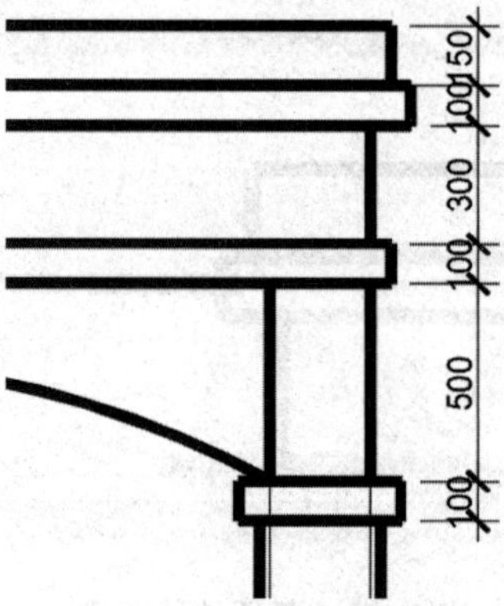

图 6-19 创建连续标注

6.2.3 基线标注

通过“基线”工具可以基于现有尺寸标注的尺寸界限起点快速创建第二层基线标注，具体操作方法如下。

Step 01 在上述素材文件，标注完第一层尺寸后，继续创建基线标注。

Step 02 选择“注释”选项卡，单击标注按钮，选择命令行中的基线（B），在命令行中输入 B，如图 6-20 所示。

Step 03 选择作为基线标注的第一个尺寸界限原点，如图 6-21 所示。

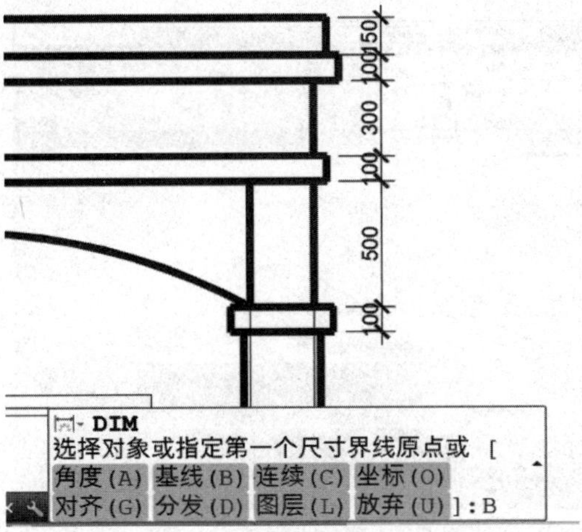

图 6-20　命令行中输入 B

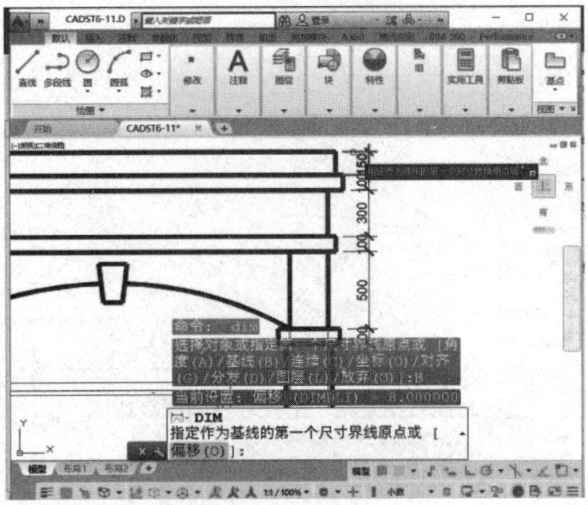

图 6-21 指定尺寸界限原点

Step 04 选择基线标注的第二个尺寸界限原点单击完成标注，如图 6-22 所示。

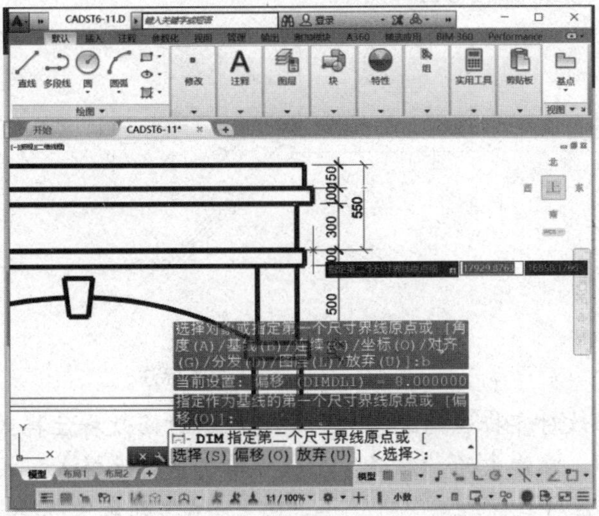

图 6-22　创建基线标注

6.2.4　对齐标注

通过“对齐”工具可以创建与指定位置或对象平行的标注。在对齐标注中，尺寸线平行于尺寸延伸线原点连成的直线。下面对如何创建对齐标注进行介绍，具体操作方法如下。

Step 01 打开 2012 试题汇编素材文件“CADST6-13.DWG”，选择“注释”选项卡，单击标注按钮，选择命令行中的对齐（G），在命令行中输入 G，如图 6-23 所示。

Step 02 指定标注起点，如图 6-24 所示。

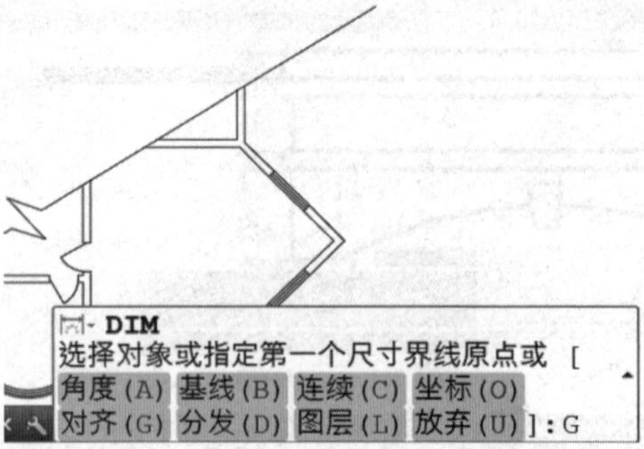

图 6-23 选择“对齐”命令

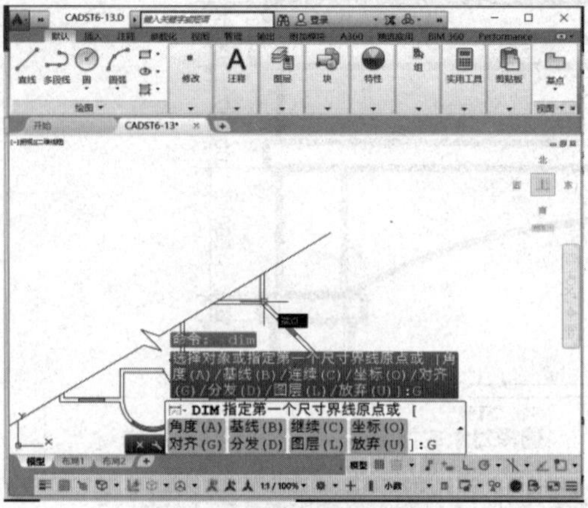

图 6-24 指定第一条延伸线原点

Step 03 指定第二个尺寸标注端点，移动光标，指定对齐标注的尺寸线位置，即可在指定位置创建对齐标注，如图 6-25 所示。

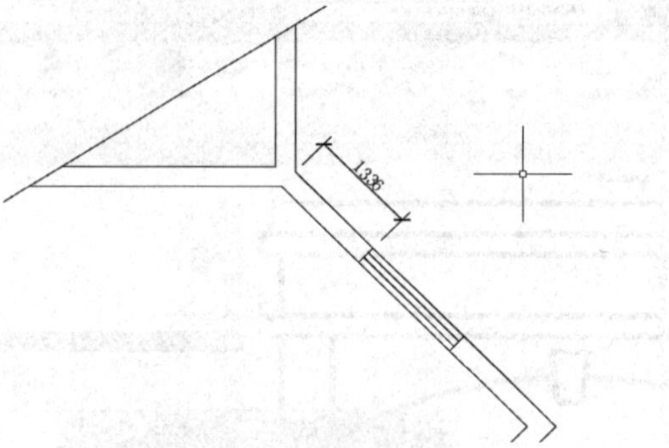

图 6-25 创建对齐标注

Step 04 若希望修改对齐标注的文字方向，可以通过修改标注样式来实现。单击“注释”下拉按钮，在弹出的“注释”面板中单击“标注样式”按钮，如图 6-26 所示。

Step 05 弹出“标注样式管理器”对话框，在“样式”列表中选择一种样式，然后单击“修改”按钮，如图 6-27 所示。

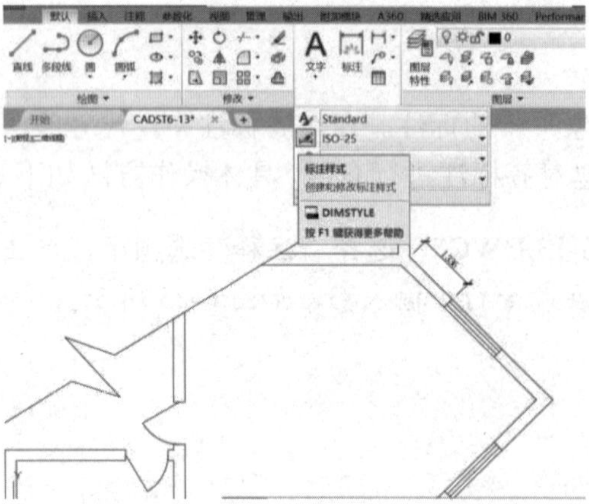

图 6-26 单击“标注，标注样式”按钮

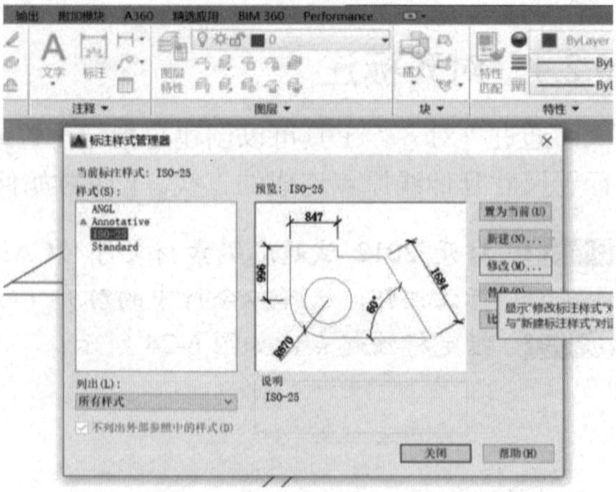

图 6-27 “标注样式管理器”对话框

Step06 弹出“修改标注样式”对话框，选择“文字”选项卡，在“文字对齐”选项区中选中“水平”单选按钮，然后单击“确定”按钮，如图 6-28 所示。

Step07 此时，即可查看更改文字对齐方式后的对齐标注，如图 6-29 所示。

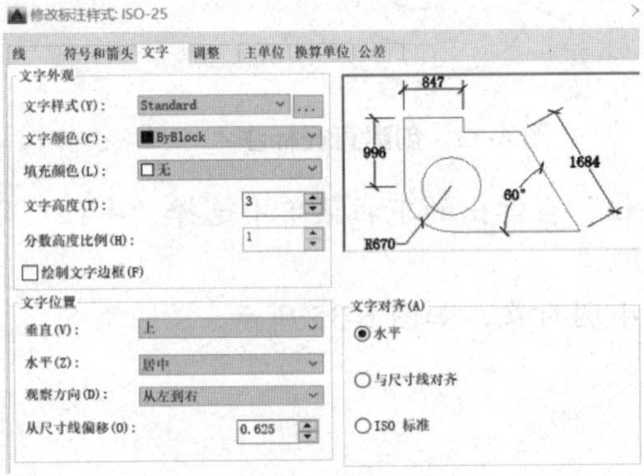

图 6-28　“修改标注样式”对话框

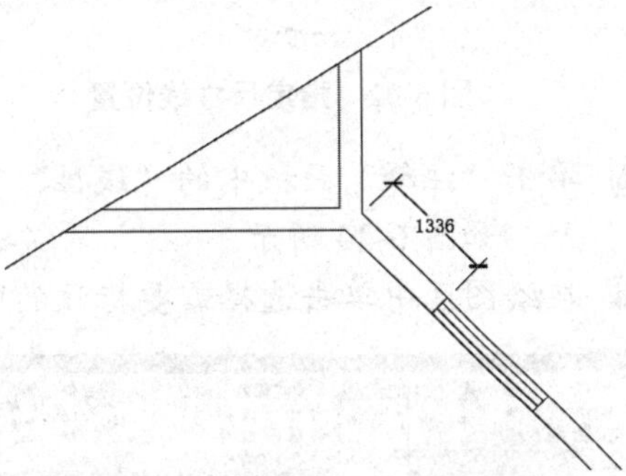

图 6-29　查看标注效果

6.2.5　直径、半径与圆弧标注

通过“半径”工具、“直径”工具和“弧长”工具可以对圆或圆弧等图形添加尺寸标注，具体操作方法如下。

Step01 单击“注释”面板中的“线性”下拉按钮，在弹出的下拉菜单中选择“直径”命令，如图 6-30 所示。

Step02 在绘图区中单击选择需要标注的大圆对象，如图 6-31 所示。

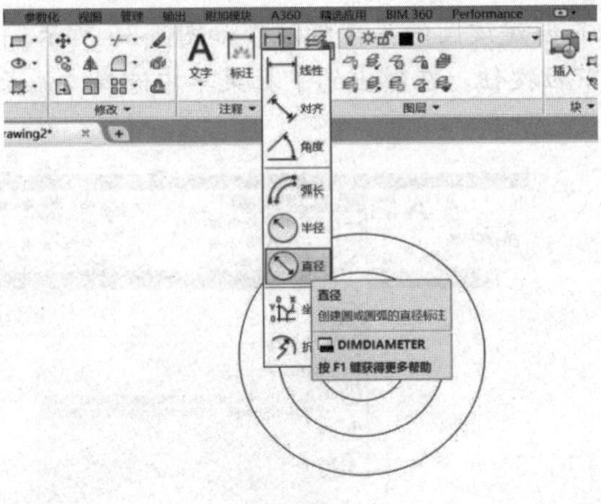

图 6-30　选择“直径”命令

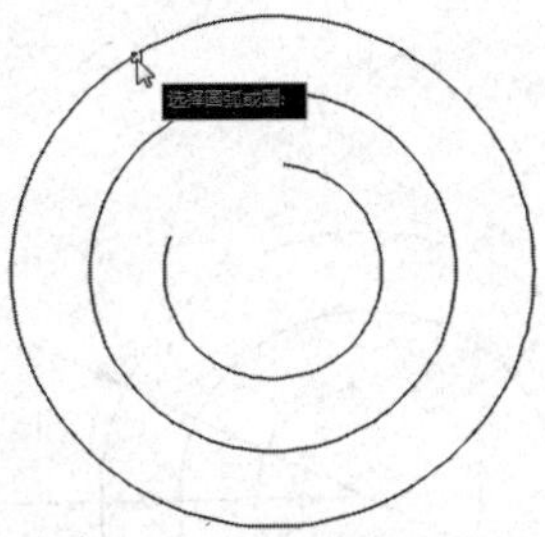

图 6-31　选择大圆对象

Step03 移动光标到合适位置，指定尺寸线的位置，如图 6-32 所示。

Step04 此时，即可在指定位置创建该圆的直径标注，如图 6-33 所示。

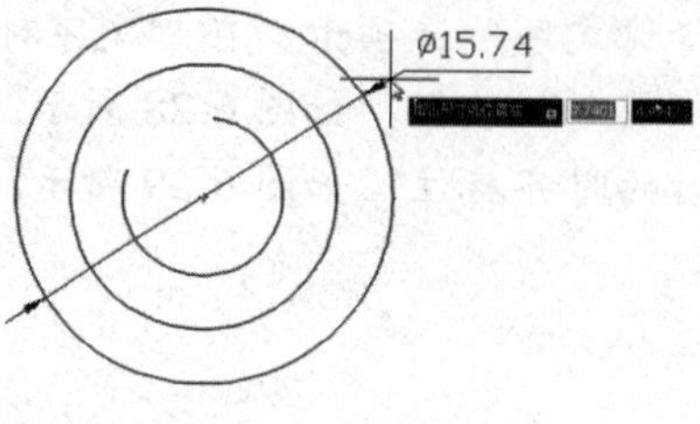

图 6-32　指定尺寸线位置

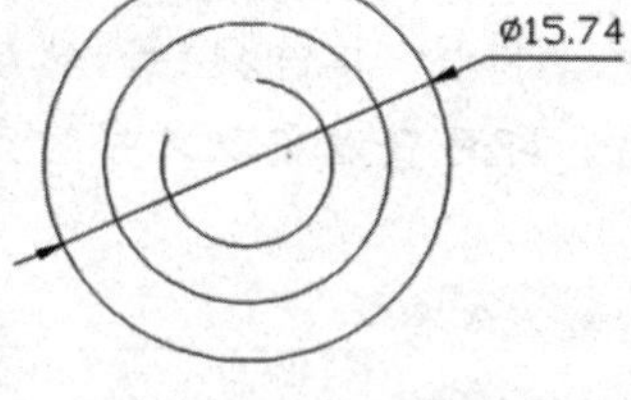

图 6-33　创建直径标注

Step05 单击“注释”面板中的“线性”下拉按钮，在弹出的下拉菜单中选择“半径”命令，如图 6-34 所示。

Step06 在绘图区中单击选择需要标注的中间的小圆对象，如图 6-35 所示。

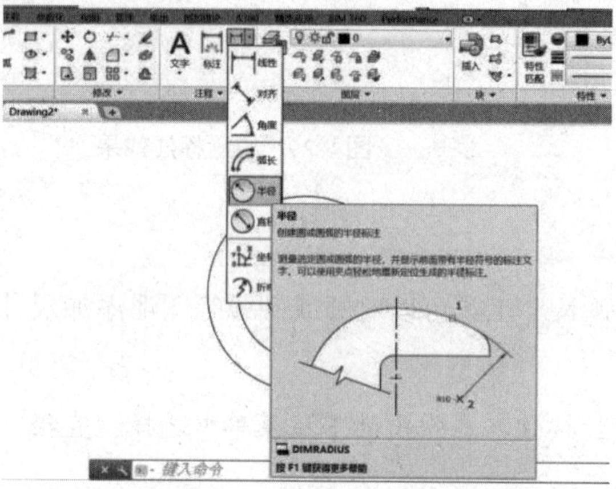

图 6-34　选择“半径”命令

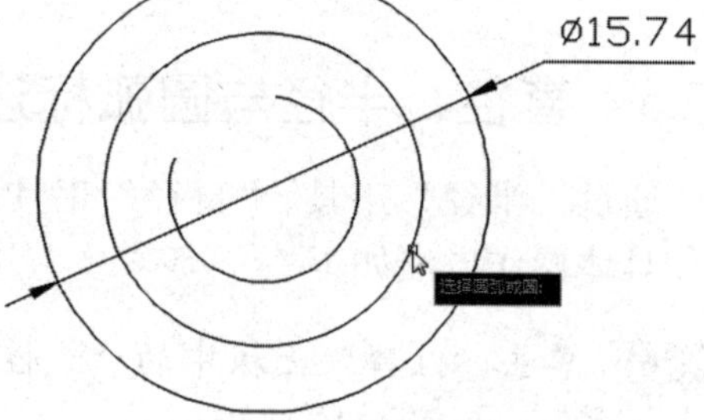

图 6-35　选择小圆对象

Step07 移动光标指定尺寸线位置，从而创建该圆的半径标注，如图 6-36 所示。

Step08 单击“注释”面板中“线性”下拉按钮，在弹出的下拉菜单中选择“弧长”命令，如图 6-37 所示。

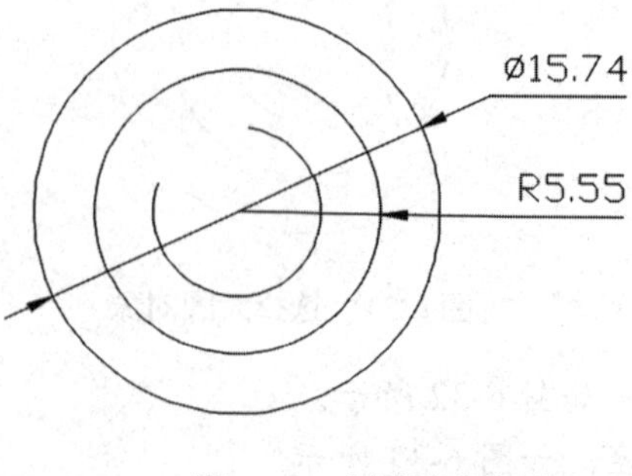

图 6-36　创建半径标注

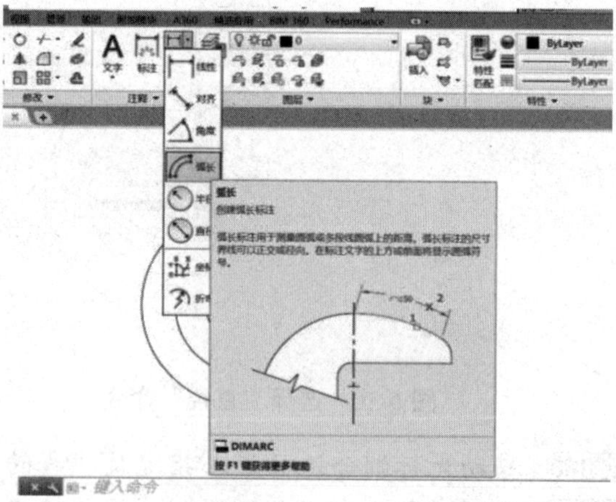

图 6-37　选择“弧长”命令

Step09 在绘图区中单击选择需要标注的圆弧对象，如图 6-38 所示。

Step10 移动光标，指定尺寸线位置，即可创建弧长标注，如图 6-39 所示。

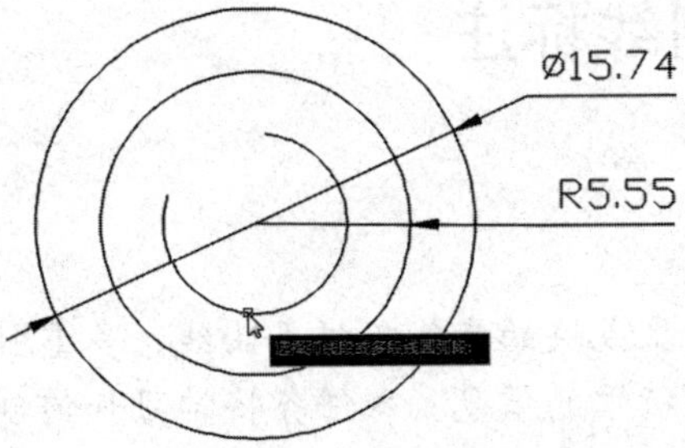

图 6-38　选择圆弧对象

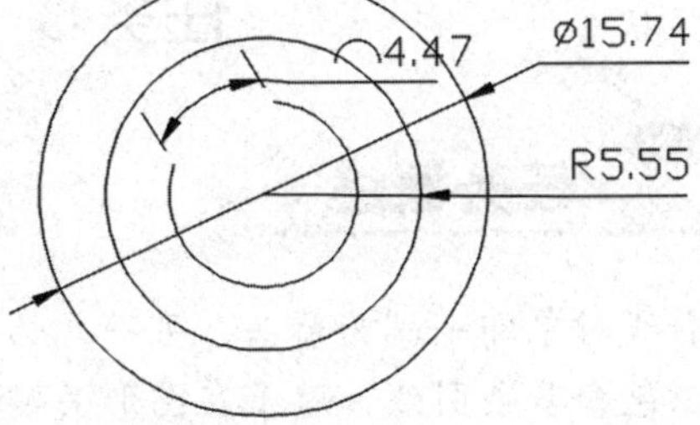

图 6-39　创建弧长标注

6.2.6　角度标注

下面将通过实例介绍如何创建角度标注，具体操作方法如下。

Step 01 打开 2012 试题汇编素材文件“CADST6-18.DWG”，单击“注释”面板中的“线性”下拉按钮，在弹出的下拉菜单中选择“角度”命令，如图 6-40 所示。

Step 02 在图形中单击选择要测量角度的一边，如图 6-41 所示。

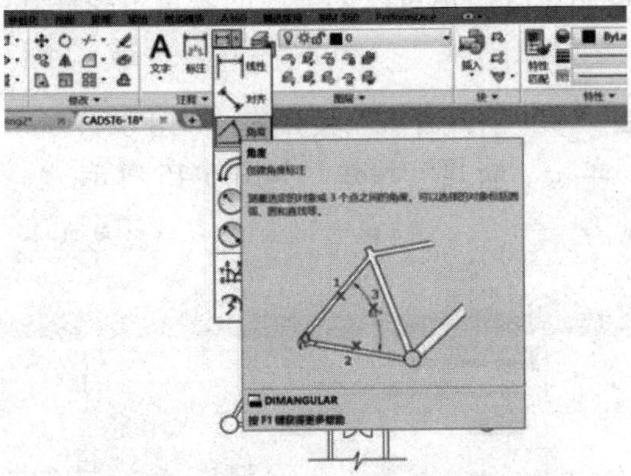

图 6-40　选择“角度”命令

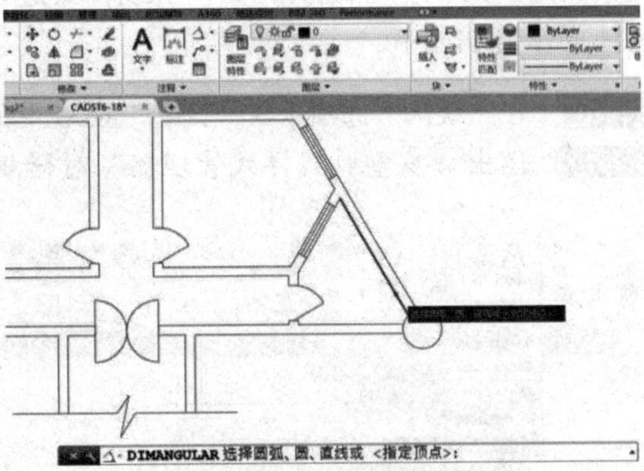

图 6-41　选择要测量角度的一边

Step 03 在图形中单击选择要测量角度的另一边，如图 6-42 所示。

Step 04 向左侧移动光标，单击指定标注弧线位置，即可为指定角创建角度标注，如图 6-43 所示。

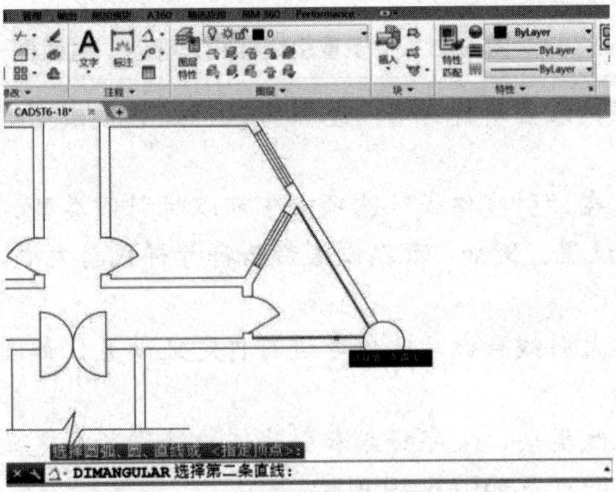

图 6-42　选择要测量角度的另一边

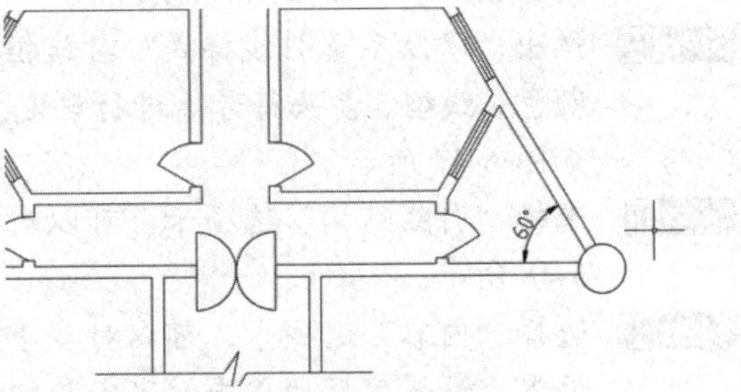

图 6-43　创建角度标注

任务 3　多重引线标注

任务概述

引线对象即一端为箭头，另一端为多行文字对象或块的直线或样条曲线。多重引线对象可以包含多条引线，用于在图形关键位置标注出所需的信息。本任务将学习如何创建多重引线标注。

任务重点与实施

6.3.1　新建引线样式

多重引线对象包含箭头、可选水平基线、引线或曲线，以及多行文字对象或块等多个元素。用户可以基于默认的多重引线样式进行适当修改，也可以创建新的多重引线样式，具体操作方法如下。

Step 01 在“默认”选项卡下“注释”面板中单击“多重引线样式”按钮，如图 6-44 所示。

Step 02 弹出“多重引线样式管理器”对话框，单击“新建”按钮，如图 6-45 所示。

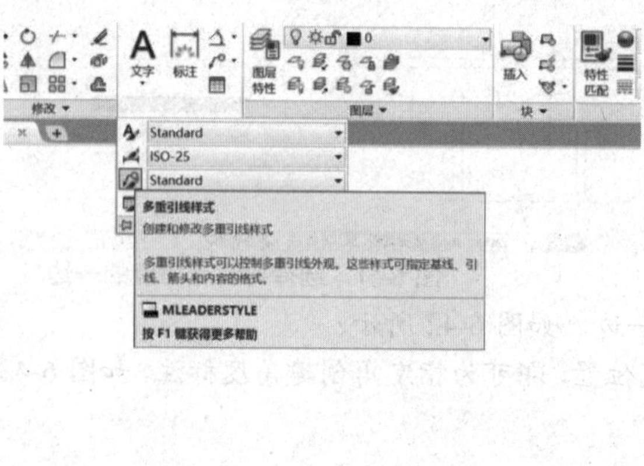

图 6-44　单击“多重引线样式”按钮

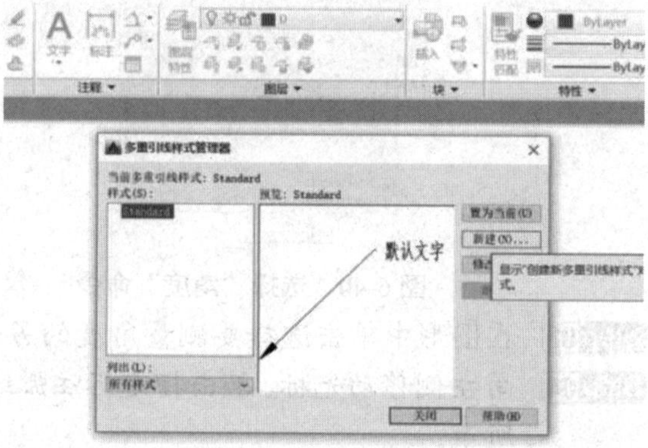

图 6-45　“多重引线样式管理器”对话框

Step 03 弹出“创建新多重引线样式”对话框，设置新样式名与基础样式，然后单击“继续”按钮，如图 6-46 所示。

Step 04 弹出“修改多重引线样式”对话框，在“引线格式”选项卡下可以对引线类型、颜色、线型、箭头符号等进行自定义设置。例如，可以设置箭头符号样式与大小，如图 6-47 所示。

Step 05 选择“引线结构”选项卡，可以对最大引线点数、比例等进行自定义设置，如图 6-48 所示。

Step 06 选择“内容”选项卡，可以对多重引线类型、文字样式和引线连接等进行自定义设置，设置完毕后单击“确定”按钮即可，如图 6-49 所示。

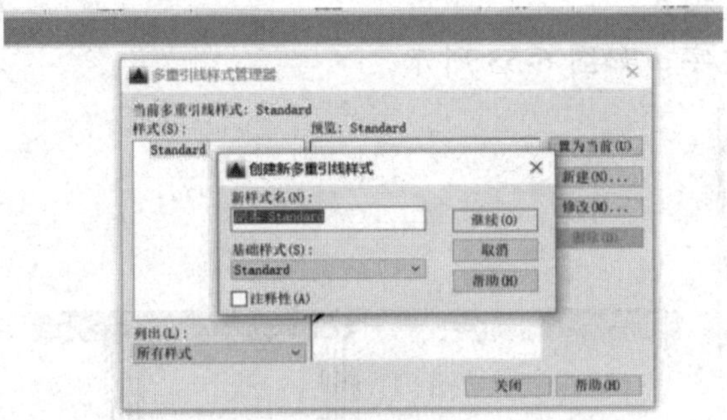

图 6-46　设置新样式名与基础样式

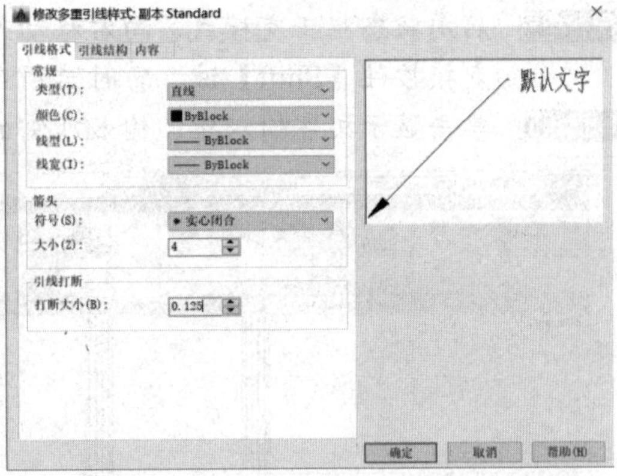

图 6-47　“修改多重引线样式”对话框

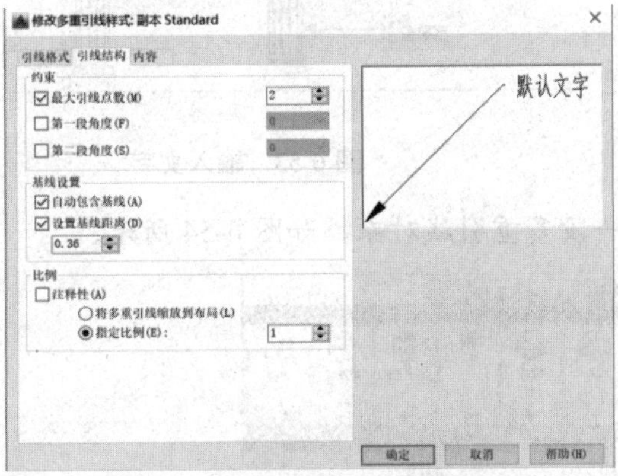

图 6-48　“引线结构”选项卡

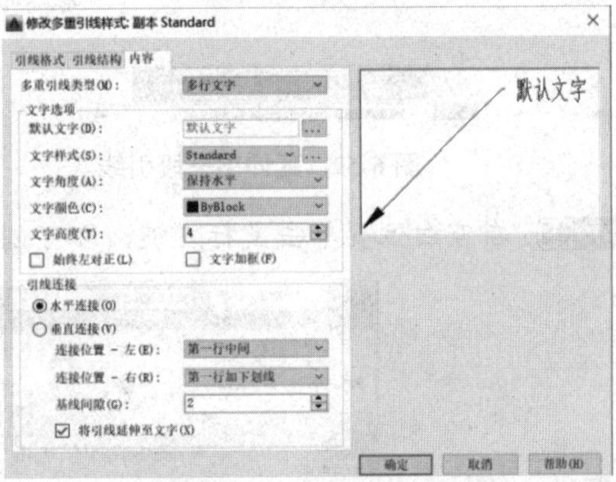

图 6-49　“内容”选项卡

6.3.2　多重引线标注

下面将通过实例介绍如何创建多重引线对象，具体操作方法如下：

Step 01 打开 2012 试题汇编素材文件“CADST6-14.DWG”，打开“注释”面板，单击其中的“引线”按钮，如图 6-50 所示。

Step 02 在图形中单击指定引线箭头位置，如图 6-51 所示。

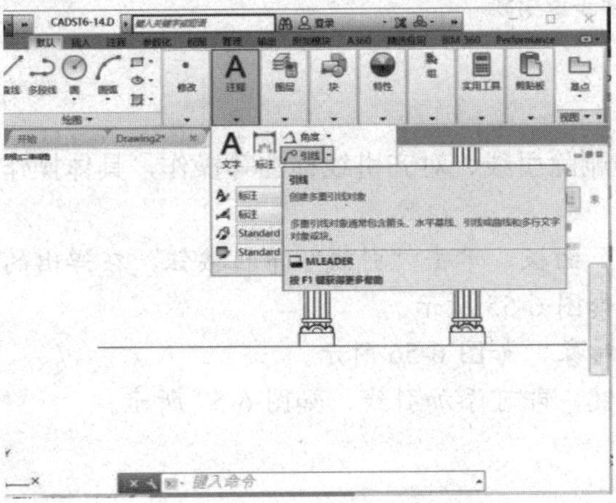

图 6-50　单击“引线”按钮

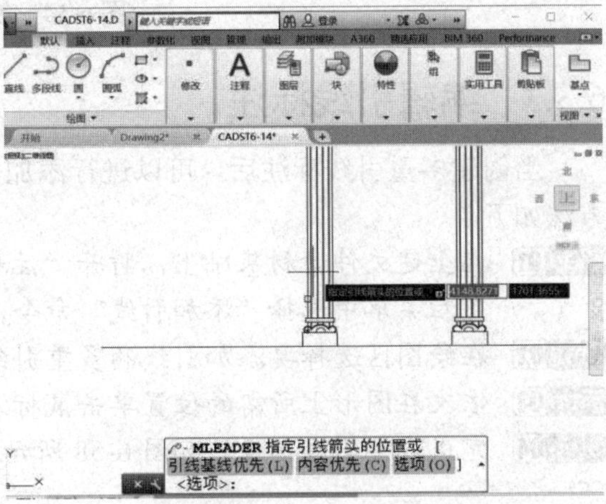

图 6-51　指定引线箭头位置

Step03 启用状态栏正交模式，向右移动光标，延伸出一段引线，如图 6-52 所示；也可以直接按住【Shift】键，暂时启用正交模式。

Step04 单击显示文字输入框，输入所需的文字，如图 6-53 所示。

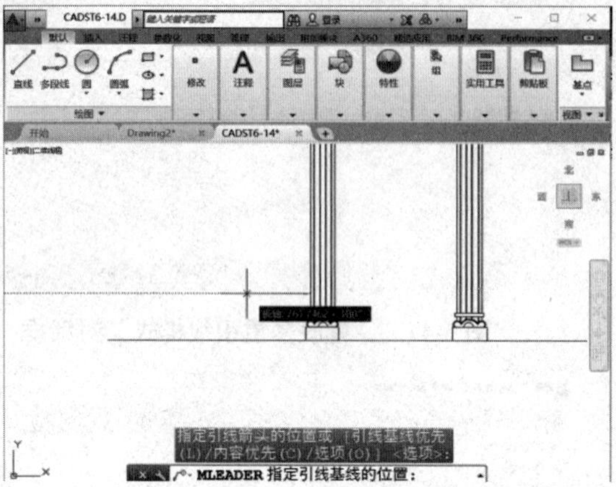

图 6-52 延伸出一段引线

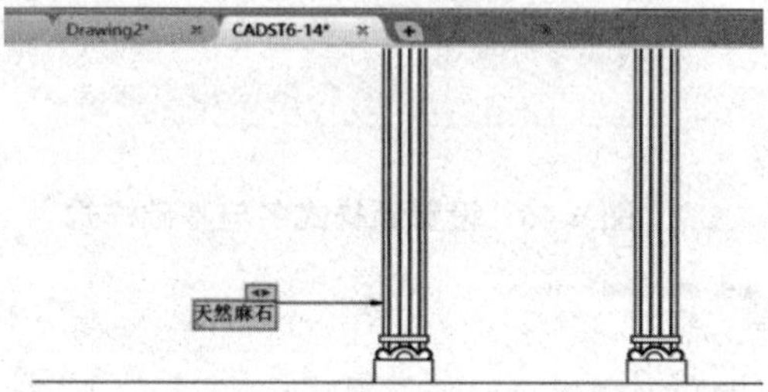

图 6-53 输入文字

Step05 在空白位置单击鼠标左键，即可创建一段多重引线对象，如图 6-54 所示。

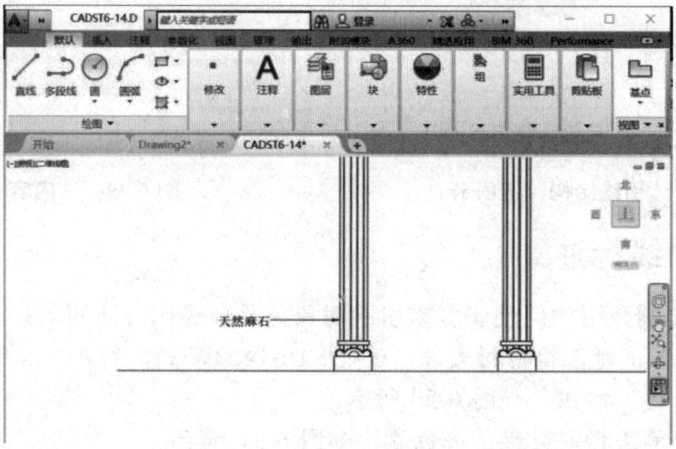

图 6-54 创建多重引线

6.3.3 编辑引线标注

当创建多重引线标注后，可以进行添加与删除引线、对齐引线标注等操作，具体操作方法如下。

Step01 在上述文件素材基础上，打开“注释”面板，单击“引线”下拉按钮，在弹出的下拉菜单中选择“添加引线”命令，如图 6-55 所示。

Step02 在绘图区选择要添加引线的多重引线对象，如图 6-56 所示。

Step03 依次在图形上所需的位置单击鼠标左键，即可添加引线，如图 6-57 所示。

Step04 完成多重引线标注，如图 6-58 所示。

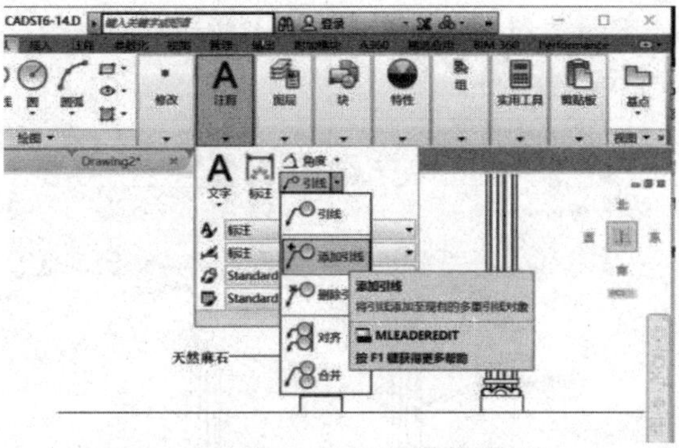

图 6-55　选择“添加引线”命令

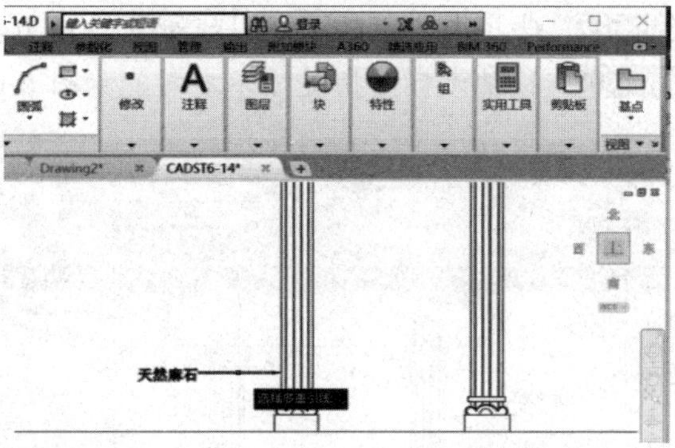

图 6-56　选择多重引线

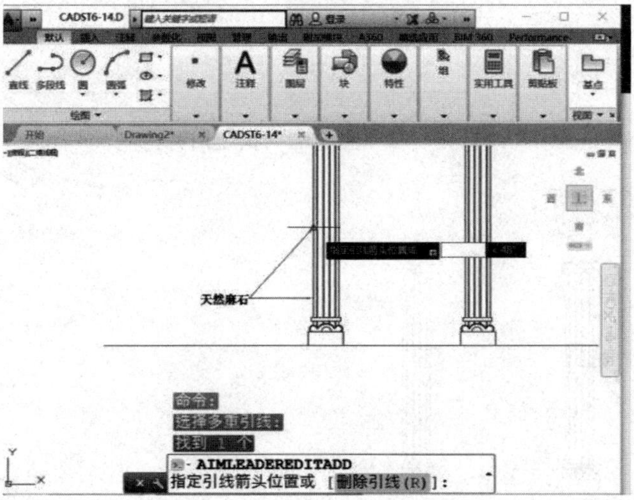

图 6-57　添加引线

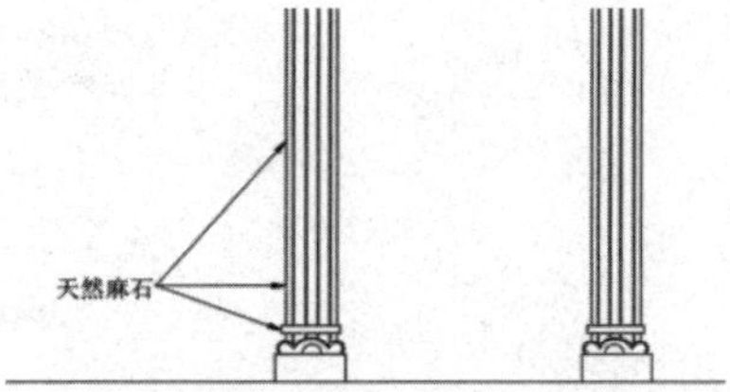

图 6-58　移动引线标注

Step05　用同样方法创建一个新的引线标注，单击“注释”面板中的“引线”下拉按钮，在弹出的下拉菜单中选择“对齐”命令，如图 6-59 所示。

Step06　选择要对齐的多重引线对象，然后按【Enter】键确认选择，如图 6-60 所示。

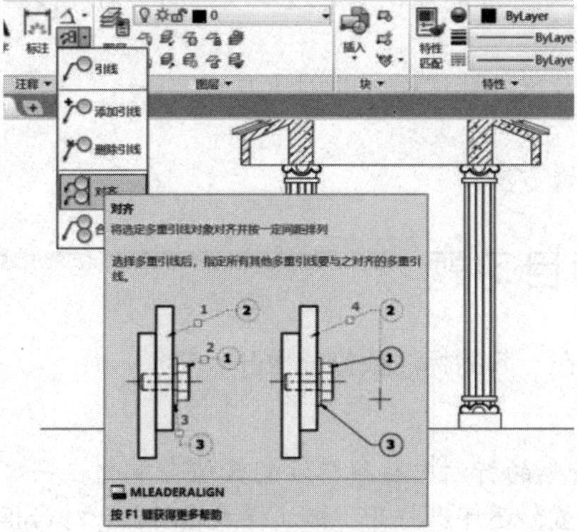

图 6-59　选择“对齐”命令

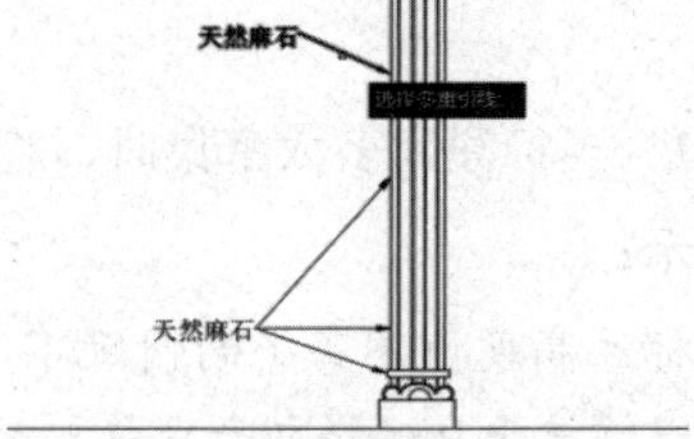

图 6-60　选择多重引线

Step 07 选择其下方的多重引线对象，作为要对齐的参照对象，如图 6-61 所示。

Step 08 移动光标，指定对齐方向，如图 6-62 所示。

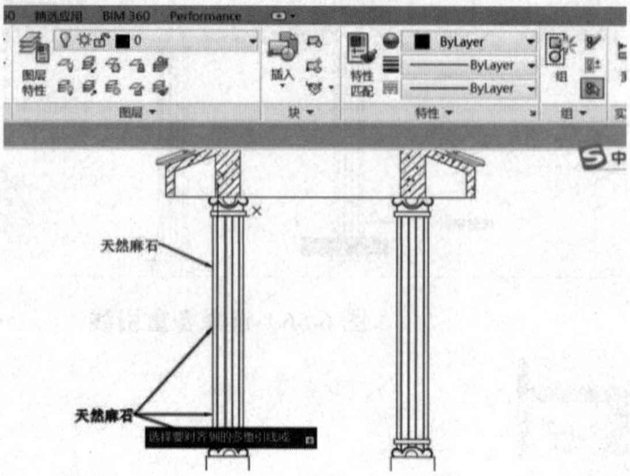

图 6-61 选择参照对象

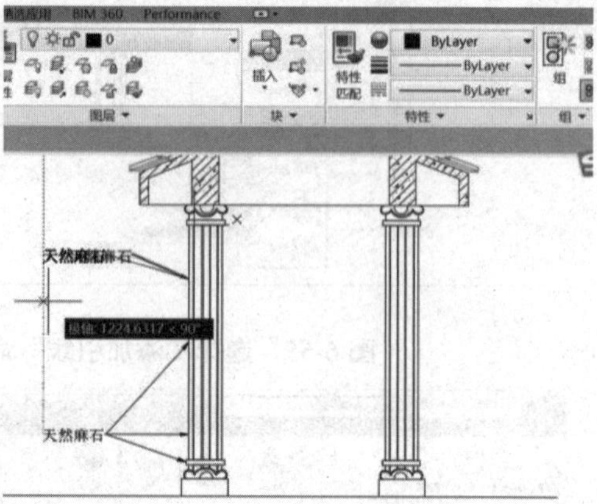

图 6-62 指定对齐方向

Step 09 对齐多重引线对象，如图 6-63 所示。

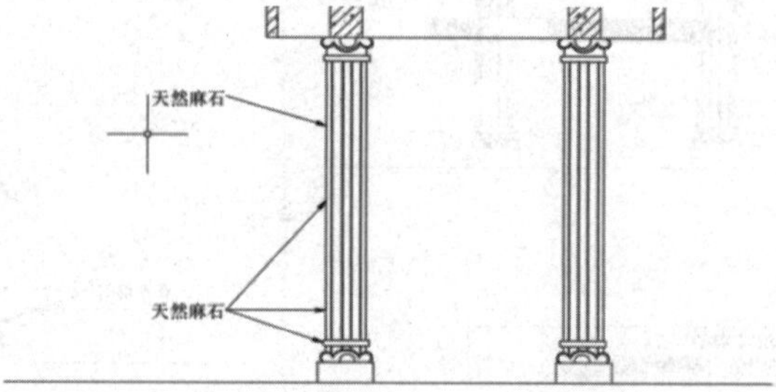

图 6-63 对齐多重引线对象

项目小结

本项目主要介绍了 AutoCAD 2016 尺寸标注的知识，通过本项目的学习，读者应重点掌握以下知识。

（1）认识尺寸标注的组成元素，以及尺寸标注样式的创建方法。

（2）能够熟练添加各类标注。

（3）学会多重引线样式的创建及编辑方法。

项目习题

（1）当标注太多太密集时，将叠加在一起的标注数值分散开。

操作提示：

在标注高度值不变小的情况下，在密集的标注中往往标注的数值会重叠在一起。此时可以选中标注夹点，移动夹点改变标注位置；还可以打开“标注样式管理器”对话框，修改标注样式，在“调整”选项卡下选择“文字位置”选项区中的“尺寸线上方，带引线”命令。

（2）为素材添加折弯标注。

操作提示：

① 打开 2012 试题汇编素材文件“CADST6-10.DWG”，单击“注释”面板中的“线性”下拉按钮，在弹出的下拉列表中选择“折弯”命令，如图 6-64 所示。

② 在绘图区要添加标注的图形上单击鼠标左键，选择指定圆弧，如图 6-65 所示。

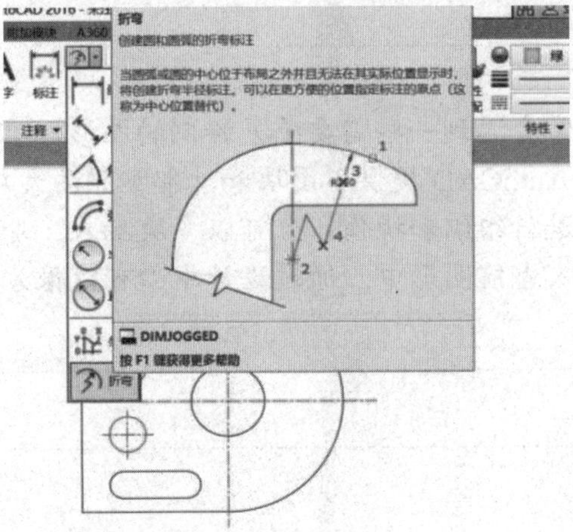

图 6-64　选择“折弯”命令

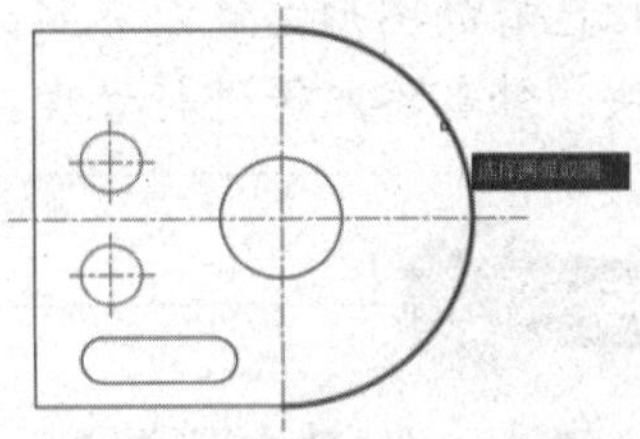

图 6-65　选择指定圆弧

③ 在合适的位置单击鼠标左键，指定圆弧中心的替代位置，如图 6-66 所示。

④ 移动光标，依次指定折弯标注的尺寸线位置和折弯位置，即可在指定位置创建一个折弯标注，如图 6-67 所示。

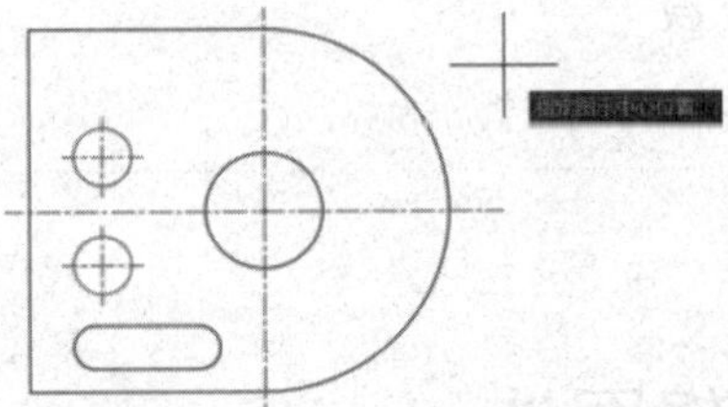

图 6-66　指定圆弧中心替代位置

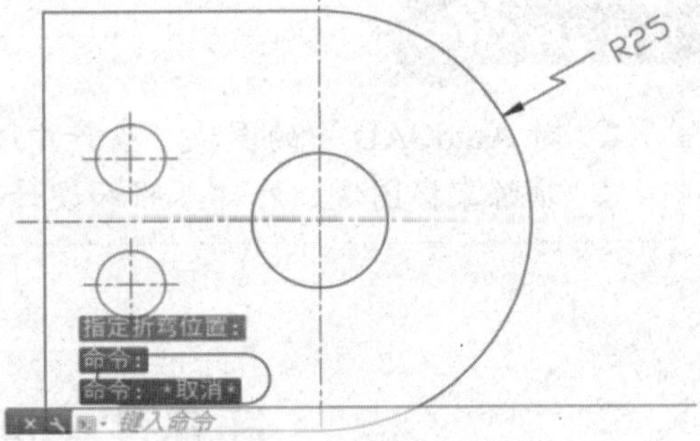

图 6-67　创建折弯标注

项目 7　图块、外部参照及设计中心的应用

项目概览

在使用 AutoCAD 进行绘图时，经常会遇到一些需要重复绘制的图形，重复绘制会浪费很多时间，为了提高绘图效率，AutoCAD 提供了图块和外部参照两大功能。使用图块可以将许多对象作为一个部件进行组织和操作，且可以多次插入；外部参照是把已有的图形文件以参照的形式插入当前图形中；通过设计中心可以很方便地对图块、外部参照等进行管理。

项目重点

- 认识 AutoCAD 中的图块。
- 学会创建与编辑图块。
- 学会编辑与管理块属性。
- 学会应用外部参照。
- 学会应用设计中心。

项目目标

- 对 AutoCAD 中的图块、设计中心有基本的了解。
- 熟练掌握图块、外部参照和设计中心的应用方法。

任务 1　创建与编辑图块

任务概述

通过创建图块对象可以将常用对象组合在一起，存储到 AutoCAD 的图形数据库中，从而便于调用。使用图块不但可以节省用户的绘图时间，还能提高 AutoCAD 的运行效率，降低图形的数据量。

在创建一个块后，AutoCAD 将该块存储在图形数据库中，之后可以根据需要多次插入同一个块，不但节省了大量的绘图时间，而且插入块并不是对块进行复制，只是根据一定的位置、比例和旋转角度来重复引用，因此降低了数据量。

任务重点与实施

在 AutoCAD 2016 中，可以将块存储为一个独立的图形文件，即外部块。这样可以随时将某个图形文件作为块插入自己的图形中，不必重新创建。可以将不同图层、颜色等特性的对象组合成一个单独、完整的对象来操作，对其进行复制、移动、旋转和缩放等一系列操作。在后面的任务中，将详细介绍如何创建与编辑图块，以及如何编辑与管理块属性。

7.1.1　创建块

图块包含块名、一个或多个对象、基点坐标值等属性。通过“创建块”工具创建的图块为内部图块，只能在已打开的图形文件中使用，而无法在其他图形文件中使用。

下面将通过实例介绍如何创建块，具体操作方法如下。

Step01　打开素材文件“创建块.dwg”，单击“插入”选项卡下“块定义”面板中的“创建块”按钮，如图 7-1 所示。

Step02　弹出“块定义”对话框，在“名称”文本框中输入名称，然后单击“选择对象”按钮，如图 7-2 所示。

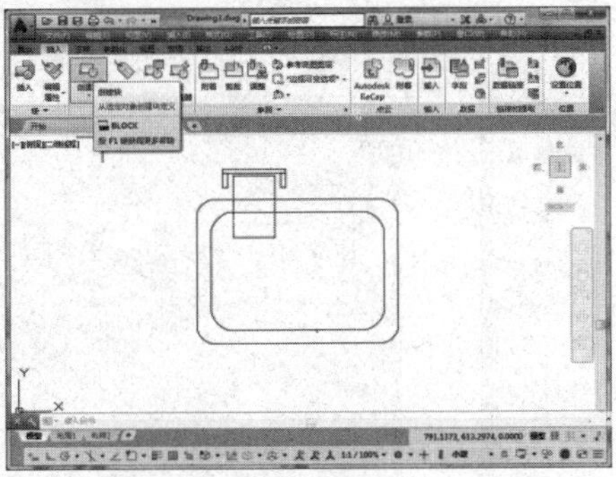

图 7-1　单击“创建块”按钮

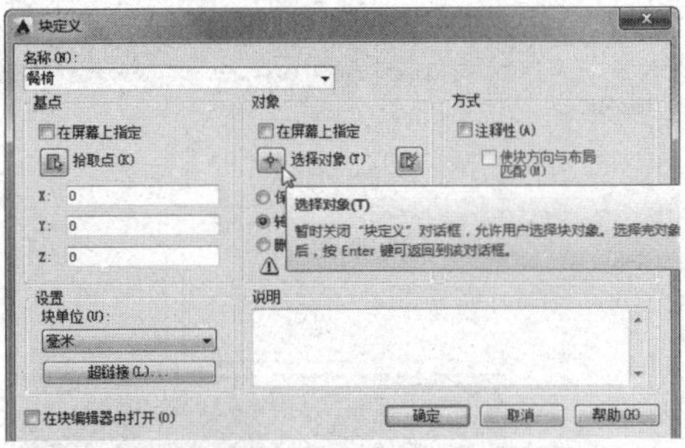

图 7-2　“块定义”对话框

Step03　使用窗交模式框选需要创建为块的对象，按【Enter】键确认，如图 7-3 所示。

Step04　返回“块定义”对话框，单击“拾取点”按钮，如图 7-4 所示。

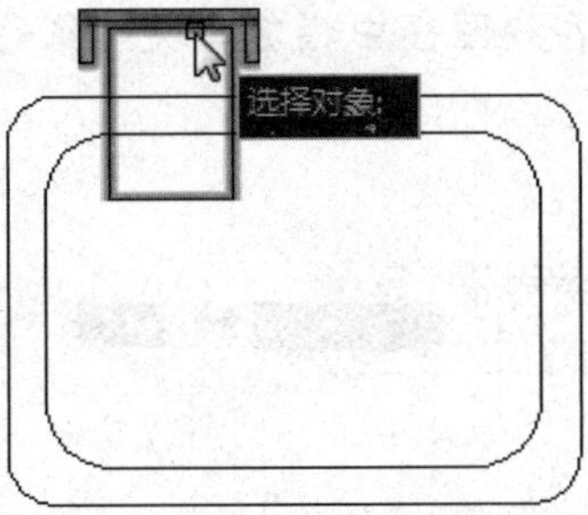

图 7-3　选择对象

图 7-4　单击“拾取点”按钮

Step05　移动光标到图形中所需的位置，指定图块对象的插入基点，如图 7-5 所示。

Step06　返回“块定义”对话框，设置块单位，以及是否允许分解等其他参数，然后单击“确定”按钮，即可将所选对象创建为图块对象，效果如图 7-6 所示。

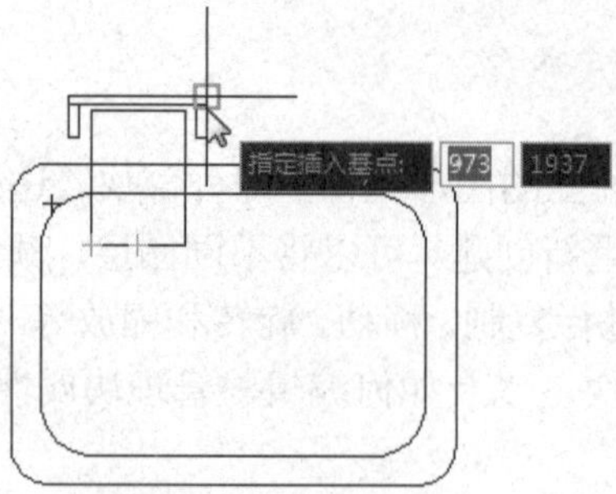

图 7-5　指定插入基点

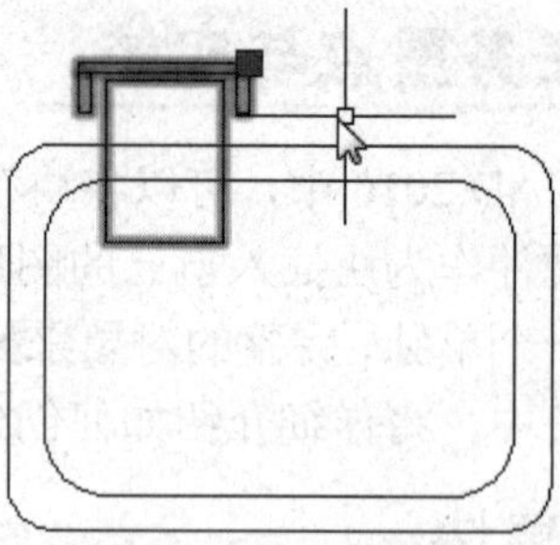

图 7-6　创建图块对象

7.1.2　存储块

存储块也称写块，是将某个图形对象转换为块参照，并将其存储为图形文件，从而方便在其他图形文件中随时调用。存储块的具体操作方法如下。

Step 01 打开素材文件“存储块.dwg”，在命令窗口输入命令 WBLOCK，并按【Enter】键确认，如图 7-7 所示。

Step 02 打开“写块”对话框，在“对象”选项区中单击“选择对象”按钮，如图 7-8 所示。

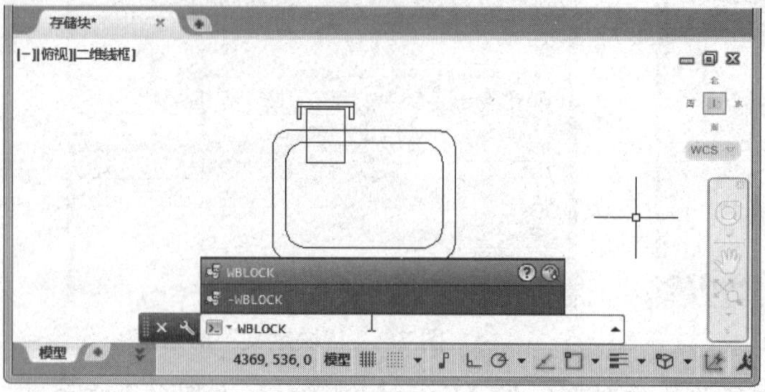

图 7-7　输入 WBLOCK 命令

图 7-8　单击“选择对象”按钮

Step 03 在图形中选择要写为块的对象，按【Enter】键确认选择，如图 7-9 所示。

Step 04 返回“写块”对话框，单击“拾取点”按钮，在绘图区中指定写块对象的插入基点，如图 7-10 所示。

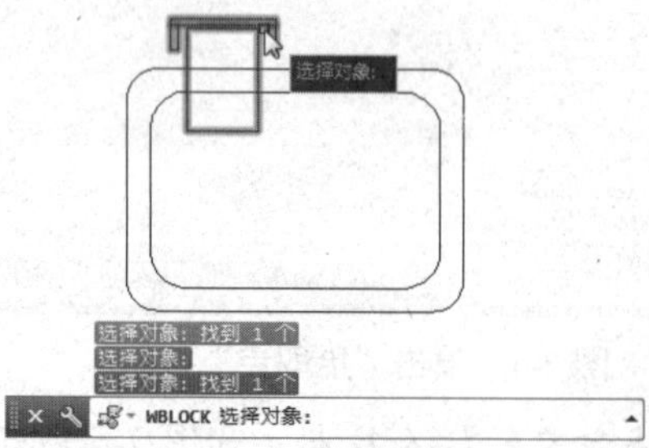

图 7-9　选择对象

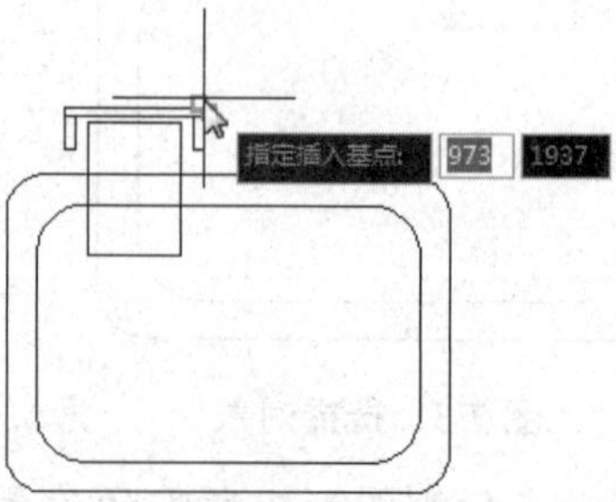

图 7-10　指定插入基点

Step 05 返回“写块”对话框，单击按钮，弹出“浏览图形文件”对话框。设置文件名和路径，然后单击“保存”按钮，如图 7-11 所示。

Step 06 返回“写块”对话框，设置各项参数，然后单击“确定”按钮即可，如图 7-12 所示。

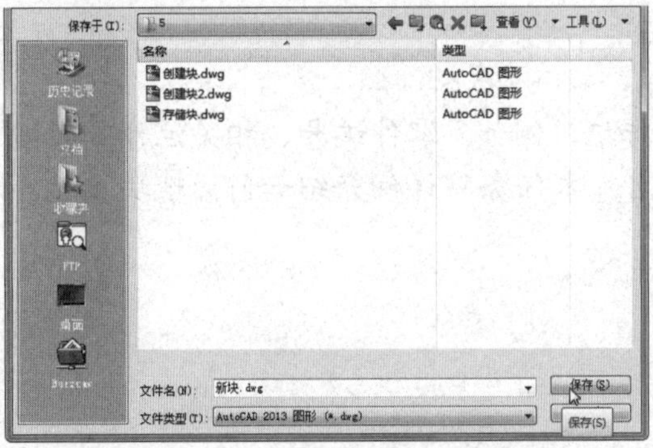

图 7-11　“浏览图形文件”对话框

图 7-12　“写块”对话框

7.1.3　插入块

下面将通过实例介绍如何插入块到指定位置，具体操作方法如下。

Step 01 打开素材文件“插入块.dwg”，然后单击“块”面板中的“插入”按钮，如图 7-13 所示。

Step 02 弹出“插入”对话框，在“名称”下拉列表框中选择“餐椅”块，然后单击“确定”按钮，如图 7-14 所示。

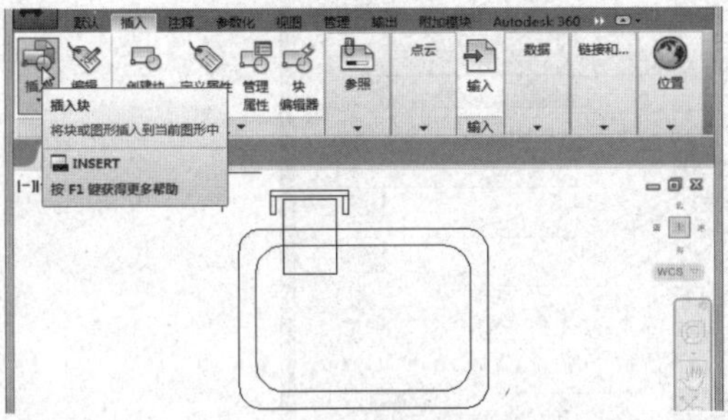

图 7-13　单击“插入”按钮

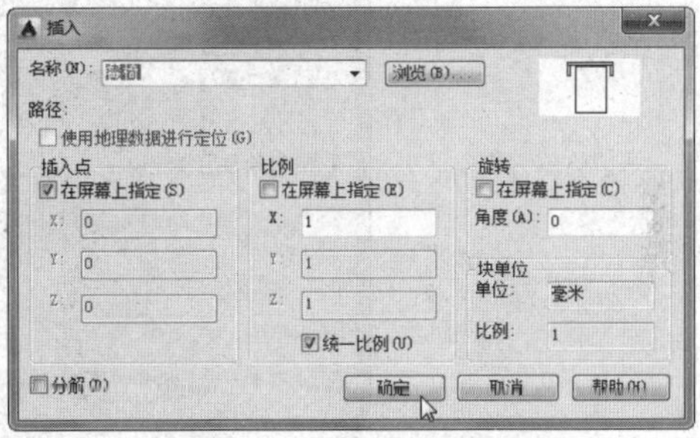

图 7-14　“插入”对话框

Step 03 在图形上指定图块的插入点，如图 7-15 所示。

Step 04 将指定的图块插入图形中，如图 7-16 所示。

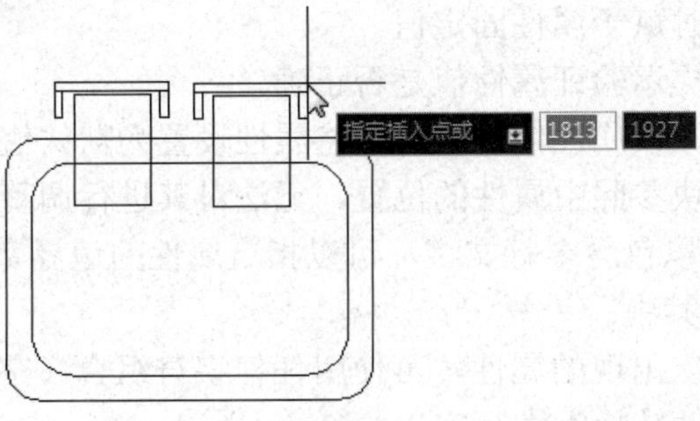

图 7-15　指定插入点

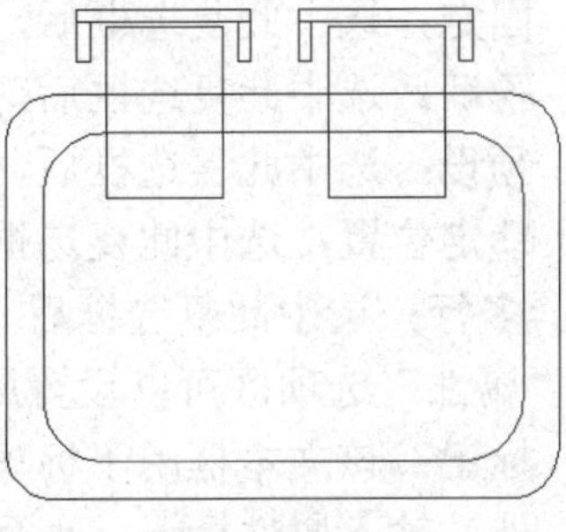

图 7-16　插入图块

任务 2　编辑与管理块属性

任务概述

块属性是将数据附着到块上的标签或标记，例如，零件编号、相关注释等数据可以添加到属性中。标记相当于数据库表中的列名。本任务将详细介绍如何管理块属性，以及如何使用块编辑器。

任务重点与实施

7.2.1　块属性的特点

单击“插入”选项卡下“块定义”面板中的“定义属性”按钮，弹出“属性定义”对话框，从中可以定义属性模式、属性标记、属性提示、属性值、插入点和属性的文字设置，如图 7-17 所示。

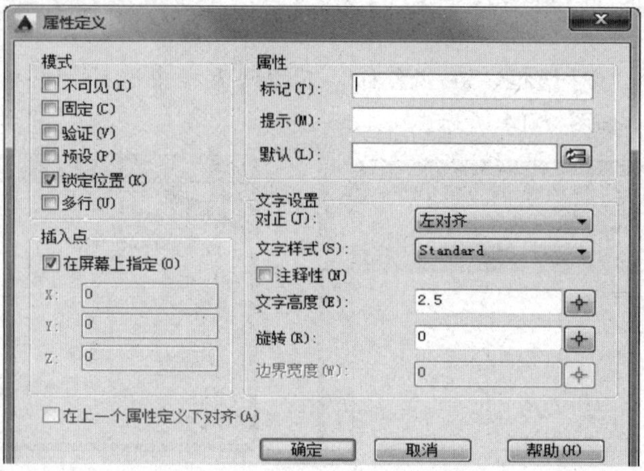

图 7-17　“属性定义”对话框

在“模式”选项区中可以设置与块关联的不同属性值，其中：

➢ **不可见**：选中此复选框后，在插入块时不显示。
➢ **固定**：选中此复选框后，在插入块时赋予属性固定值。
➢ **验证**：选中此复选框后，插入块时提示验证属性值是否正确。
➢ **预设**：选中此复选框后，插入包含预设属性值的块时，将属性设置为默认值。
➢ **锁定位置**：选中此复选框后，锁定块参照中属性的位置，无法对其进行调整。
➢ **多行**：选中此复选框后，属性值可以包含多行文字，可以指定属性的边界宽度。

在“属性”选项区可以设置属性数据，其中：

➢ **标记**：该文本框用于标识图形中每次出现的属性，可使用任何字符组合（空格除外）输入属性标记，小写字母会自动转换为大写字母。

➢ **提示**：该文本框用于指定在插入包含该属性定义的块时显示的提示。如果不输入提示，属性标记将用作提示。

➢ **默认**：该文本框用于指定默认值。

下面将通过实例介绍如何创建块属性，具体操作方法如下。

Step 01 打开素材文件“块属性的特点.dwg”，单击“插入”选项卡下“块定义”面板中的“定义属性”按钮，如图 7-18 所示。

Step 02 弹出“属性定义”对话框，分别在“标记”和“提示”文本框中输入所需的文本，设置文字高度为 100，然后单击“确定”按钮，如图 7-19 所示。

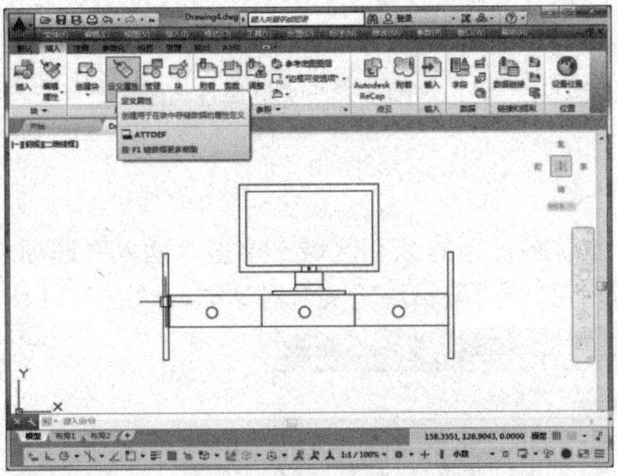

图 7-18　单击“定义属性”按钮

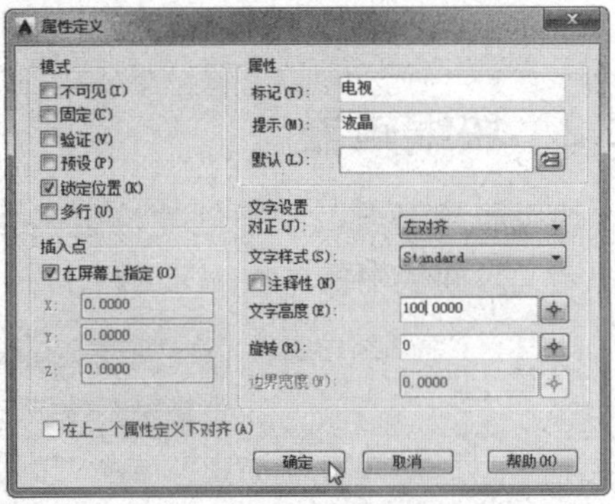

图 7-19　“属性定义”对话框

Step 03 在绘图区的图形位置指定属性起点，即可在指定位置创建一个块属性，如图 7-20 所示。

Step 04 打开“块定义”对话框，单击“选择对象”按钮，选择创建的属性和电视图块，如图 7-21 所示。

图 7-20　创建块属性

图 7-21　选择图块与属性

Step 05 按【Enter】键确认，返回“块定义”对话框。输入图块名称，单击“确定”按钮，弹出“编辑属性”对话框，输入属性值，然后单击“确定”按钮，如图 7-22 所示。

Step 06 将属性与图块相关联，如图 7-23 所示。

图 7-22 “编辑属性”对话框

图 7-23 关联属性与图块

7.2.2 块编辑器

块编辑器是专门用于创建块定义并添加动态行为的编写区域。单击“插入”选项卡下“块定义”面板中的“块编辑器”按钮，即可打开“编辑块定义”对话框，如图 7-24 所示。

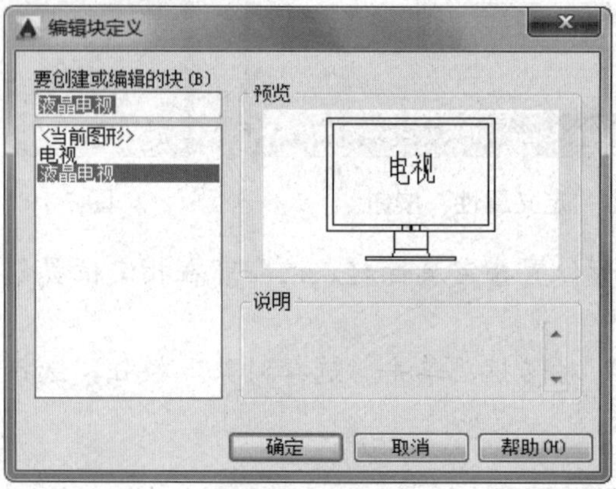

图 7-24 “编辑块定义”对话框

在“要创建或编辑的块”文本框中可以指定要在块编辑器中编辑或创建的块的名称。

“名称”列表框用于显示保存在当前图形中的块定义的列表，从该列表中选择某个块定义后，其名称将显示在文本框中。

通过“名称”列表框选择某个块定义并单击“确定”按钮后，此块定义将在块编辑器中打开。通过块编辑器可以快速访问块编写工具，添加各种约束、参数、动作和定义块属性，如图 7-25 所示。

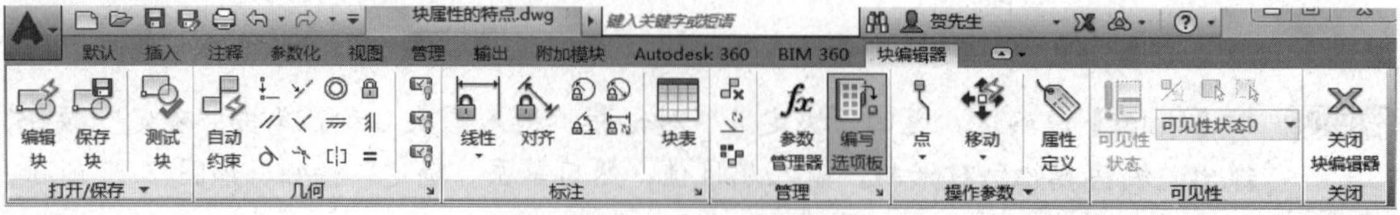

图 7-25 块编辑器

用户可以向现有的块定义中添加动态行为，如图 7-26 所示。参数和动作仅显示在块编辑器中。添加动态定义后，可以通过夹点轻松地对块进行各种操作。

参数类型	夹点类型	可与参数关联的动作
点	标准	移动、拉伸
线性	线性	移动、缩放、拉伸、阵列
极轴	标准	移动、缩放、拉伸、极轴拉伸、阵列
XY	标准	移动、缩放、拉伸、阵列
旋转	旋转	旋转
翻转	翻转	翻转
对齐	对齐	无（此动作隐含在参数中。）
可见性	查寻	无（此动作时隐含的，并且受可见性状态的控制。）
查寻	查寻	查寻
基点	标准	无

图 7-26　添加动态行为

下面将通过实例介绍如何通过块编辑器添加动态行为，具体操作方法如下。

Step 01 打开素材文件“块编辑器.dwg”，选择“插入”选项卡，单击“块定义”面板中的“块编辑器”按钮，如图 7-27 所示。

Step 02 弹出“编辑块定义”对话框，选择“秒针”块，然后单击“确定”按钮，如图 7-28 所示。

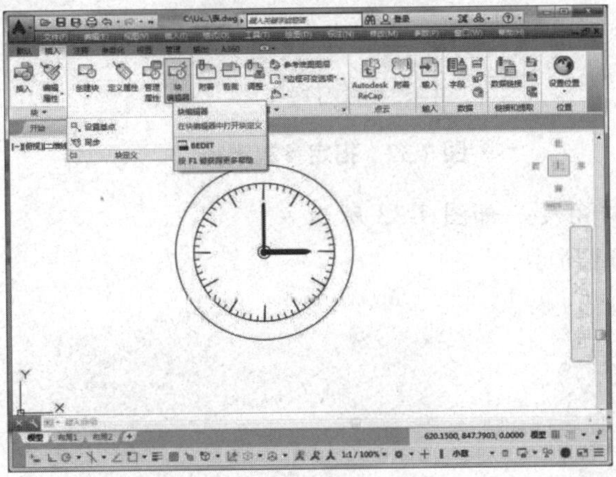

图 7-27　单击“块编辑器”按钮

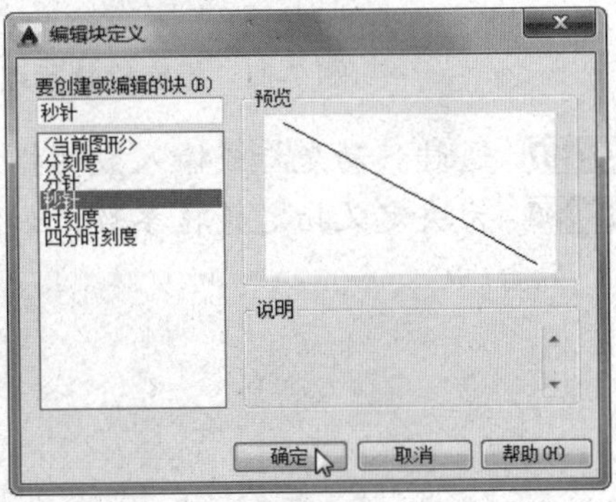

图 7-28　“编辑块定义”对话框

Step 03 选择“块编辑器”选项卡，单击“管理”面板中的“编写选项板”按钮，如图 7-29 所示。

Step 04 弹出“块编写选项板”面板，在其中单击“旋转”按钮，如图 7-30 所示。

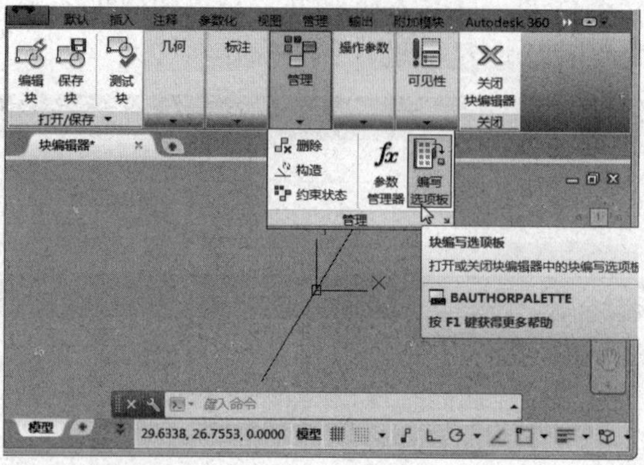

图 7-29　单击“编写选项板”按钮

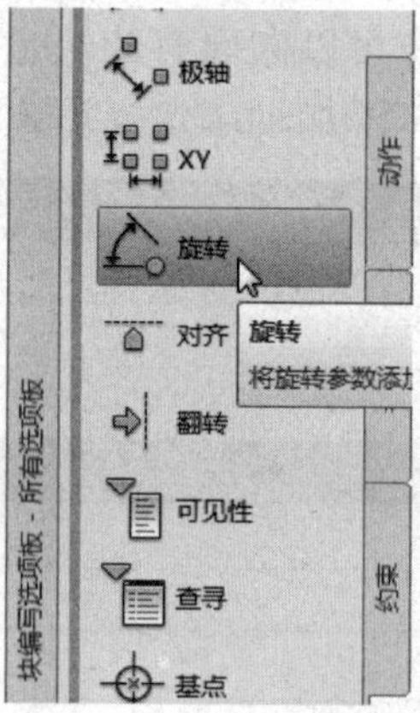

图 7-30　单击“旋转”按钮

Step 05　指定直线的一个端点为旋转基点，如图 7-31 所示。

Step 06　捕捉直线的另一个端点，指定参数半径，如图 7-32 所示。

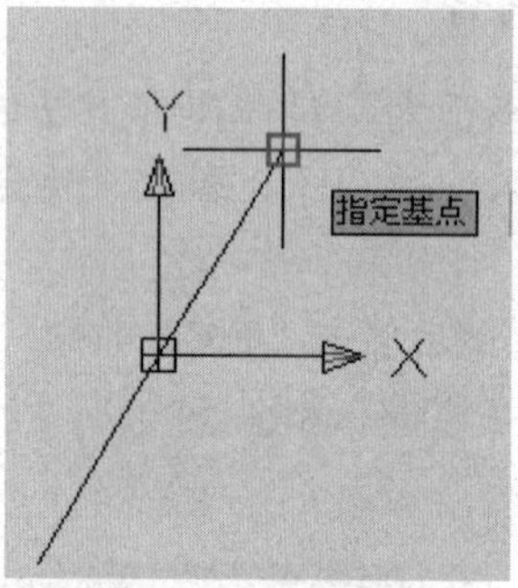

图 7-31　指定旋转基点

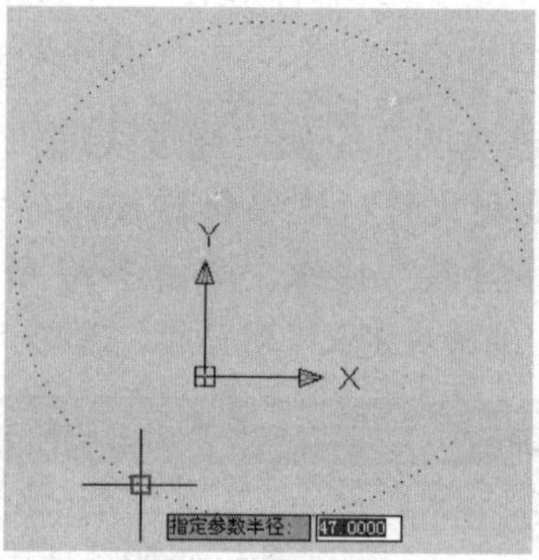

图 7-32　指定参数半径

Step 07　通过移动光标或输入数值指定旋转角度，如图 7-33 所示。

Step 08　为块定义指定旋转参数，如图 7-34 所示。

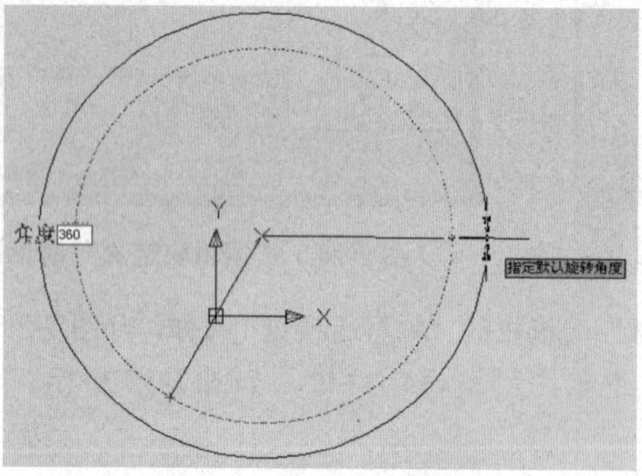

图 7-33　指定旋转角度

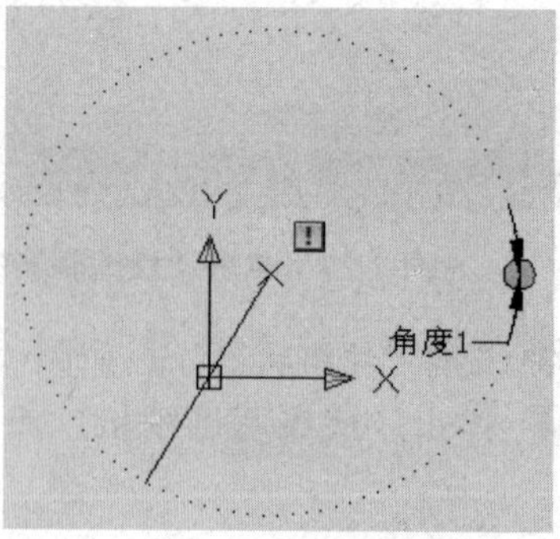

图 7-34　指定旋转参数

Step 09　单击“操作参数”面板中的“移动”下拉按钮，在弹出的下拉列表中选择“旋转”命令，如图 7-35 所示。

Step 10　选择动作参数，选择添加动作对象，并按【Enter】键确认选择，如图 7-36 所示。

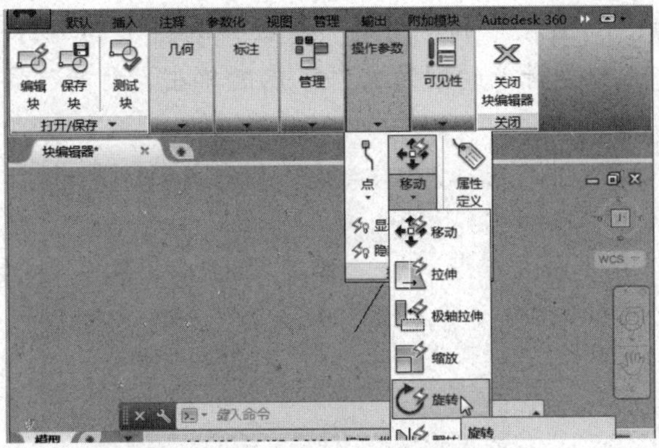

图 7-35　选择“旋转”命令

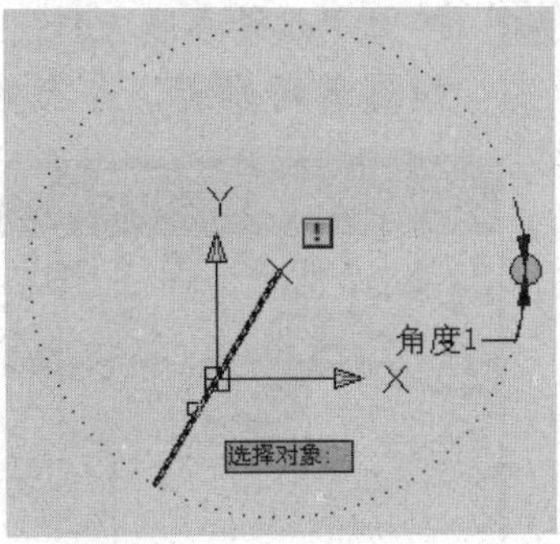

图 7-36　选择添加动作对象

Step 11　单击“打开/保存”面板中的“保存块”按钮，如图 7-37 所示。

Step 12　关闭块编辑器，返回绘图区。选中添加动作的图形，在其上将会出现旋转夹点，通过移动旋转夹点的位置，即可旋转块，如图 7-38 所示。

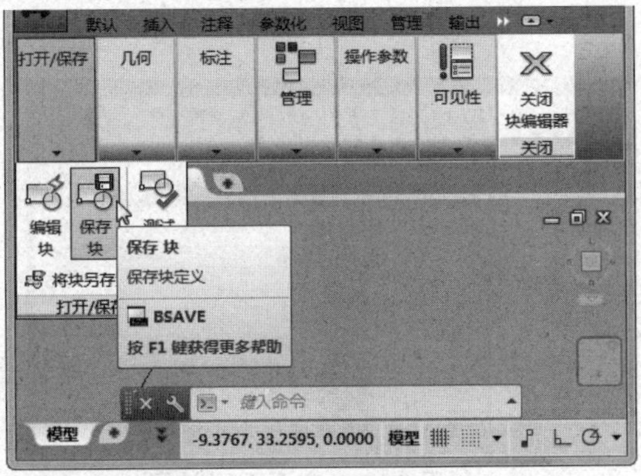

图 7-37　单击“保存块”按钮

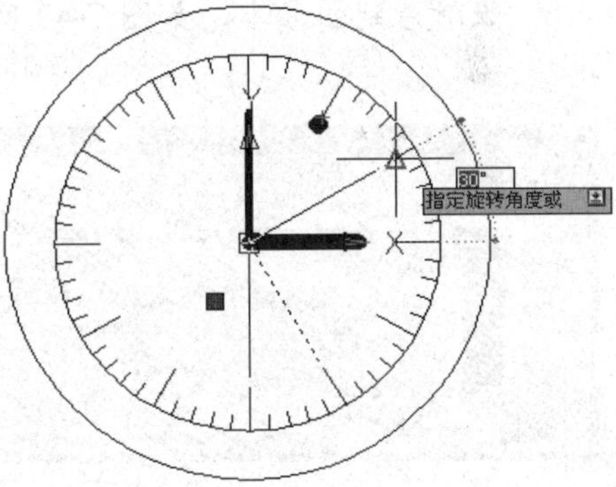

图 7-38　旋转块

任务 3　外部参照的应用

任务概述

相对于图块，使用外部参照是一种更为灵活的图形引用方式。用户可以通过外部参照将多个图形链接到当前图形中，还可以使作为外部参照的图形与原图形保持同步更新。本任务将学习外部参照的应用。

任务重点与实施

7.3.1　附着外部参照

下面将通过实例介绍如何附着外部参照，具体操作方法如下。

Step 01 选择“插入”选项卡，单击“参照”面板中的“附着”按钮，如图 7-39 所示。

Step 02 弹出“选择参照文件”对话框，选择要附着的图片文件，然后单击“打开”按钮，如图 7-40 所示。

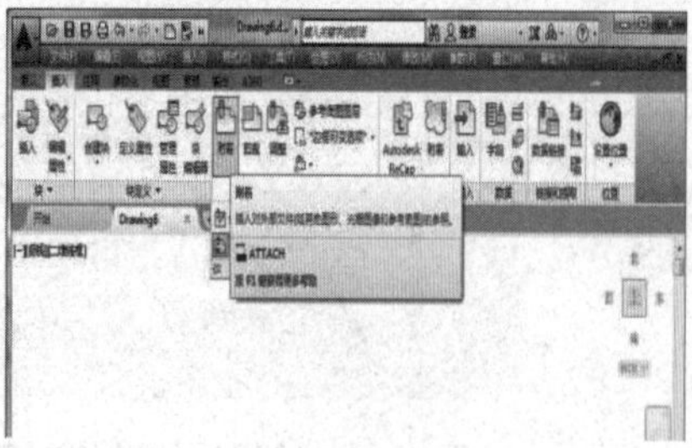

图 7-39　单击“附着”按钮

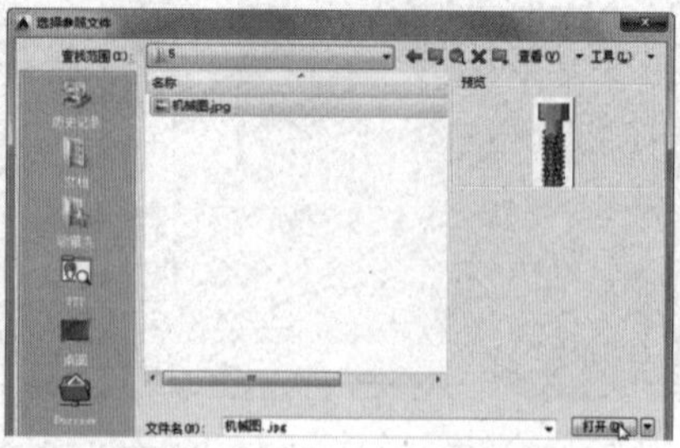

图 7-40　“选择参照文件”对话框

Step 03 弹出“附着图像”对话框，设置插入点和缩放比例等参数，然后单击“确定”按钮，如图 7-41 所示。

Step 04 在绘图区中的适当位置指定插入点与缩放比例因子，即可将所选图片作为外部参照附着到图形中，如图 7-42 所示。

图 7-41　“附着图像”对话框

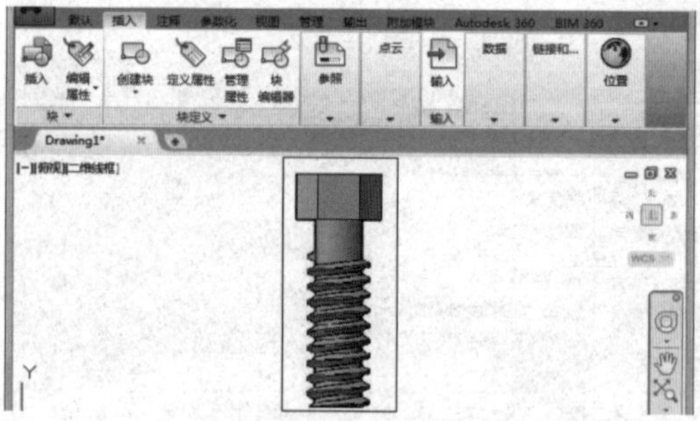

图 7-42　查看图形效果

7.3.2　裁剪外部参照

当附着外部参照后，可以对其边界进行剪裁，或调整其亮度与对比度等参数，具体操作方法如下。

Step 01 打开素材文件“裁剪外部参照.dwg”，单击外部参照对象，选择“图像”选项卡，单击“剪裁”面板中的“创建剪裁边界”按钮，如图 7-43 所示。

Step 02 依次在图形中适当位置单击鼠标左键，指定对角点，从而创建剪裁边界，如图 7-44 所示。

图 7-43　单击“创建剪裁边界”按钮

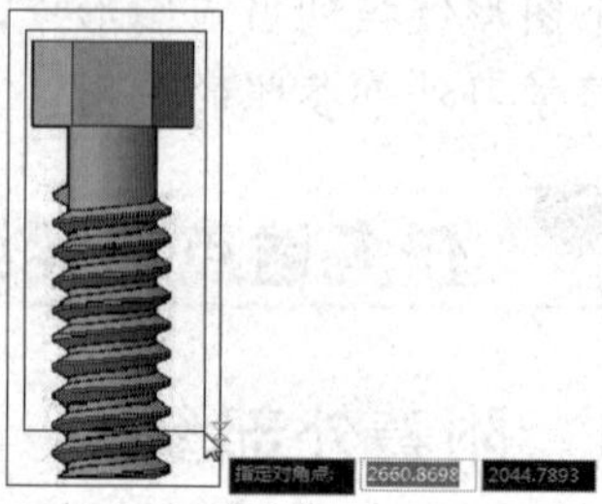

图 7-44　创建剪裁边界

Step03 按所创建的边界剪裁外部参照对象，如图 7-45 所示。

Step04 再次单击外部参照对象，选择“图像”选项卡，通过拖动“调整”面板中的调节滑块调整参照对象的亮度和对比度，如图 7-46 所示。

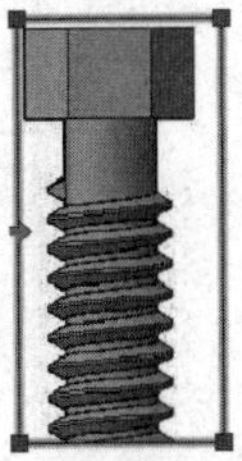

图 7-45　查看设置效果

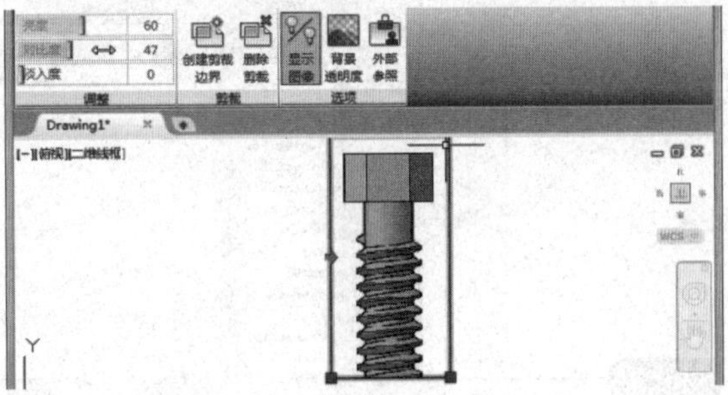

图 7-46　调整亮度和对比度

任务 4　设计中心的应用

任务概述

AutoCAD 设计中心（AutoCAD Design Center，简称 ADC）类似于 Windows 的资源管理器，可以管理图块、外部参照和光栅图像等文件，还可以将位于本地计算机、局域网或互联网上的图块、图层、外部参照等文件复制并粘贴到当前绘图区中。如果在绘图区打开了多个文档，通过设计中心可以在多文档之间通过简单的拖放操作来实现图形的复制和粘贴，从而提高了图形管理和图形设计的工作效率。

任务重点与实施

7.4.1　设计中心选项板

通过单击“视图”选项卡下“选项板”面板中的“设计中心”按钮，即可打开设计中心窗口。“设计中心”窗口可以分为两部分，左边窗格为树状图，右边窗格为内容区、预览区以及说明区，如图 7-47 所示。

用户可以通过树状列表依次打开文件夹，找到要加载的文件；通过右边窗格的内容区查看内容，或将项目添加到图形或工具选项板中；通过预览区和说明区显示选定图形文件的预览或说明信息。

在设计中心窗口的顶部工具栏中提供了若干工具，可用于加载图形、搜索文件、打开主页、切换视图等操作。

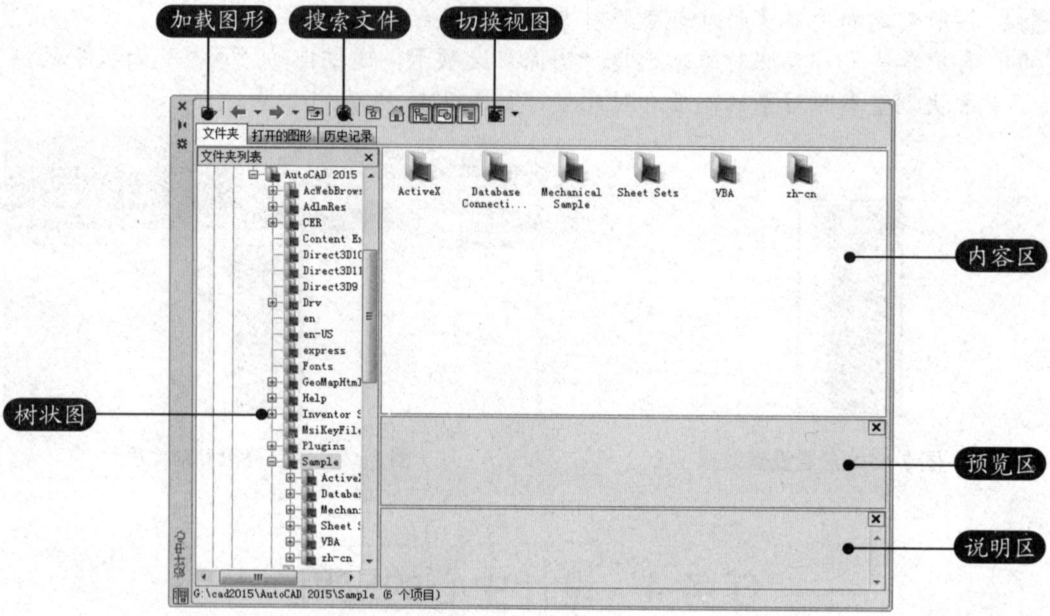

图 7-47　设计中心窗口

7.4.2　插入设计中心内容

下面将通过实例介绍如何通过设计中心搜索所需的图形文件，具体操作方法如下。

Step 01 启动 AutoCAD 2016，选择“视图”选项卡，单击“选项板”面板中的“设计中心”按钮，如图 7-48 所示。

Step 02 弹出“设计中心”面板，单击工具栏上的“搜索”按钮，如图 7-49 所示。

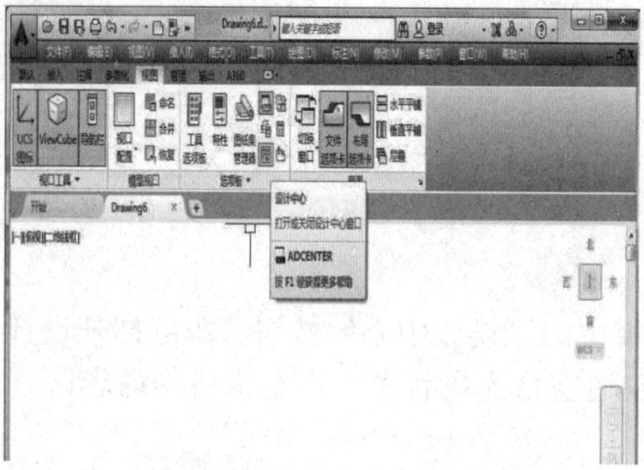

图 7-48　单击“设计中心”按钮

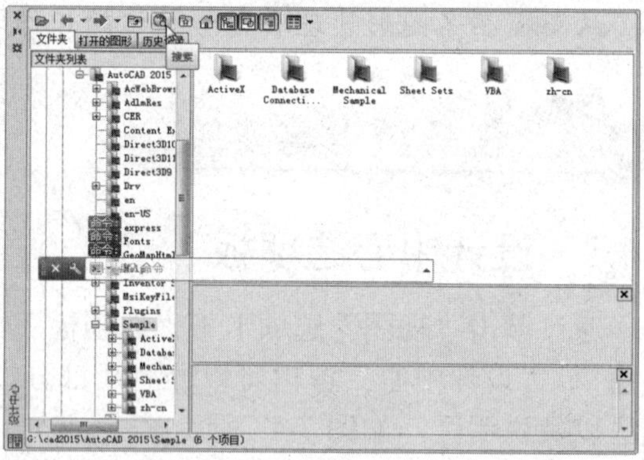

图 7-49　“设计中心”面板

Step 03 弹出“搜索”对话框，单击“搜索”下拉按钮，在弹出的下拉列表中选择搜索类型，然后单击“浏览”按钮，如图 7-50 所示。

Step 04 弹出“浏览文件夹”对话框，设置文件搜索范围，然后单击“确定”按钮，如图 7-51 所示。

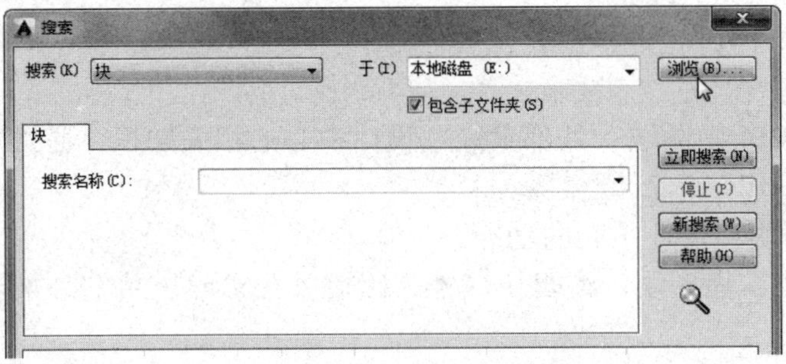

图 7-50　“搜索”对话框

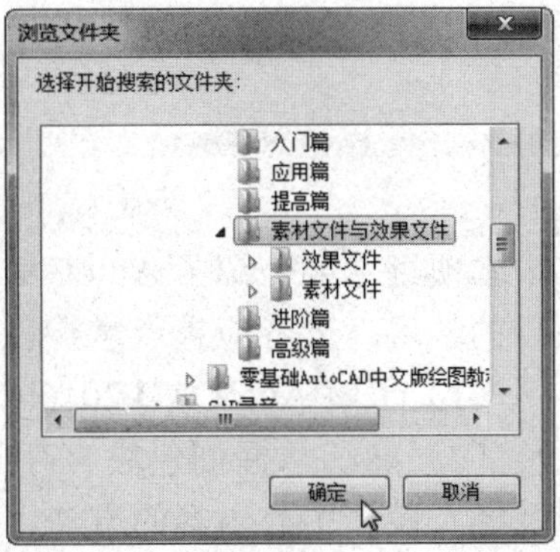

图 7-51　“浏览文件夹”对话框

Step 05 返回“搜索”对话框，在“搜索名称”文本框中输入要搜索的关键词，然后单击“立即搜索”按钮，如图 7-52 所示。

Step 06 此时，即可搜索到与关键词相关的对象。右击其名称选项，在弹出的快捷菜单中选择“加载到内容区中”命令，如图 7-53 所示。

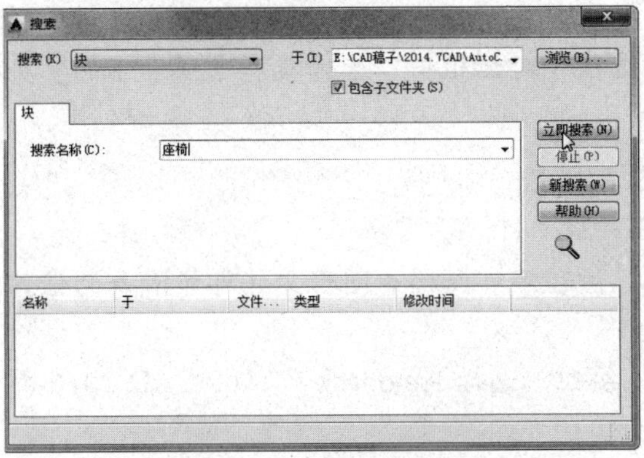

图 7-52　输入搜索关键词

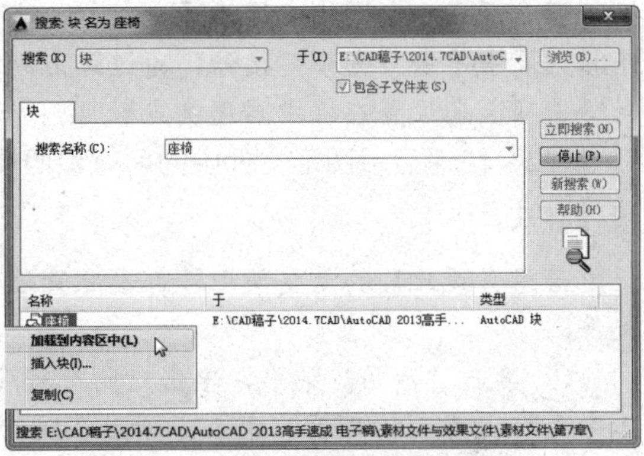

图 7-53　选择“加载到内容区中”命令

Step 07 此时，可以将该图形对象添加到内容区中。右击对象对应图标，可以选择插入图块、编辑图块等操作，如选择“插入块”命令，如图 7-54 所示。

Step 08 弹出“插入”对话框，设置插入点和比例等参数，然后单击“确定”按钮，插入图块即可，如图 7-55 所示。

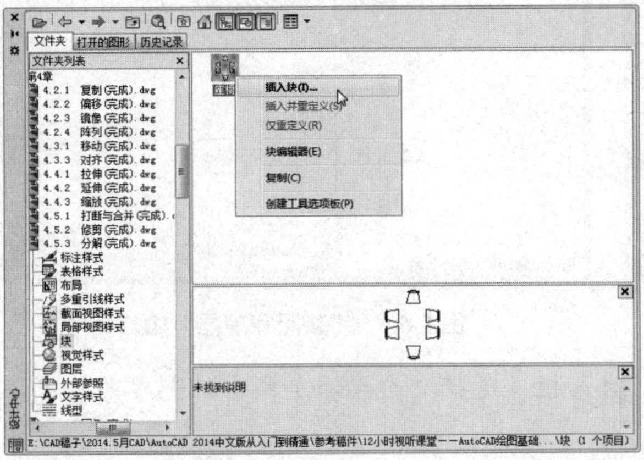

图 7-54　选择“插入块”命令

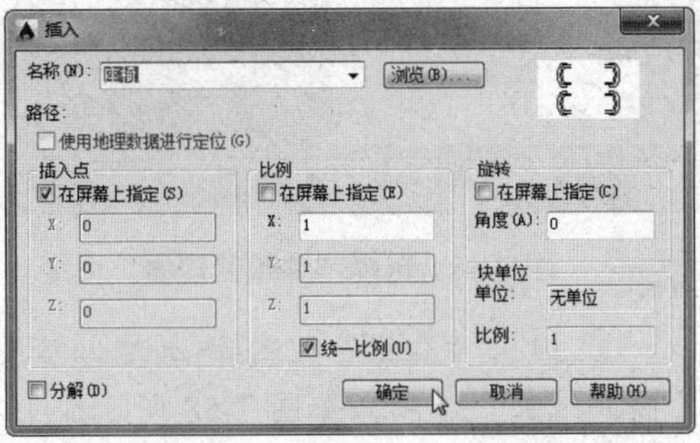

图 7-55　“插入”对话框

项目小结

本项目主要介绍了 AutoCAD 2016 中图块、外部参照及设计中心的相关知识，通过本项目的学习，读者应重点掌握以下知识。

（1）了解 AutoCAD 2016 中图块和设计中心的功能。

（2）熟练掌握创建块、存储块、插入块、编辑块属性、附着外部参照、裁剪外部参照及插入设计中心内容的方法。

项目习题

（1）设置在一个图块上显示多个夹点。

操作提示：

若希望在一个图块上显示多个编辑夹点，可以单击“应用程序”下拉按钮，在弹出的下拉列表中单击“选项”按钮，通过弹出的“选项”对话框中“选择集”选项卡下的“夹点”选项区来设置在块中启用夹点数目。

（2）快速显示图形文件中的所有参照图块。

操作提示：

若想实现此目的需要使用外部参照管理器，该程序可以检查图形文件可能附着的任何文件。

① 单击“开始”菜单，单击“所有程序”按钮，选择 Autodesk |“AutoCAD 2016-简体中文”|“参照管理器”命令，如图 7-56 所示。

② 在打开的“参照管理器”窗口中单击“添加图形”按钮添加图形文件，如图 7-57 所示。

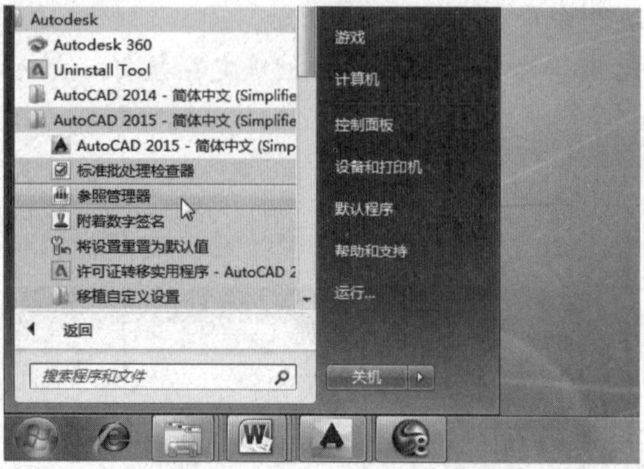

图 7-56　选择“参照管理器”命令

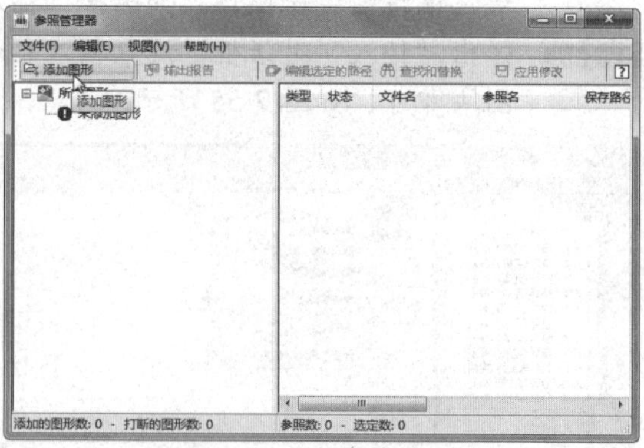

图 7-57　“参照管理器”窗口

③ 弹出“参照管理器-添加外部参照”对话框，选择“自动添加所有外部参照，而不管嵌套级别”选项，如图 7-58 所示。

④ 此时，在“参照管理器”窗口中将自动显示出该图形的所有参照图块，如图 7-59 所示。

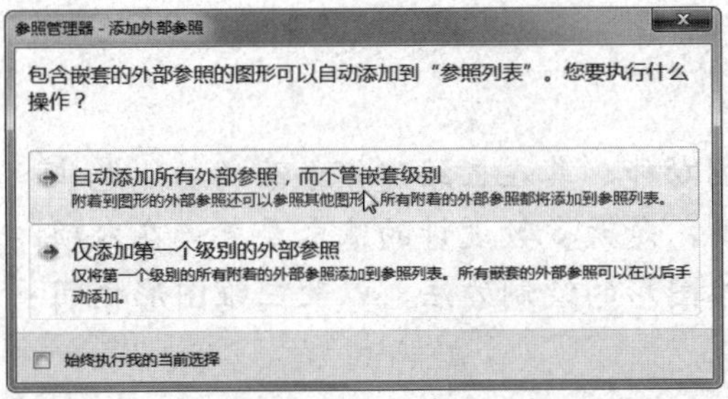

图 7-58　“参照管理器-添加外部参照”对话框

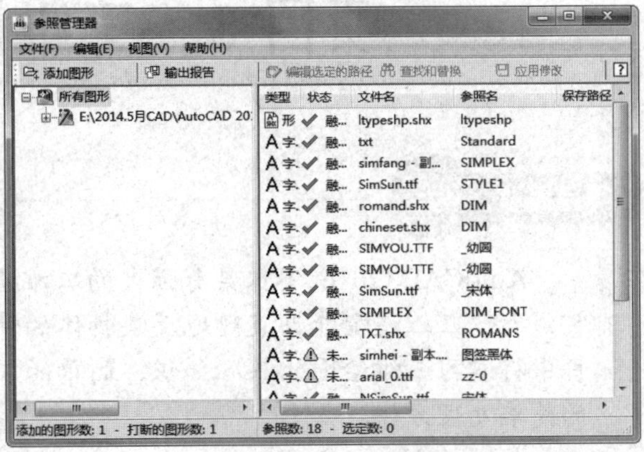

图 7-59　显示所有参照图块

项目 8　三维图形的绘制

项目概览

AutoCAD 2016 不仅具有强大的二维绘图功能，其在三维建模方面的功能也非常强大。三维造型能够直观地反映物体的外观，是大多数设计的基本要求。在本项目中将学习三维绘图的基础知识、简单的三维图形的绘制方法，以及三维图形之间的简单处理方法。

项目重点

- 了解 AutoCAD 2016 三维绘图基础知识。
- 熟练掌握基本三维图形的绘制方法。
- 学会将二维图形转换为三维图形。
- 能够灵活运用布尔运算的三种方式。

项目目标

- 对 AutoCAD 三维绘图有基本的了解。
- 熟练掌握各种三维图形的绘制及运算方法。

任务 1　三维绘图基础

任务概述

在进行三维绘图之前，首先需要对三维视图进行设置，然后认识三维坐标系及动态 UCS，本任务将对其分别进行详细介绍。

任务重点与实施

8.1.1　设置三维视图

通过“三维导航”下拉列表中的预定义选项，可以使用户从多种不同的角度观察绘图区中的三维模型，具体操作方法如下。

Step01 打开素材文件“设置三维视图.dwg”，单击“视图”面板中的“三维导航”下拉按钮，在弹出的下拉列表中选择“俯视”命令，如图 8-1 所示。

Step02 此时，绘图区中的三维图形将切换到俯视图，如图 8-2 所示。

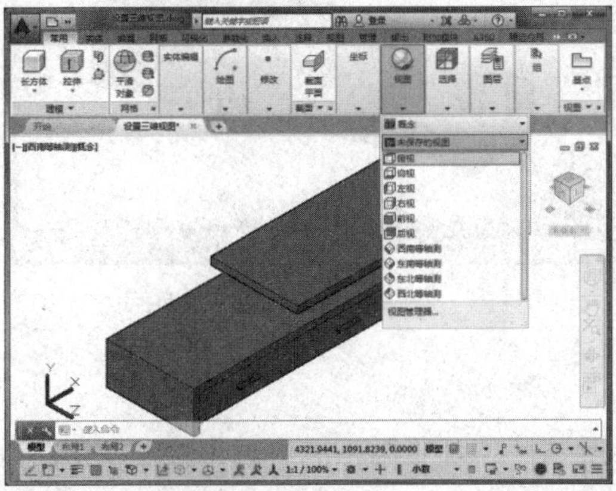
图 8-1　选择“俯视”命令

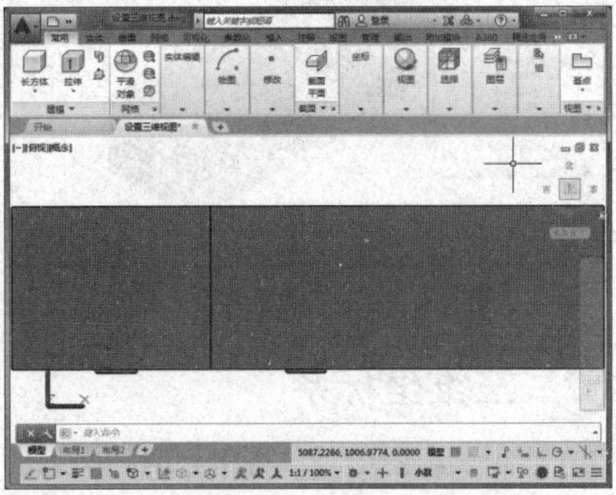
图 8-2　切换到俯视图

Step03 单击“视图”面板中的“三维导航”下拉按钮，在弹出的下拉列表中选择“左视”命令，切换到左视图，如图 8-3 所示。

Step04 若在下拉列表中选择“东南等轴测”命令，就会切换到东南等轴测视图，如图 8-4 所示。

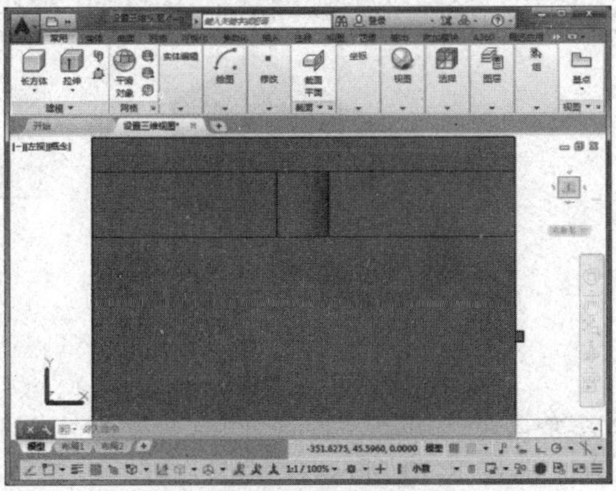
图 8-3　切换到左视图

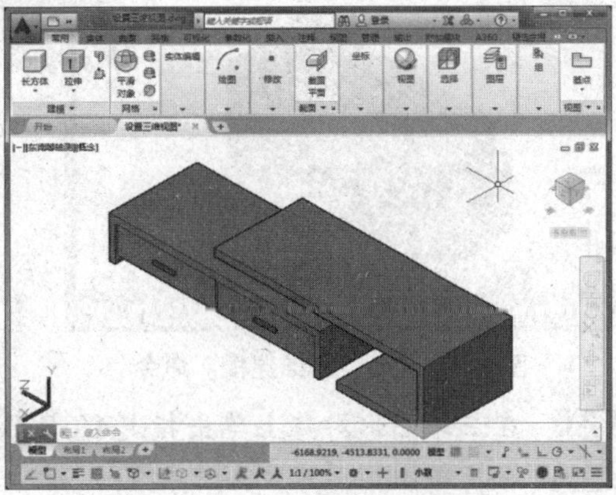
图 8-4　切换到东南等轴测视图

Step05 在绘图区单击左上角的“视图控件”链接，在弹出的下拉列表中也可以选择视图方式，如图 8-5 所示。

Step06 可以同时按住【Shift】键和鼠标滚轮键，通过移动鼠标自定义视图方向，如图 8-6 所示。

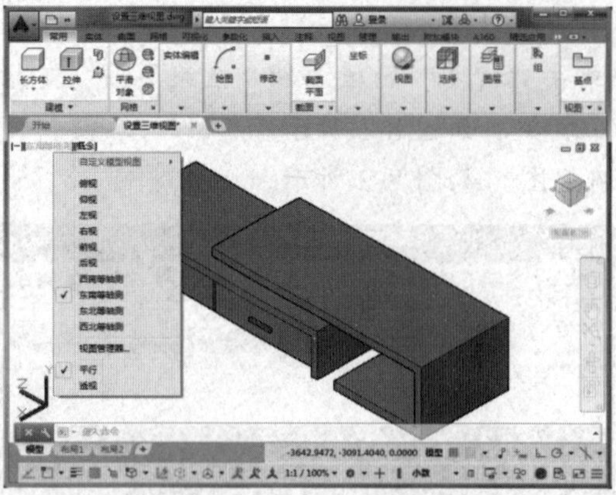

图 8-5 单击“视图控件”链接

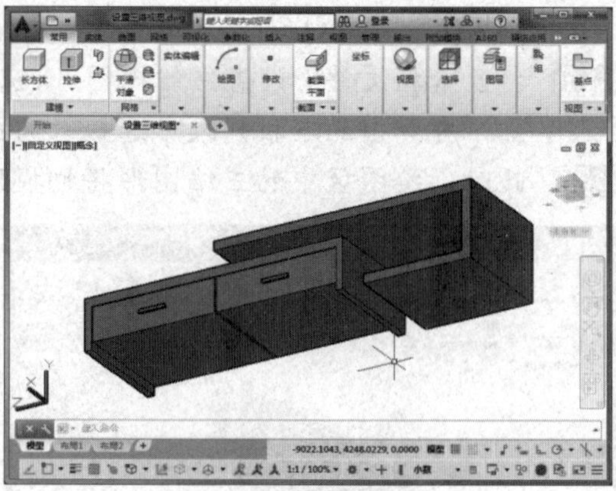

图 8-6 自定义视图方向

8.1.2 三维坐标系

在绘制三维图形时，将用到两种类型的坐标系：一种是固定的世界坐标系（WCS），另一种是可移动的用户坐标系（UCS）。创建 UCS 用户坐标系的具体操作方法如下。

Step 01 打开素材文件“三维坐标系.dwg”，单击状态栏上的“切换工作空间”按钮，在弹出的下拉列表中选择“三维建模”命令，如图 8-7 所示。

Step 02 单击 ViewCube 导航工具下方的 WCS 下拉按钮，在弹出的下拉菜单中选择“新 UCS”命令，如图 8-8 所示。

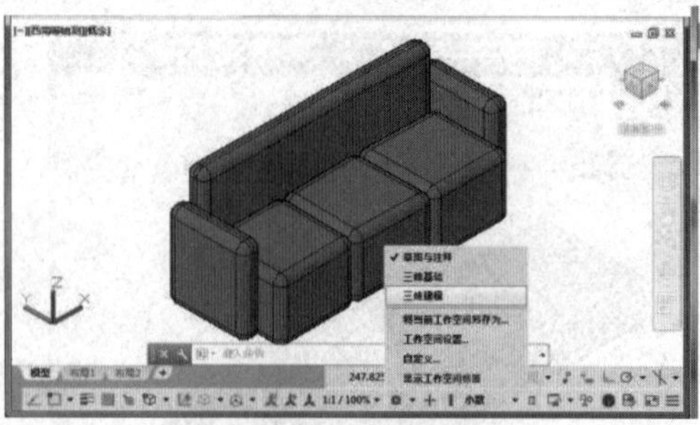

图 8-7 选择“三维建模”命令

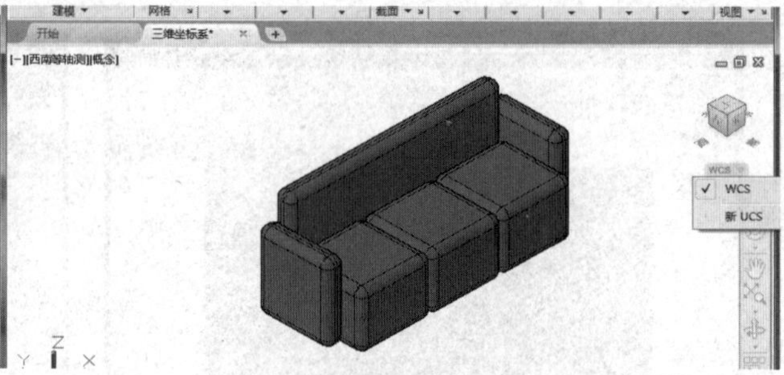

图 8-8 选择“新 UCS”命令

Step 03 在三维图形对象上单击指定 UCS 原点，如图 8-9 所示。

Step 04 在三维图形对象上单击指定 X 轴上的点，如图 8-10 所示。

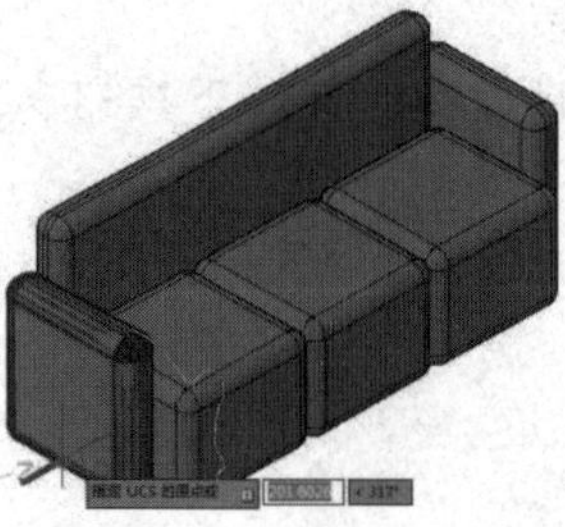

图 8-9 指定 UCS 原点

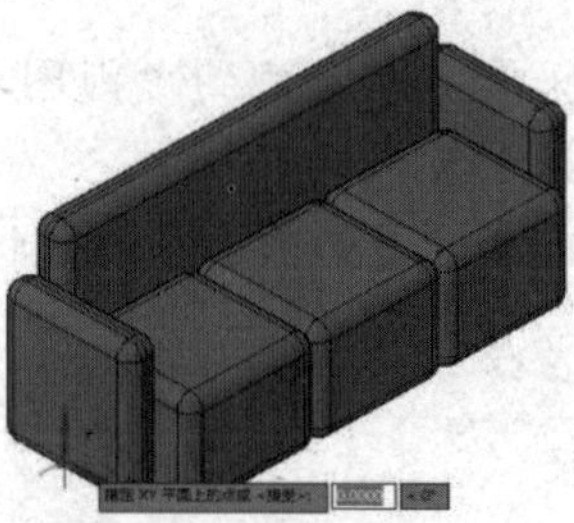

图 8-10 指定 X 轴上的点

Step 05 在三维图形对象上单击指定 XY 平面上的点，如图 8-11 所示。

Step06 通过指定三个点创建 UCS 用户坐标系，如图 8-12 所示。

图 8-11　指定 XY 平面上的点

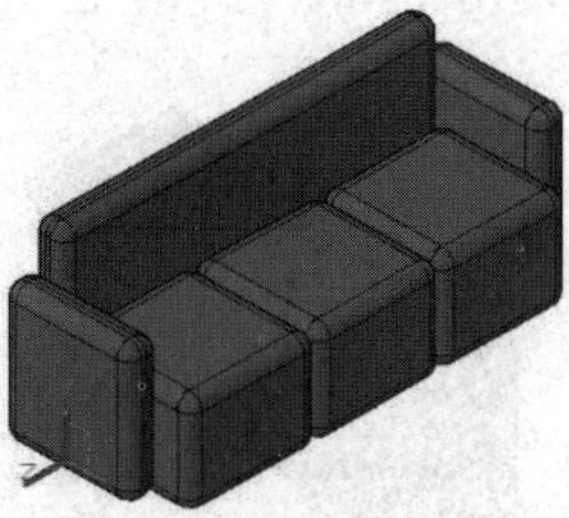

图 8-12　创建 UCS 用户坐标系

8.1.3　三维视觉样式

视觉样式用于控制三维视图中三维模型对象的边和着色的显示方式。在 AutoCAD 2016 中，默认提供了以下几种预定义视觉样式。

- **二维线框**：通过使用直线和曲线表示边界的方式显示对象，其光栅图像、OLE 对象、线型和线宽均可见，如图 8-13 所示。
- **线框**：通过使用直线和曲线表示边界的方式显示对象。
- **概念**：使用平滑着色和古氏面样式显示对象。古氏面样式在冷暖颜色而非明暗效果之间转换，其效果缺乏真实感，但可以方便地查看模型的细节，如图 8-14 所示。

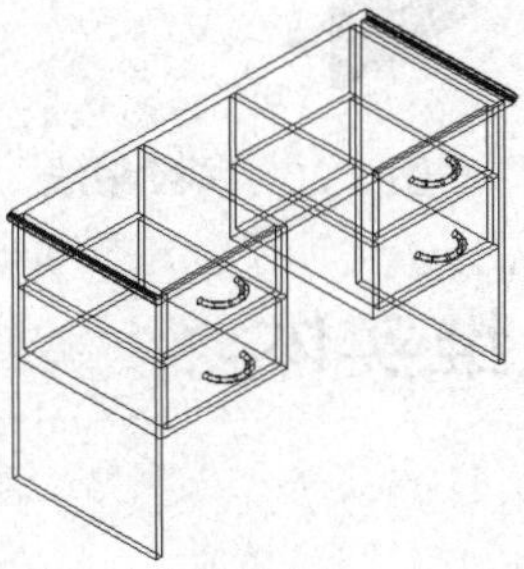

图 8-13　“二维线框”视觉样式

图 8-14　“概念”视觉样式

- **隐藏**：使用线框表示法显示对象，而隐藏背面不可见的线，如图 8-15 所示。
- **真实**：使用平滑着色和材质显示对象，如图 8-16 所示。

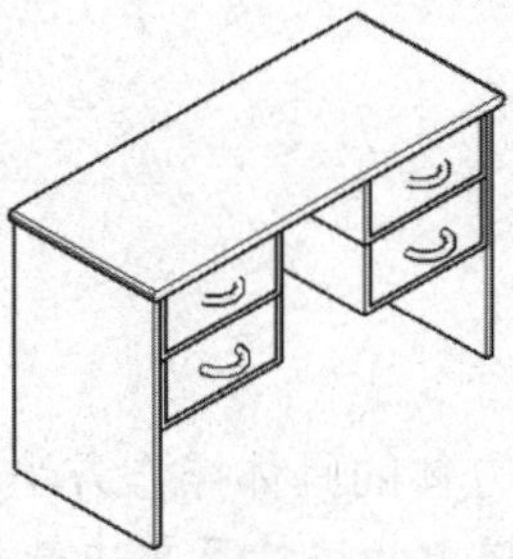

图 8-15　“隐藏”视觉样式

图 8-16　“真实”视觉样式

- **着色**：使用平滑着色显示对象，如图 8-17 所示。

- **带边缘着色**：使用平滑着色和可见边显示对象。
- **灰度**：使用平滑着色和单色灰度显示对象，如图 8-18 所示。

图 8-17 “着色”视觉样式

图 8-18 “灰度”视觉样式

- **勾画**：使用线延伸和抖动边修改器显示手绘效果的对象，如图 8-19 所示。
- **X 射线**：以局部透明度显示对象，如图 8-20 所示。

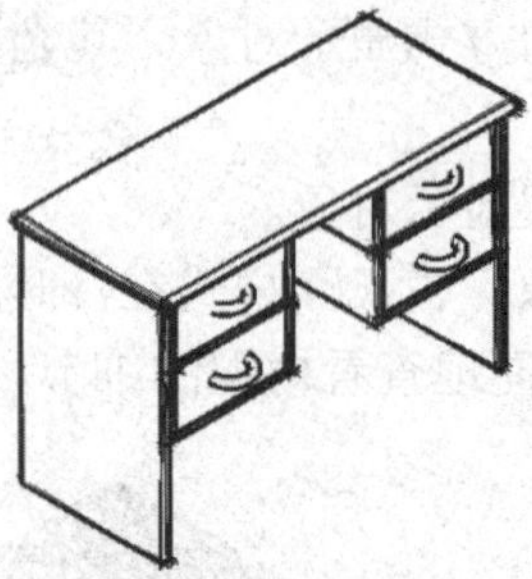

图 8-19 “勾画”视觉样式

图 8-20 “X 射线”视觉样式

任务 2 绘制三维实体

任务概述

三维实体是三维图形中最基本的组成部分。AutoCAD 2016 提供了长方体、圆锥体、圆柱体、球体、圆环体等基本三维实体的绘制命令，通过这些命令可以轻松地创建简单的三维实体模型。

任务重点与实施

8.2.1 长方体的绘制

长方体的基本参数有底面和高度，创建实心长方体的具体操作方法如下。

Step 01 单击绘图区左上角“视图控件”链接，在弹出的快捷菜单中选择“东南等轴测”命令，如图 8-21 所示。

Step 02 单击“常用”选项卡下“建模”面板中的“长方体”按钮，如图 8-22 所示。

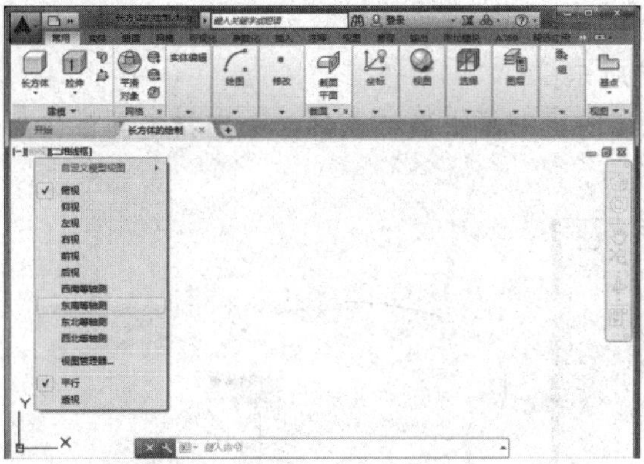

图 8-21　选择“东南等轴测”命令

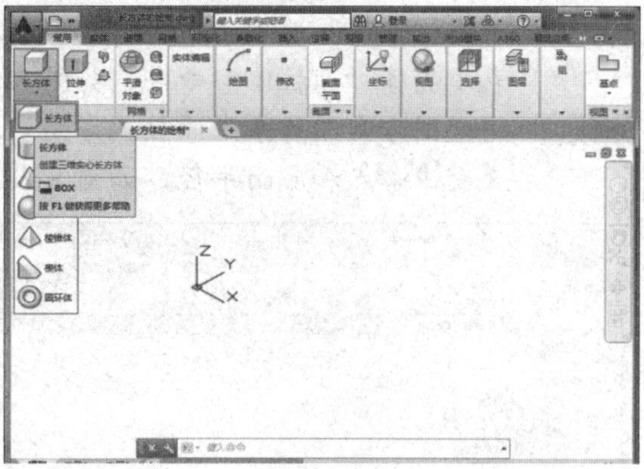

图 8-22　单击“长方体”按钮

Step 03　在绘图区中分别指定图形的两个对角点，如图 8-23 所示。

Step 04　在绘图区中指定长方体的高度，如图 8-24 所示。

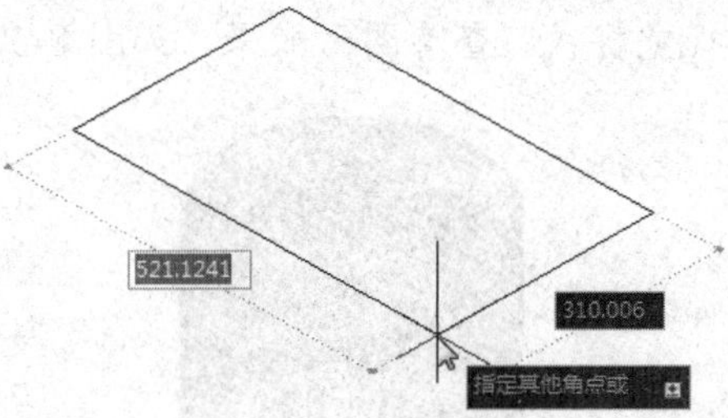

图 8-23　指定两个对角点

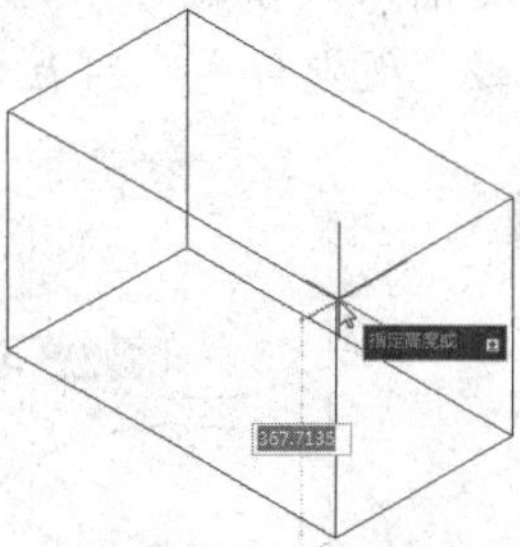

图 8-24　指定高度

Step 05　单击“常用”选项卡下“视图”面板中的“视觉样式”下拉按钮，在弹出的“视觉样式”列表中单击“概念”按钮，如图 8-25 所示。

Step 06　切换到“概念”视觉样式，查看图形效果，如图 8-26 所示。

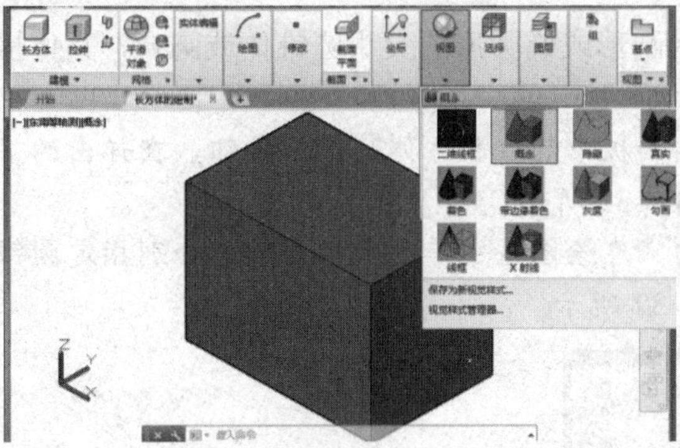

图 8-25　单击“概念”按钮

图 8-26　查看图形效果

8.2.2　圆柱体的绘制

绘制圆柱体需要分别指定底面和高度，下面将介绍如何创建圆柱体，具体操作方法如下。

Step 01 单击“常用”选项卡下“建模”面板中的“长方体”下拉按钮，在弹出的下拉列表中选择“圆柱体”命令，如图 8-27 所示。

Step 02 将视图方向改为东南等轴测方向，在绘图区中单击鼠标左键，分别指定圆柱体的底面中心点和底面半径，如图 8-28 所示。

图 8-27　选择“圆柱体”命令

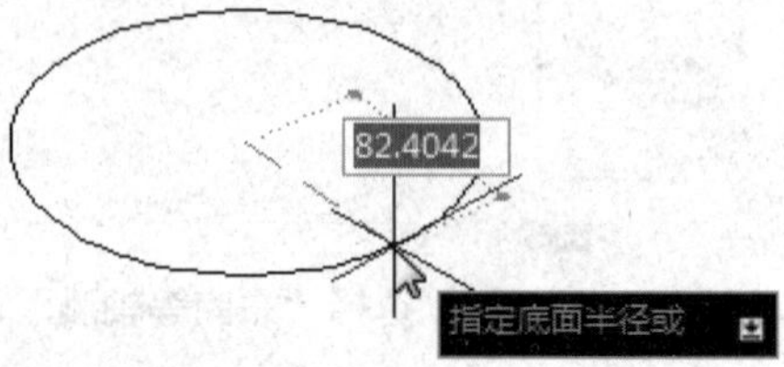

图 8-28　指定底面中心点和半径

Step 03 通过输入数值或移动光标指定圆柱体的高度，如图 8-29 所示。

Step 04 通过“视觉样式”列表切换到“概念”视觉样式，查看图形效果，如图 8-30 所示。

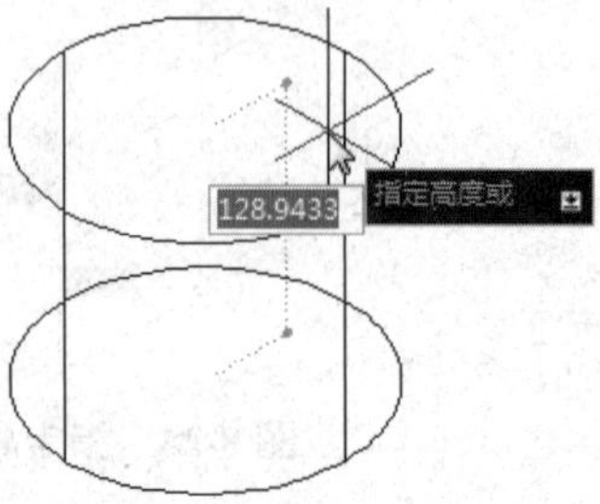

图 8-29　指定高度

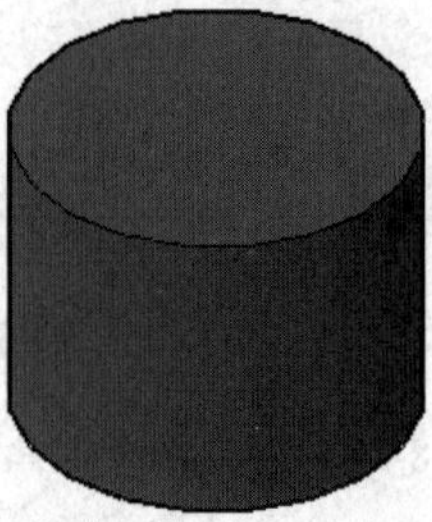

图 8-30　查看图形效果

8.2.3　圆锥体的绘制

通过“圆锥体”工具可以创建底面为圆形或椭圆形的尖头圆锥体或圆台，具体操作方法如下。

Step 01 单击“常用”选项卡下“建模”面板中的“长方体”下拉按钮，在弹出的下拉列表中选择“圆锥体”命令，如图 8-31 所示。

Step 02 将视图方向改为东南等轴测方向，在绘图区中单击鼠标左键，分别指定圆锥体的底面中心点和底面半径，如图 8-32 所示。

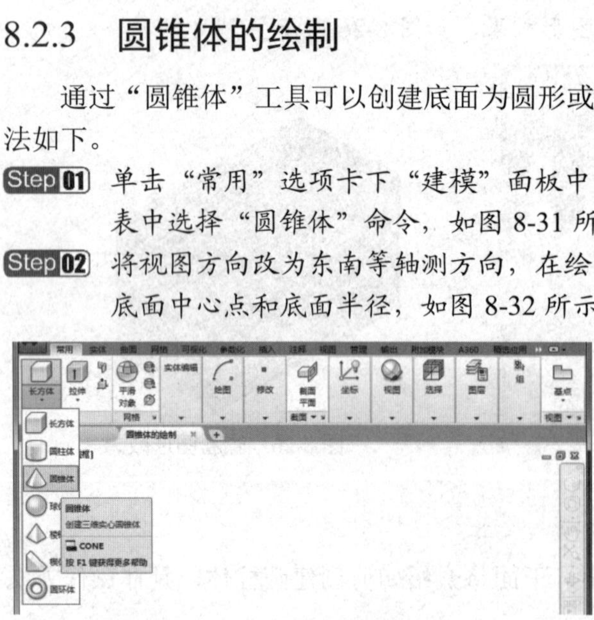

图 8-31　选择“圆锥体”命令

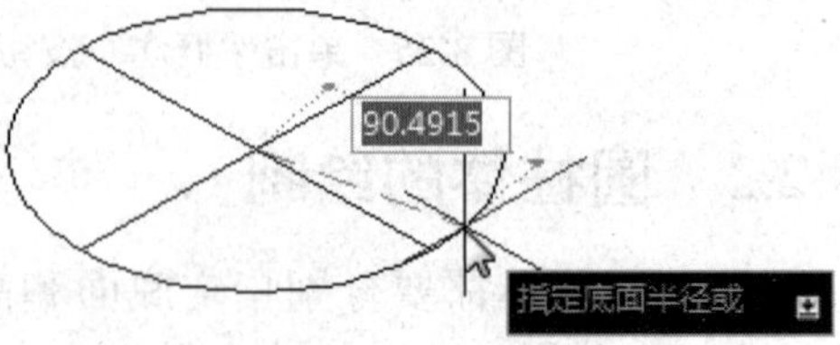

图 8-32　指定底面中心点和半径

Step 03 通过输入数值或移动光标指定圆锥体的高度，如图 8-33 所示。

Step 04 通过“视觉样式”列表切换到“概念”视觉样式，查看图形效果。双击圆锥体图形，如图 8-34 所示。

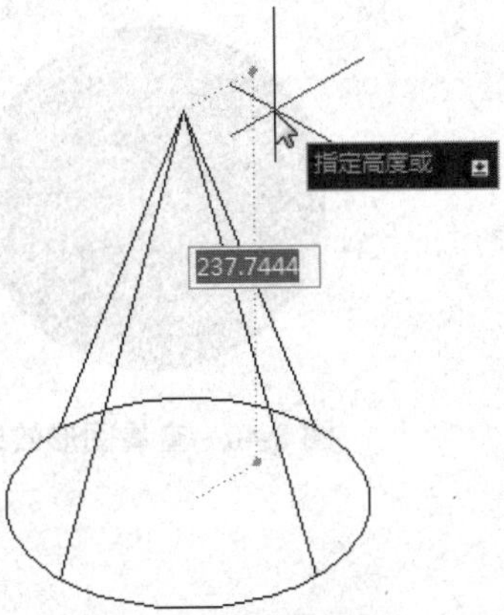

图 8-33 指定高度

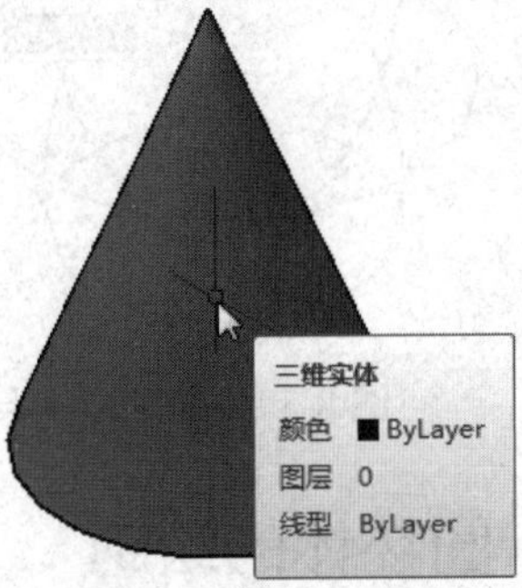

图 8-34 双击图形

Step 05 弹出特性面板，修改顶面半径为 30，如图 8-35 所示。

Step 06 将圆锥体顶面改为圆台，查看最终效果，如图 8-36 所示。

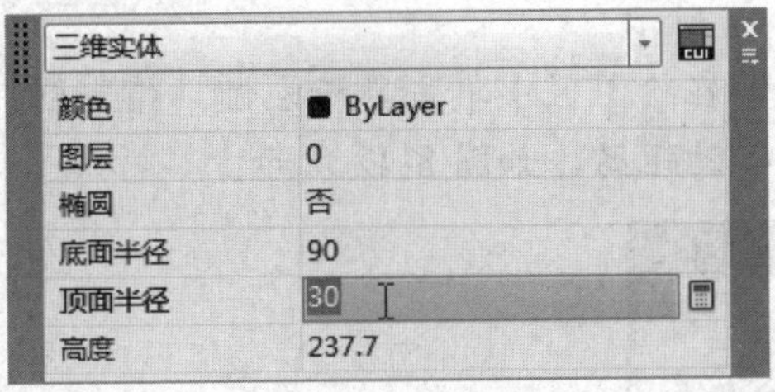

图 8-35 修改顶面半径

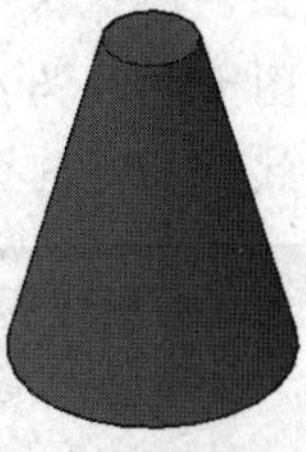
图 8-36 查看圆台效果

8.2.4 球体的绘制

从圆心开始创建的球体，其中心轴将与当前用户坐标系（UCS）的 Z 轴平行。绘制球体的具体操作方法如下。

Step 01 单击“常用”选项卡下“建模”面板中的“长方体”下拉按钮，在弹出的下拉列表中选择“球体”命令，如图 8-37 所示。

Step 02 将视图方向改为东南等轴测方向，在绘图区中单击鼠标左键，指定球体的中心点，如图 8-38 所示。

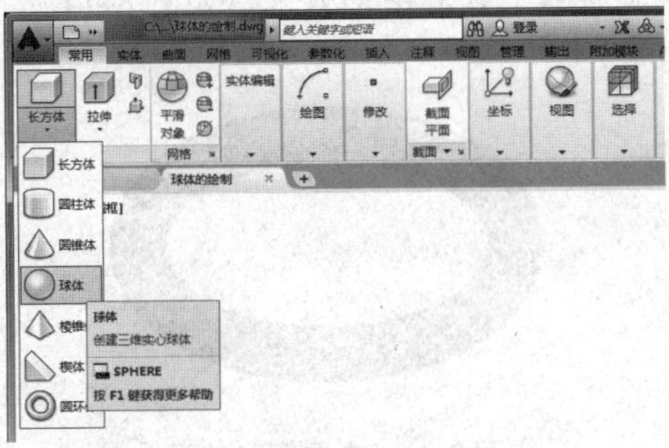

图 8-37 选择“球体”命令

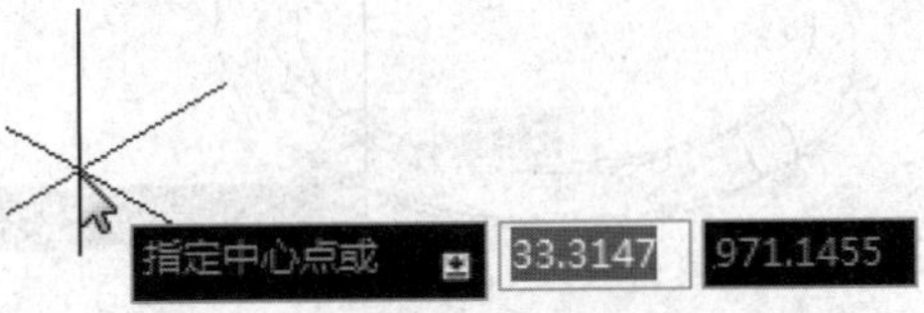

图 8-38 指定球体中心点

Step03 通过输入数值或移动光标指定球体半径值，如图 8-39 所示。

Step04 通过“视觉样式”列表切换到“概念”视觉样式，查看图形效果，如图 8-40 所示。

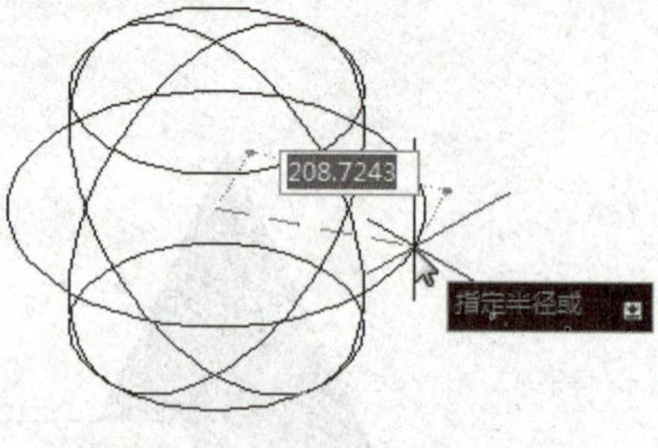

图 8-39 指定球体半径值

图 8-40 查看图形效果

8.2.5 圆环体的绘制

圆环体即类似于轮胎内胎的环形实体，它由两个半径值定义，即从圆环体中心到圆管中心的距离和圆管的半径距离。绘制圆环体的具体操作方法如下。

Step01 单击“常用”选项卡下“建模”面板中“长方体”下拉按钮，在弹出的下拉列表中选择“圆环体”命令，如图 8-41 所示。

Step02 将视图方向改为东南等轴测方向，在绘图区中单击鼠标左键，指定圆环体的中心点，然后指定其中心点到圆管中心的距离，如图 8-42 所示。

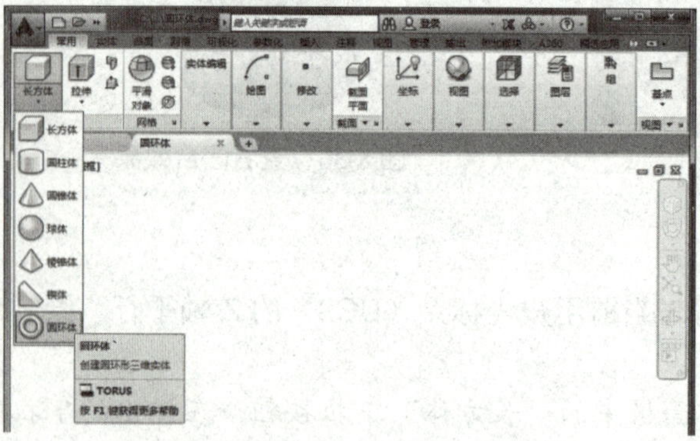

图 8-41 选择“圆环体”命令

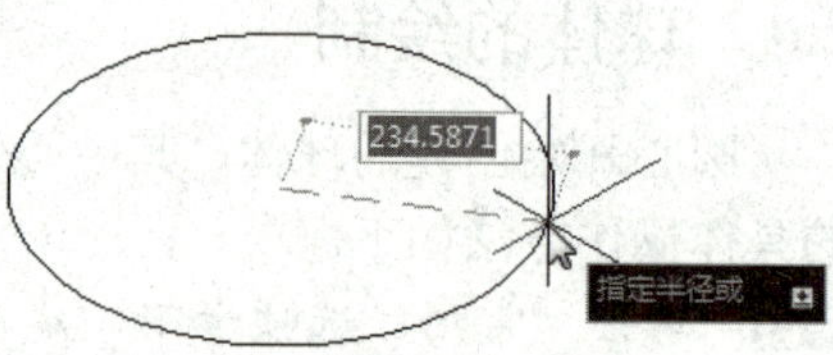

图 8-42 指定距离

Step03 通过输入数值或移动光标指定圆环体的圆管半径，如图 8-43 所示。

Step04 通过“视觉样式”列表切换到“灰度”视觉样式，查看图形效果，如图 8-44 所示。

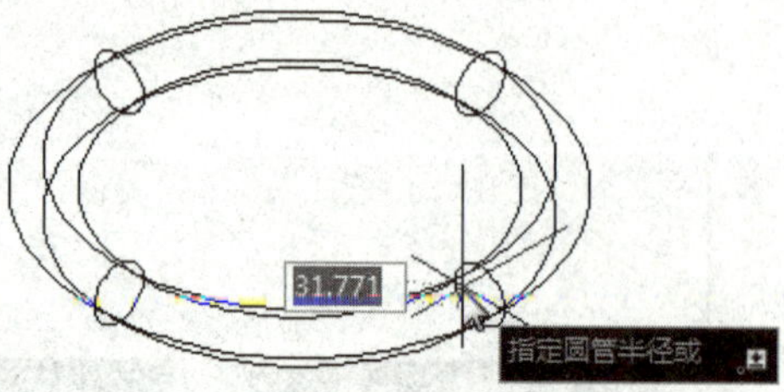

图 8-43 指定圆管半径

图 8-44 查看图形效果

8.2.6　多段体的绘制

多段体对象的创建方法与创建多线相似，通过“多段体”工具可以快速绘制建筑效果图的墙体，具体操作方法如下。

Step 01 打开素材文件“多段体的绘制.dwg”，单击“常用”选项卡下“建模”面板中的“多段体”按钮，如图 8-45 所示。

Step 02 将多段体的高度、宽度、对正方式分别设置为 3000、240、右对齐，命令提示如下。

```
命令：
_Polysolid
高度 =2.0000, 宽度 =5.0000, 对正 = 左对齐
指定起点或 [对象(O)/高度(H)/宽度(W)/对正(J)] <对象>: H
指定高度 <2.0000>: 3000
高度 =3000.0000, 宽度 =5.0000, 对正 = 左对齐
指定起点或 [对象(O)/高度(H)/宽度(W)/对正(J)] <对象>: W
指定宽度 <5.0000>: 240
高度 =3000.0000, 宽度 =240.0000, 对正 = 左对齐
指定起点或 [对象(O)/高度(H)/宽度(W)/对正(J)] <对象>: J
输入对正方式 [左对正(L)/居中(C)/右对正(R)] <左对正>: R
高度 =3000.0000, 宽度 =240.0000, 对正 = 右对齐
```

Step 03 依次在图形上所需的位置单击鼠标左键，即可添加引线，如图 8-46 所示。

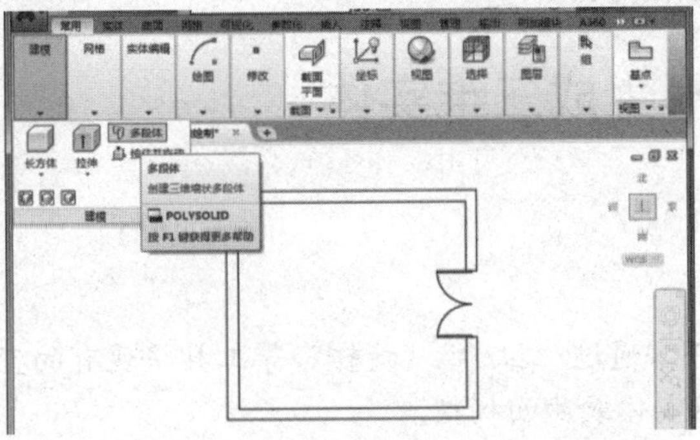

图 8-45　单击“多段体”按钮

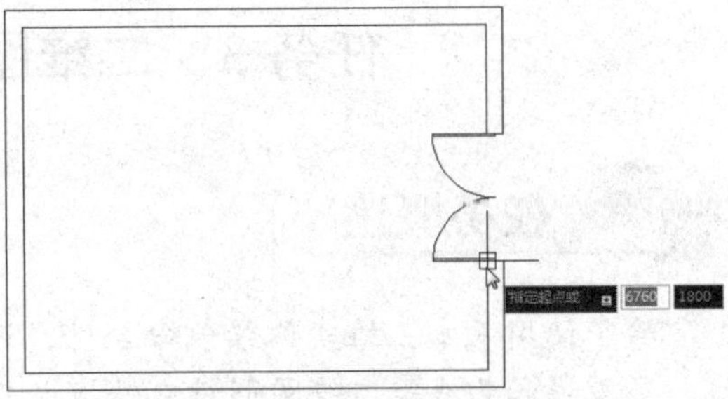

图 8-46　指定起点

Step 04 移动光标，指定另一侧端点为多段体的下一点，如图 8-47 所示。

Step 05 沿平面墙体图形依次捕捉端点，完成多段体的绘制，如图 8-48 所示。

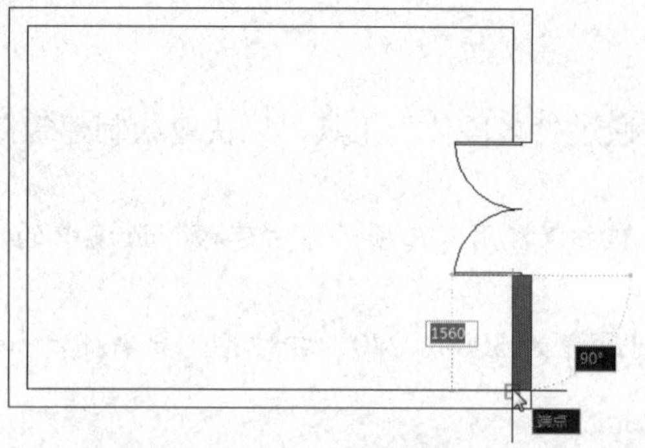

图 8-47　指定下一点

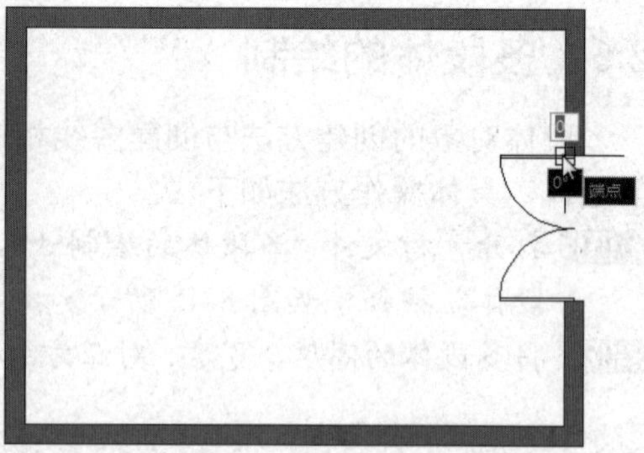

图 8-48　捕捉端点

Step06 修改视图方向与视觉样式，查看绘制效果，如图 8-49 所示。

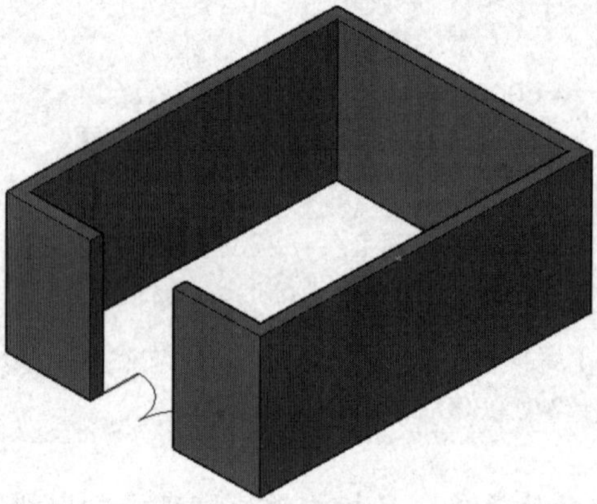

图 8-49　查看绘制效果

任务 3　二维图形生成三维实体

任务概述

除了使用基本三维实体绘制命令外，还可以通过“拉伸”“旋转”等工具将现有的直线、多段线和曲线等二维图形对象转换成三维实体或曲面模型。

任务重点与实施

8.3.1　拉伸实体

用户可以通过“拉伸”工具按指定路径或高度延伸二维对象的形状，从而创建三维实体或曲面，具体操作方法如下。

Step01 打开素材文件“拉伸实体.dwg”，单击“常用”选项卡下“建模”面板中的“拉伸”按钮，如图 8-50 所示。

Step 02　选择要拉伸的对象，按【Enter】键确认选择，如图 8-51 所示。

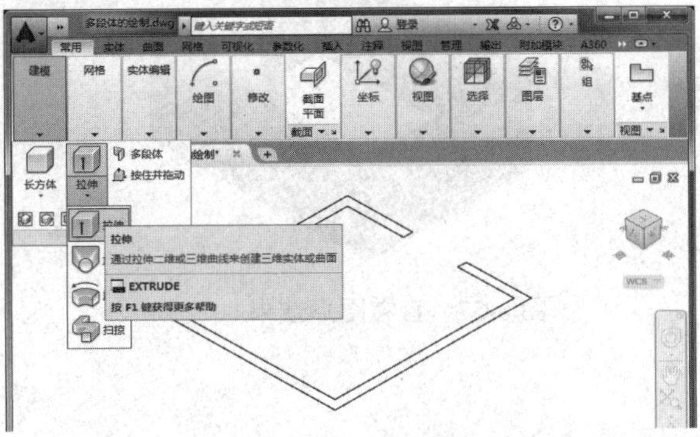

图 8-50　单击“拉伸”按钮

图 8-51　选择拉伸对象

Step 03　指定拉伸高度为 2700，即可将其拉伸为没有厚度的曲面，如图 8-52 所示。

Step 04　撤销刚才的操作，打开“绘图”面板，单击“边界”按钮，如图 8-53 所示。

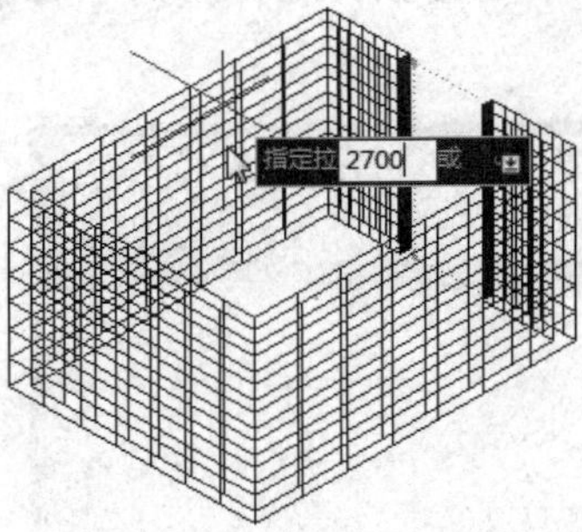

图 8-52　指定拉伸高度

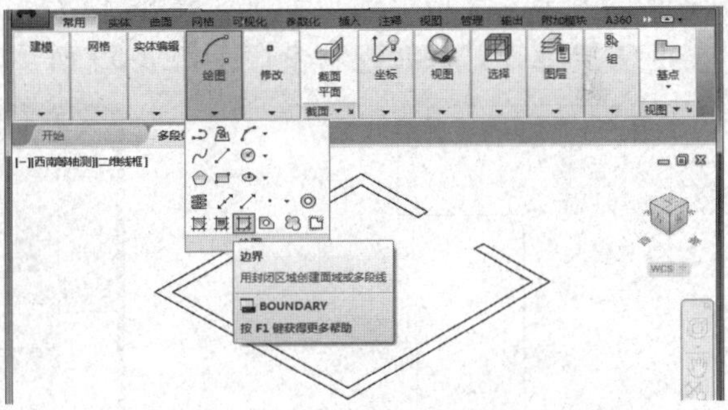

图 8-53　单击“边界”按钮

Step 05　弹出“边界创建”对话框，单击“拾取点”按钮，如图 8-54 所示。

Step 06　移动光标到墙体图形内部，单击拾取内部点，按【Enter】键执行操作，如图 8-55 所示。

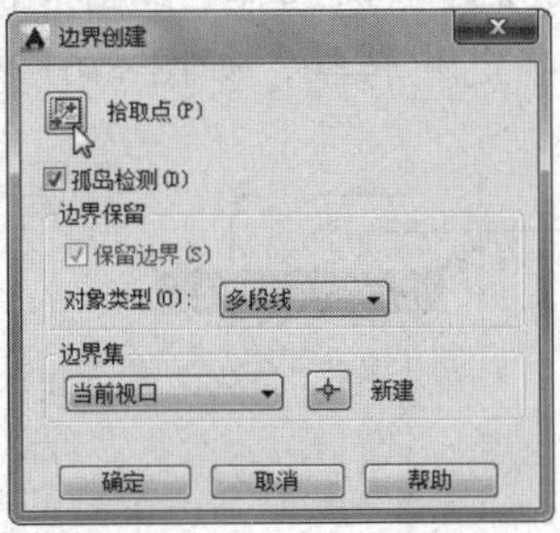

图 8-54　“边界创建”对话框

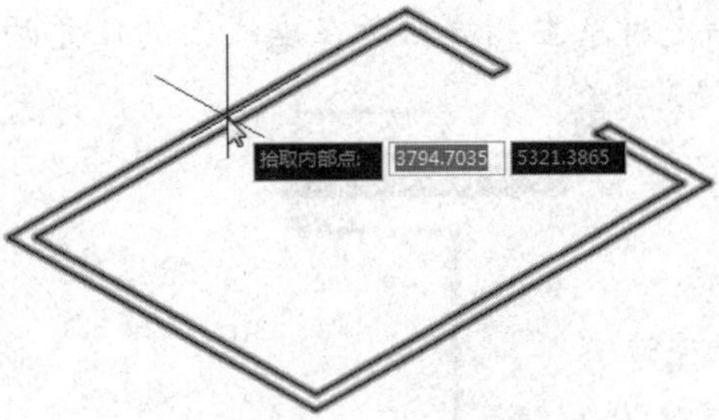

图 8-55　拾取内部点

Step 07　将墙体图形创建为合并的多段线，如图 8-56 所示。

Step 08　再次拉伸对象，即可创建带有厚度的三维实体，更改视觉样式，查看图形效果，如图 8-57 所示。

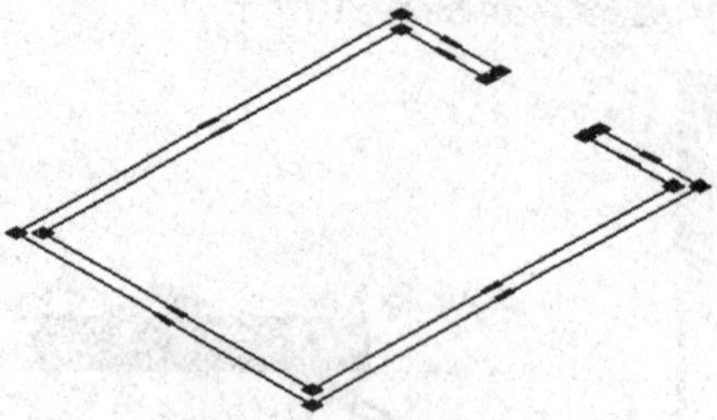

图 8-56　合并多段体

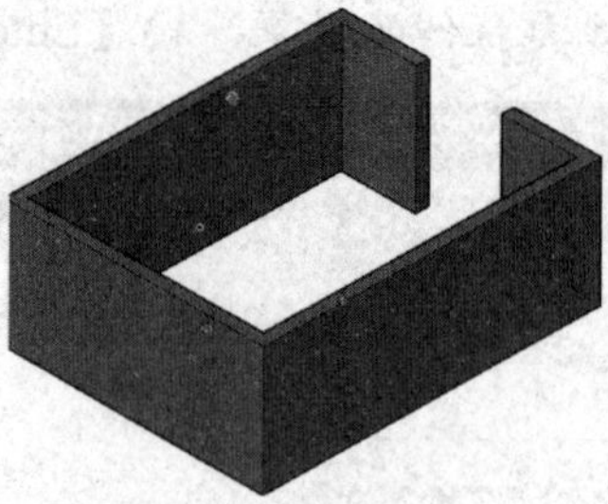

图 8-57　查看图形效果

8.3.2　旋转实体

用户可以通过“旋转”工具沿指定轴旋转二维对象，从而创建三维对象，具体操作方法如下。

Step 01 执行“多段线”命令，绘制多段线，如图 8-58 所示。

Step 02 单击“常用”选项卡下“建模”面板中的“拉伸”下拉按钮，在弹出的下拉菜单中选择“旋转”命令，如图 8-59 所示。

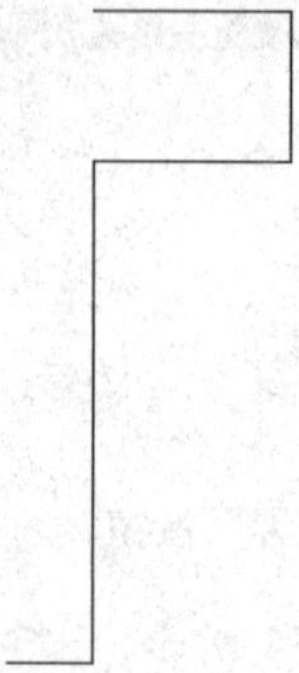

图 8-58　绘制多段线

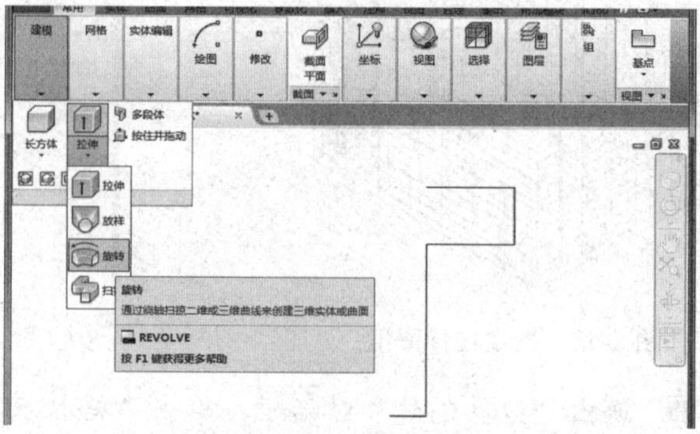

图 8-59　选择“旋转”命令

Step 03 选择刚才绘制的对象作为要旋转的对象，按【Enter】键确认选择，如图 8-60 所示。

Step 04 指定对象左侧端点所在垂线上的任意两点，从而确定旋转轴，如图 8-61 所示。

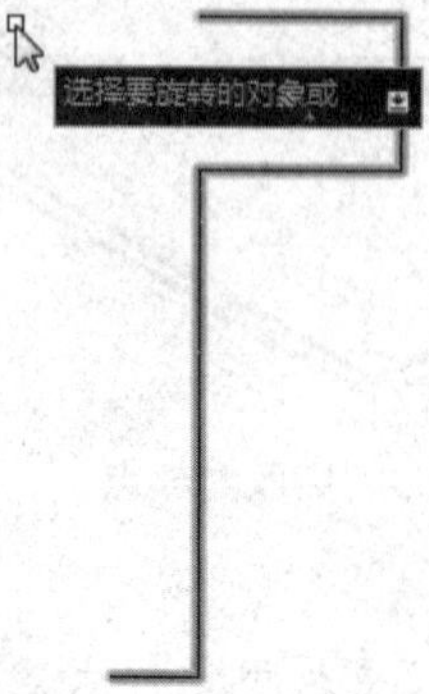

图 8-60　选择旋转对象

图 8-61　确定旋转轴

Step05 设置旋转角度为 360°，即可绕轴旋转对象，如图 8-62 所示。

Step06 切换到“概念”视觉样式，并更改视图方式，查看图形效果，如图 8-63 所示。

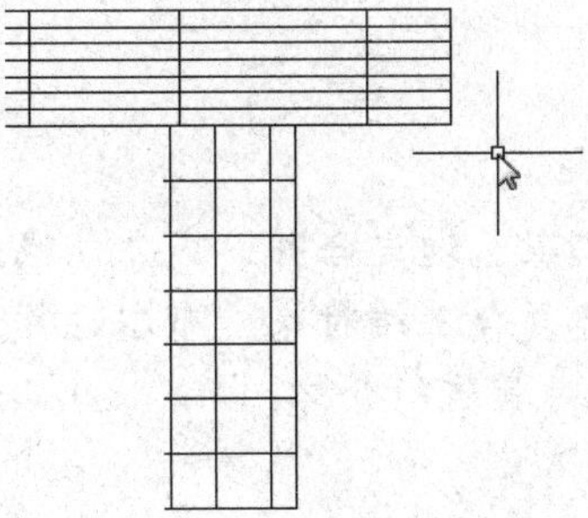

图 8-62　设置旋转角度

图 8-63　查看图形效果

8.3.3　平面曲面

通过“平面曲面”工具可以将封闭区域或矩形创建为平整的平面曲面，具体操作方法如下。

Step01 打开素材文件“平面曲面.dwg”，单击“曲面”选项卡下“创建”面板中的“平面”按钮，如图 8-64 所示。

Step02 输入 O 并按【Enter】键确认，在绘图区中选择指定对象，如图 8-65 所示。

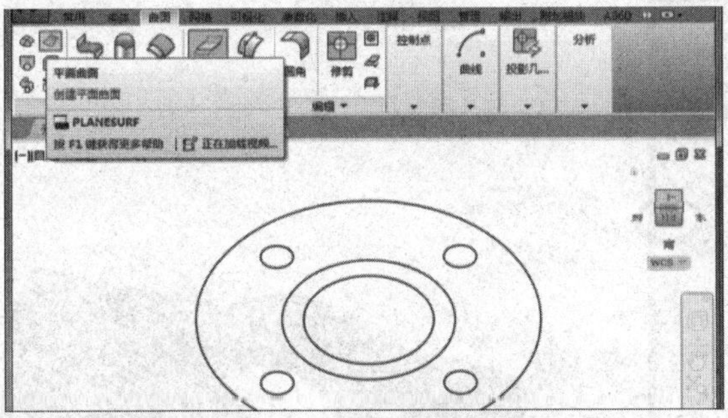

图 8-64　单击“平面”按钮

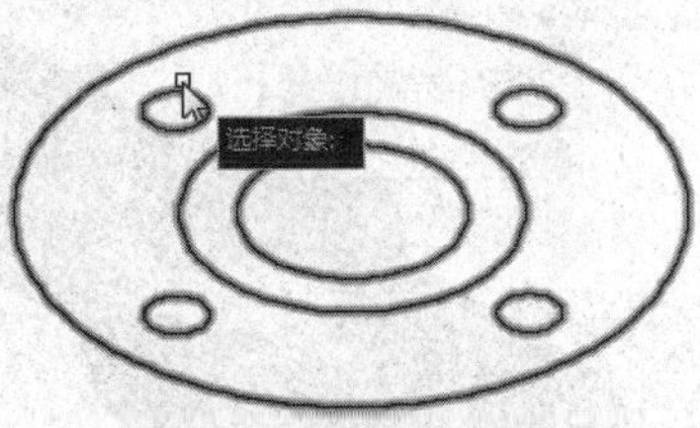

图 8-65　选择对象

Step03 按【Enter】键确认操作，即可创建平面曲面，如图 8-66 所示。

Step04 通过“视觉样式”列表切换到“概念”视觉样式，查看图形效果，如图 8-67 所示。

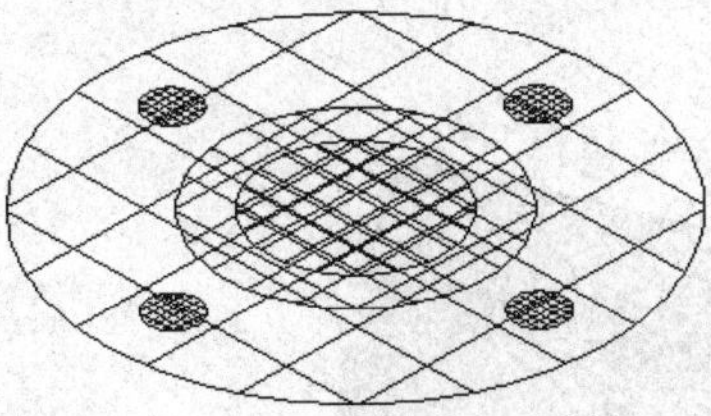

图 8-66　创建平面曲面

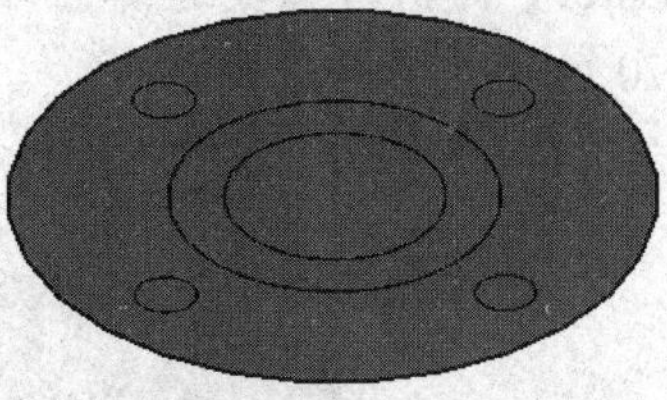

图 8-67　查看图形效果

任务 4 布尔运算

任务概述

布尔运算是创建复杂三维实体时较为常用的工具。通过合并、减去或找出两个或两个以上三维实体、曲面或面域的相交部分，从而创建复合三维对象。布尔运算工具包括“并集”“差集”和“交集”三种类型，本任务将分别对其进行介绍。

任务重点与实施

8.4.1 并集操作

“并集”是将两个或两个以上对象合并为一个整体，具体操作方法如下。

Step 01 打开素材文件“并集操作.dwg”，单击“常用”选项卡下“实体编辑”面板中的“实体，并集”按钮，如图 8-68 所示。

Step 02 选择绘图区中要合并的两个模型对象，如图 8-69 所示。

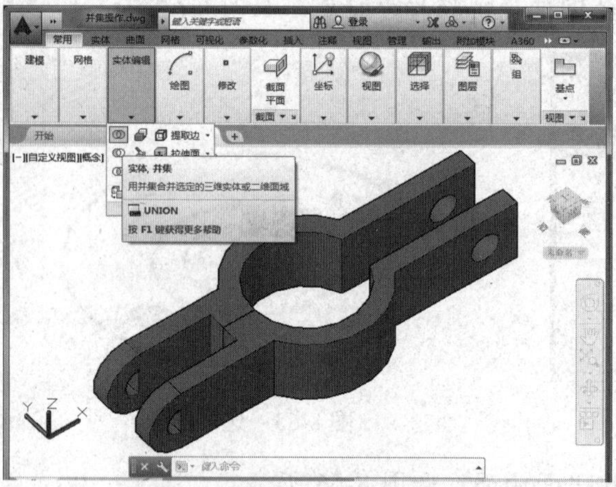

图 8-68 单击“实体，并集”按钮

图 8-69 选择对象

Step 03 按【Enter】键执行并集运算，即可将所选对象合并为一个无缝隙的三维实体，如图 8-70 所示。

图 8-70 查看并集效果

8.4.2　差集操作

“差集”是从所选实体组中减去一个或多个实体，从而创建三维实体或曲面，具体操作方法如下。

Step 01　打开素材文件“差集操作.dwg”，单击“常用”选项卡下“实体编辑”面板中的“实体，差集”按钮，如图 8-71 所示。

Step 02　选择要执行差集操作的对象，按【Enter】键确认选择，如图 8-72 所示。

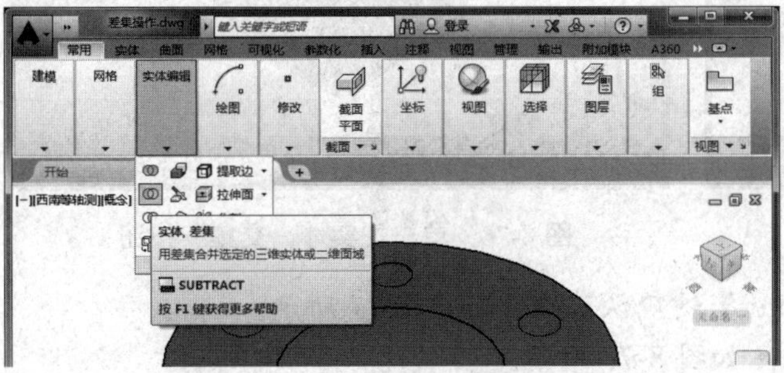

图 8-71　单击“实体，差集”按钮

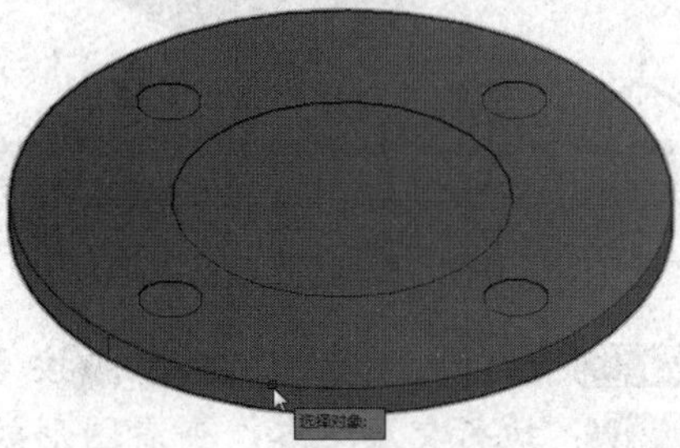

图 8-72　选择对象

Step 03　选择四个小圆柱体及中间大圆柱体作为要减去的三维对象，按【Enter】键确认，执行差集运算，如图 8-73 所示。

Step 04　此时，即可从所选对象中减去圆柱体对象，查看图形效果，如图 8-74 所示。

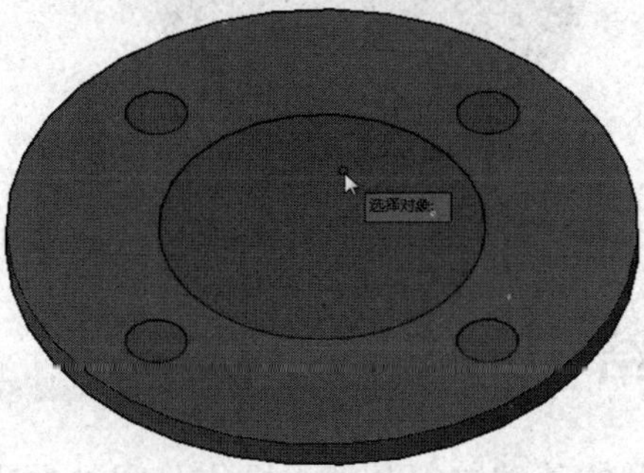

图 8-73　选择减去对象

图 8-74　查看差集效果

8.4.3　交集操作

“交集”是将两个或多个现有三维实体、曲面或面域的公共体积创建成三维实体，具体操作方法如下。

Step 01　打开素材文件“交集操作.dwg”，图形为一个立方体和一个球体，如图 8-75 所示。

Step 02　单击“常用”选项卡下“实体编辑”面板中的“实体，交集”按钮，如图 8-76 所示。

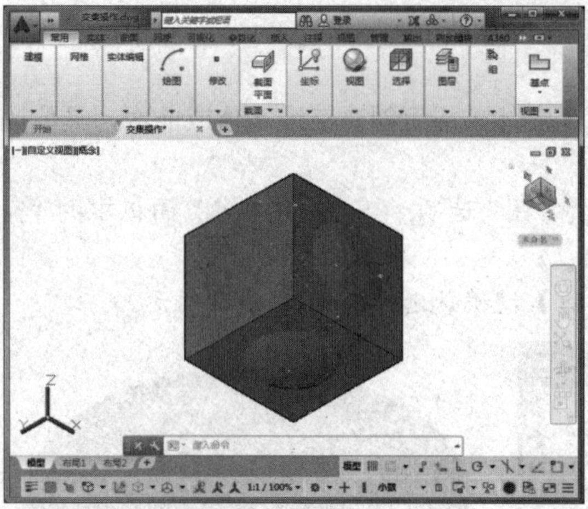

图 8-75　打开素材图形

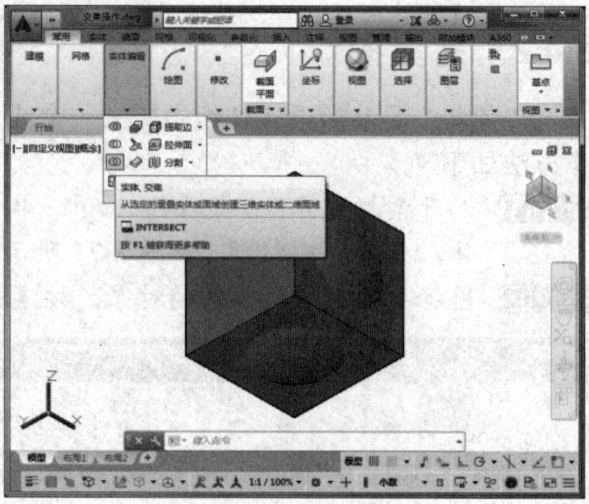

图 8-76　单击“实体，交集”按钮

Step03 选择绘图区中的对象，按【Enter】键确认选择，如图 8-77 所示。

Step04 执行交集运算，查看图形效果，如图 8-78 所示。

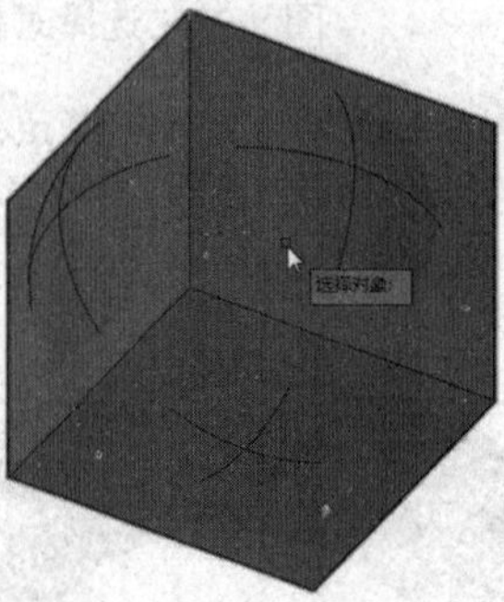

图 8-77　选择对象

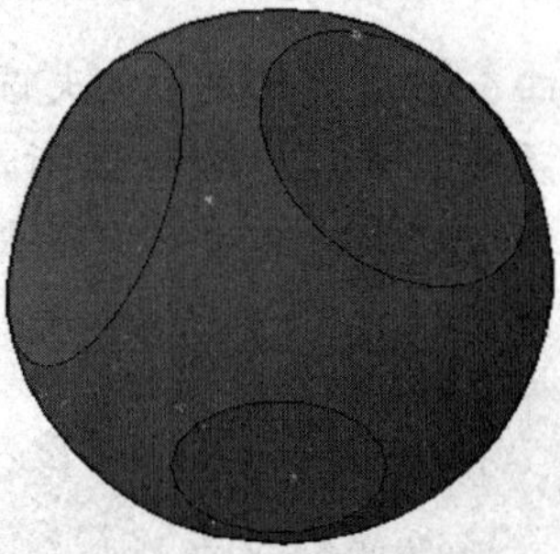

图 8-78　查看交集效果

项目小结

本项目主要介绍了 AutoCAD 2016 中三维绘图的基础知识及基本操作，通过本项目的学习，读者应重点掌握以下知识。

（1）了解 AutoCAD 2016 中长方体、圆柱体、球体、圆环体等的绘制方法。

（2）能够熟练地对二维图形进行拉伸、旋转、平面曲面等操作。

（3）能够灵活地对实体进行并集、差集和交集操作。

项目习题

（1）对三维坐标移动或者编辑后将其恢复为初始状态。

操作提示：

在绘制三维图形时，经常为了作图需要对坐标系进行调整。如果想恢复坐标，只需在命令行窗口中输入 UCS 命令，并按两次【Enter】键确认，即可恢复原始三维坐标。

（2）用三点方式创建新 UCS 坐标系。

操作提示：

① 新建空白文件，单击“工具”|“新建 UCS”|“三点”命令，如图 8-79 所示。

② 在绘图区任意单击一点，作为 UCS 坐标系的新原点。在命令行窗口输入“0,0,1000”，作为正 X 轴范围上的点，按【Enter】键确认，如图 8-80 所示。

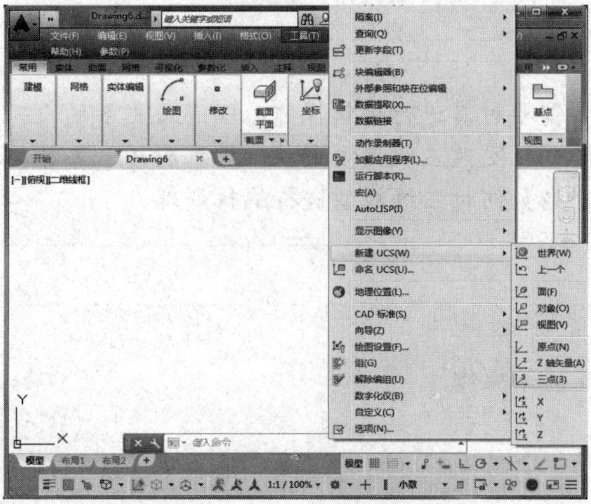

图 8-79　单击“共享文档”按钮

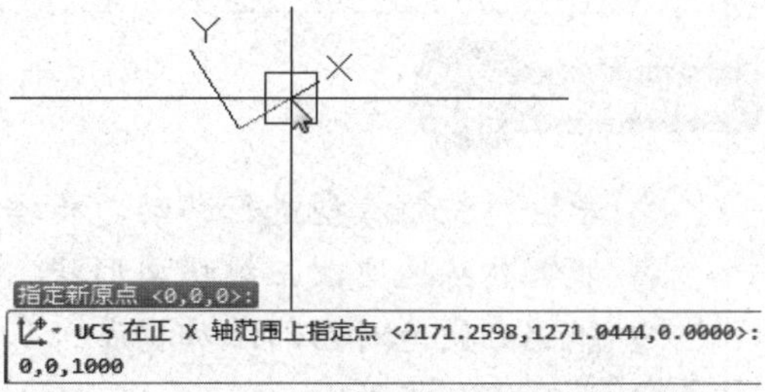

图 8-80　添加共享联系人

③ 在命令行窗口输入“1000,0,0”，作为正 Y 轴范围上的点，按【Enter】键确认，如图 8-81 所示。

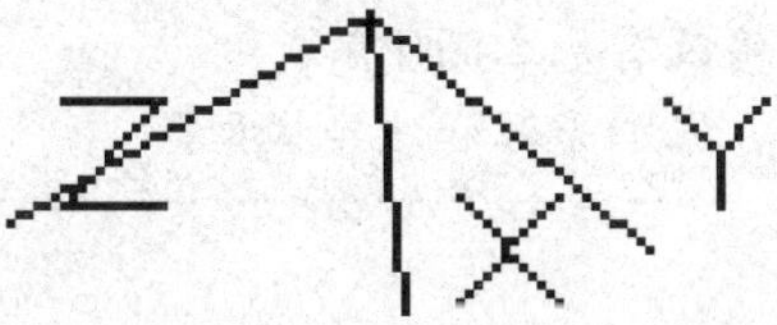

图 8-81　设置 Y 轴范围点

项目 9　三维图形的编辑

项目概览

当完成三维模型的创建工作后，通常需要对其进行编辑操作，以满足更多的设计要求，如三维移动、三维旋转、三维阵列、更改三维模型形状、添加材质、添加光源及对其进行渲染等，在本项目中将介绍如何对三维模型进行编辑处理。

项目重点

- 学会对三维模型进行移动、旋转、阵列等操作。
- 能够熟练地更改三维模型形状
- 能够方便地对图形添加材质。
- 学会添加光源。
- 学会渲染三维模型。

项目目标

- 对三维模型的编辑与修改有基本的了解。
- 能够熟练地添加材质、添加光源和渲染模型。

任务 1　三维模型基础操作

任务概述

三维模型基础操作包括移动三维对象、旋转三维对象、对齐三维对象、镜像三维对象、阵列三维对象，以及编辑实体边和实体面，本任务将分别对其进行详细介绍。

任务重点与实施

9.1.1　移动三维对象

默认情况下，在选择视图中具有三维视觉样式的对象或子对象时会自动显示小控件，这些小控件可以帮助用户沿三维轴或平面移动、旋转或缩放一组对象。在进行三维移动时，可以将小控件移动约束到轴或平面上，再对指定三维对象进行三维移动。将光标悬停在小控件上的轴控制柄上时将显示与轴对齐的矢量，且指定轴将变为黄色。单击轴控制柄，即可将对象约束到亮显的轴上，如图 9-1 所示。

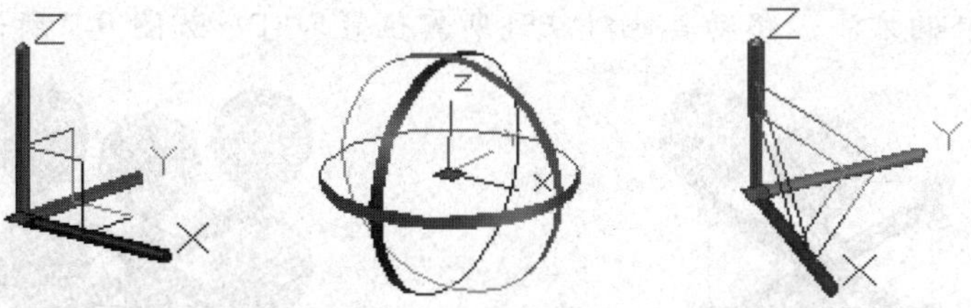

三维移动小控件　　三维旋转小控件　　三维缩放小控件

图 9-1　三维坐标

将光标移到小控件的矩形平面上，当矩形变为黄色后单击该矩形，拖动光标时可以将选定对象和子对象仅沿亮显的平面移动。

下面通过实例介绍如何移动三维对象，具体操作方法如下。

Step 01　打开素材文件“移动三维对象.dwg”，单击“常用”选项卡下“修改”面板中的“三维移动”按钮，如图 9-2 所示。

Step 02　选择要移动的三维对象，按【Enter】键确认选择，如图 9-3 所示。

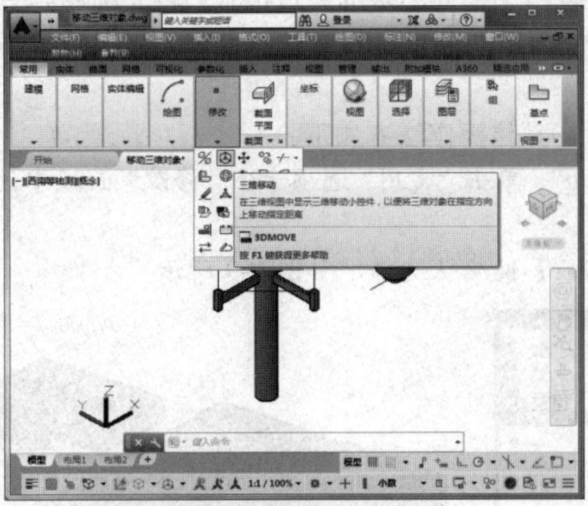

图 9-2　单击“三维移动”按钮

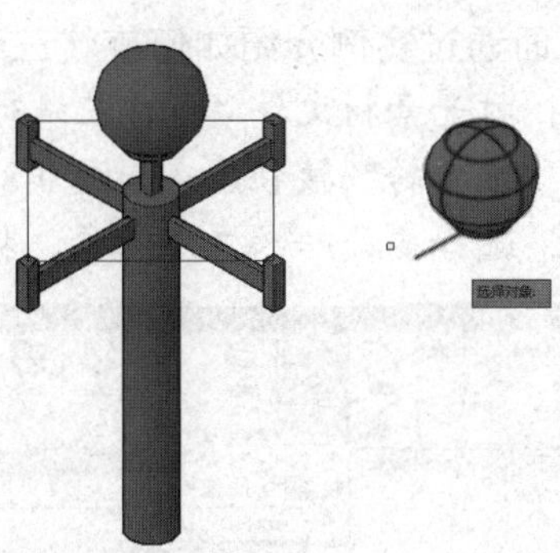

图 9-3　选择移动对象

Step 03　通过端点对象捕捉，指定三维移动的基点位置，如图 9-4 所示。

Step 04　通过端点对象捕捉，指定三维移动的第二点，如图 9-5 所示。

图 9-4　指定基点位置

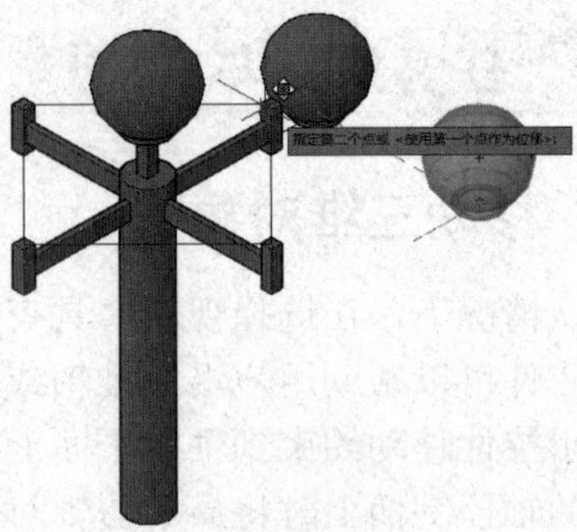

图 9-5　指定第二点

Step 05　此时，即可将所选对象移动到指定位置，如图 9-6 所示。

Step 06　采用同样的方法，移动其他对象到所需位置即可，如图 9-7 所示。

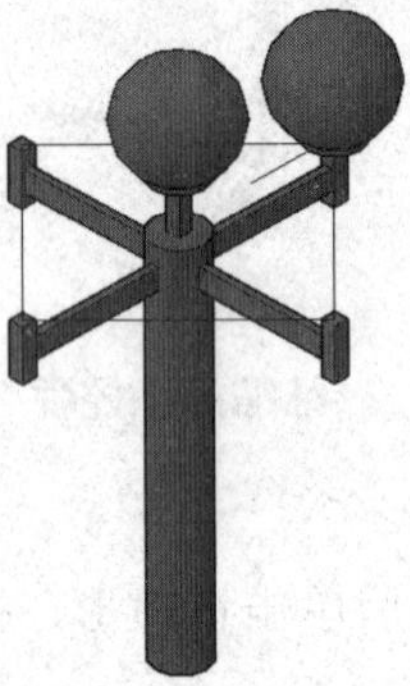

图 9-6　移动对象

图 9-7　移动其他对象

9.1.2　旋转三维对象

通过“三维旋转”命令可以按约束轴旋转之前选定的对象。选择要旋转的对象和子对象后，小控件将位于选择集的中心，此位置由小控件的基准夹点指示。将光标移到三维旋转小控件的旋转路径上时，将显示表示旋转轴的矢量线。在旋转路径变为黄色时单击该路径，即可指定旋转轴为约束轴。

下面通过实例介绍如何旋转三维对象，具体操作法方如下。

Step 01　打开素材文件“旋转三维对象.dwg”，单击“常用”选项卡下“修改”面板中的“三维旋转”按钮，如图 9-8 所示。

Step 02　选择要旋转的三维对象，按【Enter】键确认选择，如图 9-9 所示。

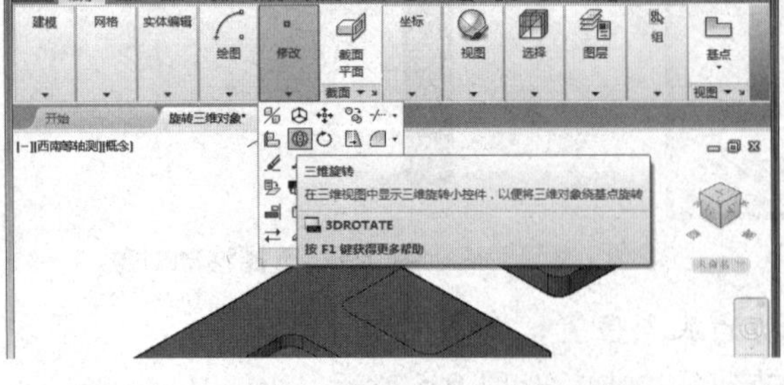

图 9-8　单击“三维旋转”按钮

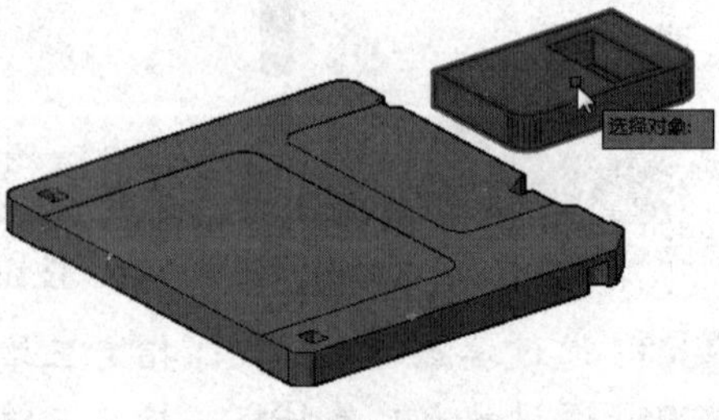

图 9-9　选择旋转对象

Step03 移动光标至边缘中点，并单击指定旋转基点，如图 9-10 所示。

Step04 输入-90 并按【Enter】键确认，指定旋转角度，即可旋转所选对象，如图 9-11 所示。

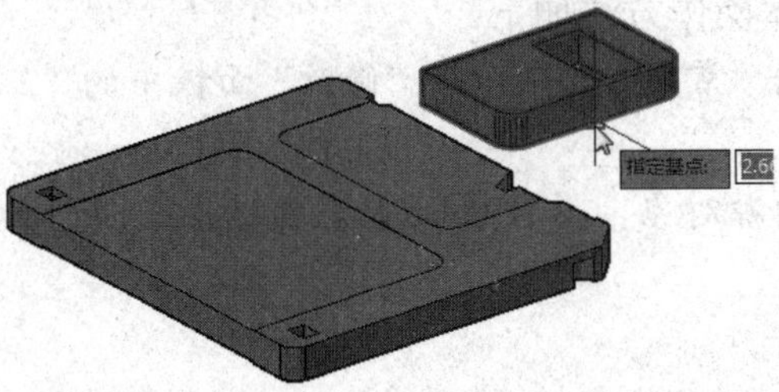

图 9-10　指定旋转基点

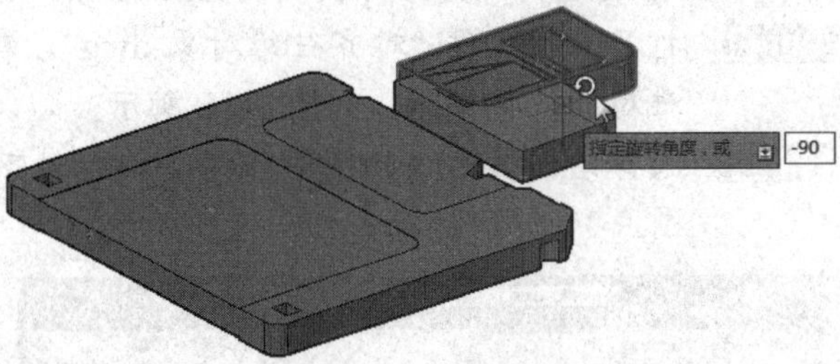

图 9-11　指定旋转角度

Step05 单击“常用”选项卡下“修改”面板中的“三维移动”按钮，如图 9-12 所示。

Step06 选择刚才旋转的三维模型作为移动对象，通过象限点对象捕捉指定移动基点，如图 9-13 所示。

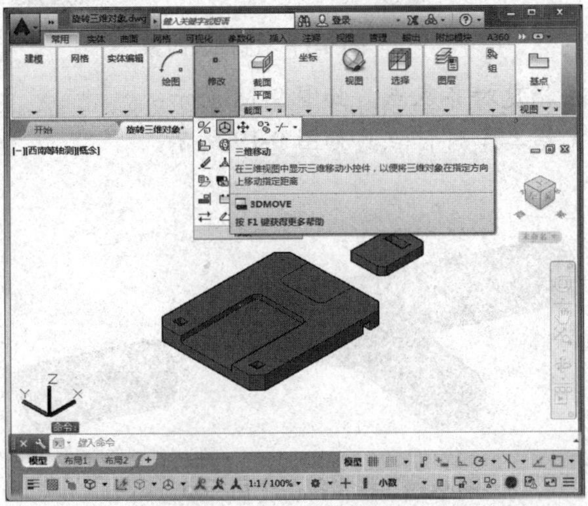

图 9-12　单击“三维移动”按钮

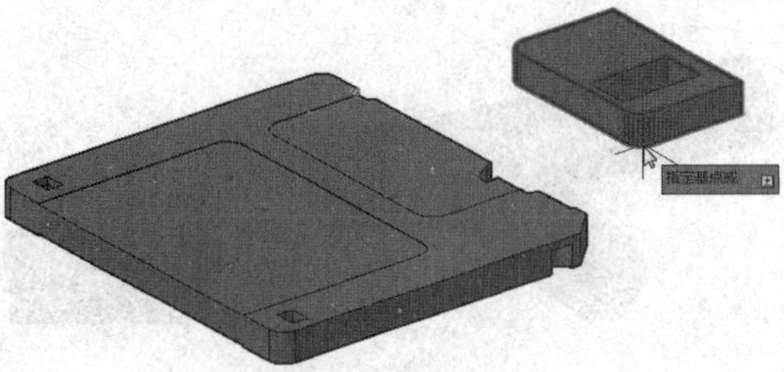

图 9-13　指定移动基点

Step07 通过象限点对象捕捉，指定另一个图形的象限点为三维移动的第二点，如图 9-14 所示。

Step08 此时，即可将该对象移动到图形合适位置，如图 9-15 所示。

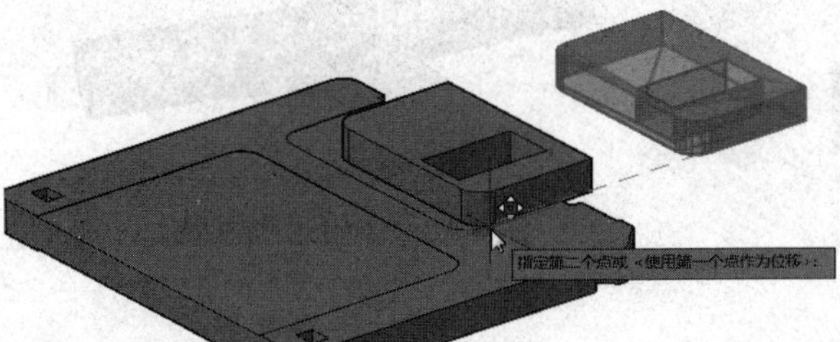

图 9-14　指定第二点

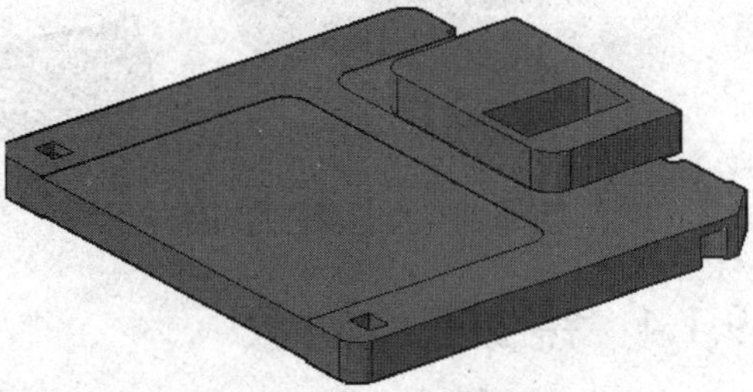

图 9-15　移动对象

9.1.3 对齐三维对象

通过“三维对齐”工具可以为源对象和目标对象指定三个点，使源对象和目标对象对齐。下面将通过实例介绍如何对齐三维对象，具体操作方法如下。

Step 01 打开素材文件“对齐三维对象.dwg”，单击“常用”选项卡下“修改”面板中的“三维对齐”按钮，如图 9-16 所示。

Step 02 选择绘图区右侧的图形作为要执行对齐的源对象，并按【Enter】键确认选择，如图 9-17 所示。

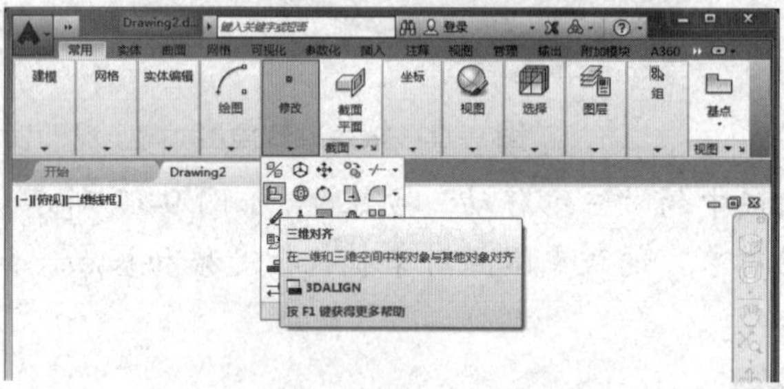

图 9-16 单击“三维对齐”按钮

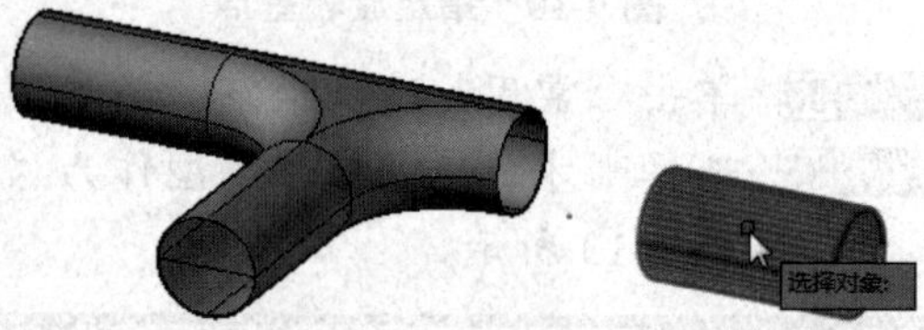

图 9-17 选择源对象

Step 03 通过端点对象捕捉，在源对象上单击指定对齐基点，如图 9-18 所示。

Step 04 通过端点对象捕捉，在源对象上指定第二个目标点，如图 9-19 所示。

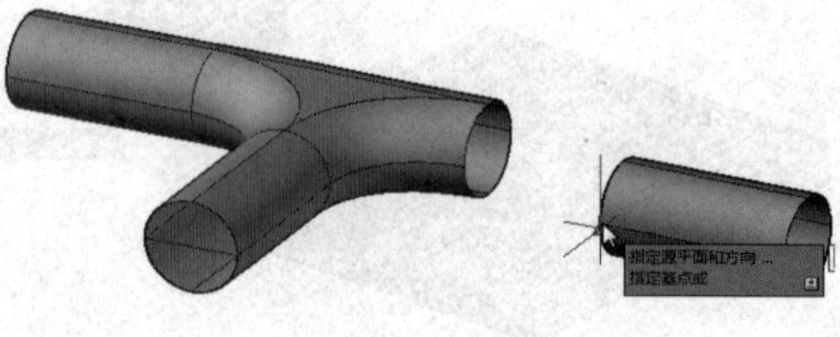

图 9-18 指定对齐基点

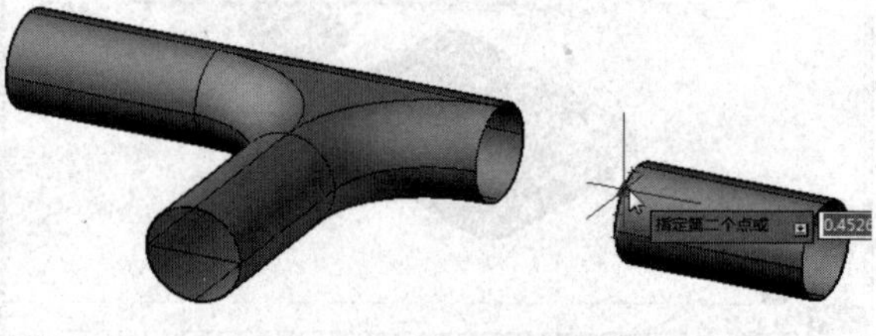

图 9-19 指定第二个目标点

Step 05 通过端点对象捕捉，在源对象上指定第三个目标点，如图 9-20 所示。

Step 06 以同样的方法指定目标对象上的三个点，即可对齐对象，如图 9-21 所示。

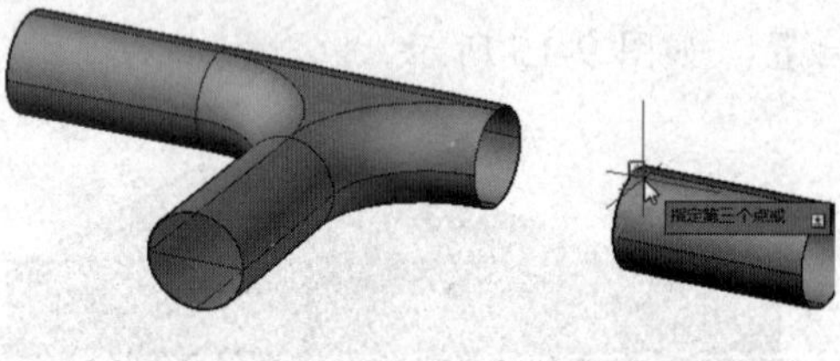

图 9-20 指定第三个目标点

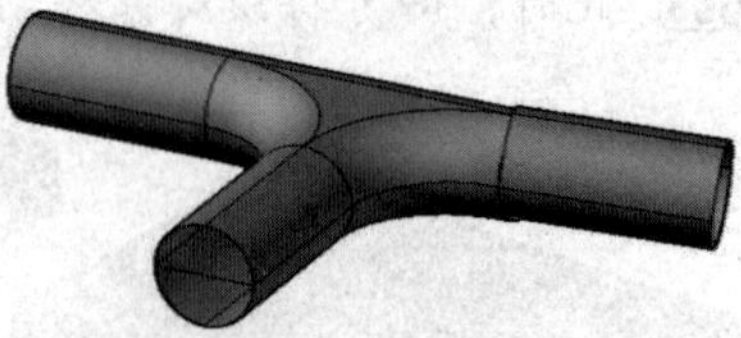

图 9-21 查看对齐效果

9.1.4 镜像三维对象

使用“三维镜像”工具可以通过指定镜像平面来镜像对象。镜像平面可以是平面对象所在的平面，通过指定点且与当前 UCS 的 XY、YZ 或 XZ 平面平行的平面，或由三个指定点定义的平面。

下面将通过实例介绍如何镜像三维对象，具体操作方法如下。

Step 01 打开素材文件“镜像三维对象.dwg”，单击“常用”选项卡下“修改”面板中的“三维镜像”按钮，如图 9-22 所示。

Step 02 选择绘图区中的三维图形对象，按【Enter】键确认选择，如图 9-23 所示。

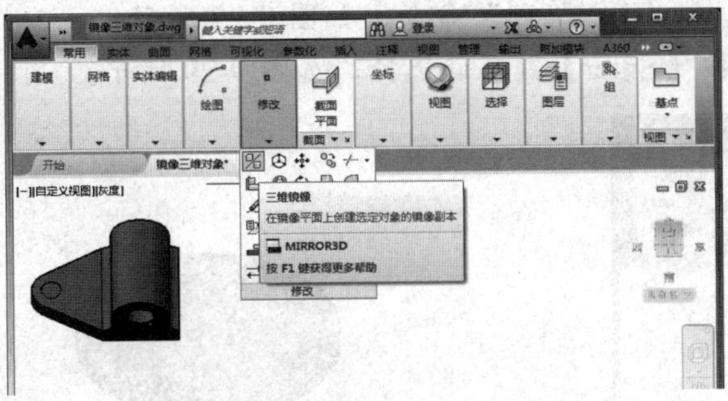

图 9-22　单击“三维镜像”按钮

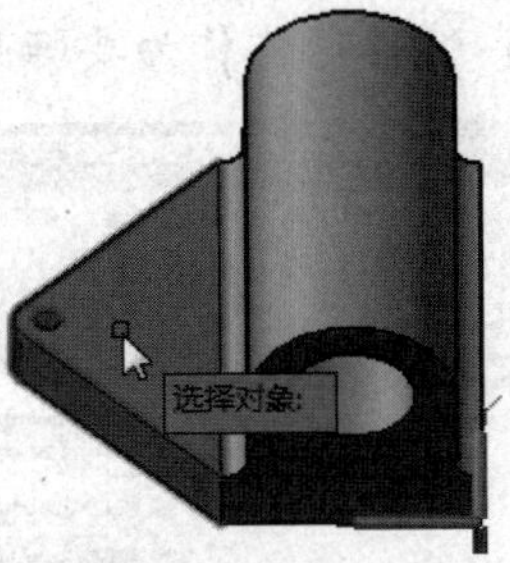

图 9-23　选择三维对象

Step 03 捕捉图形圆孔端面下方边线中点作为镜像平面的第一个点，如图 9-24 所示。

Step 04 依次捕捉第二个点和第三个点，从而确定镜像平面，如图 9-25 所示。

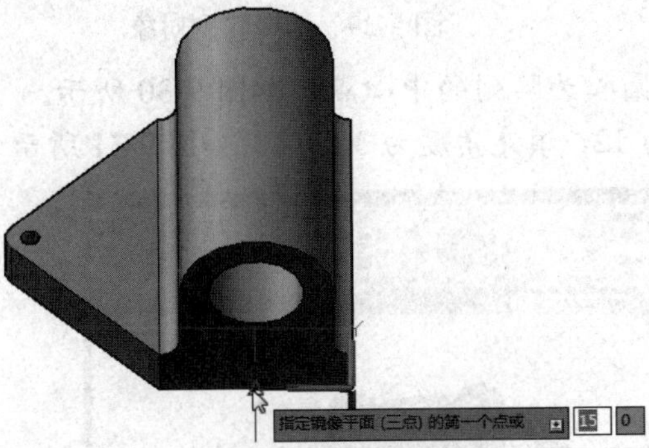

图 9-24　捕捉镜像平面第一点

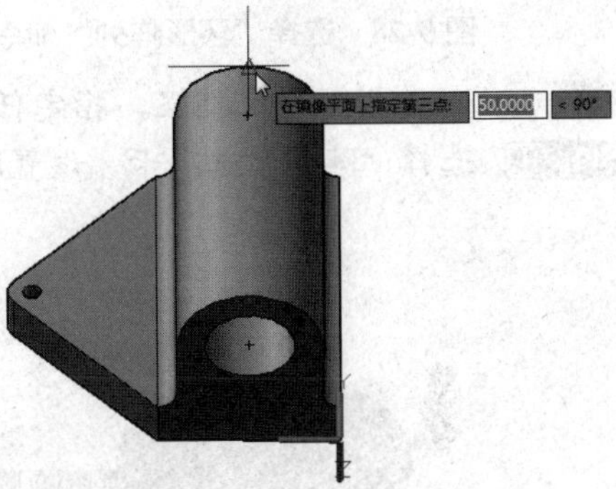

图 9-25　捕捉第二个点和第三个点

Step 05 弹出快捷菜单，选择“否”命令，保留源对象，如图 9-26 所示。

Step 06 此时，即可沿指定平面创建对象的副本，效果如图 9-27 所示。

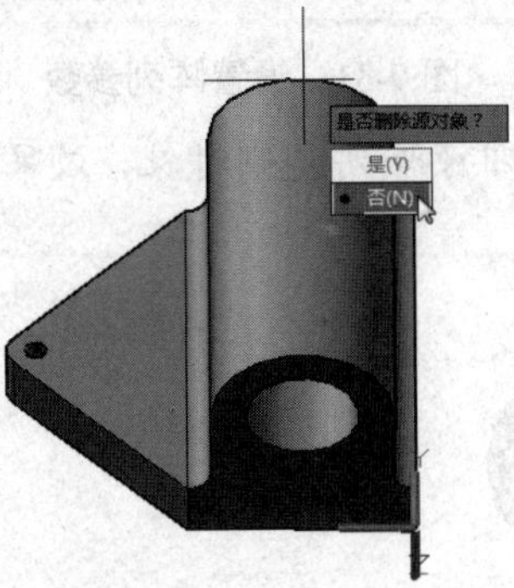

图 9-26　选择“否”命令

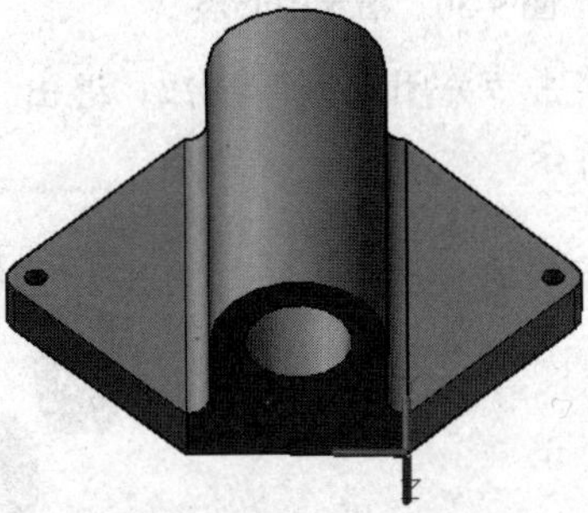

图 9-27　查看镜像效果

9.1.5 阵列三维对象

通过“三维阵列”工具可以在三维空间中创建对象的矩形阵列或环形阵列。下面将通过实例介绍如何阵列三维对象，具体操作方法如下。

Step 01 打开素材文件“阵列三维对象.dwg”，单击“修改”面板中的“矩形阵列”下拉按钮，在弹出的下拉菜单中选择“环形阵列”命令，如图 9-28 所示。

Step 02 选择球体作为要阵列的对象，按【Enter】键确认选择，如图 9-29 所示。

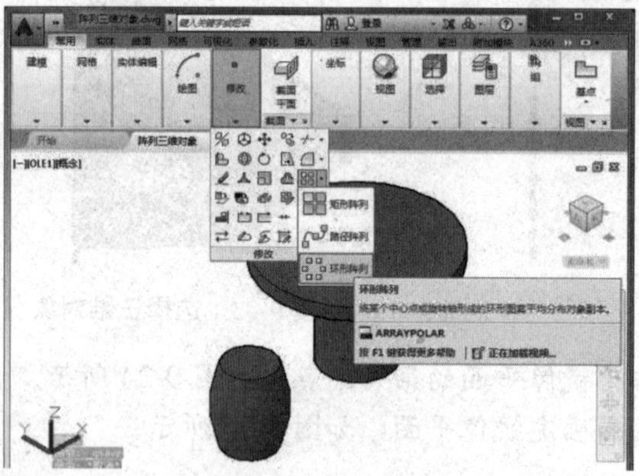

图 9-28 选择“环形阵列”命令

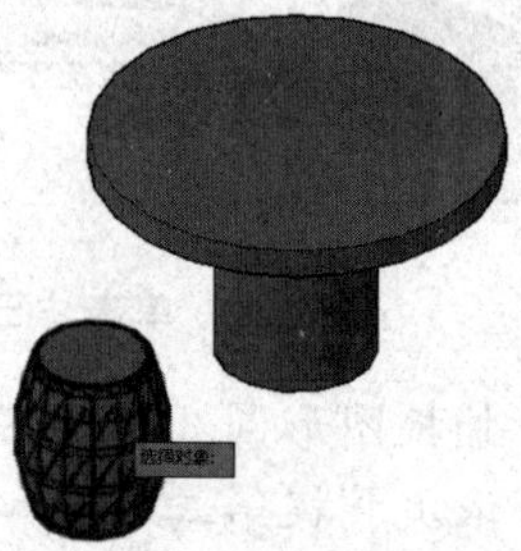

图 9-29 选择阵列对象

Step 03 通过圆心对象捕捉，指定任意同心圆的圆心为阵列的中心点，如图 9-30 所示。

Step 04 选择“阵列”选项卡，设置阵列项目数为 12，填充角度为 360 度，如图 9-31 所示。

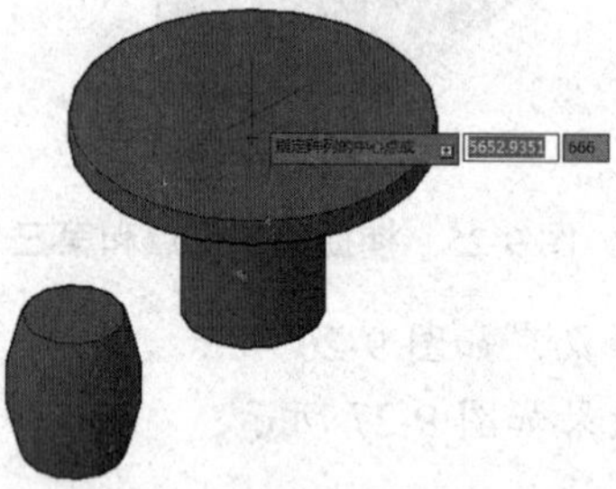

图 9-30 指定中心点

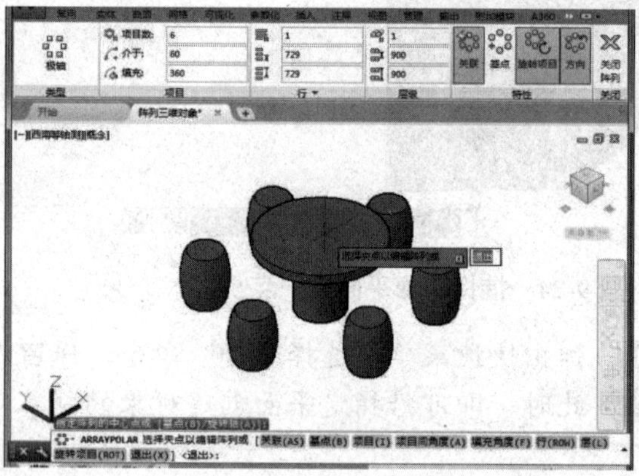

图 9-31 设置阵列参数

Step 05 单击“关闭阵列”按钮，退出“阵列”选项卡，即可阵列复制对象，效果如图 9-32 所示。

图 9-32 查看效果

9.1.6　编辑三维实体边

编辑三维实体边包括提取边、压印边、着色边、复制边。下面将通过实例介绍如何执行提取和复制操作，具体操作方法如下。

Step 01 打开素材文件“编辑三维实体边.dwg”，在“常用”选项卡下“实体编辑”面板中单击“提取边”按钮，如图 9-33 所示。

Step 02 在绘图区中单击选择要提取边的对象，按【Enter】键确认选择，如图 9-34 所示。

图 9-33　单击“提取边”按钮

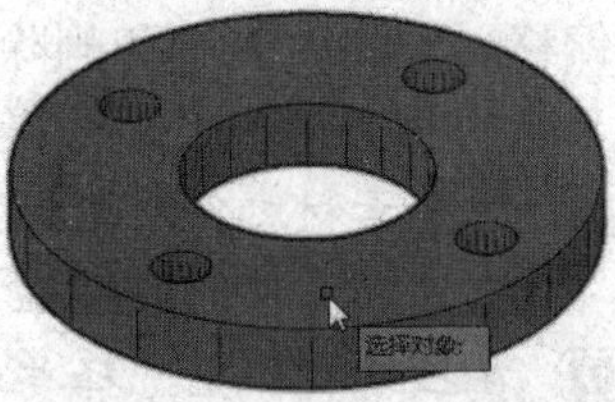

图 9-34　选择提取对象

Step 03 移动源对象，即可显示已提取的实体边副本对象，如图 9-35 所示。

Step 04 在“实体编辑”面板中单击“提取边”下拉按钮，在弹出的下拉列表中选择“复制边”命令，如图 9-36 所示。

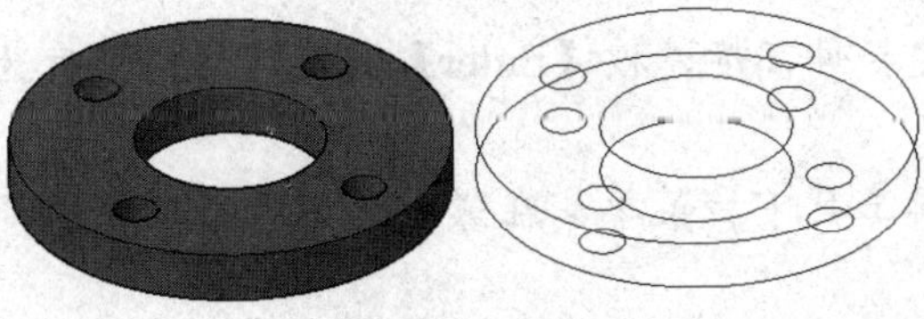

图 9-35　移动源对象

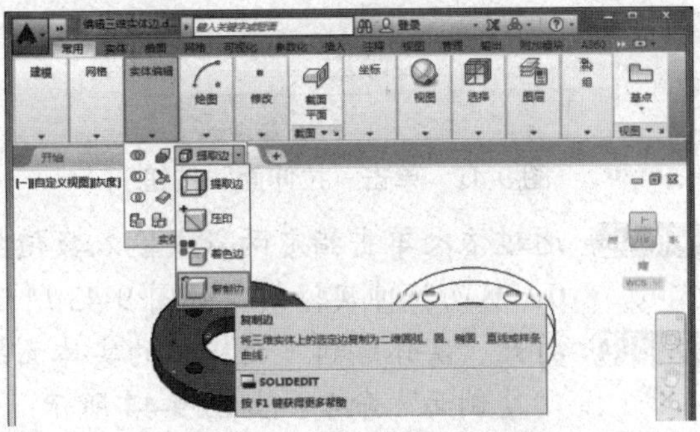

图 9-36　选择“复制边”命令

Step 05 依次单击选择要复制的边，按【Enter】键确认选择，如图 9-37 所示。

Step 06 在图形上单击指定位移的基点，如图 9-38 所示。

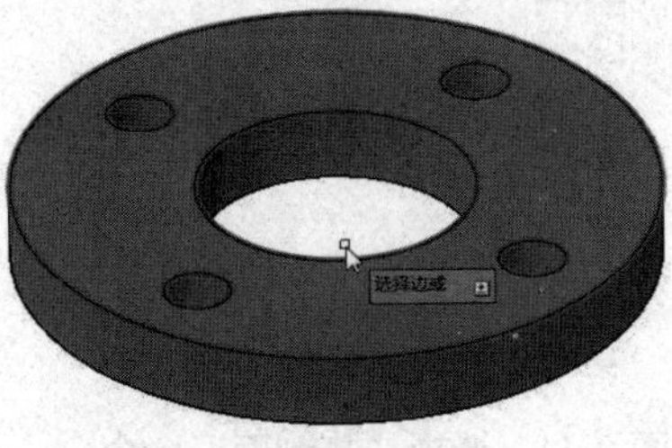

图 9-37　选择要复制的边

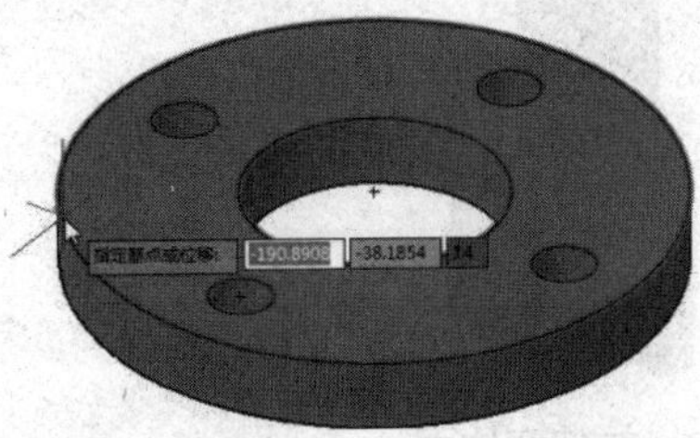

图 9-38　指定位移基点

Step 07 在图形上单击指定位移的第二点，如图 9-39 所示。

Step 08 此时，即可复制所选实体边到指定的位置，如图 9-40 所示。

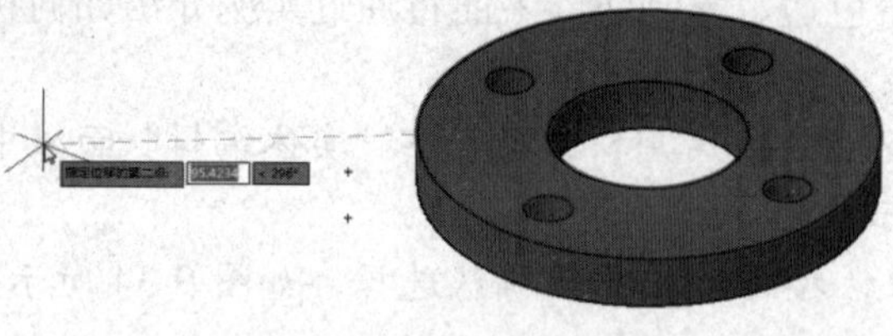

图 9-39 指定位移第二点

图 9-40 查看复制效果

9.1.7 编辑三维实体面

AutoCAD 提供了多种修改三维实体面的方法，用户可以对实体面执行拉伸、移动、旋转、偏移、倾斜、复制和删除等操作。下面将通过实例介绍如何对三维实体面进行拉伸、复制、删除和着色等，具体操作方法如下。

Step 01 打开素材文件“编辑三维实体面.dwg”，单击“常用”选项卡下“实体编辑”面板中的“拉伸面”按钮，如图 9-41 所示。

Step 02 在三维实体上选择要拉伸的面，按【Enter】键确认选择，如图 9-42 所示。

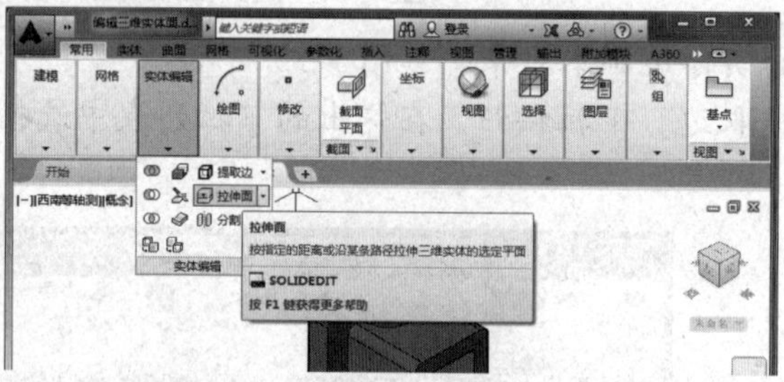

图 9-41 单击“拉伸面”按钮

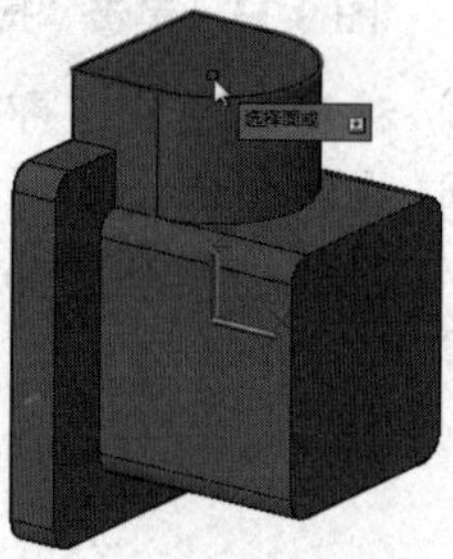

图 9-42 选择拉伸面

Step 03 通过依次单击指定两点或输入数值指定拉伸高度，按【Enter】键确认倾斜角度为 0，从而拉伸实体面，如图 9-43 所示。

Step 04 打开“实体编辑”面板中的实体面编辑工具下拉菜单，在弹出的下拉菜单中选择“复制面”命令，如图 9-44 所示。

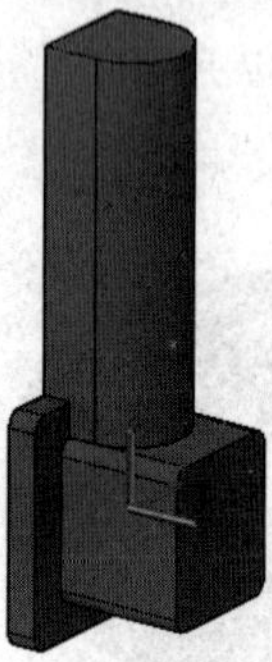

图 9-43 拉伸实体面

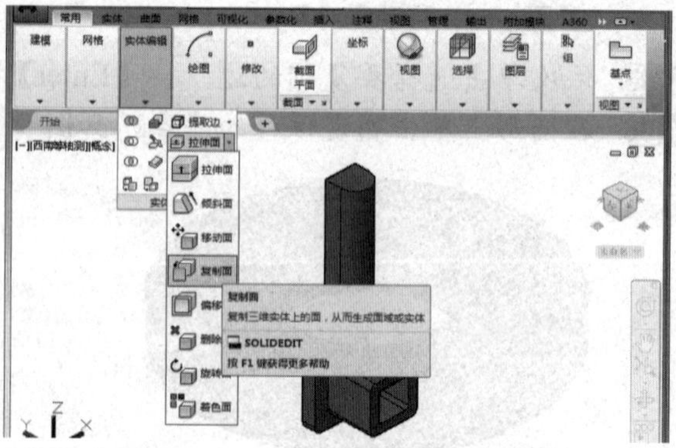

图 9-44 选择“复制面”命令

Step 05 在三维对象上依次单击鼠标左键，选择要复制的面，并按【Enter】键确认选择，如图 9-45 所示。

Step 06 分别指定位移的基点和第二点，如图 9-46 所示。

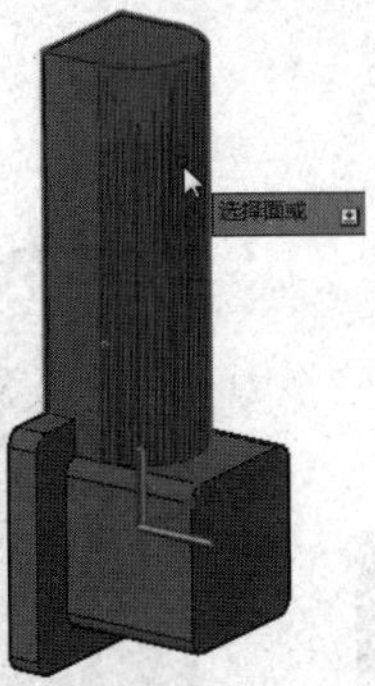

图 9-45　选择要复制的面

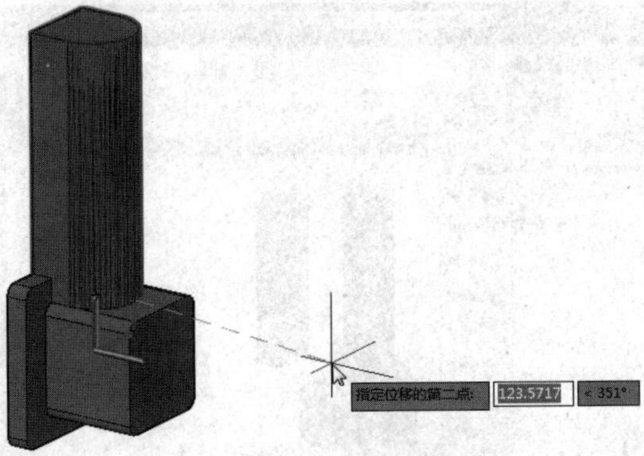

图 9-46　指定位移基点和第二点

Step 07 此时，即可在所需位置创建所选实体面的副本对象，如图 9-47 所示。

Step 08 打开“实体编辑”面板中的实体面编辑工具下拉菜单，在弹出的下拉菜单中选择“删除面”命令，如图 9-48 所示。

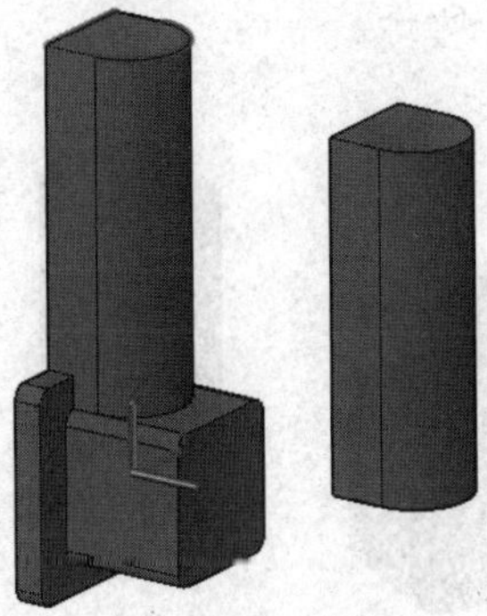

图 9-47　查看副本对象

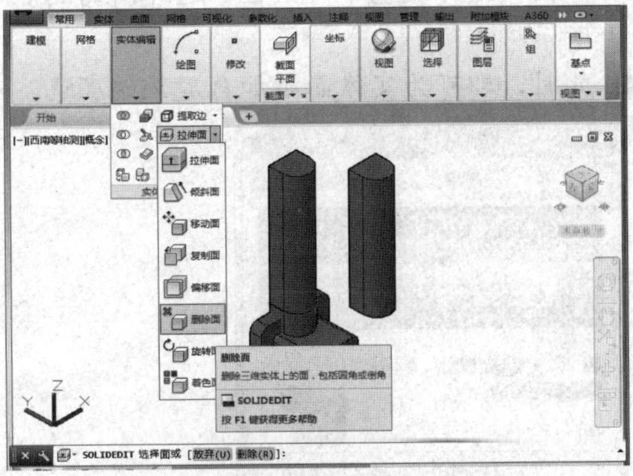

图 9-48　选择“删除面”命令

Step 09 在三维对象上单击选择要删除的面，如图 9-49 所示。

Step 10 按【Enter】键确认选择，即可从三维实体中删除所选对象，如图 9-50 所示。

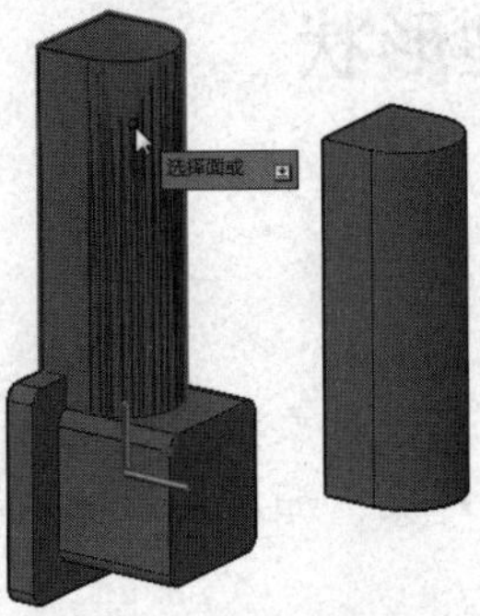

图 9-49　选择要删除的面

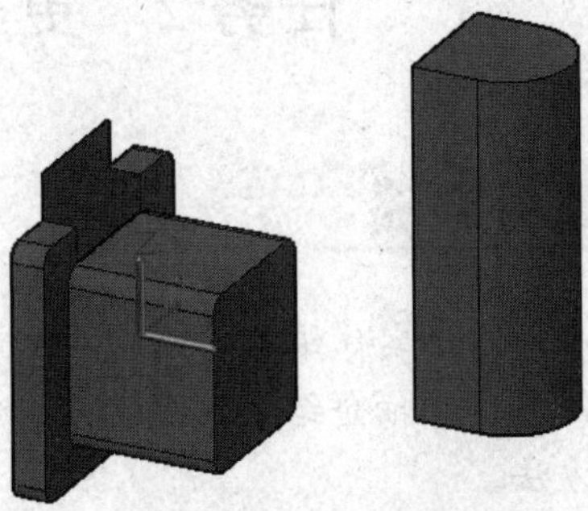

图 9-50　查看删除效果

Step 11 打开“实体编辑”面板中的实体面编辑工具下拉菜单，在弹出的下拉菜单中选择“着色面”命令，如图 9-51 所示。

Step 12 在三维对象上单击选择要着色的面，按【Enter】键确认选择，如图 9-52 所示。

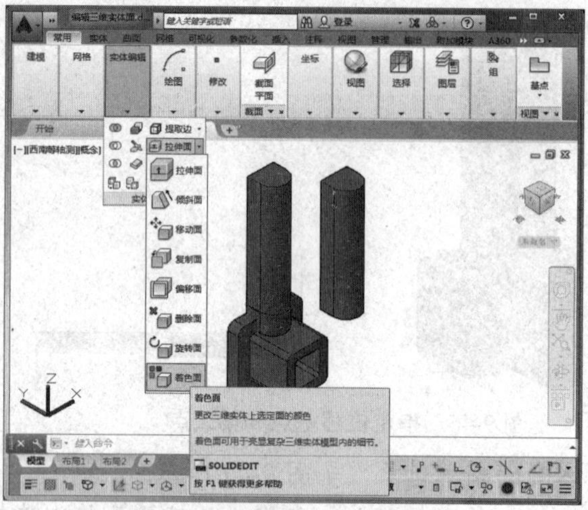

图 9-51 选择“着色面”命令

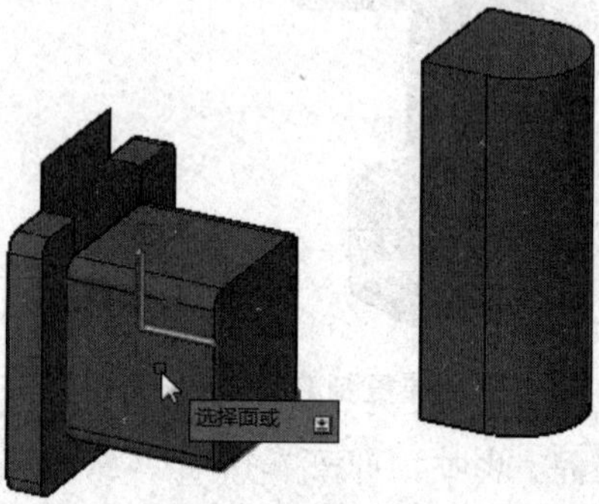

图 9-52 选择要着色的面

Step 13 弹出“选择颜色”对话框，选择所需的颜色，然后单击“确定”按钮，如图 9-53 所示。

Step 14 此时，即可为实体面添加自定义的颜色，如图 9-54 所示。

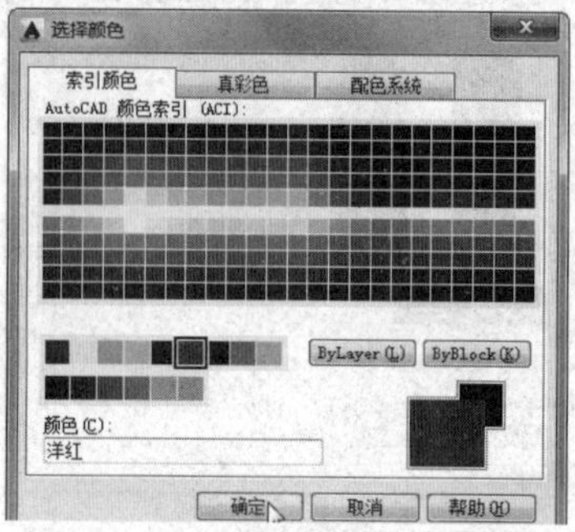

图 9-53 “选择颜色”对话框

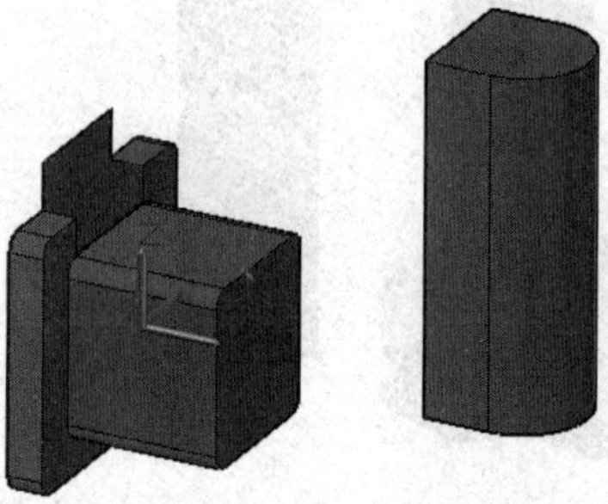

图 9-54 查看着色效果

任务 2 更改三维模型形状

任务概述

用户可以通过“实体编辑”面板中的相关工具对三维实体对象执行剖切、抽壳和加厚等操作。本任务将详细介绍如何剖切三维对象、抽壳三维对象、加厚三维对象等更改三维模型形状的方法。

任务重点与实施

9.2.1　剖切三维对象

通过“剖切”工具可以拆分现有对象，以创建新的三维实体或曲面。使用“剖切”工具剖切三维实体时，可以通过多种方法定义剪切平面，例如，可以指定三个点、一条轴、一个曲面或一个平面对象以用作剪切平面。在剖切实体后，可以保留剖切对象的一半，删除或保留另一半。

下面将通过实例介绍如何剖切三维对象，具体操作方法如下。

Step 01 打开素材文件“剖切三维对象.dwg”，单击“常用”选项卡下“实体编辑”面板中的“剖切”按钮，如图 9-55 所示。

Step 02 选择后部三维实体作为要剖切的对象，按【Enter】键确认选择，如图 9-56 所示。

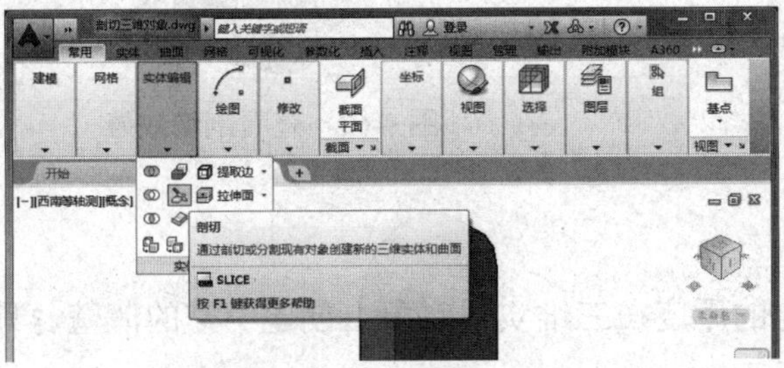

图 9-55　单击“剖切”按钮

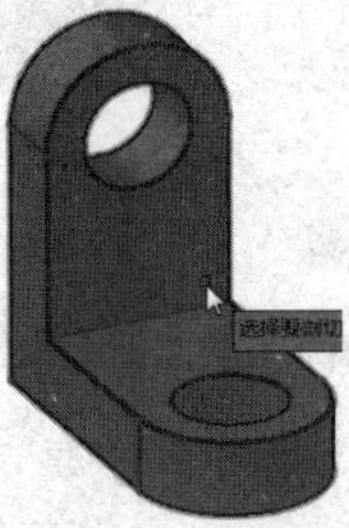

图 9-56　选择剖切对象

Step 03 启用状态栏“三维对象捕捉”工具，通过顶点对象捕捉指定切面的起点，如图 9-57 所示。

Step 04 通过顶点对象捕捉指定平面上第二个点，如图 9-58 所示。

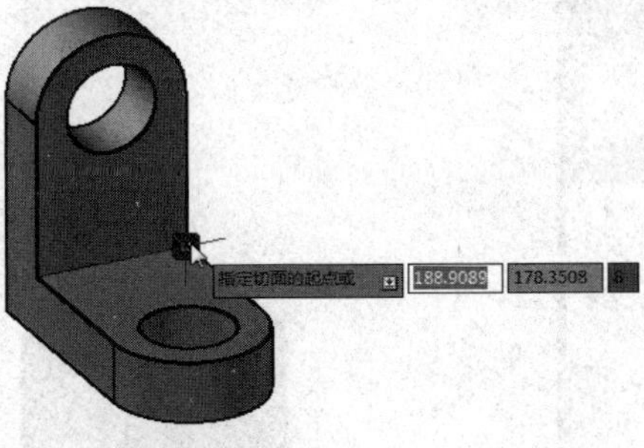

图 9-57　指定切面起点

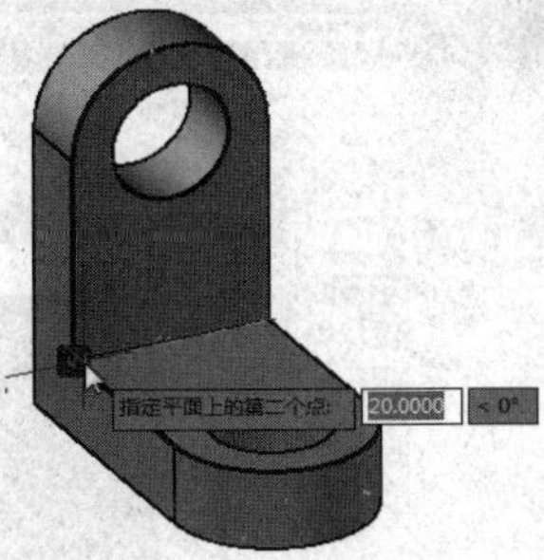

图 9-58　指定平面上第二个点

Step 05 移动光标，在所指定的平面一侧要保留的对象上单击鼠标左键，即可完成剖切操作，如图 9-59 所示。

Step 06 将左侧曲面对象向右移动，放置到三维实体的合适位置，如图 9-60 所示。

Step 07 再次执行“剖切”命令，选择三维实体作为要剖切的对象，输入 S 并按【Enter】键确认，选中曲面作为剖切面，如图 9-61 所示。

Step 08 输入 B 并按【Enter】键确认，执行剖切操作并同时保留两个对象。移动对象，查看剖切效果，如图 9-62 所示。

图 9-59　完成剖切操作

图 9-60　移动曲面

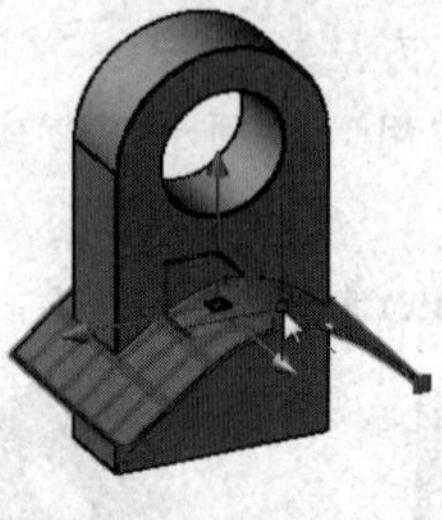

图 9-61　选中曲面

图 9-62　查看剖切效果

9.2.2　抽壳三维对象

通过“抽壳”工具可以以指定的厚度在三维实体对象上创建中空的薄壁，具体操作方法如下。

Step 01　打开素材文件“抽壳三维对象.dwg”，单击“实体编辑”面板中的“分割”下拉按钮，在弹出的下拉菜单中选择“抽壳”命令，如图 9-63 所示。

Step 02　在绘图区中选择要执行抽壳操作的三维对象，如图 9-64 所示。

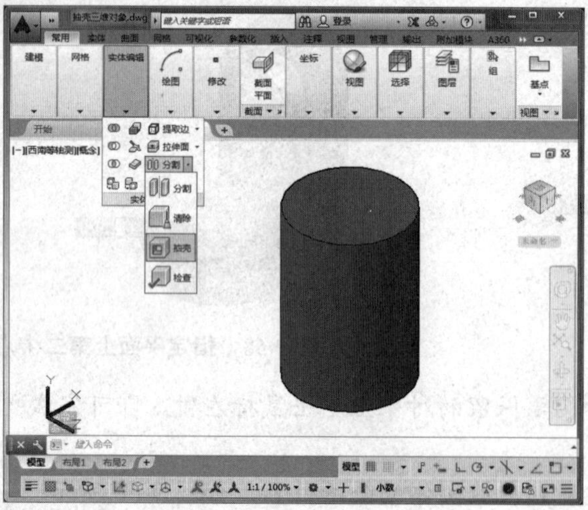

图 9-63　选择“抽壳”命令

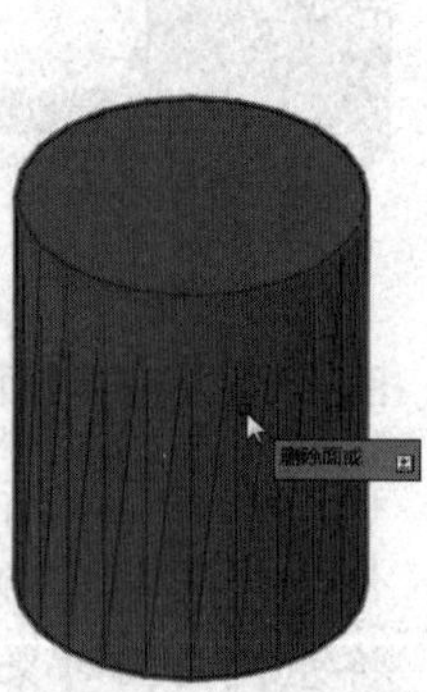

图 9-64　选择抽壳对象

Step 03　单击选择执行抽壳操作时需要删除的面，按【Enter】键确认选择，如图 9-65 所示。

Step 04　指定抽壳距离为 15，并按【Enter】键确认，即可完成抽壳操作，如图 9-66 所示。

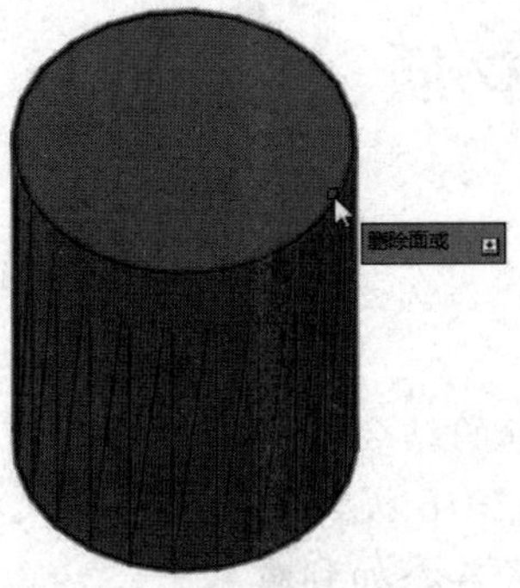

图 9-65　选择需删除的面

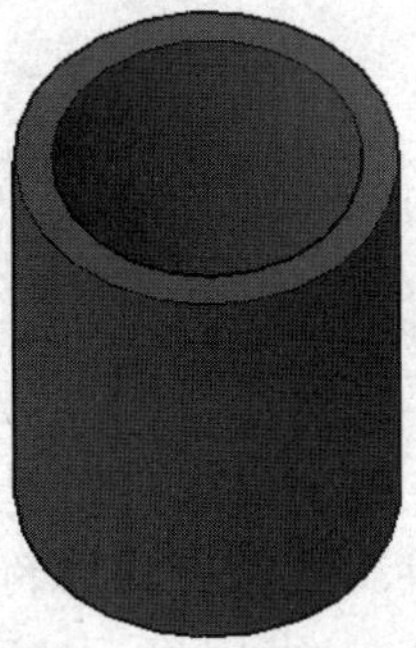

图 9-66　查看抽壳效果

9.2.3　加厚三维对象

用户可以通过“加厚”工具将曲面对象转换为具有指定厚度的三维实体对象，具体操作方法如下。

Step 01　打开素材文件“加厚三维对象.dwg”，单击“常用”选项卡下“实体编辑”面板中的“加厚”按钮，如图 9-67 所示。

Step 02　选择要加厚的曲面对象，按【Enter】键确认选择，如图 9-68 所示。

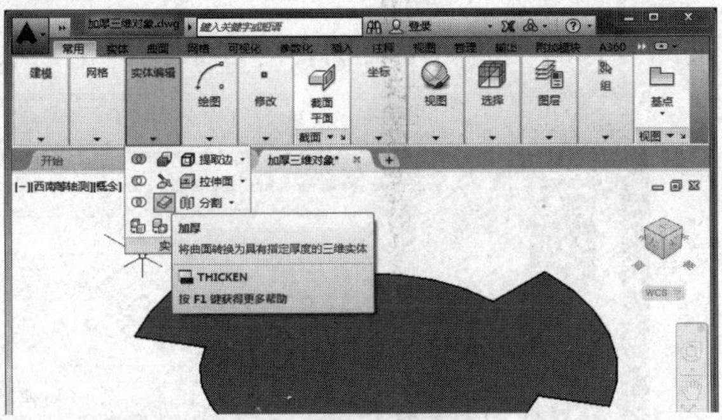

图 9-67　单击“加厚”按钮

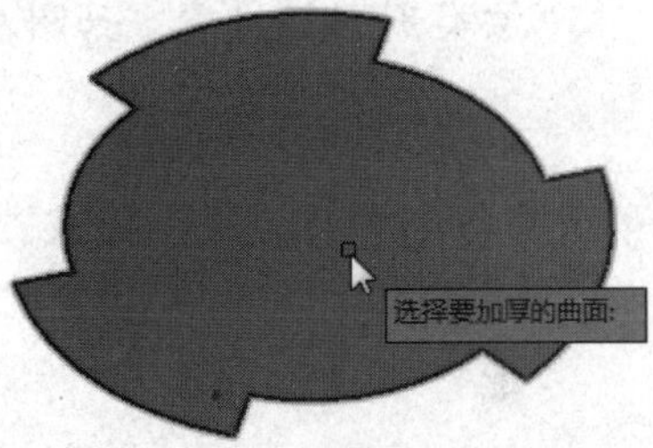

图 9-68　选择加厚对象

Step 03　通过输入数值指定厚度，如图 9-69 所示。

Step 04　此时，即可按指定厚度将曲面对象加厚为实体对象，如图 9-70 所示。

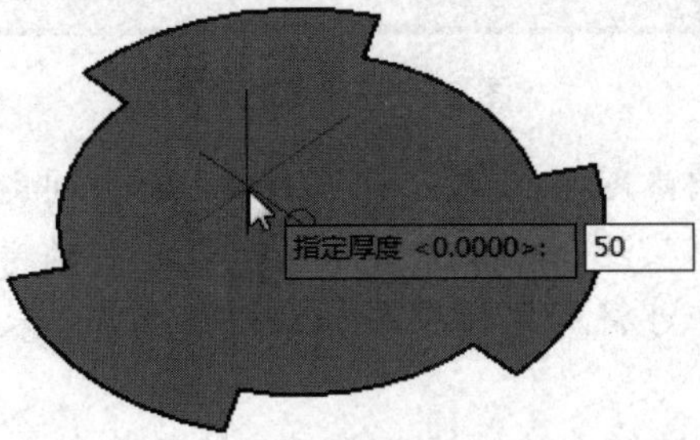

图 9-69　指定厚度

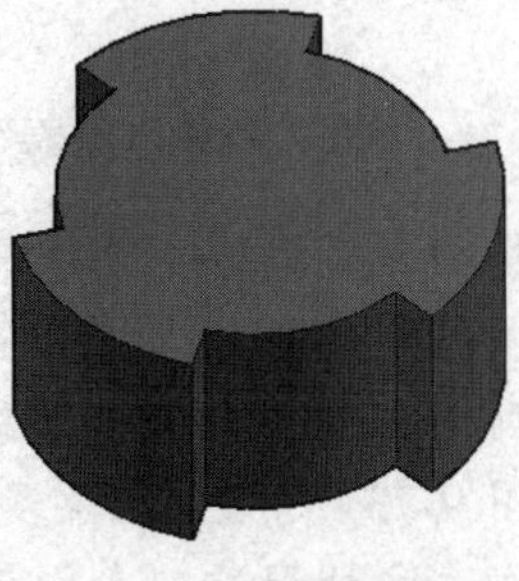

图 9-70　查看加厚效果

任务 3　添加材质

任务概述

材质是色彩、纹理、光滑度和透明度等可视属性的结合，将材质添加到三维对象上，可以为其提供具有物理特性的真实效果。AutoCAD 2016 提供了含有预定义材质的大型材质库，用户可以通过材质浏览器浏览这些材质，并将其添加到对象中。

任务重点与实施

9.3.1　材质浏览器

材质浏览器类似于保存的材质的库，用户可以通过材质浏览器对材质库进行浏览与管理，具体操作方法如下。

Step 01　选择“可视化”选项卡，单击“材质”面板中的“材质浏览器”按钮，如图 9-71 所示。

Step 02　打开“材质浏览器”面板，单击左侧树状图中的材质类别，可在右侧样例列表中按类别浏览材质，如图 9-72 所示。

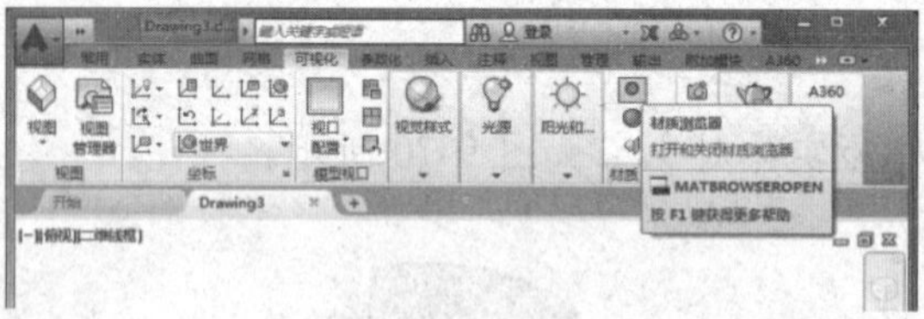

图 9-71　单击“材质浏览器”按钮

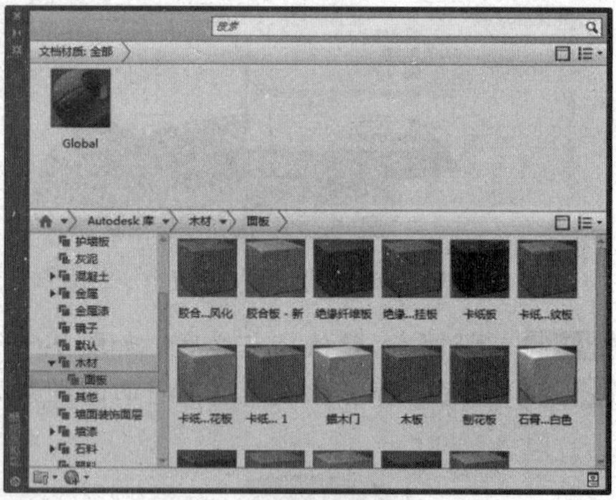

图 9-72　浏览材质

Step 03　移动光标到样例列表中要使用的材质缩略图上，将显示“将材质添加到文档”和“将材质添加到文档并显示在编辑器中”两个按钮。如果暂时不需要编辑材质，则单击“将材质添加到文档”按钮，即可将所需材质添加到文档材质列表中，如图 9-73 所示。

Step 04　右击文档材质列表中已添加的材质，通过弹出的快捷菜单可以执行重命名、删除、应用到对象等操作，如图 9-74 所示。

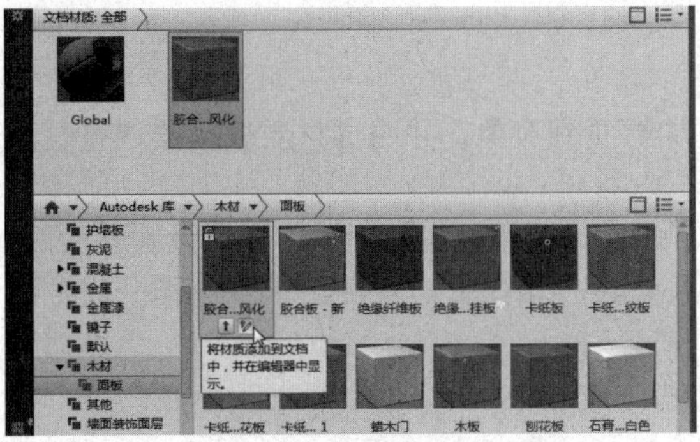

图 9-73　将材质添加到文档材质列表

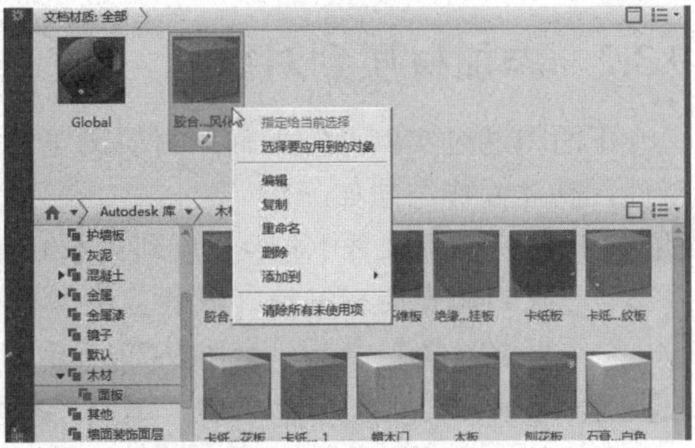

图 9-74　材质快捷菜单

Step05 单击面板中间栏右侧的按钮，通过弹出的下拉菜单可以自定义材质样例列表中的查看类型、排序方式以及缩略图大小等参数，如图 9-75 所示。

Step06 通过面板上方的搜索框可以快速搜索材质库中的所需材质，例如，在搜索框中输入关键词“壁纸”，程序将自动搜索到与其相关的材质，如图 9-76 所示。

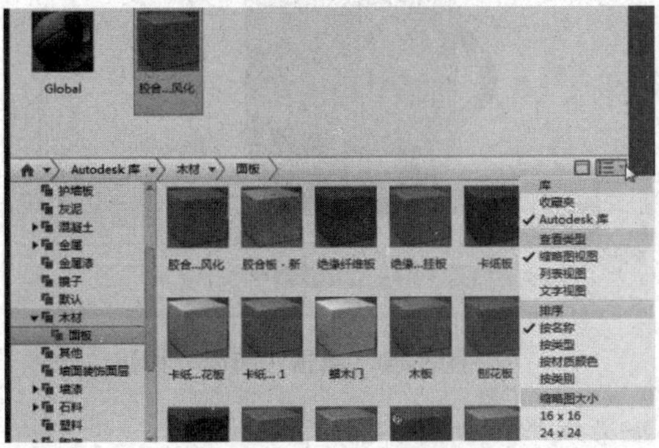

图 9-75　自定义参数

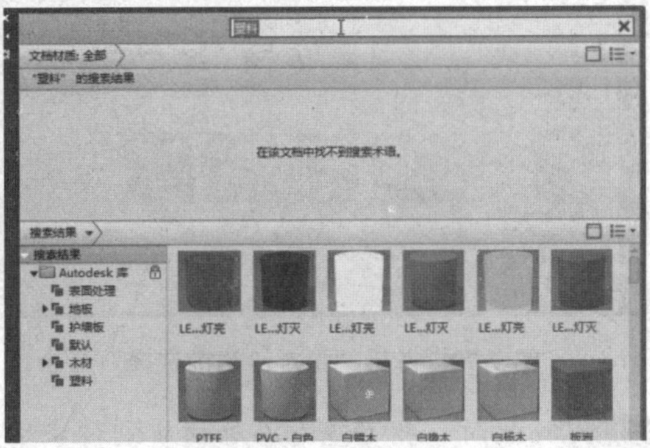

图 9-76　搜索材质

Step07 单击面板左下方“在文档中创建新材质”下拉按钮，在弹出的下拉菜单中可以按照类别新建材质，如选择“新建常规材质”命令，如图 9-77 所示。

Step08 此时，将在文档材质列表中新建一个可以调节颜色、光泽度、反射率和透明度等各项特性的常规材质，如图 9-78 所示。

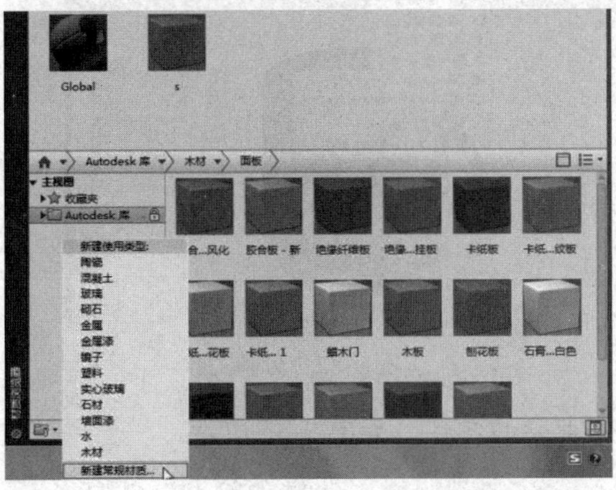

图 9-77　选择“新建常规材质”命令

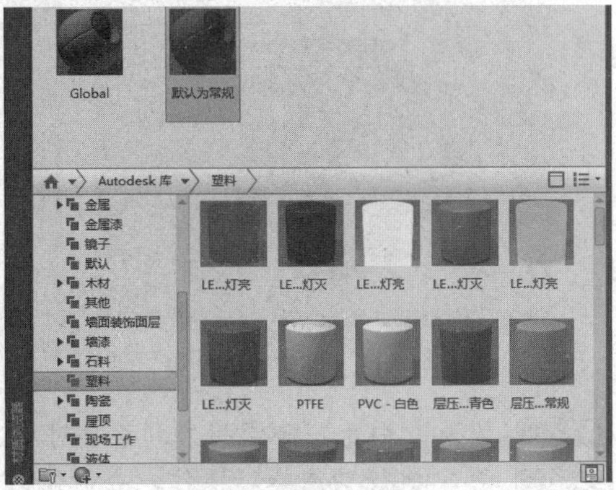

图 9-78　新建材质

9.3.2 添加材质到对象

下面将通过实例介绍如何用材质浏览器添加材质到对象，并通过材质编辑器调整材质特性，具体操作方法如下。

Step 01 打开素材文件“添加材质到对象.dwg”，选中场景中的茶杯对象，打开材质浏览器。找到陶瓷类别下的“藏青蓝色”材质并右击，在弹出的快捷菜单中选择“指定给当前选择”命令，如图 9-79 所示。

Step 02 单击“渲染”面板中的“渲染”按钮，如图 9-80 所示。

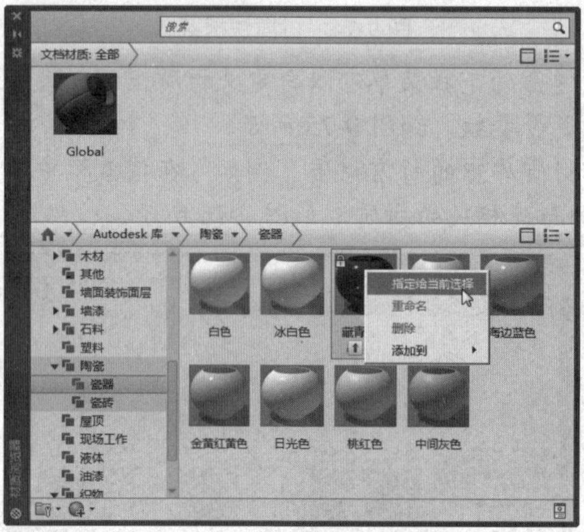

图 9-79 选择“指定给当前选择”命令

图 9-80 单击“渲染”按钮

Step 03 此时，即可查看添加材质到对象后的渲染效果，如图 9-81 所示。

Step 04 选择茶杯对象主体部分，单击“常用”选项卡下“修改”面板中的“分解”按钮，将所选对象分解，如图 9-82 所示。

图 9-81 查看渲染效果

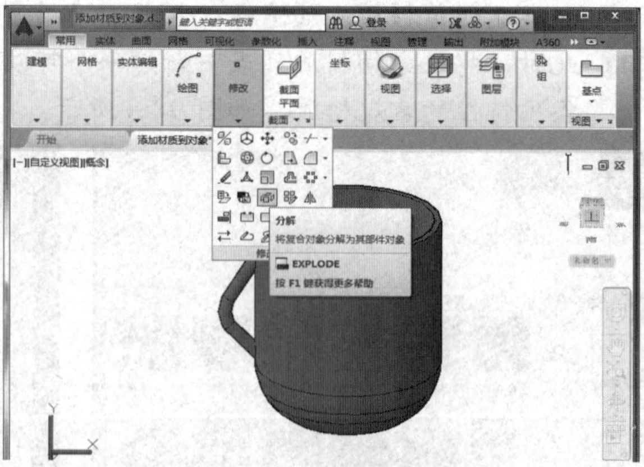

图 9-82 分解对象

Step 05 添加“白色”陶瓷材质到茶杯对象主体部分的内部，如图 9-83 所示。

Step 06 再次执行“渲染”操作，查看修改茶杯对象内部材质后的渲染效果，如图 9-84 所示。

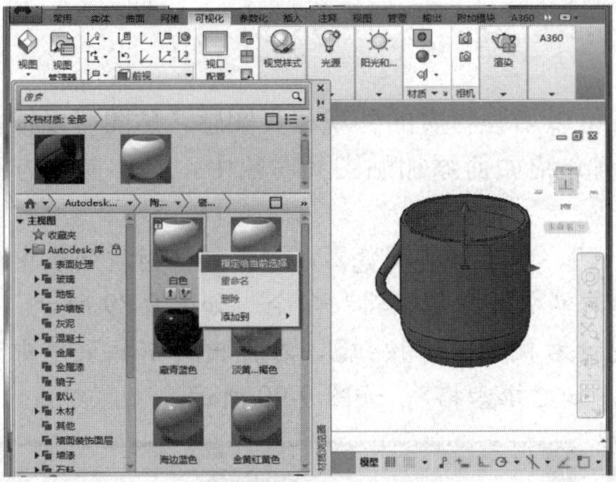

图 9-83　添加材质

图 9-84　查看渲染效果

Step 07 双击文档材质列表中的“藏青蓝色”材质，打开其对应的材质编辑器，单击其中的“颜色”图标，如图 9-85 所示。

Step 08 弹出“选择颜色”对话框，修改材质的颜色，修改完毕后单击“确定”按钮，如图 9-86 所示。

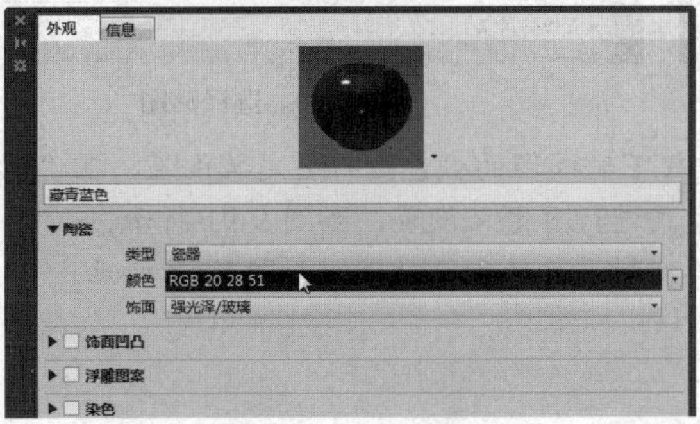

图 9-85　材质编辑器

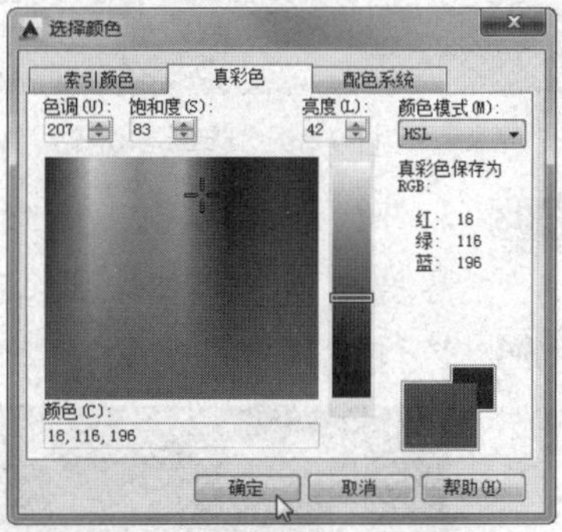

图 9-86　“选择颜色”对话框

Step 09 单击“光源”面板中的“创建光源”下拉按钮，在弹出的下拉菜单中选择“点”命令，在场景中的合适位置添加两个点光源，调整其强度因子为合适值，如图 9-87 所示。

Step 10 再次执行“渲染”命令，查看添加点光源后的渲染效果，如图 9-88 所示。

图 9-87　添加点光源

图 9-88　查看渲染效果

9.3.3 添加贴图到对象

贴图即添加到材质中的图像，应用贴图可以增强材质的外观和真实感。贴图可以模拟纹理、反射和折射等效果。下面将通过实例介绍如何添加贴图到对象中，具体操作方法如下。

Step 01 打开素材文件“添加贴图到对象.dwg”，打开材质浏览器，右击文档材质列表中的“藏青蓝色”材质，在弹出的快捷菜单中选择“编辑”命令，如图 9-89 所示。

Step 02 打开材质编辑器，单击“颜色”图标右侧的下拉按钮，在弹出的下拉菜单中可以选择 AutoCAD 提供的纹理贴图，如“棋盘格”，如图 9-90 所示。

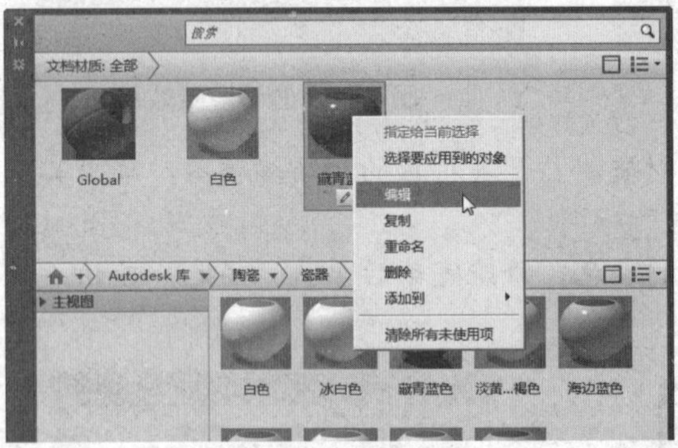

图 9-89 选择“编辑”命令

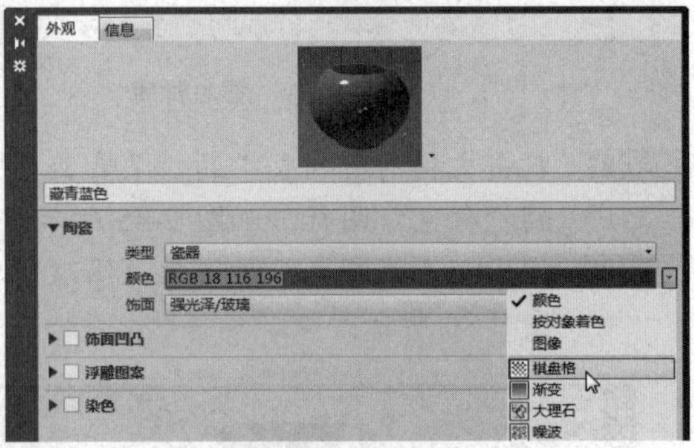

图 9-90 选择贴图

Step 03 打开纹理编辑器，在“外观”卷展栏下对纹理的颜色进行自定义设置，在“变换”卷展栏下分别对纹理比例与重复方式进行自定义设置，如图 9-91 所示。

Step 04 执行“渲染”命令，查看添加纹理到材质后的渲染效果，如图 9-92 所示。

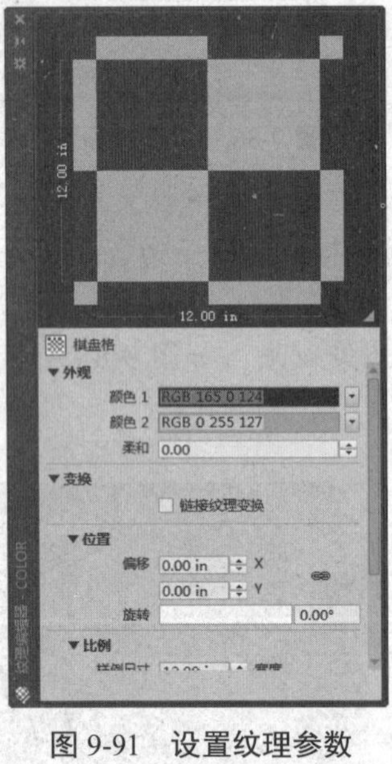

图 9-91 设置纹理参数

图 9-92 查看渲染效果

Step 05 返回材质浏览器，通过左侧树状图选择“织物”材质类别，在样例列表中选择并拖动“条纹 黄白色”材质到曲面对象上，从而快速添加该材质，如图 9-93 所示。

Step 06 打开对应的材质编辑器，单击“图像”图标右侧的下拉按钮▾，在弹出的下拉菜单中选择“编辑图像”命令，如图 9-94 所示。

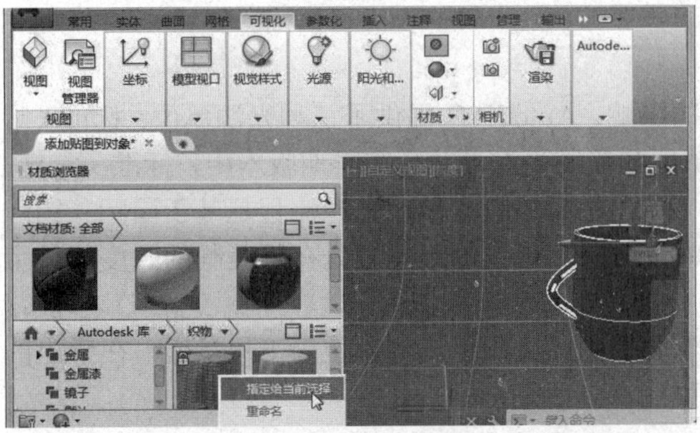

图 9-93　添加材质

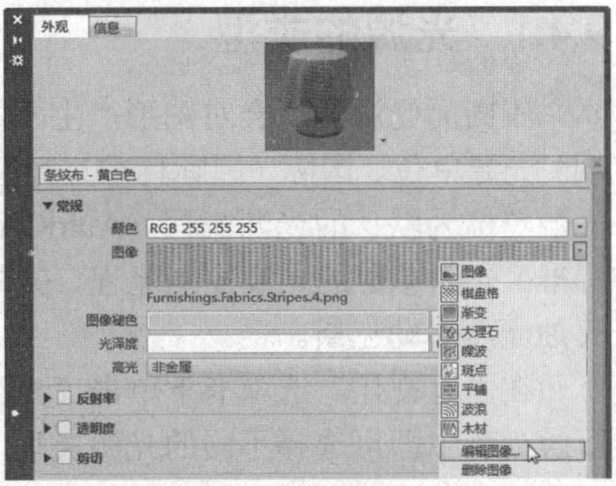

图 9-94　选择“编辑图像”命令

Step 07 打开纹理编辑器，设置图像比例和重复方式等参数，如图 9-95 所示。

Step 08 通过 ViewCube 导航工具切换到透视图，再次执行“渲染”命令，查看添加图像到曲面对象后的渲染效果，如图 9-96 所示。

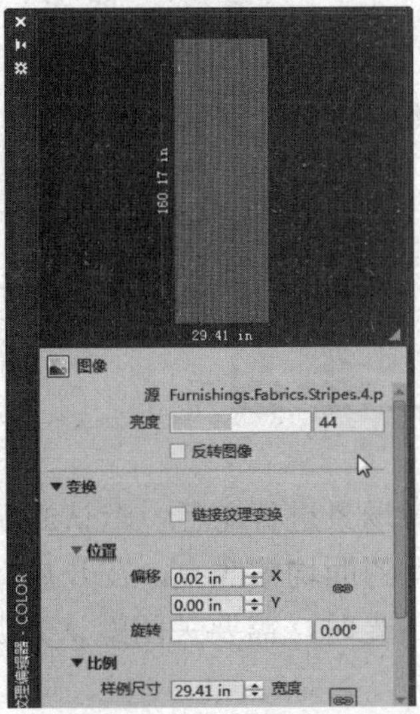

图 9-95　设置纹理参数

图 9-96　查看渲染效果

任务 4　添加光源

任务概述

创建光源可以增强场景的真实性，如果用户未在场景中手动创建光源，AutoCAD 将采用默认光源对场景进行着色。在默认光源下，三维模型中的所有面均会被照亮。用户可以通过创建点光源、聚光灯、平行光和天光等光源，以实现特定的光源效果。

TASK 任务重点与实施

9.4.1 光源的类型

不同的光源类型会对图形产生不同的影响，AutoCAD 提供了三种光源单位：标准（常规）光源单位、国际（国际标准）光源单位和美制光源单位。在早期版本中，标准（常规）光源单位为默认的光源流程。AutoCAD 2008 之后的版本默认光源流程是基于国际（国际标准）光源单位的光度控制流程。美制单位与国际单位的不同之处在于美制的照度值使用尺烛光而非勒克斯。

在“可视化”选项卡下单击“光源”面板中的“国际光源单位”下拉按钮，在弹出的下拉列表中即可选择不同的光源类型，如图 9-97 所示。

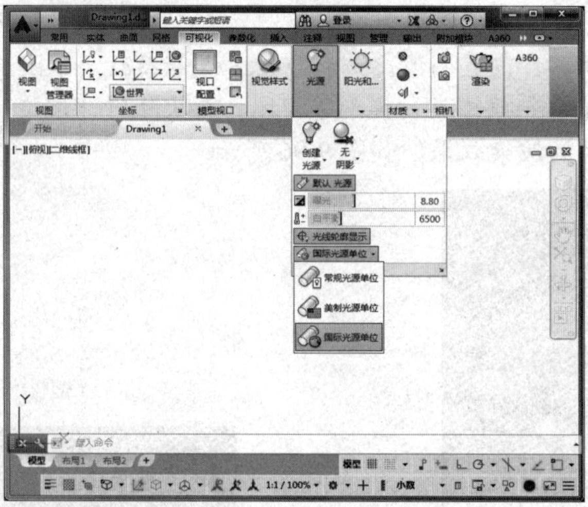

图 9-97 选择光源类型

如果用户没有在场景中创建光源，将使用默认光源对场景进行着色。默认光源来自视点后面的两个平行光源。在默认光源下，三维模型中所有的面均被照亮，在开启默认光源时，无法创建自定义光源和日光。在创建自定义光源和日光时，需要关闭默认光源。

9.4.2 创建点光源

点光源是一种从其所在位置向四周发射光线且不以一个对象为目标的光源，用户可以通过使用点光源以达到基本的照明效果，还可以使用 TARGETPOINT 命令创建目标点光源。目标点光源和点光源的区别在于可用的目标特性，目标点光源可以指向一个对象。可以通过修改点光源的目标特性，将点光源转换为目标点光源。

下面将通过实例介绍如何创建点光源，具体操作方法如下。

Step 01 打开素材文件“创建点光源.dwg”，选择“可视化”选项卡，单击“渲染”面板中的“渲染”按钮，如图 9-98 所示。

Step 02 此时，AutoCAD 将采用默认光源渲染图形，三维模型中的所有面均会被照亮，如图 9-99 所示。

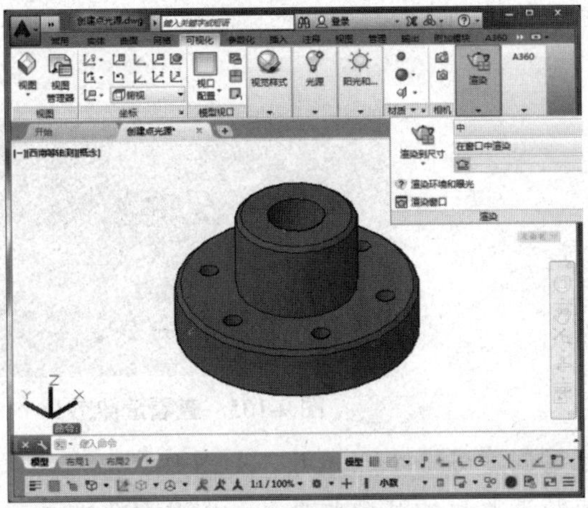

图 9-98　单击“渲染”按钮

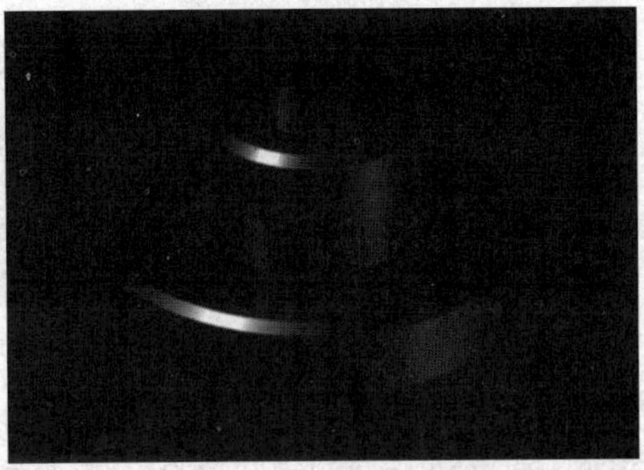

图 9-88　查看渲染效果

Step03　打开“光源”面板，单击“默认光源”按钮，取消其亮显状态，从而关闭默认光源，如图 9-100 所示。

Step04　设置光源单位为“国际光源单位”，单击“创建光源”下拉按钮，在弹出的下拉菜单中选择“点”命令，如图 9-101 所示。

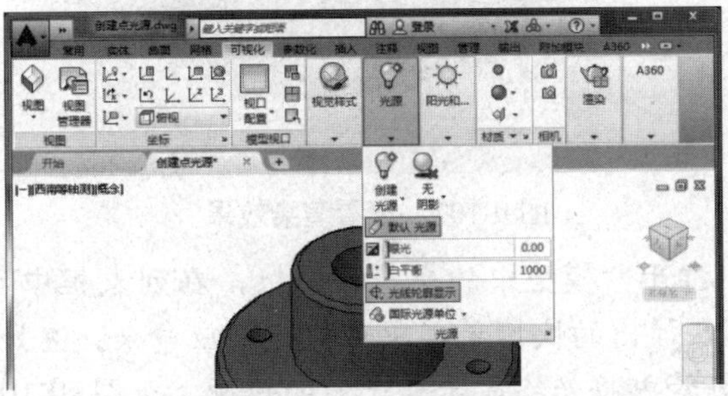

图 9-100　关闭默认光源

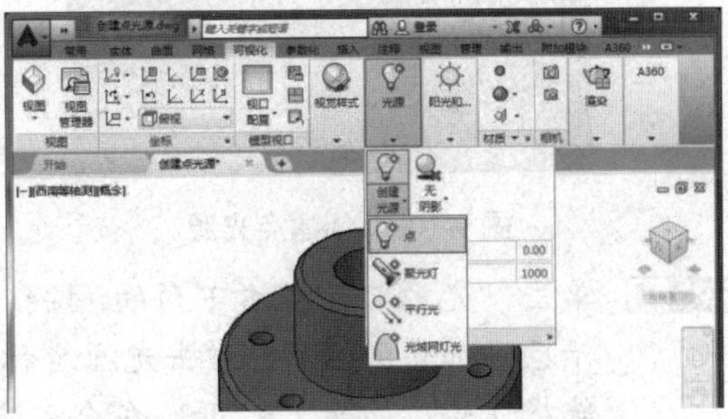

图 9-101　选择“点”命令

Step05　在图形中合适的位置指定源位置，创建一个点光源，如图 9-102 所示。

Step06　在弹出的快捷菜单中选择“强度”命令，如图 9-103 所示。

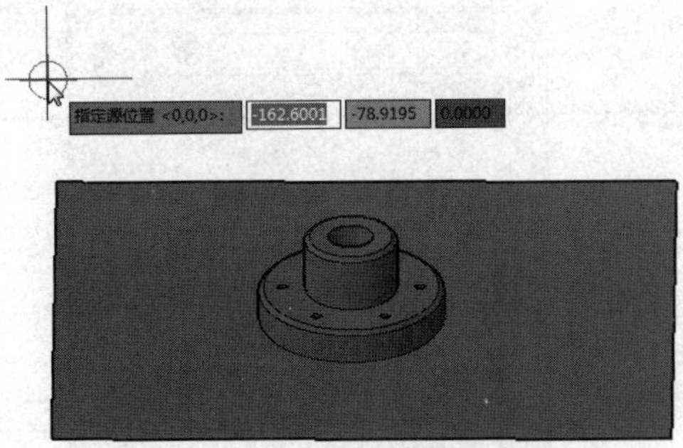

图 9-102　创建点光源

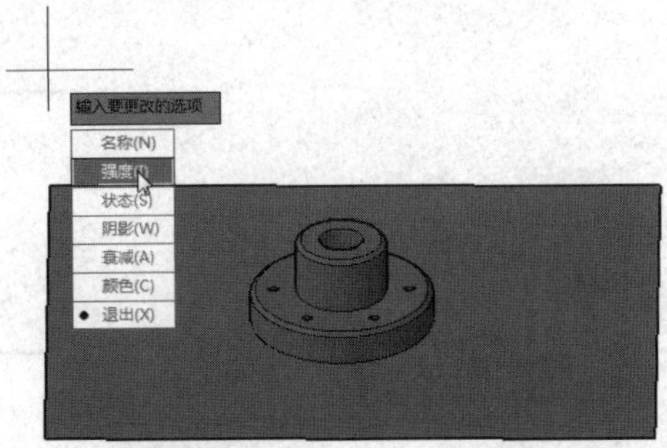

图 9-103　选择“强度”命令

Step07　输入 15 并按【Enter】键确认，修改强度因子的值，如图 9-104 所示。

Step08　再次执行“渲染”命令，会发现渲染后的图形比之前要真实些，但其阴影过于生硬，如图 9-105 所示。

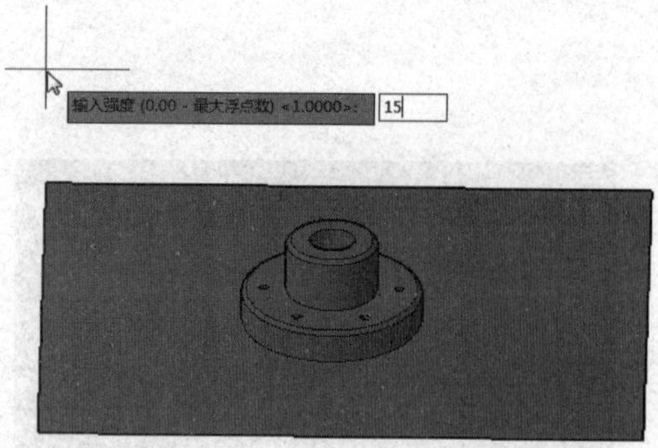

图 9-104　修改强度因子值

图 9-105　查看渲染效果

Step 09 再次执行“点”命令，在图形合适位置创建另一个点光源，如图 9-106 所示。

Step 10 再次执行“渲染”命令，查看添加辅助光源后的渲染效果，如图 9-107 所示。

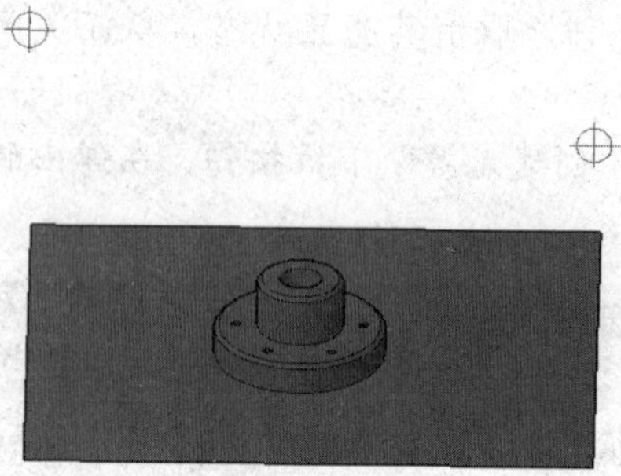

图 9-106　创建点光源

图 9-107　查看渲染效果

Step 11 单击“光源”面板右下角的↘按钮，打开“模型中的光源”面板，在列表框中显示已添加光源名称。右击光源名称，在弹出的快捷菜单中可执行相应命令。例如，选择“轮廓显示”|“开”命令，在场景中将始终显示点光源的轮廓，如图 9-108 所示。

Step 12 如果选择“特性”选项，将打开“特性”面板，可以对光源的强度因子、阴影细节等进行自定义设置，如图 9-109 所示。

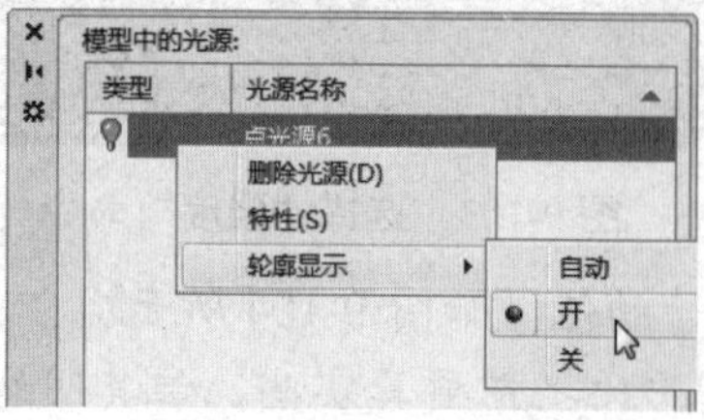

图 9-108　选择“轮廓显示”|“开”命令

图 9-109　设置光源特性

9.4.3　创建阳光与天光

阳光与天光是创造自然照明的光源。阳光即模拟太阳光源效果的光源，可以通过设置模型的地理位置，以及指定日期与时间定义阳光角度。

下面将通过实例介绍如何创建阳光与天光，具体操作方法如下：

Step 01 打开素材文件“创建阳光与天光.dwg”，右击场景右侧的 ViewCube 图标，在弹出的快捷菜单中选择“透视”命令，切换到透视图，如图 9-110 所示。

Step 02 选择“可视化”选项卡，打开“阳光和位置”面板中的“关闭天光”下拉菜单，选择“天光背景和照明”命令，打开天光与背景照明，如图 9-111 所示。

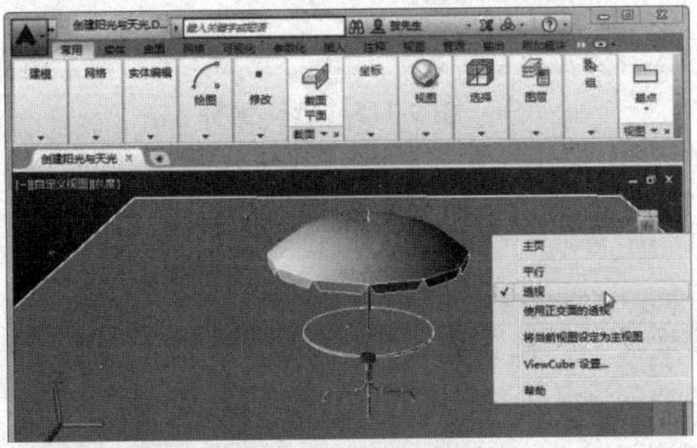

图 9-110　选择“透视”命令

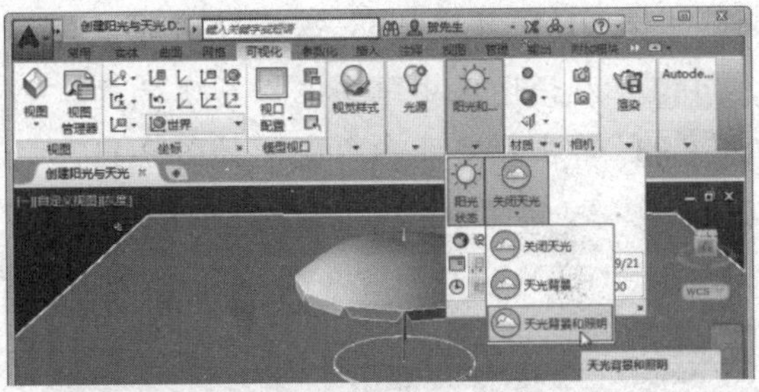

图 9-111　选择“天光背景和照明”命令

Step 03 单击“阳光和位置”面板中的“阳光状态”按钮，启用阳光模拟照明，如图 9-112 所示。

Step 04 单击“阳光和位置”面板中的“设置位置”下拉按钮，在弹出的下拉菜单中选择“从地图”命令，如图 9-113 所示。

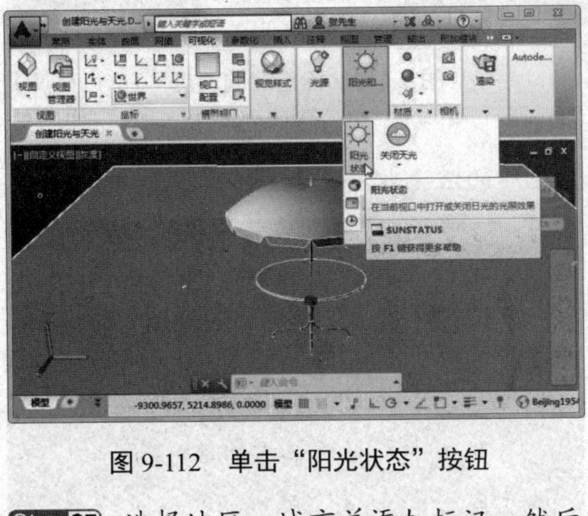

图 9-112　单击“阳光状态”按钮

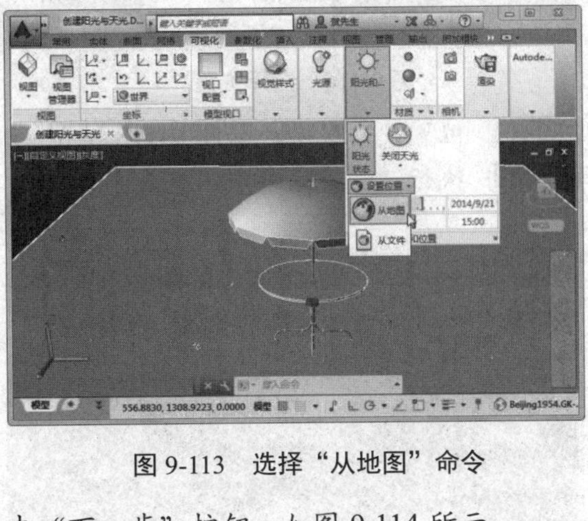

图 9-113　选择“从地图”命令

Step 05 选择地区、城市并添加标记，然后单击“下一步”按钮，如图 9-114 所示。

Step 06 选择具体坐标，然后单击“下一步”按钮，如图 9-115 所示。

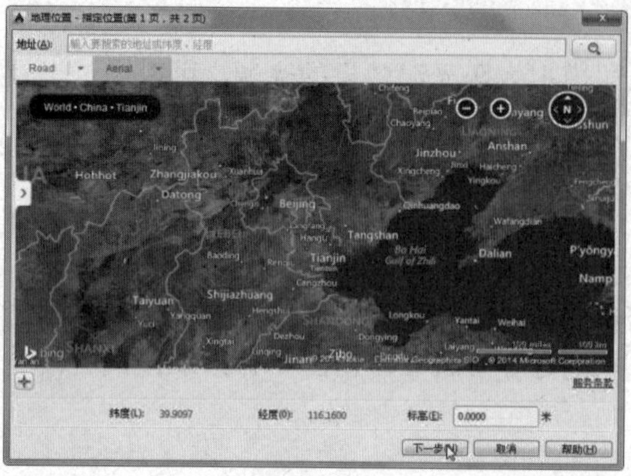

图 9-114　选择地区、城市并添加标记

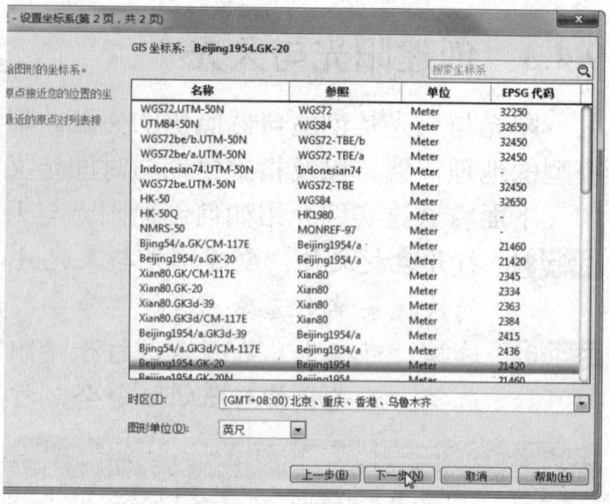

图 9-115　选择坐标

Step07 在绘图区中单击选择具体位置，如图 9-116 所示。

Step08 单击指定北向角度，如图 9-117 所示。

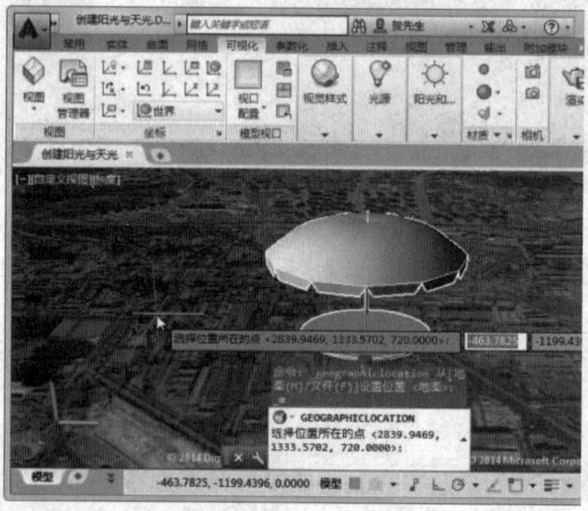

图 9-116　选择位置

图 9-117　指定北向角度

Step09 位置设置成功，如图 9-118 所示。

Step10 执行"渲染"命令，查看添加阳光与天光后的渲染效果，如图 9-119 所示。

图 9-118　设置成功

图 9-119　查看渲染效果

任务 5　渲染三维模型

任务概述

渲染即通过已设置的光源、已应用的材质和相关环境设置等因素为场景中的三维几何图形进行着色。渲染器包括光线跟踪反射、折射以及全局照明等，可以生成真实的模拟光照效果。

任务重点与实施

9.5.1　渲染概述

AutoCAD 渲染器提供了一系列标准渲染预设，其中“草稿”、“低”、“中”预设渲染速度较快，适用于质量要求不高的渲染；而“高”、“演示”等预设则适用于质量要求较高的渲染。通过“渲染”面板中的“渲染预设”下拉列表可以选择所需的渲染预设，如图 9-120 所示。

图 9-120　选择渲染预设

通过单击“渲染”面板中的“调整曝光”按钮（如图 9-121 所示），可以打开“调整渲染曝光”对话框，如图 9-122 所示。在该对话框中，可以设置用于全局定义当前场景中图形的亮度、对比度、中色调和室外日光的开启状态。

图 9-121　单击“调整曝光”按钮

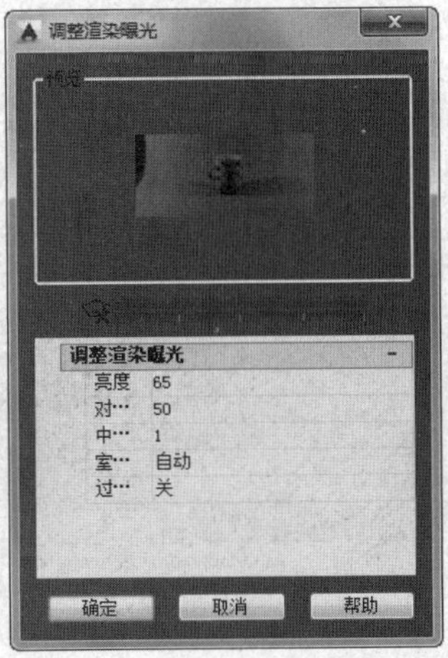

图 9-122　“调整渲染曝光”对话框

通过单击“渲染”面板中的“环境”按钮（如图 9-123 所示），可以打开“渲染环境”对话框，如图 9-124 所示。在“渲染环境”对话框中，可以设置对象与当前观察方向之间的距离效果，如雾化效果、雾化背景、雾化百分比等。

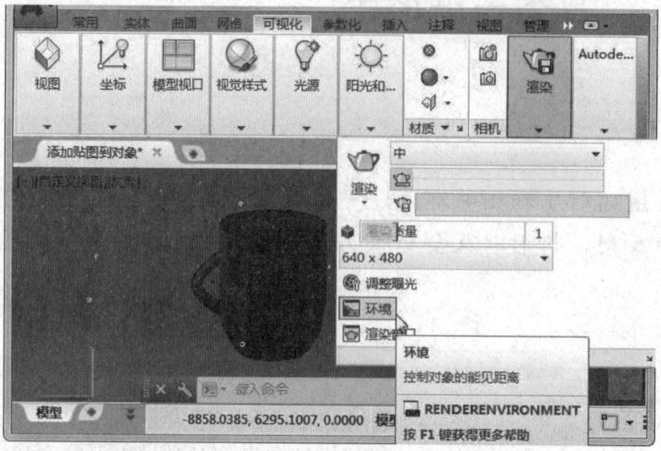

图 9-123　单击“环境”按钮

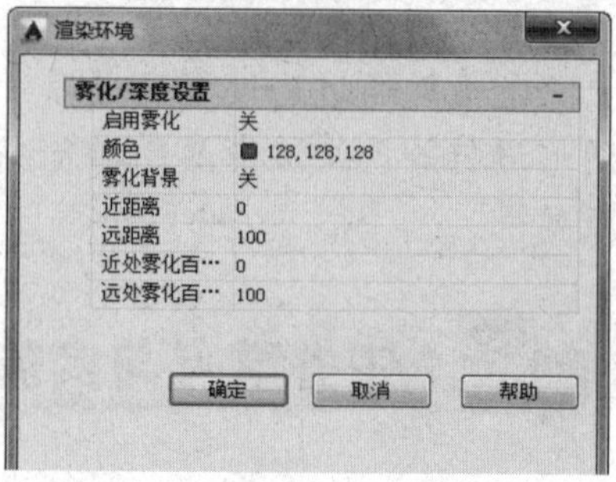

图 9-124　“渲染环境”对话框

9.5.2　渲染输出对象

当光源和材质调整到最佳状态后，即可渲染输出对象。此时，可以调整渲染预设的级别及渲染尺寸等参数，从而得到较高的渲染质量。

下面将通过实例介绍如何渲染输出对象，具体操作方法如下。

Step 01 打开素材文件“渲染输出对象.dwg”，在“可视化”选项卡下“渲染”面板中调整渲染预设级别与渲染质量，例如，设置渲染预设级别为“草稿”，设置“渲染质量”为-1，如图 9-125 所示。

Step 02 执行“渲染”命令，可以快速得到草稿级别的渲染效果，如图 9-126 所示。该设置适合以较短时间查看图形的简单渲染效果。

图 9-125　设置渲染参数

图 9-126　渲染对象

Step 03 当光源与材质等调整完毕后，可以渲染输出对象时，单击“渲染”面板右下角的按钮，打开“高级渲染设置”面板，通过“选择渲染预设”下拉列表选择“演示”渲染预设级别，如图 9-127 所示。

Step 04 单击“常规”卷展栏下“渲染描述”右侧的“确定是否写入文件”按钮，如图 9-128 所示。

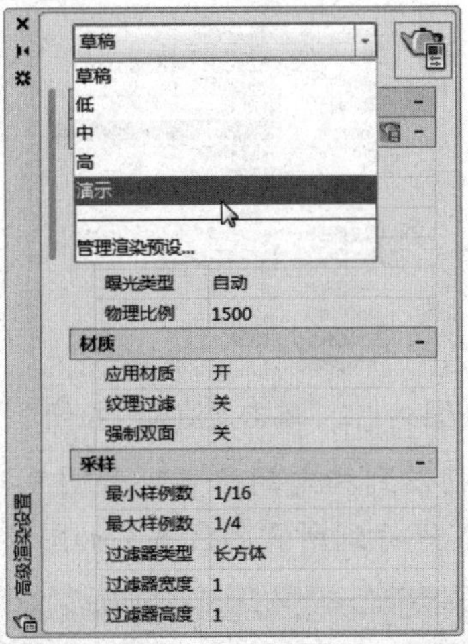

图 9-127　选择“演示”渲染预设级别

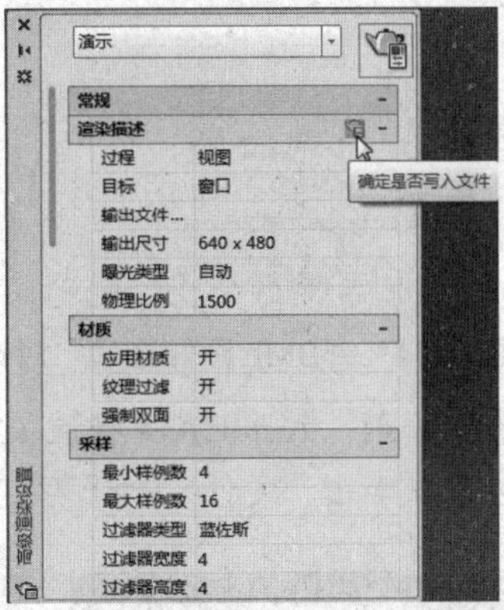

图 9-128　单击“确定是否写入文件”按钮

Step 05 此时，“输入文件名称”项将从灰色不可选状态变为可选状态，选择该选项，当右侧出现“浏览”按钮时，单击该按钮，如图 9-129 所示。

Step 06 弹出“渲染输出文件”对话框，设置文件名、文件类型及输出路径等参数，然后单击“保存”按钮，如图 9-130 所示。

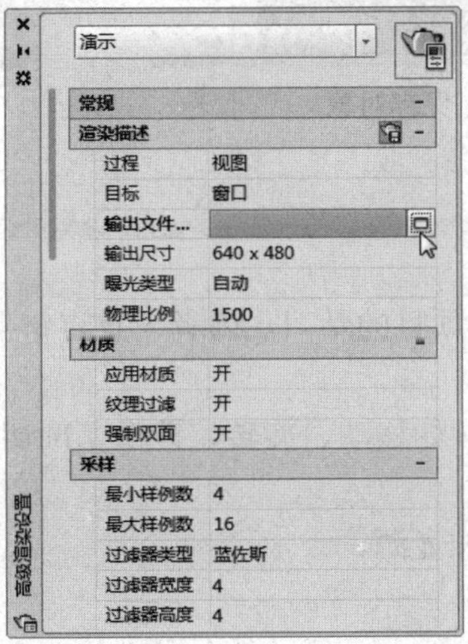

图 9-129　单击“浏览”按钮

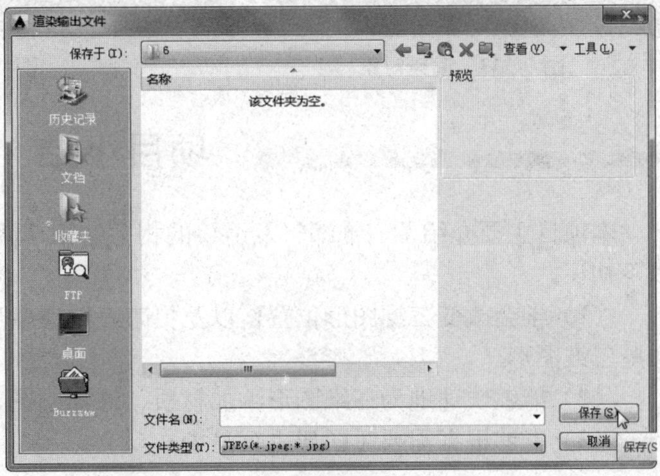

图 9-130　“渲染输出文件”对话框

Step 07 弹出“BMP 图像选项”对话框，设置颜色位数，然后单击“确定”按钮，如图 9-131 所示。

Step 08 设置输出尺寸等其他参数，单击“高级渲染设置”面板右上角的“渲染”按钮，如图 9-132 所示。

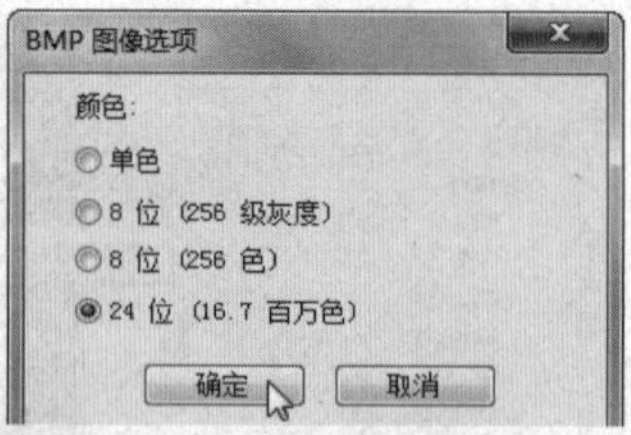

图 9-131 “BMP 图像选项”对话框

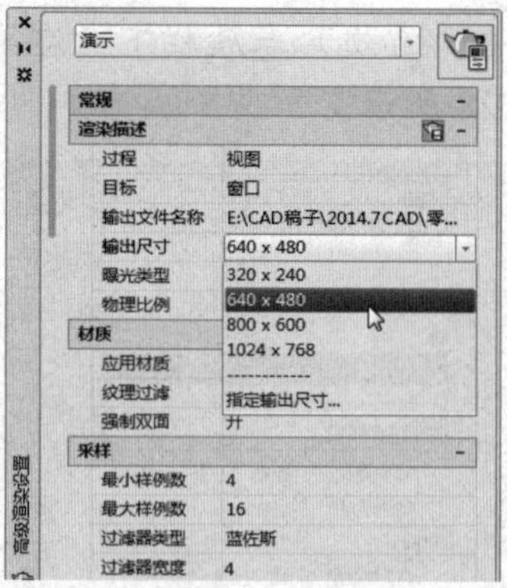

图 9-132 单击“渲染”按钮

Step09 等待片刻，AutoCAD 将渲染图像，并将其存储到指定的位置，如图 9-133 所示。也可以单击“文件”|“保存”命令，手动将其保存到所需的位置，如图 9-134 所示。

图 9-133 渲染对象

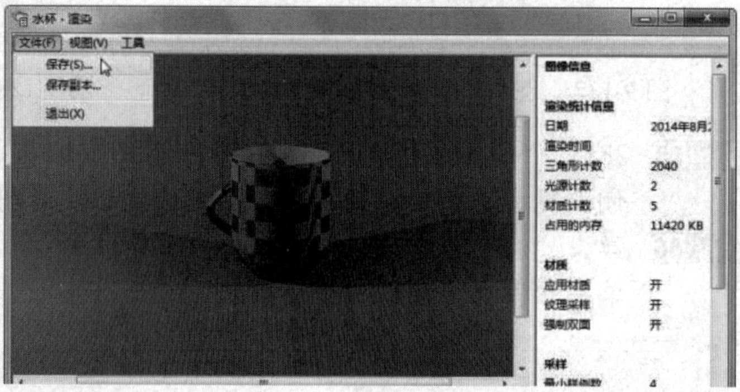

图 9-134 保存对象

项目小结

本项目主要介绍了三维编辑及渲染的相关知识，通过本项目的学习，读者应重点掌握以下知识。

（1）学会改变三维图形位置，以及更改三维模型形状，如移动、旋转、镜像、剖切、加厚三维图形。

（2）能够快速地为三维图形添加材质、添加贴图、添加光源。

（3）能够根据需要对图形进行渲染。。

项目习题

（1）为图形添加聚光灯。

操作提示：

聚光灯是一种发射定向锥形光聚焦光束的光源。聚光灯的强度根据相对于聚光灯的目标矢量的角度进行衰减，即受聚光角角度和照射角角度的影响。聚光灯用于亮显模型中的特定区域。

关闭默认光源，单击“光源”面板中的“创建光源”下拉按钮，选择“聚光灯”命令，在绘图区中指定聚光灯的源位置，然后为聚光灯指定目标位置，即可添加聚光灯。

（2）为法兰盘图形和背景分别添加合适的材质。

操作提示：

① 选择法兰盘图形对象，打开材质浏览器，右击样例列表中要添加的材质，在弹出的快捷菜单中选择“指定给当前选择”命令，如图9-135所示。

② 找到要添加“格子花呢4”材质，将其添加到法兰盘图形下方的曲面对象上，如图9-136所示。

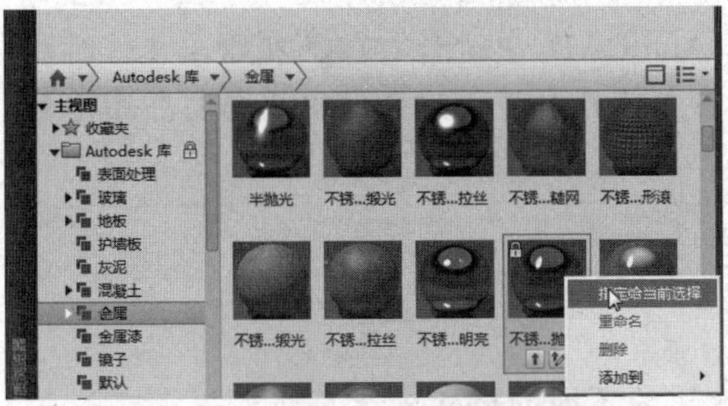

图9-135　选择“指定给当前选择”命令

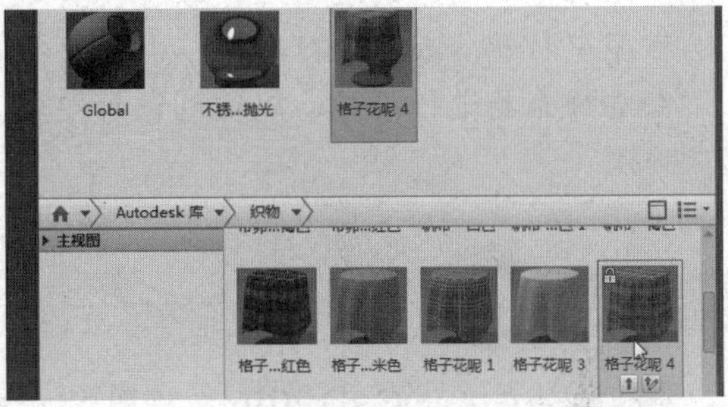

图9-136　添加材质

③ 打开织物材质对应的材质编辑器，单击“图像”右侧的下拉按钮，在弹出的下拉菜单中选择“编辑图像”命令，如图9-137所示。

④ 打开纹理编辑器，设置图像比例和平铺方式等参数，如图9-138所示。

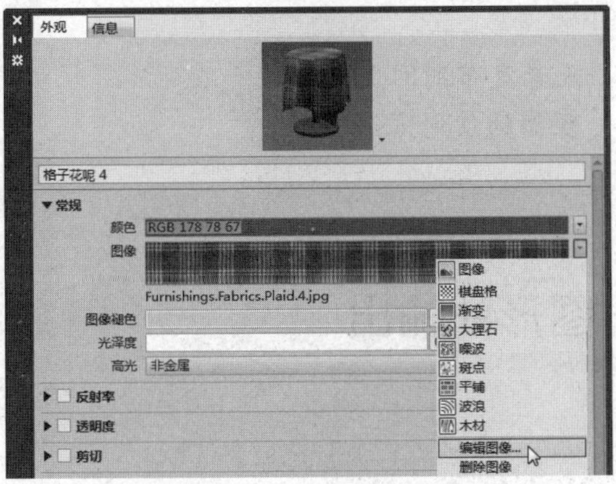

图9-137　选择“编辑图像”命令

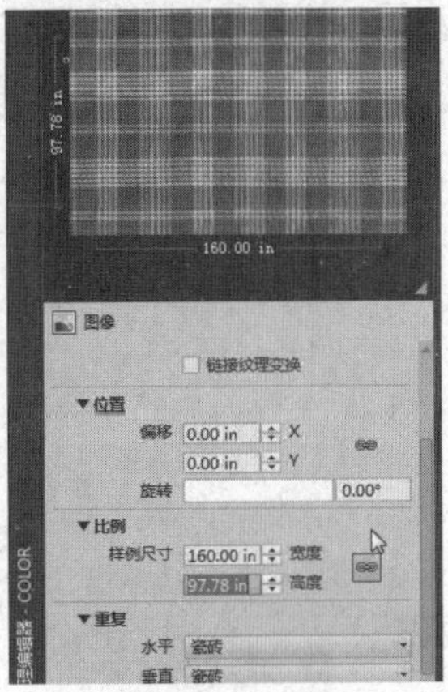

图9-138　设置参数

⑤ 执行“渲染”命令，查看最终的渲染效果，如图9-139所示。

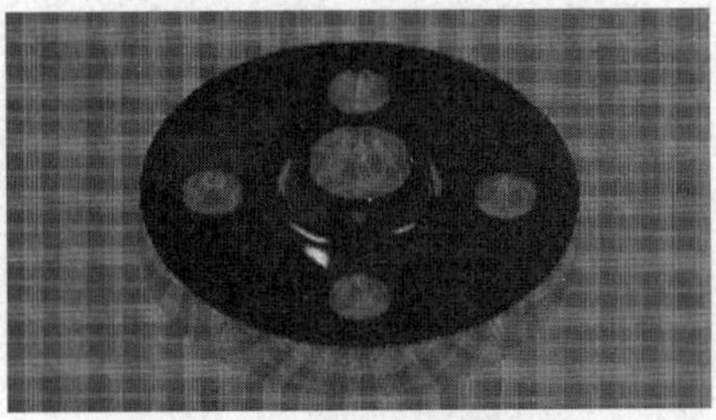

图9-139　查看渲染效果

项目 10 图形文件的输出与打印

项目概览

当完成图形的绘制后，即可对其进行输出操作，输出的图形文件可在其他应用程序中打开，或者进行打印，也可直接在 AutoCAD 中进行打印。在输出文件时，需要对布局进行设置，以达到设计要求。在本项目中将详细介绍输出与打印图形的方法。

项目重点

- 学会在 AutoCAD 2016 中将图形文件输出为不同的格式文件。
- 学会在 AutoCAD 2016 中将图形打印出来。
- 学会对 AutoCAD 打印参数进行设置。

项目目标

- 在 AutoCAD 2016 中将文件输出，或者发布到网上。
- 学会应用布局，并掌握页面设置管理器的使用方法。

任务 1 图形的输出

任务概述

在绘制图形的过程中，可以随时通过多种方式输出图形文件，从而与其他设计者共享或协作完成该文件。例如，可以通过 DWF 和 PDF 等工具将文件输出为特定格式；可以通过“电子传递”工具将图形文件及字体打包；可以通过“网上发布”向导创建 Web 页格式文件等。

任务重点与实施

10.1.1　输出 PDF 文件

DWF 是一种开放、安全的文件格式，用户可以通过 DWF 文件将设计数据分发给需要查看或打印数据的客户。输出 PDF 文件的具体操作方法如下。

Step 01 打开素材文件“输出 PDF 文件.dwg”，选择“输出”选项卡，然后单击“输出为 DWF/PDF”面板中的“输出”下拉按钮，在弹出的下拉列表中选择 PDF 命令，如图 10-1 所示。

Step 02 弹出“另存为 PDF”对话框，设置保存路径和文件名，然后单击“选项”按钮，如图 10-2 所示。

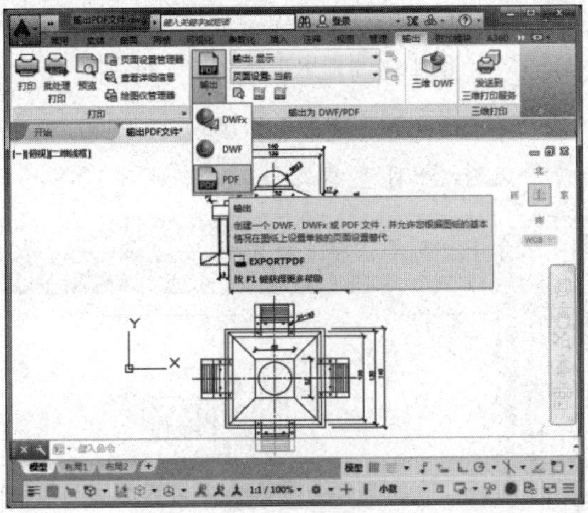

图 10-1　选择 PDF 命令

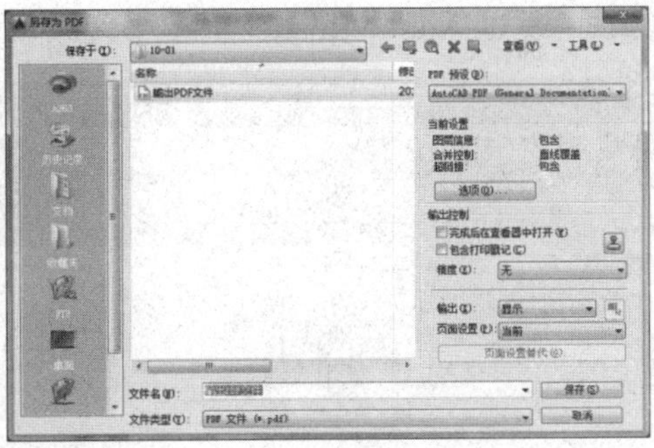

图 10-2　“另存为 PDF”对话框

Step 03 弹出“输出为 DWF/PDF 选项”对话框，设置输出参数，如“替代精度”、“密码保护”等，设置完毕后单击“确定”按钮，然后单击“打印戳记设置”按钮，如图 10-3 所示。

Step 04 弹出“打印戳记”对话框，设置需要添加的打印戳记，然后单击“高级”按钮，如图 10-4 所示。

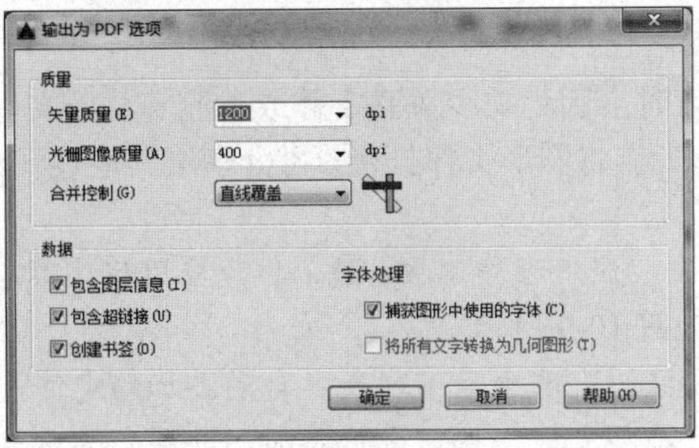

图 10-3　设置输出参数

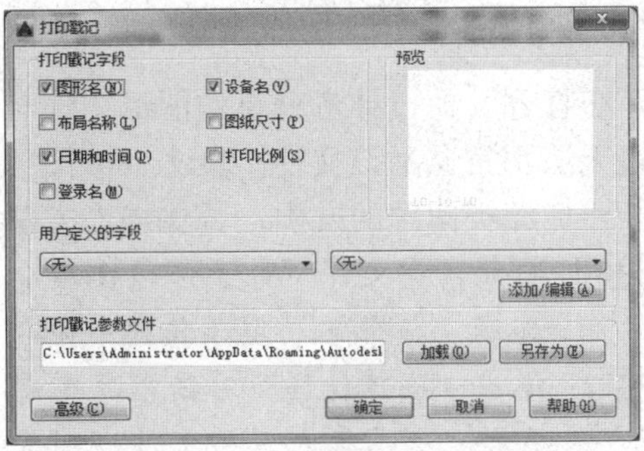

图 10-4　“打印戳记”对话框

Step 05 弹出“高级选项”对话框，设置打印戳记的具体位置和文字字体，依次单击“确定”按钮，如图 10-5 所示。

Step 06 返回“另存为 PDF”对话框，单击“保存”按钮，如图 10-6 所示。

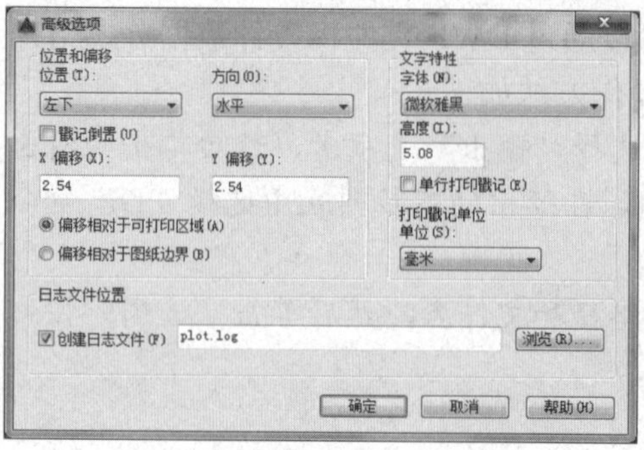

图 10-5 “高级选项”对话框

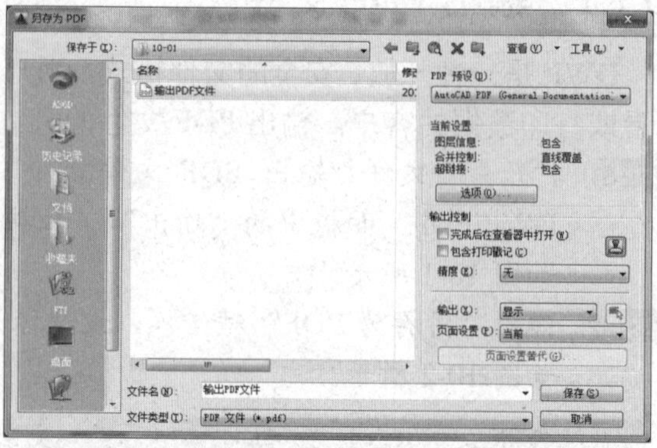

图 10-6 “另存为 PDF”对话框

Step 07 在程序右下角出现“完成打印和发布作业”提示信息框，提示发布成功，如图 10-7 所示。

Step 08 通过 Adobe Reader 电子书阅读软件打开文件，即可查看文件效果，如图 10-8 所示。

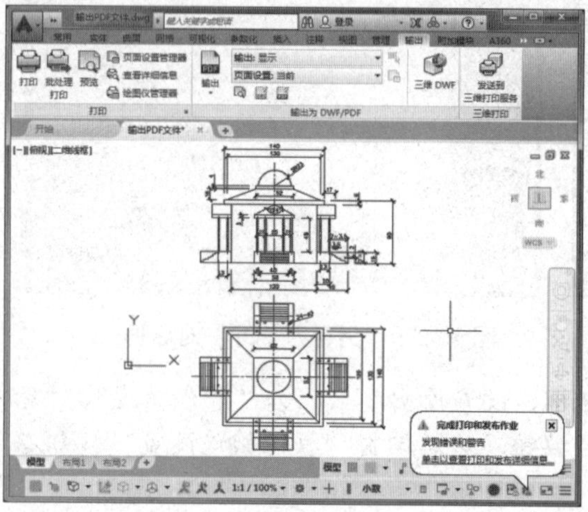

图 10-7 发布成功

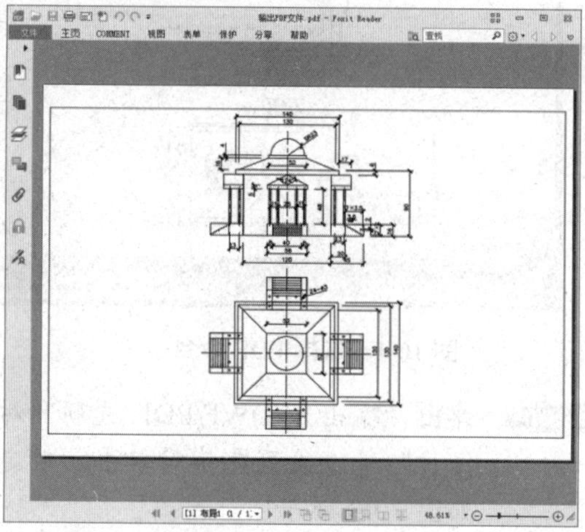

图 10-8 查看文件效果

10.1.2 电子传递

在打开其他设计者分享的图形文件时，有时会因为缺少关联字体或参照等从属文件，导致无法正常显示该文件。通过“电子传递”工具将图形文件打包，再分享给其他设计者，可以避免此类问题的发生，具体操作方法如下。

Step 01 打开素材文件“电子传递.dwg”，单击“应用程序”按钮，打开应用程序菜单，选择“发布”|“电子传递”命令，如图 10-9 所示。

Step 02 弹出“创建传递”对话框，查看“文件树”选项卡下列表中自动添加的文件是否完整，若需添加其他文件，则单击“添加文件”按钮进行添加，设置完毕后单击“传递设置”按钮，如图 10-10 所示。

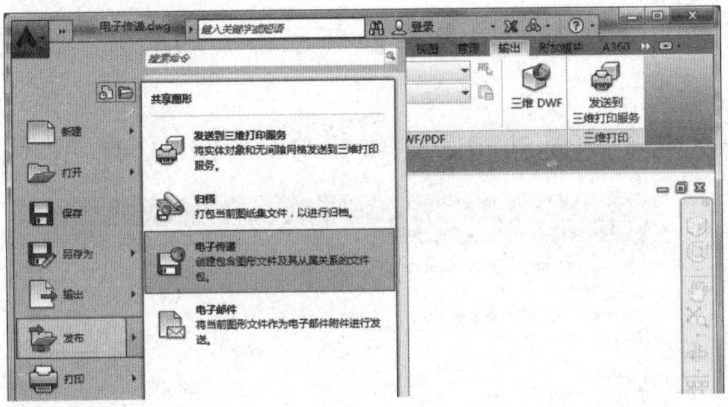

图 10-9　选择“电子传递”命令

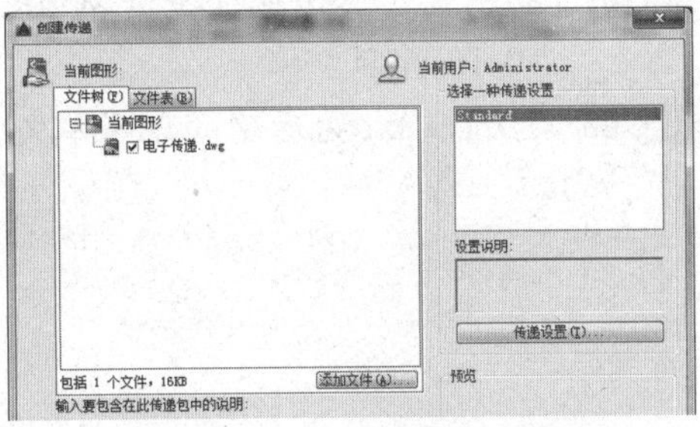

图 10-10　“创建传递”对话框

Step 03 弹出“传递设置”对话框，可单击“新建”按钮，新建传递设置；也可单击“修改”按钮，修改当前设置，如图 10-11 所示。

Step 04 例如，单击“修改”按钮，将弹出“修改传递设置”对话框，对传递包类型、文件格式和存储位置等进行自定义设置，如图 10-12 所示。

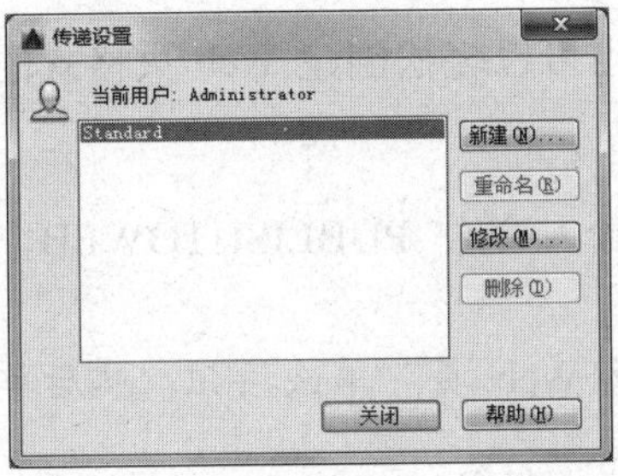

图 10-11　“传递设置”对话框

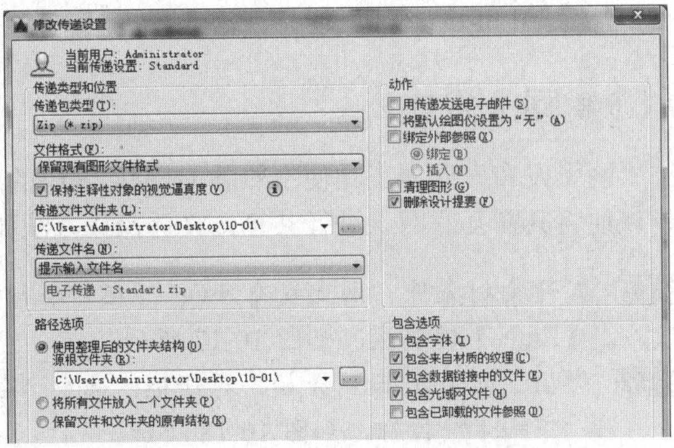

图 10-12　“修改传递设置”对话框

Step 05 设置完毕后，依次单击“确定”和“关闭”按钮。弹出“指定 Zip 文件”对话框，在其中单击“保存”按钮，如图 10-13 所示。

Step 06 此时，即可在指定位置创建一个指定格式的电子传递包，如图 10-14 所示。

图 10-13　“指定 Zip 文件”对话框

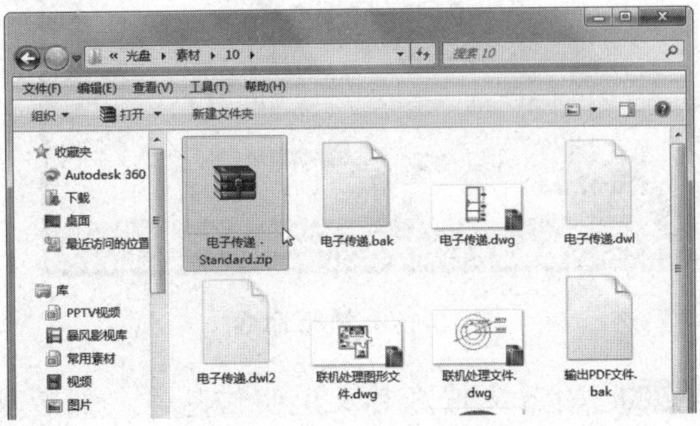

图 10-14　创建电子传递包

Step 07 双击电子传递包，通过 WinRAR 程序打开压缩包，查看内部已添加的文件，如图 10-15 所示。

Step 08 打开以 txt 为后缀的记事本文件，查看电子传递包相关详细报告，如图 10-16 所示。

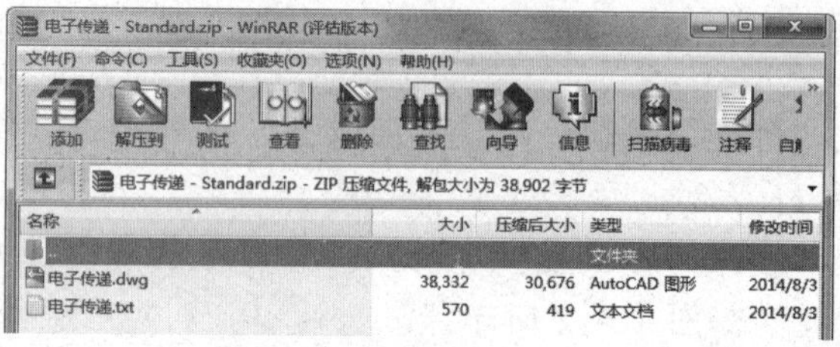

图 10-15　查看文件

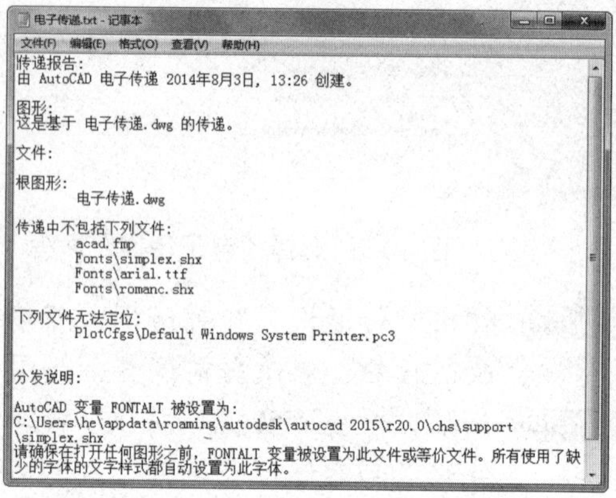

图 10-16　查看详细报告

10.1.3　网上发布

“网上发布”向导工具使不熟悉 HTML 编码的用户也可以轻松创建 Web 页格式的文件，以便将其在互联网上进行共享，具体操作方法如下。

Step 01 打开素材文件“网上发布.dwg”，在命令行窗口输入命令 PUBLISHTOWEB，按【Enter】键确认，如图 10-17 所示。

Step 02 弹出“网上发布 - 开始”对话框，选中“创建新 Web 页”单选按钮，然后单击“下一步”按钮，如图 10-18 所示。

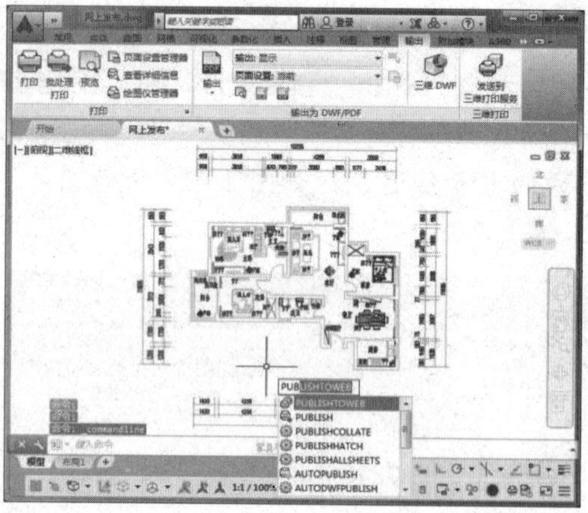

图 10-17　执行命令

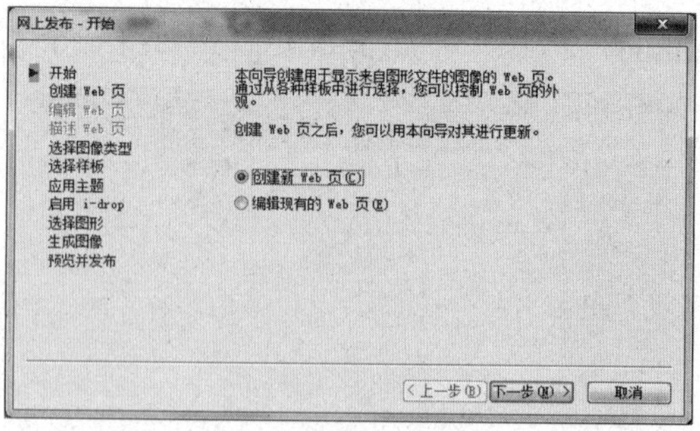

图 10-18　“网上发布 - 开始”对话框

Step 03 输入文件名称及说明信息等，然后单击“下一步”按钮，如图 10-19 所示。

Step 04 设置图像类型和图像大小，然后单击“下一步”按钮，如图 10-20 所示。

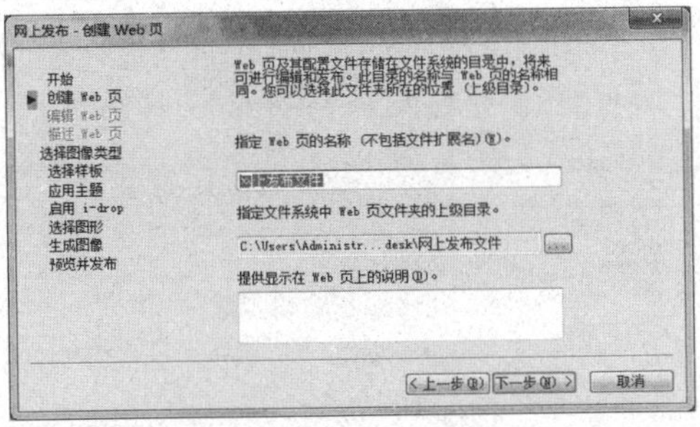

图 10-19　输入文件名称及说明信息

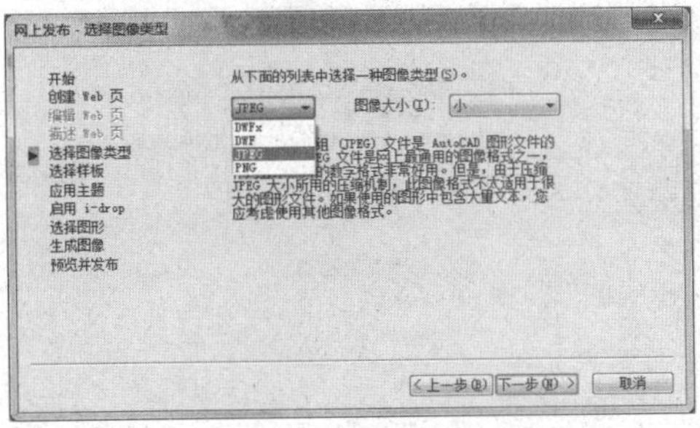

图 10-20 设置图像类型和图像大小

Step 05 在列表中选择所需的样板，然后单击“下一步”按钮，如图 10-21 所示。

Step 06 选择所需的 Web 页预设主题，然后单击“下一步”按钮，如图 10-22 所示。

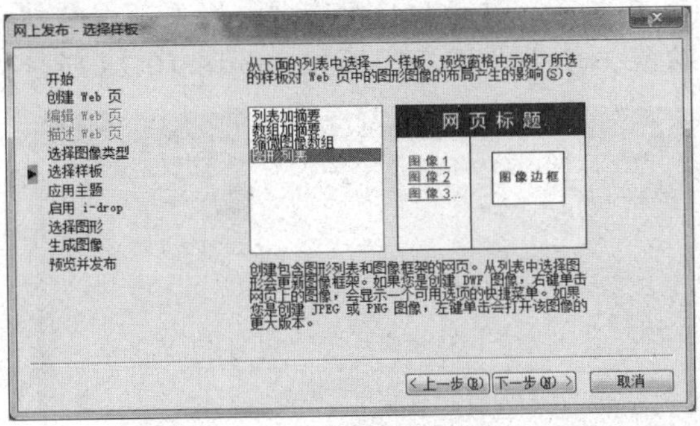

图 10-21　选择样板

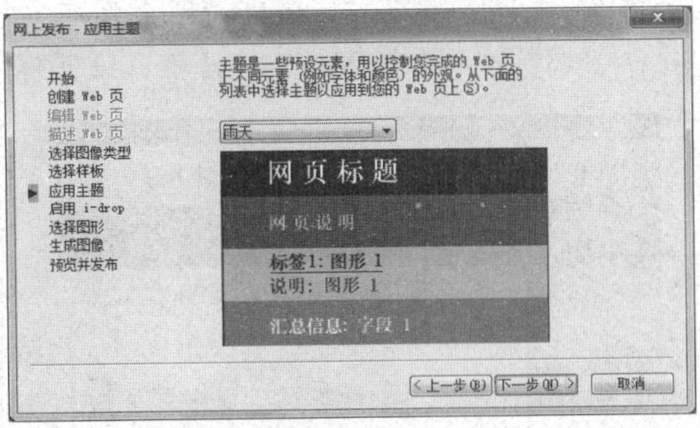

图 10-22　选择 Web 页预设主题

Step 07 选择是否启用“i-drop”功能，启用该功能可以方便其他用户拖放图形文件到 AutoCAD 的任务中，然后单击“下一步”按钮，如图 10-23 所示。

Step 08 单击“添加”按钮，添加图形到“图像列表”中，然后单击“下一步”按钮，如图 10-24 所示。

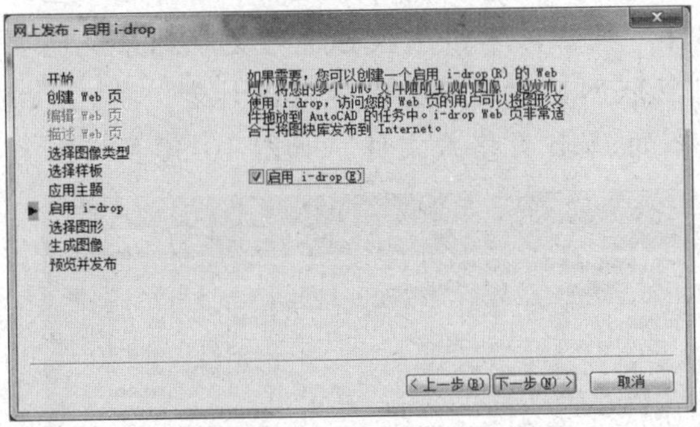

图 10-23　启用“i-drop”功能

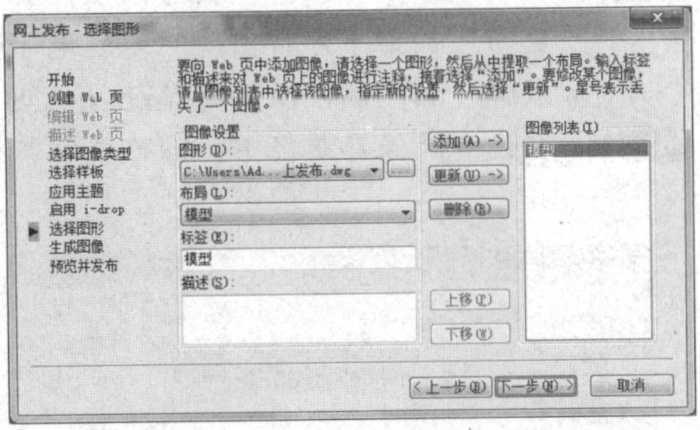

图 10-24　添加图形

Step 09 选择是否重新生成已修改图形的图像，然后单击“下一步”按钮，如图 10-25 所示。

Step 10 弹出“网上发布 - 预览并发布”对话框，在其中单击“预览”按钮，如图 10-26 所示。

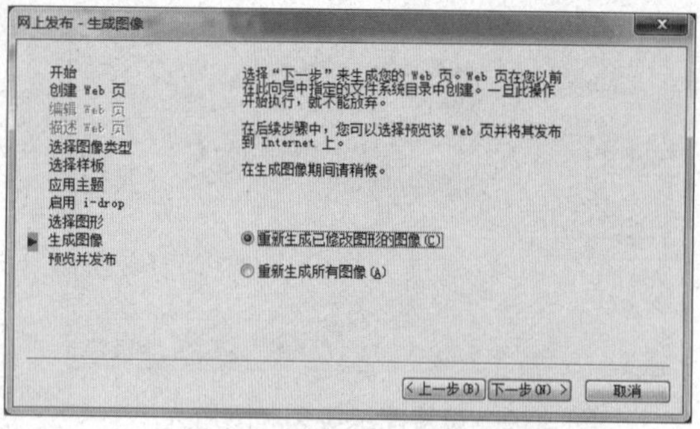

图 10-25　选择是否重新生成图像

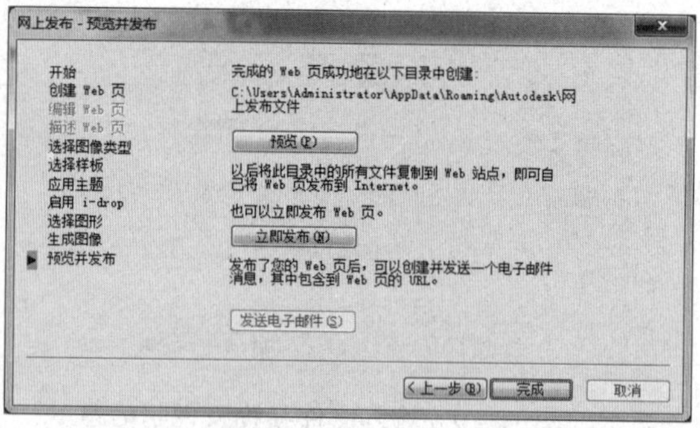

图 10-26　"网上发布 - 预览并发布"对话框

Step 11　弹出预览窗口，预览 Web 页图像效果，如图 10-27 所示。

Step 12　关闭预览窗口，返回"网上发布 - 预览并发布"对话框，单击"立即发布"按钮，弹出"发布 Web"对话框，设置保存路径，单击"保存"按钮，如图 10-28 所示。

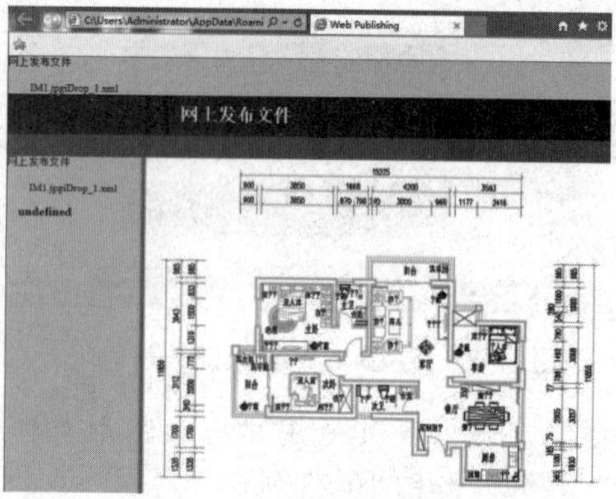

图 10-27　预览 Web 页图像效果

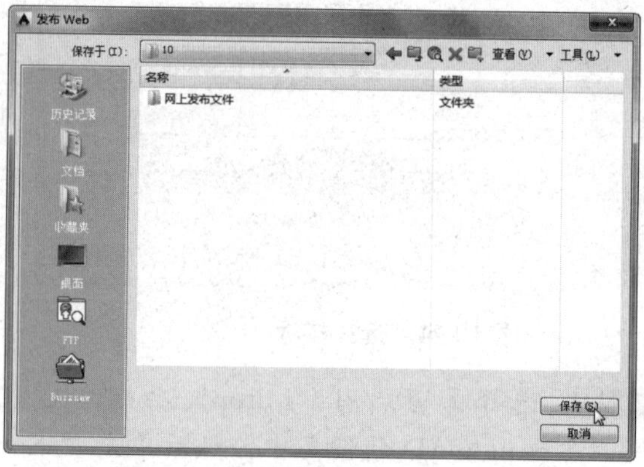

图 10-28　"发布 Web"对话框

Step 13　如果发布成功，将弹出对话框，显示相关提示信息，如图 10-29 所示。在"立即发布"按钮下方将出现"发送电子邮件"按钮，单击该按钮，可关联到系统已安装邮件客户端，以便将 Web 页上传到互联网后发送链接给其他设计者。

Step 14　在设置的保存路径下，即可找到新发布的 Web 页格式文件，如图 10-30 所示　。

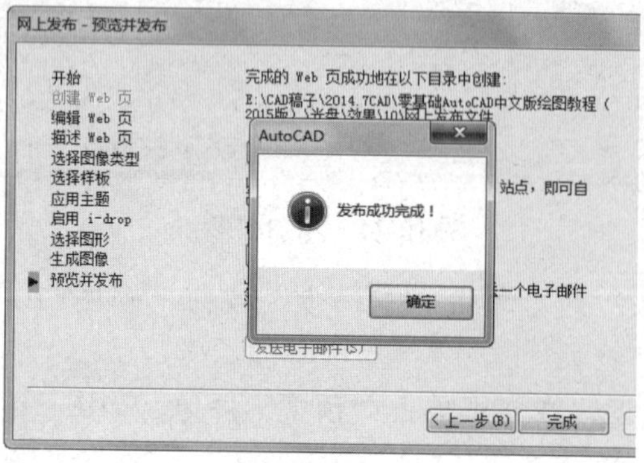

图 10-29　发布成功

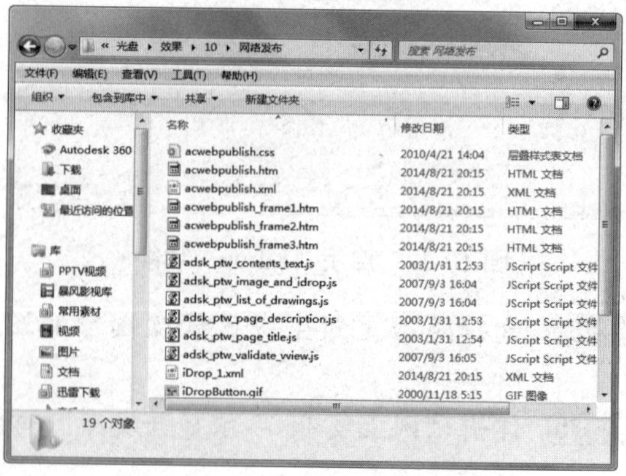

图 10-30　查看文件

任务 2　打印图形文件

任务概述

在 AutoCAD 2016 中，用户可以通过“打印”工具将图像打印到图纸上。在打印图形文件前，可以创建多种不同的布局，以满足不同的打印需要；或对打印范围、图纸尺寸等进行自定义设置。

任务重点与实施

10.2.1　应用布局

在 AutoCAD 2016 中，每个布局类似于单独的打印图纸，它包含一个视图，该视图可以按用户指定的比例和方向显示模型。应用布局的具体操作方法如下。

Step 01　打开素材文件“应用布局.dwg”，单击命令行窗口下方“模型”选项卡右侧的“布局 1”选项卡，即可切换到该布局，如图 10-31 所示。

Step 02　双击布局中的图形区域，进入模型空间，可以对布局视图进行平移、缩放等操作。调整完毕后，双击布局边框外部区域，返回图纸空间即可，如图 10-32 所示。

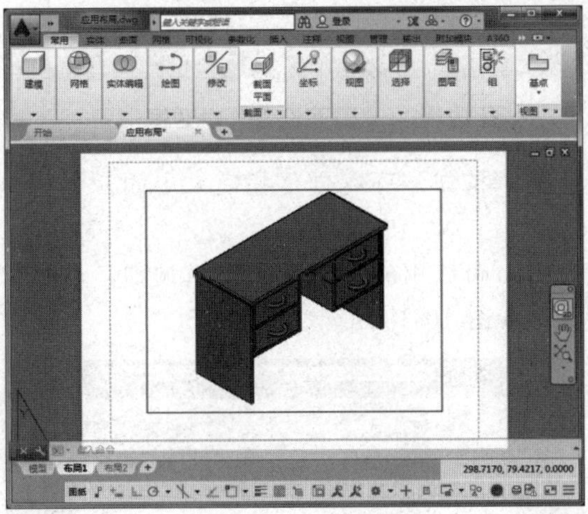

图 10-31　切换布局

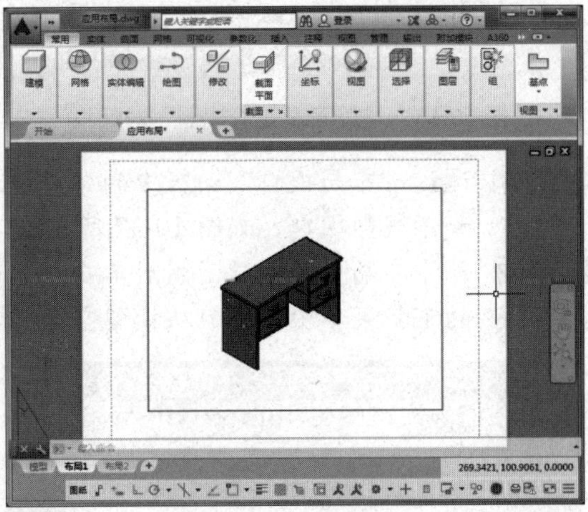

图 10-32　布局视图

Step 03　选择“布局”选项卡，单击“布局”面板中的“新建”下拉按钮，在弹出的下拉菜单中选择“新建布局”命令，如图 10-33 所示。

Step 04　输入新布局的名称，即可新建一个布局，如图 10-34 所示。

Step 05　单击“布局”面板中的“页面设置”按钮，弹出“页面设置管理器”对话框，单击“修改”按钮，如图 10-35 所示。

Step 06　弹出“页面设置”对话框，即可自定义当前布局的页面设置各项参数，如图 10-36 所示。

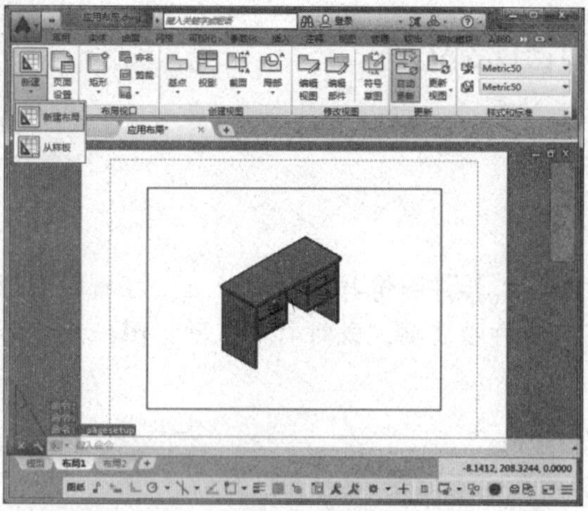

图 10-33 选择“新建布局”命令

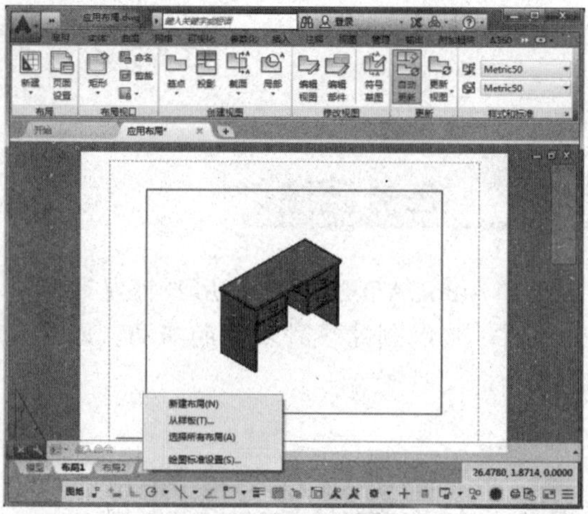

图 10-34 新建布局

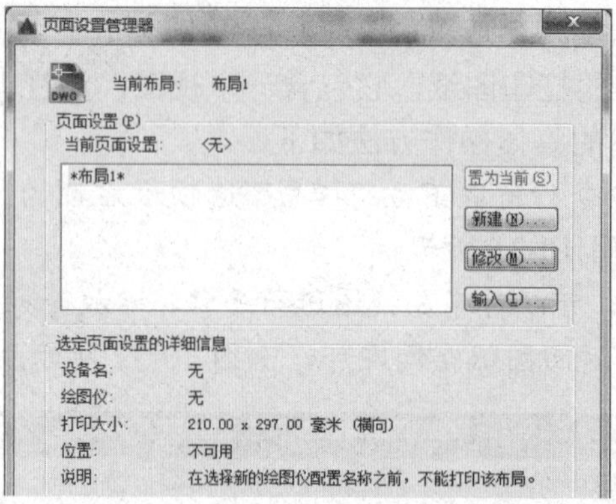

图 10-35 “页面设置管理器”对话框

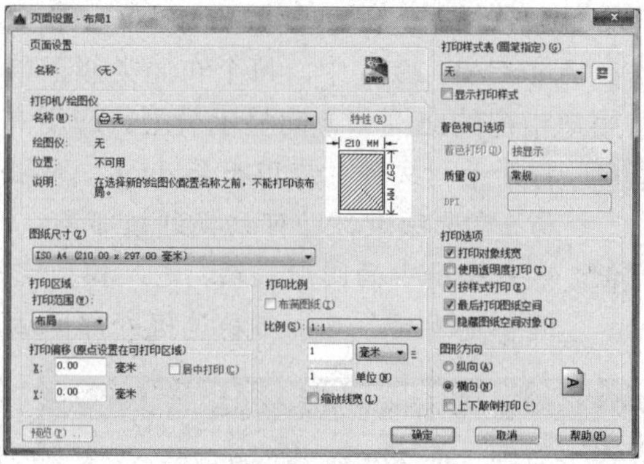

图 10-36 “页面设置”对话框

Step 07 通过“布局视口”面板中的“多边形”下拉按钮，可以创建指定大小的矩形视口和不规则视口，如图 10-37 所示。

Step 08 删除布局中的视口，然后单击“创建视图”面板中的“基点”下拉按钮，在弹出的下拉菜单中选择“从模型空间”命令，如图 10-38 所示。

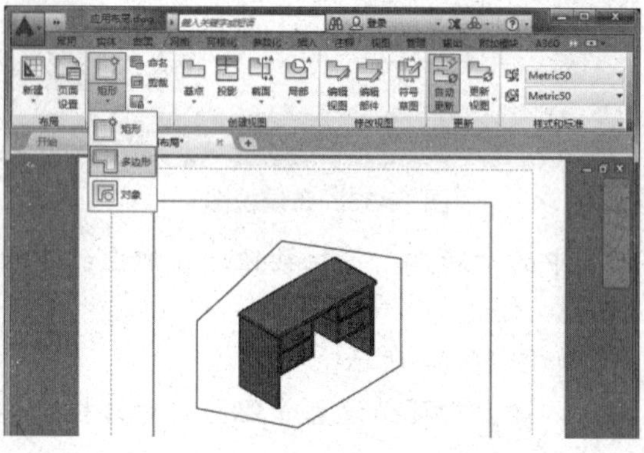

图 10-37 创建视口

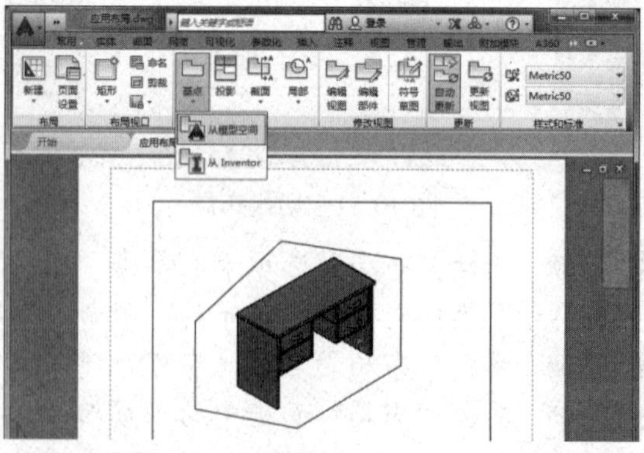

图 10-38 选择“从模型空间”命令

Step 09 选择“工程视图创建”选项卡，通过“方向”面板设置视图方向，单击指定视图位置，然后单击“创建”面板中的“确定”按钮，如图 10-39 所示。

Step 10 依次在图形区域的适当位置单击鼠标左键，即可创建多个方向的工程视图，如图 10-40 所示。创建完毕后，选择其中的视图，可以进行自定义显示比例、获取截面以及创建局部视图等操作。

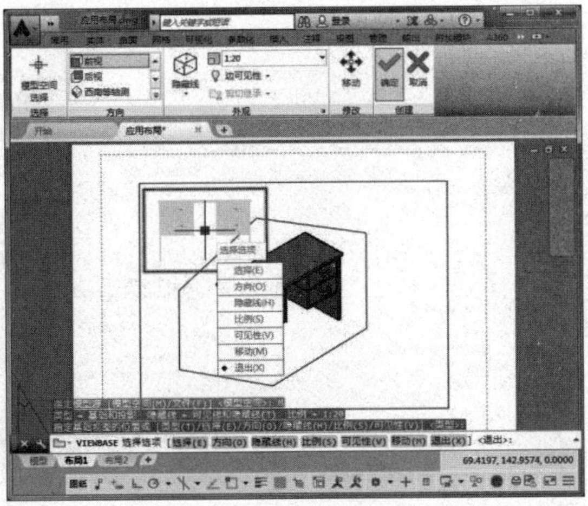

图 10-39　单击“确定”按钮

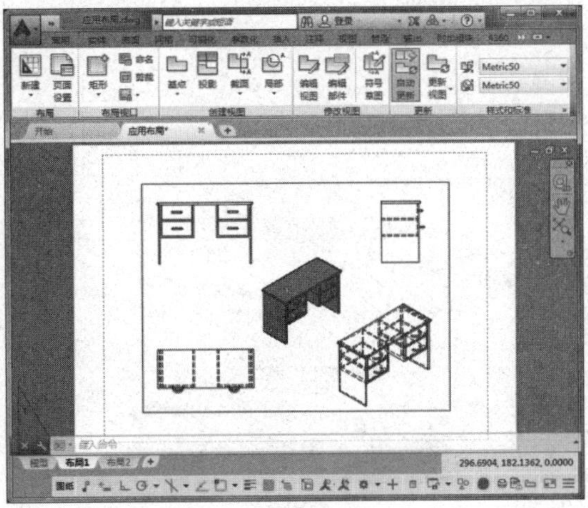

图 10-40　创建工程视图

10.2.2　预览与打印

在打印图形文件前，用户可以对其各项参数进行设置，还可以预览打印效果。下面将通过实例介绍如何预览与打印图形文件，具体操作方法如下。

Step 01 打开素材文件“预览与打印.dwg”，选择“输出”选项卡，单击“打印”面板中的“打印”按钮，如图 10-41 所示。

Step 02 弹出“打印 - 模型”对话框，在“打印机/绘图仪”选项区中的“名称”下拉列表中自定义打印机样式，如图 10-42 所示。

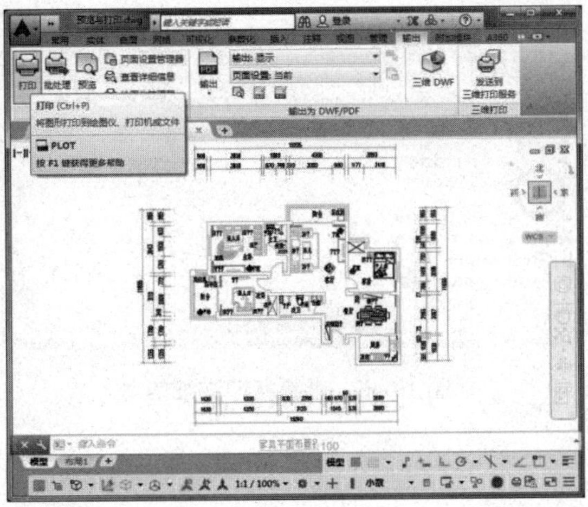

图 10-41　单击“打印”按钮

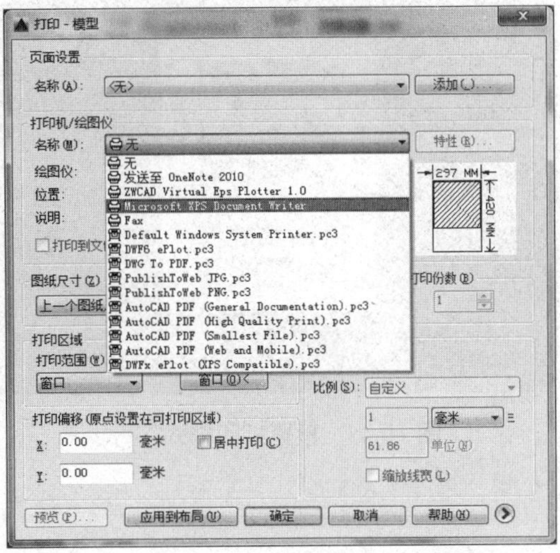

图 10-42　“打印 - 模型”对话框

Step 03 设置图纸尺寸、打印范围和打印份数、打印比例等参数，如图 10-43 所示。

Step 04 单击“帮助”按钮右侧的⊙按钮，对打印样式表、着色打印、图形方向、打印戳记等其他参数进行自定义设置，如图 10-44 所示。

图 10-43　设置打印参数

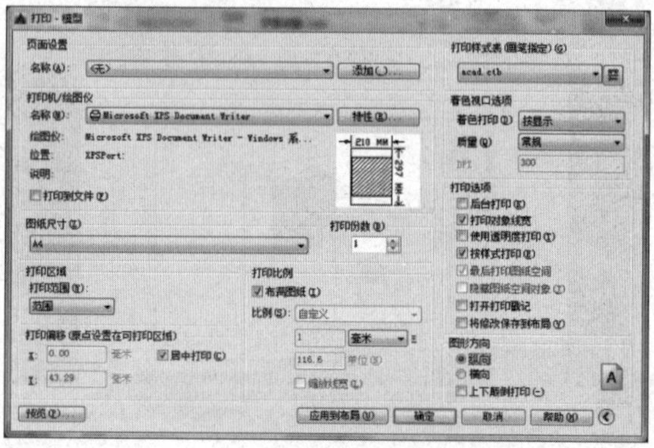

图 10-44　设置更多参数

Step 05 设置完毕后，单击“预览”按钮，可以预览打印效果，如图 10-45 所示。检查无误后，单击窗口左上方“打印”按钮进行打印即可。

Step 06 打印完毕后，可单击“打印”面板中的“查看详细信息”按钮，在弹出的对话框中查看打印详细信息，如图 10-46 所示。

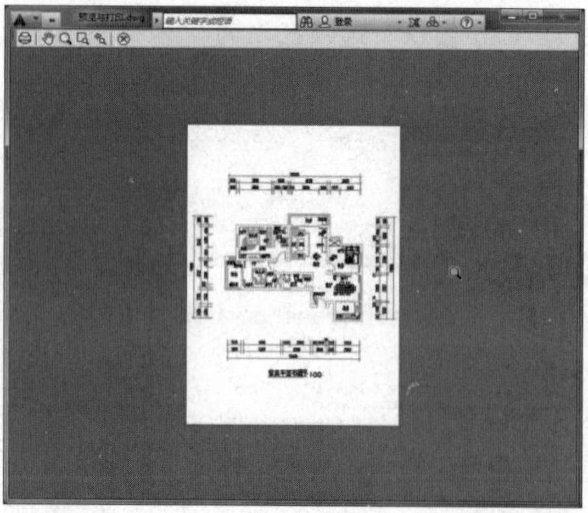

图 10-45　预览打印样式

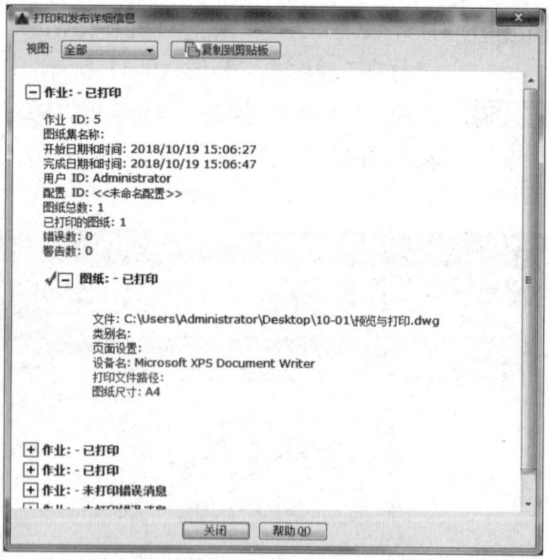

图 10-46　查看打印详细信息

10.2.3　页面设置管理器

页面设置管理器用于新建或修改现有页面设置，以便在打印文件时随时调用，具体操作方法如下。

Step 01 选择“输出”选项卡，在“打印”面板中单击“页面设置管理器”按钮，如图 10-47 所示。

Step 02 弹出“页面设置管理器”对话框，即可新建或管理页面设置，如单击“新建”按钮，如图 10-48 所示。

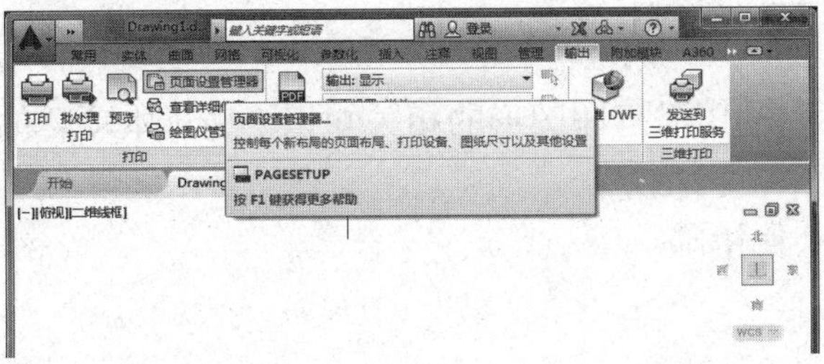

图 10-47　单击“页面设置管理器”按钮

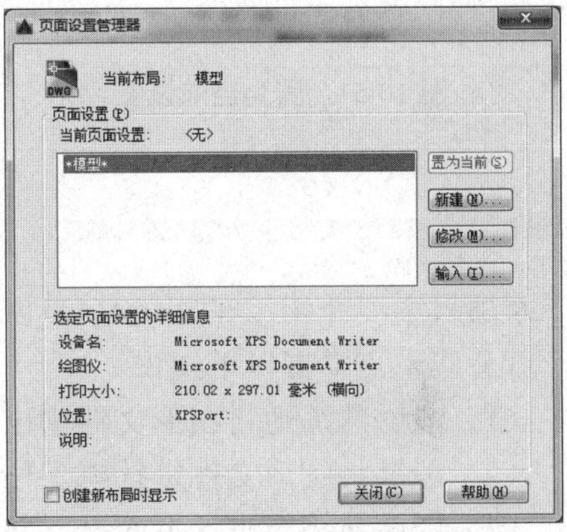

图 10-48　“页面设置管理器”对话框

Step 03 弹出“新建页面设置”对话框，在“新页面设置名”文本框中输入设置名称，在“基础样式”列表中选择基础样式，然后单击“确定”按钮，如图 10-49 所示。

Step 04 弹出“页面设置 - 模型”对话框，设置各项参数，然后单击“确定”按钮，如图 10-50 所示。

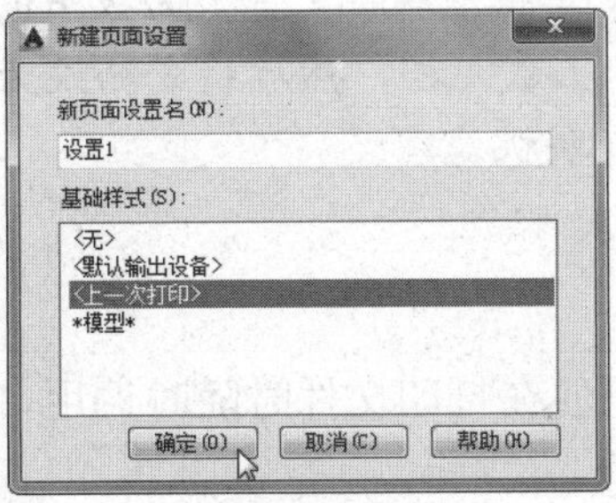

图 10-49　“新建页面设置”对话框

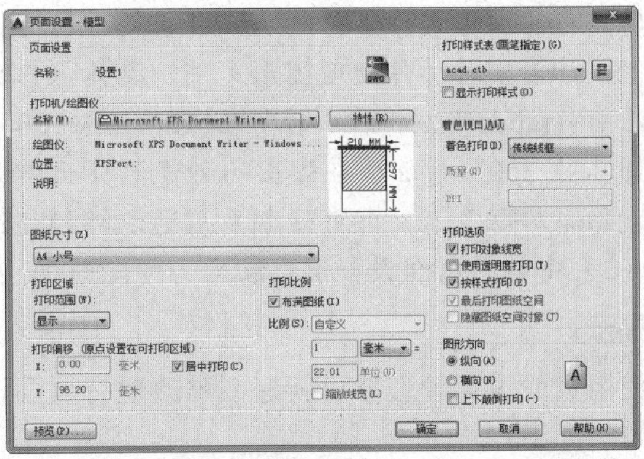

图 10-50　“页面设置 - 模型”对话框

Step 05 返回“页面设置管理器”对话框，在列表中显示新建设置，选择该设置名称，单击“置为当前”按钮，将其置为当前设置，如图 10-51 所示。

Step 06 打开“打印”对话框，将默认应用该设置，如图 10-52 所示。

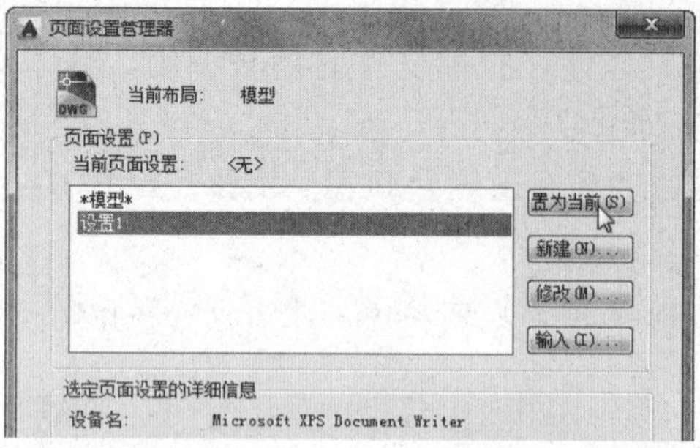

图 10-51　置为当前设置

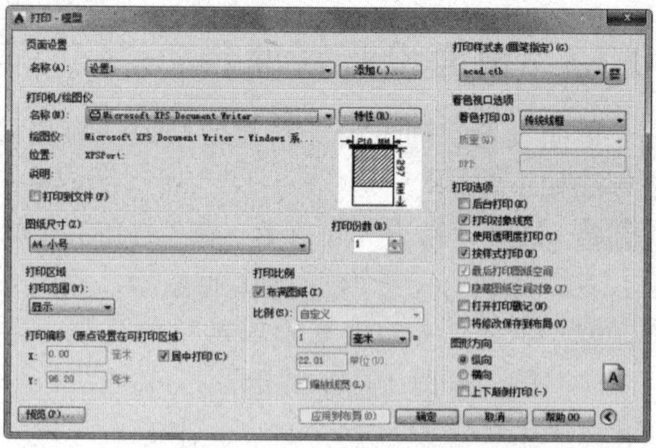

图 10-52　“打印”对话框

项目小结

本项目主要介绍了在 AutoCAD 2016 中输出与打印图形的相关知识，通过本项目的学习，读者应重点掌握以下知识。

（1）能够熟练地将图形文件输出为其他格式。

（2）能够将图形文件进行电子传递。

（3）能够熟练地进行页面设置并打印。

项目习题

（1）设置好联机处理图形文件。

操作提示：

用户可将图形文件上传到 Autodesk 360 云服务器中，通过 AutoCAD WS 在互联网上与其他设计者实时协作处理图形文件，具体操作方法如下：

注册 Autodesk 360 账户后，在 Autodesk 360 选项卡下单击“联机文件”面板中的“打开 Autodesk 360”按钮，在弹出的浏览器页面中根据提示上载文档，然后将文档设为私有共享，再添加联系人，即可让联系人通过邮箱超链接进行联机处理。

（2）将常用页面设置保存起来方便随时调用。

操作提示：

使用页面设置管理器可新建或修改现有页面设置，以便在打印文件时随时调用，具体操作方法如下：

① 选择“输出”选项卡，在“打印”面板中单击“页面设置管理器”按钮，如图 10-53 所示。

② 弹出“页面设置管理器”对话框，即可新建或管理页面设置，如单击“新建”按钮，如图 10-54 所示。

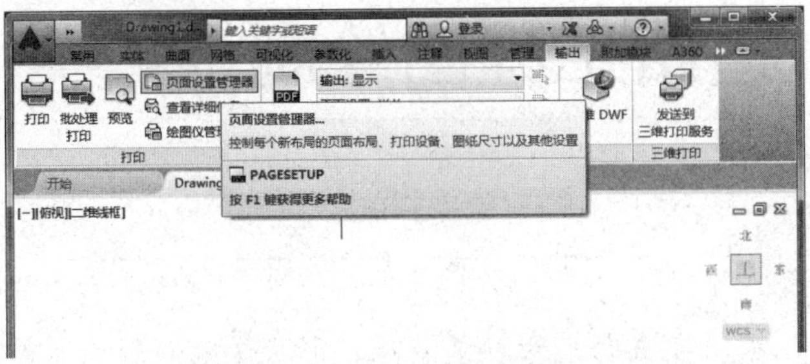

图 10-53　单击“页面设置管理器”按钮

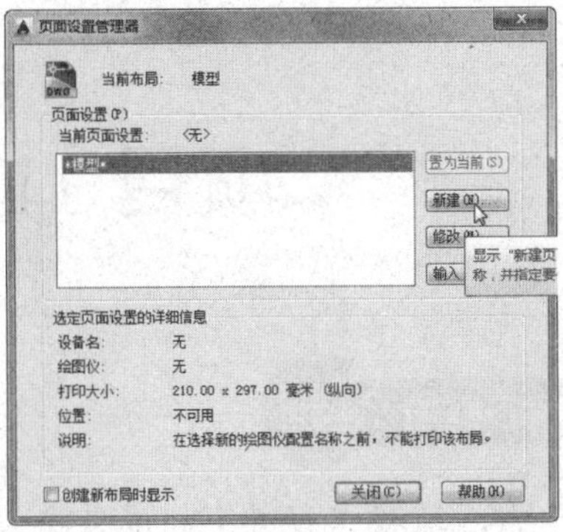

图 10-54　“页面设置管理器”对话框

③ 在弹出的对话框中输入名称后，弹出“页面设置”对话框，设置各项参数，然后单击“确定”按钮，如图 10-55 所示。

④ 返回“页面设置管理器”对话框，在列表框中选择新建设置，单击“置为当前”按钮，然后关闭该对话框，当再次打开“打印”对话框时，将默认应用该设置，如图 10-56 所示。

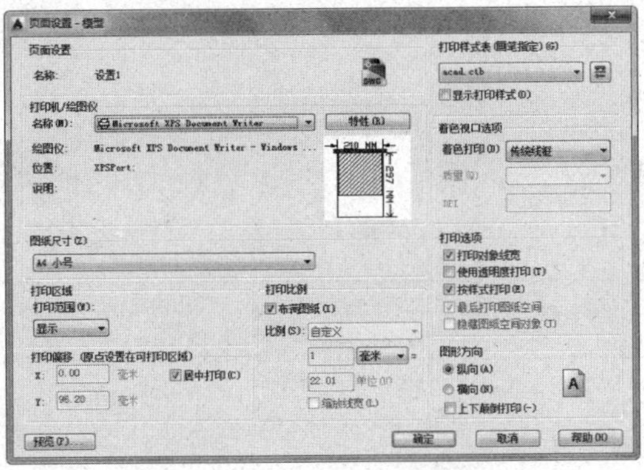

图 10-55　“页面设置”对话框

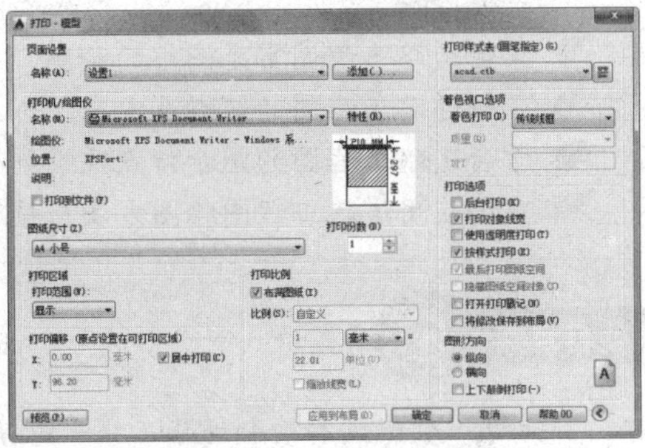

图 10-56　查看设置效果

项目 11　道路工程图绘制

项目概述

道路工程具有组成复杂，长、宽、高三向尺寸相差悬殊，形状受地形影响大等特点。因此，它的图示方法与一般工程不完全相同。它的平面图就是一个带状地形图，纵向断面图是沿公路中心线的纵剖面图，横断面是道路中心线法线方向的断面图，根据这三种图所表示内容的差异，通常采用的绘图比例各不相同。在本项目中，将进行道路平纵横三种道路工程基本施工图绘制方法的学习。

项目重点

- 学会道路工程图常见图框的绘制。
- 了解道路工程图的组成及内容。
- 学会道路工程图的图示特点及绘制要点。
- 熟练应用道路工程图绘图方法与技巧。

项目目标

➲能够正确识读和绘制道路工程平纵横三种工程图。

任务 1　常用图框绘制

任务概述

通过绘制常用的(如建筑工程、公路工程、市政工程、机械工程等)图框，保存为 CAD 图或 CAD 图形样板文件，以备在后继专业绘图中应用。

任务重点与实施

11.1.1　图框组成

图框主要有图幅、图标、会签栏和图线组成。

1．图幅

图幅是指图纸的幅面大小，也就是指图纸本身的大小规格。图框是图纸上表示绘图范围的边线。每项工程都会有一整套的图纸，为了便于装订、保存和合理使用图纸，《道路工程制图标准》（GB 50162—1992）对图纸幅面进行了规定，如表 11-1 所示，表中尺寸代号如图 11-1 所示。

表 11-1　图幅及图框尺寸　　　　单位：mm

尺寸代号		图幅尺寸				
		*A*0	*A*1	*A*2	*A*3	*A*4
l×*b*		1189×841	841×594	594×420	420×297	297×210
道路	*a*	35	35	35	30	25
	c	10	10	10	10	10
建筑	*a*	25				
	c	10			5	

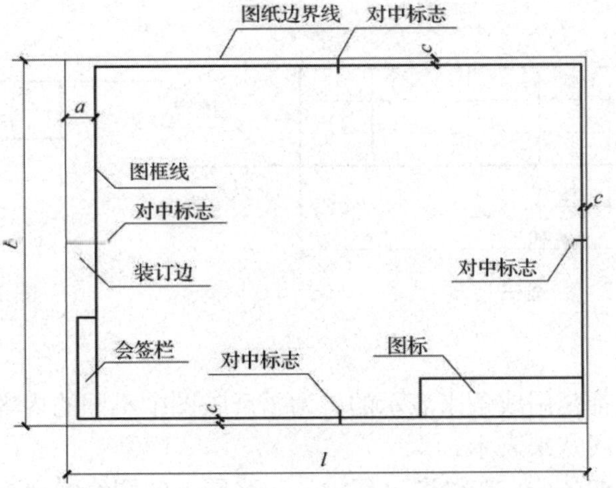

图 11-1　尺寸代号

2．图标及会签栏

图标应布置在图框内的右下角（见图 11-2）。图标的外框线线宽宜为 0.7 mm，图标内分格线的线宽宜为 0.25 mm。

会签栏宜布置在图框外左下角（或左上角）（见图 11-3），并应按图 11-3 所示进行绘制。会签栏外框线的线宽宜为 0.5 mm，内分格线的线宽宜为 0.25 mm。

当图纸需要绘制角标时，应布置在图框内的右上角，角标线的线宽宜为 0.25 mm，如图 11-4 所示。

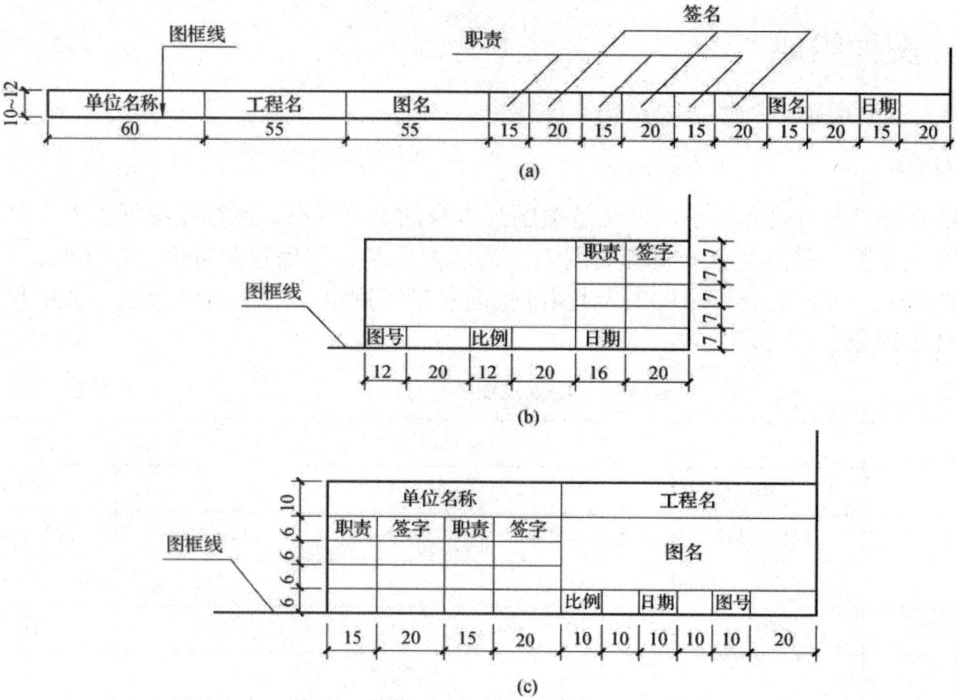

图 11-2　图标

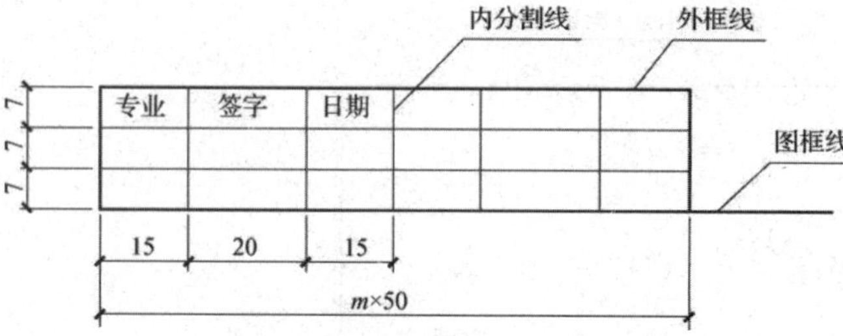

图 11-3　会签栏

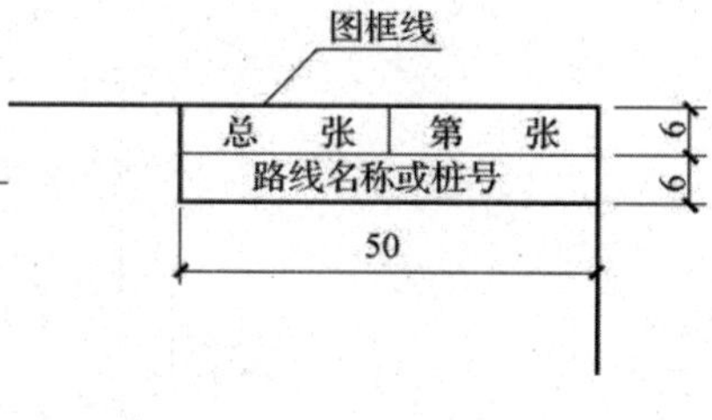

图 11-4　角标

3．图线

工程图中的信息都是用线条来表示的。为了反映图中不同的内容和分清主次，图线必须采用不同的线型和线宽来表示。

图线有粗、中、细之分。在绘图过程中，每张图上的图线线宽不宜超过三种，通常根据所表达对象的复杂程度、比例的大小来确定基本线宽，如表 11-2 所示。

表 11-2　图线线宽　　　单位：mm

线宽类别	线宽系列				
B	1.4	1.0	0.7	0.5	0.35
0.5 *b*	0.70	0.50	0.35	0.25	0.25
0.25 *b*	0.35	0.25	0.18（0.20）	0.13（0.15）	0.13（0.15）

注：表中括号内的数字为代用的线宽。

11.1.2　图框绘制流程

选择各专业常用的图框，按照以下程序进行绘制。

1．CAD 图形绘制基本程序

（1）设置绘图环境。这主要包括绘图界限、绘图单位、捕捉栅格及间距、对象捕捉方式、尺寸标注样式、文字样式和图层（包括颜色、线型、线宽）等的设定。对于单张图纸，其中的文字样式和尺寸标注样式也可以在绘制过各中根据需要再行设置。对于整套图纸，可以在全部设定完后，保存成样板，以便以后绘制新图时使用。

（2）绘制图形对象。进行工程图样绘制时，一般先绘制辅助线，用来确定尺寸的基准位置。辅助线一般在单独图层中绘制，可以根据情况将该层设置为不打印。绘制图过程中，应根据对象的类别和性质的不同切换图层，便于以后对图形对象的管理。绘图过程中应充分利用计算机的优点，让 AutooCAD 完成重复工作，充分发挥 AutooCAD 绘图命令和编辑命令的优势，对同样的操作尽可能一次完成。采用必要的捕捉、追踪等功能进行精确绘图。

（3）标注尺寸。该过程用于标注图形中必要的尺寸和文字说明，具体的标注过程须遵循国家制图标准要求和图形的用途需要。

（4）整饰图形。整饰图形对象包括完成图案填充、绘制标题栏、清理图形中多余线条或关闭辅助层、调整图形布局等。整饰图形对于更好地发挥工程制图功用有着非常重要的意义，也是不可或缺的一个步骤。往往通过对整个图形的整饰可以发现问题并及时修改。

（5）保存图形、输出图形。将图形保存起来备用，需要时可以根据情况打印输出用于指导工程建设。

2．绘图的一般原则

为了使用 AutoCAD 准确、高效地完成工程图样的绘制，并且能在今后方便地使用 AutoCAD 工程图来指导工程建设，在使用 AutoCAD 绘制工程图形时，须遵循以下原则。

（1）先设置绘图界限、绘图单位、图层后再进行图形的绘制。

（2）尽量采用 1：1 的比例绘制图形，最后在布局中控制输出比例。

（3）注意命令提示信息，避免误操作。

（4）注意采用捕捉、对象捕捉等精确绘图工具辅助绘图。

（5）图框不要和图形绘制在一起、应分层放置。

（6）常用的设置（如图层、文字样式、尺寸标注样式等）应该保存成样板文件，新建图形时可直接利用样板文件生成初始绘图环境。

11.1.3　定义绘图样板

在每次开始绘图时，如果都要设置绘图环境，包括文字样式、尺寸标注样式、图层、颜色和线型、图框、标题栏、会签栏等内容，则重复工作太多，工作效率不高。实际上 AutoCAD 在开始绘制一个新图形时，定义默认的图层是 0 层、白色、连续线型，当前颜色、当前线型、当前样式都是（随层），文字样式为 Standard、使用 TXT.shx 字体，默认的尺寸标注样式为 ISO-25，绘图界限为（0，0）～（420，297），为标准的 A3 图纸，没有图框、标题栏和会签栏。

AutoCAD 提供了自定义的样板图形的功能，因此只要事先定义了样板图形，则每次开始绘制新图形时，使用自定义的样板图会省去很多重复的工作。

1．自定义样板图步骤

启动 AutoCAD 后，设置了绘图环境后，选择“应用程序”按钮→“另存为”→“图形样板”命令，在“文件名”右侧框中输入所定义的样板图形文件名称，例如 A3，如图 11-5 所示。单击“确定”按钮后，关闭对话框，就会生成一个文件名为 A3.dwt 的绘图样板文件。

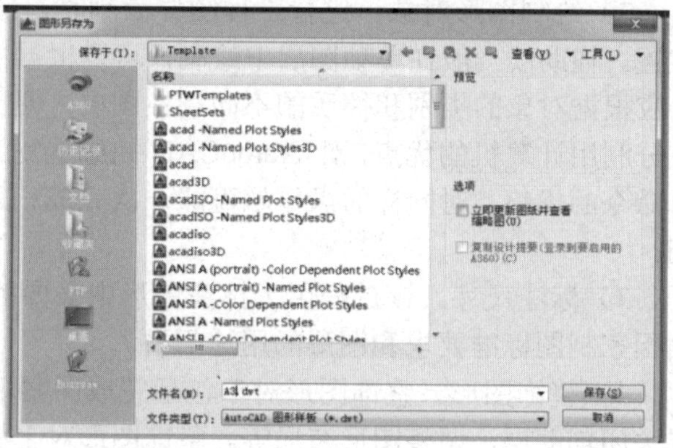

图 11-5　另存为样板文件

2．自定义样板图形

道路工程图常用的图纸幅面有 A3、A2 等标准图幅，可以对每一种图纸幅定义一个样板文件。在定义样板文件时，可以采用 1∶1 的比例，当绘图比例不是 1∶1 时，只需作一些设置即可，如绘图比例是 1∶100 时，使用样板图时，在绘图前先将图形、标题栏、会签栏等以左下角为基点放大 100 倍（SCale 命令），设置线型比例因子（LTScale）为 100，设置尺寸标注样式中的全局比例因子（DIMSCALE）为 100 倍，在图形中的文字高度的字号也为 100 倍。

下面以 A3 图幅为例，说明样板图纸的定义方法。对于其他的各种图幅可参照 A3 图幅定义的方法进行设置。启动 AutoCAD 后，按照下述步骤地操作。

Step01 设置图层。在命令行中输入 LAyer 设置“中心线、粗实线、细实线、虚线、辅助线、尺寸标注、文字、图框”等图层，各图层颜色、线型、线宽等如图 11-6 所示，并把图层“中心线”设置为当前图层，单击“确定”按钮关闭对话框。

Step02 定义文字样式“文字”。在命令行中输入 STyle 设置字体为 gbenor.shx 和 gbcbig.shx，字高为 0，宽度因子为 0.75，如图 11-7 所示。单击“应用”按钮并关闭对话框，则文字样式“文字”设置成当前文字样式。

Step03 设置尺寸标注样式。在命令行中输入 DimSTyle 命令进入“标注样式管理器”对话框中进行尺寸标注样式的设置，具体设置参见项目 6 尺寸标注的应用。

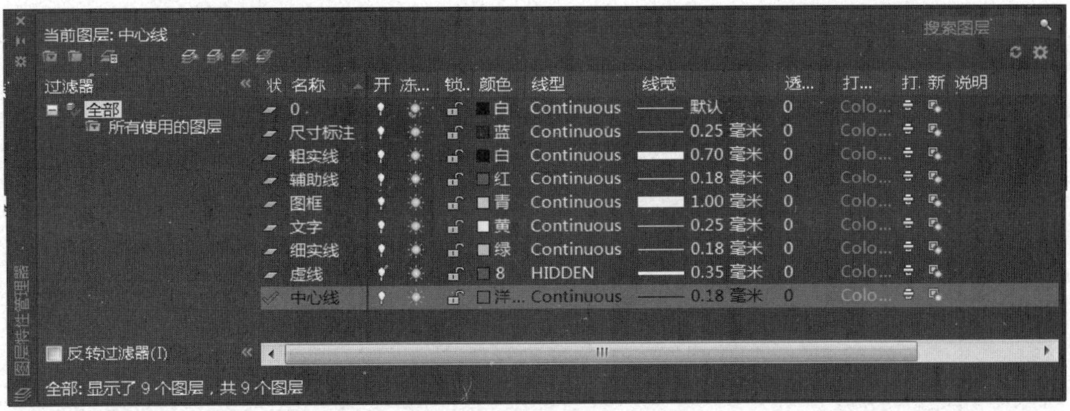

图 11-6　图层设置

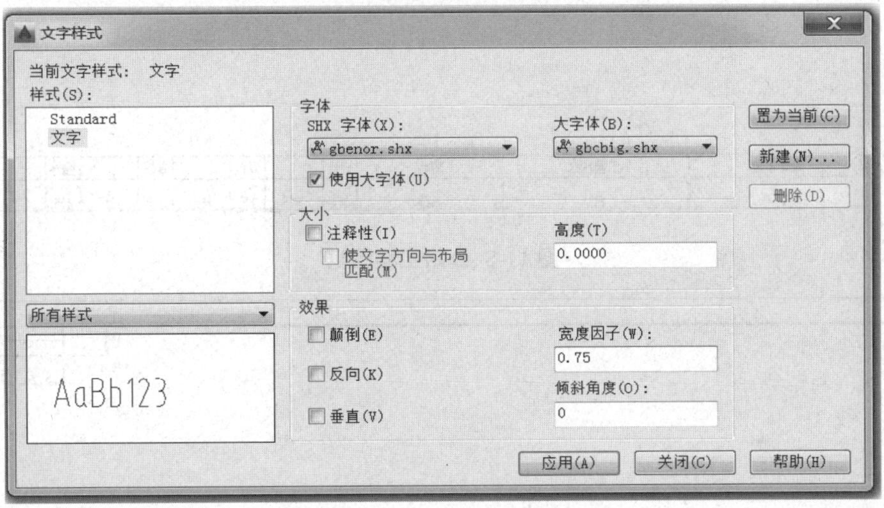

图 11-7　文字样式设置

Step 04 绘制 A3 图幅的外边框与内图框线。将“辅助线”设置为当前层，绘制 420 * 297 的矩形作为外边框。输入 RECtang，绘制外边框左下角点坐标为（0，0），右上角点坐标为（420,297）。内框左下角点坐标为（30，10），右上角点坐标为（410，287）。

Step 05 绘制标题栏和会签栏。按照《道路工程制图标准》规定绘制道路工程图常用图框和标题栏如图 11-8 和图 11-9 所示。需要注意的是，虽然在《道路工程制图标准》中规定了标题栏的尺寸内容，但并非是强制性的，具体绘制时，只要不影响使用，均可自行更改和调整。A3 外框和内框绘制完后，可应用 Line、Copy、Trim、Extend、Offset、TExt、MText 等操作命令完成标题栏样和会签栏的绘制。

Step 06 存盘。选择“应用程序”按钮→“另存为”→“图形样板”命令，在“文件名”右侧框中输入所定义的样板图形文件名称 A3，如图 11-10 所示。单击“确定”按钮后，关闭对话框，就会生成一个文件名为 A3.dwt 的绘图样板文件。

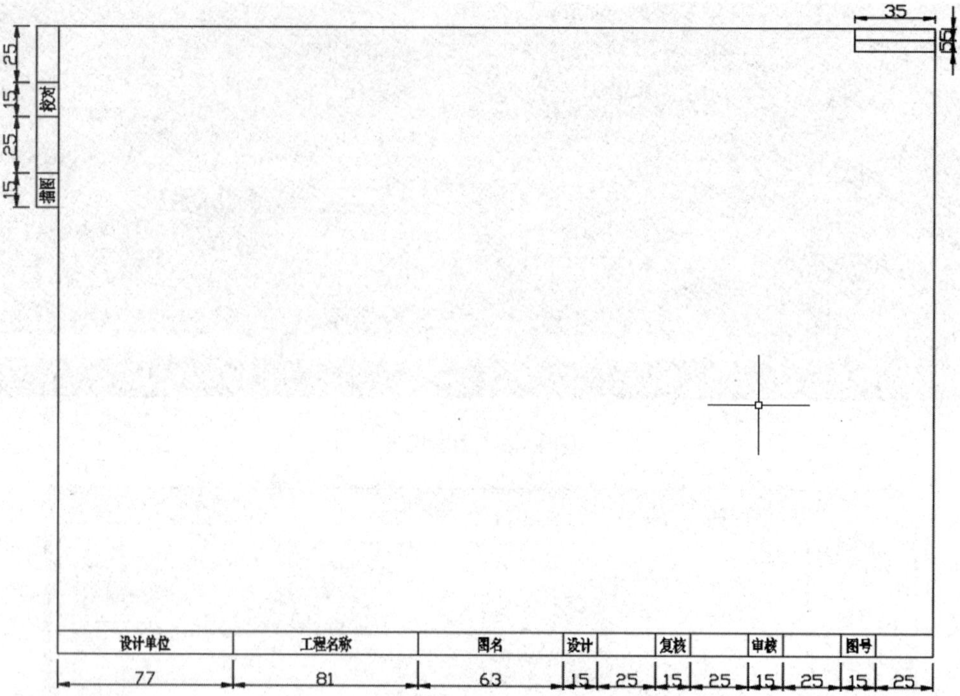

图 11-8 公路工程图框

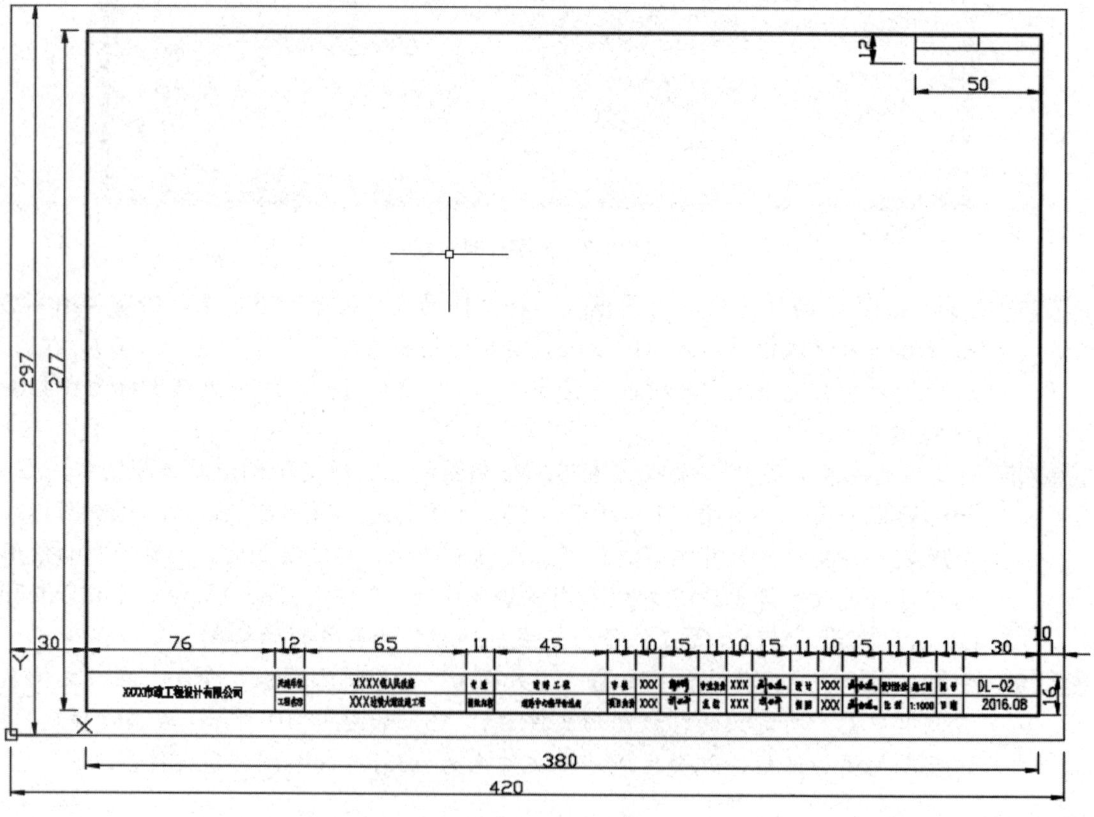

图 11-9 市政工程图框

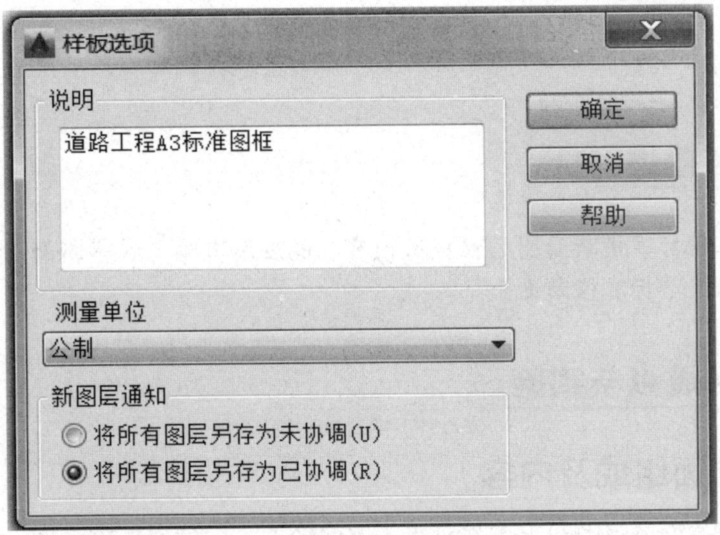

图 11-10　图层设置

3．使用自定义的样板文件

要想在绘图时使用自定义的样板文件，可以在执行“新建”文件命令后在“选择样板”对话框（见图 11-11）中选择样板文件 A3.dwt，单击“打开”按钮，即可生成以 A3.dwt 为样板图的新图形，这个新图形的各项绘图环境设置与样板文件 A3.dwt 完全一致。

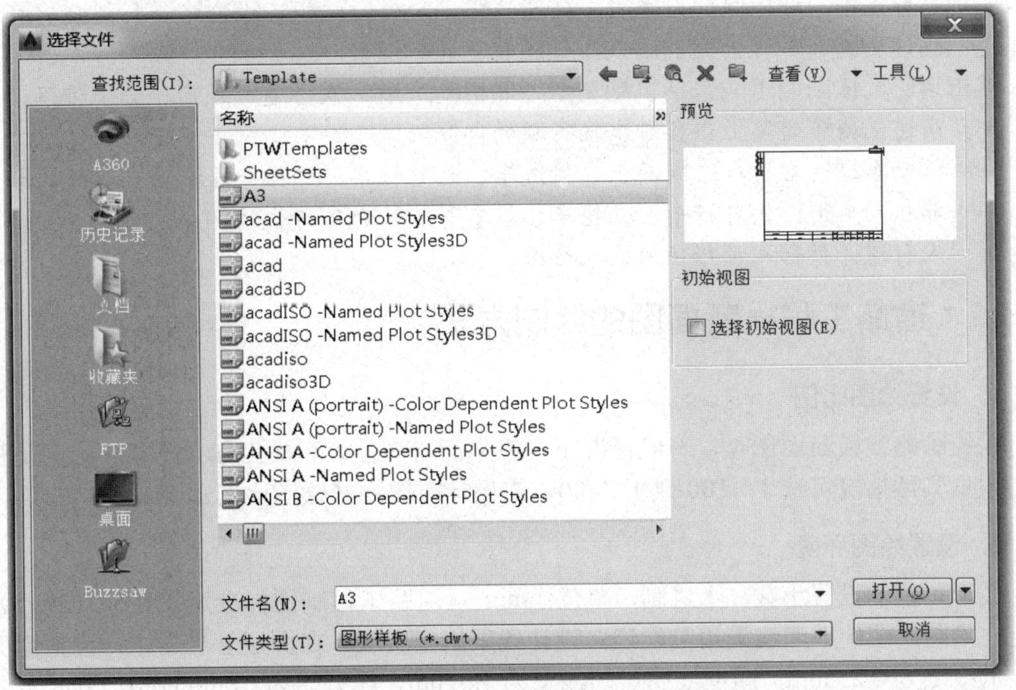

图 11-11　打开“样板文件”对话框图层设置

任务 2　横断面绘制

任务概述

通过道路工程标准横断面图的组成及内容、能应用道路工程横断面图示特点、绘制方法与技巧，绘制道路标准横断面。

任务重点与实施

11.2.1　横断面组成及内容

道路横断面是指道路中线上各点垂直于路线前进方向的竖向剖面图，它是由横断面设计线和地面线所组成的。

（1）设计线：是根据技术标准确定的不同构成部分及其宽度和横坡度的规则线。

（2）地面线：是表征地面起伏变化的线，它是通过现场实测或由大比例尺地形图、航测像片、数字地面模型等途径获得。

公路横断面设计线组成包括行车道、路肩、分隔带、边沟、边坡、截水沟、护坡道以及取土坑、弃土堆、环境保护设施等。高速公路、一级公路和二级公路还有爬坡车道、避险车道；高速公路、一级公路的出入口处还有变速车道等。

城市道路的横断面组成包括机动车道、非机动车道、人行道、绿带、分车带等。

- 车道：城市道路上供各种车辆行驶的部分。
- 机动车道：在行车道断面上，供汽车、无电轨车、摩托车等机动车行驶的部分。
- 非机动车道：供自行车、三轮车、板车等非机动车行驶的部分。
- 人行道：供行人步行使用的人行道。

11.2.2　道路工程横断面图的绘制方法

1．设置绘图比例

在绘制路线横断面图时，一般情况下，纵坐标（高差）和横坐标（路宽）比例是相同的，根据具体情况可选 1∶100 或 1∶200，在设计前应定好绘图比例。

2．设置绘图环境

图形单位的设置小数，十进制，单位：mm。《道路工程制图标准》（GB 50162—1992）规定，横断面图的地面线采用细实线，设计线采用粗实线。在图层管理器中，设置地面线图层的线宽为 0.25 mm，图框线图层的线宽为 1.0 mm，线型均为 Continuous，同时将各图层设置成不同的颜色。

3．标准横断面绘制步骤

标准横断面绘制步骤如下。

Step 01 绘制中线桩。使用直线命令 Line 用点划线绘制路基横断面的中心轴线。标准横断面一般绘制左半边或右半边，再利用 Mirror 命令进行镜像。

Step 02 绘制设计线。根据路幅宽度及路拱横坡，绘制行车道（包含动车道、非机动车道、人行道）、中央分隔带或绿化带、分车带、分隔带及路肩等，使用多段线命令 Pline 绘制设计线。

Step 03 插入车模、路灯、绿化植物等。

Step 04 标注文字。根据道路实际情况绘制后，添加图形必要的文字和尺寸说明。

Step 05 插入图框，缩放图形。整饰整个图纸，成图。

标准横断面绘制实例如图 11-12 所示，完整标准横断面如图 11-13 所示，绘制横断面图常用命令表如表 11-3 所示。

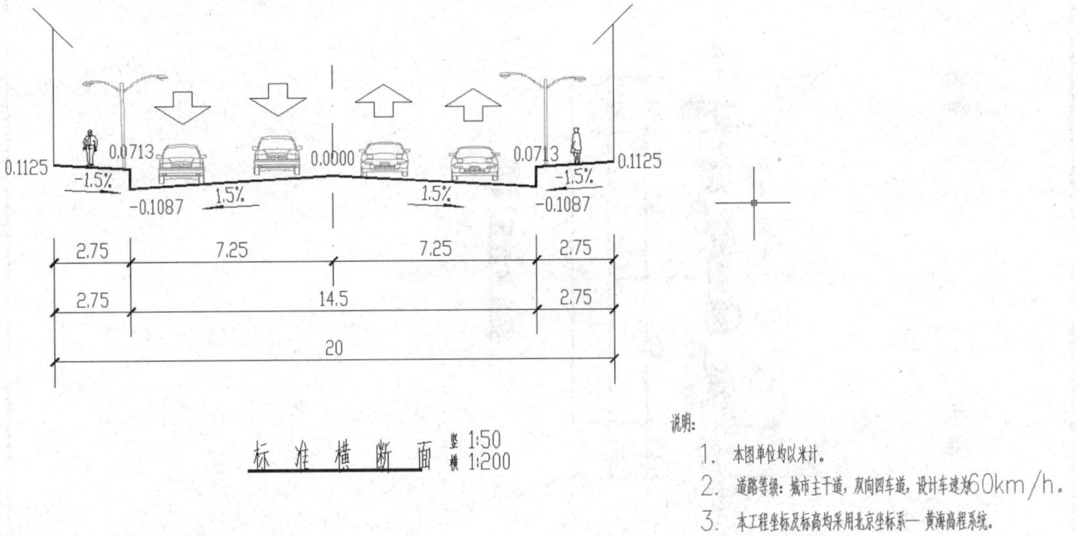

图 11-12　标准横断面

4．一般横断面绘制步骤

一般横断面绘制步骤如下。

Step 01 绘制中线桩。使用直线命令 Line 用点划线绘制路基横断面的中心轴线。标准横断面一般绘制左半边或右半边，再利用 Mirror 命令进行镜像。

Step 02 绘制地面线。使用多段线命令 Pline 绘制地面线，展示沿路线前进方向垂直面的地面的横向起伏状况。

Step 03 绘制设计线。根据路幅宽度及路拱横坡，使用多段线命令 Pline 绘制设计线绘制行车道（包含动车道、非机动车道、人行道）、中央分隔带或绿化带、分车带、分隔带、路肩、边沟、边坡、截水沟、护坡道以及取土坑、弃土堆、环境保护设施等。

Step 04 标注文字。根据道路实际情况绘制后，添加图形必要的文字和尺寸说明。

Step 05 插入图框，缩放图形。整饰整个图纸，成图。

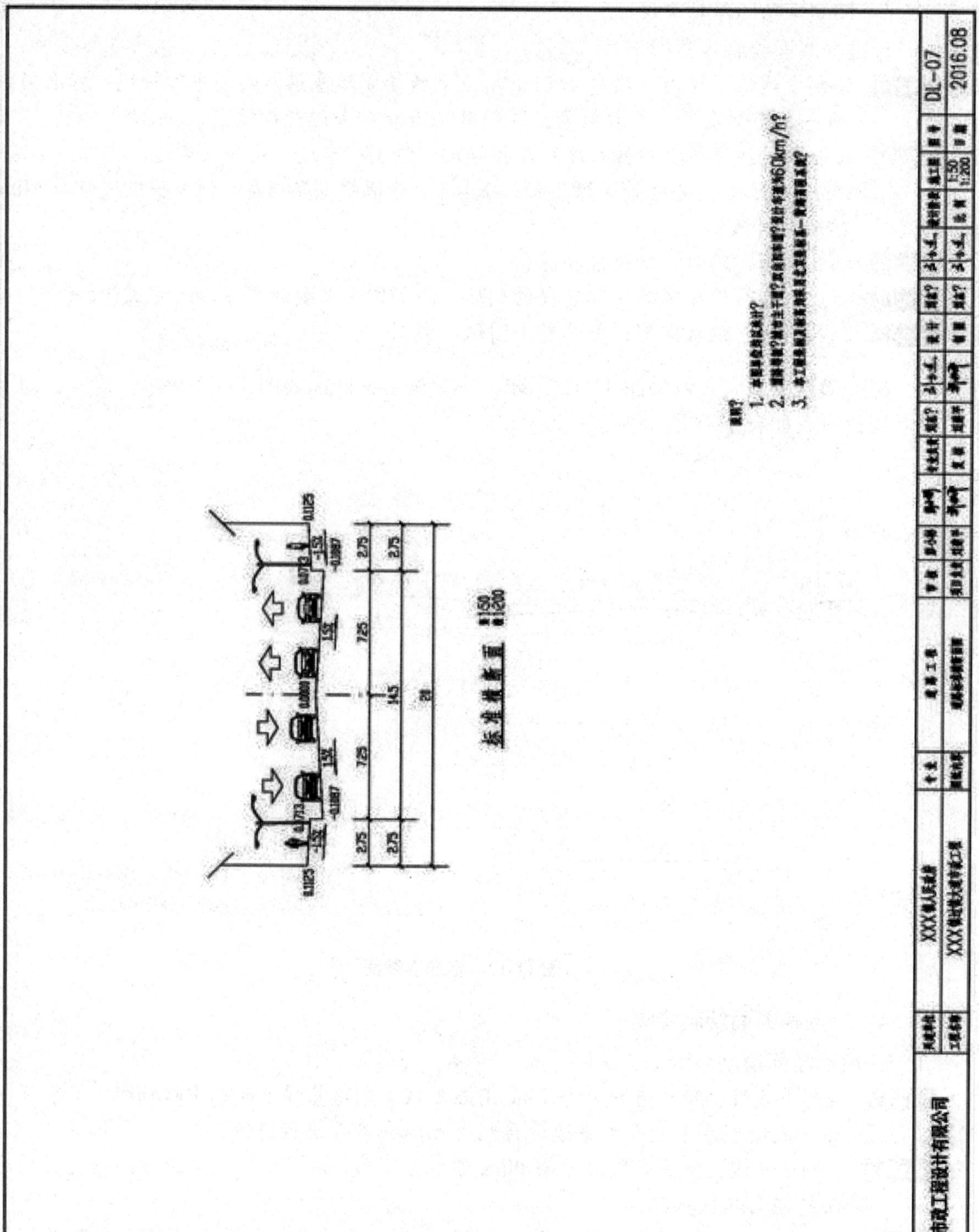

标准横断面
2.75
7.25
14.5
7.25
2.75
28
XXXX市政工程设计有限公司
XXX镇人民政府
DL-07
2016.08

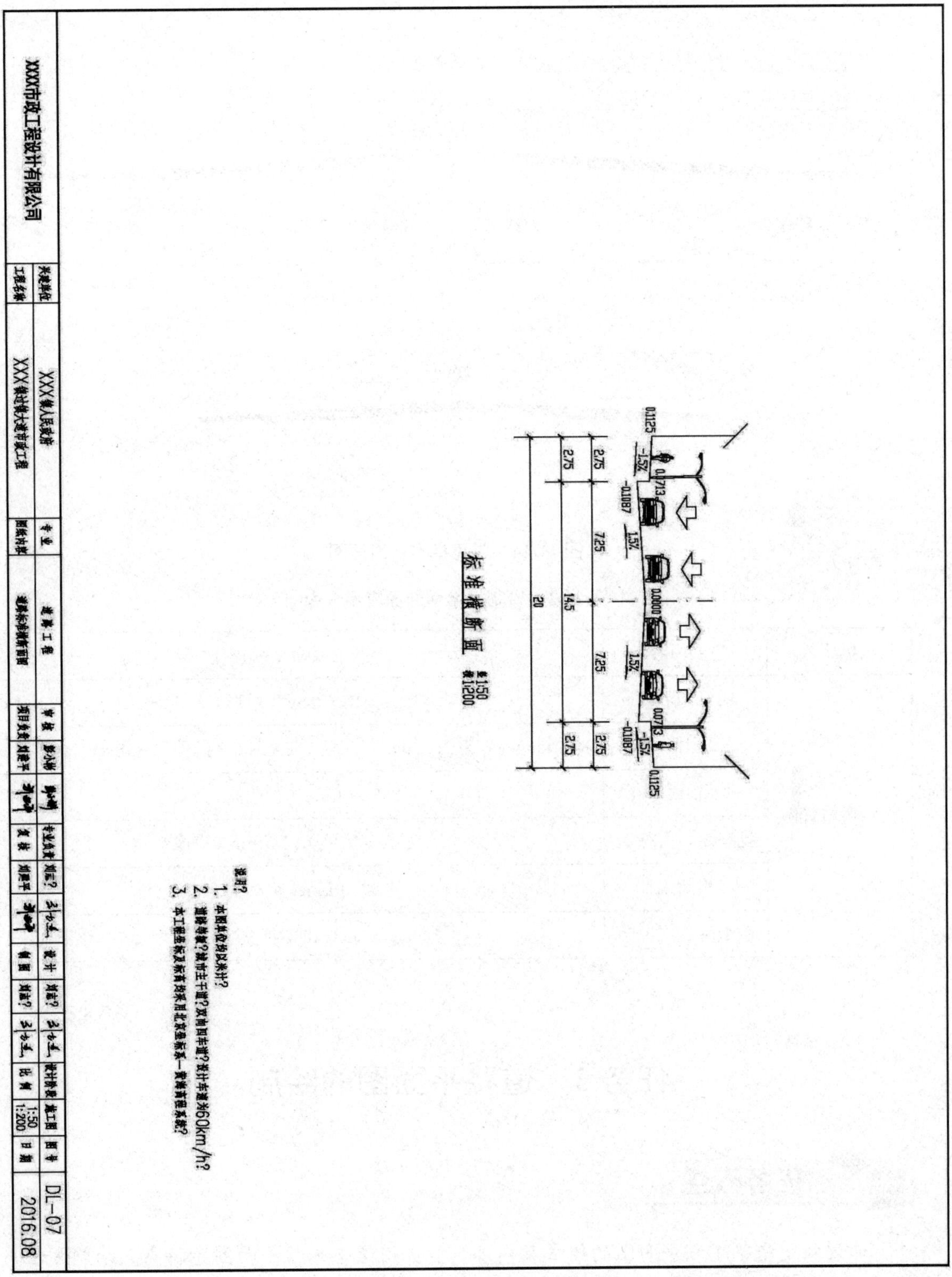

图 11-13 标准横断面图

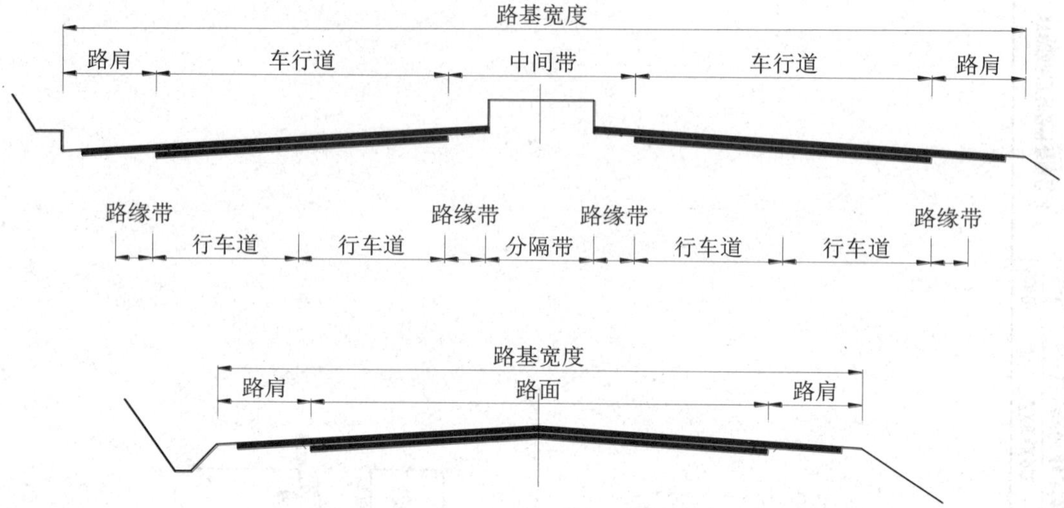

图 11-14 常见标准横断面图

表 11-3 绘制标准横断面常用命令

标题	主要内容	主要命令或操作
大中桥布置图	图纸边界线	RECtang（矩形）
	图框	RECtang（矩形）、Line（直线）、EXtend（延伸）、Offset（偏移）
	轴线	Line（直线）
	行车道、人行道	Line（直线）、Mirror（镜像）
	截断线	PLine(多段线)
	图纸附注或说明	mText(多行文字)

任务 3 道路平面图的绘制

任务概述

通过知道道路工程平面图的组成及内容、能应用道路工程平面图示特点、绘制方法与技巧，绘制道路平面图。

任务重点与实施

11.3.1　道路路线平面图组成及内容

道路是一条三维空间的实体。 它是由路基、路面、桥梁、涵洞、隧道和沿线设施所组成的线形构造物。

路线：是指道路中线的空间位置。

路线平面图：路线在水平面上的投影。

路线平面图组成包括地形、道路中线、路基边缘线、里程桩、平曲线表等。

（1）地形。地形是按一定比例尺(scale)、正射投影(orthographic projection)、由地物和地貌构成。路线平面图为带状地形图，沿线路两侧一定宽度范围内所测绘的地形图，是经过勘测绘制或航拍数据转化出来的，可根据地形的起伏情况采用相应的比例。城镇区一般采用 1∶500 或 1∶1 000，山岭重丘区一般采用 1∶2 000，微丘和平原区一般采用 1∶5 000。

（2）道路中线。道路中线由直线及平曲线组成。

（3）路基边缘线。道路两侧边坡坡角线

（4）里程桩。为了清楚地看出路线的总长和各段之间的长度，可用里程桩号表示。里程桩分公里桩和百米桩两种。公里桩宜注在路线前进方向的左侧，例如，在符号上面注写 K1，即表示距路线起点 1 km。百米桩宜标注在路线前进方向的右侧，用垂直于路线的细短线表示桩位，用字头朝向前进方向的阿拉伯数字表示里程数，注写在细短线的端部。同时，也可在路线的同一侧，均采用垂直于路线的细短线表示公里桩和百米桩。

（5）平曲线表。表示路线的直线长度、交点号 JD（两直线段的理论交点）、转折角 α（路线前进时向左（$\alpha_{左}$）或向右（$\alpha_{右}$）偏转的角度）、圆曲线半径 R、切线长 T_H（切点与交点之间的长度）、外矢距 E（曲线中点到交角点的距离）、缓和曲线长 L_H（从切点到圆曲线端点的长度）及曲线长 L（本弯道圆曲线与缓和曲线之和）等要素值。

11.3.2　道路工程平面图的绘制方法

1．设置绘图比例

在绘制路线平面图时，一般可选 1∶1000 或 1∶2000，在设计前应定好绘图比例。

2．设置绘图环境

图形单位的设置小数，十进制，单位：mm。《道路工程制图标准》（GB 50162—1992）规定，平面图的道路边线采用细实线，路中线采用粗实线。在图层管理器中，设置路中线（AXIS）图层的线宽为 0.5 mm，路边线（XROAD）图层的线宽为 0.25mm，图框线图层的线宽为 1.0 mm，线型均为 Continuous，同时将各图层设置成不同的颜色。

3．道路工程平面图绘制方法

（1）数据准备。在绘制路线中心线之前，道路设计人员应定出交角点和转角数据，计算出平面曲线的相关要素。计算结果如表 11-4 所示。

表 11-4　路线平面曲线的相关要素

交点号	α		R	L_H	β_0	L_H	T_H	E_H
	$\alpha_{左}$	$\alpha_{右}$						
JD_1	23°25′23″		300	61.92	10°30′35″	132.88	92.17	7.95
JD_2		18°06′27″	500	50.06	2°51′58″	134.38	104.71	6.52

在实际工作中路线导线的坐标数据都是用 Excel 表格存放的，这样就可避免绘图时输入坐标的麻烦。如图 11-15 所示。

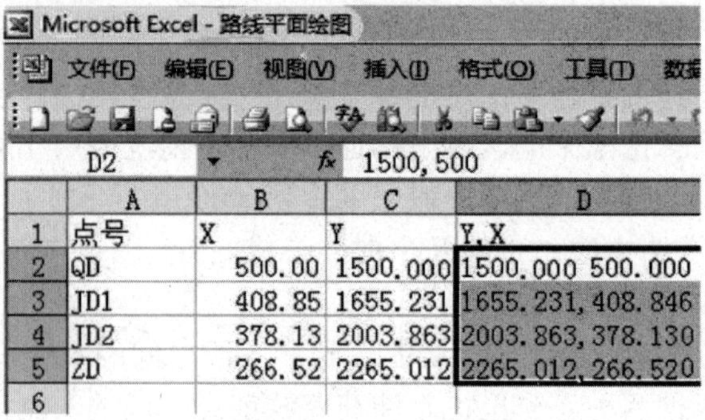

	A	B	C	D
1	点号	X	Y	Y,X
2	QD	500.00	1500.000	1500.000 500.000
3	JD1	408.85	1655.231	1655.231, 408.846
4	JD2	378.13	2003.863	2003.863, 378.130
5	ZD	266.52	2265.012	2265.012, 266.520
6				

图 11-15　用 Excel 编辑坐标对（Y，X）

（2）绘制路线中心线步骤如下。

Step 01 绘制路线导线。在现有电子地形图的基础上，关闭相应的图层（影响选择导线的图层）或将影响选择导线的图层移到在一个新建的图层上并将图形淡显。在已确定的路线起终点的基础上，考虑现有道路的走向和线型，选择新路的导线。

Step 02 确定平曲线上的主点。确定路线导线后，在已有的交点上进行配置弯道转弯半径及缓和曲线长度，确定平曲线上的直缓点（ZH）、缓圆点（HY）、曲中点（QZ）、圆缓点（YH）、缓直点（HZ）。

Step 03 缓和曲线的绘制。应用 PLine 命令绘制缓和曲线，或运行命令 APpload 加载缓和曲线.LSP 插件，进行绘制平曲线。

Step 04 连接路线中心线的直线段。

Step 05 绘制特征点位置线、公里桩线、百米桩线并标注文字标注文字。应用 Line、mText、Move、COpy、Rotate 等命令绘制特征点、公里桩及百米桩位置线并标注文字，或运行命令 APpload 加载 xlzz6 自动标注线路中桩号和提取中桩坐标程序（仅适用 Line 和 Pline 线）。

Step 06 平曲线要素表的绘制。应用 TaBle 命令绘制路线平面线表，如表 11-4 所示。

路线平面图绘制实例如下图 11-16 及 11-17 所示。

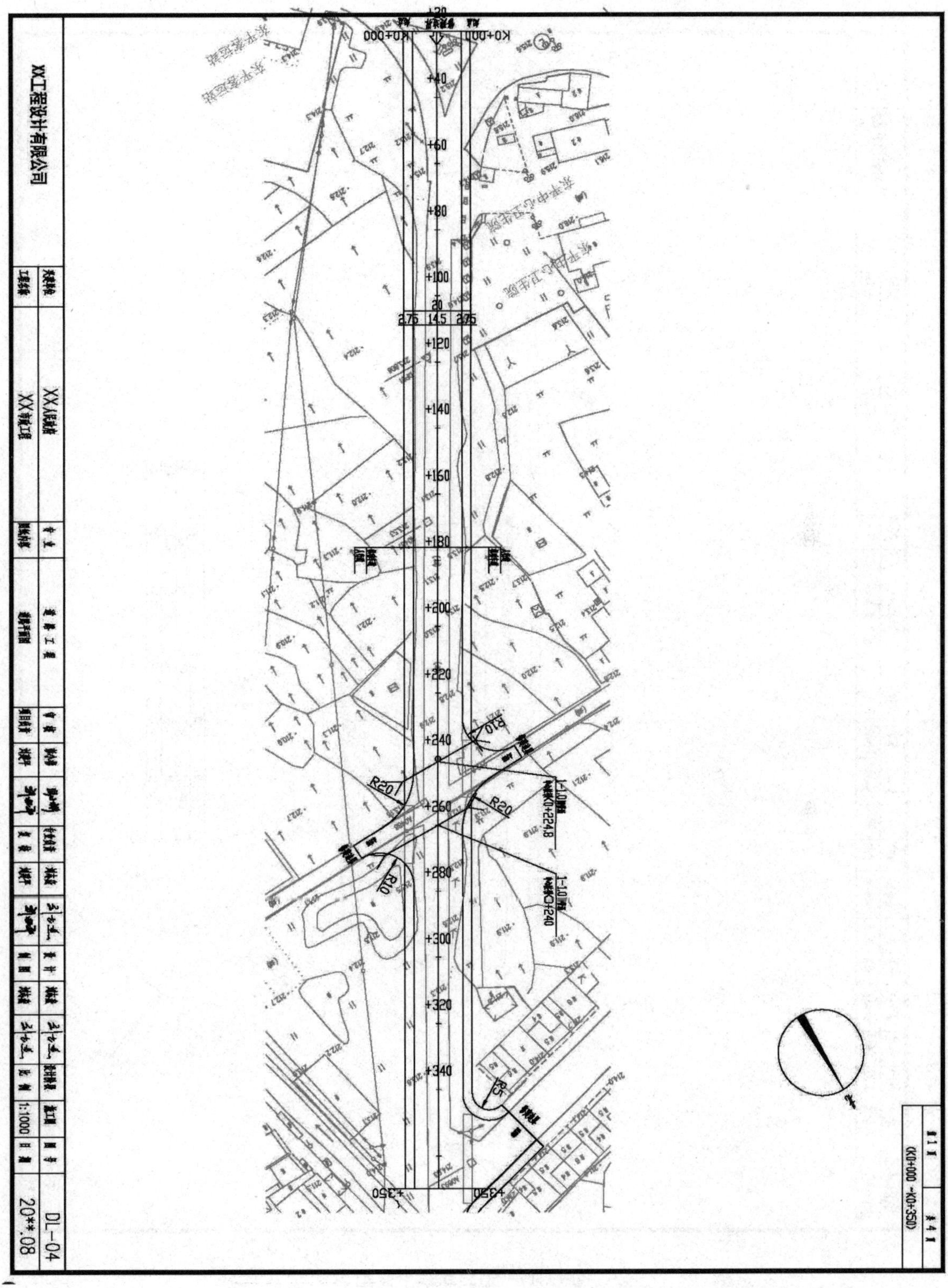

图 11-16　道路路线平面图 1

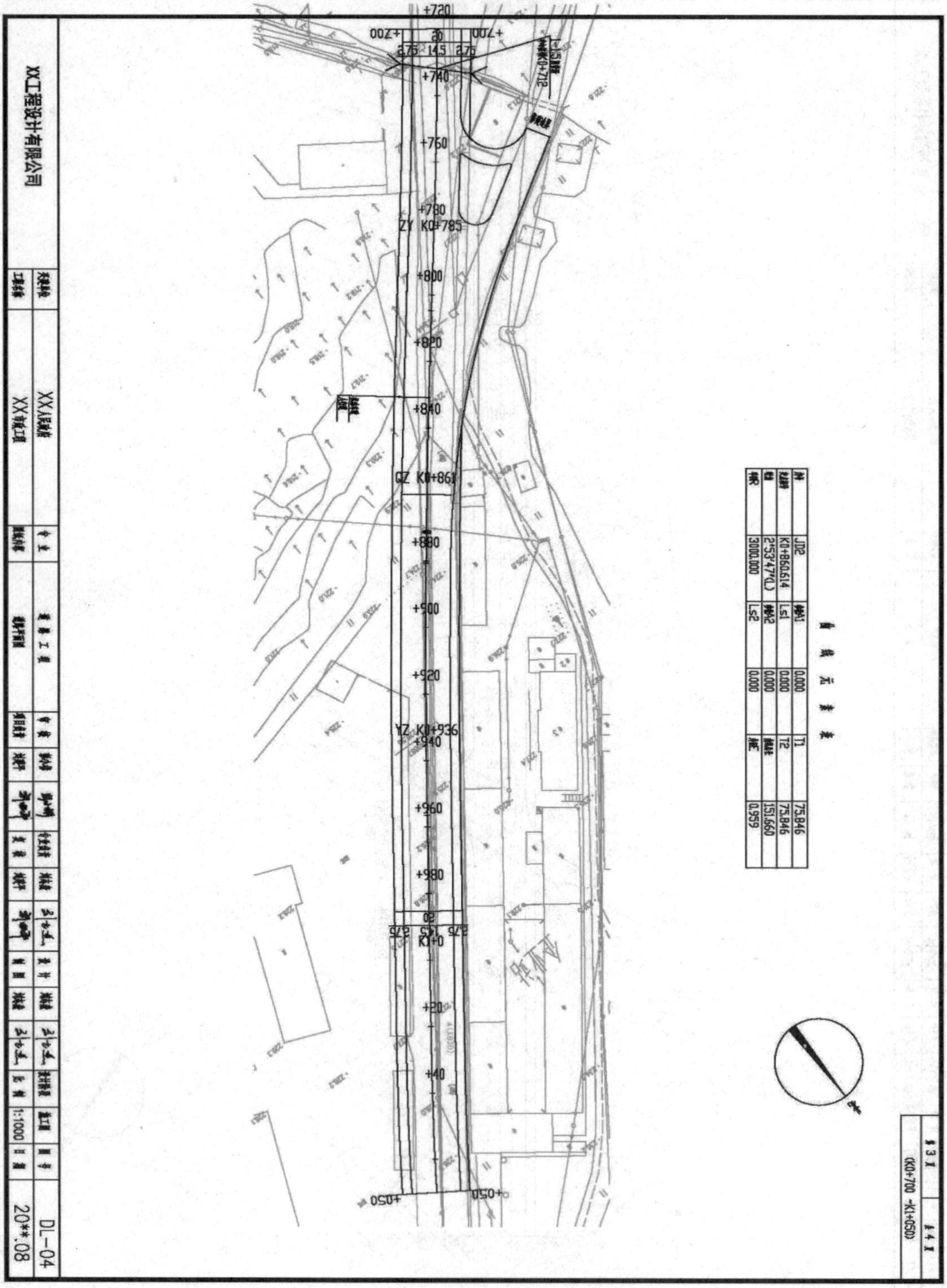

图 11-17 道路路线平面图 2

任务 4　道路纵断面图的绘制

任务概述

通过知道道路工程纵断图的组成及内容、能应用道路工程纵断面图示特点、绘制方法与技巧，绘制道路工程纵断面。

任务重点与实施

11.4.1　道路路线纵断面图组成及内容

路线纵断面图是用假设的铅垂面(由平面和曲面组成)沿道路中心线进行剖切，然后将剖切平面展开成一平面，画出其投影，再附上必要的内容，便形成了路线纵断面图，如图 11-18 所示，路线纵断面图形成示意图如图 11-19 所示。

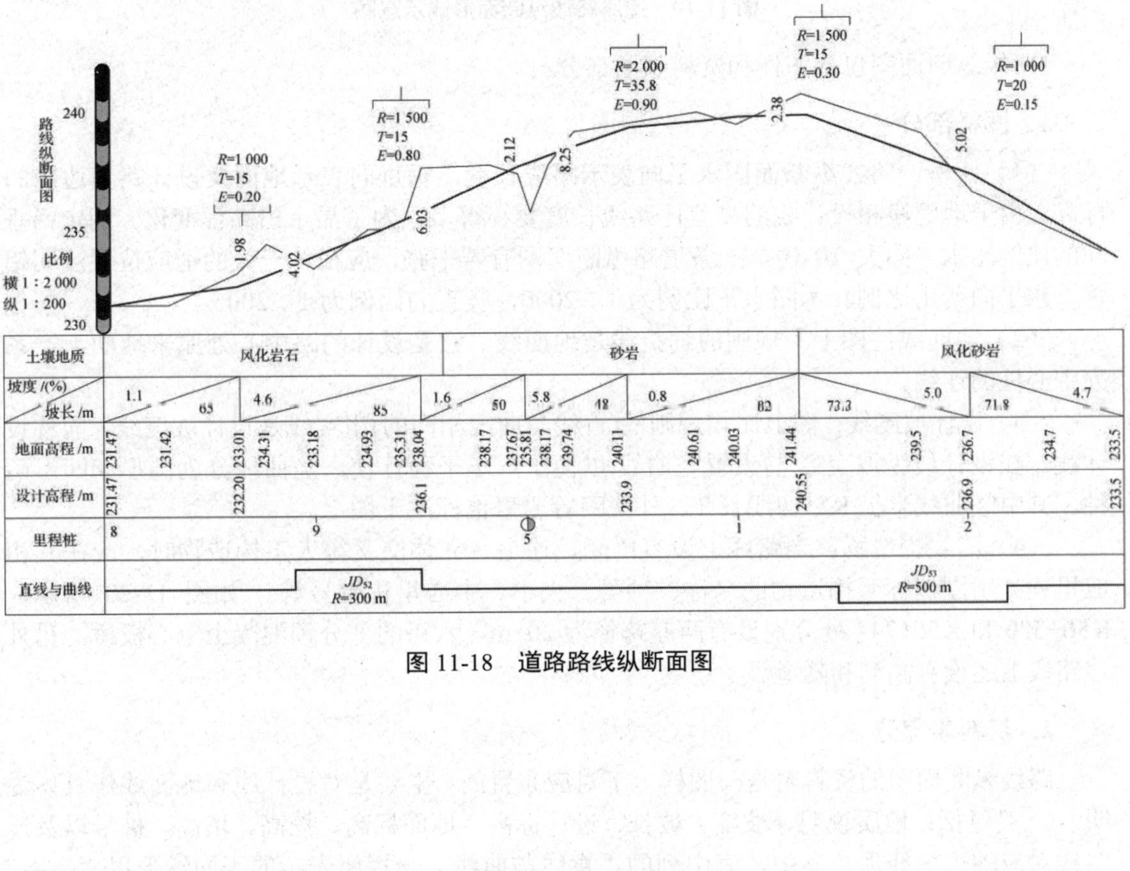

图 11-18　道路路线纵断面图

图 11-19　道路路线纵断面形成示意图

路线纵断面图包括图样和资料表两部分。

1．图样部分

（1）比例：路线纵断面图水平向表示路线长度，垂直向表示地面及设计路基边缘的标高。由于地面线和设计线的高差比路线长度要小得多，为了显示出高程变化。规定铅垂向的比例比水平向大 10 倍。一条道路纵断面图有若干张，应在第一张的适应位置注明铅垂、水平向所用比例。本图水平比例为 1∶2000，竖直向比例为 1∶200。

（2）地面线：图上不规则的细折线是地面线。它是设计的路中心处原来地面上一系列中心桩的连线。

（3）设计坡度线：图上比较规则的(直线与曲线相间的)粗实线是设计坡度线，简称设计线。在设计线纵坡变处,需设置竖曲线,以便于汽车平稳行使。竖曲线分为凸形和凹形两种。其中竖曲线半径 R、切线长 T、外矢距等要素也标注于图上。

（4）沿线构造物：当路线上设有桥涵、通道、立体交叉等人工构造物时，应在其相应里程处用图例标明构造物的名称、种类、大小、中心里程桩号等。如图 11-20 所示，K56+380 和 K56+744 处分别设有两座跨径为 20 m，六跨的部分预混凝土空心板桥，另外该路段上还设有涵洞和隧道。

2．资料表部分

路线纵断面图的资料表是与图样上下对应布置的。主要是对设计线和地面线作具体说明。一般包括：地质说明、坡度 / 坡长、设计标高、地面标高、挖高、填高、桩号以及该路线对应的平面线形。其中，表中列的“直线与曲线”一栏所表示的平面线形以“——”表示直线，向上凸“┌─┐”与向下凸“└─┘”分别表示 右偏角 $\alpha_{右}$和左偏角 $\alpha_{右}$的平曲线，其上标有交点编号。

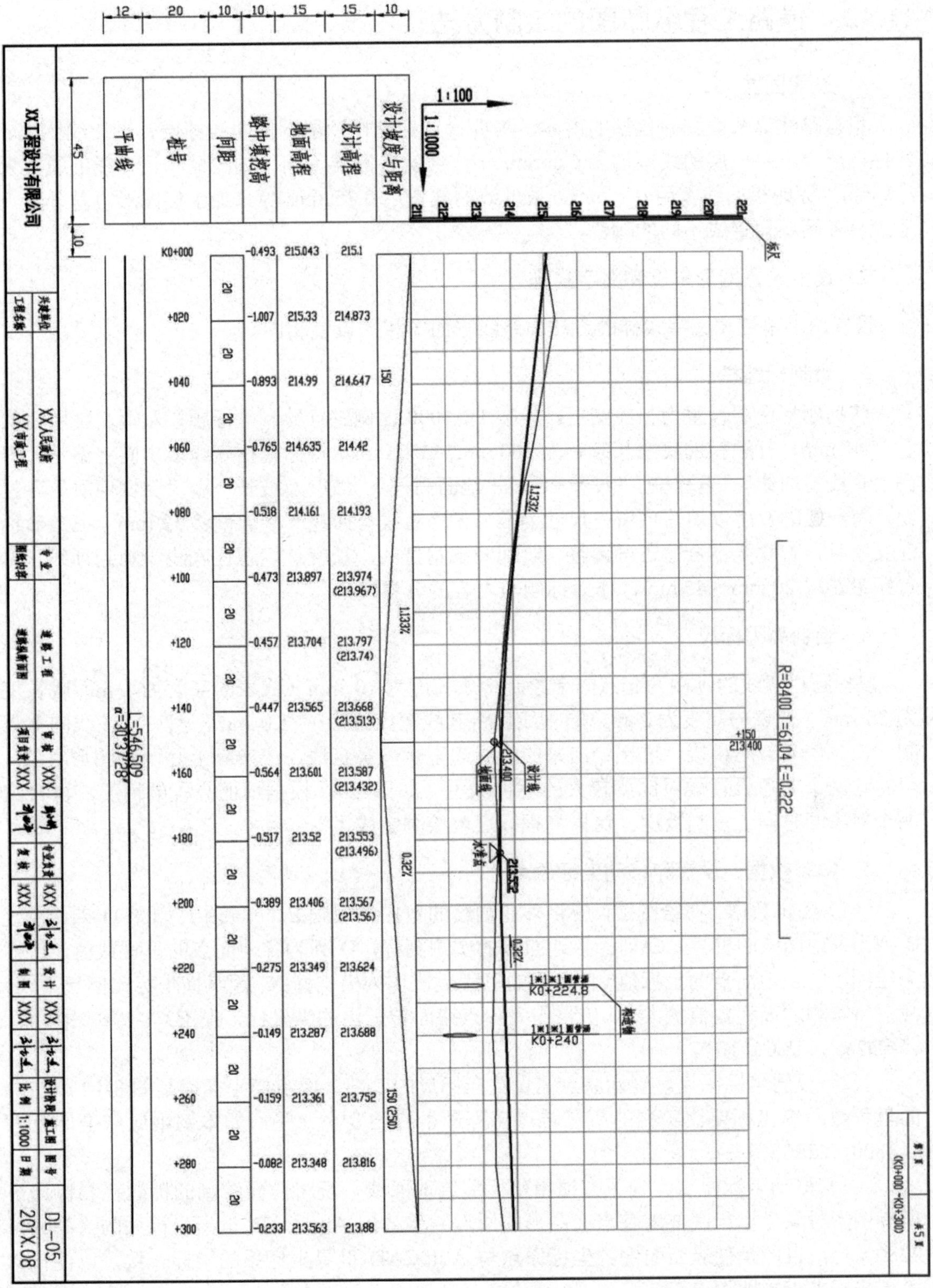

图 11-20　路线纵断面 2

11.4.2 道路工程纵断图的绘制方法

1. 设置图层

根据路线纵断面图中包括的内容，需要设置标题栏图层、地面线图层、设计线图层、标注图层等。每一层的线型均为 Continuous，线宽各图层不同，如图框和设计线的线宽为 1.0 mm，标题栏的线宽用 0.7 mm，坡度线的线宽用 0.35 mm 等。为了使图形容易分辨，还应将各图层设置成不同的颜色。

2. 设置设置图形单位和文字式样

设置图形单位和文字式样的方法与路线平面图相关设置相同。

3. 绘制标题栏

将标题栏图层设置为当前图层。先按 1∶1000 比例进行绘制，标题栏左端文字所占的宽度 45 mm，标题栏的底线长绘制为 300 mm～350 mm，将标题栏底线依次向上偏移，得到“直线与曲线”“里程桩”“设计高程”“地面高程”“坡度及坡长”和“土壤地质”各栏线，每一栏的宽度以填写项所占尺寸为准，如“直线与曲线”栏需偏移 12 mm。在最后标注文字时，若宽度不合适还可调整。绘制一条垂直线，长度从标题栏底线绘制到顶线，位置距最左端 20 mm～45 mm，作为标题与内容的分界线。

4. 绘制高程标尺

以标题栏竖线的顶端为起点向上绘制一条长度为 10 mm（代表的高度为 1 m）或长度为 20 mm（代表的高度为 2 m）的垂线，将其线宽设置为 1.0 mm，然后将该线向上复制一次，使其首尾相接，这样绘出来的线看起来是一条直线，但实际上是两个图形对象，可将这两个对象设置成对比度较大的两种颜色（如黑白）。根据地面高程的情况，再将这两个对象同时向上复制数次，这样高程标尺就绘制完成了。

5. 编辑数据、设置和移动坐标原点

（1）编辑数据。在绘图前，应将外业测绘的数据整理到 Excel 表中，如图 11-21 所示，B 列为各地面点的桩号，C 列为各地面点的实测高程，D 列为各地面点的里程数值，E 列为绘图用的各地面点的坐标值（将实测的里程数值作为横坐标 X，因纵横坐标比例尺不同，故需将实测的高程数值扩大 10 倍，作为各点路面转折点的纵坐标，在 E2 栏内编辑公式：“=D2&","&C2*10”。

（2）设置坐标原点。坐标原点需设置在标尺的底部，原点横坐标值是图 8-19 最左端的里程数，纵坐标要比实测的所有转点高程最小值还要小一些，如本例中原点坐标设为（4800，2280）。

（3）移动坐标原点。为了方便用坐标展绘地面线，现将前面绘制的标题栏和标尺等所有图形对象以标尺底部为基点（图形的原点）移动到 AutoCAD 世界坐标系的（4800，2280）处，目的是使纵断面图的坐标原点与 AutoCAD 世界坐标系的坐标一致，以便输入各点坐标来绘制地面点。

	B	C	D	E
1	桩号	高程（y）	里程(x)	地面（x,y）
2	K4+800	231.47	4800	4800，2314.7
3	K4+830	231.42	4830	4830，2314.2
4	K4+865	233.01	4865	4865，2330.1
5	K4+878	234.31	4878	4878，2343.1
6	K4+900	233.18	4900	4900，2331.8
7	K4+925	234.93	4925	4925，2349.3
8	K4+941	235.31	4941	4941，2353.1
9	K4+950	238.04	4950	4950，2380.4
10	K4+981.5	238.17	4981.5	4981.5，2381.7
11	K4+995	237.67	4995	4995，2376.7
12	K5+000	235.81	5000	5000，2358.1
13	K5+001.2	236.06	5001.2	5001.2，2360.6
14	K5+010	238.17	5010	5010，2381.7
15	K5+020.7	239.74	5020.7	5020.7，2397.4
16	K5+048	240.11	5048	5048，2401.1
17	K5+080	240.61	5080	5080，2406.1
18	K5+100	240.03	5100	5100，2400.3
19	K5+130	241.44	5130	5130，2414.4
20	K5+147.3	239.5	5147.3	5147.3，2395
21	K5+203.3	236.7	5203.3	5203.3，2367
22	K5+250.6	234.7	5250.6	5250.6，2347
23	K5+275.1	233.5	5275.1	5275.1，2335

图 11-21　路线纵断面数据编辑

6．绘制地面线

将地面线图层置为当前图层，使用 pline 命令绘制地面线。将图 11-21 中的 E 列数据复制后粘贴到命令行提示的“指定起点：”后，系统将自动绘制地面线。绘制结果如图 11-18 所示的折线（地面线）。

7．绘制设计线

将设计线图层设置为当前图层，使用 pline 命令绘制设计线。绘制时将各里程桩的里程作为横坐标，将各里程桩处的设计高程作为纵坐标。操作步骤与绘制地面线类似，对竖曲线的绘制可采用三点（竖曲线起点、变坡点位置设计标高处、竖曲线终点）绘制圆弧的方法。

8．绘制竖曲线标志符号

在设计线图层中，用 line 命令绘制各竖曲线标志符号。

提示：符号中部的竖线的横坐标就是竖曲线转点里程，符号的水平线两端的横坐标分别是竖曲线的起点和终点里程。为使图形美观，各竖曲线标志符号应大致在同一个高度。

9．绘制标题栏中的相关线

将设计线图层设置为当前图层，使用 pline 命令绘制设计线。绘制时将各里程桩的里程作为横坐标，将各里程桩处的设计高程作为纵坐标。操作步骤与绘制地面线类似，对竖曲线的绘制可采用三点（竖曲线起点、变坡点位置设计标高处、竖曲线终点）绘制圆弧的方法。

10．标注文字

本图要求的比例是 1∶2000，但前面的绘图是按 1∶1000 的比例进行的，所以应先将图中所有内容全部选中，用 scale 命令缩小 2 倍，使绘制的图形成为所需要的 1∶2000 的图形，然后在此比例下标注文字，执行“单行文字”命令，对大小、方向相同的文字标注，可用鼠标单击适当的位置，输入完一处文字后，再单击下一处位置，输入文字。即执行一次“单行文字”命令，可连续多次输入文字，直到退出命令。对不同高度、不同方向文字的标注，需要每次都执行“单行文字”命令，在重新设置文字高度和文字方向后，再进行文字输入，直到将图中的所有文字标注完毕。

11．标注水准点及桥涵构筑物

桥涵构造物等标注的位置与其桩号对应。对于标注符号，应先将其定义为图块，再利用图块插入命令插入。绘制完成的道路总断面图如图 11-18 所示。

项目小结

本项目主要介绍了道路工程常用图框及平纵横三种工程图的组成及图示特点，通过本项目的学习，读者应重点掌握以下知识。

（1）了解道路工程常见图框及平纵横三种工程图绘图方法及技巧。

（2）能够熟练绘制道路工程平纵横三种工程图。

（3）能熟练在已绘工程图中插入常用图框。

项目习题

（1）如图 11-21 所示，绘制某大道标准横断面图。

（2）如图 11-22 所示，绘制某大道纵断面图。

操作提示：

参照本项目中的绘图方法与步骤绘制某大道纵断面图及纵断面图。

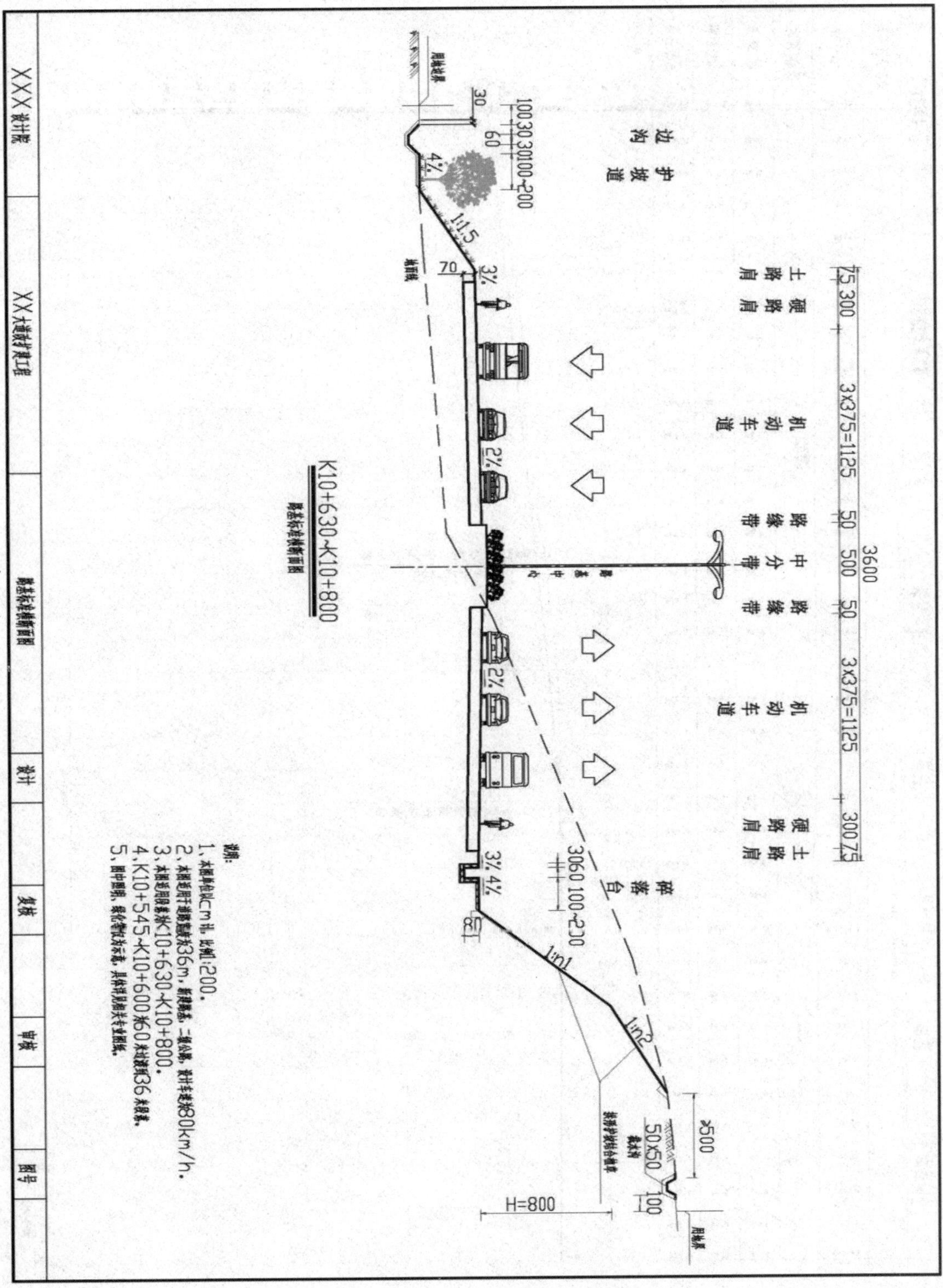

图 11-21　某大道标准横断面图

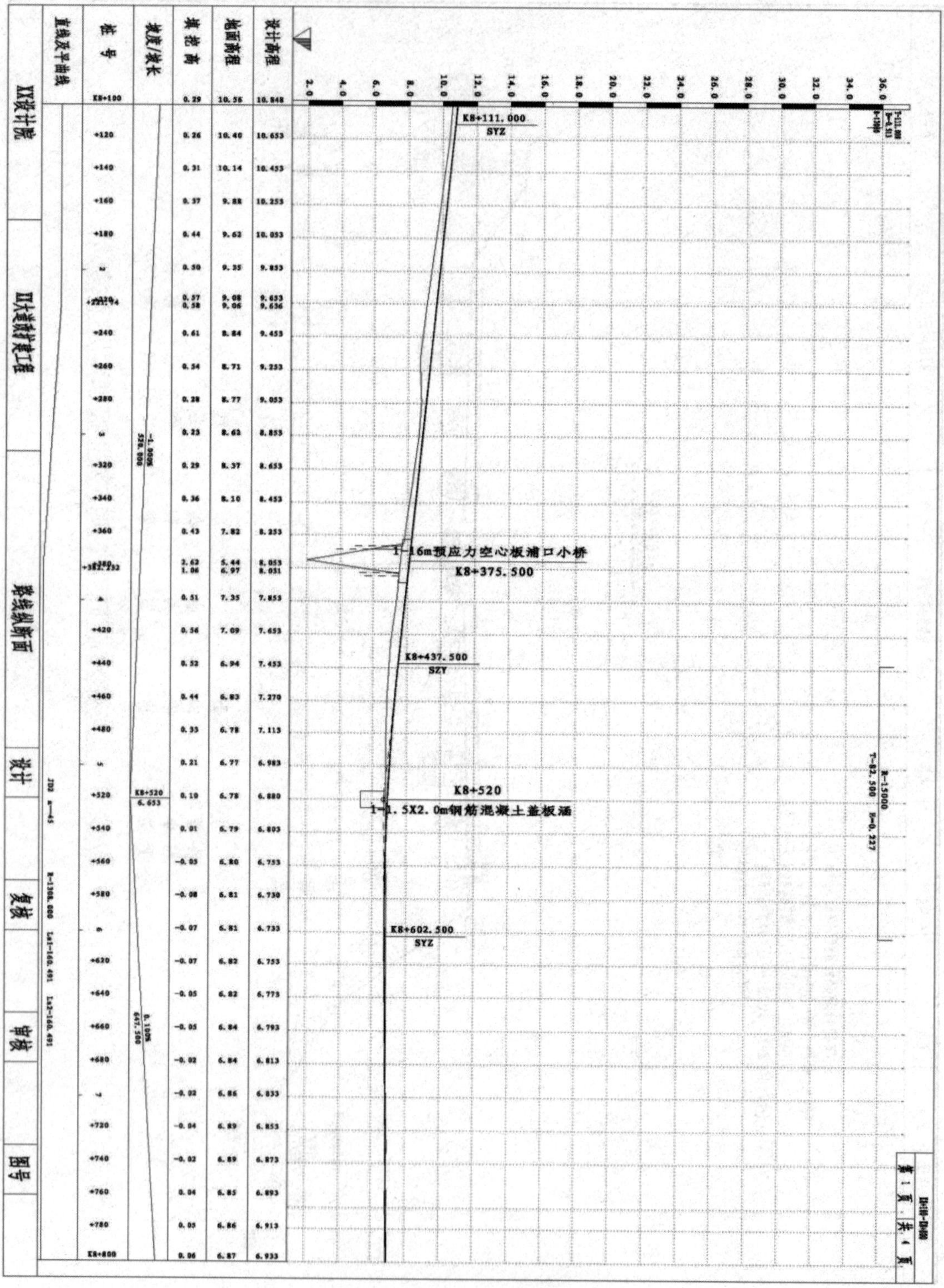

图 11-22　某大道纵断面图

项目 12　桥涵工程图绘制

项目概述

桥梁与涵洞，是指路线跨越各种障碍（如江、河、峡谷或其它线路等）时修建的人工构造物。涵洞和桥的区别，按《公路工程技术标准》（JTG B01—2003）规定，单孔跨径小于 5 m，多孔跨径总长小于 8 m 的称为涵洞；而圆管涵、箱涵不论管径或跨径大小、孔数多少，都称为涵洞。桥涵工程图的绘制，是道路工程专业绘图的重要内容。

项目重点

- 了解桥涵工程图的主要组成内容。
- 学会桥涵工程图的表示方法及绘制要点。
- 熟练应用桥涵工程图绘图方法与技巧。

项目目标

➲能够正确阅读和绘制桥涵工程图。

任务 1　桥梁工程图的绘制

任务概述

桥梁按照其承重结构的受力特点分为梁式桥、拱式桥、悬索桥、刚架桥、斜拉桥、组合体系桥等结构形式。无论桥梁的结构形式和采用的材料如何，桥梁的工程图纸一般包括桥位平面图、桥位地质断面图、桥梁总体布置图、桥梁构件图、附属工程结构图和结构大样图等几种。下面以梁式桥为例，介绍几种常见桥梁工程图的表示方法和绘制过程。

任务重点与实施

12.1.1 桥梁工程图的主要内容及表示方法

1．桥位平面图

桥位平面图是在地形图的基础上绘制的，主要表示桥梁和路线连接的平面位置。桥位平面图上应绘出桥位处的道路、河流、水准点、地质钻孔及附近地区的地形、地物情况，作为桥梁设计和施工定位的依据。

桥位平面图采用的比例一般较小，如 1∶500、1∶1000、1∶2000 等。图例、符号、字体方向等的要求与路线平面图的要求相同。如果存在地质钻孔，还应在图上注明地质钻孔的位置和编号。如图 12-1 所示，为一座 4×16m 预应力混凝土空心板桥的桥位平面图，桥梁中心桩号为 K96+941，绘图比例为 1∶1000。

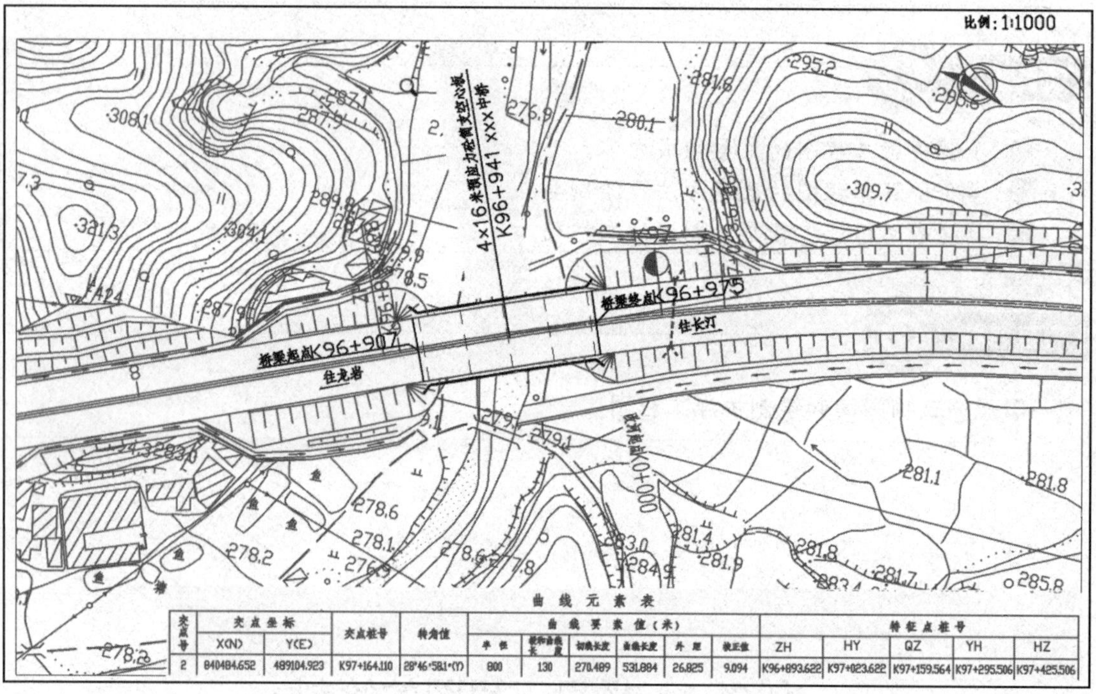

交点号	交点坐标 X(N)	交点坐标 Y(E)	交点桩号	转角值	曲线要素值（米） 半径	缓和曲线长度	切线长度	曲线长度	外距	校正值	特征点桩号 ZH	HY	QZ	YH	HZ
2	840484.652	489104.923	K97+164.110	28°46′58.1″(Y)	800	130	270.489	531.884	26.825	9.094	K96+893.622	K97+023.622	K97+159.564	K97+295.506	K97+425.506

图 12-1　桥位平面图

2．桥位地质断面图

桥位地质断面图也称为地质柱状图，主要表示桥梁所处河床断面的水文地质情况。桥位地质断面图包括河床断面线、计算（设计）水位线、常水位线、低水位线、河床深度变化及地质变化等情况。

为了更清晰地表达出桥位河床断断面在高度和水平方向的变化情况，绘制桥位地质断面图时其高度和水平方向可采用不同的比例。图中应绘出地质钻孔情况，对于小桥，如果桥位处地质情况较好且变化不大时，可以一桥一个地质钻孔；对于大中型桥梁，一般一跨一个地质钻孔；地质情况复杂且变化较大时可透当增加地质钻孔。如图 12-2 所示地质断面图，其水平方向的绘制比例为 1∶300，高度方向绘制比例为 1∶200，桥梁拟按 3m×20m 跨径进行设计，故在预设的墩台位附近布置有 ZK1、ZK2、ZK3、ZK4 等四个钻孔。

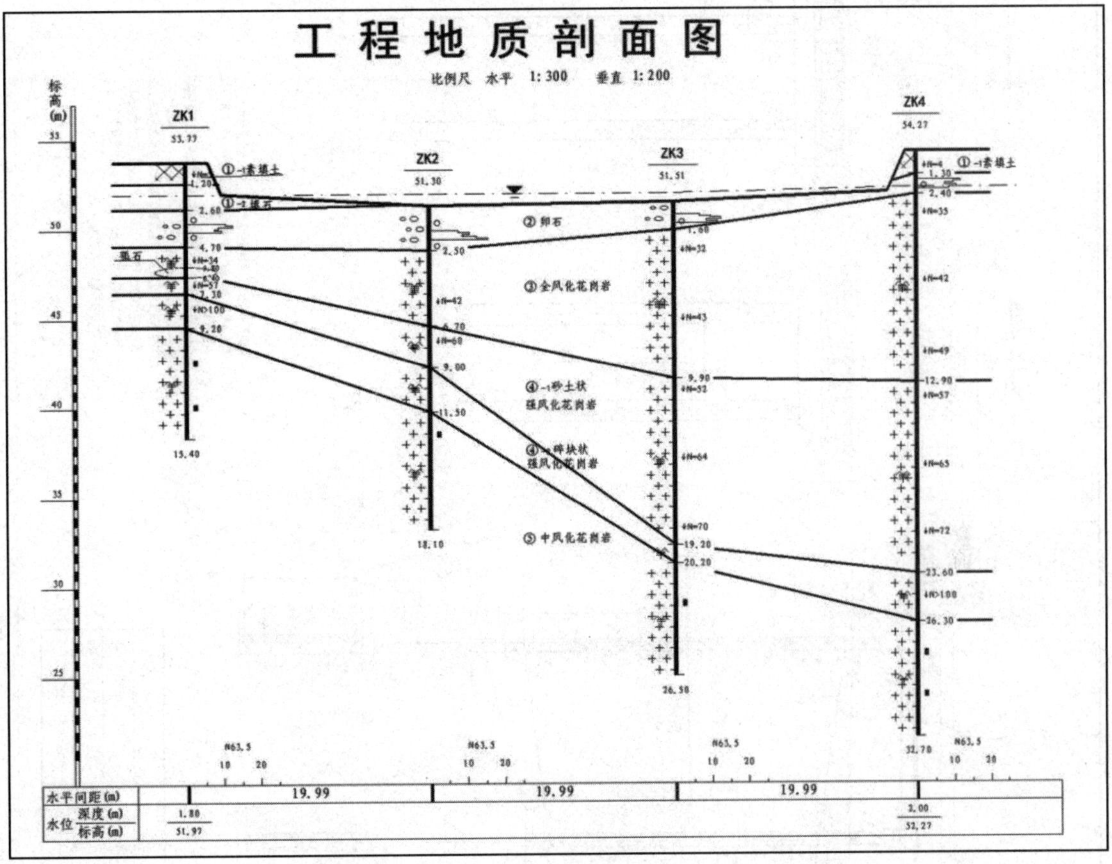

图 12-2　地质断面图

3．桥梁总体布置图

桥梁总体布置图是桥梁设计施工时确定墩台位置、安装构件及控制高程的主要依据。总体布置图主要表示桥梁的结构形式、跨径、孔数、总体尺寸、各主要构件的相互位置关系、桥梁各部分的高程以及总的技术说明和施工要点等。

桥梁总体布置图由立面图、平面图和横剖面图组成，如图 12-3 所示。根据图示可知，桥梁全长 67 m，上部结构为 3 m×20 m 预应力混凝土简支 T 形梁，桥面宽度为净（11.0 +2×0.5）m，桥梁下部采用柱式墩台、桩基础。

（1）立面图。立面图主要表示上部结构、下部结构、附属工程等的基本形式和尺寸。对于上部结构，表达桥梁上部的结构形式、跨径、桥面高程、里程桩号等；对于下部结构，表达桥梁下部墩台及基础的结构形式、高程、深度及简要的河床断面水文地质情况。

立面图一般采用全剖面图或半剖面图的形式绘制。如为弯桥，则应采用展开表示法来绘制。在立面图的左侧一般绘制有标尺，以便于绘图和阅读时参照。

（2）平面图。平面图表达桥梁的平面布置情况、与所跨河流或路线的相对位置和附属结构设置。

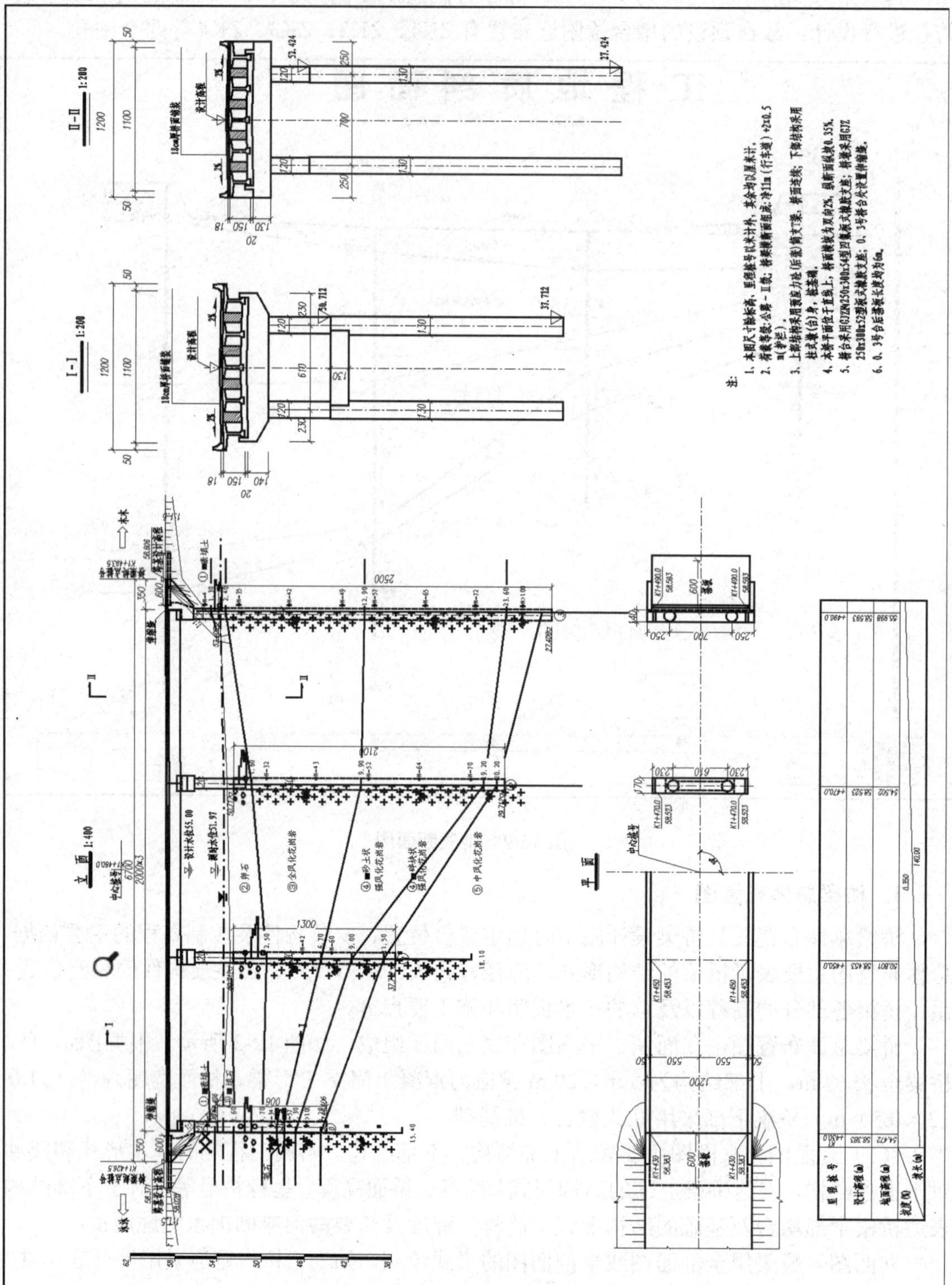

图 12-3 总体布置图

为了表达桥梁不同高度的构件，绘制平面图时可采用分层掀开表示法，即从左至右按上、下顺序分别表示桥面及防护、伸缩缝、支座、盖梁、立柱、承台、基础等的平面布置情况和基本尺寸。伸缩缝等尺寸较小的构件，绘图时可采用夸张画法，即放大画出。对于桩基则可只用十字线绘出各桩中心位置及尺寸，详细尺寸参看相应构件图。

（3）横剖面图。横剖面图表示横桥向的基本情况，主要包括桥梁上下部结构布置情况、桥梁宽度和高度方向的基本尺寸。

横剖面图一般采用全剖面图的形式绘制。对于多跨桥梁，中跨和边跨的横剖面图一般均需画出，分别表示中跨和边跨上、下部结构及布置情况；也可以将这两个剖面图各取一半合在一起绘制。绘制中跨的横剖面图时，只画中跨的上、下部结构及布置情况，忽略边跨和桥台等远处构件，以使中跨横剖面图表达清楚，即“画近不画远”。如果是斜桥或弯桥，横剖面图应选取垂直于桥中心线的平面作为剖切平面。当基础深度较深而河床断面地质情况变化不大时，为节省图幅，可采用折断画法。

当桥宽尺寸与桥长相比很小时，横剖面图可采用比立面图和平面图较大的比例绘制，此时需在各视图的上方或下方注明比例。

4．构件结构图

总体布置图中，桥梁各个组成部分的具体形状和尺寸并没有详细、完整地表达出来，无法指导和控制施工。因此，必须另外用较大的比例将各部分构件的形状、大小完整清楚地绘制图纸上，这种图称为构件结构图，简称构件图。

构件图的比例，根据构件的形状和大小通常采用 1∶10～1∶100。当构件的某一局部尺寸较小而细节却较多时，这一局部可采用更大的比例绘制，称为局部放大图，或称大样图。

（1）桥台工程图。桥台属于桥梁的下部结构，分为重力式桥台、轻型桥台等形式。桥梁墩、台按从左至右的顺序编号，如图 12-3 桥梁总体布置图所示，0 号、4 号桥台均为轻型桥台，由台帽、耳墙和基础等组成。

桥台工程图首先应绘制其一般构造图。一般构造图用来表示桥台各部分形状、相对位置，及长度、高度与宽度方向的尺寸。桥台立面图一般可以采用剖面图来代替，同时示出内部构造和材料；若台身与基础、台身与台帽所用材料不同时应画出材料分界线，并画上材料图例符号。平面图可采用掀开表示法，即假设主梁尚未安装，台后仍未填土，这样桥台主体部分的投影为可见轮廓线。对于侧面图，可各绘制半个台前图和半个台后图，然后合并在一起画出。

如果桥台的某个部分（如台帽、耳墙、基础等）采为钢筋混凝土结构，那么除了绘制桥台一般构造图外，还应绘制该部分的钢筋结构图。钢筋结构图，又称为钢筋布置图，它是钢筋下料、加工、绑扎、焊接和检验的重要依据。一般情况下，钢筋结构图应包括钢筋布置、钢筋编号、尺寸规格、根数、钢筋成型图和工程数量表及技术说明等内容。

绘制钢筋结构图时，把混凝土视作为透明体，将结构外形轮廓按细实线绘制，而钢筋则按粗实线绘制。而钢筋被剖切后，用小黑圆点表示，绘制钢筋弯钩和净距采用夸张画法，适当放宽尺寸，以清楚为度，不必严格按比例来绘制。

（2）桥墩工程图。桥墩分为重力式桥墩、空心式桥墩、柱式墩和柔性桥墩等形式。如图 12-5 所示简支梁桥，其桥墩为柱式墩，由盖梁、立柱和系梁组成。由于盖梁、立柱和系梁均为钢筋混凝土结构，因此除了绘制绘制桥墩一般构造图外，还需绘制这三部分的钢筋结构图，画出各种钢筋的成型图，给出相应的钢筋数量表。

（3）基础工程图。桥梁墩、台的最下部即为基础。基础分为刚性扩大基础、桩基础和沉井基础等形式。

（4）主梁工程图。梁式桥按桥跨结构的截面形状，有板桥、肋梁桥、箱梁桥等形式。如图 12-3 所示简支梁桥，桥跨结构由五根 20 m 跨径的预应力混凝土 T 形截面梁组成，其横向布置图如图 12-4 所示，表示桥梁各根主梁沿横向间的位置关系，桥面铺装的分层及厚度、防撞栏或人行道、栏杆、泄水孔等构件的位置关系。

主梁一般构造图通常应绘制在同一张图纸上，当主梁较长、横截面形状尺寸沿纵向变化较大时，宜增加绘制主梁不同部位的横截面图；当截面上局部范围细节变化较多而尺寸较小时，还应绘制其大样图。如图 12-5、图 12-6 所示。

预应力混凝土梁的梁肋、翼缘板和横隔板，其钢筋结构图应分别画出，预应力钢筋布置还应单独成图。如图 12-7 所示为 T 梁梁肋钢筋布置图，主要包括梁肋钢筋的布置及数量表。如图 12-8 所示为 T 梁预应力钢束布置图，如图 12-9 为 T 梁预应力钢束数量及引申量表，主要包括预应力钢筋线形布置，坐标表、数量表和设计与施工要点。

另外，一般还需绘制 T 梁预应力钢束定位钢筋构造图、T 梁梁端锚下钢筋构造图、T 梁封锚钢筋布置图等。

（5）桥面系结构图。桥面系主要包括桥面铺装、伸缩缝、泄水孔、照明设施、防撞墙或人行道、栏杆，以及防排水设施等部分。

桥梁工程图还包括支座工程图、防护工程图、管线工程图等，即凡是桥梁设计与施工需要的、应用于桥梁上的永久性构件和附属工程等均需用工程图的形式来绘制。如图 12-10 为搭板钢筋构造图，图 12-11 为锥坡、溜坡一般构造图。

12.1.2 桥梁总体布置图的绘制

具体绘制桥梁工程图时，应先确定投影图数目(包括剖面等、断面图)、绘图比例和图幅，先画桥位平面图和桥位地质断面图，然后画总体布置图，最后画构件结构图与大样图。投影图的数目没有具体规定，一般以三视图为主，并配置一定数量的剖面、断面图，以能将构件表达清楚、完整为准。

由于各类桥梁工程图所表达的内容和范围不同，作用和要求也不一样，所以所采用的绘图比例也不尽相同。一般情况下桥位平面图可采用较小的比例绘制，如图 12-1 所示；构件结构图采用较大的比例绘制，如图 12-4～图 12-11 所示；总体布置图则采用普通比例绘制，如图 12-3 所示。一般步骤如下。

1．新建文件和设置绘图环境

利用 AutoCAD 绘制总体布置图时，应先设置好绘图环境，如图层、图形界限、尺寸单位、文字样式、标注样式、边框、图块等内容。可以将设置好的绘图环境保存为模板文件，以后在新建图形文件时可将保存好的模板文件导入，从而省去重复设置的麻烦，并使图纸标准化。绘制其他桥梁工程图时，绘图环境设置的内容和方法也基本相同。

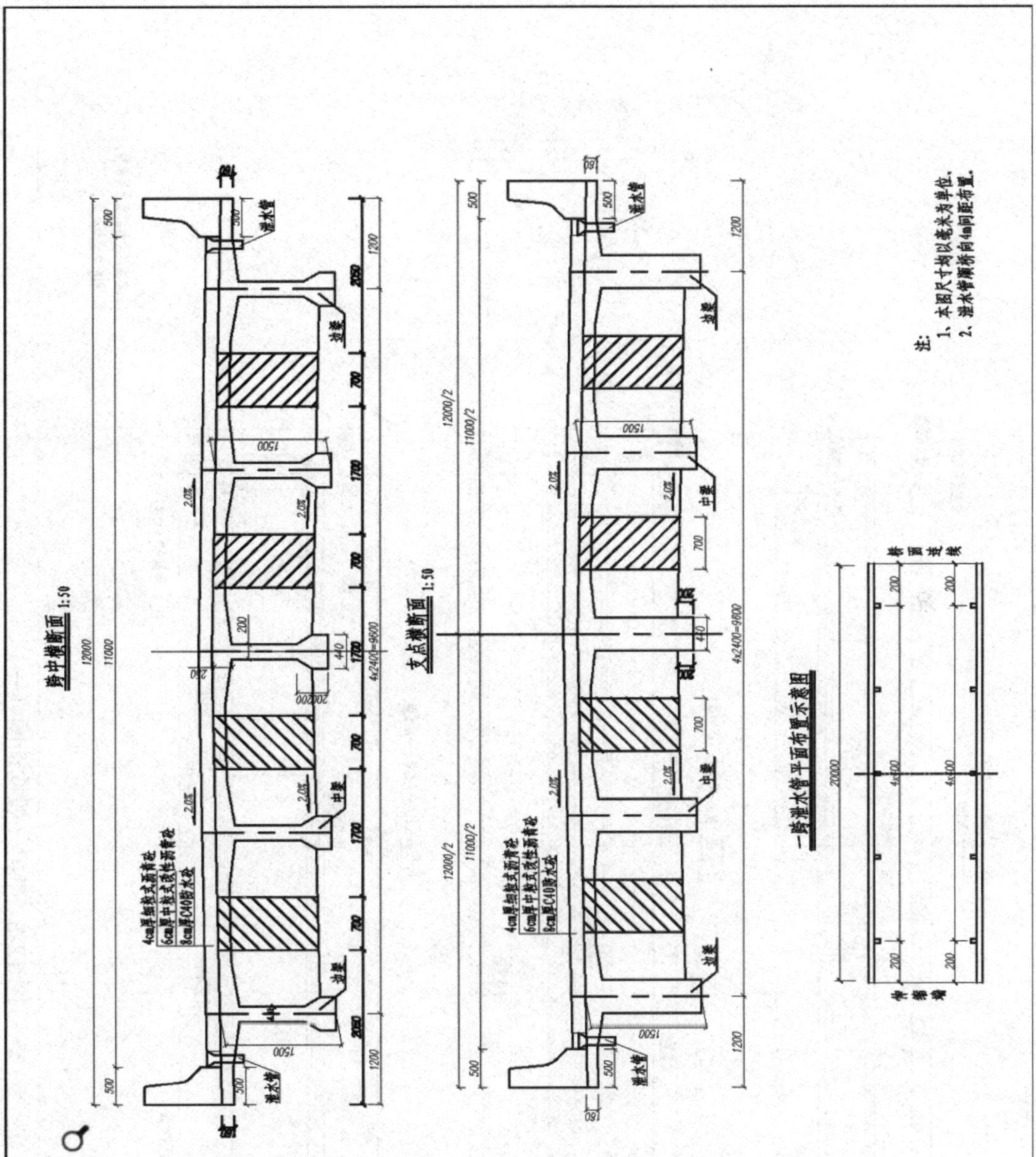
跨中横断面 1:50
支点横断面 1:50
一跨泄水管平面布置示意图
泄水管
注:
1. 本图尺寸均以毫米为单位。
2. 泄水管顺桥向4m间距布置。

图 12-4　横断面布置图

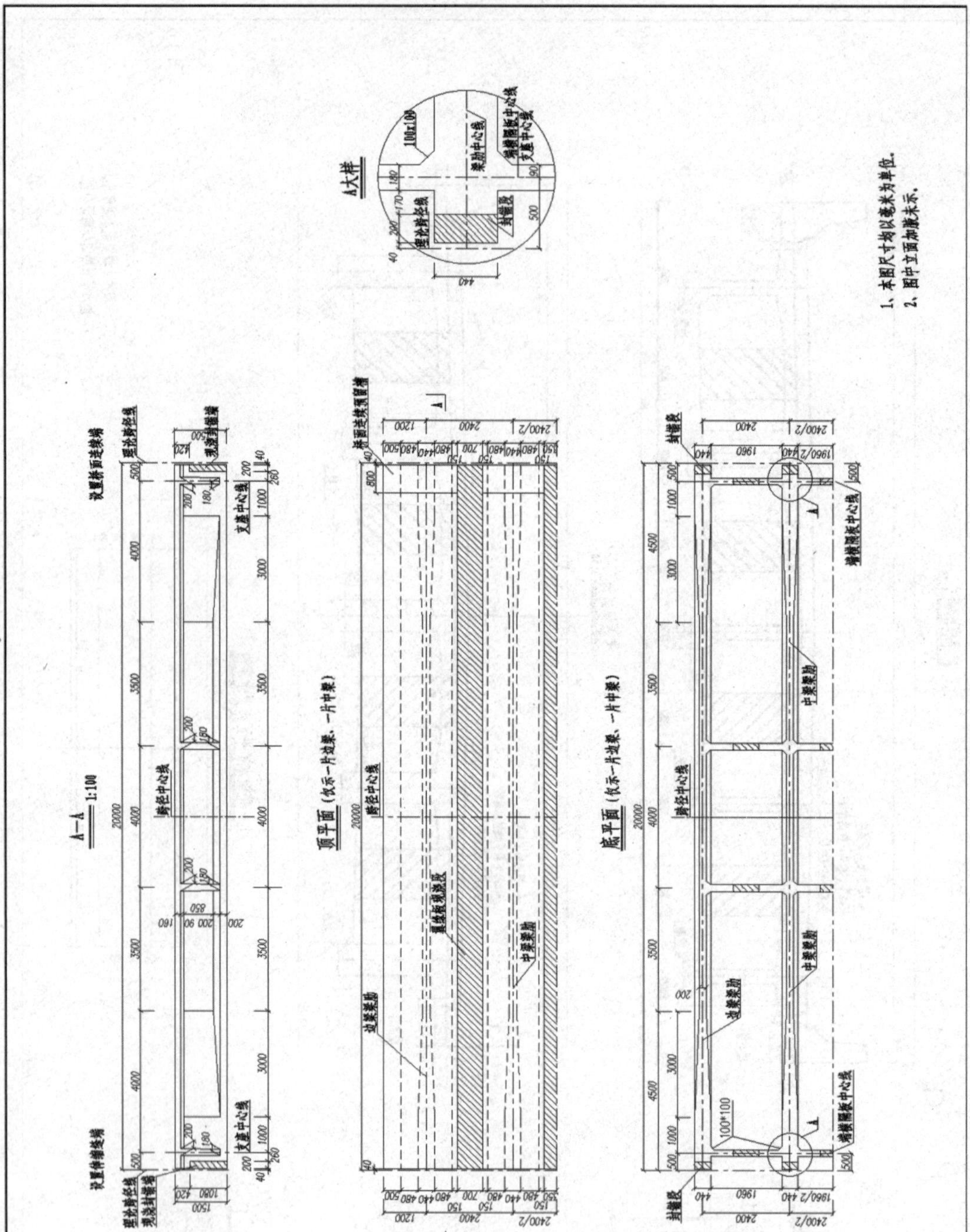

图 12-5 T梁一般构造图（一）

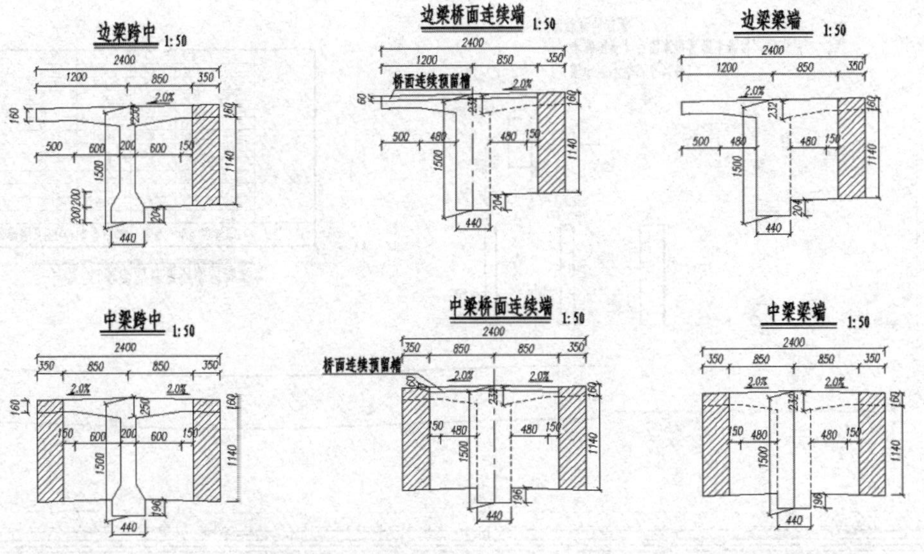

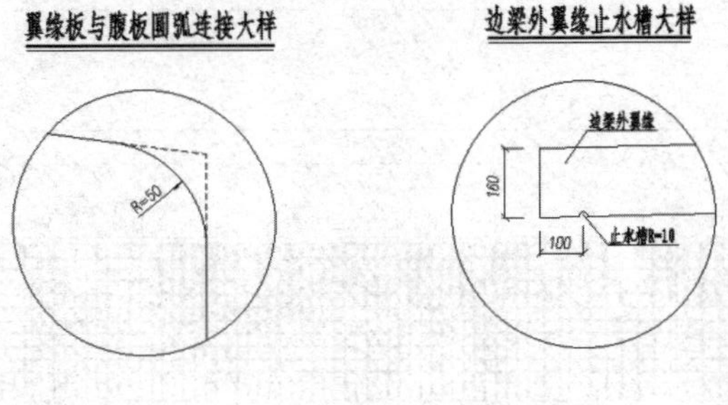

一片主梁材料数量表

项目 / 数量 / 位置	C50混凝土(m³)	
	预制	现浇
	预制T梁	横隔板、翼缘板
边梁	16.36	1.46
中梁	15.84	2.92

注：
1、本图尺寸均以毫米为单位。
2、预制边主梁时请注意内、外边梁的横坡方向。
3、主梁采用预制T形断面，横隔板也采用部分预制，安装就位后浇筑横隔板接缝、翼缘板现浇段混凝土，使其连成整体。
4、主梁两端待预应力钢束张拉完后封锚，封锚混凝土数量已计入表中。
5、图中阴影部分表示现浇部分。
6、预制梁采用钢丝绳套兜吊装，吊点离梁端800mm，此处翼板上注意预留吊洞。
7、图中断面加腋未示。
8、注意翼缘与腹板的圆弧连接及边梁外翼缘设置止水槽（见图中大样）。

图 12-6　T 梁一般构造图（二）

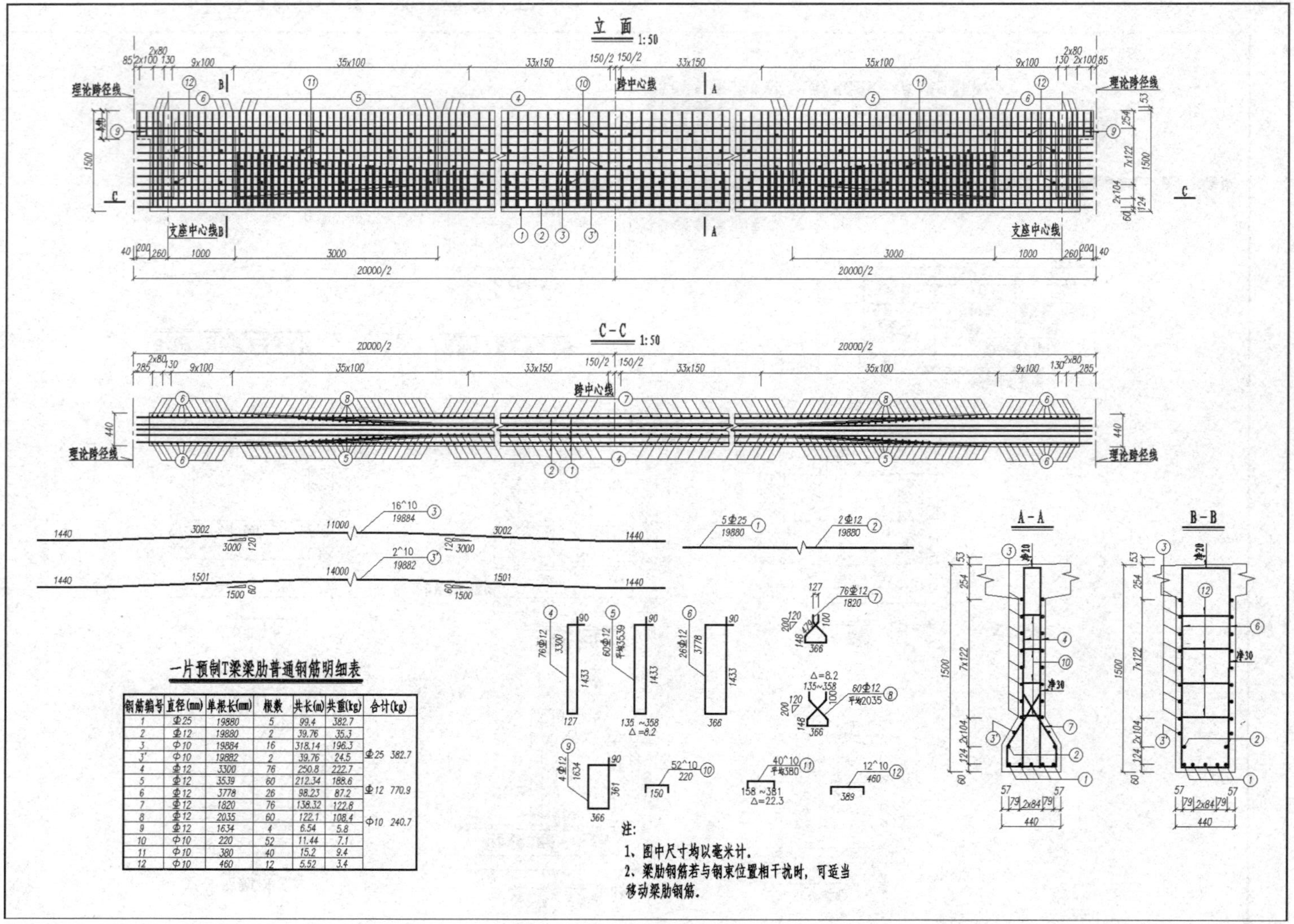

一片预制T梁梁肋普通钢筋明细表

钢筋编号	直径(mm)	单根长(mm)	根数	共长(m)	共重(kg)	合计(kg)
1	Φ25	19880	5	99.4	382.7	Φ25 382.7
2	Φ12	19880	2	39.76	35.3	
3	Φ10	19884	16	318.14	196.3	
3'	Φ10	19882	2	39.76	24.5	
4	Φ12	3300	76	250.8	222.7	
5	Φ12	3539	60	212.34	188.6	
6	Φ12	3778	26	98.23	87.2	Φ12 770.9
7	Φ12	1820	76	138.32	122.8	
8	Φ12	2035	60	122.1	108.4	Φ10 240.7
9	Φ12	1634	4	6.54	5.8	
10	Φ10	220	52	11.44	7.1	
11	Φ10	380	40	15.2	9.4	
12	Φ10	460	12	5.52	3.4	

图 12-7 T梁梁肋钢筋布置图

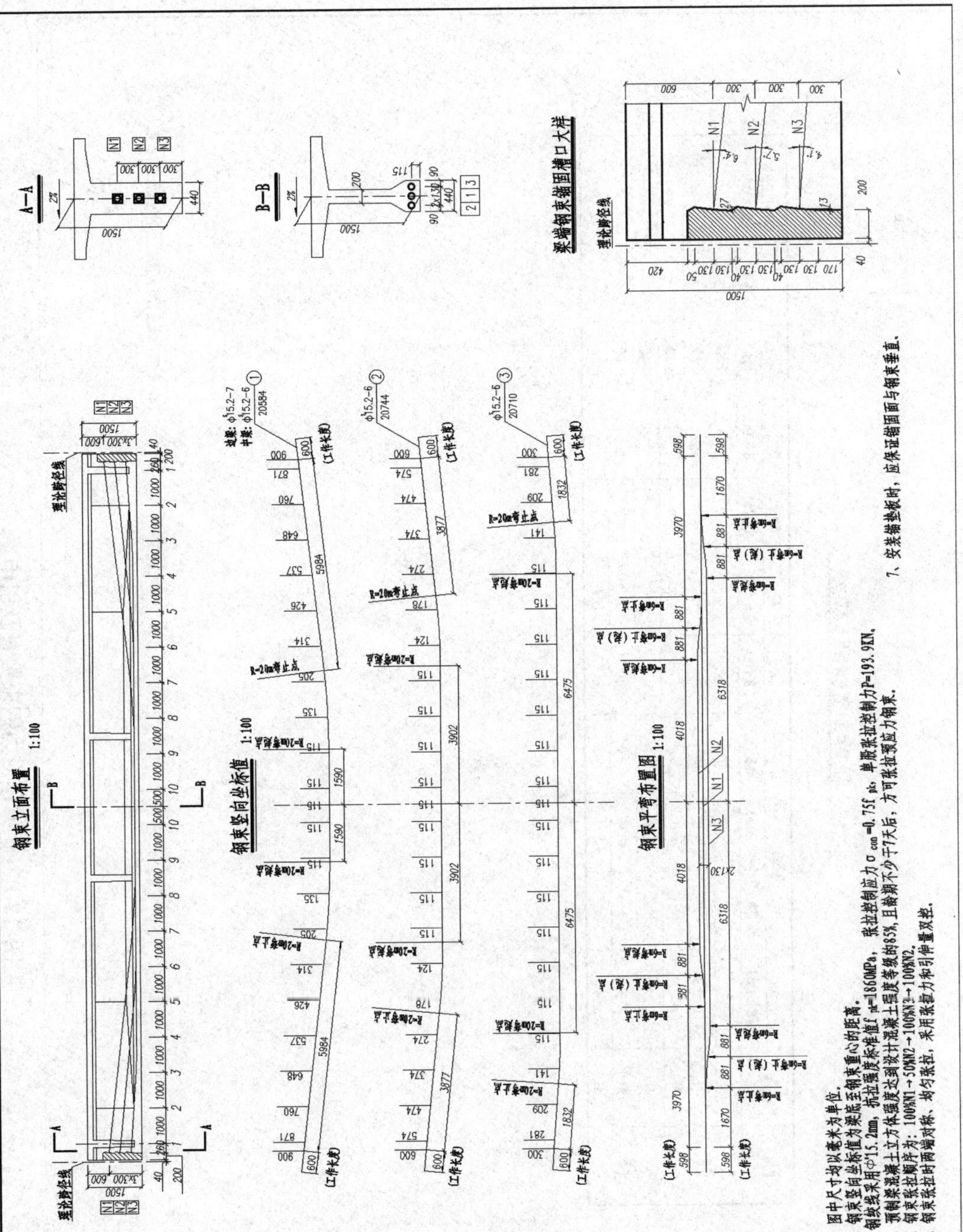

图 12-8　T 梁预应力钢束布置图

一片主梁预应力钢束材料数量及引伸量表

梁位	钢束号	钢绞线					波纹管			锚具		一端引伸量 (mm)
		钢束长（mm）	股数	共长（m）	共重（kg）	总重（kg）	规格（mm）	长度（m）	总长（m）	规格	套数	
边梁	N1	20784	7	145.488	160.2	434.0	$\Phi_内77$	19.38	58.0	15-7型	2	64.6
	N2	20744	6	124.464	137.0		$\Phi_内77$	19.34		15-6型	2	64.5
	N3	20710	6	124.26	136.8		$\Phi_内77$	19.31		15-6型	2	64.4
中梁	N1	20784	6	124.704	137.3	411.1	$\Phi_内77$	19.38	58.0	15-6型	2	64.6
	N2	20744	6	124.464	137.0		$\Phi_内77$	19.34		15-6型	2	64.5
	N3	20710	6	124.26	136.8		$\Phi_内77$	19.31		15-6型	2	64.4

注：
1. 表中钢束长度已计入预施应力时钢束的工作长度。

图 12-9　T 梁预应力钢束数量及引申量

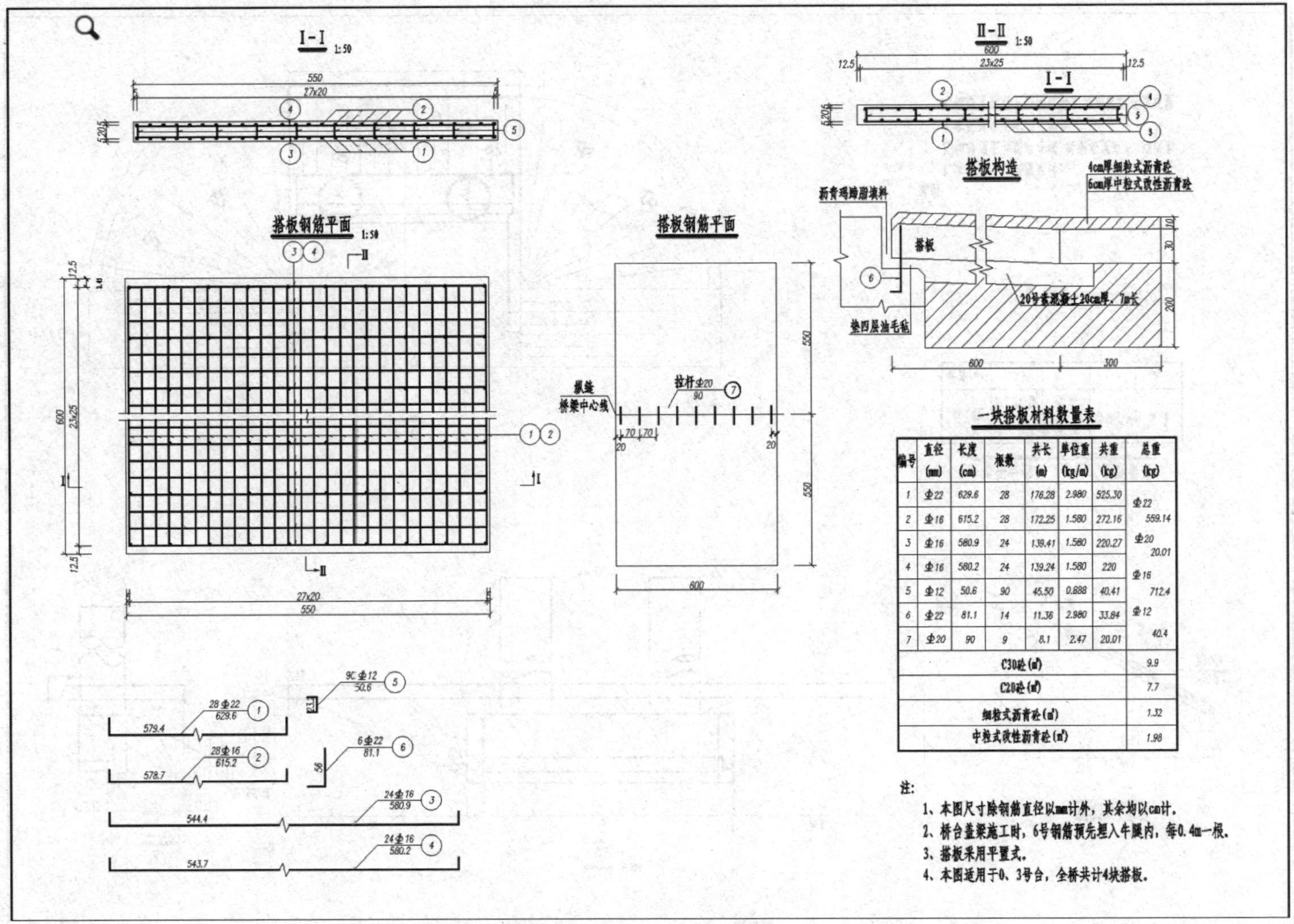

一块搭板材料数量表

编号	直径 (mm)	长度 (cm)	根数	共长 (m)	单位重 (kg/m)	共重 (kg)	总重 (kg)
1	Φ22	629.6	28	176.28	2.980	525.30	Φ22
2	Φ16	615.2	28	172.25	1.580	272.16	559.14
3	Φ16	580.9	24	139.41	1.580	220.27	Φ20 20.01
4	Φ16	580.2	24	139.24	1.580	220	Φ16
5	Φ12	50.6	90	45.50	0.888	40.41	712.4
6	Φ22	81.1	14	11.36	2.980	33.84	Φ12
7	Φ20	90	9	8.1	2.47	20.01	40.4
C30砼(m³)							9.9
C20砼(m³)							7.7
细粒式沥青砼(m³)							1.32
中粒式改性沥青砼(m³)							1.98

注：
1、本图尺寸除钢筋直径以mm计外，其余均以cm计。
2、桥台盖梁施工时，6号钢筋预先埋入牛腿内，每0.4m一根。
3、搭板采用平置式。
4、本图适用于0、3号台，全桥共计4块搭板。

图 12-10　搭板钢筋构造图

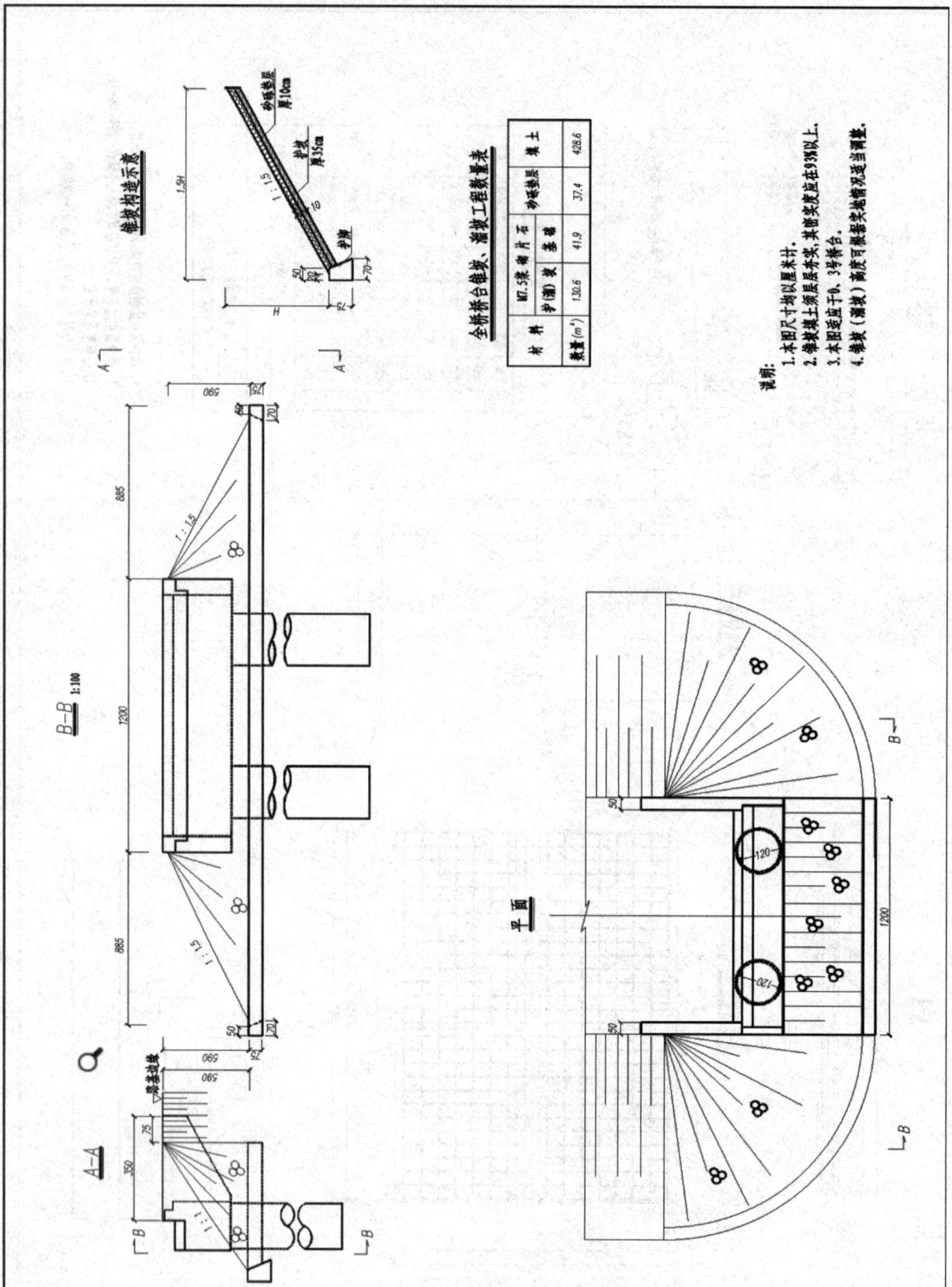

图 12-11　锥坡、溜坡一般构造图

2．立面图的绘制

立面图包括地面线、地质剖面图、基础、桥墩、桥台、系梁、盖梁、主梁、桥面铺装、栏杆、搭板、锥坡等内容。一般情况下立面图具有对称性、重复性，可以灵活使用AutoCAD提供的复制、阵列、镜像等绘图命令。在绘图过程中应结合桥台图、桥墩图、主梁一般构造图、附属结构图等各种构件结构图来确定结构的具体尺寸。立面图绘制的具体步骤如下。

（1）绘制地面线。可以用直线命令Line或多段线PLine命令绘制表示地面线。地面线的绘制应根据实测坐标完成。也可以直接利用地质剖面图中的地面线来使用。

（2）绘制桥墩和桥台的中轴线，构造辅助线，以便进行尺寸定位。构造辅助线宜在单独图层中绘制，后期不需要时随时关闭或冻结该图层即可。

（3）绘制桥台、桥墩、主梁。用Line命令，结合使用“相对坐标”或“构造辅助线”与“捕捉对象”工具的方法来绘制。立面图左右对称时，右半部分可使用镜像命令Mirror来完成。

（4）绘制栏杆时，先绘出一根栏杆，然后先采用阵列命令Array复制，再用修剪命令Trim进行剪修。

（5）整饰图形；将立面图中被土体遮挡的部分改为虚线。

3．平面图的绘制

平面图包括桥面系、支座、盖梁、桥墩、桥台、锥坡、道路边坡等在平面上的投影图。平面图可采用分层表示法，左侧绘制桥面以上的半平面、右侧绘制桥下部分的半剖面。平面图的具体绘图步骤如下。

（1）绘制全桥的中轴线和构造辅助线。

（2）在中心桩号左侧，用直线命令Line绘制上部构造的平面图，反映桥面、锥坡、道路边坡的情况。

（3）在中心桩号右侧，用直线命令Line和圆命令Circle绘制下部构造，反映墩、台、基础在平面上的投影情况。

4．横断面图、剖面图的绘制

横断面图、剖面图主要用于反映桥墩和桥台的总体尺寸和构造形式，同时也反映出桥面、梁、板等的构造形式。其具体的绘图步骤如下。

（1）用直线命令Line绘制桥面中心线、墩柱的中轴线和各种构造辅助线，然后分别绘制桥台、桥墩等各部位的投影图。可以将中跨剖面图中的桥墩、边跨剖面图中的桥台各画一半，再合并在一个图中来绘制。如果墩柱、桩基较长时，可以使用波浪线、折断线来绘制，以节省页面篇幅。

（2）绘制边梁（板）、中梁（板）。对边梁可以用镜像命令Mirror进行复制，对中板可以用复制命令Copy或阵列命令Array复制。

（3）用直线命令Line制桥面和栏杆（护栏）。并对桥面绘制剖面线。

（4）当横断面图、剖面图绘制比例与立面图、平面图不同时，可以用缩放命令Scale将画好的横断面图或剖面图放大合适的倍数，以更清楚地表达各部分轮廓、位置。

5．标注

根据道路制图标准设置好“标注样式”并置为当前。当横断面、剖面图绘制比例与立面图、平面图不同时，应创建一个新的标注样式，并设置好合适的“测量单位比例因子”。

尺寸标注可以灵活使用“连续标注”、“基线标注”、“引线标注”、“标注更新”和“编辑标注文字”等命令，并应绘制在专门的标注图层内。

6．文字输入

按制图标准设置好“文字样式”并设置为当前样式，使用单行文字命令 Dtext 或多行文字命令 Mtext 绘制图中文字标注和视图名称，使用多行文字命令 Mtext 绘制图纸右下角的图纸说明或附注。

12.1.3 梁（板）一般构造图的绘制

梁（板）一般构造图包括主梁（边梁和中梁）的立面图、平面图、横断面图三部分，另外还包必要的文字说明以及工程数量表等，如图 12-5 和图 12-6 所示。

1．新建文件和设置绘图环境

利用预先做好的模板创建新的图形文件，并根据需要更改绘图界限、图层、文字样式、标注样式等内容，建立新的绘图环境。

2．立面图的绘制

立面图包括主梁肋、翼缘板、横隔板、马蹄在中部和端部的大小及过渡方式、理论支承线的位置等。绘制的过程如下。

（1）绘制支座、临时支座中心线、桥墩中心线、背墙前缘线、横隔板中心线。

（2）梁（板）立面图多为对称图形，且平行线较多，可以考虑使用构造线 Xline、偏移命令 Offset、复制命令 Copy 等命令组合绘制。辅助线最好绘制在单独的图层内，不需要时将该图层关闭或冻结即可。

3．平面图的绘制

平面图包括梁肋、翼缘板、横隔板、湿接缝、桥面等在平面上的投影。为了能更好地反映实际情况，平面图一般采用剖面图来表达。绘图过程如下。

（1）绘制各片主梁平面图中心线、辅助线。

（2）在绘制平面图过程中，可以用偏移命令 Offset、复制命令 Copy 等命令来提高绘图效率。应充分利用立面图与平面图之间的投影关系，作辅助线进行控制绘图。

（3）用填充命令 Bhatch 对各个材料图例区域进行填充。

4．横断面图的绘制

主梁横断面图包括主梁、翼缘板、横隔板、湿接缝等部分。绘制过程如下。

（1）横断面图可使用直线命令 Line、多段线命令 Pline、镜像命令 Mirror 等来绘制。绘制不同位置的多个横断面图时，因为是类似图形，可以先复制 Copy，再根据需要使用各种编辑命令来修改，比如拉伸命令 Stretch 等。

（2）当横断面图采用与立面图、平面图不同的比例时，可先按原比例绘制好横断面图，再使用 Scale 命令缩放指定的倍数。

（3）需要绘制某个局部范围的大样图时，可以用 Copy 命令将该范围的轮廓线从已绘制好的横断面图中复制出来，使用 Scale 命令缩放需要的倍数，然后再根据需要来修改、绘制。

5．标注和文字输入

梁（板）一般构造图、桥梁横断面图的标注和文字输入，其过程与总体布置图的标注和文字输入相同。

6．材料工程数量表的绘制

表格可以使用表格命令 Table 完成，使用前可以先设置表格样式。

表格也可以利用 Excel 来制作，然后电子表格直接嵌入和链接到图形文件中来。如果文字效果不同，可将其转化为 AutoCAD 图元后再进行改换。

12.1.4　主梁梁肋钢筋结构图的绘制

主梁梁肋钢筋结构图主要包括主梁外形轮廓线、钢筋布置、钢筋编号、尺寸规格、根数、钢筋成型图和工程数量表及技术说明等内容。绘图时，外形轮廓按细实线绘制，钢筋按粗实线绘制，而钢筋被剖切后则用小黑圆点表示。

某主梁梁肋钢筋布置图如图 12-7 所示，其绘制过程如下。

（1）使用 LINE 命令绘制主梁的中心线、构造辅助线，绘制外形轮廓线。可以使用 Copy 命令从主梁一般构造图中直接复制所需要的外形轮廓线。考虑到图形重复性的原因，可采用折断画法以节省页面空间。

（2）可使用 PLINE 等命令来绘制钢筋粗实线并设置合适的线宽，使用 Point、Circle、Bhatch 命令来绘制被剖切后的钢筋小圆点。可利用 Copy、Offset 或 Array 等命令来提高绘图速度。

（3）图形的尺寸标注、文字和表格等，其绘制方法同前所述。

12.1.5　桥头锥坡构造图的绘制

锥形锥坡又称锥坡，是当桥台布置不能完全挡土时，为了保护桥梁两端路堤土坡稳定、防止冲刷所设置的半圆锥形或 1/4 椭圆锥形的护坡。锥坡的横桥向坡度与路堤边坡一致，顺桥向坡度应根据填土高度、土质情况，结合设计水位和铺砌与否来决定。锥坡构造图如图 12-11 所示，其绘制过程如下.

1．立面图的绘制

锥坡立面图包括桥台、基础、锥坡三部分。

（1）绘制桥跨中心线、桥台肋板中心线和构造辅助线。

（2）用 LINE 和 PLINE 命令绘制桥台、基础、锥坡及锥坡坡脚。

2．平面图的绘制

平面图包括桥台、基础、锥坡、道路边坡边坡等。

（1）绘制桥跨的中心线和构造辅助线。

（2）绘制锥坡、耳墙、道路边坡。

3．侧面图的绘制

侧面图包括：桥台、基础、锥坡示坡线等。

锥坡的分层构造和尺寸可以不按比例尺进行绘制，只需根据实际情况标注清楚即可。

片石铺砌和砂砾垫层可以用填充命令 HATCH 命令来完成。

4．尺寸标注、高程、文字、表格的绘制

尺寸标注、高程、文字、表格的绘制方法，其过程和方法同前所述。

任务 2　涵洞工程图的绘制

任务概述

涵洞主要是公路沿线为宣泄地面水流而设置的小型排水构造物。涵洞由洞身、洞口和附属工程组成。涵洞洞身按构造形式不同可分为圆管涵、拱涵、盖板涵、箱涵等形式。洞口包括端墙、翼墙或护坡、截水墙和缘石等部分，设置在洞身两端，以使水流顺畅，保护洞身和两侧路基免受冲刷。常用的洞口建筑形式有端墙式、翼墙式等多种形式。

任务重点与实施

12.2.1　涵洞工程图的主要内容和表示方法

如图 12-12 所示为钢筋混凝土圆管涵示意图，洞身主体结构由圆管构成，洞口为端墙式，墙前洞口两侧砌筑片石铺面的锥体护坡。

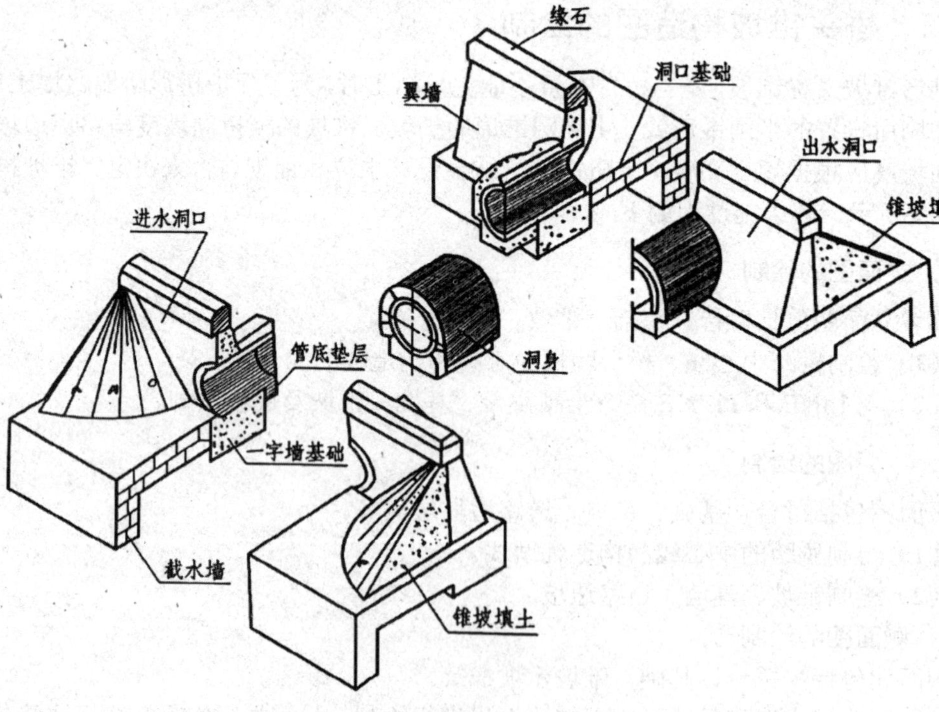

图 12-12　圆管涵示意图

其结构工程图如图 12-13 所示，由纵剖面图、平面图、侧面图以及一些构造详图组成。盖板涵、拱涵、箱涵工程图的主要内容和表示方法与其基本相同，不再赘述。

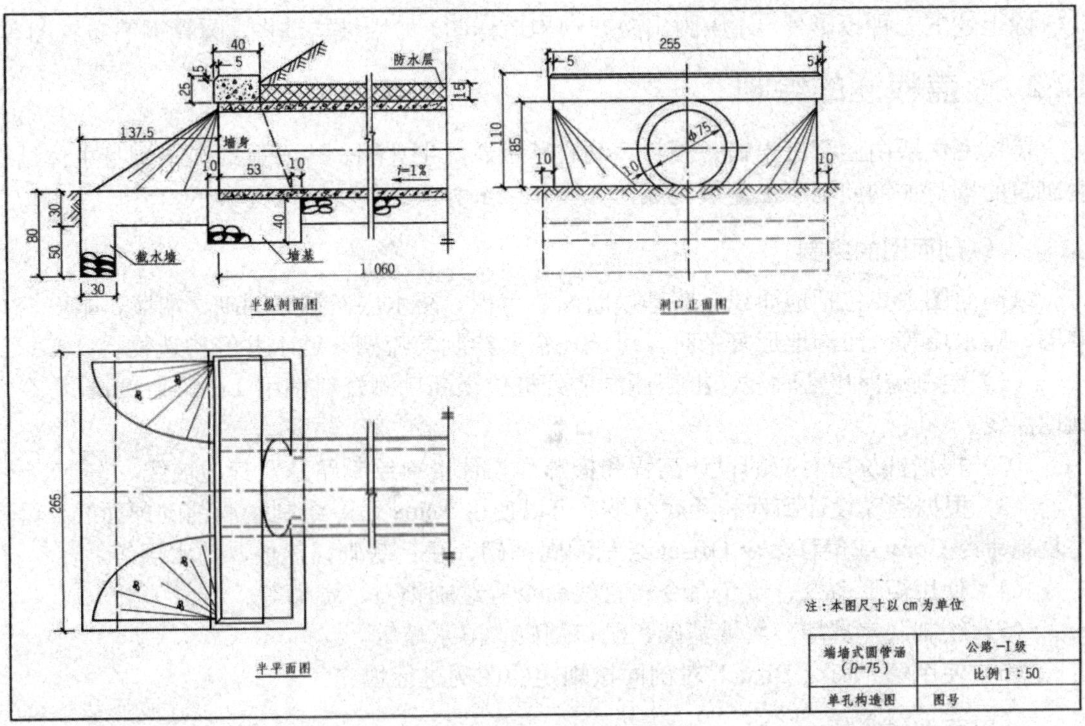

图 12-13　圆管涵工程图

1．纵剖面图

根据涵洞狭而长的结构特点，涵洞工程图通常以水流方向作为纵向来绘制。为了使结构表达得更加清楚，立面图一般采用纵剖面图来代替。半纵剖面图中应表示出涵洞洞身、洞口、路基的相对位置和构造形状以及各部分所用的材料等。如图 12-13 所示，圆管涵洞身长 1060 cm，涵洞总长 1335 cm，防水层厚 15 cm，设计流水坡度为 1%，洞身基础垫层厚 30 cm，端墙两侧锥形护坡顺水方向的坡度与洞顶上部路基填土的边坡一致，均为 1∶1.5。从图还可以看出其他有关的尺寸，如截水墙高 80 cm，缘石断面尺寸等。

如果涵洞进、出洞口形状相同时且左右基本对称时，纵剖面图可以对称中心线为分界线只绘制一半；如果涵洞长度方向尺寸较大时，还可以采用折断画法。

2．平面图

平面图应表示出洞口基础、端墙、缘石和两侧片石锥体护坡的平面形状。为了使图形清晰可见，涵顶覆土按透明体处理。

3．侧面图

侧面图实际上就是洞口立面图，主要表达洞口的基本形式，缘石、端端、截水墙、基础等的形状、相互位置关系及各部分尺寸等。

如果进、出口形式不同时，应将进、出口的侧面图各自画出，也可以用点画线为分界线，采用各画一半合成的进、出口立面图。

4．其他构造图

除上述的三种投影外，还应画出必要的构造详图，如锥坡构造图、圆管钢筋布置图等。

12.2.2 盖板涵的绘制

盖板涵主要由涵洞进出口、洞身、洞底基础、八字翼墙、缘石等组成，洞身主体结构由砌筑的墙身加钢筋混凝土盖板构成，如图 12-14 所示。其绘制过程如下。

1．纵剖面图的绘制

纵剖面图主要包括地面线、路基横断面、盖板、防水层、洞底铺砌、端墙、帽石、八字墙、隔水墙等。河沟地形复杂时，可能还需要绘制急流槽、跌水井等构造物。

（1）绘制道路中心轴线，根据涵洞所处桩位横断勘测资料使用 Line 或 Pline 命令绘制地面线。

（2）根据桩位所对应的设计高程和横断面设计资料绘制路基及其边坡线。

（3）根据涵底设计高程和涵底纵坡，可以使用 Xline 命令绘制涵洞铺砌顶面线，再使用复制命令 Copy 或偏移命令 Offset 绘制洞底铺砌、涵台基础、盖板、防水层等。

（4）使用矩形命令、倒角命令、直线命令等绘制帽石、端墙等。

（5）绘制八字翼墙、翼墙基础、洞口铺砌、隔水墙等。

（6）使用填充命令 Bhatch 对剖面按规定的图例进行填充。

2．平面图的绘制

平面图主要包括涵台、基础、端墙、帽石、八字墙、隔水墙等的平面图形。

（1）绘制涵洞的纵向中心线和构造辅助线。

（2）使用 Line、Offset 命令绘制涵台及其基础。

（3）绘制两侧端墙和帽石。可以利用辅助线与纵剖面图上下对正进行绘图。

（4）绘制八字翼墙、隔水墙等平面图。

3．侧面图、断面图的绘制

侧面图包括帽石、盖板、涵台及其基础、八字翼墙的侧立面投影图。洞身涵台和洞口八字墙的侧面图可以各画一半，合成一个图形来绘制。

八字墙还应绘出其最内侧、最外侧以及中间某处的断面图，如图 12-14 所示。

4．尺寸标注、高程、文字、表格的绘制

尺寸标注、高程、文字、表格的绘制方法，其过程和方法同前所述。

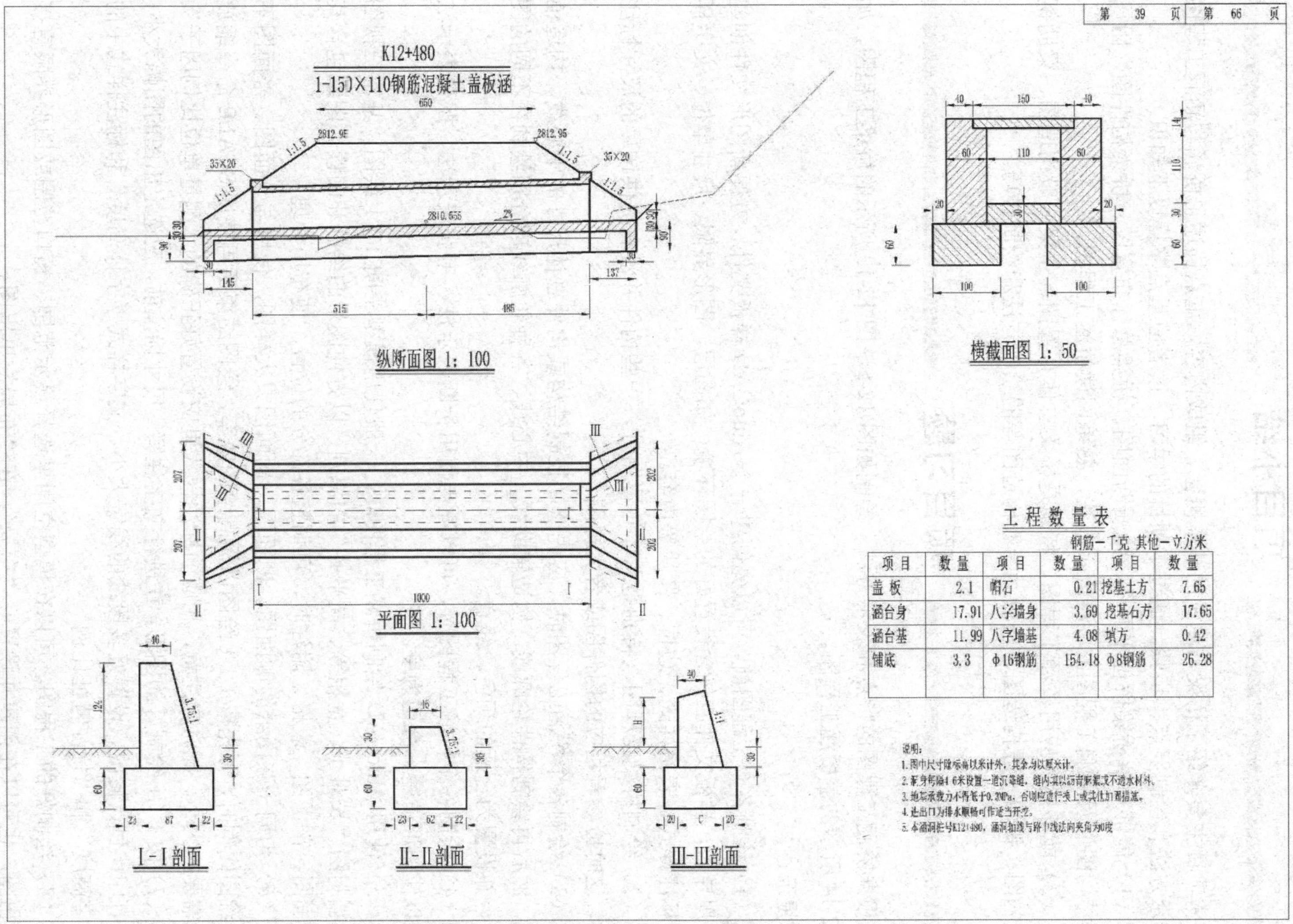

工 程 数 量 表

钢筋—千克 其他—立方米

项目	数量	项目	数量	项目	数量
盖板	2.1	帽石	0.21	挖基土方	7.65
涵台身	17.91	八字墙身	3.69	挖基石方	17.65
涵台基	11.99	八字墙基	4.08	填方	0.42
铺底	3.3	φ16钢筋	154.18	φ8钢筋	26.28

说明：

1.图中尺寸除标高以米计外，其余均以厘米计。
2.涵身每隔4~6米设置一道沉降缝，缝内填以沥青麻絮或不透水材料。
3.地基承载力不得低于0.3MPa，否则应进行换土或其他加固措施。
4.进出口为排水顺畅可作适当开挖。
5.本涵洞桩号K12+480，涵洞轴线与路中线法向夹角为0度

图 12-14　钢筋混凝土盖板涵工程图

项目小结

本项目主要介绍了桥梁与涵洞的基本概念、组成内容，重点描述了桥涵与涵洞工程图的表示方法和绘制要点、步骤。通过本项目的学习，读者应重点掌握以下知识。

（1）能够理解桥梁桥位平面图、地质断面图、桥梁总体布置图、桥梁构件图、附属工程结构图以及涵洞工程图的各种表示方法，熟练阅读桥涵工程图。

（2）能够熟练应用桥涵工程图，特别是桥梁总体布置图、主梁一般构造图、梁肋钢筋结构图、锥坡一般构造图、盖板涵一般构造图等的绘制方法和绘制技巧。

项目习题

根据桥涵工程图的特点和表示方法，绘制如图 12-5～图 12-13 所示的桥梁工程图，如图 12-14 所示的盖板涵工程图。

操作提示：

（1）绘制各个工程图前，可以先创建一个 AutoCAD 样板文件，方便新图形文件创建时引用导入。样板文件应包含设置好的绘图环境，如图层、图形界限、尺寸单位、文字样式、标注样式、表格样式、边框、图块等内容。

（2）绘制桥梁工程图，特别是总体布置图时，一些构件并没有提供详尽的尺寸标注信息，这时应参看相应的构件图或者大样图。

（3）绘制各个桥涵工程图时，应先绘制控制结构或构件总体尺寸的中心线、构造辅助线，然后再绘制构件轮廓线。构造辅助线、中心线、各种轮廓线应分别绘制在不同的图层上，并设置为合适的颜色、线宽。

（4）绘制各个桥涵工程图时，可以适当使用折断表示法、夸张表示法、掀开表示法等，以使图形清楚、合理为度。

（5）使用 AutoCAD 绘制桥涵工程图时，一般使用模型空间 1∶1 绘图，基本三视图应遵循制图“长对正、宽相等、高平齐”的原则，以方便图形的绘制和阅读。图纸包含其它断面图、剖面图、表格、附注时，可调整各部分的位置，使布局合理。

（6）当同一张图纸的侧面图、断面图、剖面图或大样图，使用与立面图、平面图不同的绘图比例时，可先按 1∶1 绘图以提高绘图效率，绘图结束后再使用 SCALE 命令缩放到所需要的大小。此时应注意，相应的标注样式里应设置好正确的“测量单位比例因子”。

（7）按 1∶1 绘制好的图形，在进行文字注写、尺寸标注前，应选定出图的图幅大小，确定打印比例，修改、设置好多段线的线宽大小、文字样式“字体高度”和标注样式中的“文字高度”和“标注特征比例”。

（8）绘制好的工程图，可以在模型空间里选择显示范围、窗口范围或图形界限直接打印出图，也可以在创建并设置好“布局”，在“布局”里出图。

（9）打印出图时，宜选用 MONOCHROME.CTB 打印样式表，将所有颜色的线条、图元都按黑色来打印。也可以修改打印样式表，将特定颜色的图元按指定的线宽来打印，并将修改后的打印样式表另存为其他“颜色相关样式表文件”，方便日后调用。

项目 13 隧道工程图绘制

项目概述

本章主要介绍隧道工程图的基本内容，包括隧道平面图、隧道纵断面图、隧道洞门结构图、隧道洞身衬砌横断面图以及避车洞等的识读。

项目重点

- 了解隧道工程图的组成。
- 学会隧道工程图的图示特点及识读要点。
- 熟练应用隧道工程图绘图方法与技巧。

项目目标

➲能够正确识读和绘制隧道工程图。

任务 1 隧道平面图、纵断面图的识读

任务概述

隧道的种类很多，从不同的角度来区分，有不同的分类方法。习惯上常按隧道的作用将其划分为交通隧道、输水隧道、市政隧道、矿山隧道等，其中交通隧道又包含公路隧道、铁路隧道、水底隧道、地下铁道、航运隧道和人行隧道等。

隧道虽然形体很长，但中间断面形状很少变化，所以隧道工程图除了用平面图、纵断面图来表示外，它的构造图主要用隧道洞门图、洞身衬砌图、避车洞图等来表示。

通过对隧道平面图和纵断面图的介绍，能正确解读隧道平面图和纵断面图中的每一条线、每一个图形符号、每一个尺寸、代号和文字注释的意义，能对图示范围内隧道的走向、沿线的地形、地物、地质情况、衬砌类型等形成一个完整的、明晰的概念。

任务重点与实施

13.1.1 隧道平面图

1．定义

隧道平面图主要表达隧道所处的方位、平面形状，以及隧道周围一定范围内的地形、地物情况，如图 13-1 所示。

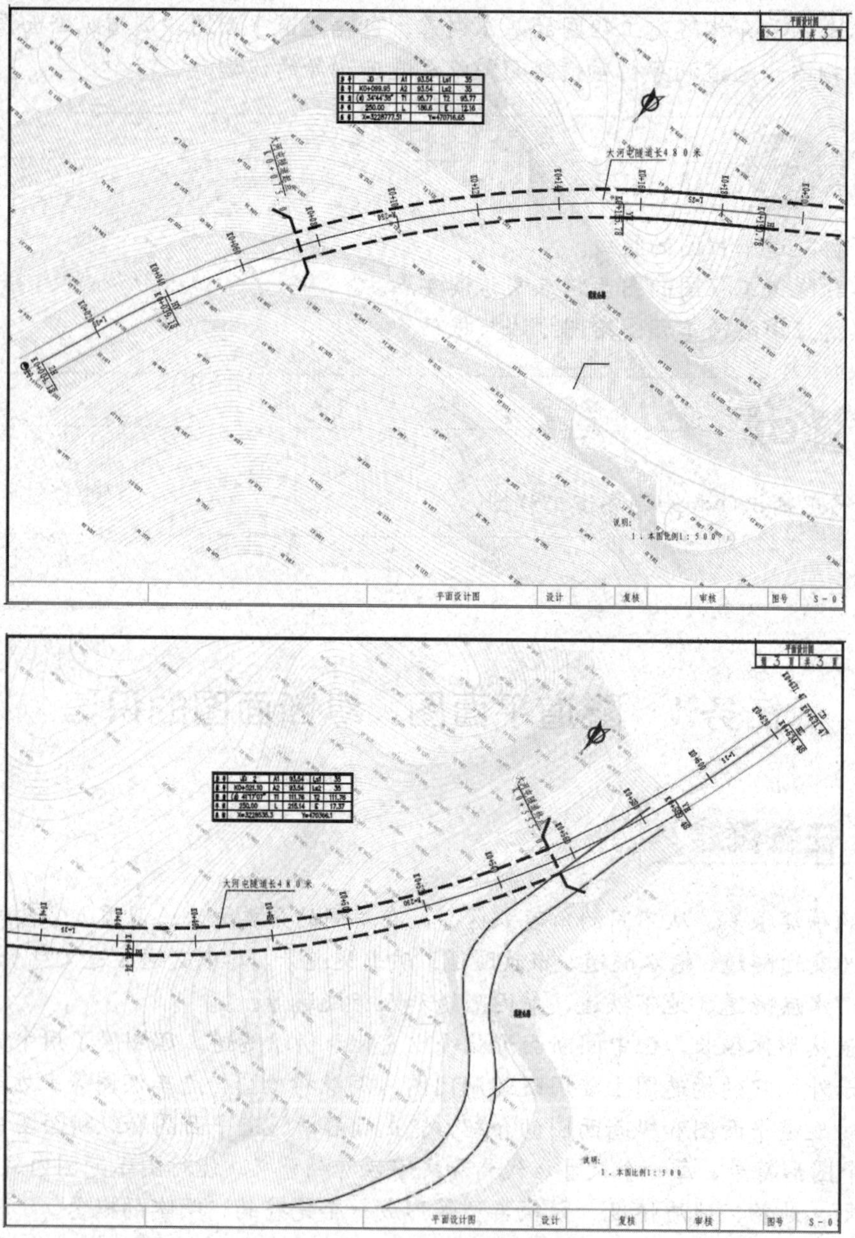

图 13-1 隧道平面图

2．识读

（1）隧道起终点里程：由图可知，隧道的起点里程 K0+075.00，隧道的终点里程 K0+555，隧道全长 480m。

（2）构筑物：隧道平面图应显示隧道当中的重要构筑物，如人行门洞和车行门洞。

（3）地形地物：在隧道平面图中，地形用等高线表示。地物如村庄、农田、河流等用相应的图例示出。

（4）曲线要素：隧道的水平走向常常受地形、地物的影响而转弯，要示出转点并编号，每一个编号对应曲线资料表。

13.1.2　隧道纵断面图

1．定义

隧道纵断面图是中心线展开后在垂直面上的投影，如图 13-2 所示。

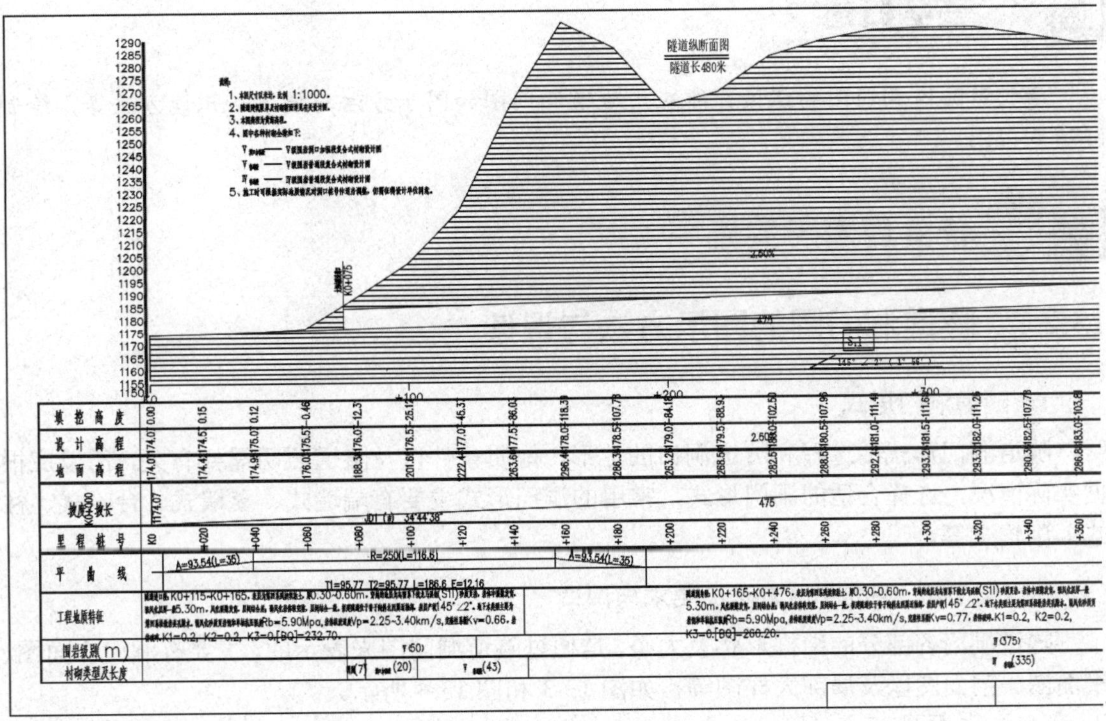

图 13-2　隧道纵断面图

2．隧道纵断面图的识读

（1）填挖高度：原地面高程至设计高程之差的绝对值。

（2）设计高程：隧道设计的地面高程。

（3）地面高程：原有地面的高程。

（4）坡度和坡长：标注设计线各段的纵向坡度和该段的长度。对照表格中的“坡度和坡长”栏可知，斜线表示上、下坡方向，在坡度方向的细线上方标出坡度值，下方标出坡段长度。

（5）里程桩号：表明各种重要部位的位置、或是起点位置和终点位置。

（6）工程地质特征：所修建区域的地质勘查资料。

（7）围岩级别：所修建区域的围岩等级及其长度。

（8）衬砌类型及长度：标识出不同段所采用的支护类型，如“V 洞口加强 （20）”，表示洞口为 V 级围岩，支护形式采用加强支护，长度为 20m。

由于隧道平面图和纵断面图的识读与道路线路平面图和纵断面图相类似，再此不再过多重复，本章主要对隧道洞门图、衬砌横断面图的表示方法及其识读步骤进行讲解，同时介绍避车洞图等。

任务 2　隧道洞门图

任务概述

通过对隧道洞门图的识读，能应用隧道洞门图的图示方法与要求、识读方法等，绘制隧道洞门图。

任务重点与实施

13.2.1　隧道洞门图的图示方法与识读

1．隧道洞门形式

隧道洞门形式的选择和隧道洞口的地形，地质条件以及隧道照明需要有关，所以应根据实际情况，选择合适的洞门形式，常用的洞门形式主要有端墙式、翼墙式、台阶式、柱式、削竹式等。。

2．隧道洞门图的图示方法、要求与识读

隧道洞门各部分的结构形状及大小，是通过隧道洞门图来表示的，主要有洞门立面图、平面图、剖面图以及局部大样图等，如图 13-3 和图 13-4 所示。

（1）立面图

隧道洞口正立面图是顺着隧道线路方向对隧道门进行投影而得到的投影图，是洞门的正立面投影，不论洞门是否左右对称均应画出。正立面图表示出洞门墙的式样，同时也表示洞门衬砌的形状及尺寸。

由图 13-3 中立面图可知，该隧道洞门端墙是一堵靠山倾斜的墙，坡度为 1∶0.3，端墙长度为 1780cm。洞门墙上方有一条从左向右的排水沟，深度为 50cm。洞口净空尺寸为 660cm，宽度为 960cm，由中心向两端倾斜，坡度为 1.5%。衬砌厚度为 60cm。

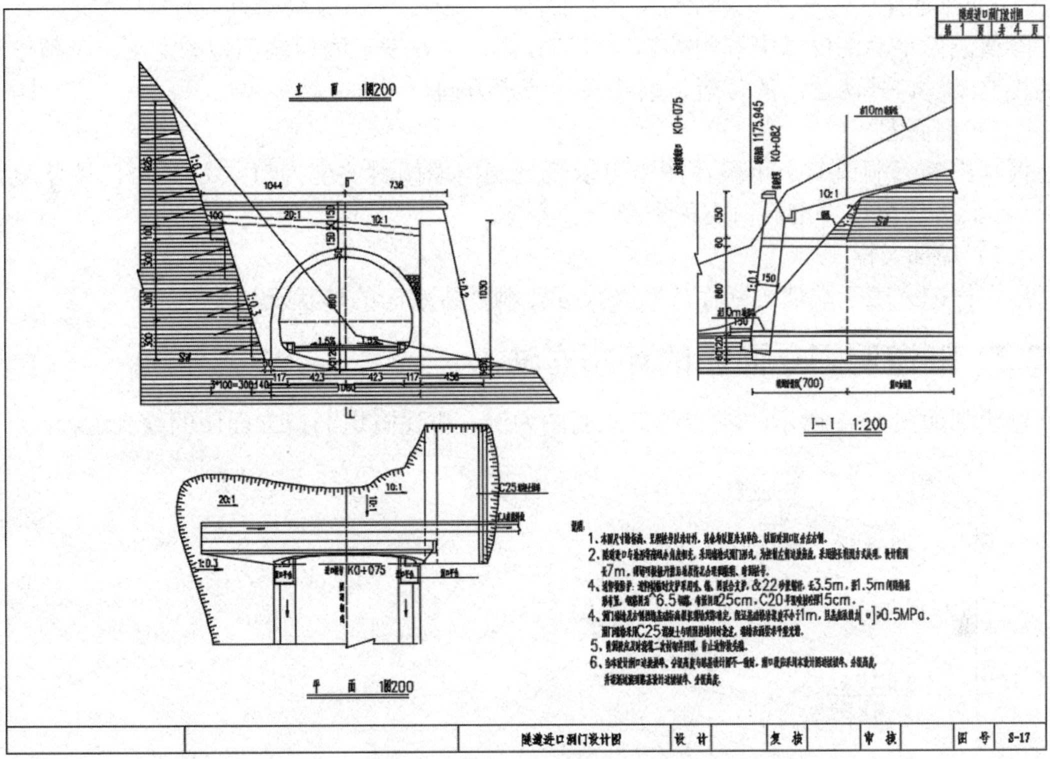

图 13-3　隧道洞门图

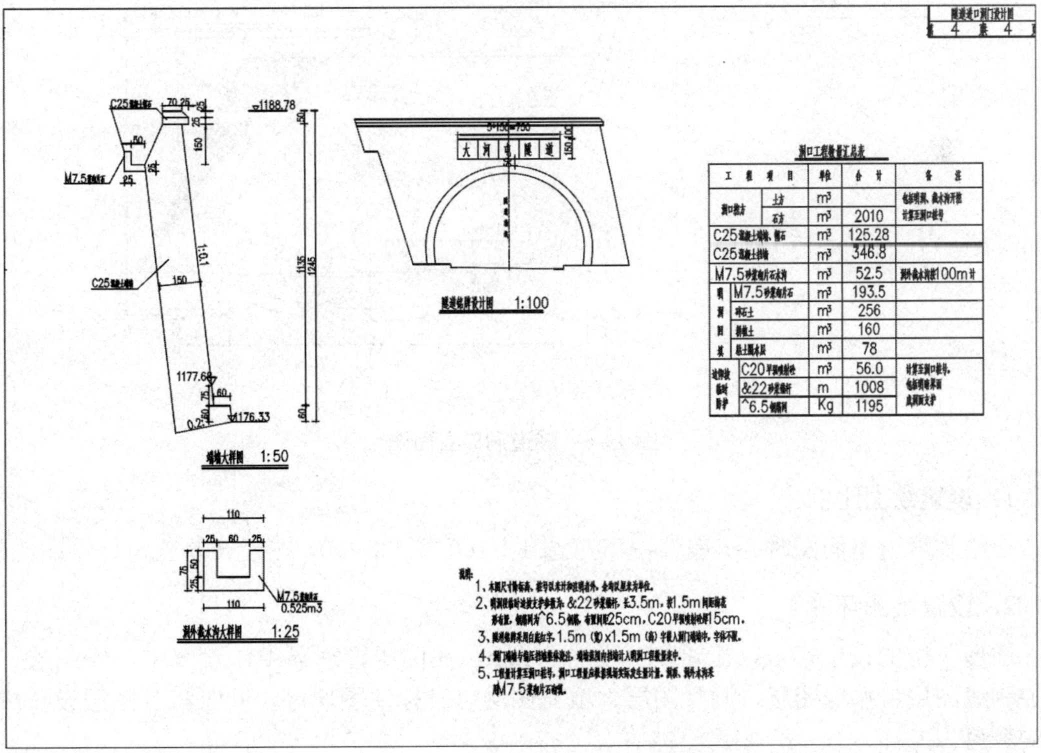

图 13-4　隧道洞门局部大样图

（2）平面图

隧道洞门平面图仅画出洞门外露部分的投影，主要表示洞门墙顶帽的宽度、洞顶排水沟的构造及洞口外两边沟的位置，箭头表示流水方向。

（3）剖面图

仅画出靠近洞口的一小段，图中可以看到洞门墙倾斜坡度为 1∶0.1，洞门墙厚度为 150cm，此外还可以看出洞口支护类型及长度等。

（4）局部大样图

用大样图来表示端墙的断面形状及尺寸，洞外排水沟的形状及尺寸等。

13.2.2 隧道洞门立面图的绘制方法

以绘制如图 13-5 所示的隧道进口立面图为例，讲述隧道洞口立面图的绘制过程。

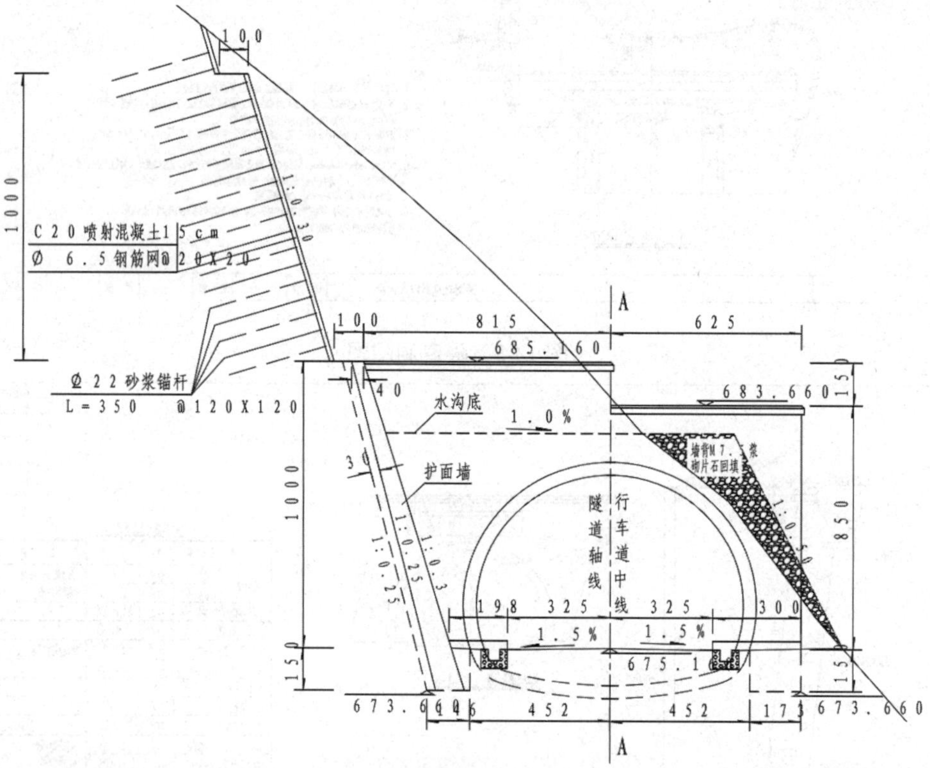

图 13-5 隧道洞口立面图

1．设置绘图比例

在绘制隧道里面图时，一般情况下可选 1∶100 或 1∶200，在设计前应定好绘图比例。

2．设置绘图环境

图形单位的设置小数，十进制，单位：mm。在图层管理器中，设置中心线图层、标高控制线图层、端墙图层、洞身图层、填充图层以及标注图层等，同时将各图层设置成不同的颜色。

3．绘图过程

绘图过程如下。

Step 01 用直线命令绘制出中心线及标高控制线，如图 13-6（a）所示。

Step 02 用多段线命令绘制原地面线，使用偏移命令，由中心线分别向左偏移 452 和 470，如图 13-6（b）所示。

Step 03 使用直线命令或多段线命令绘制出端墙线，如图 13-6（c）所示。

Step 04 使用偏移命令，由底线向上偏移 300，绘制出一条直线，以该直线和中心线的交点为圆心，画出半径分别为 455 和 500 的两个圆，如图 13-6（d）所示。

Step 05 使用直线命令绘制向左倾斜坡度为 1.5%，长度为 325 的隧道设计地面线，并根据尺寸绘制出排水沟，如图 13-6（e）所示。

Step 06 使用直线命令，根据尺寸绘制出端墙如图 13-6（f）所示。

Step 07 使用直线命令，绘制出洞门顶端排水沟底，如图 13-6（g）所示。

Step 08 删除多余线条、对图形进行填充和标注，如图 13-6（h）所示。

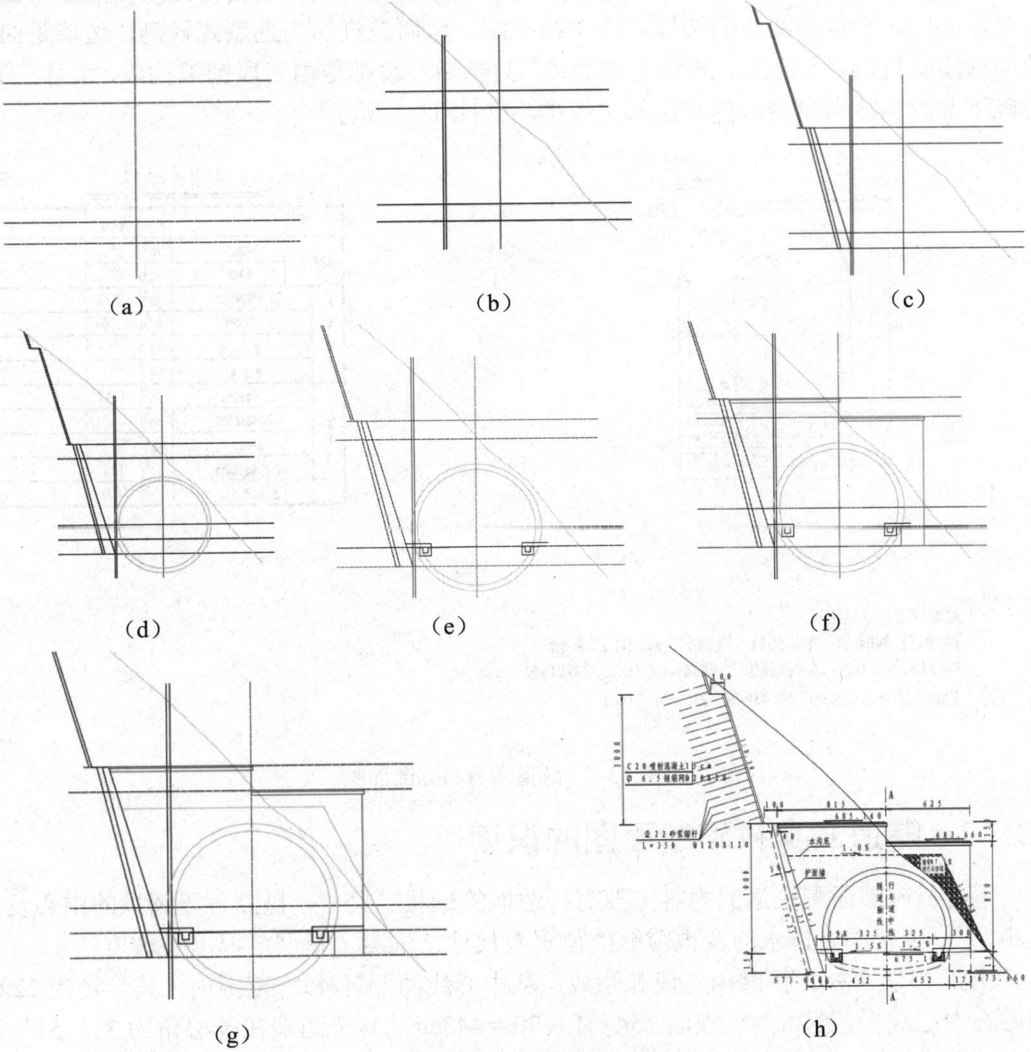

图 13-6　隧道洞门立面图的绘制过程

任务 3　隧道洞身衬砌图和隧道避车洞图

任务概述

通过对隧道洞身衬砌断面图的识读，能绘制隧道洞身断面图；通过对隧道避车洞图的识读，能绘制隧道避车洞图。

任务重点与实施

13.3.1　隧道洞身衬砌断面图

当隧道被开挖成洞体以后，一般都要用混凝土进行衬砌。表达衬砌结构的图叫做隧道衬砌断面图。它包括两边的边墙，顶上的拱圈。边墙是直的叫直墙式衬砌，边墙是曲线型的叫曲墙式衬砌。无论直墙式还是曲墙式，其拱圈一般都是由三段圆弧构成，故称三心拱。衬砌下部两侧分别设有洞内水沟和电缆槽，如图 13-7 所示。

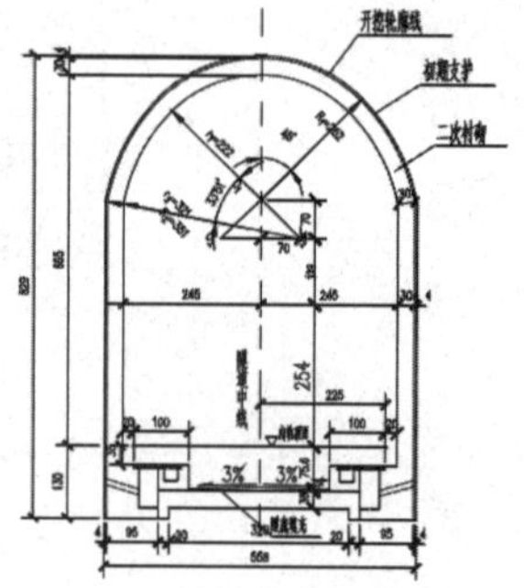

主要工程数量表(每延米)

项目		单位	数量	附注
土石开挖	轨面以上	m^3	35.3	
	轨面以下	m^3	6.62	
初期支护	C20早强网喷混凝土	m^3	0.79	
	22环向锚杆	kg/m	18/6	
	格栅	kg	0	
	钢筋网	kg	0	
二次衬砌	C25防水混凝土	m^3	6.43	
	C30钢筋混凝土底板	m^3	1.16	
	底板钢筋	kg	38.5	
	C20混凝土隧底填充	m^3	0.16	
	复合式防水板	m^2	19.6	

附注：

1. 本图钢筋直径以毫米计，其余均以厘米计。
2. 本图混凝土等级：模筑衬砌：拱部、边墙为C25防水砼，防水等级为P8，隧底填充为C20砼；水沟、电缆槽槽身为C30钢筋混凝土，水沟、电缆槽盖板为C25钢筋混凝土。初期支护：C20早强喷射混凝土。
3. 铺底采用C30钢筋砼；钢筋网采用Ø8钢筋，网眼尺寸为15x15cm，上下各一层。

图 13-7　隧道洞身衬砌断面图

13.3.2　隧道洞身衬砌断面图的识读

洞身衬砌断面图表达的内容主要有：边墙的形状、尺寸、拱圈各段圆拱的中心及半径大小、 厚度。洞内排水沟及电缆够的位置及尺寸，混凝土垫层的厚度及坡度。

由图 13-7 可知，拱圈由三段弧组成，从中心线两侧各 45° 范围内，其半径为 222cm，圆心在中心线上，距离内轨顶面 254+119+70＝443cm，其余两端在圆心角为 33° 51′ 范围内，半径为 321cm，圆心在中心线左右两侧 70cm，高度距离内轨顶面 373cm 处。拱圈、边墙厚度（二次衬砌）30cm，初期支护 4cm。隧道衬砌断面总宽为 558cm，总高为 829cm。

13.3.3　隧道避车洞图的识读

避车洞有大、小两种，是供行人和隧道维修人员及维修小车避让来往车辆而设置的，它们沿路线方向交错设置在隧道两侧的边墙上。通常小避车洞常每隔 30m 设置一个，大避车洞则每隔 150m 设置一个，为了表示大、小避车洞的相互位置，采用位置布置图来表示。如图 13-8 所示，由于这种布置图图形相对比较简单，为了省图幅，纵横方向可采用不同比例。通常纵向用 1∶2000，横向用 1∶200 等。

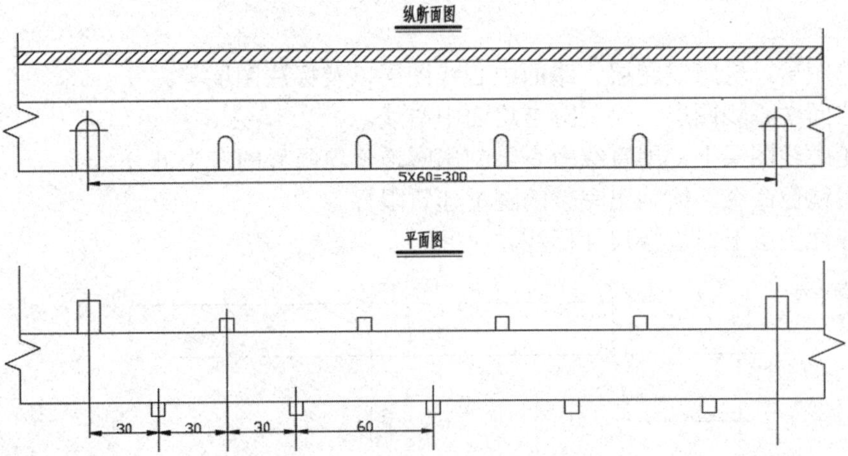

图 13-8　隧道避车洞位置布置图

为了表示出大小避车洞的形状、构造和尺寸，还需要画出大小避车洞的详图，由于大小避车洞构造形状类似，只是构造尺寸不同而已，故只画出大避车洞详图，如图 13-9 所示。

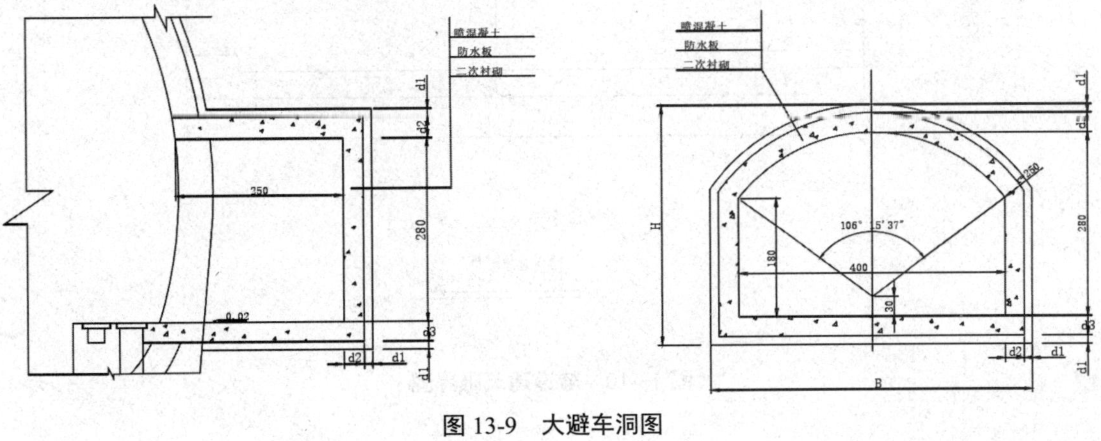

图 13-9　大避车洞图

项目小结

本章主要介绍了隧道平面图、纵断面图、隧道洞口立面图、隧道洞口平面图、隧道洞口剖面图等的识读，介绍了隧道洞口立面图的绘制过程，熟练掌握隧道工程图的识读及绘制，为今后实际工作的熟读隧道工程图做好准备。

项目习题

（1）了解隧道工程图的主要内容。

操作提示：

隧道工程图主要包括隧道平面图、隧道纵断面图、隧道洞门设计图、隧道洞身衬砌图以及避车洞等。

（2）绘制隧道建筑限界图。

操作提示：

①新建图层：轮廓线图层、路面中心线图层以及标注图层等。

②在路面中心线图层上绘制隧道路面中心线。

③在轮廓线图层上，用直线命令绘制出隧道建筑限界的左半部分。

④使用镜像命令，绘制出完整的隧道建筑限界。

⑤在标注图层上，进行尺寸标注。

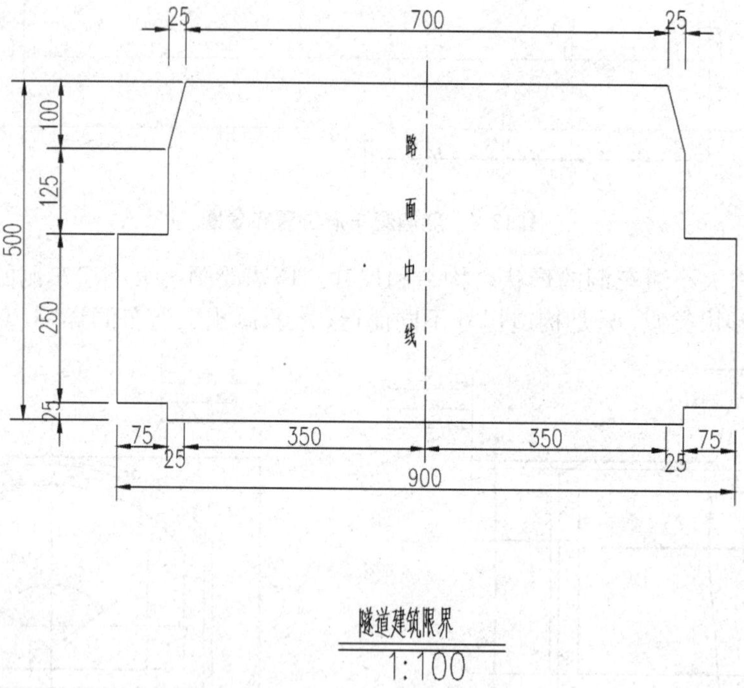

图 13-10　隧道建筑限界图

项目 14　给排水工程图绘制

项目概述

给排水系统是为人们的生活生活、生产、市政和消防提供用水和废水排除的总称。在本项目中，介绍给排水系统的组成、功能，将进行给排水专业图的绘制的方法和步骤的学习。

项目重点

- 了解给排水工程图的组成及内容。
- 学会给排水工程图的图示特点及绘制要点。
- 熟练应用给排水施工图绘图方法与技巧。

项目目标

➲能够正确绘制和阅读给排水工程施工图。

任务 1　道路综合管线横断面图绘制

任务概述

给排水系统的功能是向不同类别的用户供应满足不同需求的水量和水质，同时承担用户排除废水的收集、输送和处理，达到消除废水中污染物质对于人体健康和保护环境的目的。本任务以某市政道路给排水工程为例，了解道路综合管线横断面图的组成及内容，应用其图示特点、绘制方法与技巧，绘制道路综合管线横断图。

任务重点与实施

14.1.1　给排水系统基本知识

给排水系统的功能是向不同类别的用户供应满足不同需求的水量和水质，同时承担用户排除废水的收集、输送和处理，达到消除废水中污染物质对于人体健康和保护环境的目的。

给排水系统一般包括取水系统、给水处理系统、给水管网系统、排水管道系统、废水处理系统、废水排放系统和重复利用系统。

在城市街道下常有各种管线，如给水管、污水管、雨水管、煤气管、热力管、电讯电缆等。此外，街道下还可能有地铁、地下人行通道等地下设施。这就需要在各单项管理工程规划的基础上，综合规划，统筹考虑，合理安排各种管线在窨的位置，以利于施工和维护管理。

1．给水系统

给水系统是保障城市居民、工矿企业等用水的各项构筑物和输配管网组成的系统。按使用目的可分为生活给水、生产给水和消防给水系统。按输水方式分类，可分为重力输水和压力输水。

（1）重力输水：水源处地势较高，清水池中的水重力进入管网系统，无动力消耗，较经济。

（2）压力输水：依靠泵站加压输水。

2．排水系统

排水系统是废水收集、处理和排放工程设施。根据排水系统所接受的废水的性质和来源不同，废水可分为生活污水、工业废水和雨水三类。排除生活污水、工业废水的系统称为污水排水系统；排除雨水的系统称为雨水排水系统。

（1）污水排水系统

由于污水管道为重力流管道，其埋深大，连接多，使用过程中难免渗漏损坏。所有这些都增加了污水管道的施工和维修难度，还会对附近建筑物和构筑物的基础造成危害，甚至污染生活饮用水。

污水管道与建筑物应有一定间距，与生活给水管道交叉时，应敷设在生活给水管的下面。管线纵使规划时，所有地下管线都应尽量设置在人行道、非机动车道和绿化带下，只有在不得已时，才考虑将埋深大，维修次数较少的污水、雨水管道布置在机动车道下。各种管线在平面上布置的次序一般是：从建筑规划线向道路中心线方向集资为电力电缆→电讯电缆→煤气管道→热力管道→给水管道→雨水管道→污水管道。若各种管线布置时发生冲突，处理的原则一般为未建让已建的，临时让永久的，小管让大管，让无压管，可弯管让不可弯管。在地下设施较多的地区或交通极为繁忙的街道下，应把污水管道与其他管线集中设置在地下管廊中，但雨水管道设在管廊外，并与隧道平等敷设。

（2）雨水排水系统

雨水管线应该尽量避免或减少与河流、铁路以及其他城市底下管线的交叉，否则将使施工复杂以致增加造价。在不能避免相交处应该正交，并保证相互之间有一定的竖向间隙。雨水管道离开建筑及其他地下管线或构筑的最小净距如表 14-1 所示。

表 14-1　排水管道与其他管线（构筑物）的最小净距　　单位：m

名称		水平净距	垂直净距	名称	水平净距	垂直净距
建筑物		见注 3		乔木	1.5	
给水管		1.0（$d \le 200$mm） 1.5（$d > 200$mm）	0.4	道路侧石连边缘	1.5	
排水管			0.15	铁路钢轨	5.0	轨底 1.2
再生水管		0.5	0.4	电车轨底	2.0	1.0
煤气管	低压	1.0	0.15	架空管架基础	2.0	
	中压	1.2		油管	1.5	0.25
	高压	2.0（或 1.5）		压缩空气管	1.5	0.15
	特高压	5.0		氧气管	1.5	0.25
热力管线		1.5	0.15	乙炔管	1.5	0.25
电力管线		0.5	0.5	电车电缆		0.5
通信电缆		1.0	直埋 0.5	明渠渠底		0.5
			穿管 0.15	涵洞基础底		0.15

注：①表列除注明者外，水平净距均指外壁净距，垂直净距系指下面管道的外顶与上面管道基础底间净。

②采取充分措施（如结构措施）后，表列数字可以减小。

③与建筑物水平净距，管道埋深浅于建筑物基础时，不宜小于 2.5m，管道埋深深于建筑物基础时，按计算确定，但不应小于 3.0m。

3．雨水口及检查井

雨水口是在雨水管道或合流管道上收集雨水的构筑物。地面上、街道路面上的雨水首先进入雨水口，再经过连接管流入雨水管道。雨水口一般设在街区内、广场上、街道交叉口和街道边沟的一定距离处，以防止雨水道路或造成道路及低洼处积水，妨碍交通。道路汇水点，人行横道上游、沿街单位出入口上游、靠地面径流的街坊或庭院的出水口等处均应设置雨水口。道路低洼和易积水地段应根据需要适当增加雨水口。在道路上每隔 25～50m 应设置雨水口。

检查井（窨井）是为对管道进行检查和疏通，在管道系统中必须设置的构筑物，还可起到连接沟管的作用。相邻两个检查井之间的管道应在同一直线上，便于检查和疏通操作。检查井一般设置在管道容易沉积污物以及经常需要检查的地方。井口、井筒和井室的尺寸应便于养护和检修，爬梯和脚窝的尺寸、位置应便于检修和上下安全。井室工作高度在管道深许可条件下，一般为 1.8m，由管底算起。污水检查井由流槽顶算起，雨水检查井由管底算起。检查井在直线管段的最大间距应根据疏通方法等具体情况确定，一般按表 14-2 的规定取值。

表 14-2 检查井最大间距 单位：mm

管径或暗渠净高	最大间距	
	污水管道	雨水管道
200～400	40	50
500～700	60	70
800～1000	80	90
1100～1500	100	120
1600～2000	120	120

4. 常用给排水图例

《建筑给排水制图》标准（GB/T 50106－2010）中列出管道、管道附件、管件、阀门、纷水配件、消防设施、卫生设备及水池、小型给水排水构筑物、给排水设备、仪表等共 11 类图例。这里仅列出一些常用管线图例供参考，如表 14-3 所示。

表 14-3 常用图例

序号	名称	图例
1	生活给水管	—J—
2	热水给水管	—RJ—
3	热水回水管	—RH—
4	中水给水管	—ZJ—
5	循环给水管	—XJ—
6	循环回水管	—Xh—
7	废水管	—F—
8	压力废水管	—YF—
9	通气管	—T—
10	污水管	—W—
11	压力污水管	—YW—
12	雨水管	—Y—
13	压力雨水管	—YY—

14.1.2 前期准备及绘图设置

根据绘制管线综合横断面图拟定绘图的比例，建议使用 1∶1 的比例绘制，1∶50 图纸比例。

Step 01 建立新文件，打开 AutoCAD 应用程序，建立新文件或按“Ctrl+N”，将新文件命名为“管线综合横断面图.dwg”并保存。

Step02 标注样式设置。根据绘图比例设置标注样式，对标注样式线、符号和箭头、文字、主单位进行设置，具体设置如下。

①尺寸界线：超出尺寸线为 2.5，起点偏移量为 3。

②符号和箭头：第一个为建筑标记，箭头大小为 3，圆心 1.5 标记。

③文字：文字高度为 3，文字位置为垂直上，从尺寸线偏移为 1.5，文字对 ISO 标准。

④主单位：精度为 0.0，比例因子为 1。

Step03 文字样式的设置。单击“注释”面板中的“文字样式”按钮，或命令行输入“ST”，进入“文字样式”对话框，选择仿宋字体，“宽度因子”设置为 0.75。

14.1.3　调用道路标准横断面图

直接调用已绘制好的道路标准横断面图，可通过复制→粘贴或插入等方式导入。通过“SCale”命令调整原道路标准横断面图横向比例与纵向比例一致，如图 14-1 所示。通过 Erase、夹点移动或重新标注等命令修改编辑成如图 14-2 所示。

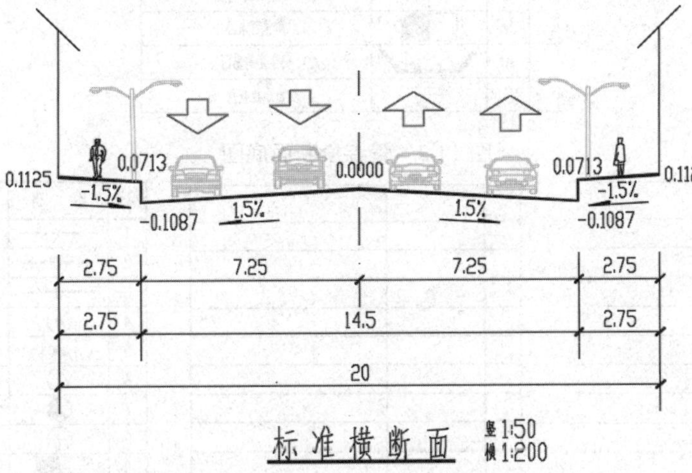

图 14-1　原标准横断面图

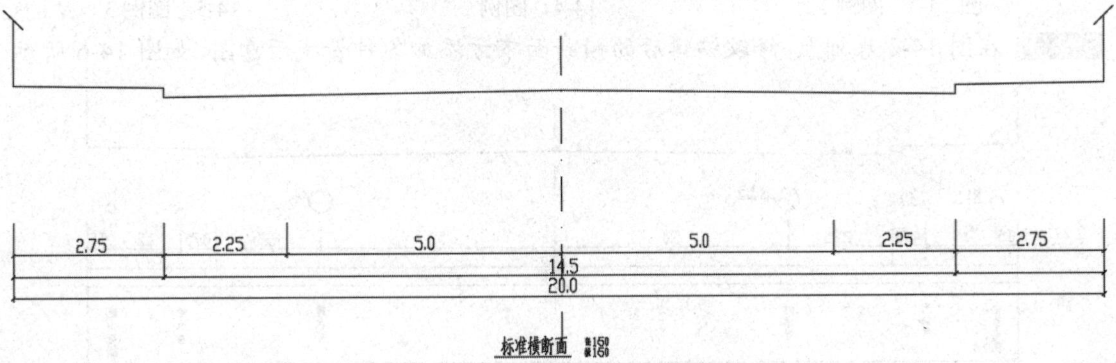

图 14-2　管综横断面底图

14.1.4 绘制横断面上各种管线

绘制横断面上各种管线的步骤如下。

Step 01 在图 14-2 的基础上，于图左下角通过插入表格或绘制如图 14-3 的图例。在 CAD 中通过 PLine、RECtang、Offset、mText、Circle、Polygon、Hatch、Trim、EXtend 等绘制过程如图 14-3－14-5 所示。

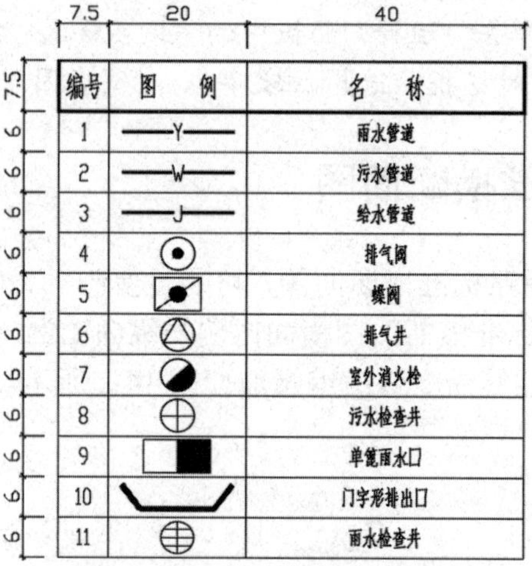

图 14-2 管综横断面底图

图 14-3 图例 1

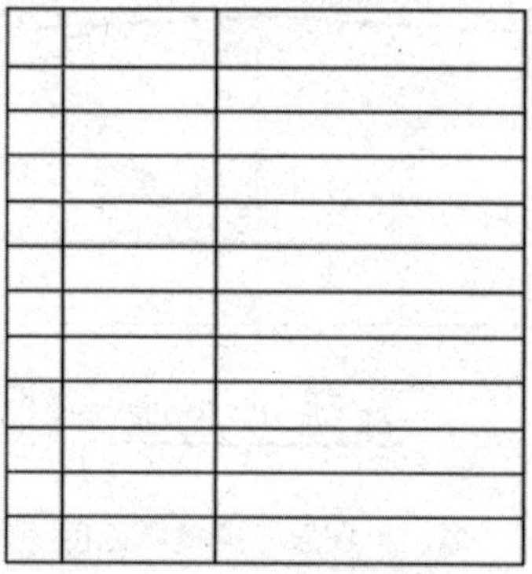

14-4 图例 2

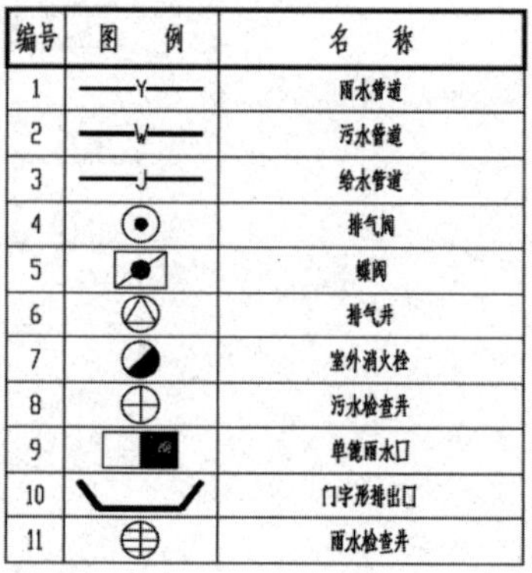

14-5 图例 3

Step 02 在图 14-2 基础上，修改编辑后的横断面下方添加各种管线示意图，如图 14-6 所示。

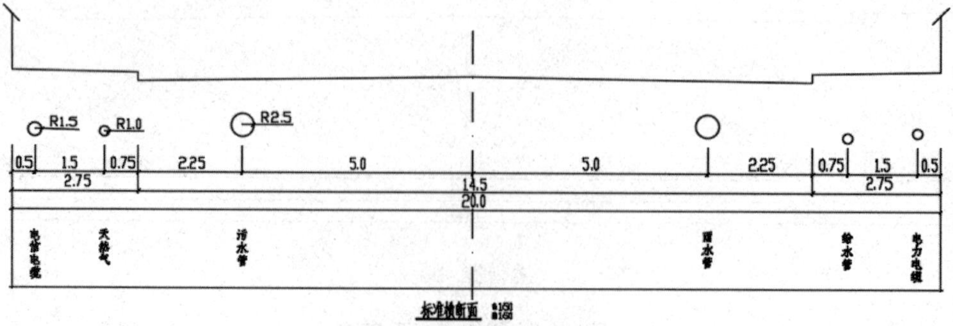

图 14-6 管综横断面底图 2

Step 03 在图 14-6 基础上，添加电信电缆、天然气、污水管、雨水管、给水管、电力电缆等相应的文字注释，最后对张图放进原告绘制好的标准图框，编辑修饰好图形即可，如图 14-7 所示。

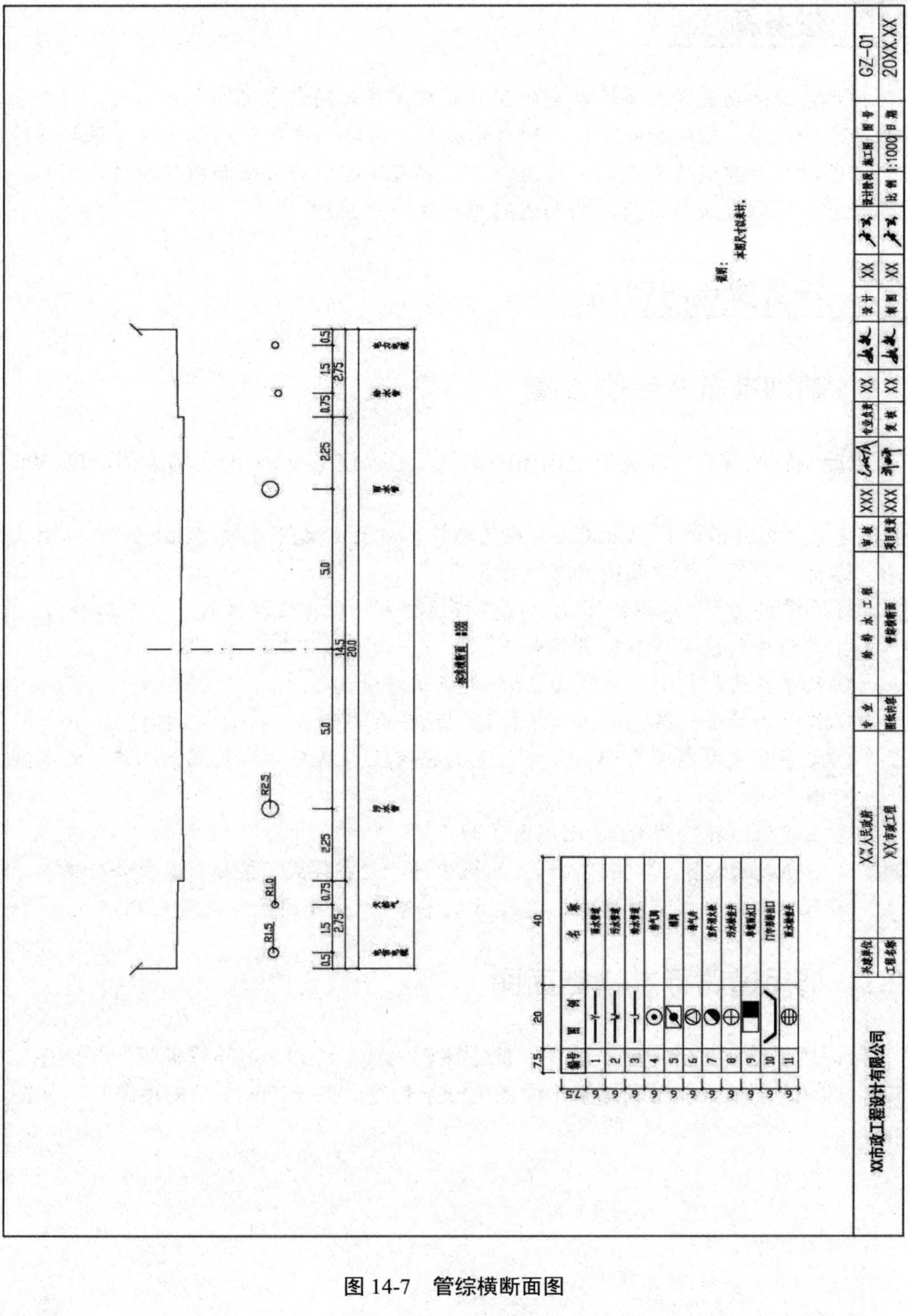

图 14-7　管综横断面图

任务 2　道路综合管线平面图绘制

任务概述

给排水系统的功能是向不同类别的用户供应满足不同需求的水量和水质，同时承担用户排除废水的收集、输送和处理，达到消除废水中污染物质对于人体健康和保护环境的目的。本任务以某市政道路给排水工程为例，了解道路综合管线平面图的组成及内容，应用其图示特点、绘制方法与技巧，绘制道路综合管线平面图。

任务重点与实施

14.2.1　前期准备及绘图设置

根据绘制管线综合平面图拟定绘图的比例，建议使用 1∶1 的比例绘制，1∶500 图纸比例。

Step 01　建立新文件，打开 AutoCAD 应用程序，建立新文件或按“Ctrl+N”，将新文件命名为“管线综合平面图.dwg”并保存。

Step 02　标注样式设置。根据绘图比例设置标注样式，对标注样式线、符号和箭头、文字、主单位进行设置，具体设置如下：

①尺寸界线：超出尺寸线为 2.5，起点偏移量为 3。

②符号和箭头：第一个为建筑标记，箭头大小为 3，圆心 1.5 标记。

③文字：文字高度为 3，文字位置为垂直上，从尺寸线偏移为 1.5，文字对 ISO 标准。

④主单位：精度为 0.0，比例因子为 1。

Step 03　文字样式的设置。单击“注释”面板中的“文字样式”按钮，或命令行输入“ST”，进入“文字样式”对话框，选择仿宋字体，“宽度因子”设置为 0.75。

14.2.2　调用道路标准横断面图

直接调用已绘制好的道路平面图，原图比例为 1∶1000，道路纵使管线平面图比例为 1∶500，即 A3 图框只能绘制原来平面图的一半长度，约 175m 左右的道路长，如图 14-8 所示。

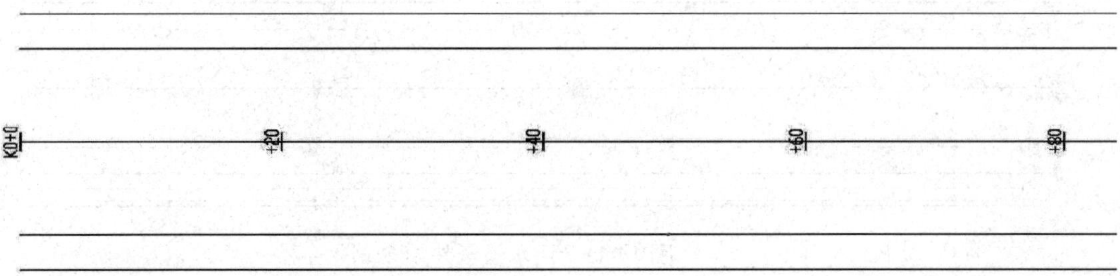

图 14-8　原道路平面图

14.2.3　绘制平面图上各种管线

Step 01 在命令行中输入“Offset”偏移命令，若以左外侧人行道线从左至右的偏移距离为：0.5m、1.5m、5.0m、15m、18.5m、19.5m（电信电缆、天然气、污水管、雨水管、给水管、电力电缆六种管线），如图 14-9 所示。

图 14-9 六种管线图

Step 02 在雨水管线上每间隔 30m，安装一个雨水检查井（图例为⊕），在行车道外侧边缘每间隔 30m，安装一个雨水口（图例为 ），并将雨水口与雨水检查井用支管相连拉，如图 14-10 所示。

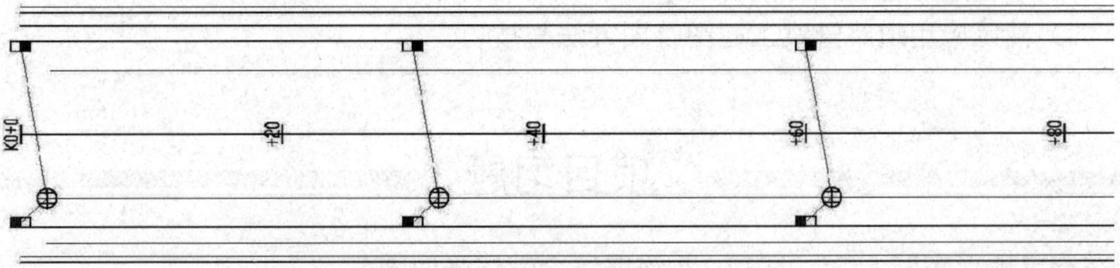

图 14-10　雨水口及雨水检查井

Step 03 在污水管线上每间隔 30m，安装一个污水检查井（图例为⊕），如图 14-11 所示。

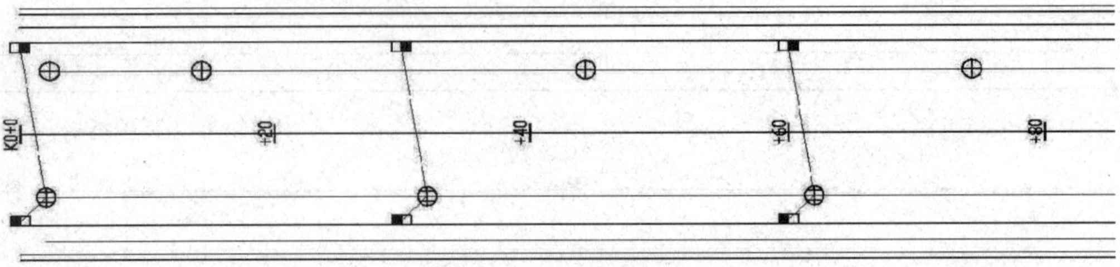

图 14-11　污水检查井

Step 04 同理在电信电缆、天然气、给水管、电力管线上每间隔一定间距（如 30m），安装相应的检查井或阀门（图例为电信电缆图例为 、天然气图例为 、给水管图例为 、电力管线图例为 ），如图 14-12 所示。

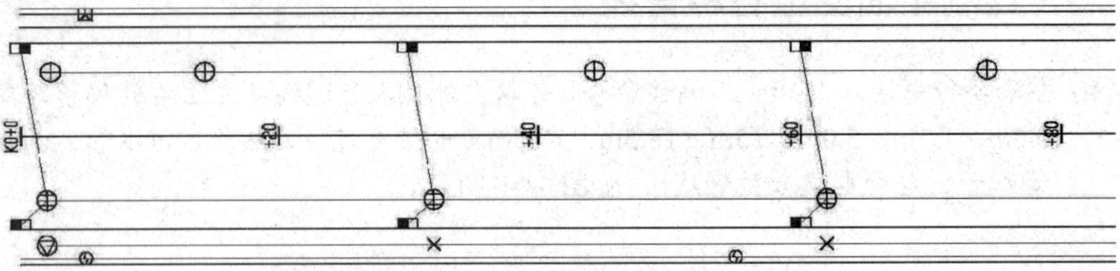

图 14-12　其它管线检查井

Step 05 在图 14-12 基础上，对雨水管、污水管等管线进行必要的文字注释和说明，如管径及流向等，打开关闭的原有地形底图，放入标准图框中，最后编辑修饰成图，如图 14-13 所示。

项目小结

本项目主要介绍了道路管线工程专业绘图的基本操作，通过本项目的学习，读者应重点掌握以下知识。

（1）了解道路管线工程图的组成及内容。

（2）学会道路管线工程图的图示特点及绘制要点。

（3）熟练应用道路管线工程图绘图方法与技巧。

项目习题

在给定地形底图上绘制图 14-14 道路综合管线平面图。

操作提示：

参照本项目中的绘图方法与步骤绘制某道路综合管线平面图。

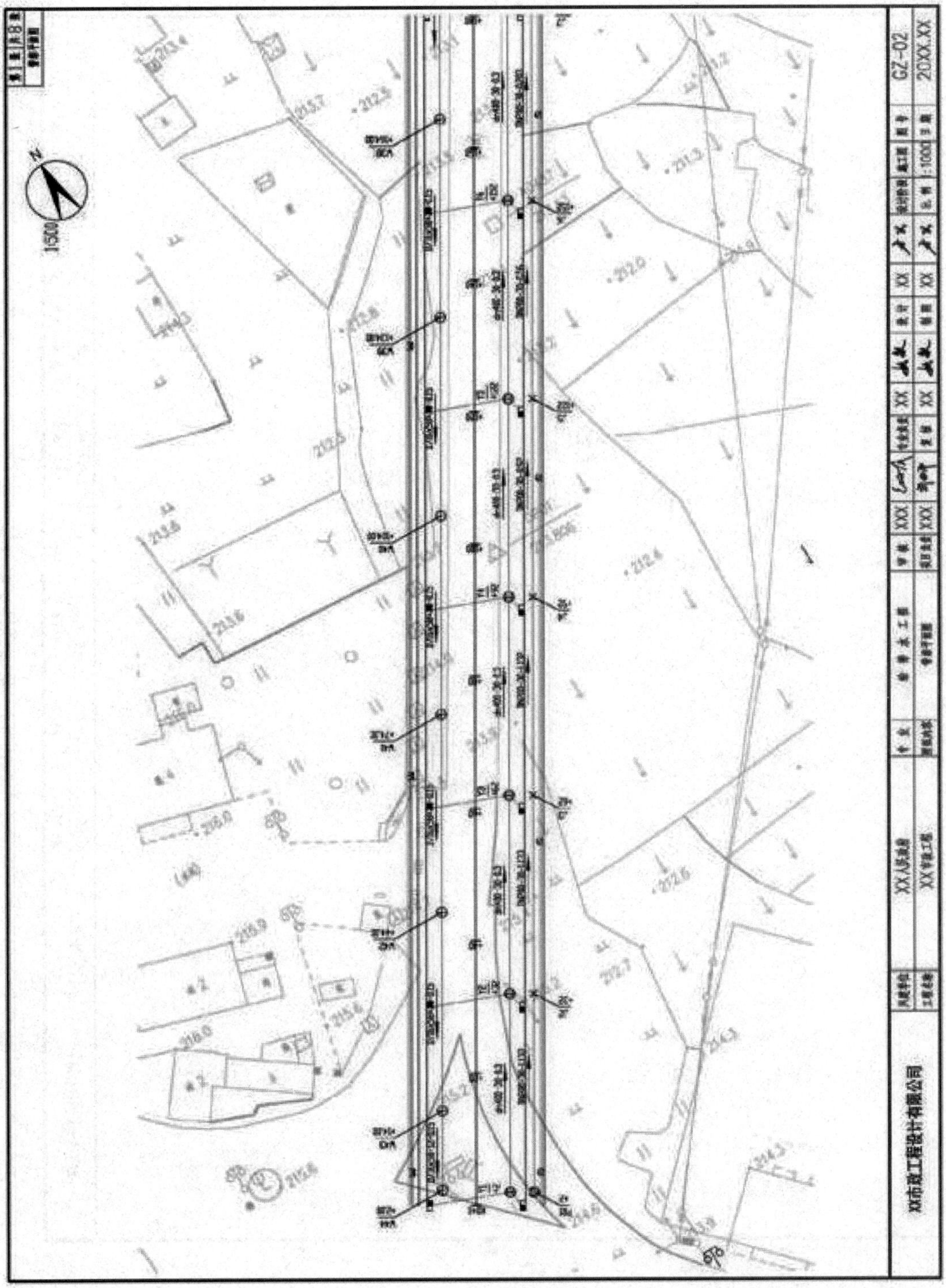

图 14-13　道路综合管线平面图

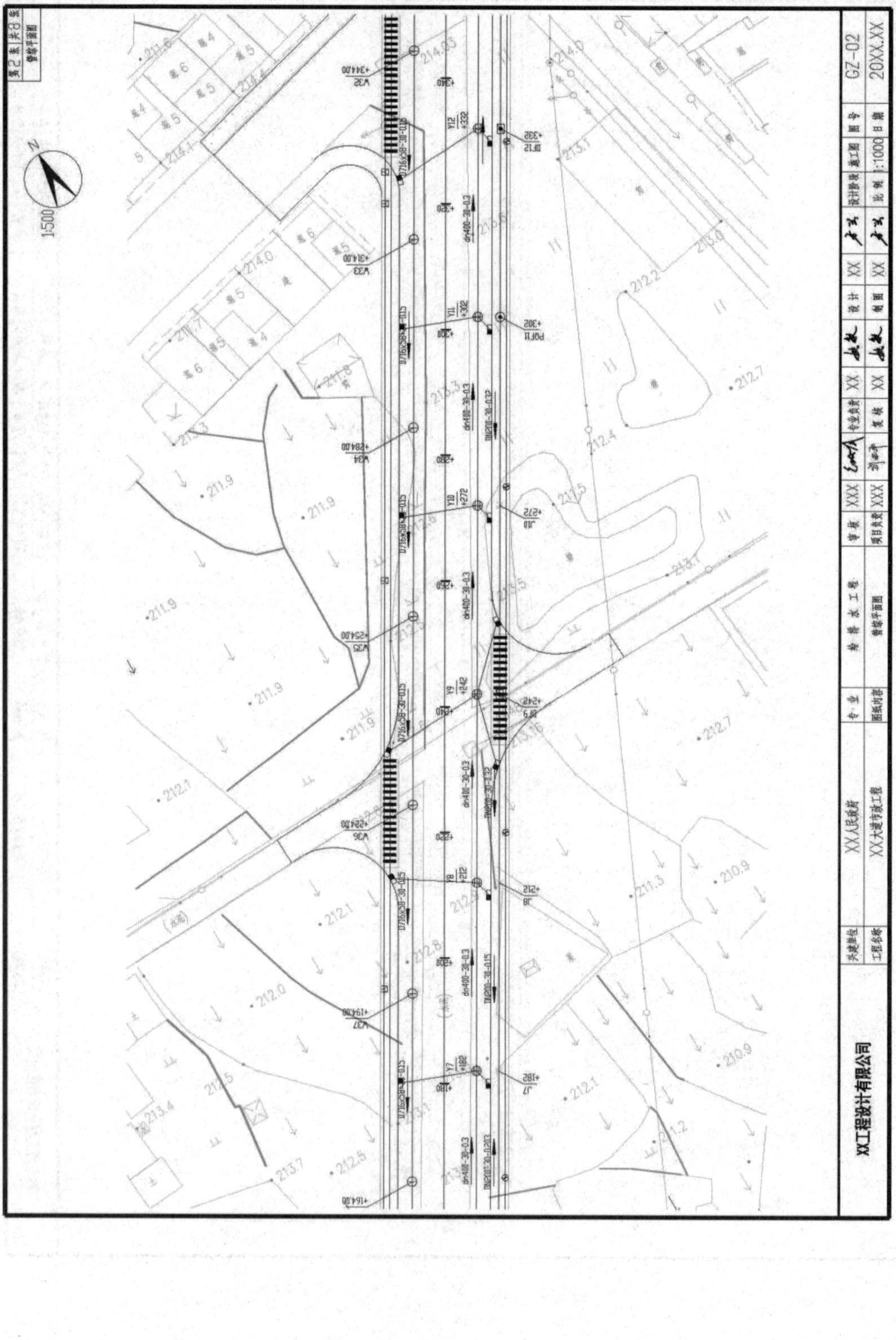

图 14-14　某道路综合管线平面图

项目 15　建筑工程图绘制

项目概述

建筑工程图是以投影原理为基础，按国家规定的制图标准，把已经建成或尚未建成的建筑工程的形状、大小等准确地表达在平面上的图样，并同时标明工程所用的材料以及生产、安装等的要求，用于表示建筑物的内部布置情况，外部形状，以及装修、构造、施工要求等内容的有关图纸。建筑工程图纸分为建筑施工图、结构施工图、设备施工图。在本项目中，将进行建筑施工图绘制方法的学习。

项目重点

- 了解建筑工程图的组成及内容。
- 学会建筑工程图的图示特点及绘制要点。
- 熟练应用建筑施工图绘图方法与技巧。

项目目标

- 能够正确绘制和阅读建筑施工图。

任务 1　建筑平面图的绘制

任务概述

建筑平面图是建筑施工图的基本样图，它是假想用一水平的剖切面沿门窗洞位置将房屋剖切后，对剖切面以下部分所作的水平投影图。它反映出房屋的平面形状、大小和布置；墙、柱的位置、尺寸和材料；门窗的类型和位置等。用作施工使用的房屋建筑平面图,一般有：底层平面图（表示第一层房间的布置、建筑入口、门厅及楼梯等）、标准层平面图（表示中间各层的布置）、顶层平面图（房屋最高层的平面布置图）以及屋顶平面图（即屋顶平面的水平投影,其比例尺一般比其他平面图小）。

本任务以某社区办公楼建筑一层平面图为例，了解建筑施工平面图的组成及内容，应用其图示特点、绘制方法与技巧，绘制建筑平面图。某社区办公楼一层平面图如图 15-1 所示。

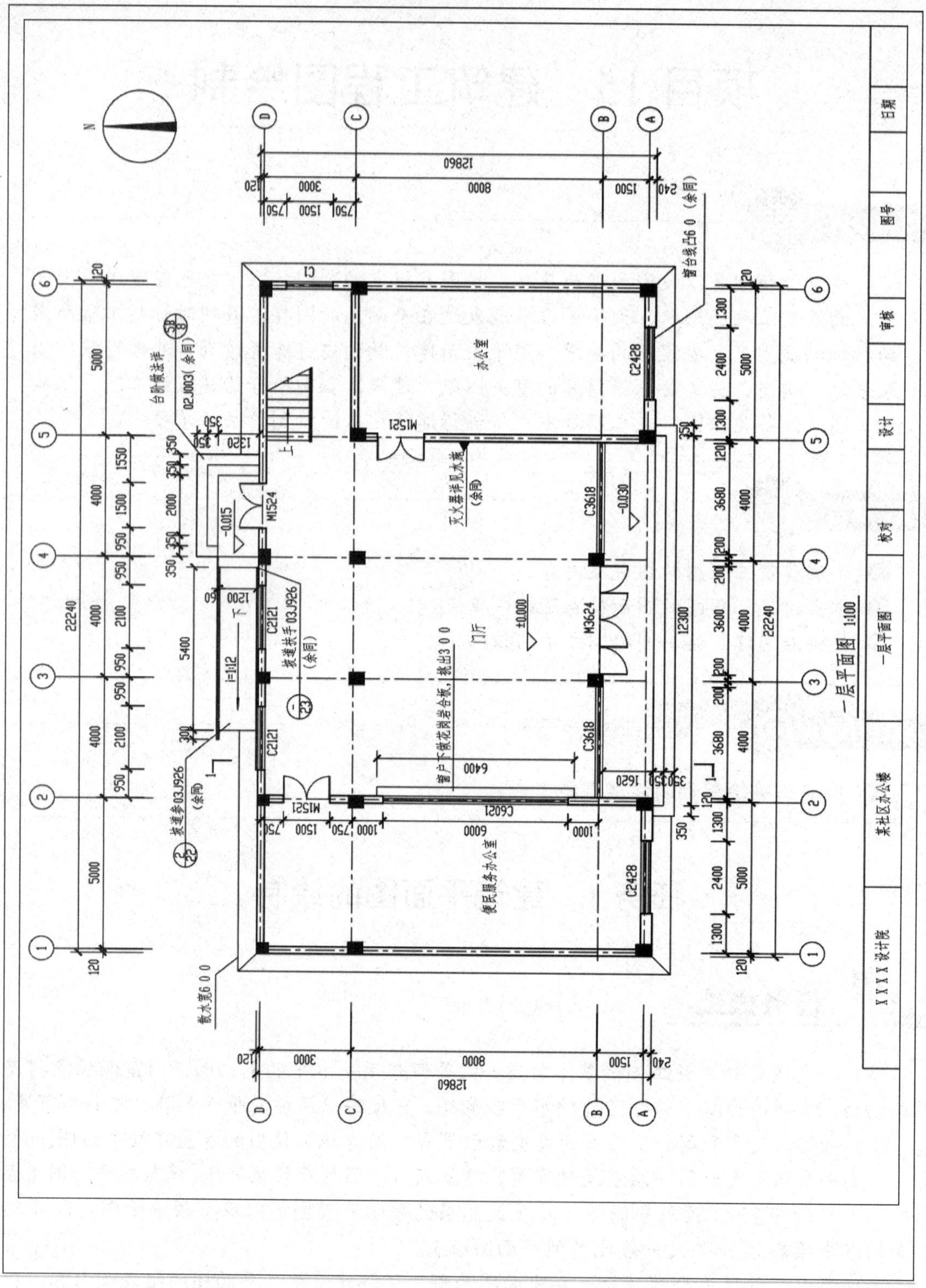

图 15-1 某社区办公楼一层平面图

任务重点与实施

在绘图之前需进行必要的参数设置，其中绘图准备工作、图框的绘制和样板文件的创建参考书本第 11 章中的介绍。下面介绍在绘制建筑工程图纸之前的文字样式和尺寸样式的设置。根据房屋建筑制图统一标准中的要求，建筑平面图、立面图、剖面图和建筑详图的文字样式和标注样式均可按以下参数进行创建。

15.1.1　创建文字样式

文字注写是工程图样上的一项重要内容。图样上的文字主要有数字、字母和汉字等。数字和字母是一类，汉字是另一类。在注写文字之前，应先定义文字样式，输入时从这些文字样式中进行选择，则系统使用的是当前样式设置的字体、字号、角度、方向和其他特性。图样上及说明的汉字，应采用长仿宋字，字高不应小于 3.5mm。数字应采用阿拉伯数字，其字高应不小于 2.5mm（文字样式中可不设字高，在插入文字时再根据规定定义字高）。下面对图 15-1 中所使用的文字样式的创建方法进行介绍，具体操作方法如下。

Step 01 单击“注释”面板中的“文字样式”按钮，或命令行输入“ST”，打开文字样式窗口，如图 15-2 所示。

Step 02 打开文字样式窗口，如图 15-3 所示。

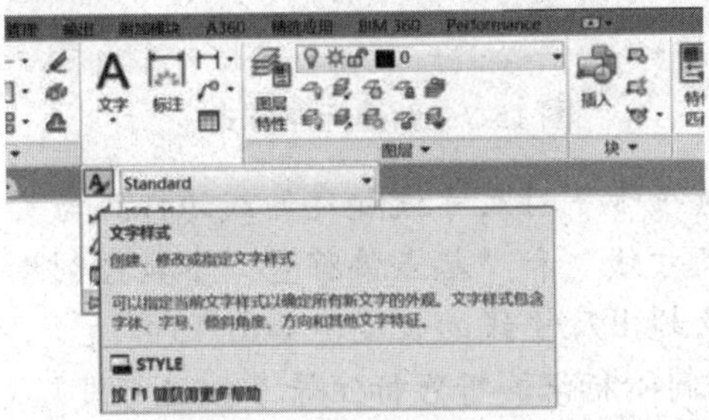

图 15-2　点击文字样式

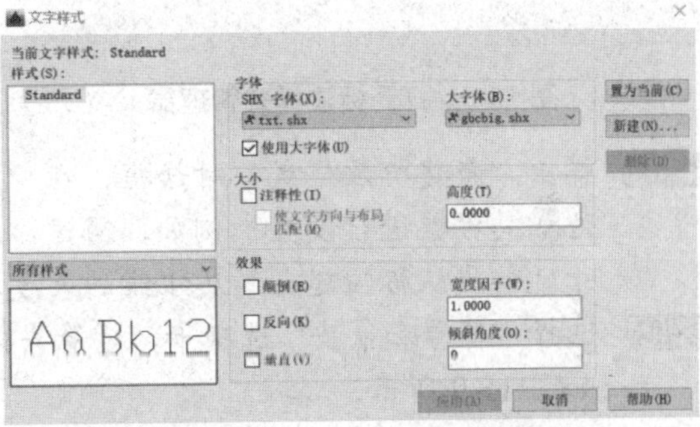

图 15-3　打开文字样式窗口

Step 03 按照图示图样分别创建“标注”（用于数字和字母）和“汉字”（用于汉字）两种文字样式，点击应用，如图 15-4 和图 15-5 所示。

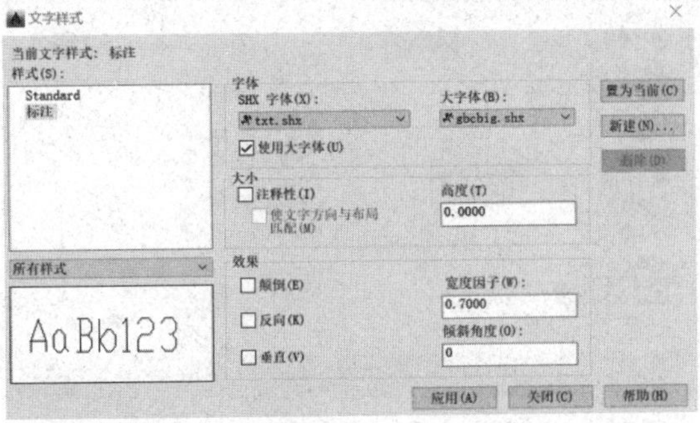

图 15-4　创建“标注”文字样式

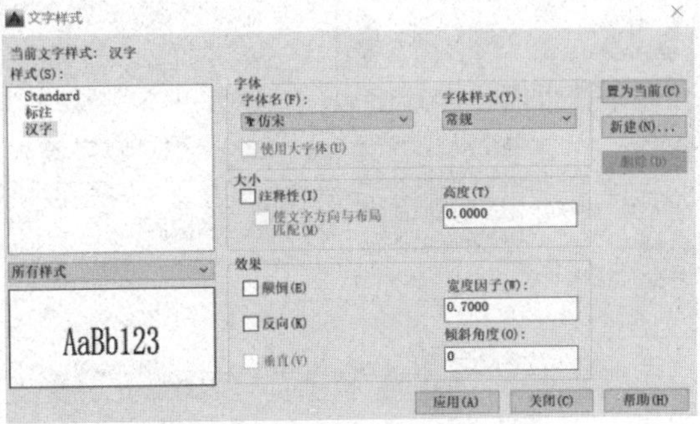

图 15-5　打开“汉字”文字样式

15.1.2 创建标注样式

尺寸是工程图中不可缺少的一项内容，工程图中的图形只用来表示工程形体的形状、而工程形体的大小是要依靠尺寸来说明的，所以工程图中的尺寸必须标注得正确、完整、清晰、合理。在 AutoCAD 中标注尺寸，首先应根据制图标准创建所需要的尺寸标注样式。下面以图 15-1 平面图为例，介绍如何使用“尺寸标注样式管理器”对话框来创建和修改尺寸标注样式。

Step 01 单击“注释”面板中的“标注样式”按钮，或命令行输入“D”，打开标注样式对话框，如图 15-6 所示。

Step 02 单击“新建”按钮，将弹出“创建新标注样式”对话框。在文本框中输入新样式名称，指定基础样式及其他参数，然后单击“继续”按钮，如图 15-7 所示。

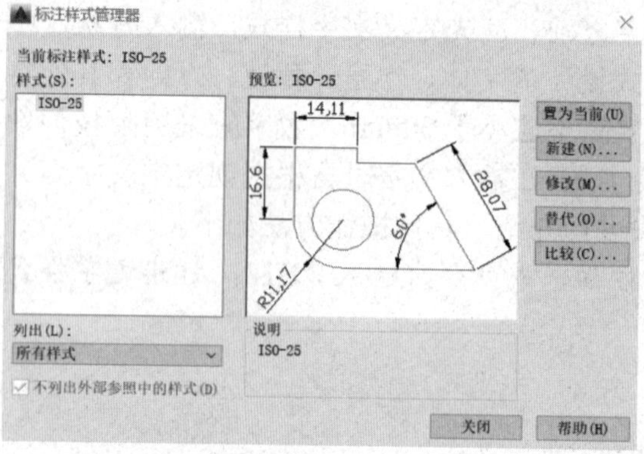

图 15-6 打开标注样式管理器

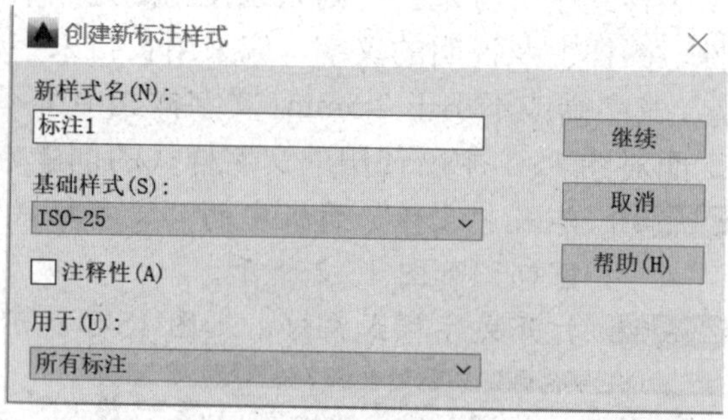

图 15-7 新建标注样式

Step 03 弹出“新建标注样式”对话框，在“线”选项卡下对尺寸线和延伸线的样式与其他相关参数进行设置。例如，通过“超出尺寸线”和“起点偏移量”参数控制尺寸延伸线从标注起点到尺寸线的长度，以及超出尺寸线的长度，如图 15-8 所示。

Step 04 选择“符号和箭头”选项卡，对箭头样式、圆心标记、折弯标注等参数进行设置，如图 15-9 所示。

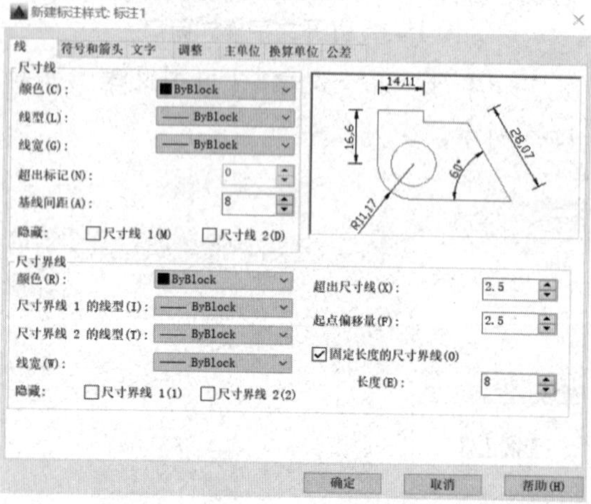

图 15-8 “线”选项卡

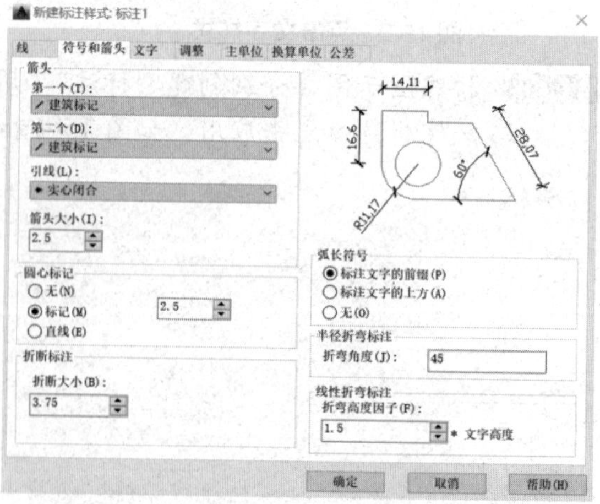

图 15-9 “符号和箭头”选项卡

Step 05 选择“文字”选项卡，对文字外观、文字位置与对齐方式等参数进行设置，如图 15-10 所示。

Step 06 选择“调整”选项卡，对尺寸标注中文字、箭头等元素的调整模式进行设置，因为图 15-1 采用的比例为 1∶100，所以在标注特征比例选项下，使用全局比例设为 100。如图 15-11 所示。

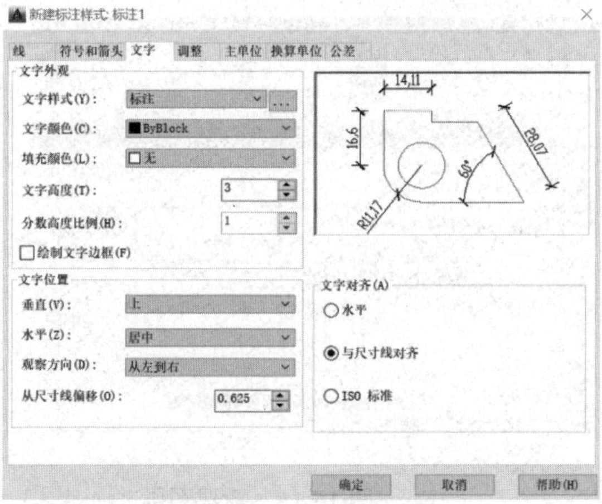

图 15-10　“文字”选项卡

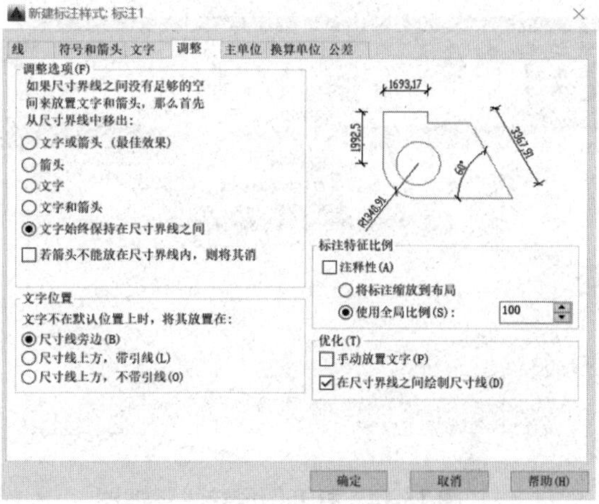

图 15-11　“调整”选项卡

Step 07 选择“主单位”选项卡，对标注的单位、精度和比例因子等参数进行设置，如图 15-12 所示。

Step 08 单击“确定”完成标注样式的设定，回到主界面，将“标注 1”置为当前样式，如图 15-13 所示。

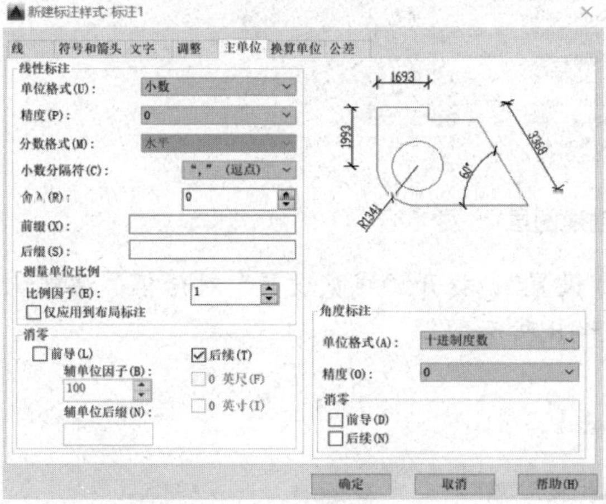

图 15-12　“主单位”选项卡

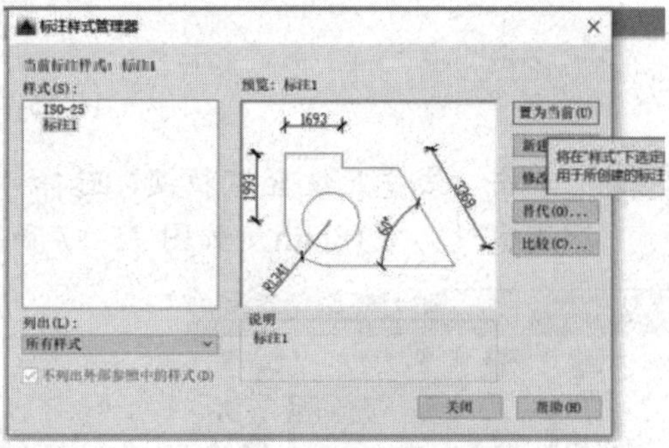

图 15-13　置为当前样式

15.1.3　图层的设置

工程图样是由不同的构件所组成，而不同的构件是由不同的线型所绘制，包括粗实线、细实线、虚线、点画线等。在建筑图样中，通常把建筑工程中的各要素通过图层进行分类，如轴线、墙体、柱子、门窗等。下面将通过实例对建筑平面图图层的创建方法进行介绍，具体操作方法如下：

Step 01 单击“图层特性”按钮，或命令行输入“LA”，打开图层特性管理器，如图 15-14 所示。

Step 02 单击“新建图层”，如图 15-15 所示。

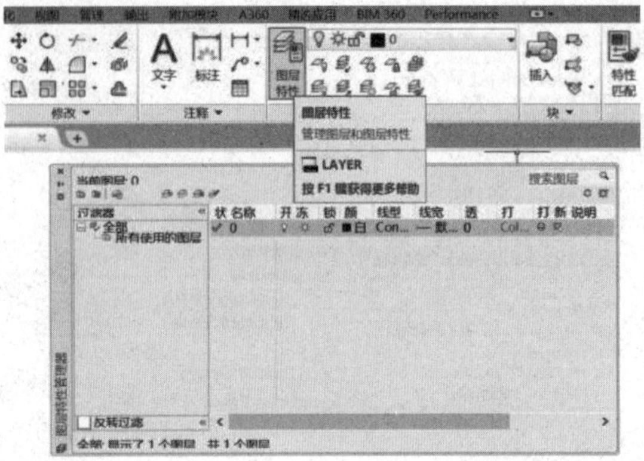

图 15-14　打开图层特性管理器

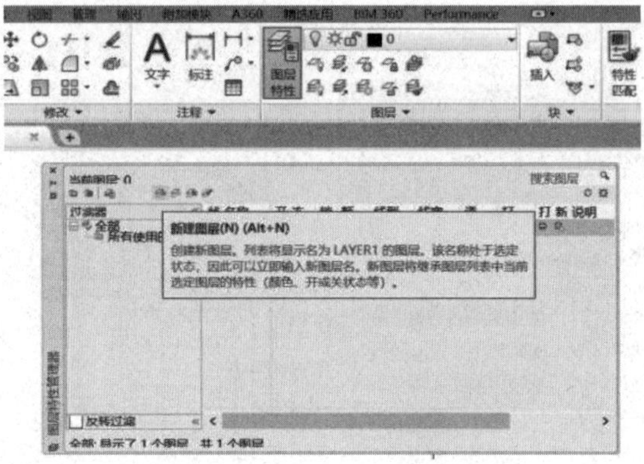

图 15-15　新建图层

Step 03 按照图示图样分别创建轴线、墙体、门窗、柱子、标注、其他、文字、图框、标题栏等，然后修改图层的颜色、线型和线宽，如图 15-16 所示。

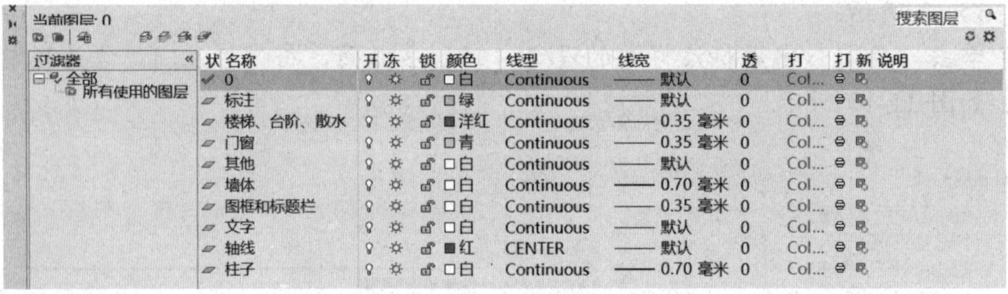

状	名称	开	冻	锁	颜色	线型	线宽	透	打
✓	0				白	Continuous	默认	0	Col...
	标注				绿	Continuous	默认	0	Col...
	楼梯、台阶、散水				洋红	Continuous	0.35 毫米	0	Col...
	门窗				青	Continuous	0.35 毫米	0	Col...
	其他				白	Continuous	默认	0	Col...
	墙体				白	Continuous	0.70 毫米	0	Col...
	图框和标题栏				白	Continuous	0.35 毫米	0	Col...
	文字				白	Continuous	默认	0	Col...
	轴线				红	CENTER	默认	0	Col...
	柱子				白	Continuous	0.70 毫米	0	Col...

图 15-16　创建图层

Step 04 单击“线宽”设置下拉键，选择“线宽设置”，打开“线宽设置”对话框，将默认线宽设为 0.18mm。如图 15-17 和图 15-18 所示。

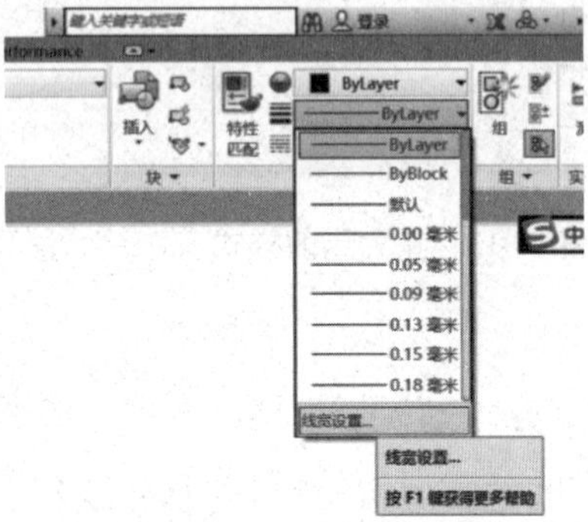

图 15-17　线宽选项

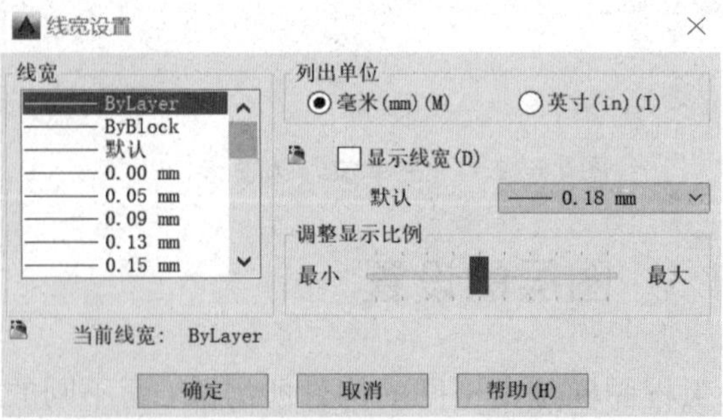

图 15-18　线宽设置

15.1.4　绘制定位轴线

建筑平面设计绘制一般从定位轴线开始。确定了轴线就确定了整个建筑物的承重体系和非承重体系，确定了建筑物房间的开间深度以及楼板柱网等细部的布置。所以，绘制轴线是使用 AutoCAD 进行建筑绘图的基本功之一。

定位轴线用细点画线绘制，其编号标注在轴线端部用细实线绘制的直径为 8mm～10mm 圆圈内。横向编号用阿拉伯数字 1、2、3 等，从左至右编写；竖向编号用大写拉丁字母 A、B、C 等，从下至上编写，大写拉丁字母中的 I、O、Z 不能做轴线编号，以免与数字相混淆。下面介绍绘制图 15-1 对应定位轴线的步骤。

Step01 打开“图层特性管理器”对话框，单击“轴线”图层，然后单击“置为当前”按钮，将当前图层设置为“轴线”图层。

Step02 单击“构造线”命令按钮，分别绘制一条竖直和水平方向直线，如图 15-19 所示。

Step03 单击“偏移”命令按钮，令水平直线依次向上偏移“1500”、“8000”、“3000”，从而得到水平方向的辅助线。采用同样方法将竖直直线向右偏移“5000”、“4000”、“4000”、“4000”、“5000”，从而得到竖直方向的辅助线。这样就形成了正交的辅助线网，由于绘图比例为 1:100，所以此时将线型比例设置为 100，再用“修剪”命令，绘制出首层的轴线网格，如图 15-20 所示。

图 15-19　起始轴线

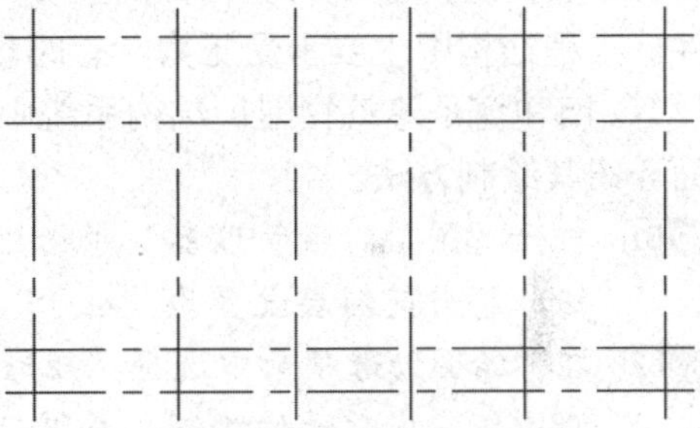

图 15-20　首层轴线网格

15.1.5　绘制墙体

墙体是建筑物的重要组成部分。它的作用是承重、围护或分隔空间。墙体按其受力情况和材料的不同分为承重墙和非承重墙，按其构造方式的不同分为实心墙、烧结空心砖墙、空斗墙和复合墙等。在 AutoCAD 中墙体的绘制常采用“多线”命令完成，具体操作步骤如下所示。

Step01 打开“图层特性管理器”对话框，单击“墙体”图层，然后单击“置为当前”按钮，将当前图层设置为“墙体”图层。

Step02 选择“多线”，或者在命令行输入“ML”调用多线命令，根据图纸，在轴线中绘制墙体。

Step 03 使用“多线编辑工具”对已绘制完成的墙体进行修剪，或者是将所有的多线墙体分解后用“修剪”和“延伸”命令修改其他墙体，使得修剪后的全部墙体都是光滑连贯的，其结果如图 15-21 所示。

Step 04 使用“直线”与“修剪”命令，在已绘制完成的墙体中修剪出门窗洞口，其结果如图 15-22 所示。

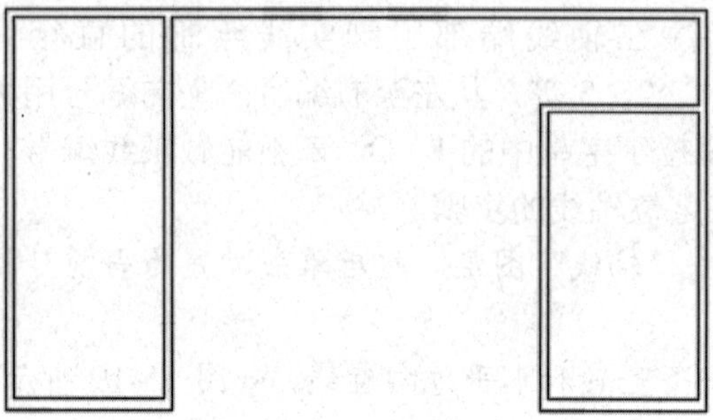

图 15-21 墙体绘制

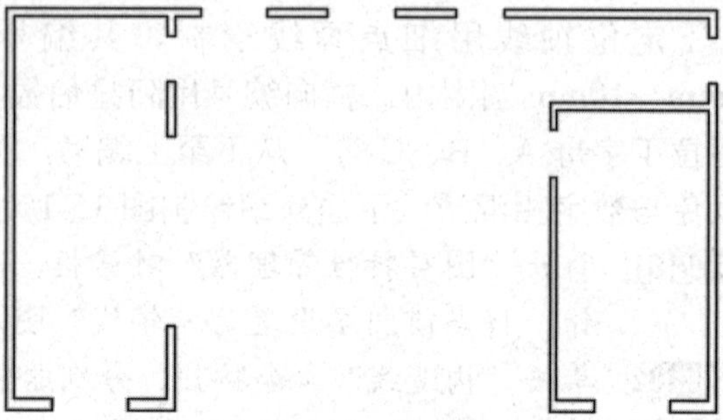

图 15-22 门窗洞口的修剪结果

15.1.6 绘制柱子与门窗

柱子和门窗为建筑工程图样的主要构件，柱子是建筑物中用以支承栋梁桁架的长条形构件。工程结构中主要承受压力，有时也同时承受弯矩的竖向杆件，用以支承梁、桁架、楼板等。门和窗是建筑物围护结构系统中重要的组成部分，又是建筑造型的重要组成部分。下面介绍其绘制方法。

Step 01 打开“图层特性管理器”对话框，单击“柱子”图层，然后单击“置为当前”按钮，将当前图层设置为“柱子”图层。

Step 02 在“绘图”选项卡中选择“矩形”，或在命令行中输入“REC”调用矩形命令，对照图纸完成柱子的绘制，并进行填充，结果如图 15-23 所示。

Step 03 打开“图层特性管理器”对话框，单击“门窗”图层，然后单击“置为当前”按钮，将当前图层设置为“门窗”图层。

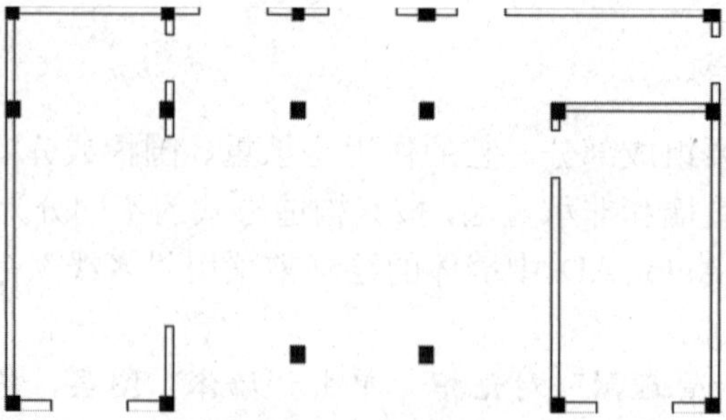

图 15-23 绘制框架柱

Step 04 采用“多线”“直线”“圆弧”“修剪”等命令对照图纸完成门窗的绘制，结果如图 15-24 所示。

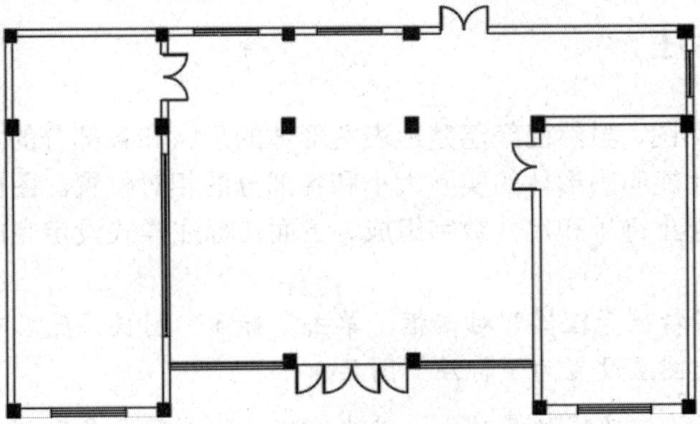

图 15-24　绘制门窗洞口

15.1.7　绘制楼梯和台阶

楼梯是建筑物中作为楼层间垂直交通用的构件，用于楼层之间和高差较大时的交通联系。在设有电梯、自动梯作为主要垂直交通手段的多层和高层建筑中也要设置楼梯。楼梯由连续梯级的梯段（又称梯跑）、平台（休息平台）和围护构件等组成。在绘制楼梯时，只需在楼梯间墙体所限制的区域内按设计位置绘出楼梯踏步线、扶手、箭头及折断线等。

室外台阶与坡道是设在建筑物出入口的辅助配件，用来解决建筑物室内外的高差问题。一般建筑物多采用台阶，当有车辆通行或室内外底面高差较小时，可采用坡道。室外台阶由平台和踏步组成。下面介绍楼梯和台阶的绘制。

Step 01　打开“图层特性管理器”对话框，单击“楼梯、台阶、散水”图层，然后单击“置为当前”按钮，将当前图层设置为“楼梯、台阶、散水”图层。

Step 02　采用“直线”“偏移”“阵列”等命令，对照图纸完成楼梯、台阶、坡道、散水的绘制，结果如图 15-25 所示。

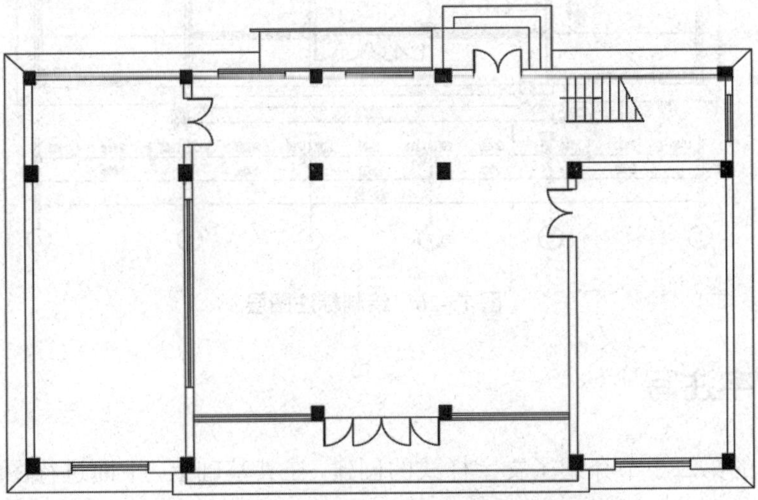

图 15-25　绘制楼梯、台阶、坡道、散水

15.1.8 尺寸标注

建筑形体的投影图，虽然已经清楚地表达形体的形状和各部分的相互关系，但还必须注上足够的尺寸，才能明确形体的实际大小和各部分的相对位置。图样上的尺寸由尺寸界线、尺寸线、尺寸起止符号和尺寸数字组成。下面在标注样式设定完成的基础上讲述尺寸标注的过程。

Step 01 打开“图层特性管理器”对话框，单击“标注”图层，然后单击“置为当前”按钮，将当前图层设置为“标注”图层。

Step 02 在标注样式设定完成的基础上，单击“标注”选项，采用“线型标注”、“连续标注”、“基线标注”等命令，对照图纸完成尺寸标注并定义轴线编号标注，结果如图 15-26 所示。

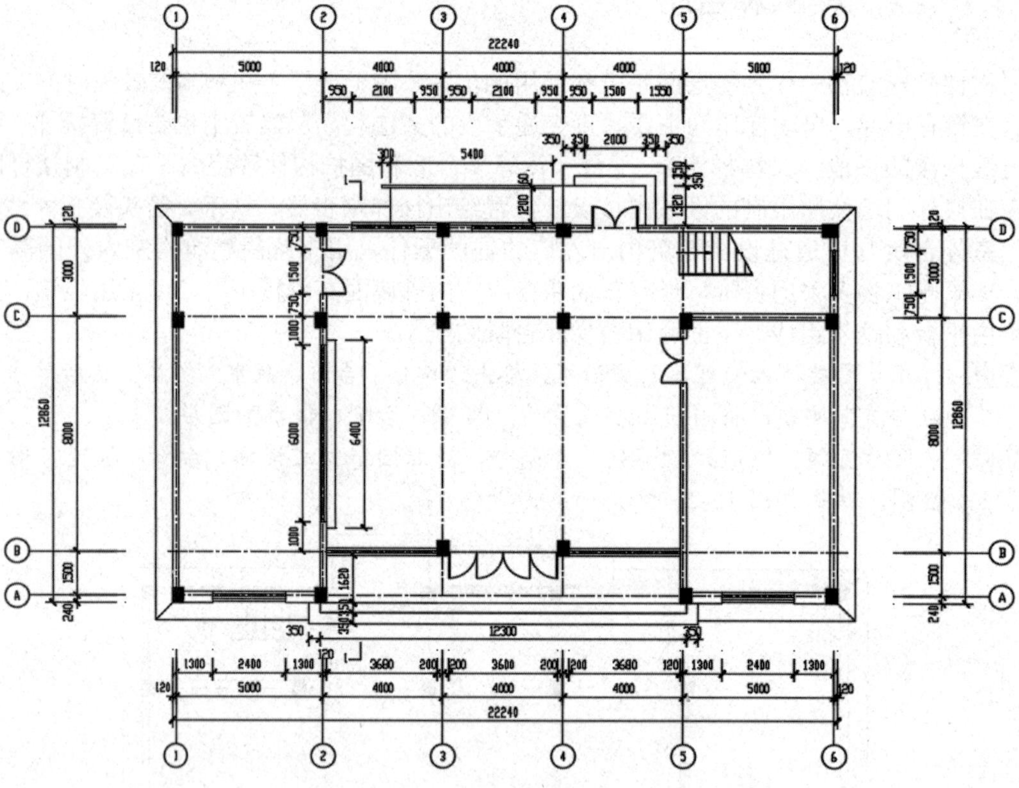

图 15-26　绘制标注图层

15.1.9 文字注写

在本任务的第二小节介绍了文字样式的创建，在其基础上，下面进行图纸的文字标注，具体步骤如下。

Step 01 打开“图层特性管理器”对话框，单击“文字”图层，然后单击“置为当前”按钮，将当前图层设置为“文字”图层。

Step 02 点击“文字”选项，选择“单行文字”或“多行文字”对照图纸完成文字注写。其中数字和字母采用“标注”文字样式，汉字采用“汉字”文字样式。汉字字高不应小于 3.5mm，阿拉伯数字及字母字高不应小于 2.5mm。完成结果如图 15-27 所示。

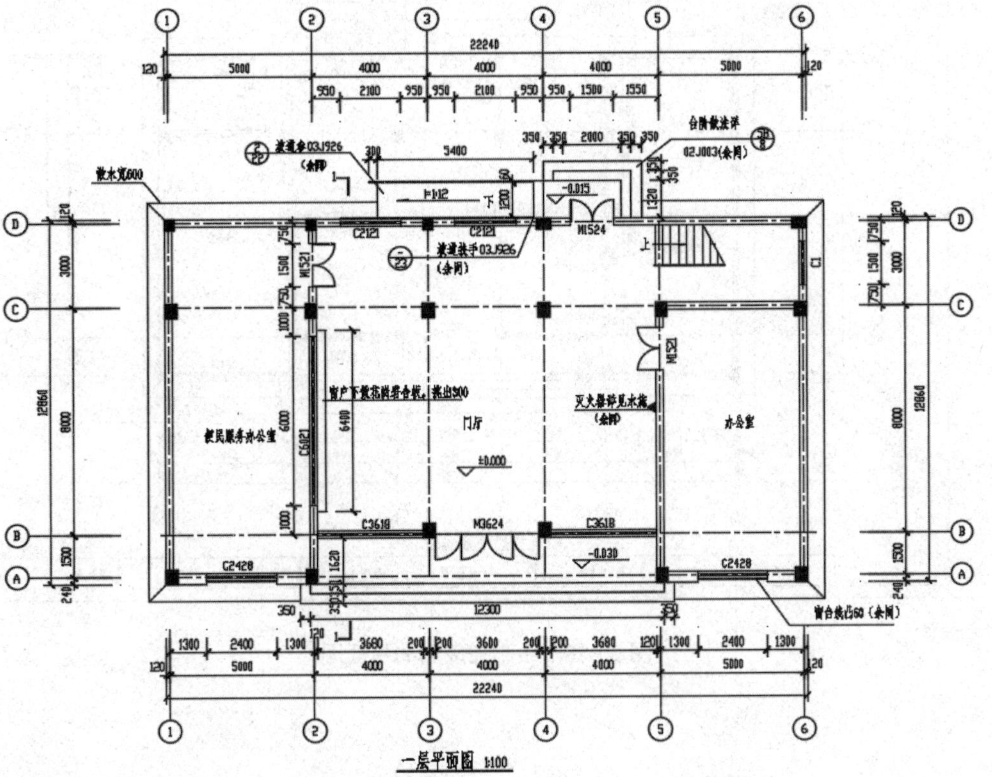

图 15-27　对平面图进行文字注写

15.1.10　图面整理和图框绘制

应对图面进行整理，根据图纸内容仔细检查，对疏漏部分进行增补，完成图框和标题栏的绘制。

Step 01 打开“图层特性管理器”对话框，单击“其他”图层，然后单击“置为当前”按钮，将当前图层设置为“其他”图层。

Step 02 图面整理，根据设计或者图纸仔细检查，使用前述所讲命令对疏漏部分进行增补，以使图面正确完整。包括：索引符号、指北针等。

Step 03 最后在“图框和标题栏”图层，完成图纸、图框及标题栏的绘制（图框和标题栏的格式参照第 11 章内容介绍），并对标题栏进行文字注写，最终结果如图 15-28 所示。

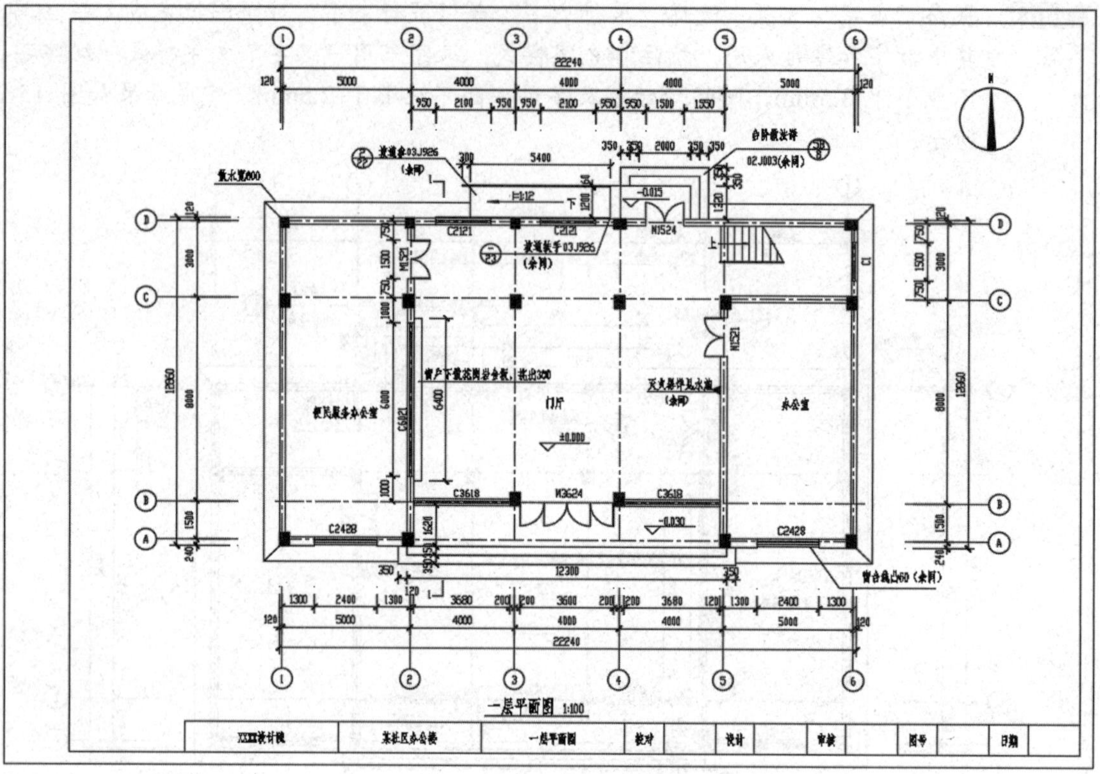

图 15-28　绘制完成后的平面图

任务 2　建筑立面图的绘制

任务概述

建筑立面图主要是用来表达墙体外轮廓、门窗、入口台阶、阳台、雨篷、壁柱、檐口、外露楼梯等部分的相对位置及所用材料和做法，是建筑施工图中控制高度和外墙装饰效果的技术依据。在建筑施工图中，立面图的命名一般有以下三种形式。

（1）用朝向命名，立面朝向哪个方向就称为某方向立面图，如东立面图、西立面图、南立面图、北立面图等。

（2）用外貌特征命名，其中反映主要出入口或比较显著地反应房屋外貌特征的那一面的立面图，如正立面图、背立面图、侧立面图等。

（3）以立面图上首尾轴线命名，如①～⑥立面图等。

本任务主要是结合某社区办公楼的立面图，了解建筑立面图的组成及内容，能应用建筑立面图的图示特点、绘制方法与技巧，绘制建筑立面图。

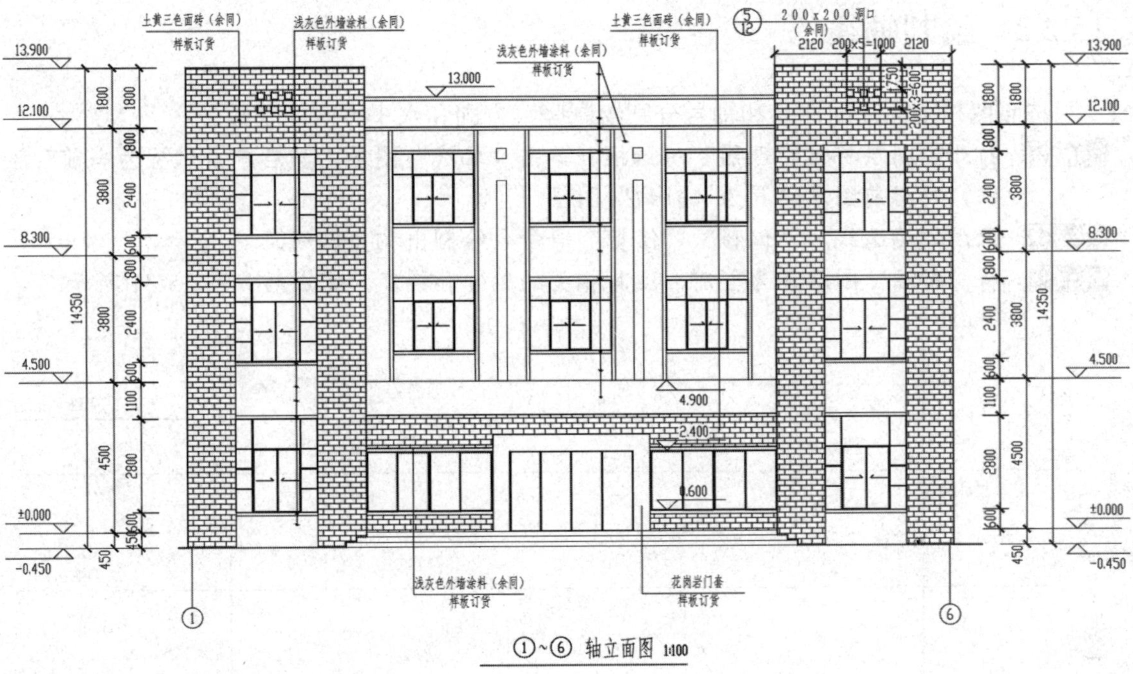

图 15-29　①～⑥轴立面图

任务重点与实施

15.2.1　图层的设置

为使立面图外形更清晰,通常用粗实线表示立面图的最外轮廓线，而凸出墙面的雨蓬、阳台、柱子、窗台、窗楣、台阶、花池等投影线用中粗线画出，地坪线用加粗线(粗于标准粗度的 1.4 倍)画出，其余如门、窗及墙面分格线、落水管以及材料符号引出线,说明引出线等用细实线画出。

Step 01 单击“图层特性”按钮，或命令行输入“LA”，打开图层特性管理器，并按图示内容设置立面图所需的图层，如图 15-30 所示。

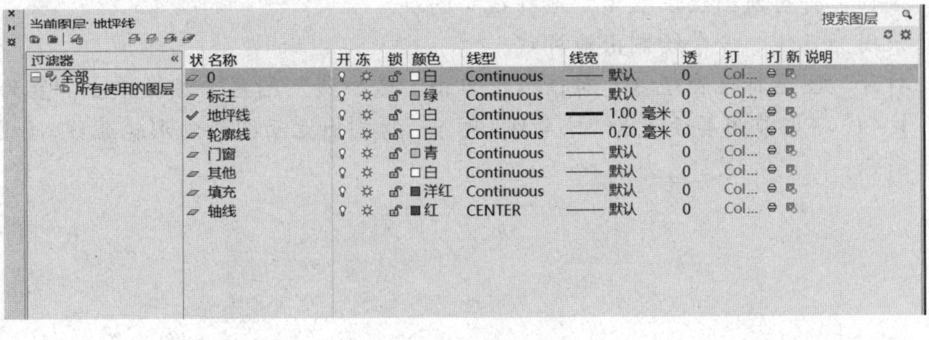

图 15-30　图层设置

15.2.2 绘制轴线

按照图样上标注的标高和轴号分别绘制竖直方向和水平方向的轴线。

Step 01 打开“图层特性管理器”对话框，单击“轴线”图层，然后单击“置为当前”按钮，将当前图层设置为“轴线”图层。

Step 02 采用“构造线”、“偏移”、“修剪”等命令绘制出相关轴线。

Step 03 将“标注”图层置为当前，注写相关的轴号和标高，完成后如图 15-31 所示。

图 15-31　绘制立面图轴线

15.2.3 绘制地坪线和外形轮廓线

Step 01 打开“图层特性管理器”对话框，单击“地坪线”图层，然后单击“置为当前”按钮，将当前图层设置为“地坪线”图层。

Step 02 采用“直线”命令绘制出地坪线。

Step 03 打开“图层特性管理器”对话框，单击“轮廓线”图层，然后单击“置为当前”按钮，将当前图层设置为“轮廓线”图层，绘制出立面图的外形轮廓线，如图 15-32 所示。

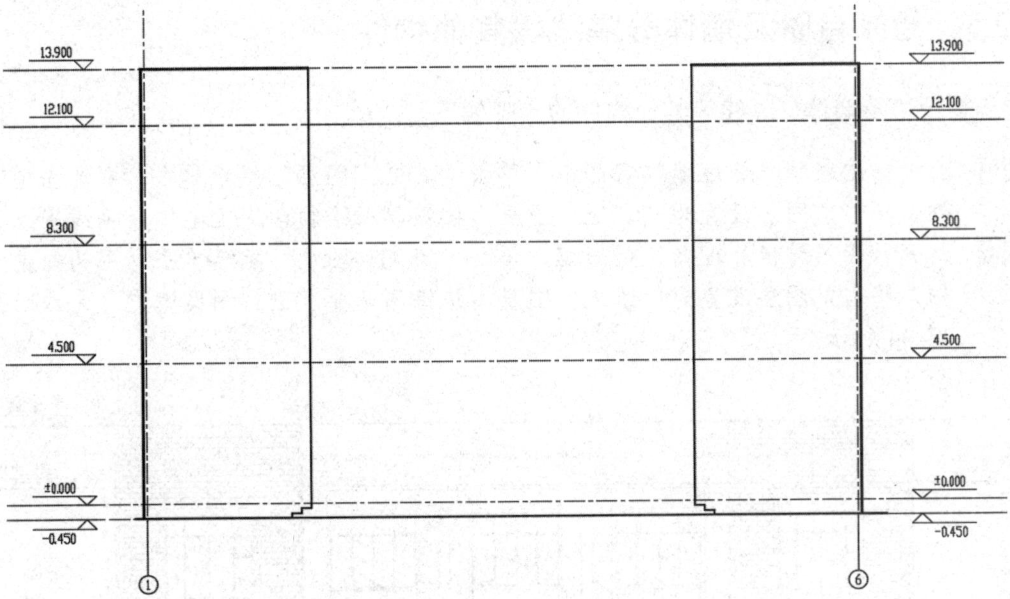

图 15-32　绘制地坪及轮廓线

15.2.4　绘制门窗

门窗是立面图中的主要元素，根据平面图尺寸和门窗表，识读后进行窗的立面图绘制。

Step 01　打开“图层特性管理器”对话框，单击“门窗”图层，然后单击“置为当前”按钮，将当前图层设置为“门窗”图层。

Step 02　采用“直线”“偏移”“矩形”“阵列”“复制”“镜像”等命令将立面图中的门窗绘制完成，如图 15-33 所示。

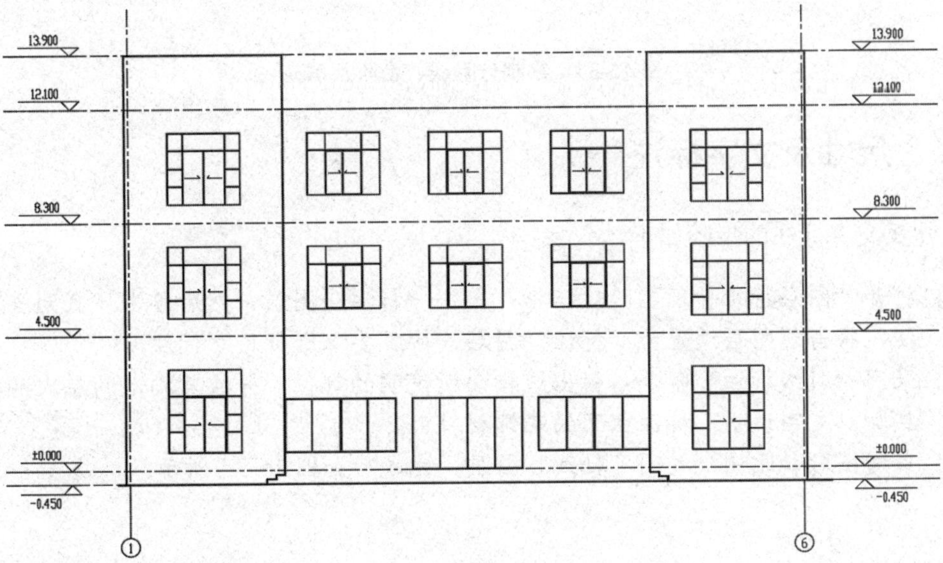

图 15-33　立面图门窗的绘制

15.2.5 绘制台阶及墙体分隔线等其他构件

绘制台阶及墙体分隔线等其他构件的步骤如下。

Step 01 打开“图层特性管理器”对话框，单击“其他”图层，然后单击“置为当前”按钮，将当前图层设置为“其他”图层，按照要求绘制台阶及墙体分隔线等。

Step 02 打开“图层特性管理器”对话框，单击“填充”图层，然后单击“置为当前”按钮，将当前图层设置为“填充”图层，根据图示要求进行图案填充。完成后如图 15-34 所示。

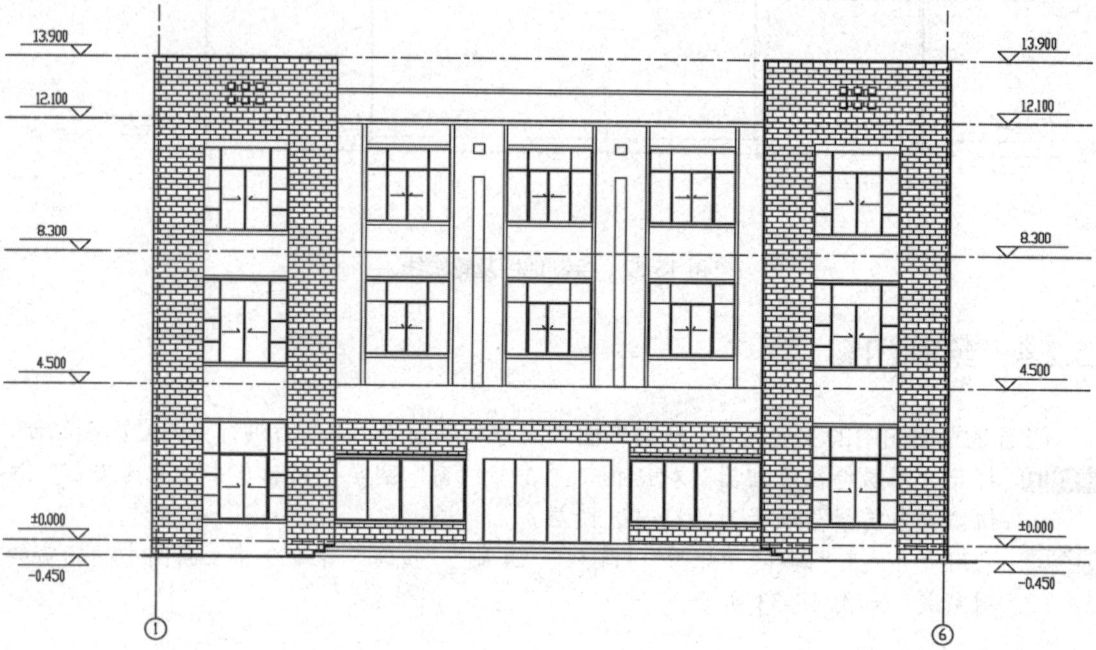

图 15-34 绘制分隔线、台阶及填充

12.5.6 尺寸及文字标注

尺寸及文字标注的步骤如下。

Step 01 打开“图层特性管理器”对话框，单击“标注”图层，然后单击“置为当前”按钮，将当前图层设置为“标注”图层，按照要求进行尺寸标注。

Step 02 采用“引线标注”命令，引出线指向所说明的部位，并按其构造的层次顺序，逐层加以文字说明，标注立面的装饰材料。

Step 03 书写图名和比例，关闭“轴线”图层，完成后如图 15-35 所示。

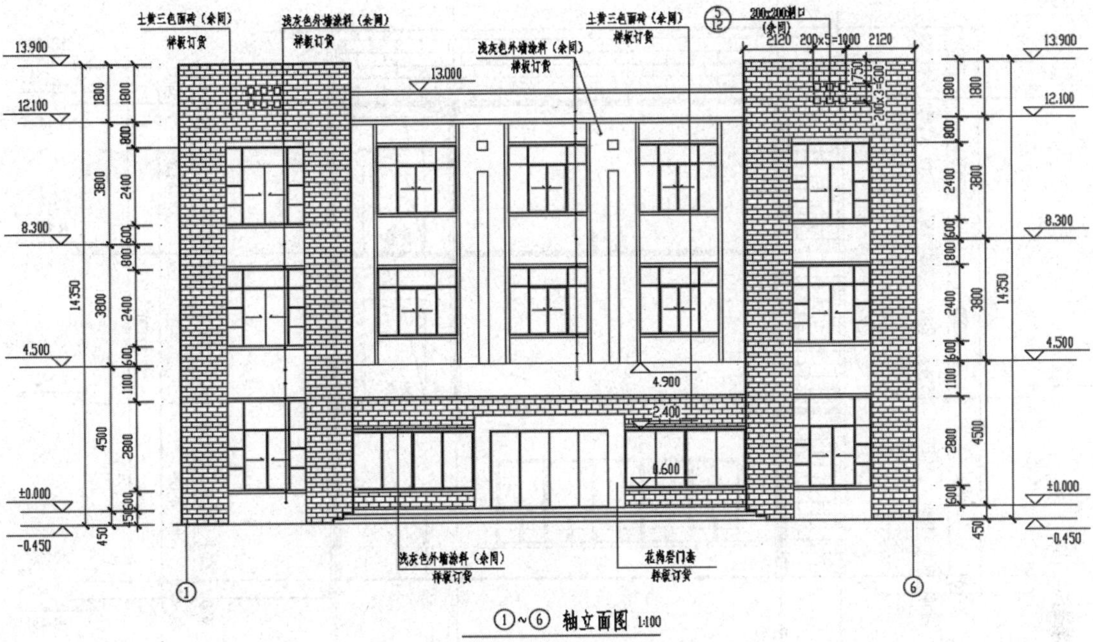

图 15-35　①~⑥轴立面图

任务 3　建筑剖面图的绘制

任务概述

建筑剖面图，指的是假想用一个或多个垂直于外墙轴线的铅垂剖切面，将房屋剖开，所得的投影图，简称剖面图。剖面图用以表示房屋内部的结构或构造形式、分层情况和各部位的联系、材料及其高度等，是与平、立面图相互配合的不可缺少的重要图样之一。

剖切面一般横向，即平行于侧面，必要时也可纵向，即平行于正面。其位置应选择在能反映出房屋内部构造比较复杂与典型的部位，并应通过门窗洞的位置。若为多层房屋，应选择在楼梯间或层高不同、层数不同的部位。剖面图的图名应与平面图上所标注剖切符号的编号一致，如图 15-36 的 1-1 剖面图、2-2 剖面图等。

本任务主要是结合某社区办公楼的剖面图，了解建筑剖面图的组成及内容，能应用建筑剖面图的图示特点、绘制方法与技巧，绘制建筑剖面图。

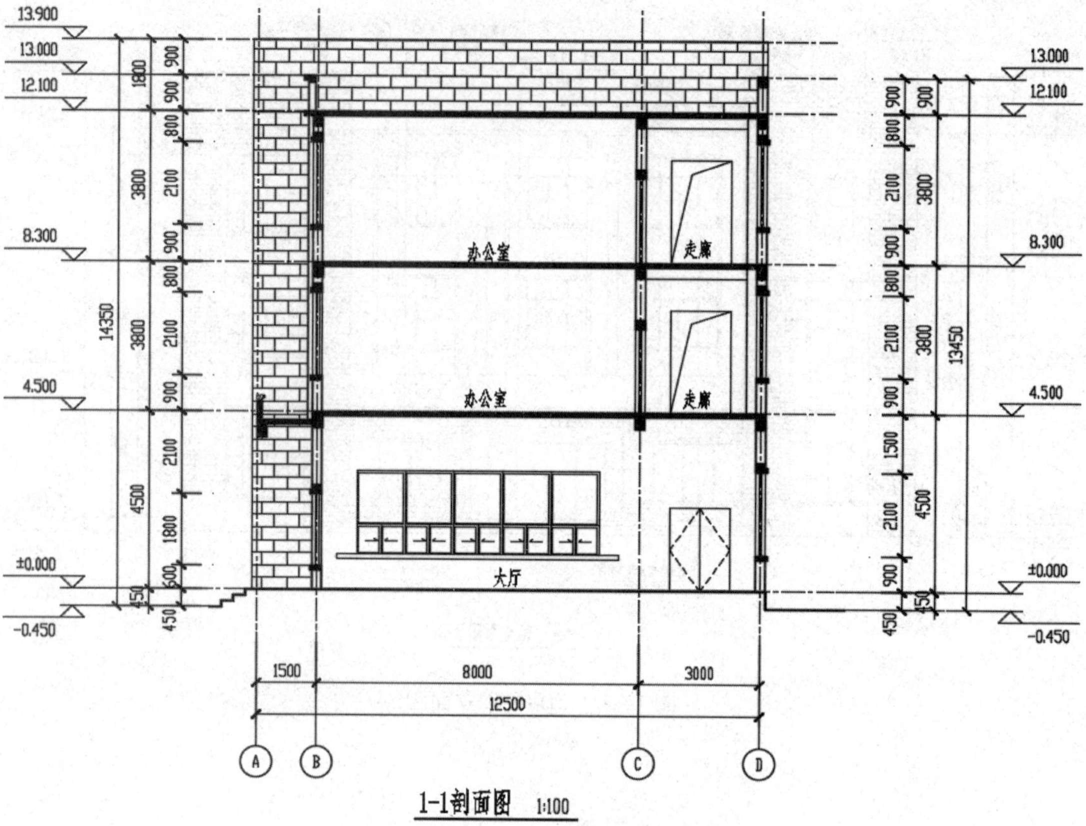

图 15-36　1-1 剖面图

任务重点与实施

15.3.1　图层的设置

在建筑剖面图中，凡是被剖切到的建筑构件的轮廓线一般采用粗实线，没有剖切到的建筑构件采用细实线绘制。建筑剖面图的图层设置有以下两种。

Step 01　单击“图层特性”按钮，或命令行输入“LA”，打开图层特性管理器，并按图示构件分类设置剖面图所需的图层，如图 15-37 所示。

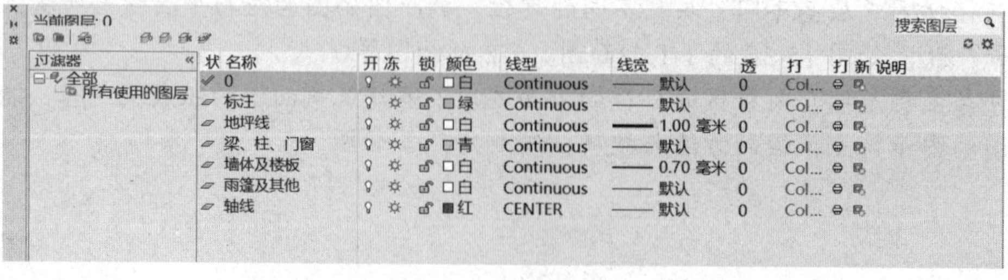

名称	颜色	线型	线宽	透明度	打印样式
0	白	Continuous	默认	0	Col...
标注	绿	Continuous	默认	0	Col...
地坪线	白	Continuous	1.00 毫米	0	Col...
梁、柱、门窗	青	Continuous	默认	0	Col...
墙体及楼板	白	Continuous	0.70 毫米	0	Col...
雨篷及其他	白	Continuous	默认	0	Col...
轴线	红	CENTER	默认	0	Col...

图 15-37　图层设置 1

Step 02　也可按照所采用的线型进行图层分类，如图 15-38 所示。

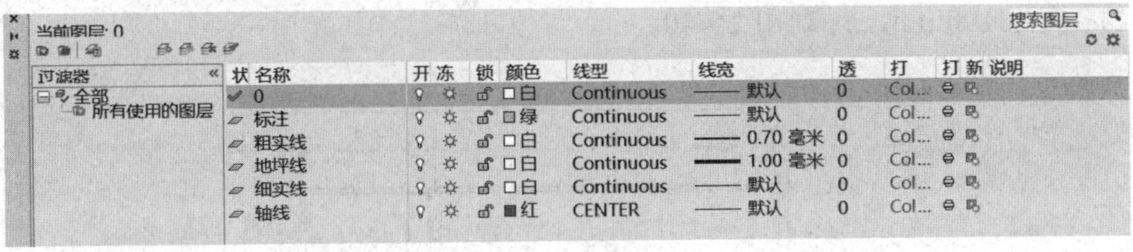

图 15-38　图层设置 2

15.3.2　绘制定位轴线和地坪线

根据尺寸标注，分别绘制水平和竖直方向的定位轴线，定出地坪线的位置，具体步骤如下。

Step 01　打开“图层特性管理器”对话框，单击“轴线”图层，然后单击“置为当前”按钮，将当前图层设置为“轴线”图层。

Step 02　采用“构造线”“偏移”“修剪”等命令绘制出相关轴线。

Step 03　打开“图层特性管理器”对话框，单击“地坪线”图层，然后单击“置为当前”按钮，将当前图层设置为“地坪线”图层，绘制出地坪线。如图 15-39 所示。

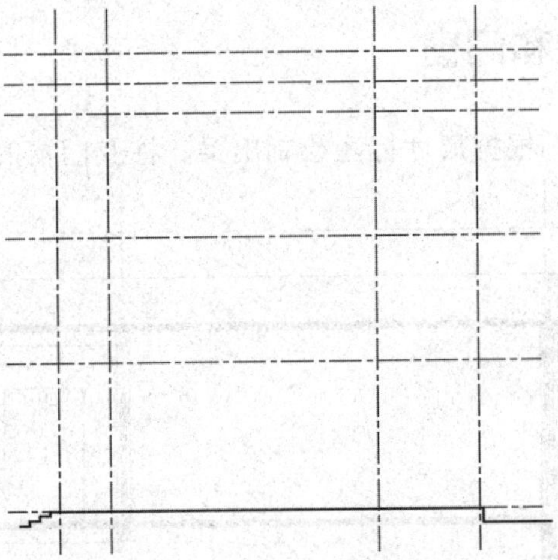

图 15-39　绘制轴线和地坪线

15.3.3　绘制墙体、楼板轮廓线和外墙窗洞口

在图 15-39 的基础上，根据尺寸标注绘制出墙体、楼板轮廓线，修剪出外墙窗洞口，如图 15-40 所示。具体步骤如下。

Step 01　打开“图层特性管理器”对话框，单击“墙体及楼板”图层，然后单击“置为当前”按钮，将当前图层设置为“墙体及楼板”图层。

Step 02　采用“直线”“偏移”“多线”等命令绘制出墙体。并根据平面图和立面图所示内容及尺寸标注，“修剪”出窗洞口的位置。

Step 03 根据楼层高用直线绘制出楼板顶面并对其进行“偏移”修剪成楼板，图中楼板的厚度为 100mm，得到图 15-40。

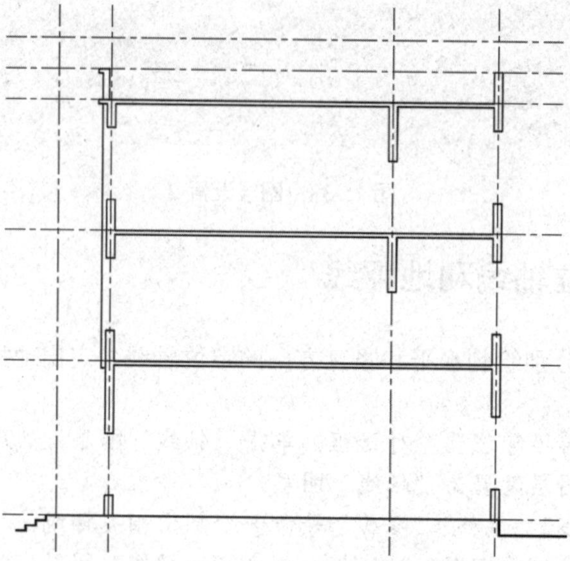

图 15-40 绘制墙体、楼板和外墙轮廓线

15.3.4 绘制梁、柱和门窗

在图 15-40 的基础上，根据尺寸标注绘制出梁、柱及门窗的位置，如图 15-41 所示。

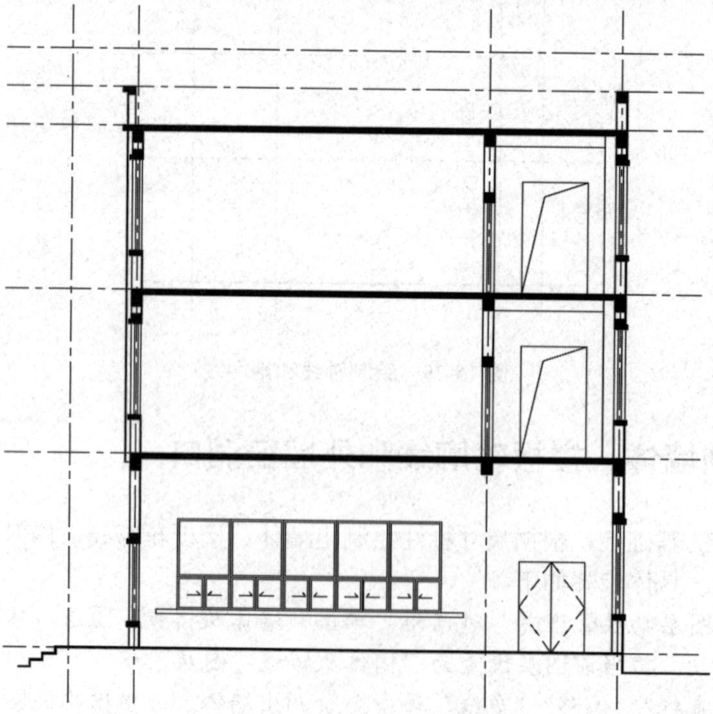

图 15-41 绘制梁、柱、门窗

具体步骤如下。

Step 01 打开“图层特性管理器”对话框，单击“梁、柱、门窗”图层，然后单击“置为当前”按钮，将当前图层设置为“梁、柱、门窗”图层。

Step 02 采用“直线”、“偏移”、“多线”、“修剪”等命令绘制出梁、柱和门窗图形。

Step 03 将“填充”置为当前图层，对梁、板进行图案填充。

15.3.5 雨篷及其他图样的绘制

在图 15-41 的基础上，对照图纸根据尺寸标注绘制出雨篷及其他构件，如图 15-42 所示。具体步骤如下。

Step 01 打开“图层特性管理器”对话框，单击“雨篷及其他”图层，然后单击“置为当前”按钮，将当前图层设置为“雨篷及其他”图层。

Step 02 对照平面图与立面图中的尺寸，采用“直线”、“偏移”、“修剪”、“图案填充”等命令绘制出雨篷和未剖切到的可视墙体。

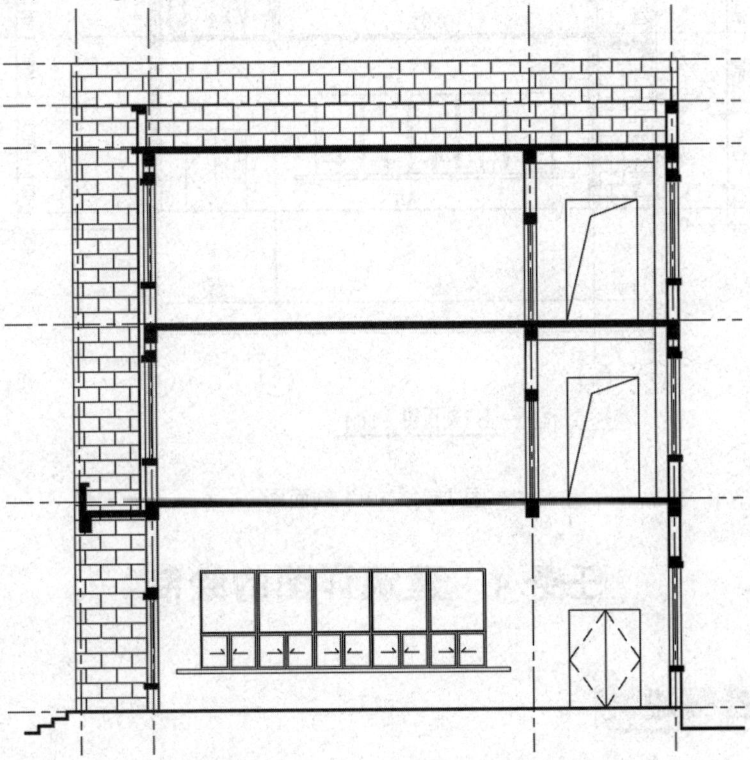

图 15-42　绘制雨篷及其他

15.3.6 尺寸标注及标高标注

在图 15-42 的基础上，根据图示内容添加尺寸标注和标高标注，注写文字，如图 15-43 所示。具体步骤如下。

Step 01 打开“图层特性管理器”对话框，单击“标注”图层，然后单击“置为当前”按钮，将当前图层设置为“标注”图层。

Step 02 根据图示内容，进行尺寸标注、标高标注和文字注写，并标注轴号。

Step 03 在绘制好的剖面图下方，标注图名和比例，完成图样绘制。

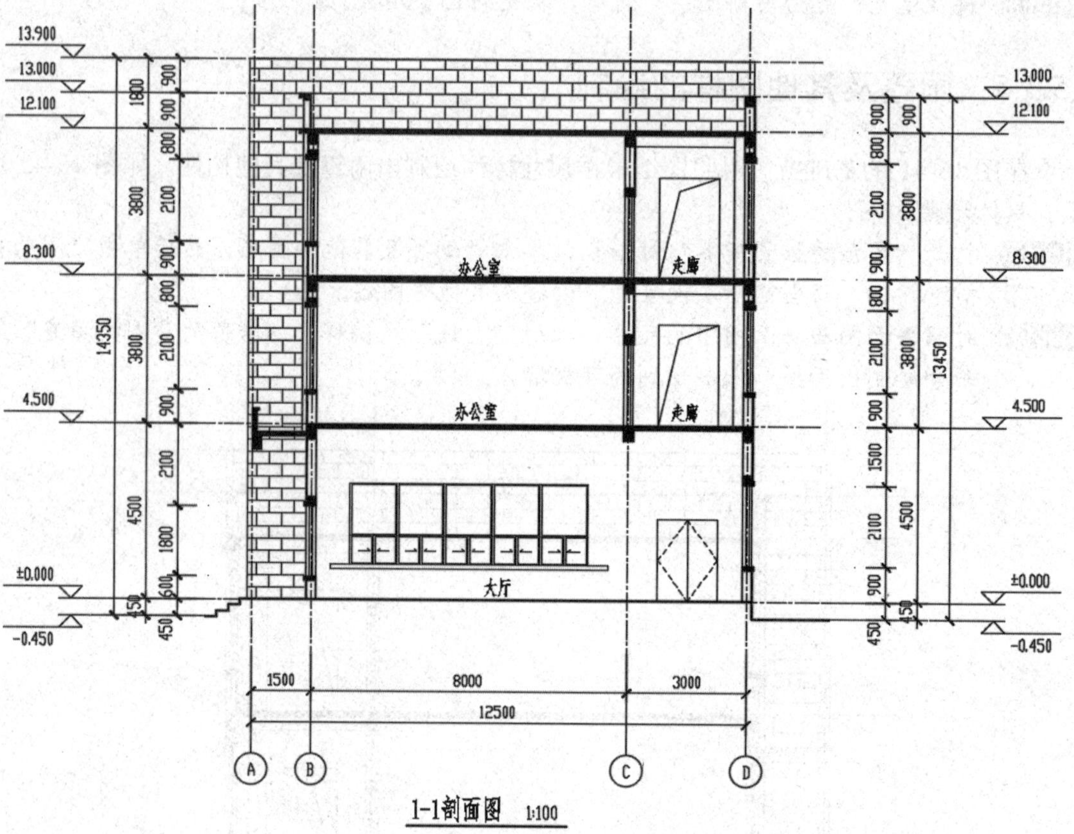

图 15-43　1-1 剖面图

任务 4　建筑详图的绘制

任务概述

房屋建筑平面图、立面图、剖面图是全局性图纸，常采用较小的比例尺，如 1:100、1:200 等，建筑物上许多细部构造无法表示清楚。所以用这样的比例在平、立、剖面图中无法表示清楚的内容，需要另外绘制详图或者选用合适的标准图。建筑详图是建筑细部的施工图，是建筑平面图、立面图和剖面图的补充。详图的比例通常用 1∶1、1∶2、1∶5、1∶10、1∶20、1∶30、1∶50 等。

本任务主要是结合某社区办公楼的楼梯详图，了解楼梯详图的组成及内容，能应用详图的图示特点、绘制方法与技巧，绘制楼梯平面图和楼梯剖面图。

任务重点与实施

15.4.1　楼梯平面图的绘制

楼梯平面图作为楼梯间的局部放大详图，其形成与建筑平面图一样，是假想用一个水平面在该层的第一个梯段中间剖切开，移去剖切平面及以上部分，将余下部分从上往下投影到水平面上所形成的的图形。楼梯平面图由底层平面图、标准层平面图和顶层平面图三部分组成。表示出来是楼梯面的宽度和楼梯面的长度以及楼梯的走向，而高度在平面图上只能给个标注。绘制楼梯平面图时可以先绘制标准层平面图，其余两个平面可在其基础上进行局部修改完成。下面以图 15-1 平面图中的楼梯为例，介绍绘制楼梯标准层平面图的具体步骤。

Step 01 单击“图层特性”按钮，或命令行输入“LA”，打开图层特性管理器，并按图示内容设置立面图所需的图层，如图 15-44 所示。

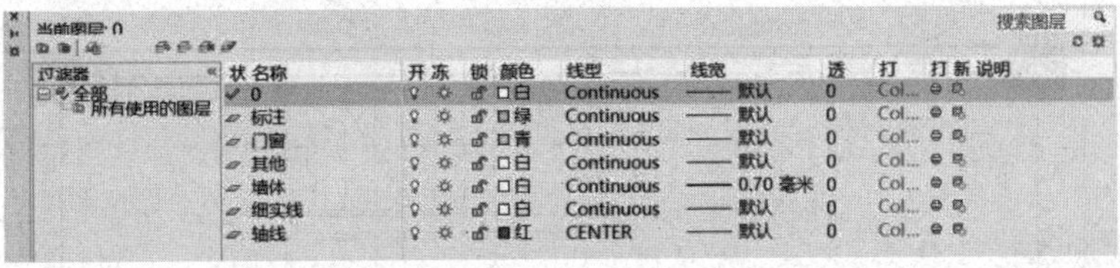

图 15-44　图层设置

Step 02 打开“图层特性管理器”对话框，单击“轴线”图层，然后单击“置为当前”按钮，将当前图层设置为“轴线”图层，按要求绘制轴线。

Step 03 打开“图层特性管理器”对话框，单击“墙体”图层，然后单击“置为当前”按钮，将当前图层设置为“墙体”图层，在轴线的基础上画出墙线。

Step 04 打开“图层特性管理器”对话框，单击“细实线”图层，然后单击“置为当前”按钮，将当前图层设置为“细实线”图层，画出折断线等。绘制结果如图 15-45 所示。

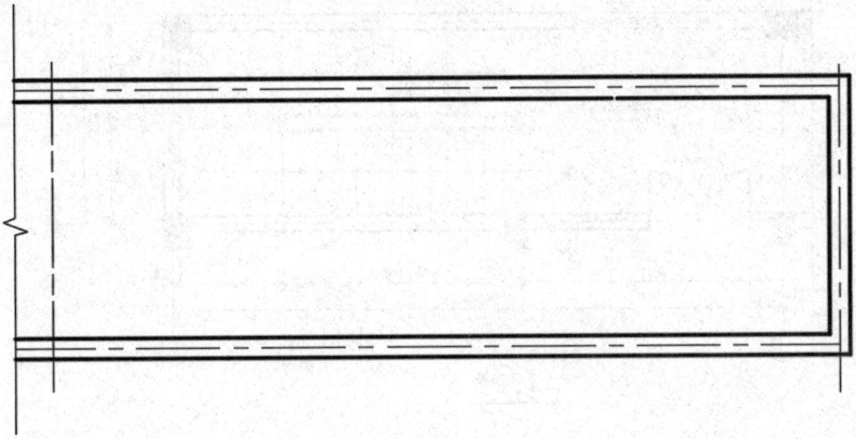

图 15-45　标准层楼梯平面图绘制一

Step 05 将当前图层设置为“其他”图层，按照图示位置画出柱子并填充。用“修剪”等命令剪出门窗洞口的位置，将“门窗”设置为当前图层，绘制门窗，结果如图 15-46 所示。

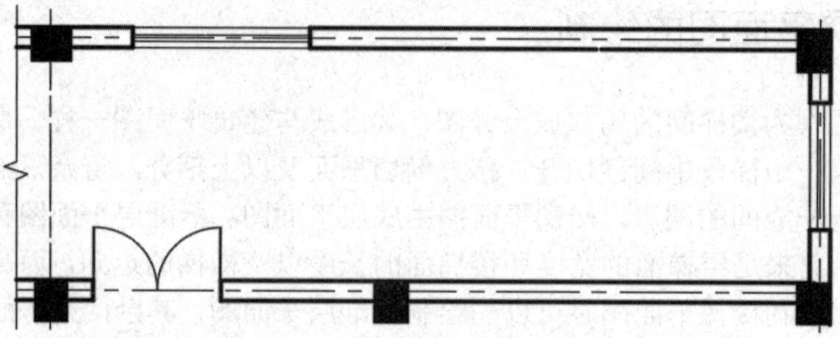

图 15-46 标准层楼梯平面图绘制二

Step 06 将当前图层设置为“细实线”图层，用“直线”“偏移”“阵列”“多段线”等命令绘制出平台宽度、楼梯长度、楼梯井和楼梯踏面，标注出箭头和折断线符号，绘制结果如图 15-47 所示。

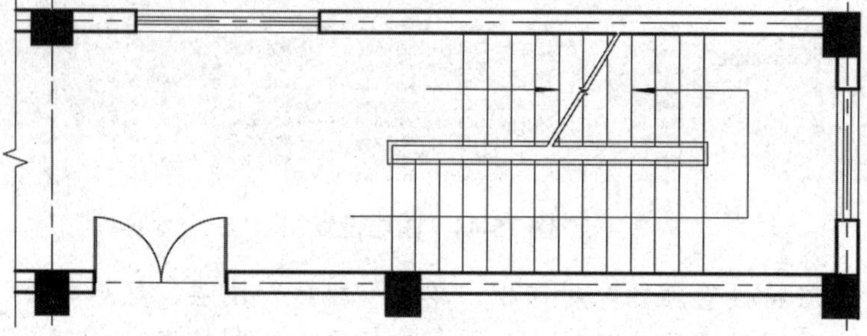

图 15-47 标准层楼梯平面图绘制三

Step 07 将“标注”图层设置为“当前图层”，由于详图的比例为 1∶50，所以此时应选择“标注样式”，在标注特征比例选项下，将使用全局比例设为 50。根据图示标注尺寸、标高、比例及文字说明。结果如图 15-48 所示。

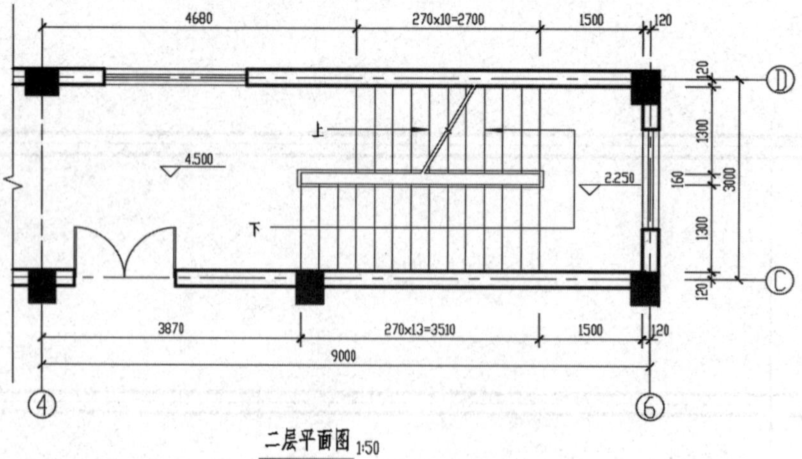

图 15-48 标准层楼梯平面图绘制四

Step 08 楼梯标准层平面图绘制完成后，分别复制一个形成底层楼梯平面图和顶层楼梯平面图的雏形，再根据图示内容进行修改，最终完成结果如图 15-49 所示。

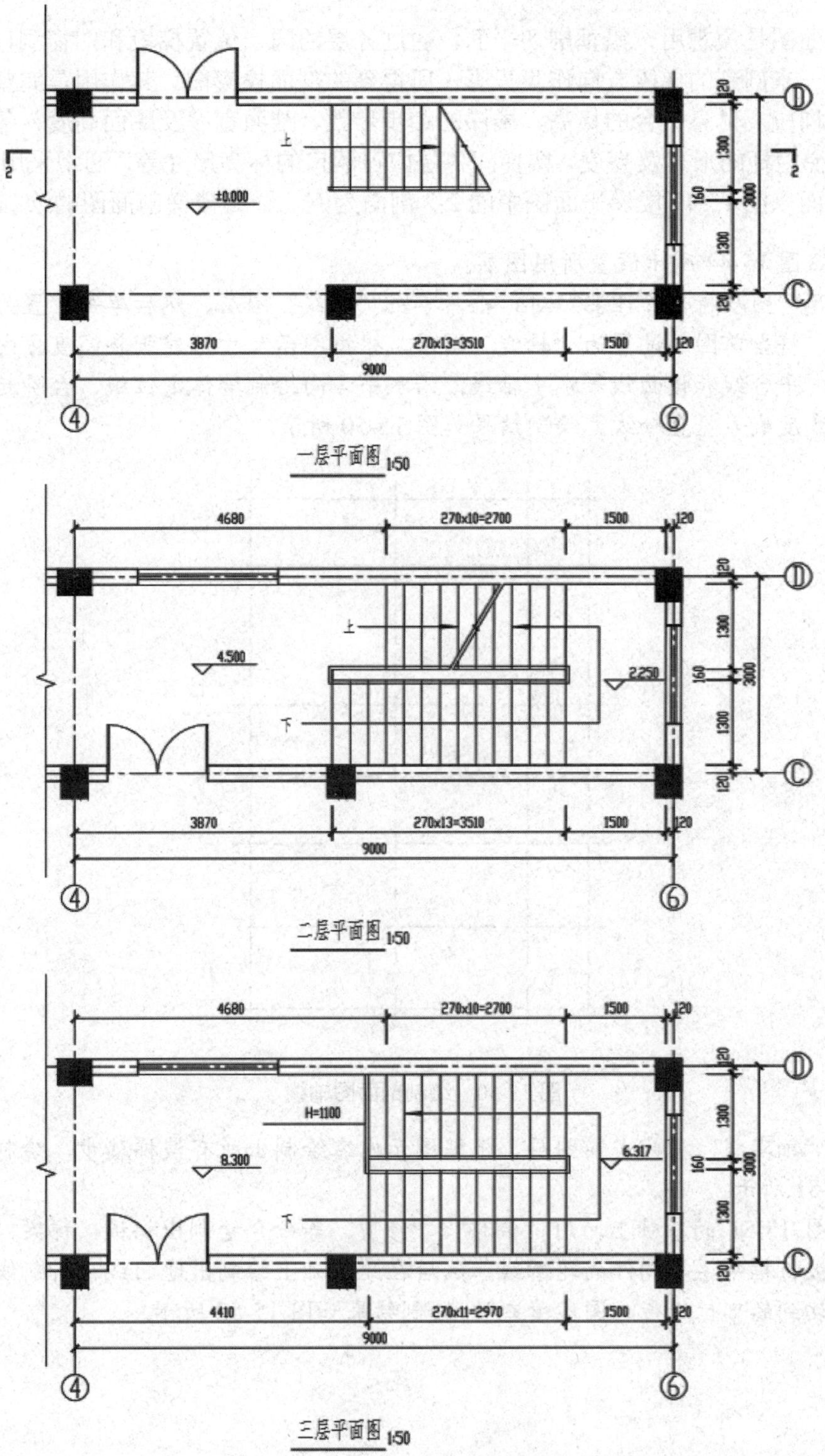

图 15-49　楼梯平面图

15.4.2 楼梯剖面图的绘制

楼梯剖面图是假想用一铅垂剖切平面，通过各层的同一位置梯段和门窗洞口，将楼梯剖切开向另一未剖到的梯段方向作正投影，所得到的剖面投影图。其作用是完整、清晰地表示各层楼梯段及休息平台的标高、楼梯的踏步步数、踏面宽度及踢面高度，各构件的搭接方法，楼梯栏杆的形式及高度，楼梯间各层门窗洞口的标高尺寸等。通常采用 1:50 的比例绘制。下面以图 15-49 楼梯平面图中的 2-2 剖面为例，介绍楼梯剖面图的绘制步骤。

Step 01 按照图 15-44 所示设置所用图层。

Step 02 打开“图层特性管理器”对话框，单击“轴线”图层，然后单击“置为当前”按钮，将当前图层设置为“轴线”图层，根据图示尺寸沿建筑物高度方向绘制地面线、平台线和楼面线等水平轴线；沿水平方向绘制墙体定位线、台阶起步线、平台宽度线等竖直轴线。绘制结果如图 15-50 所示。

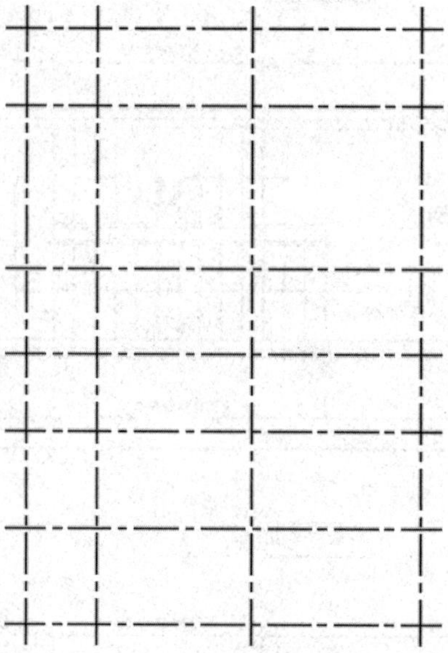

图 15-50 绘制剖面图轴线

Step 03 将“细实线”置为当前图层，根据图示内容绘制出所有楼梯踏步，绘制结果如图 15-51 所示。

Step 04 在图 15-51 的基础上，用“偏移”、“修剪”等命令绘制出梯板、梯梁、平台梁、楼板、框架梁等构件的轮廓线，然后在此基础上绘制出地面线及折断线，并对被剖切到的部位进行“图案填充”，绘制结果如图 15-52 所示。

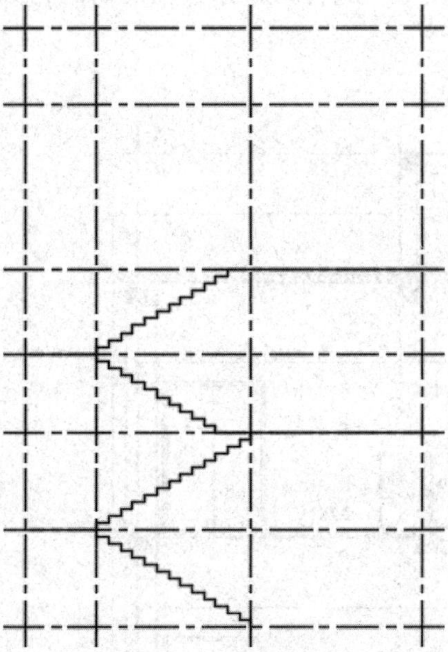

图 15-51　绘制楼梯踏步线图

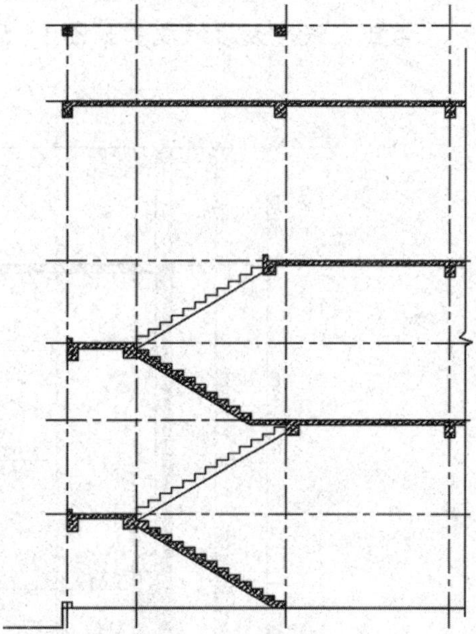

15-52　绘制梯梁、梯板、楼板等

Step 05 将“墙体”置为当前图层，绘制出墙线，并用“修剪”命令修剪出门窗洞口的位置。将“门窗”置为当前图层，绘制门窗。最后在“其他”图层中绘制未剖切到的梁、柱、栏杆等构件，将图样补充完整，如图 15-53 所示。

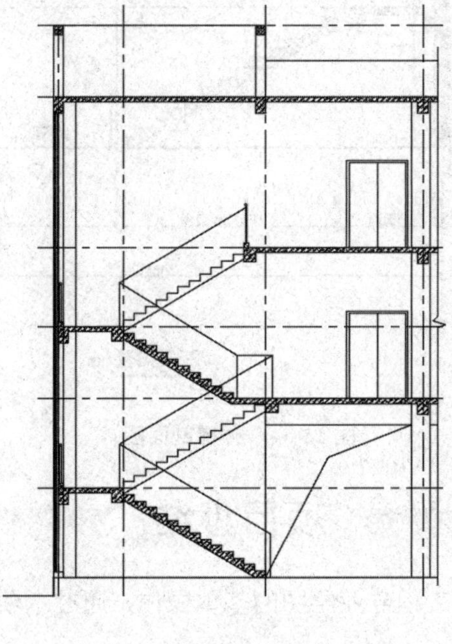

图 15-53　绘制墙体等其他构件

Step 06 将“标注”置为当前图层，绘制尺寸标注及文字说明等。并将剖切到的轮廓线改为粗实线，最后的成果如图 15-54 所示。

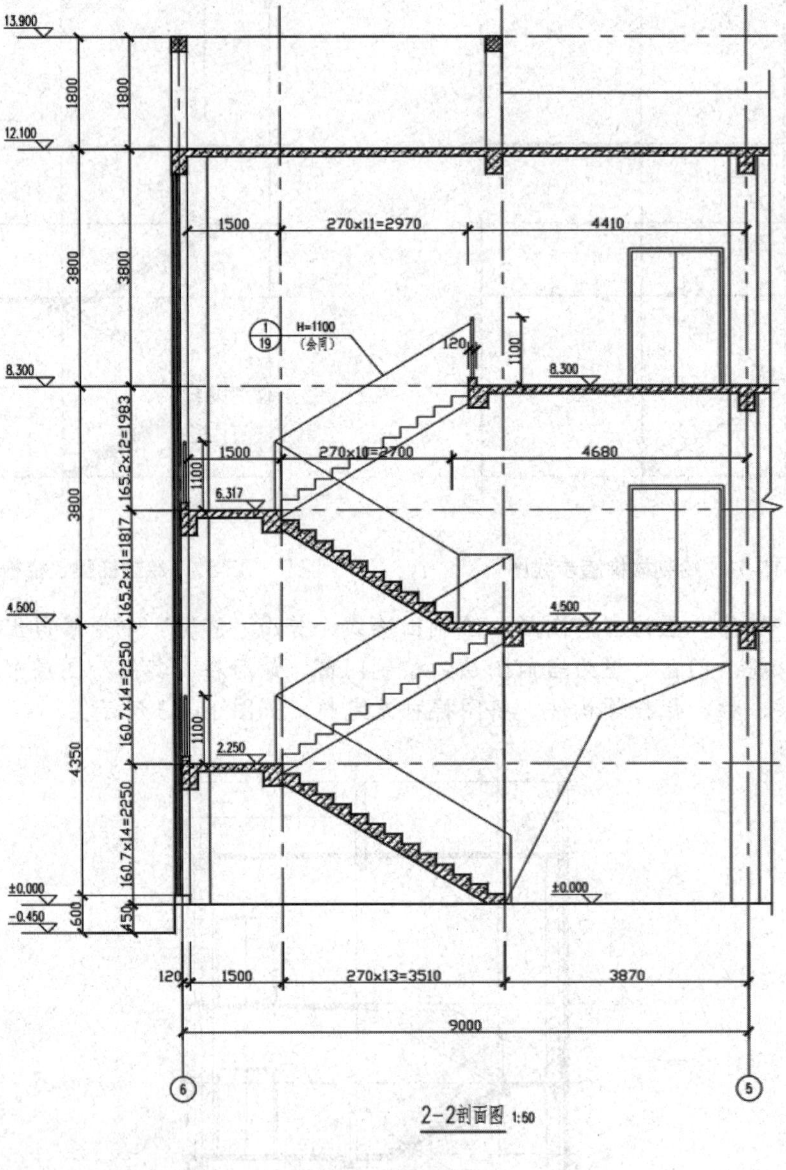

图 15-54　楼梯剖面图

项目小结

本项目主要介绍了建筑工程专业绘图的基本操作，通过本项目的学习，读者应重点掌握以下知识：

（1）了解建筑工程图的组成及内容。

（2）学会建筑工程图的图示特点及绘制要点。

（3）熟练应用建筑施工图绘图方法与技巧。

项目习题

绘制图 15-55 柱平面布置图。

操作提示：

① 进行绘图环境包括文字样式、标注样式的设置。

② 根据图示内容分别设置柱子、标注、轴线、文字说明等图层。

③ 先在“轴线”图层绘制出定位轴线，在此基础上将“柱子”置为当前图层绘制柱子并填充。采用“构造线”“偏移”“修剪”“矩形”“图案填充”等命令。

④ 将“标注”置为当前图层，进行尺寸标注。

⑤在“文字说明”图层注写图样中的文字。

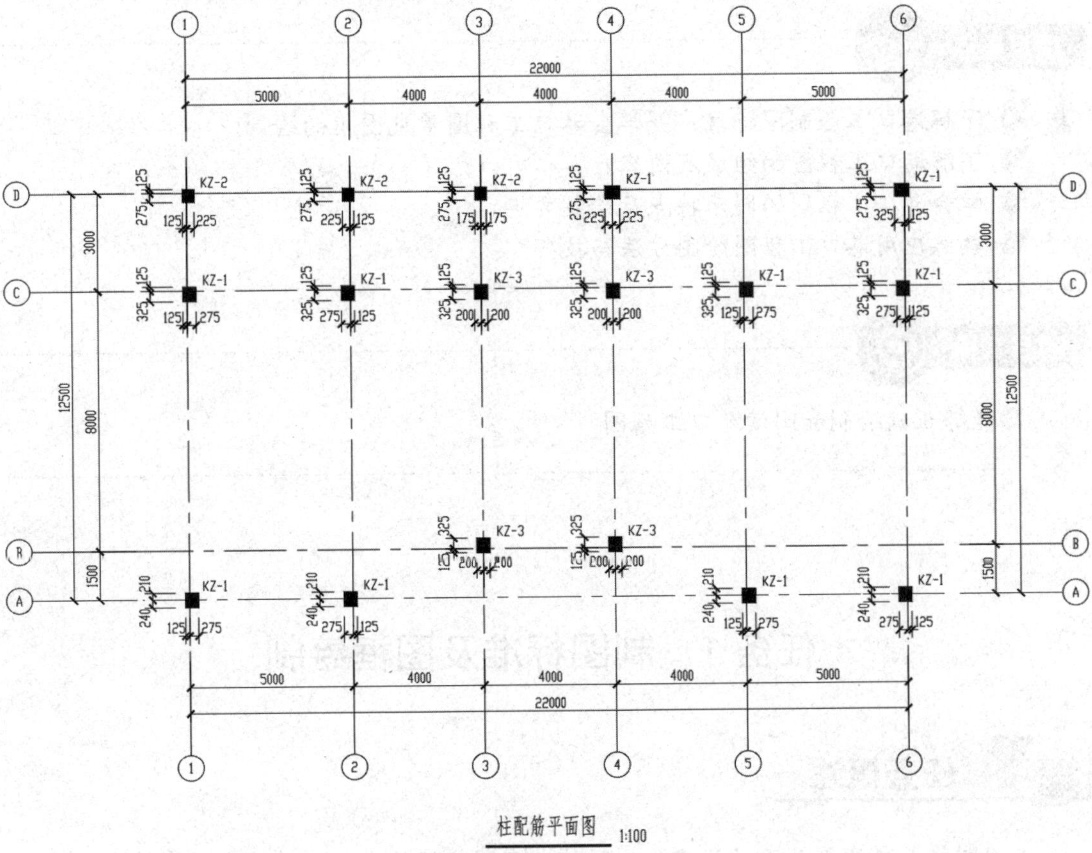

图 15-55　柱平面布置图

项目 16　港航工程图绘制

项目概述

港口工程图是用来表达港口水工建筑物的图样。其内容包括视图、尺寸、图例符号和技术说明等，是反映设计思想、指导施工的重要技术资料。在本项目中，将对常见的港口水工建筑物（码头）及其结构和钢筋图作相关介绍，结合相关例题，进行学习港口工程图中总平面图、横断面图及钢筋图的绘制方法。

项目重点

- 了解港口工程制图标准，并学会港口工程图常见图框的绘制。
- 了解港口工程图的组成及内容。
- 学会港口工程图的图示特点及绘制要点。
- 熟练应用港口工程图绘图方法与技巧。

项目目标

- 能够正确绘制和阅读港口工程图。

任务 1　制图标准及图框绘制

任务概述

工程图样是工程界共同的语言。为了使工程图样规格统一，以便生产和技术交流，要求绘制图样必须遵守统一的规定，即制图的中华人民共和国国家标准，简称国标，用 GB 或 GB/T（GB 是强制性国家标准，GB/T 是推荐性国家标准）表示，通常统称为制图标准。通过绘制常用的（如水利工程、港口工程、道路工程等）图框，保存为 CAD 图或 CAD 图形样板文件，以备在后继专业绘图中应用。

任务重点与实施

16.1.1　制图的基本标准

1．图纸幅画、图框及标题栏

（1）图纸幅画。图幅是指图纸的幅面大小，也就是指图纸本身的大小规格。图纸幅画应优先采用表16-1中规定的基本幅画。必要时，应按规定加长幅画，其长边由基本幅画的短边成整数倍增加后得出。

表16-1　基本幅画及图框尺寸　　单位：mm

尺寸代号	幅面代号				
	A0	A1	A2	A3	A4
$b \times l$	1189×841	841×594	594×420	420×297	297×210
c	10			5	
a	25				

（2）图框。图框是图纸上表示绘图范围的边线。每一张图纸都必须用粗实线绘制出图框线。图样只允许绘制在图框线以内。需要装订的图纸，图框线由装订边 a 和非装订边 c 来确定，如表16-1和图16-1所示。

（3）标题栏。标题栏应布置在图框内的右下角（见图16-1）。图标的外框线为粗实线，图标内分格线为细实线。标题栏的格式及项目一般由设计单位自定。学校制图作业中的标题栏可采用图16-2所示的格式和尺寸。

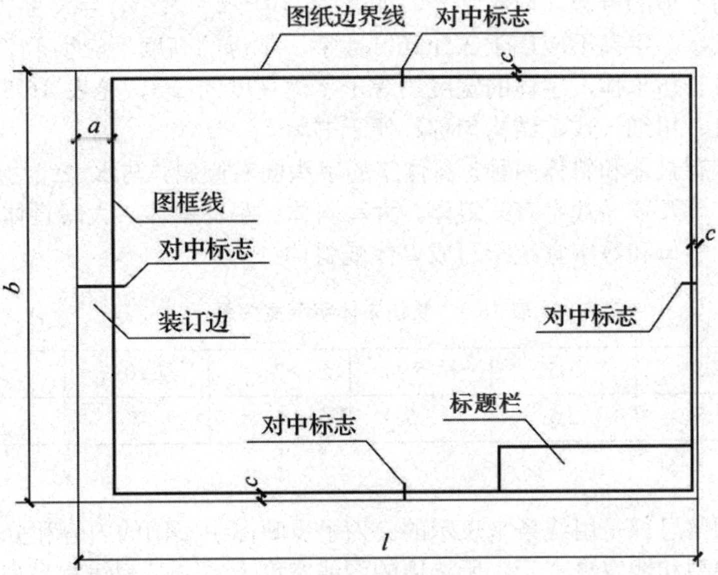

图16-1　图纸幅画格式

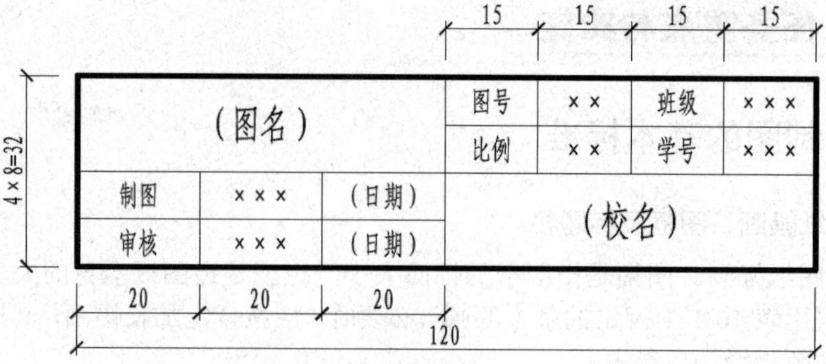

图 16-2　作业用标题栏

2．比例

图形与实物相对应的线性尺寸之比称为比例。比例符号应以“:”表示，例如 1:50、1:100 等。绘制图样时，宜选用表 16-2 所示所规定的比例，并优先选用常用比例。

注意：不论采用何种比例，图形中所标注的尺寸数值必须是实际尺寸。

表 16-2　绘图所用的比例

常用比例			可用比例				
1∶1 1∶1×10^n	1∶2 1∶2×10^n	1∶5 1∶5×10^n	1∶1.5 1∶1.5×10^n	1∶2.5 1∶2.5×10^n	1∶3 1∶3×10^n	1∶4 1∶4×10^n	1∶6 1∶6×10^n

3．字体

图样中书写的汉字、数字、字母等均应做到字体端正、笔划清楚、排列整齐、间隔均匀。字的大小用字体的号数（简称字号，如表 16-3 所示）表示，字号系指字体的高度。

图样中的汉字，字高不应小于 3.5mm，数字、字母的高度不应小于 2.5mm。

汉字应写成长仿宋体，字体的宽度约等于字体高度的 2/3，见表 16-3。长仿宋字的特点是：笔划挺直、粗细一致、结构匀称、便于书写。

阿拉伯数字有直体和斜体两种，斜体字的字头向右倾斜，与水平线约成 75° 角。工程图样中的拉丁字母及罗马数字有：斜体、大写斜体、小写斜体、大写直体、小写直体。在同一张图纸中，字母和数字宜统一写成直体或斜体。

表 16-3　长仿宋体字高宽关系　　单位：mm

字　高	2.5	3.5	5	7	10	14	20
字　宽	1.8	2.5	3.5	5	7	10	14

4．图线

工程图中的信息都是用线条来表示的。为了反映图中不同的内容和分清主次，图线必须采用不同的线型和线宽来表示。所选用的图线宽度 b 宜从下列线宽系列中选取：0.18、0.25、0.35、0.50、0.70、1.00、1.40、2.00mm。

图线有粗、中、细三种线宽，线宽比为 1:0.5:0.35。常用线型如表 16-4 所示。

表 16-4　常用线型表

名称	线型	线宽	主要用途
粗实线		b	主要可见轮廓线、钢筋、分缝线等
中虚线		$0.5b$	不可见轮廓线
细实线		$0.35b$	尺寸线、尺寸界线、指引线等
细点画线		$0.35b$	中心线、对称性、定位轴线等
细双点划线		$0.35b$	假想线、规划线等
折断线		$0.35b$	构件断裂边界线
波浪线		$0.35b$	断裂边界线、分层断裂线

5．尺寸标注

图样上的尺寸，应以数字为准。高程、坐标、总平面图及工艺图的尺寸应以米（m）为单位，其余均应以毫米（mm）为单位，在图中不需标注计量单位。

图样中所标注的尺寸，应正确、清晰、完整、满足设计和施工的要求。

（1）尺寸的组成

完整的尺寸由尺寸界线、尺寸线、尺寸起止符号及尺寸数字等要素组成，如图 16-3 所示。

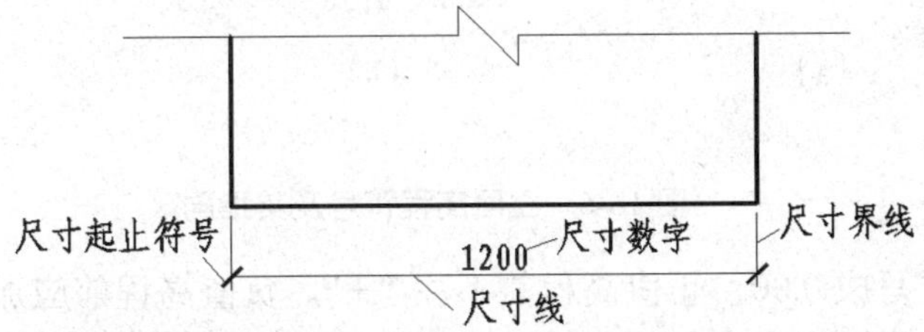

图 16-3　尺寸的组成

尺寸界线：用细实线绘制，并应从图形的轮廓线、轴线或中心线引出，可利用轮廓线、轴线或中心线作为尺寸界线；尺寸界线与轮廓线之间宜留有不小于 2mm 的空隙；尺寸界线应与尺寸线垂直，宜超出尺寸线 2～3mm。

尺寸线：用细实线绘制，不得中断，并应与所标注的线段平行；尺寸线应单独绘制，任何其他图线都不得作为尺寸线；在尺寸线的起、止处，尺寸线不应超出尺寸界线。

尺寸起止符号：宜用细的短斜线绘制，其倾斜方向应与尺寸界线成顺时针方向 45° 角，长度约为 3mm。尺寸起止符号亦可用箭头表示，但全图应一致。

尺寸数字：不应被任何图线或符号所通过，当无法避免时，应将图线或符号断开。

（2）常用尺寸的规定注法

常用尺寸标注包括线性尺寸、圆和圆弧尺寸、球面尺寸、弧长弦长尺寸、角度尺寸、坡度和高程等的标注。

①坡度的注法。标注坡度时，宜按图 16-4 的形式标注。当坡度较缓时，宜按图 16-5 的形式用单边箭头标注，箭头指向下坡方向。

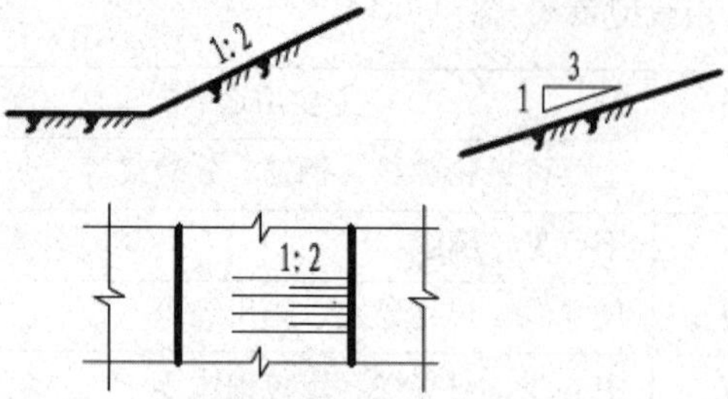

图 16-4　坡度的注法

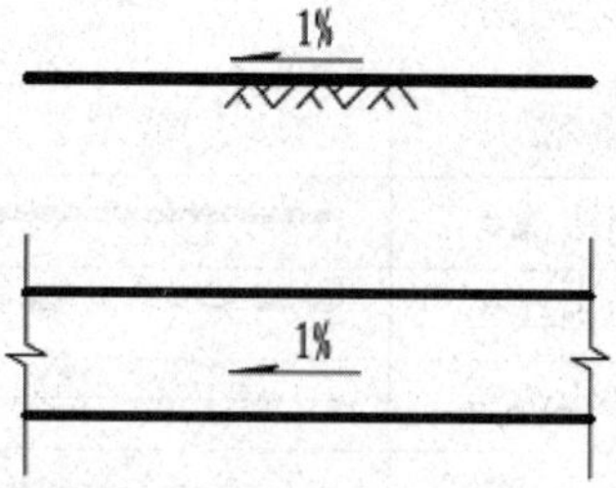

图 16-5　缓坡的注法

②高程的注法。港口工程图样中标注的高程宜采用绝对高程，高程的注法规定如下：

在平面图上标注高程时，在高程数字前应加画符号“⊕”，符号圆的直径宜为 3～5mm，并用细实线绘制。

在立面图上标注高程时，在高程数字前应加画符号“▽”，符号用细实线绘制，其规格如图 16-6（a）所示。三角形的尖端应与被标注轮廓线（或引出线）接触，且一般向下指，必要时可以向上，如图 16-6（b）和图 16-6（c）所示。

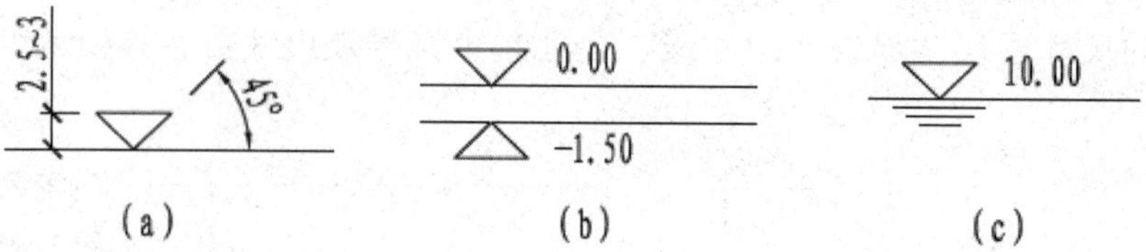

图 16-6　立面高程符号及其指向

零点高程应注写成 0.00，正值高程前不注“+”，负值高程前应加注“-”。

高程数字应水平注写在高程符号的右侧。

当图形的位置较小时，可将高程符号引出标注，如图 16-7 所示。

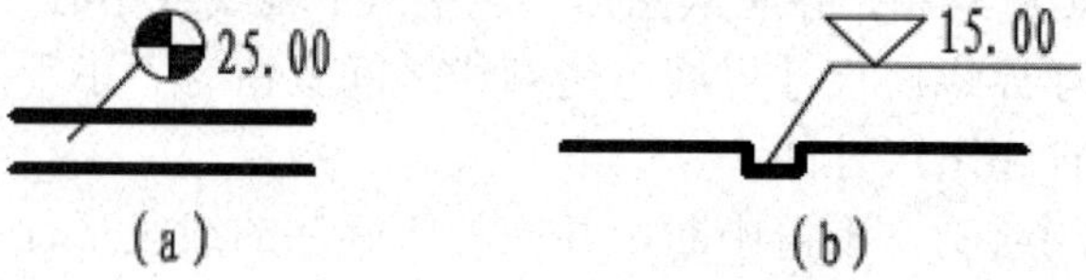

图 16-7　高程符号引出注法

（3）简化注法

共用引出线标注多层结构的尺寸时，引出线应通过并垂直被引的各层，文字说明和尺寸数字宜水平书写，且由上至下依次标注，如图 16-8 所示。

等间距连续排列的尺寸“可用个数×间距=总长”的形式标注，构件上均匀分布相同构造，可只在其中一个要素上注出其尺寸和数量，如图 16-9 所示。

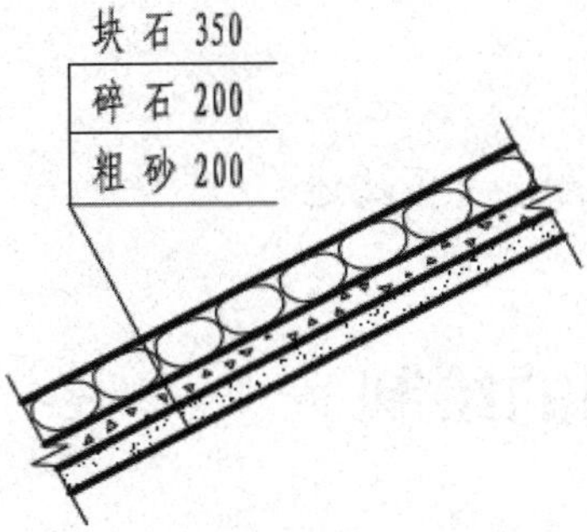

图 16-8　多层结构尺寸注法

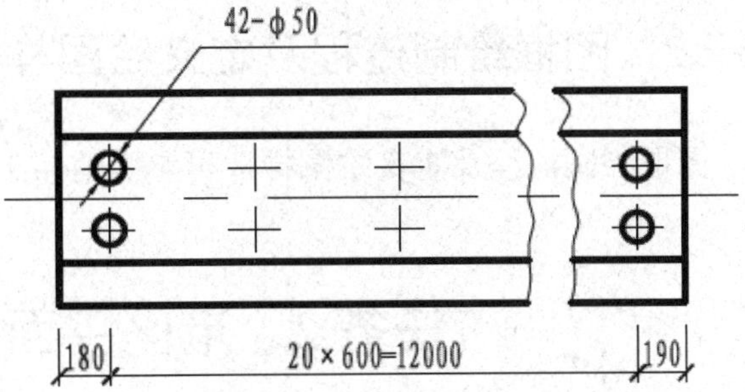

图 16-9　等间距连续排列尺寸注法

6．常用工程材料图例

在图样上绘制工程材料符号时，应按表 16-5 规定的图例绘制。其他图例详见《港口工程制图标准》（JTJ206-96）如表 16-5 所示，表中未列的材料符号，可自定图例，并予以文字说明，但不得与表中所列图例重复。断面图形面积较大时，材料图例不必画满，可局部表示或只沿轮廓的周边画出。

表 16-5　常用工程材料图例

序号	名称	图例	说明
1	液体	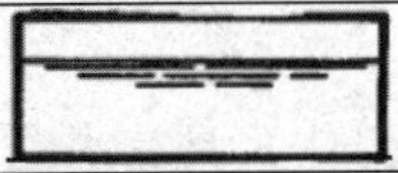	水以外的液体应注写名称
2	素混凝土		
3	钢筋混凝土	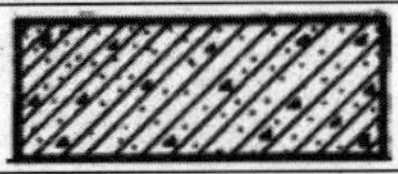	
4	金属	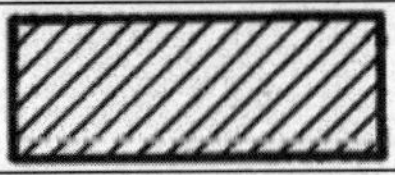	包括各种金属
5	岩石	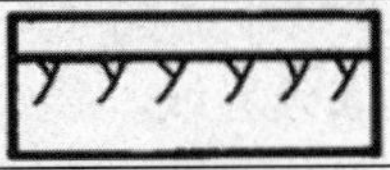	包括各种岩石地面
6	自然土壤		
7	夯实土壤		
8	堆石、抛石		包括卵石、砾石
9	浆砌块石		
10	土工织物		

16.1.2 图框绘制流程及定义绘图样板

图框绘制流程及定义绘图样板可参照道路工程专业绘图，不再赘述。

任务2 港区平面布置图的绘制

任务概述

通过知道港区平面布置图的组成，应用港区平面布置图图示特点，结合相关图例，掌握绘制方法与技巧，从而绘制平面布置图。

任务重点与实施

16.2.1 港区平面布置图的组成及内容

1．定义

港口是位于海、江、河、湖、水库沿岸，具有水路联运设备以及条件供船舶安全进出和停泊的运输枢纽，是水陆交通的集结点和枢纽，工农业产品和外贸进出口物资的集散地，船舶停泊、装卸货物、上下旅客、补充给养的场所。港口主要由水域、码头和陆域组成。

总平面图，即“总体布置图”，按一般规定比例绘制，表示建筑物、构筑物的方位、间距以及道路网、绿化、竖向布置和基地临界情况等。图上有指北针，有的还有风玫瑰图。

2．组成

港区平面布置图中包括：港区各建筑物平面图（码头、防波堤，辅助设施、道路、桥涵、边坡、运输设施，场地、堆场、区域分界线，装卸机械轨道，绿化区域等）；地形等高线；测量坐标网、坐标值；指北针或风玫瑰图，波浪玫瑰图；主要建筑物的中心线、定位线、定位尺寸；主要控制点坐标等。

（1）保留的地形和地物。

（2）场地范围的测量坐标（或定位尺寸）：应在说明栏中注写坐标及高程系统名称。

（3）建筑物的位置：主要建筑物应标注坐标；其中，新建的码头、防波堤等港区主要建筑物采用粗实线，辅助设施、道路、场地、堆场、区域分界线，装卸机械轨道等采用中粗实线。

（4）码头面、防波堤顶面、港区中主要道路路面、堆场及施工高程控制，应分别注记高程。

（5）港区平面布置图中宜画出辅助建筑区的位置和区域，并用文字标明。辅助设施宜以图例表示，必要时就近加以文字说明。

16.2.2　港区平面布置图的绘制方法

下面以某港区港池平面位置图（见图 16-10）为例，绘制港区平面布置图。港区总体布局如下。

陆域：陆域规划布置主要分为码头作业区和后方功能区，包括码头作业区，仓库堆场区，生产辅助区，交易、行政、生活区等；

水域：港池有北港池和南港池。

1．设置绘图比例

在总平面图中，绘制港区总体布置图时，一般情况下可选 1:1000、1:2000、1:5000 或 1:10000，在设计前应定好绘图比例。本例采用比例为 1:2000，选用 A0×2 图幅。

2．确定线型和线宽

图线宽度宜根据图样的复杂程度和比例选择三种或两种线宽绘制。总平面图中图样复杂，本例选择三种线宽进行绘制，采用粗线：中粗线：细线的比例为 4:2:1。

新建的码头、防波堤等港区主要建筑物的轮廓线采用粗实线（b）；辅助设施、道路、场地、堆场、区域分界线，装卸机械轨道等采用中粗实线（$0.5b$）；尺寸线、指引线、等高线、绿化区轮廓线等采用细实线（$0.25b$）；建筑构造及构配件不可见轮廓线采用细虚线（$0.25b$）；建筑物、航道轴线、中心线、对称线采用细点画线（$0.25b$）；总规划区域边界线采用粗双点划线（b）。本例所选用的图线宽度 b 为 1.00mm。

3．设置图层

根据所确定的线型和线宽，在图层管理器中，设置“粗实线”图层的线宽为 1.00mm，“中粗实线”图层的线宽为 0.50mm，“细实线”图层的线宽为 0.25mm，“标注”图层的线宽为 0.25mm，“图框线”图层的线宽为 1.00mm，线型均为“Continuous”；设置“中心线”图层的线宽为 0.50mm，线型为“CENTER”；设置“虚线”图层的线宽为 0.25mm，线型为“DASHED”；设置“双点划线”图层的线宽为 1.00 mm，线型为“PHANTOM”。同时将各图层设置成不同的颜色。其余图层根据需要自行设置，上述图层名称也可自行根据图线应用部位命名。

4．设置文字样式

新建文字样式，命名为“汉字”，字体选用“仿宋_GB2312”，字体样式为“常规”，字高为“7mm”，宽度比例取“0.75”，其余参数均为默认设置。

新建文字样式，命名为“数字”，字体选用“仿宋_GB2312”，字体样式为“常规”，字高为“5mm”，宽度比例取“0.75”，其余参数均为默认设置。

5．设置标注样式

新建标注样式，命名为“标注”，文字样式选“数字”，文字位置从尺寸线偏移“1”；箭头样式为“建筑标记”、大小为“3”；尺寸界线超出尺寸线为“3”，起点偏移量为“2”；测量比例因子为“1”，主单位设置为“小数”，精度为“0.00”；其余参数均为默认设置。注意：总平面图中标注的尺寸以米（m）为单位。

6．港区平面布置图的绘制步骤

根据所给的地形图（比例为1:2000），结合主要控制点坐标，确定规划区域边界线、主要建筑物轮廓线、道路中心线的位置。根据建筑物各部位尺寸、间距，绘制其轮廓线，并绘制辅助设施、道路、场地、堆场、区域分界线。

Step 01 定控制点，绘制基准线。根据规划线的控制点，绘制规划区域边界线；在“双点划线”图层，使用直线命令“Line”进行绘制。根据港池轮廓线的控制点，绘制港池轮廓线；在“粗实线”图层，使用直线命令“Line”进行绘制。根据道路中心线的控制点，绘制道路中心线；在“中心线”图层，使用直线命令“Line”绘制道路的中心线。

Step 02 画图顺序。先画主要部分，后画次要部分，最后画细部结构。

Step 03 标注尺寸。将“标注”图层、“标注”标注样式置为当前，进行尺寸标注。

Step 04 画建筑材料图例，填充。在“细实线”图层进行填充或绘制图例，填充时注意调整使用合适的填充比例。

Step 05 标注文字。根据总平面图实际情况绘制后，添加图形必要的文字和相关说明。

Step 06 绘制图框。填写标题栏相应内容，整饰整个图纸，成图。

Step 07 完成的港区平面布置图如图16-10所示（因图纸大小关系，图中显示的文字及相关注释尺寸有作调整，且细节部分有省略），绘制总平面图的主要命令如表16-6所示。

表16-6　绘制码头横断面的主要命令

标题	主要内容	主要命令或操作
港区平面布置图	图纸边界线	RECtang（矩形）
	图框	RECtang（矩形）、Line（直线）、EXtend（延伸）、Offset（偏移）
	基准线	Line（直线）
	轮廓线	Line（直线）、PLine(多段线)、Fillet（圆角）、Arc（圆弧）、Offset（偏移）
	标注、图例	Line（直线）、Circle（圆）
	文字与说明	dText（单行文字）、mText（多行文字）、Rotate（旋转）

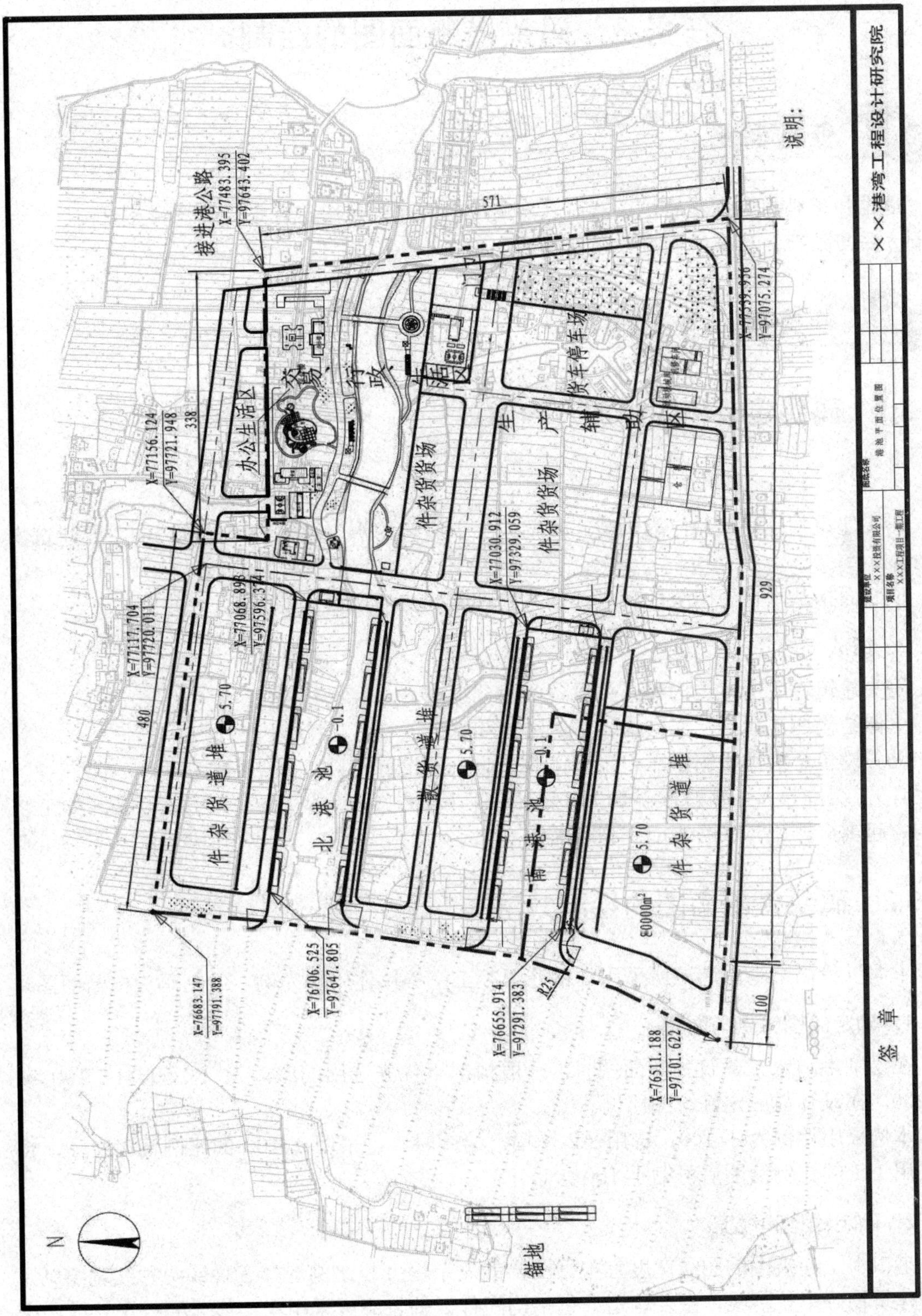

图 16-10　港区平面布置图

任务 3　码头横断面图的绘制

任务概述

通过知道码头建筑物的组成及内容，应用码头建筑物图示特点，结合相关图例，掌握绘制方法与技巧，从而绘制码头横断面图。

任务重点与实施

16.3.1　码头建筑物的组成及内容

1．定义

码头建筑物是供船舶停靠、装卸货物或上下旅客的水工建筑物，是港口的主要建筑物之一。

横断面指从垂直于码头的轴心线的方向切断码头后所露出的表面。

2．组成

码头建筑物由主体结构和码头设备两部分组成。

主体结构通常包括上部结构、下部结构和基础。

码头设备是指供船舶系靠和装卸作业在码头上设置的设备，包括系船设备（如系船柱、系船环），缓冲设备（如橡胶护舷），安全设备（如系网环、护轮槛），工艺设备（如工艺管沟、起重机轨道与铁路轨道）和路面等。

16.3.2　码头横断面图的绘制方法

下面以我国某港西港池所采用的钢筋混凝土空心块体码头为例，绘制码头横断面图。

1．确定绘图比例与图幅

在绘制港口水工建筑物断面图时，一般情况下优先选用的比例为 1∶50、1∶100 或 1∶200，在设计前应定好绘图比例。

本例采用比例为 1:100，选用 A2 图幅。绘图时，可采用 1:100 的比例直接绘图，也可采用 1:1 的比例绘图后再缩小 100 倍。

2．确定线型和线宽

港口水工建筑图的图线宽度宜根据图样的复杂程度和比例选择三种或两种线宽绘制。

建筑物外形轮廓线，主要构造（包括构配件）的轮廓线采用粗实线（b）；尺寸线、指引线、剖面线、示坡线、填充等采用细实线（$0.35b$）；建筑构造及构配件不可见轮廓线采用细虚线（$0.35b$）；中心线、对称线采用细点画线（$0.35b$）；构件断裂边界线采用折断线

（0.35*b*）。本例所选用的图线宽度 *b* 为 0.50mm。

3．设置图层与线型

根据所确定的线型和线宽，在图层管理器中，设置“轮廓线”图层的线宽为 0.50mm，“细实线”图层的线宽为 0.18 mm；“标注”图层的线宽为 0.18mm；“填充”图层的线宽为 0.18mm；“图框线”图层的线宽为 1.00mm，线型均为“Continuous”；设置“中心线”图层的线宽为 0.18mm；线型为“CENTER”，设置“虚线”图层的线宽为 0.18mm；线型为“DASHED”。同时将各图层设置成不同的颜色。在线型管理器中，设置全局比例因子为 0.4。

4．设置文字样式

新建文字样式，命名为“文字”，字体选用“仿宋_GB2312”，字体样式为“常规”，字高为“3.5”，宽度比例取“0.7”，其余参数均为默认设置。（1:1 绘图时，字高取“350”。）

新建文字样式，命名为“标注”，字体选用“仿宋_GB2312”，字体样式为“常规”，宽度比例取“0.7”，其余参数均为默认设置。

5．设置标注样式

采用 1:100 绘图:：新建标注样式，命名为“100”，文字样式选“标注”，文字高度为“3.5”，箭头样式为“实心闭合”、大小为“3.5”，尺寸界线超出尺寸线为“2”，测量比例因子为“100”，主单位设置为“整数”，其余参数均为默认设置。

采用 1:1 绘图：新建标注样式，命名为“1”，文字样式选“标注”，文字高度为“350”，箭头样式为“实心闭合”、大小为“350”，尺寸界线超出尺寸线为“200”，测量比例因子为“1”，主单位设置为“整数”，其余参数均为默认设置。

6．码头横断面的绘制步骤

码头横断面的绘制步骤如下。

Step 01 绘制基准线。在“中心线”图层，使用直线命令“Line”绘制码头横断面的中心线。在“轮廓线”图层，使用直线命令“Line”绘制码头横断面的主要轮廓线。

Step 02 画图顺序。先画主要部分，后画次要部分，最后画细部结构。

Step 03 标注尺寸。将“标注”图层、“100”标注样式（1∶100）或“1”标注样式（1∶1）置为当前，进行尺寸标注。

Step 04 画建筑材料图例，填充。在“填充”图层进行填充或绘制图例，填充时注意调整使用合适的填充比例。

Step 05 标注文字。根据码头实际情况绘制后，添加图形必要的文字和相关说明。标注坡度时，用旋转命令“Rotate”使文字方向与坡度齐平。注意：图名宜采用大一号字体表示，可通过“特性”修改特定对象字高。

Step 06 缩放图形（采用 1∶1 比例绘图时）。用“scale”命令，输入比例因子 0.01，缩小 100 倍。注意：设置“1”标注样式中的测量比例因子为“100”，使用全局比例为“0.01”。

Step 07 插入图框。整饰整个图纸，成图。

码头横断面绘制实例如图 16-11 所示，完整码头横断面如图 16-12 所示（因图纸大小关系，图中显示的文字及图框尺寸有作调整），绘制横断面图的主要命令如表 16-7 所示。

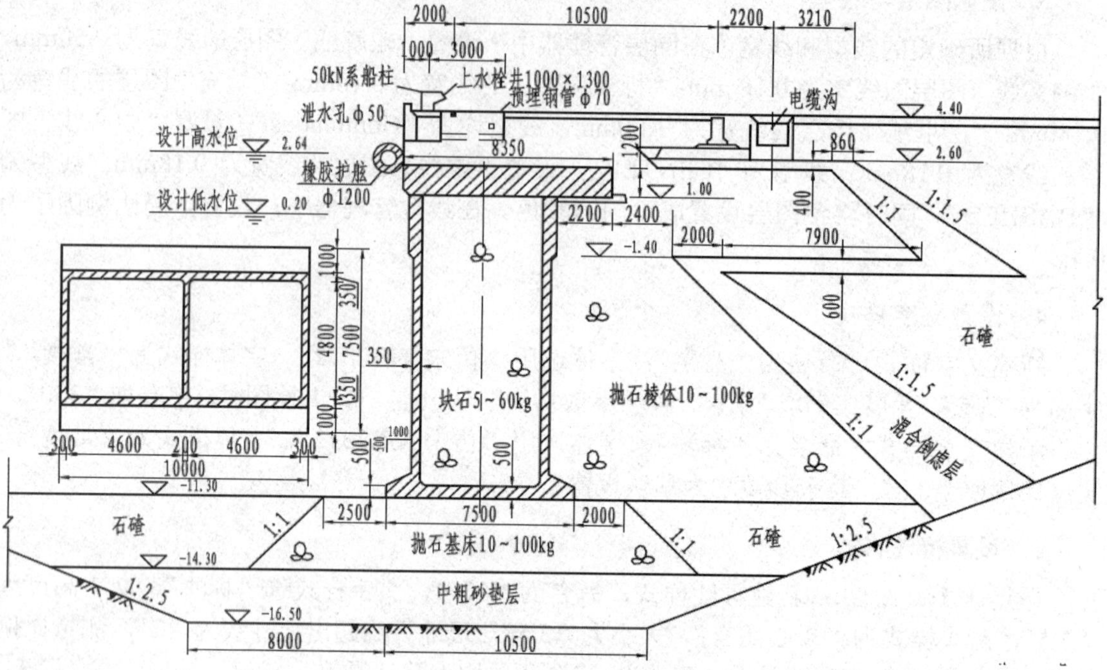

图 16-11　码头横断面

表 16-7　绘制码头横断面的主要命令

标题	主要内容	主要命令或操作
码头横断面图	图纸边界线	RECtang（矩形）
	图框	RECtang（矩形）、Line（直线）、EXtend（延伸）、Offset（偏移）
	基准线	Line（直线）
	轮廓线	Line（直线）、Mirror（镜像）、RECtang（矩形）
	图例	Line（直线）、Rotate（旋转）
	折断线	PLine(多段线)
	文字与说明	dText（单行文字）、mText（多行文字）、Rotate（旋转）

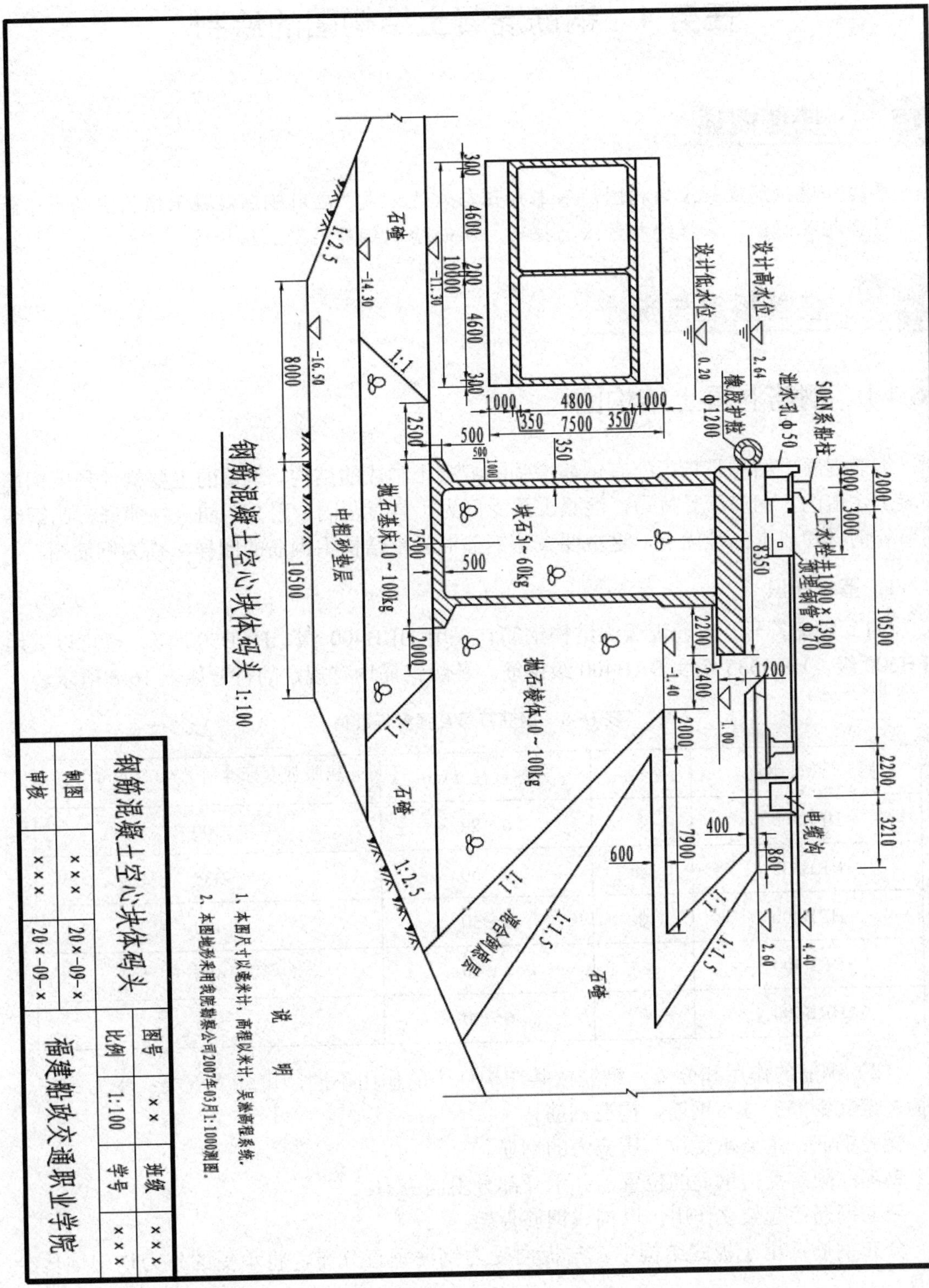

图 16-12　码头横断面图

任务 4　钢筋混凝土结构图的绘制

任务概述

通过知道钢筋混凝土结构图的基本知识与表达方式，应用钢筋混凝土结构图的图示特点，结合相关图例，掌握绘制方法与技巧，从而绘制钢筋混凝土结构图。

任务重点与实施

16.4.1　钢筋混凝土结构图

钢筋混凝土结构是指用配有钢筋增强的混凝土制成的结构。承重的主要构件是用钢筋混凝土建造的，钢筋承受拉力，混凝土承受压力，具有坚固、耐久、防火性能好、比钢结构节省钢材和成本低等优点。这主要表达钢筋混凝土结构中钢筋的图样，称为钢筋图。

1．基本知识

（1）钢筋符号。普通混凝土结构钢筋宜采用 HRB400 级、HRB500 级，也可以采用 HPB300 级、HRB335 级和 RRB400 级钢筋。各级钢筋均有规定的符号如表 16-8 所示。

表 16-8　钢筋符号及强度标准值

种类（热轧钢筋）	符号	公称直径 d/mm	屈服强度标准值 f_{yk}/（N/mm^2）
HPB300	Φ	6～22	300
HRB335	Φ	6～50	335
HRB400	Φ	6～50	400
RRB400	Φ^R	8～40	400
HRB500	Φ	6～50	500

（2）钢筋的作用和分类。钢筋按其在构件中的作用不同，可分为五类：受力钢筋、钢箍、架立钢筋、分布钢筋、构造钢筋。

受力钢筋：主要承受拉、压应力的钢筋。

钢箍：固定受力钢筋的位置，并承受部分斜向应力。

架立钢筋：起架立作用，以构成钢筋骨架。

分布钢筋：用于板式结构中，与板内受力钢筋垂直分布，将承受的外力均匀地传给受力。

构造钢筋：因构造要求或施工安装需要而配置的钢筋。

（3）钢筋端部的弯钩。为了加强钢筋和混凝土的凝结力，钢筋外形为光圆时，需将其两端加工成弯钩。带纹钢筋两端可不做弯钩。弯钩的常见形式和画法如图 16-13 所示。

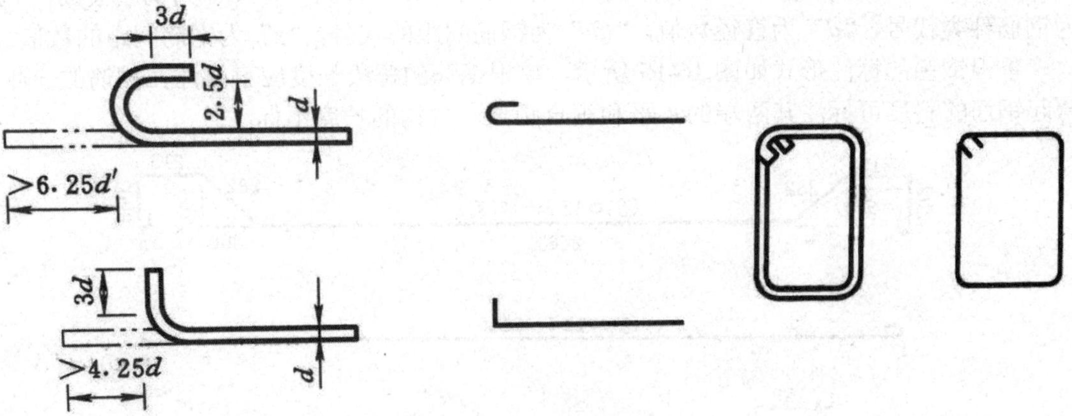

图 16-13　弯钩的形式和画法

（a）半圆弯钩；（b）直弯钩；（c）钢箍的弯钩

2．钢筋图的图示法

钢筋图主要用于表达构件中钢筋的位置、规格、形状和数量，即表达的重点为钢筋，由此形成钢筋图的图示特点。

（1）钢筋图的表达。钢筋图通常由构件立面图、平面图和剖面图等组成。钢筋图一般采用全剖，必要时也可采用半剖、阶梯剖或局部剖等画法（如图 16-14 所示的立面图为半剖视图）。对于配筋较复杂的构件，除上述视图外，通常还有钢筋详图和钢筋表。

（2）钢筋图的图示特点。为了在钢筋图中突出钢筋，钢筋图具有如下特点：①构件的外形用细实线表示，钢筋用粗实线绘制；②在剖面图中，钢筋的截面用小黑圆点表示；③剖视图、断面图中不画混凝土材料图例，将其假想为透明体。如图 16-14 所示。

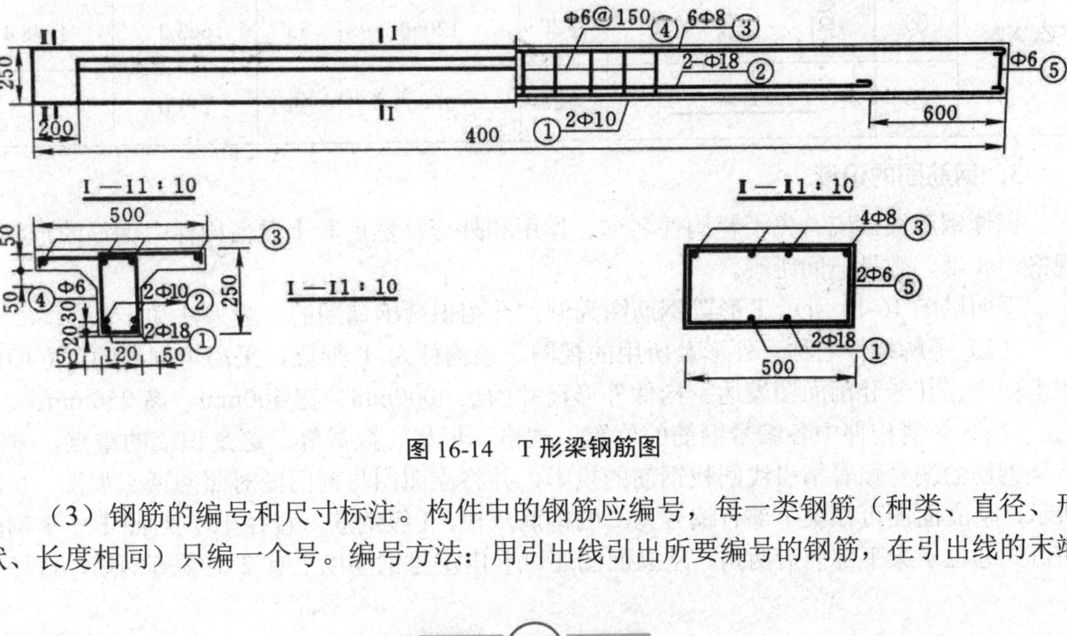

图 16-14　T 形梁钢筋图

（3）钢筋的编号和尺寸标注。构件中的钢筋应编号，每一类钢筋（种类、直径、形状、长度相同）只编一个号。编号方法：用引出线引出所要编号的钢筋，在引出线的末端画一细实线圆，在圆圈内填写编号数字。立面图中弯起钢筋的编号，可注在其上方的圆圈或大半圆圈内，引出线指向表示钢筋的粗实线时，应画 45° 的短线，当不致引起误解时可不画短线。如图 16-14 所示，钢筋标注对应于“$n\ \phi d @ s$”，其中，“n”为钢筋根数，“ϕ”为钢筋种类代号，“d”为直径数值，“@”为钢筋间距的代号，“s”为钢筋间距的数值。

单根钢筋的标注形式如图 16-15 所示，单根钢筋的每段长度应直接注在钢筋的一侧，弯起钢筋的斜度可标注其两端的水平和垂直距离，弯钩的长度不标注。

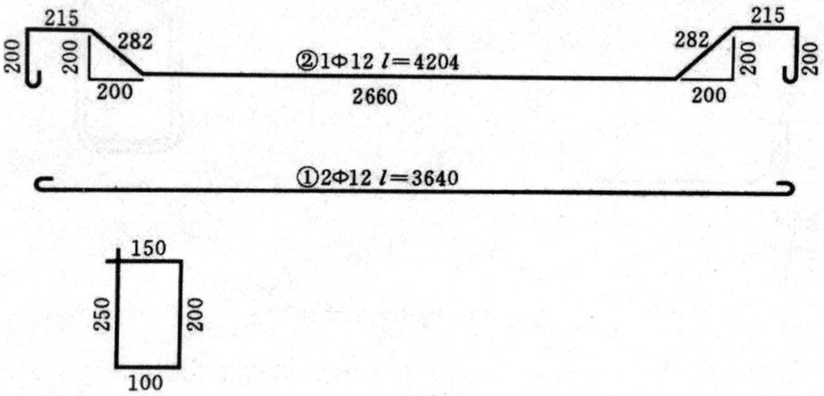

图 16-15　单根钢筋的标注

（4）钢筋表。为了便于统计钢筋用量，编制施工预算，每套钢筋图应附有钢筋表，说明钢筋的编号、直径、形式、规格、根数、长度等，如表 16-9 所示。

表 16-9　钢筋表

构件名称	编号	简图		单根长/mm	根数	总长/m	总重/kg
沉箱 ZCX2	①	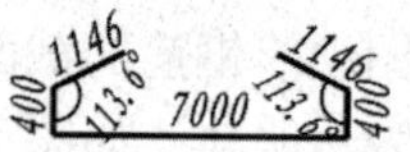	Φ20	10092	37	373.4	922.3
	②	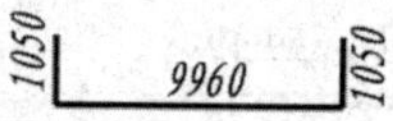	Φ20	12060	35	663.3	1638.4
	③	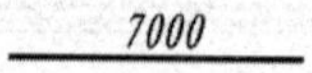	Φ20	7000	19	133.0	328.5

3．钢筋图的识读

识读钢筋图，应首先了解构件名称、作用和外形，然后着重看懂构件中钢筋的形状、规格、长度、数量、间距等。

下面以图 16-14 所示 T 形梁钢筋图为例，介绍识读钢筋图的一般方法和步骤。

（1）了解构件名称、外形及所用的视图。该构件为 T 形梁，采用半剖视的正立面图和 Ⅰ—Ⅰ、Ⅱ—Ⅱ 剖面图表达。构件外形尺寸为长 4000mm、宽 500mm、高 250mm。

（2）弄清构件中各编号钢筋的位置、规格、形状、数量等，这是识读的重点。方法是从钢筋的编号顺着指引线回找钢筋的投影，并将立面图与剖面图对照阅读。如图 16-14 所示，从立面图可知梁下部有编号为①的钢筋 2 根，Ⅰ级钢筋，直径 18，对照 Ⅰ—Ⅰ 剖面图可知它位于梁下部前后两角。从立面图还可看出①号钢筋以上有 2 根②号钢筋，直径为

10，结合Ⅰ—Ⅰ剖面图可知它前后位置与①号钢筋相同。同法可知③号钢筋位于梁的上部，共4根，直径为8。梁中及梁端各有钢箍④和⑤，④号钢箍直径为6，间距为150；⑤号钢箍共2根，梁的两端各有1根，直径为6。

（3）与钢筋表对照。对照读图结果与钢筋表，检查读图结果是否正确。

16.4.2　钢筋混凝土结构图的绘制方法

下面以北港轮渡码头沉箱配筋图为例，绘制钢筋混凝土结构图。（沉箱立面图另给）

1．确定绘图比例与图幅

本例采用比例为1∶100，选用A3图幅。以下介绍选用1:100比例直接绘图。

2．确定线型和线宽

港口水工建筑图的图线宽度宜根据图样的复杂程度和比例选择三种或两种线宽绘制。

构件的外形用细实线（0.35*b*）表示，钢筋用粗实线（*b*）绘制；尺寸线、指引线、剖面线等采用细实线（0.35*b*）；构件断裂边界线采用折断线（0.35*b*）；剖切位置线采用粗实线（*b*）。本例所选用的图线宽度*b*为0.35mm。

3．设置图层

根据所确定的线型和线宽，在图层管理器中，设置“钢筋线”图层的线宽为0.35mm，“细实线”图层的线宽为0.13mm；“标注”图层的线宽为0.13mm；“注释”图层的线宽为0.13mm；“图框线”图层的线宽为0.70mm。线型均为“Continuous”，同时将各图层设置成不同的颜色。

4．设置文字样式

新建文字样式1，命名为“汉字”，字体选用“仿宋_GB2312”，字体样式为“常规”，字高为“2.5mm”，宽度比例取“0.7”，其余参数均为默认设置。

新建文字样式2，命名为“数字”，字体选用“仿宋_GB2312”，字体样式为“常规”，字高为“2.5mm”，宽度比例取“0.7”，倾斜角度为“15°”，其余参数均为默认设置。

5．设置标注样式

新建标注样式，命名为“100”，文字样式选“数字”，箭头样式为“建筑标记”、大小为“2”，测量比例因子为“100”，主单位设置为“整数”，其余参数均为默认设置。

6．钢筋混凝土结构图的绘制步骤

采用1:100的比例绘图。

（1）绘制构件轮廓及钢筋。分别绘制沉箱底板下层配筋图、沉箱底板上层配筋图、1-1断面图及2-2断面图。

（2）标注尺寸。将“标注”图层、“100”标注样式置为当前，进行尺寸标注。

（3）标注文字。根据沉箱底板配筋图实际情况绘制后，添加图形必要的文字和相关说明。汉字采用“汉字”文字样式，数字及字母采用“数字”文字样式，并编辑在“注释”图层上。注意：图名宜采用大一号字体表示，可通过“特性”修改特定对象字高。

（4）绘制钢筋表及材料表。在“细实线”图层，使用直线命令“Line”、偏移命令“Offset”或阵列命令“Array”绘制钢筋表与材料表，并添加文字。

（5）插入图框。整饰整个图纸，成图。

沉箱底板配筋图绘制实例如图16-16所示，完整沉箱配筋图如图16-17所示，绘制钢筋图的主要命令如表16-10所示。

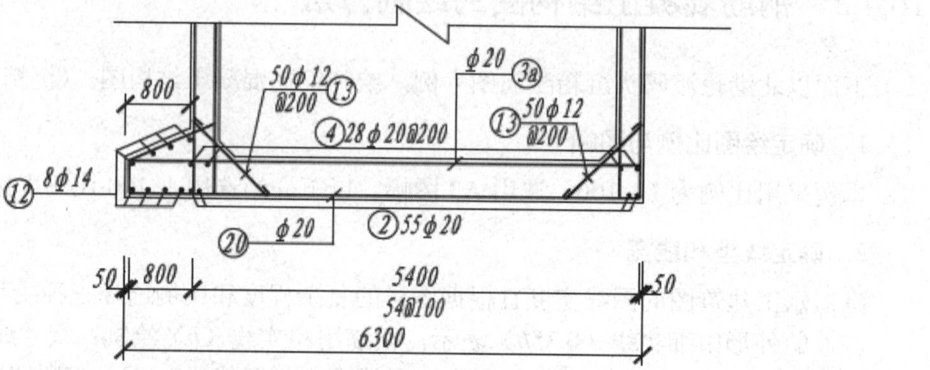

图16-16 沉箱底板2-2断面图

表16-10 绘制钢筋图的主要命令

标题	主要内容	主要命令或操作
沉箱底板配筋图	图纸边界线	RECtang（矩形）
	图框	RECtang（矩形）、Line（直线）、EXtend（延伸）、Offset（偏移）
	轮廓线及钢筋主体	Line（直线）、Offset（偏移）、RECtang（矩形）、倒角（Chamfer）
	钢筋表及材料表	Line（直线）、Offset（偏移）、复制（Copy）、阵列（Array）
	文字与说明	dText（单行文字）、mText(多行文字)

项目小结

本项目主要对港口工程制图标准、常见的港口水工建筑物（码头）及其结构和钢筋图作相关介绍，学习者应能通过例题的训练，结合相关图例，掌握绘制方法与技巧，熟练绘制总平面图、横断面图及钢筋混凝土结构图等港口工程图。

项目习题

如图16-18所示，绘制某防波堤典型断面图。

操作提示：

参照本项目中的绘图方法与步骤绘制某防波堤典型断面图。

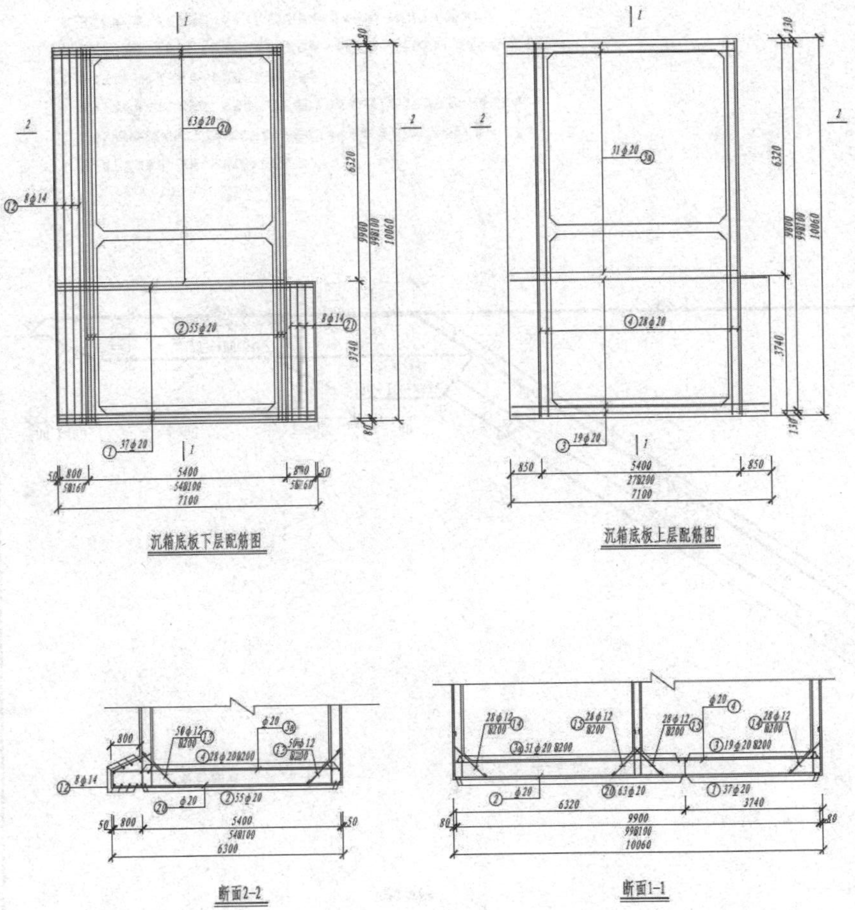

钢筋表

沉箱类型	编号	简图	规格	单根长 (mm)	根数	总长 (m)	总重 (Kg)
沉箱ZCX2	①	7000	φ20	10092	37	373.4	922.3
	②	9960	φ20	12060	55	663.3	1638.4
	③	7000	φ20	7000	19	133.0	328.5
	③a	6200	φ20	6600	31	204.6	505.4
	④	9960	φ20	9960	28	278.9	688.8
	⑤	9950	φ12	9950	290	2885.5	2562.3
	⑥	2850	φ12	2850	280	798.0	708.6
	⑦	9960	φ14	11400	108	1231.2	1489.8
	⑧	9960	φ14	10560	94	992.6	1201.1
	⑨	5400	φ14	6740	92	620.1	750.3
	⑩	5400	φ14	5900	92	542.8	656.8
	⑪	5400	φ12	6520	92	599.8	532.7
	⑫	9960	φ14	9960	8	79.7	96.4
	⑬	1244	φ12	1394	100	139.4	123.8
	⑭	1173	φ12	1523	56	85.3	75.7
	⑮	1046	φ12	1396	56	78.2	69.4
	⑯	361	φ12	1511	184	278.0	246.9
	⑰	890	φ12	1440	184	265.0	235.3
	⑱	1400	φ12	2800	212	593.6	527.1
	⑲	1400	φ12	1600	364	582.4	517.2
	⑳	7000	φ20	9596	63	604.5	1492.2
	㉑	3640	φ14	3640	8	29.1	35.2

材料表

沉箱类型	项目	单块量	块数	总量
沉箱CX2	钢筋(Kg)	15405.2	1	15405.2
	C40砼(m³)	137.4		137.4

北港轮渡码头沉箱配筋图		图号	××	班级	×××
		比例	1:100	学号	×××
制图	×××	20×-10-×	福建船政交通职业学院		
审核	×××	20×-10-×			

图 16-17 北港轮渡码头沉箱配筋图

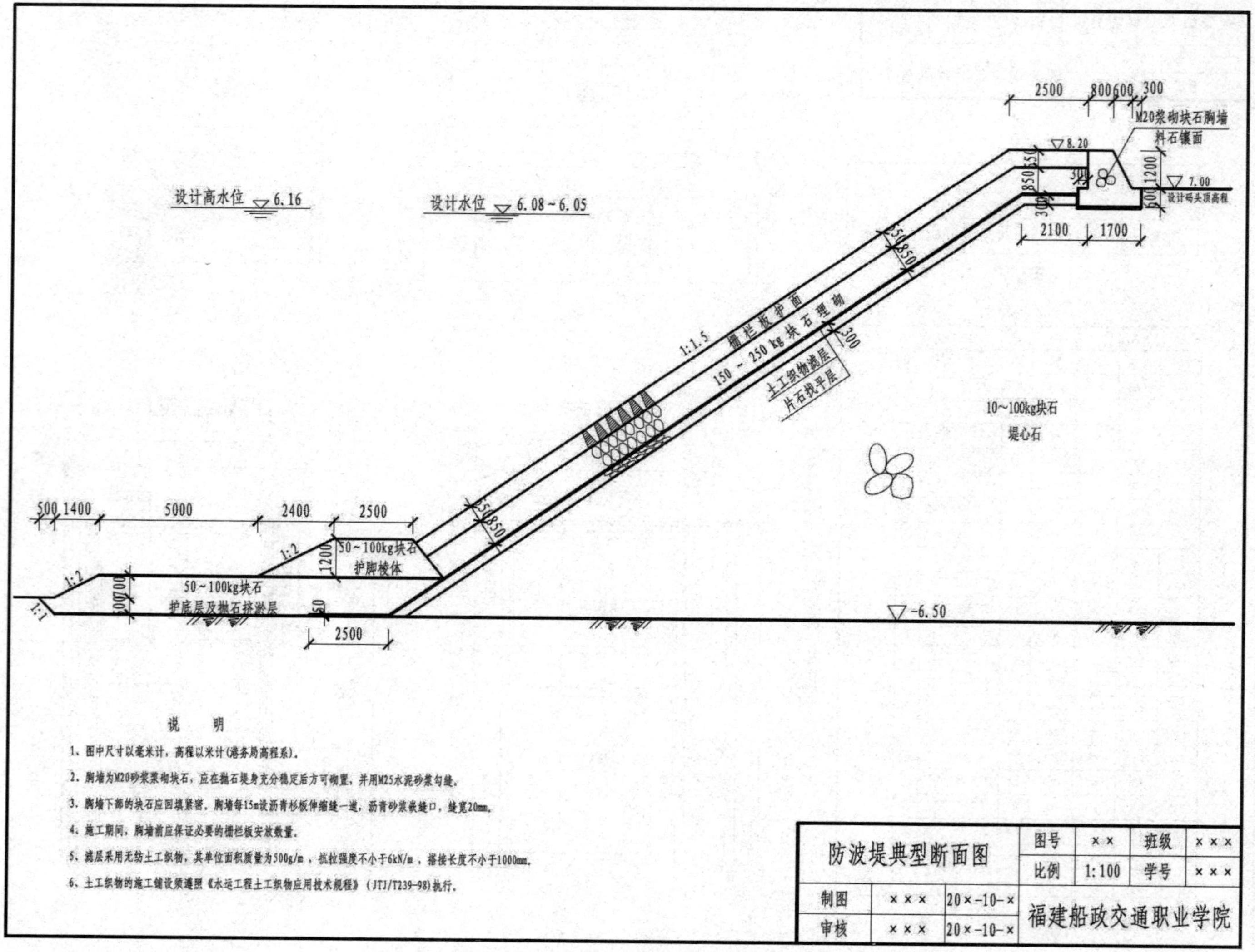

图 16-18　某防波堤典型断面图

责任编辑：张　彦

封面设计：赵俊红

策　　划：正章文化 ZhengZhang Culture

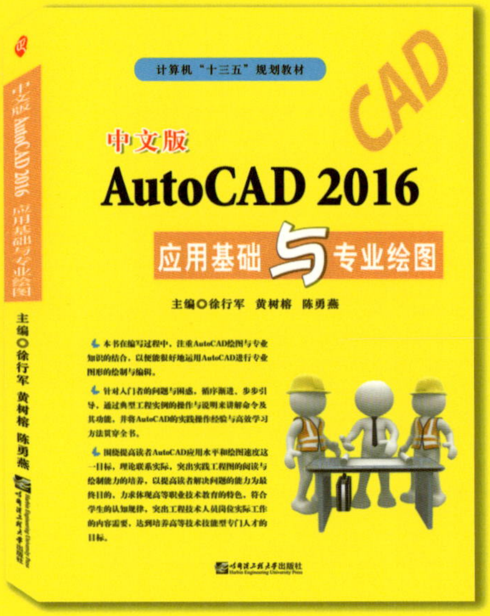

扫一扫，更多精彩

ISBN 978-7-5661-2157-8

定价：68.00元